法獣医学と法科学

Veterinary Forensic Medicine
and Forensic Sciences

edited by
Jason H. Byrd, Patricia Norris, Nancy Bradley-Siemens

日本法獣医学会 監修

学窓社

Veterinary Forensic Medicine and Forensic Sciences

Edited by
Jason H. Byrd
Patricia Norris
Nancy Bradley-Siemens

CRC Press
Taylor & Francis Group
Boca Raton London New York

CRC Press is an imprint of the
Taylor & Francis Group, an **informa** business

First edition published 2020
by CRC Press
6000 Broken Sound Parkway NW, Suite 300, Boca Raton, FL 33487-2742

and by CRC Press
2 Park Square, Milton Park, Abingdon, Oxon, OX14 4RN

© 2021 Taylor & Francis Group, LLC. All rights reserved.

CRC Press is an imprint of Taylor & Francis Group, LLC

Reasonable efforts have been made to publish reliable data and information, but the author and publisher cannot assume responsibility for the validity of all materials or the consequences of their use. The authors and publishers have attempted to trace the copyright holders of all material reproduced in this publication and apologize to copyright holders if permission to publish in this form has not been obtained. If any copyright material has not been acknowledged please write and let us know so we may rectify in any future reprint.

Except as permitted under U.S. Copyright Law, no part of this book may be reprinted, reproduced, transmitted, or utilized in any form by any electronic, mechanical, or other means, now known or hereafter invented, including photocopying, microfilming, and recording, or in any information storage or retrieval system, without written permission from the publishers.

For permission to photocopy or use material electronically from this work, access www.copyright.com or contact the Copyright Clearance Center, Inc. (CCC), 222 Rosewood Drive, Danvers, MA 01923, 978-750-8400. For works that are not available on CCC please contact mpkbookspermissions@tandf.co.uk

© Gakusosha Co., LTd., 2024

Authorised translation from the English language edition published by CRC Press, a member of the Taylor & Francis Group LLC.

目次

まえがき	vii
序文	xiii
諸言	xv
編集者	xvii
著者	xix
訳者	xxiii
はじめに	xxv

第 1 章　犯罪現場調査　1
Patricia Norris

第 2 章　法獣医学の一般原則　25
Nancy Bradley-Siemens

**第 3 章　動物関連の法執行
第一報から告発まで　41**
Susan Underkoffler and Scott Sylvia

**第 4 章　動物遺伝学的証拠と
DNA解析　67**
AnnMarie Clark

第 5 章　法昆虫学　81
Jason H. Byrd and Adrienne Brundage

第 6 章　動物の性的虐待　135
Martha Smith-Blackmore and
Nancy Bradley-Siemens

第 7 章　鈍器損傷　155
Patricia Norris

第 8 章　鋭器損傷　173
Adriana de Siqueira and Patricia Norris

第 9 章　射創と創傷弾道学　187
Nancy Bradley-Siemens

第 10 章　法医学的解剖検査　213
Jason W. Brooks

第 11 章　法獣医骨学　237
Maranda Kles and Lerah Sutton

第 12 章　環境と状況　外傷／死
熱, 化学, 電気, 高体温症,
低体温症, 溺死　267
Nancy Bradley-Siemens

**第 13 章　アニマルファイティングと
ホーディング　301**
Nancy Bradley-Siemens and Barbara Sheppard

第 14 章　法獣医毒性学　339
Sharon Gwaltney-Brant

第 15 章　動物虐待と対人暴力　359
Martha Smith-Blackmore

第 16 章　動物のネグレクトと虐待　367
Patricia Norris

**第 17 章　産業動物の法獣医学的事
案の取り扱い　393**
Ann Cavender

**第 18 章　法獣医放射線学
および画像診断学　467**
Elizabeth Watson

**第 19 章　シェルターメディスンに
おける法的調査　491**
Mary Manspeaker

第 20 章　動物法　515
Michelle Welch

索引　553

注意事項
○2024年8月時点でリンク切れとなっていたURLには［リンク切れ］と付記した.
○原著に記載のあった注釈は＊, 訳註は※として区別して示した.

まえがき

法獣医学（veterinary forensic medicine）は「法の目的に対する獣医学の知識の応用」と定義することができ，近年大きく発展している学問分野である．この専門分野（「法」獣医学）は，動物の日常的な病気の診断や治療と類似している部分もあるが実際には大きく異なることが多く，動物の健康に重点を置いた訓練や背景を持つ人々には十分に理解されないことが多い．

本書のタイトルの2番目の部分である法科学（forensic sciences）は，何十年も前から使用されている用語で，科学的な学問を刑事や民事の法的捜査に応用することを指す．しかし最近では，法科学や法獣医学の特定の側面が，保険金請求，法廷への出廷，照会，環境影響評価，職業上の不正行為の申し立てなど，多様な活動に関して用いられることが増えている．重要なのは，法医学的手法が注目される理由ではなく，「手法」そのものである．

現在我々が法獣医学と考えるものの起源を探るのは非常に難しい．このテーマは，人間の法医学の進化と，獣医の専門職の成長と成熟に関連している．前者に関して，法的調査への医学的な介入に関する最も古い記録のいくつかは中国からもたらされたもので，そこでは健康や病気に関する知識を持つ者が，ヒトであれ動物であれ，病弱や死亡に対する賠償請求にしばしば関与していた．エジプトのKahunのパピルス（紀元前1900年）と古代インドのヴェーダ文献は，獣医学の実践について書かれた最初の記録の一部であると一般に認められている．初期の「法医学」的な手法が，動物に関する「損害」ではなく，動物への「虐待」行為を調査するために使用されたという証拠はほとんどないが，動物の扱いについての懸念は何世紀にも遡っている．世界の偉大な宗教はこのテーマについて教えており，聖書も預言者Mohammedの言葉も，信者は野生の幼鳥を取ってはいけない，その代わりに母親の元に残しておくようにと教えている．これはおそらく種の保護に関する最も初期の例の一つだろう．

13世紀から16世紀は動物福祉に関する暗黒時代である．この時代には，欧州諸国の多くで動物を裁判にかけ，犯罪とみなされた動物を罰することが頻繁に行われていた．このテーマに関するEvans EPの著書『動物の刑事訴追と死刑（The Criminal Prosecution and Capital Punishment of Animals）』（1906年）では，最近の論文と同様に，その悲惨な時代について詳しく記載されている．動物に対する刑罰は単なる中世の異常事態ではない．1916年，米国テネシー州でMaryという名前のゾウが調教師を殺害したため，クレーンを使って絞首刑に処せられた．同様の事件が他の場所でも定期的に報告されている．

法医学の歴史の多くは，ヒトに関するものであれ動物に関するものであれ，英語以外の記録や文献に埋もれている．このような言語的な格差は，世界の他の地域で何が進歩し，時には今でも使われているのかについて，深く西洋化された知識ではまだギャップがあることを

意味する．法的手続きに使用される言語は非常に重要である．15世紀の欧州では，立法にはほとんど独占的にラテン語が使われていた．国によっては，法廷を支援するために，明確化が必要な場合にこれを解釈する「文法の専門家」が召集された．それから6世紀後，世界で最もよく使われている言語は，順に北京語（9億5500万人の母語話者），スペイン語（4億500万人），英語（3億6000万人），ヒンディー語（3億1000万人），アラビア語（2億9500万人の母語話者）である．その他の多くの言語は，より少数の人々によって話されており，部外者にはほとんど理解されていないが，それぞれの言語が特定の国や地域で法的手続きを行うために使用されている．裁判では何が通用するかについて，独自のルールを設けている国もある．例えば，ハンガリーでは，野生生物犯罪の捜査を含む法医学的専門家業務は，その専門分野に関して特別に定められた基準をすべて満たした者のみが行うことができる．これは，連邦裁判における鑑定人の証言の可否に関する米国のドーバート基準※と似て非なるものである．

　欧州で動物の治療を組織的に規制しようとする最初の試みが行われたのは，中世になってからである．経済的に重要であったため，一般的に馬に焦点が当てられた．欧州に獣医学校が設立される以前は，蹄鉄工（鍛冶屋）が馬の蹄鉄作業と「馬医」を兼務していた．1356年，ロンドン市長は，馬の治療水準が低いことを憂慮し，ロンドン市内から半径7マイル（約1.6 km）以内で営業しているすべての蹄鉄工に，その業務を規制し改善するための「親睦会」を結成するよう要請した．

　欧州で最初の獣医大学は，1762年にフランスのリヨンでClaude Bourgelatによって設立された．英国では，医師のJames Clark（1737-1819）が家畜の治療に特化した人材の育成を主張し，この動きはJohn Hunter（1728-1793）によって強く支持された（後述）．1790年，Granville Penn（米国ペンシルベニア州の植民地創設者William Pennの孫）の運動により，Benoit Vial de St. Belがフランスから渡航し，新設されたロンドン獣医学校（現在の王立獣医大学）の校長に就任した．最初の獣医学校は19世紀初頭にボストン，ニューヨーク，フィラデルフィアに設立された．

　人間の法医学に話を戻すと，イタリアやドイツでは13世紀頃から，法的な目的のための「死後」検査（解剖検査）が行われていた．欧州では，中世後期になると毒殺事件が多発したため，法的手続きに科学的知識を利用することが次第に支持されるようになった．その症状や臨床徴候は，多くの感染症によく似ていたため，診断は容易ではなかった．遺体から毒物を分析し，毒の使用を証明する試みが始まったのは，19世紀に入ってか

※ ドーバート基準：裁判での専門家による証言の信頼性の評価基準

らである.

　17世紀から18世紀にかけて，英国では医師や外科医による医学的証拠が裁判で認められるようになったが，その水準は低く，特別な規制もなかった. 1800年代後半になると，英国の制度の欠陥が是正され始めた. 重要な役割を果たしたのは，有名なHunter兄弟(Willam HunterとJohn Hunter)それぞれが医学研究，執筆，講演活動を通じてこの分野に貢献した. 例えば，William Hunter (1783年)は「私生児」，つまり婚外子の殺人の兆候について重要な論文を書いた. John Hunter (前出)は，今でいう「比較医学」や"One Health"に強い関心を抱いていた. 彼は，人体解剖や疾病診断のための改良された方法を記した講義録やエッセイを作成した. 彼はまた，法的訴訟でも証拠を提出し，特に1781年3月のJohn Donellan大尉による殺人事件の裁判では，弁護側の医学証人として出廷した. しかし彼の見解は裁判官によって嘲笑され，本質的に覆された. 代わりに，「より強調的で，独断的で，非科学的な他の医師たちの証拠」が優位に立った*. その結果，John Donellanは処刑された. Hunterはこの試練にひどく打ちのめされ，学生たちにこう語った. 「哀れな悪魔が最近ワーウィックで絞首刑になったが，この時は最初の実験を行った医師の証言以外には何の根拠もなく彼は絞首刑に処せられた」. Hunterの言う「実験」とは，検察側が呼び寄せた医師たちが犬に対して行った，お粗末な毒性学的研究と解剖検査のことである.

　1816年，信頼できる最初のテキスト『法律医学または法医学概論：医師，検死官，法廷弁護士のために(Epitome of Juridical or Forensic Medicine: for the Use of Medical Men, Coroners and Barristers)』を書いたのはGeorge Edward Maleである. しかし，「近代法医学の父」という称賛は，フランスの医師であり犯罪学者であったAlexandre Lacassagneに与えられることが多い. 彼の助手としてよく知られているEdmond Locardは，1877年にフランスのリヨンで生まれた. 医学博士号を取得した後，法律に興味を持ち，司法試験に合格した. 1907年，Locardは科学者に会い，犯罪部門を訪問するため，欧州と米国への旅に出た. 1910年にリヨンに戻り，世界初の犯罪捜査研究所を開設した. Locardの最も有名な著作は，間違いなく全7巻からなる『犯罪学研究(Traité de criminalistique)』であり，その中で彼は有名な交換原則を「特に犯罪の激しさを考えれば，犯罪者がその存在の痕跡を残さずに行動することは不可能である」と説明した. この公理は今日の法医学の基礎となっている.

　法医学的な捜査は，Arthur Conan Doyle卿(1859-1930)のような作家がシャーロッ

＊ Davis, B.T. 1974. George Edward Male MD—The father of English Medical Jurisprudence. *Proc. Roy. Soc. Med.* Volume 67.

ク・ホームズを描くことで広く知られるようになった．興味深いことに，Arthur卿が最初に発表した物語では，ホームズが病院の化学実験室で，科学的推論と推理の力を信頼する人物として描かれている．

　以上の歴史は，法科学やその一分野である法獣医学が，長く，時には紆余曲折を経て発展し，変化し続けていることを思い起こさせる．

　法獣医学(veterinary forensic medicine)という言葉は，動物虐待の捜査と同義であるかのようにみられることがあるが，そうではない．我々が以前指摘し，10年以上前に出版した『An Introduction to Veterinary and Comparative Forensic Medicine』(Blackwell, 2007)でも強調したように，この学問領域は，生き物に関連する様々な法的・法に規制されない問題，とりわけ保護問題や「野生生物犯罪」などにますます深く関わるようになっている．この点で重要な転機となった出来事は，1989年に米国魚類野生生物局(The United States Fish and Wildlife Service: USFWS)が野生生物の法執行機関などにサービスを提供するため，野生生物法医学研究所を設立したことである．同様の機関は現在，世界各地に存在する．

　Jason Byrd, PhD, Patricia Norris, MS, DVM, Nancy Bradley, DVMによって編集された本書は，20の章から構成され，この分野の学際的・複合的な性格を反映している．動物福祉法の執行に重点を置いている本書は，国際的な法獣医学に関する書籍に，米国から新たに貢献するものである．

　編集者のうち2人は獣医師であり，上級編集者のJason Byrdは経験豊富で国際的に認められた昆虫学者である．これは最も適切なことである．昆虫をはじめとする無脊椎動物は，犯罪捜査において重要な証拠となり得る．ウジが死骸を変形させ，最終的に破壊する能力は，特にLinnaeus(1757年)によって18世紀には認識されていたが，当時はそのメカニズムや昆虫の発生については理解されていなかった．

　広く「動物法医学」と呼ばれるものは，急速に発展している．獣医師だけでなく，飼育下および放し飼い動物の世話や管理に携わる他分野の専門家にも徐々に影響を与えると思われる．気候変動，地球規模の汚染，生物多様性の減少への懸念により，多様な分野のスキルを必要とする新しい分野が生まれている．私たちの地球に対する違法かつ無責任な損害について行動を起こすべきだという一般市民の主張は，ますます強くなっている．

　Marcus Tullius Ciceroは，ローマ共和国末期に起草した『立法論(De Legibus)』の第3巻第3部で"Salus populi suprema lex esto(最大の法は人民の福祉である)"と書いている．これはおそらく正しく，適切な表現であり，実際に多くの国の法律に反映されている．しかし，動物に関する訴訟もまた重要であり，これには適切な訓練を受けた有資格者による熟練した手順とプロトコルの適用が必要である．本書『法獣医学と法科学』が必要なスキル

を提供する一助となることは間違いない.

John E. Cooper, DTVM, FRCPath, FRSB, 名誉FFFLM, FRCVS
RCVS獣医病理学専門医
欧州獣医病理学会認定ディプロメイト
欧州動物医学会認定ディプロメイト

Margaret E. Cooper, LLB, FLS, 名誉FFFLM, 名誉FRCPath
弁護士(個人開業はしていない)
野生動物衛生,法医学および比較病理学サービス(英国)
DICE 名誉研究員
ケント大学
英国,イングランド,カンタベリー

序文

　本書の目的は，寄稿者の幅広い経験からの指針を提供すること，法獣医学分野で働く専門家に参考資料を提供すること，そしてヒトと動物の法科学専門家の間に対話を開くことである．トレーニングと協力の強化によって法科学の両分野が恩恵を受けるだろう．法獣医学は動物虐待の事例を越えて，ワン・ヘルスの概念，ヒトと動物の絆（ヒューマン・アニマル・ボンド），そして対人暴力と動物虐待の関連性を認識し，確認するものである．本書はまた，民事事件などで動物が加害者となる場合に，法科学の訓練を受けた獣医師の重要性を説明し，強調している．そして，動物虐待に限らず，広範な刑事事件での物的証拠としての動物とその管理の重要性も強調している．法科学の訓練を受けた獣医師は，獣医学の専門家であるため，動物が関与するすべての刑事・民事事件に関与すべきである．本書は，これらの事例でヒトと動物の双方を支援しようとする獣医師のためのリソースを提供する．

緒言

本書"Veterinary Forensic Medicine and Forensic Science（法獣医学と法科学）"は，「法獣医学」という新しい獣医学の分野を科学的かつ体系的にまとめたもので，各論では，法病理学，法毒性学，法昆虫学などの専門分野において，事例を含めた解説とともに，法律や行政機関の役割と連携についても記載されるなど，これらに関して現在得られる様々な知見が集約されています．さらに，現場での対応や証拠収集の手技手法など，法獣医学上の対応の基本が詳細に，わかりやすく解説されています．法獣医学は世界的にいまだ発展途上の分野であり，専門書が少ない状況ですが，本書は，動物虐待に対応するために必要な獣医学的な技術の多くが体系的に記載されている極めて貴重な書籍です．米国では動物虐待の事例において獣医師が果たす役割が大きく，20年以上も前から動物虐待に対する獣医師による通報義務があることが，本書で述べられています．一方，日本においては，2019年の「動物の愛護及び管理に関する法律」の改正で，動物虐待の事例に対する獣医師による通報義務が課されました．日本と米国は，法体制に違いがあるものの，今日，動物虐待の事例における獣医師に対する社会的期待はますます大きくなっており，動物虐待を評価しなければならない場面が増えてくることも考えられます．しかし，日本においては，獣医師に対する法獣医学の教育体制がいまだ未整備であることが大きな課題であり，これまで，動物虐待に関する専門書もありませんでした．各国の行政機関や法律に違いはあれども，動物虐待に対する科学的なアプローチや獣医学的な技術は客観的かつ普遍的であるため，本書は日本の獣医師や動物虐待に対応する方々のための教科書として十分にご活用いただけると考えます．

本書の著者であるDrs. Jason H. Byrd, Patricia Norris, Nancy Bradley-Siemensらの方々は米国における法獣医学の発展に貢献された第一人者であられますが，日本の法獣医学の今後の発展のために本書を快くご提供いただいたことに対し深謝申し上げます．なお，本書の翻訳は，日本法獣医学会幹事の全員が各章を担当して携わりました．日々の忙しい業務の中，また，時間的に制約のある状況の下で，幹事の皆様にご尽力をいただいたことに心より御礼申し上げます．そして，日本で初めての「法獣医学」の書籍を発行する機会をいただきました学窓社の皆様には，編集作業等々で並々ならぬご尽力をいただきました．深く御礼申し上げます．

本書が，日本の「法獣医学」の発展の一助となることを祈願し，本書の導入の言葉とさせていただきます．

本書が，動物虐待に対する獣医師への社会的ニーズに応えるための一助となりますように．

2024年9月　日本法獣医学会

編集者

Jason H. Byrd, PhD, D-ABFE, is a board certified forensic entomologist and Diplomate of the American Board of Forensic Entomology. He is the first person to be elected president of both professional North American forensic entomology associations. Dr. Byrd serves as the associate director of the William R. Maples Center for Forensic Medicine, University of Florida College of Medicine, Gainesville.

Outside of academics, Dr. Byrd serves as an administrative officer within the National Disaster Medical System, Disaster Mortuary Operational Response Team, Region IV. He also serves as the logistics chief for the Florida Emergency Mortuary Operations Response System. He is currently a subject editor for the *Journal of Medical Entomology*, and has published numerous scientific articles on the use and application of entomological evidence in legal investigations. Dr. Byrd has combined his formal academic training in entomology and forensic science to serve as a consultant and educator in both criminal and civil legal investigations throughout the United States and internationally. Dr. Byrd specializes in the education of law enforcement officials, medical examiners, coroners, attorneys, and other death investigators on the use and applicability of arthropods in legal investigations. His research efforts have focused on the development and behavior of insects that have forensic importance, and he has over 15 years' experience in the collection and analysis of entomological evidence. Dr. Byrd is a fellow of the American Academy of Forensic Sciences.

Patricia Norris, DVM, is director of the Veterinary Division Animal Welfare Section of the NC Department of Agriculture and Consumer Services in North Carolina. The Animal Welfare Section licenses public and private animal shelters, boarding kennels, and pet shops and oversees the state's Spay and Neuter Fund. She was previously the staff veterinarian for the Doña Ana County Sheriff's Office (DASO), Las Cruces, New Mexico, the only position of its kind in the country. She provided veterinary forensic services for their cases of animal cruelty and animal crime and was frequently asked to assist other law enforcement agencies throughout New Mexico. She has served as veterinarian for the New Mexico Animal Sheltering Board since its inception in 2007 and was a member of the DASO Mounted Patrol Horseback Search and Rescue Team. Dr. Norris earned her Doctor of Veterinary Medicine from the Virginia Tech College of Veterinary Medicine in 1986 and has a graduate certificate in veterinary forensic science from the University of Florida College of Veterinary Medicine. Dr. Norris was in private veterinary practice for 25 years in Virginia, North Carolina, and New Mexico. She served as veterinarian at the Duke University Lemur Center (Durham County, North Carolina) to provide care for their colony of endangered lemurs. She also served as veterinarian for the Pitt County Board of Health and on the County Animal Response Teams for Pitt and Madison counties (North Carolina).

Nancy Bradley-Siemens, DVM, has been a veterinarian for 27 years. She started out in private practice and ultimately moved on to emergency medicine. The majority of her career has been in shelter medicine, working for both an animal control agency and a nonprofit humane society. Dr. Bradley-Siemens was the chief veterinarian at Maricopa County Animal Care & Control (Phoenix, Arizona) for 2 years, and the chief veterinarian and eventually medical director for the Arizona Humane Society. During her years in shelter medicine, Dr. Bradley-Siemens has been heavily involved in investigation and expert witness testimony in animal abuse cases. She served as a reserve police officer for over 12 years; 3 of those years as a detective with the Maricopa County Sheriff's Office Animal Crimes Unit in the Phoenix area. She was an adjunct assistant clinical professor at Midwestern University (MWU) College of Veterinary Medicine in Glendale, Arizona for one year. Since 2016, she has been a full-time assistant clinical professor of Shelter Medicine at MWU, teaching multiple classes but primarily third-year electives in shelter medicine and veterinary forensics and fourth-year shelter medicine rotations. She has earned a master's degree in nonprofit management and a master's degree in veterinary forensics. Her next major goal is to become boarded in Shelter Medicine.

著者

Nancy Bradley-Siemens

Department of Pathology and Population Medicine

Midwestern University

Glendale, Arizona, USA

Jason W. Brooks

Animal Diagnostic Laboratory

The Pennsylvania State University

University Park, Pennsylvania, USA

Adrienne Brundage

Department of Entomology

Texas A&M University

College Station, Texas, USA

Jason H. Byrd

W.R. Maples Center for Forensic Medicine

University of Florida College of Medicine

Gainesville, Florida, USA

Ann Cavender

W.R. Maples Center for Forensic Medicine

University of Florida College of Medicine

Gainesville, Florida, USA

and

Salem Veterinary Services

Salem, Michigan, USA

AnnMarie Clark

W.R. Maples Center for Forensic Medicine

University of Florida College of Medicine

Gainesville, Florida, USA

Adriana de Siqueira
School of Veterinary Medicine and Animal Science
University of Sao Paulo
Butanta, Sao Paulo, Brazil

Sharon Gwaltney-Brant
W.R. Maples Center for Forensic Medicine
University of Florida College of Medicine
Gainesville, Florida, USA

Maranda Kles
W.R. Maples Center for Forensic Medicine
University of Florida College of Medicine
Gainesville, Florida, USA

Mary Manspeaker
Humane Society of Memphis and Shelby County
Memphis, Tennessee, USA

Patricia Norris
Animal Welfare Section
North Carolina Department of Agriculture and Consumer Services
Raleigh, North Carolina, USA

Barbara Sheppard
Department of Infectious Diseases and Pathology
College of Veterinary Medicine
University of Florida
Gainesville, Florida, USA

Martha Smith-Blackmore
Forensic Veterinary Investigations LLC
Boston, Massachusetts, USA

Lerah Sutton
W.R. Maples Center for Forensic Medicine
University of Florida College of Medicine
Gainesville, Florida, USA

Scott Sylvia
Investigations and Major Case Management Team
Ontario SPCA and Humane Society
Stouffville, Ontario, Canada

Susan Underkoffler
Wildlife Forensic Sciences and Conservation
W.R. Maples Center for Forensic Medicine
University of Florida College of Medicine
Gainesville, Florida, USA

Elizabeth Watson
W.R. Maples Center for Forensic Medicine
University of Florida College of Medicine
Gainesville, Florida, USA

Michelle Welch
Animal Law Unit
Virginia Attorney General's Office
Richmond, Virginia, USA

訳者

監修	日本法獣医学会

編集委員

石塚	真由美	北海道大学
川本	恵子	麻布大学
佐伯	潤	帝京科学大学
田口	本光	元環境省動物愛護管理室
田中	亜紀	日本獣医生命科学大学

訳者

石塚	真由美	北海道大学	（14章）
内田	和幸	東京大学	（10章）
梅谷	綾子	千葉県健康福祉部	（7，16章）
川本	恵子	麻布大学	（2，5章）
木村	享史	北海道大学	（4，11章）
佐伯	潤	帝京科学大学	（9，18章）
鈴木	良	東京都保健医療局	（6，19章）
高橋	真吾	東京都保健医療局	（8，17章）
田中	亜紀	日本獣医生命科学大学	（3章）
町屋	奈	日本動物福祉協会	（13，15章）
松本	周	東京都保健医療局	（1，12章）
三上	正隆	愛知学院大学	（20章）

はじめに

　私は，獣医療専門職の一員として，自らの科学的知識と技術を社会のために役立てることを厳粛に誓います．私は，動物の健康と福祉を促進し，動物の苦痛を和らげ，公衆と環境の健康を守り，比較医学的知識を進歩させるために努力します．

獣医師の誓い（2010年改訂版）

人間は，いかに行儀よくしても
せいぜい猿の毛を剃ったものにすぎない！

Charles Darwin
『種の起源』

　動物は常に最初に存在していた．原初の泥の中から，構造と細胞が生まれ，やがて動物の形となった．約6億5千万年前，ある動物が世界にデビューし，その最初の，低く這うような動物は，やがて，現在我々人類と共生しているような魚類、両生類，爬虫類，鳥類，哺乳類へと進化した．ホモ・サピエンスの新参者たちは，わずか680万年前に登場した．私たちはこの進化の系統樹の中では遅れて登場したものの，現代のホモ・サピエンスは，我々の時代より前に歩き，飛び，泳いでいた生物から学び，それらを観察し，利用することで自らの知識を深めてきた．

　山羊や羊は，おそらく最初に家畜化された動物だろう．オオカミは相互の同意または一方的な利用によって，現代の家畜化された犬に変化した．これらの家畜化された動物は，身体の機能を理解しようとする人間によって，最初に調べられ，切り開かれ，探求された．解剖を通して，これらの動物は私たちに循環系，消化の過程，神経ネットワークを教えてくれた．これらの動物は，私たち自身について初めて教えてくれたが，人間の健康と医学に焦点を当てた初期の医科大学は，12世紀の欧州に設立された．同様に，最も早く組織化された医学団体である米国医師会は，1863年に米国獣医師会が設立される16年も前に設立されていた．

　法医学や病理学の分野でも，動物は腐敗や外力に対する骨の折れ方など，物理的なプロセスを理解するのに役立っている．動物たちは私たち自身（ヒト）について教えてくれたが，その知識を私たちの「教師（動物）」に還元することは遅れていた．法科学者や獣医師が，人為的な外傷の観点から動物を評価するよう求められるようになったのは比較的最近のことである．これらのケースで一般的に関与する動物種は地域によって異なることがある．例えば，カナダでは家庭犬が法獣医学のケースワークの対象として最も一般的であると報告されており，ブラジルでは猫が最も一般的に評価されている．野生動物の法医学的事例では，

鳥類，特に猛禽類の割合が高い．それに応じて，これらのケースで最も一般的な死因も異なる場合がある．家畜種では非偶発的外傷や中毒が多く (McEwen, 2012; Salvagni et al., 2012; Ottinger et al., 2014; Listos et al., 2015)，野生動物では外傷が最も多い死因である (Millins et al.).

なぜ最近，法獣医学への関心が高まっているのだろうか．世界の多くの場所で，動物は所有物や再生可能な資源の地位から，コンパニオン，健康資産，有限資源のレベルへと引き上げられつつある．飼育動物はますます人間の家族の一員とみなされるようになり，その法的保護も相応の経過をたどっている (Animal Legal Defense Fund 2017 U.S. Animal Protection Laws Ranking, https://aldf.org/wp-content/uploads/2018/06/Rankings-Report-2017_FINAL.pdf)．動物に対する人為的行為に対処するための訴訟も増加している (Listos et al.,2015)．人間の意識における動物の権利の高まりは，動物愛護団体と法執行機関との間のコミュニケーションを活発化させた．こうした連携により，法執行機関は人間による凶悪犯罪と動物虐待という種間犯罪の関連性を認識するようになった．飼育されている動物以外の種についても同様に，国際的な野生動物売買と組織犯罪の間につながりが見出されている (National Intelligence Council[U.S.], 2013).

法学的活動やその結果に対する注目が高まるにつれ，法学的手法に対する監視の目も厳しくなっている．今世紀初頭，一部の法医学者の不正行為がニュースメディアに取り上げられたことをきっかけに，米国では国家調査委員会 (National Research Council) による法科学の包括的な見直しが行われた (2009年)．その結果報告書は，法科学の多くの分野で標準化と検証が欠けていることを発見し，多くの法医学分野の感度と特異性を向上させる方法について提案した．この厳しい分析から，分野別の科学作業部会が生まれ，最終的には，2009年の報告書が示唆した齟齬に対処し，その道筋をたどるために，法科学のための科学分野委員会 (Organization of Scientific Area Committees: OSAC) が設立された．

この報告書が発表された当時，法獣医捜査はほぼ，一部の意欲的な獣医師や人間の法医学者によって行われる副業的なものであった．事実，報告書の328ページ全体を見ても，「獣医学」という言葉はどこにも出てこない．この点では，人間が先でよかったのかもしれない！　法科学全般を強化するための新たな，そして現在進行中の取り組みは，法獣医分野に，法科学の健全で包括的かつ持続可能な一面としての地位を確立する機会を与えている．

法獣医学分野の課題には，正式な研修の不足，発表された研究の少なさ，および事件の追求に法執行機関を関与させることに伴う困難が含まれる (Ottinger et al., 2014；McEwen, 2016)．しかし，法医学訓練の機会への需要の高まりから，一部の獣医学部では獣医倫理および動物福祉研修のコースを提供するようになり，国際法獣医科学協会 (International Veterinary Forensic Sciences Association, IVFSA.org) の設立を促し，獣医師，法執行機関，および法律専門家がこの分野を前進させる方法について協力して模索するようになった．こうした協力関係を通じて得られた情報や知識は，一般的な法科学文献だけでなく，

Journal of Veterinary Forensic Sciences（JVFS.net）のような動物に特化した定期刊行物を通じて，ますます広まりつつある．

　本書も，法獣医の文献の空白を埋めるのに役立つと思われる．テレビで描かれるような法科学しか知らない人は，第1章から第3章までで，動物の犯罪現場調査や法医学的身体検査の基本について，経験豊富な現場実務者から真実かつ正確に学ぶことができる．第6章から第10章では，外傷評価，創傷評価，適切なサンプリングの基本が取り上げられている．第10章※では，法的解剖検査の実施方法，確実な立件に必要な手順と文書化について詳述しており，法的捜査の支援を依頼された獣医師の信頼性を高めるのに役立つ．DNAを利用した分析技術（第4章），昆虫学（第5章），毒物学（第14章），法放射線学（第19章）は，法獣医的ケースワークの諸相に関する基本的理解を深めるのに役立つ．最後に，アニマルホーディング，アニマルファイティング，虐待など，具体的かつ（残念ながら）一般的な動物犯罪について解説し，獣医師がこれらの犯罪に関連する身体的・行動的変化を認識できるようにする．法医学を初めて学ぶ獣医師はもちろん，より深い情報を求めている獣医師にとっても，本書は有益な内容となっている．

　動物は私たちの「教師」であり続け，私たちの身体がどのように機能し，私たちの行動がどのように周囲の環境に影響され得るかを教えてくれる．彼らは科学的探求のための最初の情報源であり，しばしば伴侶でもある．動物たちが自分のために立ち上がり，話すことができなくなったとき，動物愛好家であり科学者である私たちは，彼らの合図を受け，私たちに利用可能な法医学の知識と技術を駆使し，彼らのために最初に声を上げる義務がある．

参考文献

Committee on Identifying the Needs of the Forensic Sciences Community, National Research Council. 2009. Strengthening Forensic Science in the United States: A Path Forward. 352 pages. https://www.ncjrs.gov/pdffiles1/nij/grants/228091.pdf (accessed 28 August 2018)

Listos, P., Gryzinska, M., Kowalczyk, M. 2015. Analysis of cases of forensic veterinary opinions produced in a research and teaching unit. *Journal of Forensic and Legal Medicine*, 36, 84-89.

McEwen, B.J. 2012. Trends in domestic animal medico-legal pathology cases submitted to a veterinary diagnostic laboratory 1998-2010. *Journal of Forensic Science*, 57(5), 1231-1233.

McEwen, B. J. 2016. A survey of attitudes of board-certified veterinary pathologists to forensic veterinary pathology. *Veterinary Pathology*, 53(5), 1099-1102.

National Intelligence Council (U.S.). 2013. *Wildlife Poaching Threatens Economic, Security Priorities in Africa*. Office of the Director of National Intelligence. Washington, DC.

Millins, C., Howie, F., Everitt, C., Shand, M., Lamm, C. 2014. Analysis of suspected wildlife crimes submitted for forensic examinations in Scotland. *Forensic Science, Medicine and Pathology*, 10, 357-362.

Ottinger, T., Ottinger, T., Rasmusson, B., Segerstad, C.H.A. 2014. Forensic veterinary pathology, today's situation and perspectives. *Veterinary Record*, 175(18), 459.

Salvagni, F.A., de Siqueira, A., Maria, A.C.B.E. 2012. Forensic veterinary pathology: Old dog learns a trick. *Brazilian Journal of Veterinary Pathology*, 5(2), 37-38.

※ 原著では11章とある．

第 1 章

犯罪現場調査

Patricia Norris

概要	2
犯罪現場調査	3
動物の事件対応の計画段階	4
犯罪現場へのアプローチと現場の確保	6
犯罪現場のトリアージ	7
写真と動画による現場の記録	8
犯罪現場の図式化とスケッチ	9
犯罪現場での証拠の捜索	11
記録と証拠の収集	12
犯罪現場に求められるバイオセキュリティ	19
参考文献	23

概要

　2018年2月27日，小さなボクサー系雑種の子犬を踏みつけて壁に投げつけた男に12年の実刑判決が下された．子犬は，獣医による治療の甲斐なく，当該負傷により安楽死となった．この事件に関するニュースのインタビューで，コリン郡のGreg Willis地方検事は「我々は，証拠に基づいて起訴しなければならない．時には，起訴するための有力な証拠がないこともある．今回の事件では，我々が持っていた証拠が有力であった」(Miles, 2018)と述べた．動物犯罪事件における証拠に基づく調査と起訴の必要性は，法獣医学の分野の発展につながった契機の一つである．

　法獣医学は，「法廷での疑問に答えるために，獣医学を含む広範な科学を応用すること」とされている(Touroo, 2012)．この定義には獣医学が含まれている．米国獣医師会(American Veterinary Medical Association: AVMA)は獣医療を「動物の疾病，疾患，疼痛，奇形，欠損，損傷，その他の身体的，歯科的，精神的状態を，何らかの手技または方法によって診断，予後診断，治療，矯正，改善，緩和，予防すること」と定義し，獣医師を「獣医学部において獣医学の専門学位を取得した者」としている(American Veterinary Medical Association, 2017)．

　法獣医学の分野は，2008年に国際法獣医学会(International Veterinary Forensic Science Association: IVFSA)が設立されたことに伴い，近年拡大している．この組織における目的の一つは，「動物福祉団体，法執行機関，犯罪アナリスト，法科学者，獣医師，弁護士，裁判官，病理学者に対し，動物虐待，ネグレクト，残虐行為，闘争，死亡の各事件における法医学的技術と犯罪現場への対処法の適用について教育する」ことである(International Veterinary Forensic Science Association, 2018)．

　法獣医学を用いた調査が必要なのは，動物の健康に影響を与える何らかの行為または不作為が発生した場合である(本章では簡潔にするために，「行為」という用語には，明記されていない場合であっても，自動的に「不作為」を含むものとする)．法執行機関および／または司法機関は，行為または不作為が「犯罪」のレベルに達するかどうかを決定する使命を負っている．さらに，事件によっては，その行為が行われた場所も調査の対象に値する．したがって，「犯罪現場」の調査手順とプロトコルは，動物犯罪の調査において非常に大きな役割を果たす．本章において動物犯罪とは，動物の健康と福祉に悪影響を及ぼす行為または不作為，あるいは動物が他の動物やヒトの健康と福祉に悪影響を及ぼす行為を指す．

　犯罪現場調査の目的の一つは，物的証拠の収集であり，Edmond Locardはこれを「沈黙の目撃者」と述べた(Fisher et al.,2009)．Locardの交換原理は基本的に，何者かがある環境に侵入するたびに，必ず何かが加わり，そこから何かが取り除かれるというものである(Fisher et al.,2009)．この「何か」は，容疑者から被害者への直接的な転送，またはその逆などの一次移動である可能性がある．二次移動には，被害者から現場へ，現場から容疑者へなど，

複数の証拠の移動が含まれる．このような移動を記録することで，犯罪要素（容疑者，被害者，現場）間の関連性を示す．

Locardの交換原理では，「すべての接触は痕跡を残す」と結論付けている(Fish et al., 2011)．動物犯罪に関しては，犯罪現場は敷地全体，住居，部屋，犬小屋，あるいは動物そのものを示す．証拠収集と犯罪現場の処理を行う重要な理由の一つとして，容疑者と被害者，容疑者と現場，および/または被害者と現場との関連性の有無を明らかにし，客観的に記録することが挙げられる．

犯罪現場を徹底的に調査するもう一つの理由として，多くの動物犯罪において，現場状況の全体像は，当該行為が犯罪のレベルに達しているか否かの判断に直接影響するからである．ある行為が犯罪とみなされるためには，法令の文言に含まれる犯罪要素が存在しなければならない．例えば，アニマルホーディングの例では，飼育環境や飼い主が住居と飼養管理を十分に提供しなかったことが動物に悪影響を及ぼし，このネグレクトが犯罪になるのか，それとも飼養管理や住居，飼養環境の状況は理想的ではないが犯罪にはならないのか，判断を下されなければならない．この判断を公正かつ公平に下す唯一の方法は，現場を徹底的かつ客観的に調査することである(Fish et al., 2011)．

犯罪現場調査

最初に答えを出すべき質問は次の通りである．

(1)犯罪現場とは何か

(2)犯罪現場はどこにあるのか

(3)この現場を徹底的に調査し，記録するにはどのような技術が必要になるか

犯罪現場は調査対象となる行為と同じぐらいに多様である．調査すべき場面が動物そのものに限定されることもあれば，何エーカー[※1]にも及ぶ複数の敷地が含まれることもある．言うまでもなく，調査プロトコルは現場調査に共通する標準的な手順を守りつつ，特定の現場における独自性も考慮しなければならない．各調査には，文書化が必要で変化しやすいそれぞれの項目がある．事件の記録化には，1頭の動物の検査のみが必要な場合もあれば，何エーカーもの土地に広がる何百もの住居といった広範囲にわたる場合もある．以下の情報は，証拠の記録化について考えられる限り述べたものであるが，すべての技術や手順がどの事件にも必要であるというわけではない．必要なのは，当該行為に関連する証拠を徹底的に記録し，それが正確かつ偏りのない方法で司法制度に伝達し，司法機関が公平かつ公正な判断を下せるようにすることである．

※1　1エーカーは約4,047m²

どの犯罪現場にもすべての法獣医学的手法が必要ということではないが，動物の犯罪現場を調査する機関は，現場調査のガイドラインとしてFBIの12段階プロセスを採用することが可能である(Fish et al., 2011；U.S. Department of Justice, 2013)．この12段階には「(1)準備，(2)現場へのアプローチ，(3)現場の確保と保存，(4)予備調査の開始，(5)考えられる物的証拠の評価，(6)記録の作成，(7)現場の写真撮影，(8)現場の図やスケッチの作成，(9)詳細な調査の実施，(10)物的証拠の記録と収集，(11)最終調査の実施，(12)現場の公開」が含まれる(Fish et al., 2011)．

　動物の犯罪現場での要員の数は，動物行政官1人から，法執行官，動物行政官，検察官，獣医師，規制官(米国および／または州の農務省，あるいは麻薬取締局(Drug Enforcement Agency: DEA)のような他の州および／または連邦政府の機関)，犯罪現場調査官，法医学専門家，非政府動物福祉機関などを含む最大限の対応まで様々である．したがって，対応に当たる要員の数は，犯罪現場調査および記録化の範囲に直接影響を及ぼす可能性がある．

　この後の項目では，一般的に犯罪現場を記録するために使用する調査手法について説明する．これらの項目では，FBIの12段階プロセスをガイドラインとして使用し，動物犯罪特有の証拠収集や記録に対して，特定のやり方や手法が役立つ可能性があることを記す．本書の後続の章では，適切な専門的証拠収集，特定の行為に特化した証拠収集や記録化について取り上げる．

動物の事件対応の計画段階

　動物の事件の経過は，通常(1)法執行機関の日常業務の中で偶然発見される場合，または(2)捜査機関に捜査を計画する機会が認められる場合，の二つのパターンのいずれかをたどる．動物の事件発生時から計画が可能な場合，その事件において活用できるすべての人的資源から意見を求めることは，非常に有益である．

　事件対応の計画段階で最初に議論すべき事項の一つは，事件に関与するすべての要員の役割と責任について，法執行機関が期待することを率直に話し合うことである．事件対応の間，要員やリソースは，法執行機関が要求するものを積極的に提供しなければならない．要員やリソースに制約や制限がある場合は，途中で突然明らかにするのではなく，計画段階で話し合っておかなければならない．事件対応の冒頭でオープンに話し合うことで，影響を最小化するための調整や代替的な行動方針の作成が可能になる．複雑な事件では，事前打ち合わせを複数回行うことが，長期的には有益となる．

　大規模な事件では，計画段階や現場調査に検察官が加わることもあるが，通常は，法執行機関が主要機関となり，その他の要員はすべて補助者である．このような事例の多くは，現場に生きた動物がいる，あるいは死体があるため，獣医師が事件対応を支援することは

不可欠である．筆者の個人的な経験でもそうであったが，ほとんどの場合，獣医師は事件対応の間は法執行機関の補助者である．補助としての役割であっても，獣医師は独立性および客観性を持って，一貫して専門家としての意見や行動を取り続けなければならない．

率直に話し合った結果，別の行動を取ることになる可能性がある例として，以下のものがある．

1. 対象動物が，獣医師が通常扱う動物種ではない場合，または，専門的な獣医学的評価および/または治療を必要とする動物の場合は，最初に対応した獣医師は法執行機関に対して，専門医あるいは獣医系大学など，事件のニーズにより適した他のリソースを助言する．

2. 対象動物を輸送する際，政府の規制により特別な取り扱いや感染症検査，鑑別，または記録が必要な動物種である場合，獣医師は適切な手順について法執行機関に助言することができる．これは計画段階において，州または他の政府規制機関が関与することを意味する可能性がある．

3. 事件対応の計画に関与するリソースの一つに，特定の時間的な競合または制限がある場合，捜索令状を執行するタイミングが変更されることがある．

計画の事前打ち合わせの重要な側面は，現場での動物の取り扱いと管理について議論することである．すべての法執行機関に，動物の取り扱いを支援する動物管理者がいるとは限らない．獣医師が，計画の事前打ち合わせの中で唯一動物を取り扱った経験のある人という場合もある．大規模な事件では，動物の取り扱いや管理に係る課題が拡大することが多く，すぐに問題化することがある (Touroo & Fitch, 2016)．加えて，事件によっては取り扱いに特殊な器具を必要とする動物がいる場合がある．

獣医師，動物管理，またはその他の動物福祉に係る職員は，法執行機関および司法機関からの要求に応えるために，犯罪現場における動物の処置や移動の筋道立った流れについて，法執行機関に助言することができる．事件対応に係る計画の最初の事前打ち合わせで，法執行機関（および，出席している場合は検察官）は，これらのリソースに期待することを詳しく説明する必要がある．現場のトリアージ，環境影響評価，動物のトリアージと評価，輸送のための積み込み，移送，現場と動物の証拠の識別，収集と保管，証拠動物の安全と保護，証拠動物の監視と治療，証拠動物の最終的な処分などの手順における責任は，計画の事前打ち合わせにおいて説明する．

犯罪現場へのアプローチと現場の確保

事件の内容にもよるが，一般的には次の二つのシナリオのいずれかがある．

1. 突発的な事例は，法執行官または動物行政官が通常の業務の中で，動物犯罪の可能性のある証拠を発見した場合がある．このような場合，事件に関する計画的な事前打ち合わせはなく，むしろ警察官は日頃の訓練や捜査機関の手順に応じて調査を開始する．警察官は，進行中の犯罪を監視したり，犯罪現場らしきものを発見したりする場合がある．いずれの場合も，警察官は現場を確保し，調査を進める．
2. 計画を立てて行う事例は，調査を開始する前に情報を入手し，事件対応の手順が計画，予定されている場合を指す．

　ごく限られた範囲で特定の例外があるかもしれないが，緊急の場合，犯罪現場調査の最初のステップの一つは，現場捜索の許可を得ることである．合衆国憲法修正第4条では，市民を不合理な捜索や押収から保護している (Fish et al.,2011)．つまり，捜査機関が現場を捜索するためには，許可を得なければならない．許可を得るためには (1) 合法的に自発的な同意を取る，または (2) 捜査令状という形で裁判所から許可を取る，の二つの方法がある．それぞれの許可には長所と短所がある．自発的な同意と捜査令状の長所と短所，それぞれの作成と執行の手続きについての議論は，ここで述べる範疇を超えている．

　留意すべきルールの一つは，現場から持ち出された証拠は，合衆国憲法修正第4条と捜査令状の範囲に適合していなければならないということである (Fish et al.,2011)．現場から捜査令状の範囲を超える予期せぬ証拠が発見された場合に検討すべき選択肢の一つは，この新たな情報を使って追加の令状を取ることである．相手方の弁護士は，捜査令状と証拠の収集についてしばしば異議を唱えるため，捜査機関は捜査令状の請求について検察官と協議することが多い．証拠を収集している間は，令状の細部にまで厳密な注意を払うことが不可欠である．合衆国憲法修正第4条に違反，かつ／または捜査令状の範囲を超えて収集した証拠や証拠から得られた情報について，相手側から「毒樹の果実※2：違法に得られた証拠」であると主張された場合，法廷で認められないと判断される可能性がある (Fish et al, 2011; Touroo & Fitch, 2016)．

　多くの場合，次のステップは現場の確保である．このステップはほとんどの犯罪調査に共通する．動物犯罪現場に渦巻く感情の激しさを考えると，民間人が立ち入る前に現場を

※2　ひとたび最初の証拠が不法に得られたものと決定されると，そこから得られる2番目の証拠も使うことはできないという規則

確保するのが最も安全である．動物犯罪の現場にいた動物行政官が殺された事件も起きている (National Animal Control Association, 2018)．

突発的な事例の場合，初動の警察官は現場を確保し，必要に応じて支援を要請する．この警官は，処理が完了するまでできるだけ手をつけず，そのままにしておく必要がある．

安全上の理由から，通常計画された調査の現場は，民間のアシスタントが入る前に法執行機関が確保する．現場を確保するために使用される方法は，捜査機関の手順やプロトコルによって詳細に規定されている．

動物犯罪現場において必要となり得るステップの一つは，放し飼いの動物，特に攻撃的な動物を捕獲することである．見張りや警備用として使われていた犬が，犯罪現場を歩き回っていることもある．このような動物は記録し，民間人が入る前に捕獲する．

犯罪現場のトリアージ

FBIの12段階プロセスの4ステップ目は，犯罪現場の予備調査またはトリアージである．このステップの目的は「見るが，触らない」ことである (Fish et al..2011; U.S. Department of Justice, 2013)．現場の介入や修正が行われる前に，現場を写真や動画で記録する．多くの場合，この仕事を割り当てられた者は，敷地の入口から開始し，現場内をエリアごとに歩き，現場全体と特に重要度の高いエリアをクローズアップして記録する．現場全体の記録は，できるだけ多くの視点から行う．例えば，室内の写真や動画は，証拠の妨げにならない範囲で，できるだけ多くの側面や隅から撮影する．動画を撮影する場合，撮影者は音声つき録画と無音録画の長所と短所を検討する．音声をオンのままにする場合は，その場所にいるすべての要員に録画の開始と停止を知らせる必要がある．

この最初の立入調査と記録作成の間，要員の追加は最小限にとどめるべきである．十分な訓練を受けた要員が数人いれば，メモを取り，状況を評価してトリアージし，行動計画を立てることができる．獣医師が犯罪現場の最初の立入調査に参加し，動物のトリアージ計画を始めることが有利に働くことが多い．深刻な苦痛を呈する動物もいれば，そうでない動物もいる．獣医師が最初の立入調査に参加することで，獣医師は動物の評価と必要に応じて緊急処置の順序を計画することができる．最初の立入調査に獣医師が参加することのもう一つの利点としては，環境全体が動物に及ぼす影響を評価できるということが挙げられる．また，アンモニア濃度や排泄物の臭気，動物が飼育されている環境の日照時間や暗さなど，一過性で変わりやすい環境証拠や，元の飼育環境にいる間のこれらの要因に対する動物の反応を記録することができる．獣医師は，現場担当官の許可を得て，動物が受けた環境ストレスの記録，動物のカルテの一部として，環境の状況および／または動物を現場で動画または写真で撮影することができる．この全体的な環境評価は，動物が収容さ

れていた状態や動物の健康と福祉への影響を，裁判官や陪審員に伝えるうえで重要である．

　多くの場合，職員が自制することや，直ちに介入しないことは難しいが，この最初の記録作成の間，動物を含めた証拠は動かしたり変えたりしない方が良い．しかし，獣医師はどの動物が深刻な苦痛を受けているかを把握し，最初の介入として，苦痛の少ない動物の評価と移動の前に，まずそれらの動物の評価と救助を行うよう指示することができる．獣医師が最初の現場評価とトリアージに参加していれば，獣医師の専門的な判断として，なぜこれらの動物に緊急の支援と救助が必要であったか，司法当局に効果的な説明をすることができる．

　現場のトリアージ中に評価する必要があるもう一つの緊急課題は，一過性の証拠の存在である．一過性の証拠とは，すぐに保存しないと変質，損傷，破壊される可能性がある物的証拠と定義される (Fish et al.,2011)．動物の事件の場合，一過性の証拠の典型的な例は，飼育場所の空気中のアンモニア濃度である．ホーディング，パピーミル(子犬工場)，その他の高密度な飼育状況では，アンモニア濃度が非常に高くなることがあり，犯罪現場にいる要員に重大な健康被害をもたらすほどである．さらに，アンモニア濃度の測定を行うことで，動物が飼育されていた慢性的に危険な状況について非常に正確に把握することが可能である．アンモニア濃度は，ドアを開けたり，その場所を換気したりすることで急速に低下する可能性があるため，飼育場所に入ったらすぐに濃度を測定するのが最善である．

　全体の写真や動画の撮影，最初の記録が終わったら，要員は証拠を傷付ける危険性の少ない場所に再集合する．この時点で，行動計画について議論して，調整し，またはエリアを記録して作業を完了する手順について微調整する．全体の写真，動画，記録を使用して，エリアを特定し，証拠の収集について計画する．

　大規模な動物の事件における課題の一つは，現場内の各単位またはエリアごとに体系的な処理および，記録を行うことである．行動計画を微調整する際，各エリアの識別と標識について合意することは必要不可欠である．例えば，パピーミルの犬舎の各区域やホーディングとなっている部屋には文字等を振り，すべての動物や証拠品に連番を振る (Touroo & Fitch, 2016)．例えば，「A-12」と識別された動物は，A部屋の12番目の犬と指定する．一度，識別方法を決定したら，すべての現場要員はそれを遵守しなければならない．これにより，事件の証拠を記録する過程において，識別が容易になり，一貫性が増す．

写真と動画による現場の記録

　テレビの人気犯罪番組で紹介されるような精巧な道具がすべて手に入る犯罪現場の調査はほとんどないに等しいが，写真や動画撮影用の機材は犯罪現場の調査において必要不可欠である．

　現場に到着する前に，調査員は機材の操作に精通しておく必要がある．機材のデジタル

図1.1（a〜d）適切な証拠記録を作成するための，全体像から至近距離の写真への一連の現場写真

日時設定を使用する場合は，現場で使用する前に，正確かどうかチェックする必要がある．予備のバッテリー，SDカード，カメラは適切な準備において必要不可欠である．機材の動作と清潔さ，特にレンズのチェックは行うべきである．

現場の記録における一般原則の一つに，写真や動画の撮影は全体像から特定の部分へ進むということがある．写真も動画も，エリア全体をカバーする概観から始めるべきである．概観を終えたら，中距離からの写真や動画を撮るべきである．これらの写真や動画は，記録した対象物の位置や関連性が明確になるように撮影しなければならない．対象物をクローズアップした記録は，中距離からの記録が終了した時点で行う．この場合も，写真や動画を撮影した場所と理由を明確にする必要がある**(図1.1)**．

各エリアや証拠品は，手を加える前に写真や動画で撮影する．次の一連の記録には，そのエリアまたは証拠を識別マーカーとともに示す．明確にするため，次の作業に進む前に，そのエリア，動物，証拠は完全に記録する．写真や動画を追加した方が事件において有益であると判断した場合は，対象物のすべての識別からやり直し，必要に応じて，追加の写真や動画を撮影する．

犯罪現場の図式化とスケッチ

　FBIの12段階プロセスの8ステップ目は，現場の図とスケッチの作成である．スケッチ

や図は，写真や動画では不可能な，現場の全体的なレイアウトを示すことが可能で，証拠の関係性を詳細に示すことができる．スケッチは，現場の種類や担当者に応じて，普通紙，裏紙，方眼紙を使う．

スケッチの詳細は場面によって異なるが，ほとんどのスケッチでは北の方角を示し，定位置の主要な目印を描く．現場の要素を十分に把握するために，複数のスケッチが必要になることもある．写真と同様，全体的なスケッチは方向を示し，中間距離の位置でのスケッチでは証拠の詳細を示す．鳥瞰図または平面図では，物体を水平位置で示す．立面のスケッチは，高さの差を明確にするため，対象物を垂直面で示す．クロスプロジェクション・スケッチは，平面図と立面図の要素を組み合わせたものである．

通常，スケッチは縮尺通りに描かれることはないが，目印と証拠の間の計測値は記載する．各地点について，少なくとも二つの計測値を記す必要がある．スケッチが乱雑にならないよう，計測値に番号やラベルを付けることがある．計測番号やラベルを付ける場合は，スケッチのどこかに実際の計測値を記録する (Fish et al., 2011; Merck, 2013; U.S. Department of Justice, 2013; Fitch, 2015)．

各スケッチには凡例を記載する．凡例には少なくとも，実行計画/スケッチの種類，スケッチに描かれた場所，スケッチの作成者の名前と署名，スケッチを作成した日付，方位記号，スケッチの縮尺，スケッチが正しい縮尺で描かれていないことの免責事項を含める (Fish et al, 2011; Merck, 2013; U.S. Department of Justice, 2013; Fitch, 2015) **(図1.2)**．

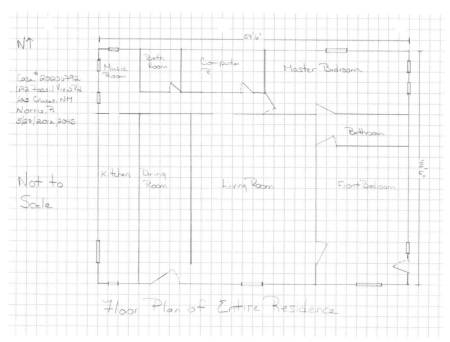

図1.2 現場では，縮尺のない大まかなスケッチを行う必要がある．この例では，凡例，北方位の表示，「縮尺どおりではない」という断り書きを含む平面図または鳥瞰図のスケッチを示している．

犯罪現場での証拠の捜索

証拠の捜索は徹底的かつ詳細に行わなければならない．押収した証拠は合衆国憲法修改正第4条の制約に従わなければならないことを念頭に置き，関連するすべての証拠をそのように認識することが不可欠である．Henry Leeは「すべての法医学調査の基礎は，犯罪現場にある大小様々な物的証拠の可能性と重要性を認識する犯罪現場調査官の能力に基づいている」と述べている (Lee et al., 2007)．一度現場を公開すると，元の状態や状況で証拠を識別し収集する機会が失われる可能性がある．

9ステップ目で重要なのは，現場にいる要員の訓練と経験である．高度な訓練を受けた要員は，ともすればありふれた外観のように見える物でも，重要な証拠だと識別することができる．例えば，闘鶏の道具について訓練を受けた者は，闘鶏現場の箱の中にある蝋引き紐や弓のこ刃の重要性を理解するであろう．トレッドミル※3は多くの住居や倉庫で見かけるが，闘犬の訓練に関連することが多いため，闘犬が疑われる現場で発見された場合は，特別な意味を持つことが多い．

証拠として認識されないものは，次のステップで収集し，記録することができない．

Fishは，「気になることがあれば記録せよ」と書き残している (Fish et al., 2011)．同様に，無関係なものを過剰に収集すると後ほど行き詰まり，現場における効率的な捜索の妨げとなる．特に，大規模な現場や，変化が差し迫っている現場(例：海岸の潮の満ち引き，雪解け，雨の接近)では，効率的かつ体系的な捜索方法の実施が不可欠である．主導機関は，ストリップサーチ，グリッドサーチ，リンクサーチ，ゾーンサーチ，ホイールサーチ，スパイラルサーチなど，特定のパターンの捜索の実施を決定する (Fish et al., 2011; Merck, 2013; Fitch, 2015)．

犯罪現場が狭いエリアでも，同様の体系的なアプローチが求められる．例えば，動物の収容ユニットがたくさんある犬舎でも同じく，詳細なアプローチが必要である．各ユニットとその周囲(上，下，四方)を丹念に捜索する．捜索対象は動物1頭の場合もある．この場合も，動物が現場にいれば一カ所から開始し，調査員は動物の下や横へ移動しながら，動物のすべての部分および動物に隣接するエリアを調べる．

広い敷地であれ，一つの部屋であれ，エリアの捜索を計画する場合，一般的な捜索パターンは次の四つである．

1. スパイラル：これは，施設や建造物内の犯罪現場でよく使われる．通常，捜索するエリアの外周からスタートし，ゆっくりと螺旋状に内側に向かって証拠を

※3　屋内でランニングやウォーキングを行うための運動器具

探す．このパターンは通常は使用されない．

2. ライン：この捜索方法は大規模な屋外の現場で多く使用され，一列に並んだ操作員が通常は腕の長さの間隔を等距離にとって，決められたエリア内を歩く．エリアの境界線はマークしておき，エリアを飛ばさないように完全に維持しなければならない．

3. グリッド：グリッドサーチは基本的に，最初のラインサーチと垂直の向きに2番目のラインサーチを行う方法である．この方法も通常，大規模な現場で使用される．

4. ゾーン：ゾーンサーチは，多くは限定された狭いエリア，または個別に領域を細分化できる比較的大きなエリアを対象とする (Fish et al, 2011; Fitch, A., 2015)．このパターンは，屋内でのスパイラルサーチの代わりに使用できる．

　動物の犯罪現場は捜査する犯罪の数だけ多様であるため，特定の現場ではこれらの種類の捜索方法を組み合わせて使用されることもある．

記録と証拠の収集

　このステップは時間がかかり，退屈なものであるが，このステップでの誤りは事件対応の進行と起訴に重大な影響を与える可能性がある．Leeら (2007) によれば，物的証拠とは，「事件解決において調査員に有益な情報をもたらすあらゆる証拠」と説明するのが最も適切である．

　一般的に，物的証拠とは犯罪に関連する，または犯罪が発生したことを立証するのに役立つあらゆる有形物のことである．物的証拠は，犯罪と被害者または容疑者を結び付ける物となる場合もある．証拠は事件の新たな情報源となる．証拠は，時系列を含む事件の事実を示し，現場，被害者，参考人，犯罪中または犯罪に関連して使用された物品など，犯罪要素の関連性を示し，目撃者の証言を立証または反証，他の証拠の役割を解明，未知の物品または物質を特定，犯罪や犯罪現場を再現する (Gianelli, 2009; Fish et al., 2011; Fitch, 2015)．

　動物の事件の場合，筆者の経験では，一般的に，安定した証拠，生物学的証拠，生きた証拠の3種類の物的証拠を記録し，収集する．これら三つの証拠はそれぞれ，専門的な取り扱いを必要とする場合がある．安定した証拠であれば，通常，事前処理は最小限ですむ．このような証拠品は，大きさにもよるが，証拠袋に収集し，証拠テープで封印して，収集者の署名を記載し，必要に応じた検査を行うまで証拠保管所に保管される．証拠テープと署名は，包装の開封が容易に見えるような向きにする．包装には，証拠収集を担当する機関が必要とするすべての情報を貼付する．この情報には，事例番号，品目番号，調査機関，

簡単な説明，収集日時，証拠収集者の身分証明書が含まれる．証拠品を包装する前に容器に貼付する方が簡単である(U.S. Department of Justice, 2013)．

証拠の収集と保管に関するその他の一般的なガイドラインには，次のものがある．

1. 壊れやすい証拠や紛失しやすい証拠は，まず梱包する．証拠の破砕を防ぐため，硬い段ボールの使用も可能である．

2. プラスチック製の証拠品袋は湿気による結露やカビの発生を助長させる可能性があるため，証拠は通常，紙製の証拠品袋に入れる．

3. 現場で濡れた証拠を風乾させる十分な時間がない場合，濡れた証拠を一時的に梱包し，証拠を安全な場所に移し次第，包装を開け，証拠を乾燥させてから再包装する．この証拠の取り扱い，開封，再包装は，湿気による劣化を最小限に抑えるため，できるだけ早く行う必要がある．さらに，証拠保全の連鎖を維持するため，取り扱い手順は完全に記録すべきである．

4. 液体の証拠は，適切な蓋付きのバイアル瓶に収集し，保管する．

5. 毛髪や粉末などの微量な痕跡証拠は，封筒(マニラ紙やグラシン紙)に集めるか，薬包紙に入れる．

6. ほとんどの場合，証拠はそれぞれ個別に収集，包装する(Fish et al, 2011; Fitch, 2015; Merck, 2013)．

生物学的証拠とは，ヒトや動物の身体に由来する証拠である．例えば，血液，精液，唾液，その他の身体からの分泌物などの体液が挙げられる．皮膚細胞，毛髪，毛包も生物学的証拠だが，染色や塗抹標本として収集されることは少ない．時間の経過や環境への暴露によって生じる自然劣化を避けるため，生物学的証拠を適切に収集する技術は不可欠である(Merck, 2013; U.S. Department of Justice, 2013; Fitch, 2015)．

一般的に用いられる生物学的証拠の収集方法としては，滅菌(しみが乾燥している場合は滅菌水または蒸留水で湿らせた)綿棒またはガーゼを使用してしみを収集すること，あるいはメスまたは剃刀などの滅菌器具を使用して材料をかき集めることがある(Fish et al, 2011; Merck, 2013; U.S. Department of Justice, 2013)．生物学的証拠を収集・保存するための最も包括的な手法の一つは，証拠が発見された場所全体を収集することである．これは，証拠材料の関連する部分を切り取ることで行える．対照サンプルとして，生物学的証拠によって汚染されていない材料を収集することも考慮する必要がある(Merck, 2013; U.S. Department of Justice, 2013)．生物学的サンプルが濡れている場合は，可能であれば，証拠品袋に密封する前に汚染のない場所で乾燥させる．

動物犯罪の現場で発見される生物学的証拠のもう一つのよくある例は，動物の死体であ

る．動物の死体は事件にとって重要な情報をもたらす可能性があるため，収集の際には慎重に扱わなければならない．現場では，輸送中に痕跡証拠が失われないよう，袋に入れる前に前肢を紙袋で覆い，死体を清潔なシーツで包む (DiMaio & DiMaio, 2001; Touroo & Fitch, 2016)．死亡動物からの証拠の取り扱いと収集，解剖検査のプロトコルについては第10章で述べる．

　犯罪現場の調査における職員の安全については後の項目で取り上げるが，生物学的サンプルを扱う際，調査員はサンプルを自身のDNAで汚染したり，サンプルを相互汚染しないよう，相応の注意を払わなければならないことを繰り返して述べる．さらに，調査員は生物学的サンプルに含まれる病原体に暴露されないよう十分に注意しなければならない．サンプル採取ごとに交換する使い捨て手袋の着用は基本であり，多くの調査員は病原体の暴露を最小限に抑えるために二重手袋法を用いる．

　国際財産証拠協会 (International Association of Property and Evidence, Inc.) は，証拠の管理と保管に関する専門的基準を詳述したオンラインマニュアルを公表している．ヒトの犯罪現場における証拠収集と保管に適用される一般原則の多くは，動物の犯罪現場にも適用される (International Association for Property and Evidence Inc., 2016)．

　動物の事件に特有なのは，生きた証拠，つまり動物そのものの存在，収集，保管である．生きた証拠には特有の課題があるため，以下の項目では，生きた証拠の収集，記録，保管(収容)について詳しく説明する．

生きた証拠

　雪解けのタイヤ痕のような一過性の証拠と同様に，動物は収集されている間にも変化する．調査員が現場にいること自体が，動物に影響を与える可能性がある．動物は，識別や安全なシェルターへ搬送するために取り扱う過程において傷害を受ける可能性があり，状態が変化する．したがって，動物がいるときの記録は徹底的かつ完全であることが必須である．事件によっては，調査員が入手できる犯罪現場は動物のみという場合もある．

生きた証拠の同定

　犯罪現場の各セクションは，そのエリアから来た動物と同様に独自に識別される．動物の数が数十から数百，時には数千に達する場合ほど，1頭または数頭の動物の識別はほとんど問題にならないのは明らかである．各動物は通常，飼育または発見された場所で識別し，処理用の連続番号が付与される．例えば，ある動物にB-32と貼付されることがあるが，これは事件現場の記録に「B」と書かれた犬舎から来た動物で，そのエリア内で数えて32番目の動物であることを意味する．共通して必要なのは，犯罪現場で動物に割り当てられた識別情報は，動物の最終処分が行われるまで，事件の全過程を通じて継承することである．識別情報を変更する必要がある場合は，古い識別情報と新しい識別情報，変更の説明を含

記録と証拠の収集

図1.3 犯罪現場で，保護する動物と物的証拠を保管するために使用される典型的な英数字の動物番号システム．場所にはアルファベットを付ける．動物には数字が振られる．

む記録を作成する必要がある．この一般的な例として，証拠動物にマイクロチップを埋め込む場合がある．マイクロチップは現在のところ，その動物にとって不変かつ（通常は）恒久的な識別情報となっている**(図1.3)**．

生きた証拠の身体検査

　条件とリソースが整えば，動物と接触した直後，収容場所へ搬送する前に，各動物の写真記録とともに少なくともトリアージ検査を実施することが推奨される．これは，獣医師が調査チームの一員として現場にいることが貴重である理由の一つである．獣医師は現場でトリアージまたは完全な身体検査を実施し，正常な所見や収容時に確認した病変を記録する．

　現場で時間が許せば，または収容場所に到着後できるだけ早い時点で，動物は免許を持った獣医師による身体検査（physical examination: PE）を行うべきである．検査は，管轄区域の獣医師会などの規制当局が承認する基準を満たす方法で実施する必要がある．事件内のすべての動物のPEは標準化された方法に従う必要があるが，様々な所見に対応するため，必要に応じて臨機応変に変更を加える．さらに，PEは事件対応の進行全体を通じて，必要に応じて同じ方法で繰り返し行う．1頭に対して体温，脈拍，呼吸（temperature, pulse, respirations: TPR）をすべて行った場合，特別な事情がない限り，現場にいるすべての動物に対して行うべきである．例えば，事件対応のための計画説明において，すべての動物が社会化されていない猫，あるいは野良猫であることが判明した場合，野良猫の直腸温を測定することの是非と安全性について真剣に検討する必要がある．特別な事情がある場合は，その事件における標準の方法から逸脱する理由を記録すべきである．

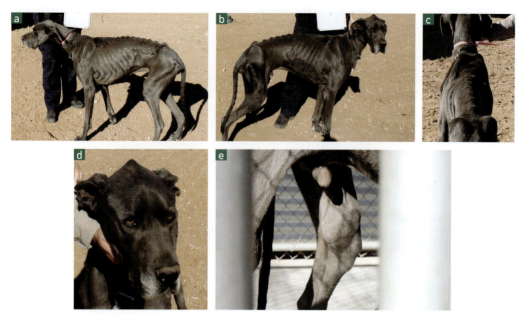

図1.4 (a〜e) 各動物の発見された状態を記録するために，最初に一連の写真を撮る．これらの写真には動物の左右両側，頭部，背側および腹側を写す．最初に撮影する写真には，病変や損傷のマクロ(至近距離)も含める．

また，検査では正常・異常の両方の所見すべてを写真または動画で記録する．写真および/または動画は，個体識別のために，可能であれば動物の左右，正面，背面がわかるように撮影する．ここでも犯罪現場と同じ原則を適用する．写真/動画は，識別がない動物の姿，識別がある姿，全体像から開始し，中間距離，至近距離の順に撮影する．全体像には，左側，右側，正面，後面が含まれる．必要に応じて，背面および腹面を撮影する．書類および文書に記載された識別情報は，犯罪現場で割り当てられた識別情報と一致するものでなければならない(図1.4)．

生きた証拠の身体検査において他に考慮すべきことは，徹底性と記録化である．この分野の原理は，「記録されていなければ，それは起こっていない」ということである．これは，あらゆる手法と同様にPEにも当てはまる．もし記録に検査のすべて，あるいは検査された部分のすべてが記載されていなければ，裁判所から見れば，それは行われていなかったことになる．獣医師がルーチンな検査を実施し，正常な所見を示すと判断したにもかかわらず，記録していない部分について，相手方の弁護士からその信頼性を問われる可能性がある．著者は，すべての身体系の検査を迅速に確認できる標準化された検査様式の使用を推奨する．事件を通して，すべての動物に同じ様式を使用すべきである．必要に応じて，検査様式は動物種やその状況特有のニーズに合わせて変更することもできる(図1.5)．

(個人的な経験として)日常的な獣医学的検査にボディコンディションスコア(body condition score: BCS)が含まれることは増えてきたが，法獣医学的検査では一般的である．多くの動物種に特化したBCSの採点システムがある．採点システムは動物種，時には品

a

Agency _____ Case # _____

Address _____ Case Agent _____ Animal # _____

_____ Date _____ Time _____

Veterinary Medical Evaluation

History: _____
_____

Description of the Animal _____

Temp: _____ Pulse: _____ Resp: _____ Weight: _____ BCS: _____

Behavior/Attitude: _____

Mental: N Abn	Skin: N Abn NE	Ears: N Abn NE
Muc. Mem: N Abn	Heart: N Abn NE	MuscSkel: N Abn NE
Hydration: N Abn	L Nodes: N Abn NE	Nose: N Abn NE
Lungs: N Abn NE	Neuro: N Abn NE	Eyes: N Abn NE
Mouth: N Abn NE	Abdomen: N Abn NE	Urogen: N Abn NE
Discomfort: Yes No	Distress: Yes No	Pain: Yes No

Paws/Feet/Hooves/Nails: _____

Hair/Feathers: _____

Abnormal Findings: _____
_____
_____
_____

Examiner: _____ Page _____ of _____

b

Agency _____ Case # _____

Address _____ Case Agent _____ Animal # _____

_____ Date _____ Time _____

Additional Findings (continued) _____
_____
(以下罫線)

Examiner: _____ Page _____ of _____

図1.5（a〜b）筆者が使用した標準的な収容時の検査様式

種に特有である．例えば，乳牛用のBCSと肉牛用のBCSは別である．ロバのBCSは馬のものとは異なる．このテーマは，馬と家畜に関する内容であるため，第17章で取り上げる．

　現在までのところ，あるシステムが他のシステムより有意に優れていることを示した独自の研究はない．事件を通して，動物種ごとに一つのシステムを一貫して使用することが推奨される．採点システムの使用に関する採点者のトレーニングを文書化することは有益である．

　犬用の一般的なBCSシステムの一つは，Tufts Animal Care and Condition Scale (TACC)である(Patronek, 1997)．TACCは動物の状態を5段階で評価し，「5」は衰弱，「1」は理想的な状態である．このスケールでは過体重の犬や病的肥満の犬の評価はできない．この採点システムには，犬が飼育されていた環境も評価できるという利点がある．TACC環境スケールでは，(1)気候における安全性，(2)飼養環境の状態，(3)身体的ケアをスケールで評価することができる．このシステムにより，動物の飼育に関する「総合的な状況」を評価することが可能である(Patronek, 1997)．

　犬と猫用のBCSシステムは，一般にPurinaスケールがあり，LaFlammeスケールとしても知られている(LaFlamme, 1997; Nestle Purina Pet Care Center, 2002a,b)．このスケールには9段階あり，5が「理想的」，1が「衰弱」，9が「著しい肥満」である．チャートには，サンプル写真と動物の身体の状態の説明の両方が記載されている．

　初回およびその後の検査において，動物の快適さのレベル，またはその欠如についても

記録する必要がある．このような内容は検査記録に記載する．快適度のラベル付けとその説明は，事件対応の期間中，記録し，標準化する．例えば，これらのレベルは，快適，不快，苦痛，痛み，または苦痛として記録される(Touroo, 2012)．

　動物の快適度，あるいは逆に苦痛を評価するために使用されているツールの一つは，PatronekのQOLチャート(Cummings School of Veterinary Medicine, Tufts University, 2020)である．これは，英国家畜福祉協議会(Farm Animal Welfare Council, 2009, Brewster & Reyes, 2013)が制定した「五つの自由」に基づいている．

　「五つの自由」には以下のものがある．

1. 飢えと渇きからの自由
2. 不快からの自由
3. 痛み，外傷，病気からの自由
4. 正常な行動を表現する自由
5. 恐怖や抑圧からの自由

　動物が苦痛を感じていることが判明した場合，その内容は検査記録に記載する．痛みのスコアを用いた客観的な記録は，司法機関によって犯罪行為の範囲を評価する際に役立つ．動物の苦痛の評価と管理に関して容易に入手できる参考文献のリストは，第16章の最後に記載されている．犬(Hellyer et al., 2006a)，猫(Hellyer et al., 2006b)，馬(Blossom et al., 2007)用のColorado State Acute Pain ScalesやShort Form of the Glasgow Composite Measure (Reid et al., 2007)のような，チャートと写真付きの疼痛採点システムも利用可能である．これらの様式は，獣医療の記録の一部として組み込むことができる．痛みの評価に関する追加情報は第16章で説明する．疼痛の採点評価は，動物のすべての再評価検査を通して継続する必要がある．

生きた証拠の再評価

　生きた証拠の取り扱いには，証拠は常に変化する可能性があるという事実がつきまとう．動物は事件対応の期間中，老化したり，病気や怪我を負ったり，健康状態や体調が改善または悪化する．調査機関が生きた証拠を現場でのみ保管するのか，事件対応の期間中，動物を押収して保管するのかにかかわらず，動物の状態は常に変化する．動物を扱うという行為そのものが，検査の所見を変える可能性がある．したがって，動物を取り扱う前にその場で記録することが賢明である．変化にはごくわずかなものや一過性のものもあれば，永続的なものもある．

　事件対応の期間中，動物が保護収容される場合，この証拠は定期的に，できれば同じ検

査員によって再評価される必要がある．再評価の間隔は，動物種，事件の状況，動物の年齢と状態，予期せぬ医療の必要性によって異なる．間隔そのものは，実際には事件対応の計画段階で決定し，事件を通して必要に応じ調整する．

犯罪現場に求められるバイオセキュリティ

　動物の犯罪現場は，他の犯罪現場と同様，犯罪現場にいる職員の健康と安全にいくつかの危険をもたらす可能性がある．安全および健康上の危険に関する議論は，各計画事前打ち合わせの一部に入れる．ほとんどの法執行機関は，労働安全衛生局（Occupational Safety and Health Administration: OSHA）の要件に準拠するために，犯罪現場に必要な防護具（personal protection equipment: PPE）を詳細に規定したプロトコルを定めている．犯罪現場にいるすべての要員は，必要とするすべてのPPEのプロトコルに従うべきである．要員が適切で安全なプロトコルがわからない特殊な状況に遭遇した場合は，現場を確保し，現地の 危険物処理班（HAZMAT）担当者に相談する．

　以下の潜在的な危険と適切なPPE，および低減策について詳しく説明する必要がある．

1. アンモニア濃度
2. バイオエアロゾル
3. 血液由来およびその他のヒトの病原体
4. 人獣共通感染症
5. 闘鶏刀などの鋭利な器具
6. 注射針と注射器
7. 攻撃的な動物
8. 有毒または噛咬性の昆虫および蛇
9. 有毒植物，例えば，ツタウルシ，ウルシ，ウルシ毒など (Fish et al, 2011; Merck, 2013；Cummings School of Veterinary Medicine, Tufts University, 2018a,b)

　前述したように，アンモニア濃度の上昇は衛生設備や換気の悪い飼育環境でよくみられる所見である．米国疾病予防管理センター/米国国立労働安全衛生研究所（CDC/NIOSH）のウェブサイトによると，米国労働安全衛生局（OHSA）で定める現在の純アンモニアに対する許容暴露限界（permissible exposure limit: PEL）は，15分間の短期暴露限界（short-term exposure limit: STEL）として35ppmである．STELは，15分間の時間加重平均（time-weighted average: TWA）の暴露であり，作業日中のいかなる時点でも超過してはならない．NIOSHは，8時間のTWAとして25 ppm，STELの限度として35 ppmの推奨

暴露限界（recommended exposure limit: REL）を設定した（Center for Disease Control/National Safety and Occupational Health, 2018）．NIOSHは，アンモニア300 ppmを「生命と健康に直ちに危険を及ぼす」濃度として定めた（Center for Disease Control/National Safety and Occupational Health, 2018; Cummings School of Veterinary Medicine, Tufts University, 2018a）．不衛生な動物飼養施設で発生するアンモニアは，腐敗した尿，糞，死骸から発生する他の化学物質と混合していることが多いことに留意する．したがって，アンモニア濃度が高い飼養環境では，さらに有害かつ有毒な化学物質が存在する可能性がある．

不衛生な動物飼養施設で見つかった特定のバイオエアロゾルは識別も定量化もされていないが，これらの化学物質の暴露が広範な健康影響に関与する可能性があることが研究で示されている（Douwes et al., 2003）．したがって，このような環境における特定のバイオエアロゾルがさらなる研究で明らかになるまでは，この種の犯罪現場で作業する際には適切なPPEを使用することが賢明である．

血液由来の病原体は，犯罪の種類に関係なく，犯罪現場での懸念事項である．病原体とは，病気を引き起こすウイルス，細菌，プリオン，真菌などの微生物である．犯罪現場の調査員は，これらの病原体は液体として採取された生物学的サンプルのいずれにも多く含まれることを常に念頭に置くべきである．血液，尿，糞便，唾液，精液，汗，嘔吐物，その他の分泌物など，あらゆる体液には病原体が存在する可能性がある．一般的に懸念される病原体には，ヒト免疫不全ウイルス（humann immunodeficiency virus: HIV），B型肝炎，C型肝炎，性感染症（sexully tranamitted disease: STD）が含まれる（Fish et al., 2011）．不衛生な犯罪現場にはつきものだが，サルモネラ菌や大腸菌などの糞便病原体が存在する可能性があり，ホーディングでは家や施設の下水/浄化槽のシステムが機能していないことがよくある．衛生状態の悪い犬舎エリアでは，これらの糞便病原体やその他の病原体が，糞便に汚染された環境中に高濃度で存在する可能性がある．病原体汚染に対する懸念は，現場での物理的存在だけでなく，こうした現場からの証拠の収集や処理にも及ぶ．

人獣共通感染症もまた，動物犯罪の現場で懸念される．筆者の経験では，狂犬病，レプトスピラ症，ジアルジア症，白癬，疥癬が一般的に懸念される病気である（図1.6）．

鋭利な器具も動物犯罪の現場では危険である．犯罪現場で闘鶏やその準備が中断されている場合，一部の鶏にはギャフ（鉄蹴爪）やナイフがすでに取り付けられている可能性がある．鳥を捕獲して扱う前に細心の注意を払って鶏の両肢を目視で観察すること．また，ナイフやギャフの入った箱や容器が，動物の近くに置かれていることもあるので，手や足を置く前には必ず確認すること．闘犬や闘鶏では現場で，メスの刃やカミソリの刃を付けていることがある（図1.7）．

闘技，訓練，飼育，繁殖などの動物に関する組織的な活動の現場には，しばしば新品や使用済みの注射針・注射器がある．使用済みの注射針や注射器は，血液，ワクチン，タン

図1.6 疥癬の初期病変

図1.7 闘鶏現場の鶏の準備エリアから発見された鋭利な器具

パク同化ステロイド，その他の違法物質で汚染されている可能性がある．証拠を探すときや，これらを証拠として収集するときは注意すること．ほとんどの法執行機関は，針刺し事故に対する標準作業手順書（standard operating procedures: SOP）を持っている．暴露した場合は，これらのプロトコルに従う．注射針はヒトの病原体だけでなく動物の病原体にも汚染されている可能性があることを，必ず医療従事者に伝える．

　攻撃的な動物や社会化されていない動物は，大規模な事件やネグレクトされている，あるいは人間との関わりが最小限に限られる小規模な事件で非常によくみられる．大規模な事件では，動物の数が多く，飼養管理をする人が非常に少ないということが多く，そのた

め動物が人間からの扱いに慣れていなかったり，過去に人間とのネガティブな関わりを持っていたりする．前項で述べたように，現場における最初の安全確保には，犬などの放し飼いの攻撃的な動物を収容または拘束することが含まれる．建物や敷地に初めて入る時は，発見されていない攻撃的な動物がいる可能性があるため，十分に注意する．

プロの闘犬士は人間に対する攻撃性を容認しないことが多いが，ストリートレベルの闘犬士の多くは自分の犬を「（犬が）自分の身を自分で守る」ように訓練している．その結果，これらの動物は見知らぬ人に対して非常に攻撃的になることがある．アニマルホーダーは，自分の家や施設にいる動物を社会化させることがほとんどできていない．多くの場合，このような状況で飼われている猫は，実質的には施設の中に閉じ込められた野良猫である．革製や布製の手袋は血液由来の病原体を防ぐことはできないが (Fish et al., 2011)，しかし，このような場合には，1枚目としてニトリル手袋を着用し，2枚目として革手袋を着用するという選択肢もある．

昆虫は犯罪現場の調査員にとって危険をもたらす場合がある．獣医療を受けていないあるいは不十分な動物には，ノミ，ダニ，および/またはシラミが寄生している可能性がある．これらの寄生虫は環境中に放散していることもあるので，動物を扱っていない現場の要員もこの危険に注意を払う必要がある．筆者の個人的な経験では，アニマルホーダーの家には，クロゴケグモやサソリなどの大量の有毒昆虫がいる可能性がある．草むらには毒蛇，毒のない蛇の両方が潜んでいることもある．場合によっては，毒蛇やワニやコモドオオトカゲなどの大型の危険動物を飼育しているエキゾチックアニマルのコレクターなど，収集している動物自体が問題となる場合もある．

地理的位置によっては，藪や樹木が茂った場所でのグリッドやラインの捜査に参加すると，ツタウルシやウルシなどの有毒植物や，メスキートなどの棘のある植物に触れる可能性がある．怪我を避けるためには，適切な服装が必須である．

すべての場面ですべてのPPEが必要ということではないが，上に挙げたすべての危険を念頭に置いて，ほとんどの場面で特定のPPEを利用すべきである．PPEには，ニトリル手袋，動物用手袋，タイベック™または同様の保護用アウターウェア，ブーツ，ブーツカバー，靴カバー，眼の保護具，状況/環境に適したマスクなどが含まれるが，これらに限定されるものではない (Fish et al., 2011)．PPEは犯罪現場の調査中に何度も交換する必要があるため，十分な数を用意する必要がある．また，相互汚染を避けるために様々な証拠を収集する場合や，破れや重大な汚染が発生した場合には，交換して廃棄する．すべてのPPEは，バイオハザード物質のプロトコルに従って廃棄する必要がある．

PPEの使用に関してもう一つ考慮すべき点は，作業する要員に与える身体的負担である．保護マスクやタイベックタイプのつなぎ服を着用すると，特に典型的な動物犯罪現場の不衛生な換気の悪い高温多湿の環境では，熱ストレスを引き起こす可能性がある．現場を適

時に処理することは重要だが，計画段階では，現場要員に対するリスクと潜在的危害を考慮する必要がある．この懸念もまた，事件対応の期間を通じて再評価し，それに応じた調整をする．

参考文献

American Veterinary Medical Association. 2017. Model Veterinary Practice Act. https://www.avma.org/KB/Policies/Pages/Model-Veterinary-Practice-Act.aspx.

Blossom, J.E., P.W. Hellyer, P.M. Mich, N.G. Robinson, and B.D. Wright. 2007. *Equine Comfort Assessment Scale*. Colorado State University Veterinary Medical Center. http://csu-cvmbs.colostate.edu/Documents/anesthesia-pain-management-pain-score-equine.pdf.

Brewster, M. P. and C. L. Reyes. 2013. *Animal Cruelty: A Multidisciplinary Approach to Understanding*. Durham, NC: Carolina Academic Press, p. 207.

Centers for Disease Control/National Safety and Occupational Health. 1994. *Ammonia. Immediately Dangerous to Life or Health (IDLH) Values*. (https://www.cdc.gov/niosh/idlh/7664417.html).

Center for Disease Control/National Safety and Occupational Health. 2018. Occupational Health Guidelines for Chemical Hazards. https://www.cdc.gov/niosh/ docs/81-123/pdfs/0028-rev.pdf.

Cummings School of Veterinary Medicine. 2018a. Tufts University. Animal Welfare for Hoarding of Animals Research Consortium. http://vet.tufts.edu/wp-content/uploads/fivefreedoms.jpg

Cummings School of Veterinary Medicine. 2018b. Tufts University. Public Health for Hoarding of Animals Research Consortium. http://vet.tufts.edu/hoarding/public-health/.

Cummings School of Veterinary Medicine. 2020. Tufts University. Animal Welfare for Hoarding of Animals Research Consortium. http://vet.tufts.edu/hoarding/animal-welfare/.

DiMaio, V., and D. DiMaio. 2001. *Forensic Pathology*, 2nd ed. Washington, DC: CRC Press.

Douwes, J., P. Thorne, N. Pearce, and D. Heederik. 2003. Bioaerosol health effects and exposure assessment: Progress and prospects. *Annals of Occupational Hygiene*, 47(3): 187-200.

Farm Animal Welfare Council. 2009. Five Freedoms. http://www.fawc.org.uk/freedoms.htm.

Fish, J.T., L.S. Miller, and M.C. Braswell. 2011. *Crime Scene Investigation*. Boston MA: Elsevier - Anderson Publishing, p. 2, 16, 18,19, 33, 36, 37, 65-69, 79-80, 110, 150-151.

Fisher, B.A., W.J. Tilstone, and C. Woytowicz. 2009. *Criminalistics: The Foundation of Forensic Science*. Boston, MA: Elsevier Academic Press, p. 4.

Fitch, A. (Lectures) *Animal Crime Scene Processing, Summer 2015, Course 6052*. University of Florida: ASPCA.

Gianelli, P.C. 2009. *Understanding Evidence*, 3rd ed. New Providence, NJ: LexisNexis.

Hellyer, P.W., S.R. Uhring, and N.G. Robinson. 2006a. *Canine Acute Pain Scale*. Colorado State University Veterinary Medical Center. http://www.vasg.org/pdfs/CSU_Acute_Pain_Scale_Canine.pdf

Hellyer, P.W., S.R. Uhring, and N.G. Robinson. 2006b. *Feline Acute Pain Scale*. Colorado State University Veterinary Medical Center. http://www.vasg.org/pdfs/CSU_Acute_Pain_Scale_Kitten.pdf.

International Association for Property and Evidence Inc. 2016. Professional Standards. http://home.iape.org/evidence-resources/iape-documents.html as viewed on 3/4/2018.

International Veterinary Forensic Sciences Association. 2018. 3/4/2018. www.ivfsa.org

Laflamme, D.P. 1997. Development and validation of a body condition score system for dogs. *Canine Practice*. July/August. 22: 10-15.

Lee, H.C., T. Palmbach, and M.T. Miller. 2007. *Henry Lee's Crime Scene Handbook*. Boston MA: Elsevier Academic Press, p. 1, 6.

Merck, M. 2013. *Veterinary Forensics*, 2nd ed. Ames, Iowa: Wiley-Blackwell Publishing, pp. 21-22, 24, 29-30.

Miles, J.D. 2018. CBS News Dallas-Fort Worth Affiliate. Man Sentenced to 12 Years for Stomping On, Throwing Puppy (https://dfw.cbslocal.com/2018/02/27/man-sentenced-stomping-throwing-puppy/).

National Animal Control Association. 2018. *Animal Control Officer Memorial. Wall of Hero's*. http://www.nacanet.org/page/WallofHeroes.

Nestle Purina Pet Care Center. 2002a. *Body Condition System for Dogs*. Version 3.13. https://oregonvma.org/files/Purina-Dog-Condition-Chart.pdf.

Nestle Purina Pet Care Center. 2002b. Body *Condition System for Cats*. https://oregonvma.org/files/Purina-Cat-Condition-Chart.pdf.

Patronek, G.J. 1997. Tufts Animal Care and Condition (TACC) scales for assessing body condition, weather and environmental safety, and physical care in dogs. In: Olson, P. *Recognizing and Reporting Animal Abuse: a Veterinarian's Guide*. American Humane Association, Denver, CO. Tufts University, Tufts Animal Care and Condition Scale. http://vet.tufts.edu/wp-content/uploads/tacc.pdf.

Reid, P., J. Nolan, A. Nolan, and L. Hughes. 2007. Development of the short-form glasgow composite measure pain scale (CMPS-SF) and derivation of an analgesic intervention score. *Animal Welfare Supplement*. 1.

Touroo, R. 2012. *VME 6575 - Veterinary Forensic Medicine*. Distance education course. University of Florida, Gainesville, FL: Spring.

Touroo, R., and A. Fitch. 2016. Identification, collection, and preservation of veterinary forensic evidence: On scene and during the postmortem examination. *Veterinary Pathology*, 53(5): 880-887.

U.S. Department of Justice. 2013. *Crime Scene Investigation: A Guide for Law Enforcement*. https://www.nist.gov/sites/default/files/documents/forensics/Crime-Scene-Investigation.pdf.

第 **2** 章

法獣医学の一般原則

Nancy Bradley-Siemens

はじめに	26
法獣医学の定義	26
法科学の歴史	27
今日の法獣医師	27
法獣医学とヒトの法医学の比較	29
法獣医学の犯罪捜査への応用	30
被害動物	30
動物による傷害	30
法獣医学の種類	32
法獣医学の将来	34
確立：体制とプロトコルの標準化	37
結論	39
参考文献	39

はじめに

Melinda Merck博士，Ranald Munro博士，Helen M.C. Munro博士，John Cooper博士，Randall Lockwood博士およびM.V. Thrushfield博士は，法獣医学の開拓者として知られる．これらの先駆的な研究者らは，少なくとも1990年代後半から，この分野におけるオピニオンリーダーであった．彼らの仕事を通じて，法獣医学の礎が築かれた．今日，法獣医学について考えるとき，まず思い浮かぶのは，生きている動物と死亡した動物の両方を含む動物虐待事件を扱うことであろう．法獣医師や法獣医病理学者など様々な用語がある．ヒトと動物の絆や「つながり」といった用語は，動物虐待とあらゆる種類の人間による暴力との関係を論じる際に出てくる．

法医学は，ヒトであれ動物であれ，犯罪を題材にしたテレビ番組に魅了される現代社会，訴訟社会において，よりその重要性を増している．医療と法律の問題は，民事と刑事の両面でますます密接に関わり，様々な分野で法医学的な専門知識を必要とするという課題が増加している．したがって，法廷で鑑定証言を行う獣医師は，裁判所が評決を下せるような方法で検査や評価を行うために必須の知識と経験を有していることが不可欠である (Cooper & Cooper, 2007)．

法獣医学の定義

現時点では，法獣医学には決まった定義はない．法獣医学について考えるとき，人々は動物虐待の事例やそのような事例の報告義務などを想像するであろう．法獣医学の範囲には，病理学，動物虐待者の追求，または野生動物に関わる犯罪が含まれると考える (Bailey, 2016)．実際には，法獣医学では，法廷で適用される様々な独立した科学が関わっていることが一般的である．動物虐待事件では，（法獣医学的な観点からの）起訴側と弁護側，両者の証言が含まれる場合がある．法獣医師は，多くの場合，獣医学における複数の専門分野や職種を横断する情報のパイプ役になる．法獣医師は，獣医学の専門家，爬虫類，鳥類，野生動物などの特定分野の専門家，動物園の獣医師など，獣医学のコミュニティをよく知り，精通している．しかし，これらの獣医師は，特定分野の専門家ではあるが，法律や規制の問題には疎い可能性はある．

犯罪の解明と解決に応用される法医学的技術は，100年以上にわたり十分に文献化されている．このような長い歴史があっても，法医学はいまだ進化を続けている (Cooper & Cooper, 2007)．法獣医学は現在では確立されているが新しい専門領域でもある (Cooper & Cooper, 2007)．

ヒトの法医学が多岐にわたる領域を網羅しているように，法獣医学も同様である．これ

らの多様な分野の実践には，動物福祉，虐待，生物多様性，および規制上の問題などが含まれる (Cooper & Cooper, 2007)．

　法獣医学を定義することは難しい．Merriam-Webster Dictionaryでは，"forensic"という単語は，「司法機関や公的な議論や論争に属する，または法廷において適用または使用される」と定義されている．また，「法的な問題に科学的な知識を応用する」という副次的な定義も存在する (Merriam-Webster 2018)．そして，同辞典は法医学を「法的な問題に対する医学的事実の関係とその応用を扱う科学」と定義している．したがって，法獣医学は単に動物虐待事件を扱うだけでなく，法廷における問いに応えるために，獣医学を含むさらに広範な科学を応用するもの，と述べている (Touroo, 2015)．法獣医学のさらに広い定義は，「動物および動物由来のものが関係する法的紛争の解決に科学を応用すること」である (Bailey, 2016)．

　今日の法医学は，異なる科学領域や様々な技術からの貢献による学際的な科学である．加えて，"forensic"という用語は，複数の非法的な問題も取り扱う．法廷以外の問題としては，保険金請求，環境影響評価，公共サービス委員会，または州の獣医事審議委員会が検討する専門家による職業上の不正行為やその他の懲戒に関する申し立てへの対処などがある (Cooper & Cooper, 2007)．

法科学の歴史

　ヒトの法医学の歴史は1000年以上も遡り，最も古い記録の一部は中国に起源を持つ (Cooper & Cooper, 2007)．イスラム医学では，数百年前から病気や死因を調査するために法医学的アプローチを取り入れていた (Bradley, 1927)．法医学は欧州で実質的な発展を遂げ，過去1000年を通じてこの地域の医学的な捜査を主導してきた (Cooper & Cooper, 2007)．近年の法医学分野で特に著名な法病理学者の1人がBernard Spilsbury卿(1877-1947)で，彼は法医学の発展に貢献している (Cooper & Cooper, 2007)．彼は20世紀の終わりに，英国で世間を騒がせた殺人事件のほとんどに(病理学者として)関わっていた．当時，法医学の専門家(通常は病理学者)は，あらゆる医学的問題について絶大な権限を持っており，他の専門分野の人々とのパイプ役でもあった (Cooper & Cooper, 2007)．

今日の法獣医師

　今日の法獣医師は，Spilsburyの時代の病理学者と非常に似ている．少なくとも著者の経験からはそう感じられる．法獣医師や法獣医病理学者のみですべてを理解できるわけではないが，彼らは動物の法医学的問題に関わる必要性や事件性に鋭敏な獣医療の専門家で

ある．米国では法獣医師は，獣医療過誤や不正行為に関わる州の獣医師免許試験委員会から相談を受けることもある．絶滅危惧種や野生生物資源に関して，例えば，野生生物が犯罪が疑われるような方法で殺傷された場合，法獣医師が要請を受けることがある．筆者はこれまで種々の民事訴訟の事例に関わってきた．法獣医師は，動物が関係する多くの法的問題において，（司法と獣医学に関する）情報の仲介役を担う．筆者自身も様々な法執行機関から連絡を受け，様々な動物種が関与する多種多様な事例について相談を受けてきた．法獣医師は通常，地域社会や行政機関の様々なレベルに関わっている．彼らは，他の獣医師や，法執行機関，あるいは弁護士から連絡を受けることがある．法獣医師は，唯一の専門家証人として事件に直接関与することもあれば，獣医師の資格を持つ他の専門家と協力し，法獣医病理学者や法医学専門家とも協力することがある．法獣医師は，動物の法的問題に関する地域や州，連邦の法律や規則について確かな知識を持つ．経験豊富な法獣医師は，病理学者，各動物種の専門家，専門医など，獣医学部内に幅広い人脈を持つだけでなく，法医歯学，血痕分析，弾道学，凶器の専門家など，法執行機関やヒトの法医学の分野にもつながりを持つ(図2.1)．

その一例としてある家宅侵入事件を紹介したい．ある家族の飼い犬が行方不明になり，現場に大量の血痕だけが残されていた(Bradley & Zannin, 2015)．著者は刑事から連絡を受け，血痕分析の専門家に連絡を取り，この事件に関わってもらった．現場の血液量と血痕の形状，そして現在かかっている獣医師のカルテから犬の体重を確認した．血痕形状と犬の体重に基づく血液量の算定から，犬は現場から連れ出された際には生存しており，複数の刺

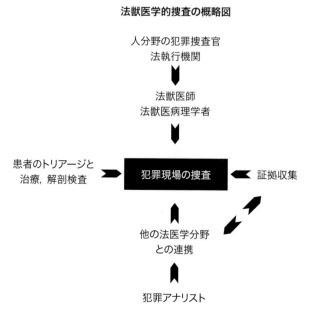

図2.1 一般的な法獣医学的捜査の概略図(提供：L. Siemens)

し傷を負っていると考えられた．動物の死体はなかったが，容疑者に対して家宅侵入罪に加え，動物虐待の重罪が追及された．

2011年，イタリアで，ある男性と飼い犬が車にはねられ死亡した．運転手は，男性と飼い犬が前方の道路を違法に横断していたため衝突したと主張した．この事件では，法医学者と獣医病理医の双方が相談を受けた．司法解剖の結果，運転手の話は，つじつまが合わないことがわかった．男性も犬も，体の側面からではなく背部から負傷していたのだ．現場をさらに詳しく調べると，実際には，車は車道を離れ，男性と犬が歩いていた歩道に乗り上げて走行し，彼らに後ろから衝突したことが判明した．運転手は死体を車道の先に移動させ，衝突があった犯罪現場の位置を変えていたのだった．医師と獣医師の両専門職による法医学的な共同作業が，この犯罪の解決に役立った (Aquila et al., 2014)．筆者は毎月定期的に連絡を受けるが，ヒトの法医学専門家と最適な獣医師を結び付けたり，専門家同士が適切に関わりあえるように電話や相談を受けたりする．また，単に法医解剖の実施を提案するものであったり，犯罪現場へ赴いたり，あるいは法廷での証言であったりする．

法獣医学とヒトの法医学の比較

ヒトの犯罪捜査に応用される法医学は非常に専門的であり，病理学者が扱うより遥かに広い範囲の科学分野が関連する．これには犯罪現場の分析からラボでの分析まで幅広く含む (Bailey, 2016)．法獣医学は獣医学の世界ではまだ新しい学問領域であり，それ自体が確立されつつあるが，ヒトの法医学分野に依存している．ヒトの法医学と獣医領域での法医学の最も大きな違いは，前者が物理的で無生物であり，指紋画像や金属片などあらゆる形態の物的証拠で構成される可能性があるのに対し，法獣医学では証拠が「生きている」可能性があることである．法獣医学のこの特徴は，ヒトの法学研究から再現したり学んだりすることができない．獣医学的証拠である動物は，事例により，病気であったり，死亡していたり，あるいは殺されている可能性がある．動物の証拠は健康状態が良くなることもあれば，悪化することもある．生きた証拠は，ヒトの法科学では異質な概念である (Bailey, 2016)．法医学的証拠は裁判の前に袋に入れ，ラベルを貼り，長期間保管することができるが，動物はそうはいかない．動物は，食べ，飲み，排泄し，生きることを必要とする感覚を持った生き物である．この点では，法獣医学はヒトの法学分野を参考にすることができない (Bailey, 2016)．法獣医師は，法学の専門家であると同時に，犯罪現場で動物のトリアージや治療を行う獣医師として行動する必要がある．ヒトの法医学では，捜査官という大きなチームの一員で，それぞれの専門家が特化した役割を担っている．法獣医師もまた法医学チームの一員であるが，その役割はより多岐にわたる．

法獣医学の犯罪捜査への応用

　動物は二つの異なる意味で法的問題に関与する可能性がある．動物虐待の被害者（＝対象）である場合と，動物が事件を引き起こす加害者（＝主体）となる場合である (Cooper & Cooper, 2007)．法獣医学では，獣医師は観察力（刑事的能力）と臨床所見を病歴や背景の情報とともに検証し，動物がどのように関与しているか，その全体像を見極める能力を必要とする (Cooper & Cooper, 2007)．綿密な記録，体系的な検査，（捜査）資料の正しい取り扱いに関する犯罪捜査の基本原則は，被害者がヒトであれ動物であれ同じである．

被害動物

　動物の傷害は偶発的であるか，意図的であるかにかかわらず，攻撃(捕食)，不自然な行為，切断などが含まれる．ヒトによって動物に対して行われる傷害や心的損傷は多様である．これらには身体的，性的，心理的虐待が含まれる(Arkow & Munro, 2008; Cooper & Cooper, 2007)．身体的損傷は外傷，暑さ，寒さ，水への浸漬などにより生じ，通常は意図的なものではないが，「非偶発的外傷(nonaccidental injury: NAI)」が含まれる場合がある (Cooper & Cooper, 2007)．性的暴力による傷害は，動物への性的虐待の企てや，泌尿生殖器領域の外科手術での損傷または意図的な破壊によるものがある．これらは真の性的虐待である場合もあれば，家畜繁殖や外科手術などの獣医的手技を施した結果による場合もある(Cooper & Cooper, 2007)．その他に，法的にはほとんど認識されていないが，心理的虐待がある．これは動物を脅したり，からかったり，動物が他の動物と関わる機会を奪ったり，不適切な社会集団を形成したりすることに起因する(Cooper & Cooper, 2007)．最近では，法動物行動学者により，ホーディングが動物に及ぼす心理学的影響について法獣医学的な観点からの行動学的研究も報告されている(McMillan et al., 2011)．また，動物行動学者は闘犬のピットブルを対象とした研究から，闘うように訓練された動物に特有の行動を実証している．この分野は広く展開しており，将来的には感情的(心理的)虐待に関わる法律の制定へと発展する可能性がある．上記の虐待行為は，いずれも外傷や健康上の懸念，痛みや苦痛につながり，時には死に至る可能性がある．このような虐待による影響は動物種や周囲の状況によっても異なる(Cooper & Cooper, 2007)．

動物による傷害

　動物による傷害には，家畜や野生動物による咬傷，外傷，刺傷，および過敏症などがある (Cooper & Cooper, 2007)．動物は病原体をヒトに感染させ，様々な人獣共通感染症を引き起こす可能性がある．また，動物は様々な形で人間の活動に損害を与えたり，妨害したり

する．例えば，下記の状況が挙げられる．

- 器物損壊：家畜が柵を倒したり，飼育場から逃走中に車を傷付けたりした場合，鳥が農作物を荒らしたりする場合，など
- 騒音：犬の吠え声，鶏の鳴き声，など
- 臭い：住宅地に近接した酪農場や飼料工場(からの悪臭)，など
- アレルゲン：すなわち，毛皮や羽毛に対する過敏症，など
- 恐怖：動物全般，例えば，猫に対する強い恐怖（猫恐怖症），など (Cooper & Cooper, 2007)

咬傷

　咬傷では傷の発見と創部の調査が行われる．咬傷は人の監視がない状態で，動物間で起こることもあれば，直接人間に向けられることもある．動物同士が喧嘩をすると，お互いに咬み合う．咬まれた被害動物が誰かの所有物である場合，刑事訴訟や民事訴訟となることがある．飼い犬や飼い猫による咬傷は，最も一般的であり，おそらく最も訴訟として多い (Cooper & Cooper, 2007)．家畜や放し飼いの動物，野生動物を扱う場合，咬傷，擦過傷，外傷は，常に起こり得る (Cooper & Cooper, 2007)．ヒトに加えられた動物による咬傷は，医学と獣医学の専門家が協力し合う際の好例でもある (Cooper & Cooper, 2007)．

人獣共通感染症

　人獣共通感染症とは，動物とヒトの間で伝播する感染症のことである (Green, 2011)．人獣共通感染症は法医学において非常に重要である．人獣共通感染症の発生や蔓延には犯罪が関わる可能性があり，特にそのリスク評価が軽視された場合，民事訴訟，保険金請求，獣医師の過失の申し立ての原因となり得る (Cooper & Cooper, 2007)．

　人獣共通感染症は様々な方法で分類されるが，Cooper and Cooper (2007) が裁判のために提案した実践的なアプローチでは，下記の三つのグループに分けられる．

1. ヒトと動物の両方に危険な疾病，例えば，狂犬病，炭疽，鳥インフルエンザなど
2. 動物の健康にはほとんど影響がないが，ヒトに重篤な疾病をもたらす可能性のある疾病，例えば，ブルセラ症，サルモネラ感染症など
3. 家畜または野生動物に深刻な感染症を引き起こすが，ヒトに健康被害を与えることは稀な病気，例えば，口蹄疫，ニューカッスル病など

　人獣共通感染症のもう一つの懸念は，メチシリン耐性黄色ブドウ球菌 (methicillin-

resistant *Staphylococcus aureus*: MRSA) などの薬剤耐性菌が家畜からヒトへ，あるいは
ヒトから動物へと広がる可能性である．犬や猫，馬からMRSAが分離されたことが報告
されている (Cooper & Cooper, 2007; Green, 2011)．著者はこれをアニマルホーディングにおい
て確認しており，このことは公衆衛生上の法的な問題となり得る．

法獣医学の種類

法獣医学の要件

　法獣医学の仕事は，特に法廷やその他の法的手続きなど，公の場での議論や精査の対象
となる．非公開の場はめったにない (Cooper & Cooper, 2007)．法獣医学の仕事は通常の症例
の診療や診断，治療とは大きく異なる．法獣医師は，動物虐待，動物の保護命令，動物の
押収，動物による攻撃など，刑法や関連規制の知識を持つ．法獣医学は公開討論の対象で
あるため (Cooper & Cooper, 2007)，法廷で証言する獣医師は，たとえ裁判所から専門家とみ
なされていても，尋問や反対尋問，精査，批判，専門家としての信用を失墜させようとす
る試みにさらされることになる (Cooper & Cooper, 2007)．このような状況は，獣医師といえ
ども，すべての開業医や救命医，外科医，病理医が簡単に応じられるわけではない．法獣
医学に関わる獣医師は，法廷への出廷が求められることから，科学的な透明性を考慮し，
専門的にも心理的にも，十分な用意をしておく必要がある (Cooper & Cooper, 2007)．

法獣医学

　ヒトの法医学は，確立され，非常に発展した専門分野である．数十年にわたり，人医学
の専門家たちは，訓練を受け，大学院で認定と学位を取得して，正規雇用を得ることがで
きる．獣医学部では，同様の専門分野の発展と，それに伴う利点がなく，これまでのとこ
ろヒトの法医学のレベルには発展してこなかった (Cooper & Cooper, 2007)．獣医師が法医学捜
査で主要な役割を担うことが認められ始めたのは，法医学研修や大学院での学位取得がで
きるようになってからである．かつては，法医学研究に興味を持つ獣医師は，獣医卒後教
育の単位取得の恩恵を受けられず，ヒトの法医学分野で訓練を受けなければならなかった．
　「動物福祉，動物の保護や関連する事柄に関する法律が増え，特に欧米諸国では訴訟社
会が進むにつれて，動物に関する法医学の専門家への需要が高まっている．専門的な教育
や訓練は不足しているが，今後は増えていくものと思われる」(Cooper & Cooper, 2007)．
　法獣医学が注目され，活用されつつあるが，独自の学問分野として広く認められている
わけではない (Cooper & Cooper, 2007)．現在のところ，シェルターメディスン分野の専門医
制度のみが唯一法医学を研修プログラムとして提供している．法廷やそれ以外の場所での
獣医学の名声が高まったのは，「野生動物に関する犯罪」の拡大と関連している (Cooper &

Cooper, 2007)．米国では，米国魚類・野生生物局(United States Fish and Wildlife Service: USFWS)がオレゴン州アシュランドに国立野生生物法医学研究所(ラボ)を設立したことで，野生生物の法執行機関などへの業務の発展につながった(Cooper & Cooper, 2007)．また，同時期の1990年代後半に，Wobeser (1996)がカナダの野生動物の法医学的な解剖検査に関する情報を発表した．

　保護事件における獣医師の認識と潜在的な価値，そしてその後の認識により，福祉や虐待を含む動物に関する他の分野に関連する法的事件において，獣医師がより強い役割を果たすようになった(Cooper & Cooper, 2007)．法獣医学はヒトの法医学と似ているが，焦点が異なる場合がある．通常，動物の事件では動物福祉と保全や保護が占める割合が高いが，ヒトの法医学では死亡や薬物乱用の問題がより一般的と思われる(Cooper & Cooper, 2007)．

比較法医学

　John Cooper博士は，比較法医学(comparative forensic medicine: CFM)を「ヒトを含む異なる脊椎動物や無脊椎動物を対象とした(比較)研究から，司法や様々なプロセスに役立つ科学的情報を提供し，応用する学問」と定義している(Cooper & Cooper, 2007)．John Cooper博士は，法獣医学と比較法医学は独立した異なる学問だが，重なる部分(重なり合う性質)を持っていると主張している(Cooper & Cooper, 2007)．歴史的な意味での獣医学は，家畜の健康に関係している．法獣医学は，家畜に限らず多くの動物種に関わる．比較法医学は独自の学問分野である．比較法医学は，ヒトと動物の(それぞれの)研究領域の隔たりを埋めるものである．このアプローチにより，異なる種の研究から学び，その知見を特定の情報が限られている他の種に応用することができる(Cooper & Cooper, 2007)．これはまさに，ヒトと獣医の法医学的応用における関係性に広く匹敵する．

　比較医学は，動物病理学や腫瘍学における人間の医療専門家による出版物の貢献や，米国法医学会や米国疾病管理センターのような専門機関にて獣医師など様々な動物種を扱う人物がプロフェッショナルとして認められていることからもわかるように，米国では学問分野として認識されている(Cooper & Cooper, 2007)．比較法医学は，捜査手法が似ているヒトと獣医学の両方の分野を含む．人獣共通感染症(ズーノーシス)のように，獣医学と医学の専門家の協力が必要なテーマも含まれる．また，家畜種を限定せず，あらゆる動物種に対する包括的なアプローチを取り入れている(Bradley, 1927; Cooper & Cooper, 2007)．

　法獣医学は比較医学の一形態ともいえる．法獣医学は，独自の専門分野を構築し始めているが，法医学捜査チームの重要な構成要素であり，ヒトの法医学分野から学び続けている．米国では，これを(ワン・ヘルス[One Health]・システム)と呼んでいる．ワン・ヘルスとは，異なる専門分野が協力して，地域や州，国内，国際レベルで，ヒト，動物，環境の最適な健康を維持するために，専門的な取り組みを行うことである(American Veterinary Medical Association, 2008)．

現在のトレンド

　法獣医学独自の専門医資格はないが，American Board of Veterinary Practitioners (ABVP) のシェルターメディスン専門医協会 (Shelter Medicine Practice Board) 専門医資格のプログラムの一環として取り入れられている．同協会による専門医の資格取得に必要な法獣医学的な項目は以下の通りである．すなわち，

- 動物虐待やネグレクトを含む，少なくとも2件の刑事事件の調査(捜査)に参加し，その際に生きた動物の検査を行い，鑑定書を作成する(ABVPシェルターメディスン専門医)．
- 多数の動物が関わる動物虐待やネグレクトを含む，少なくとも1件の刑事事件の調査(捜査)に参加する(ABVPシェルターメディスン専門医)．
- 少なくとも1件の法医学的解剖検査を行う(ABVPシェルターメディスン専門医)．

法獣医学の将来

　法獣医学の将来は，下記に示すいくつかの要因に左右されると思われる(Cooper & Cooper, 2007)．

- 獣医師の意識
- 教育
- 最新の信頼できる情報へのアクセス
- 関連技術の研究と開発
- 法医学の専門家との協力

意識

　多くの獣医師は，法的な事例に備える必要性を認識していない (Cooper & Cooper, 2007)．法的な事例とは専門の委員会からの訴えや，民事訴訟，または刑事訴訟である．多くの獣医師は，自分に対する訴訟が提起された場合の州の獣医師審査委員会のプロセスも知らないばかりか，報告義務[1]や，それに追随する法廷での証言の要件についても知らない．

---

[1] 日本においても，獣医師に通報義務がある．動物愛護法では，みだりに殺傷されたり，虐待されたりした疑いのある動物を発見したとき，獣医師は「遅滞なく，都道府県知事その他の関係機関に通報しなければならない」(動物愛護管理法41条の2)と定められている．付録3も参照

教育

米国では多くの獣医学部で関連法規(獣医事法規)の授業が行われているが，法廷での証言や鑑定人の役割については，カリキュラムにほとんど含まれていない(Cooper & Cooper, 2007)．米国の獣医大学のわずか13％未満(30校中4校)が，カリキュラム*の中で何らかの形で法獣医学のトレーニングを提供しているにすぎない．米国の35以上の州では，動物虐待(福祉)関連の問題について，何らかの形で報告を義務付けている(Lockwood & Arkow, 2016)．法獣医学を選択科目として提供したり，臨床獣医学，病理学など他の科目と連携させ，獣医学のカリキュラムに具体的な講義や実習を組み込み，状況を改善する必要がある(Cooper & Cooper, 2007)．

現在，米国の大学院によっては法獣医学のプログラムが受けられるようになってきている．法獣医学の卒業証明書と修士号はフロリダ大学で取得可能であり，VetFolio Programは北米獣医共同体(North American Veterinary Community: NAVC)と米国動物病院協会(American Animal Hospital Association: AAHA)を通じて，法獣医学と動物犯罪現場調査の卒後教育証明書を発行している．さらに，2008年現在，国際法獣医学会(International Veterinary Forensic Science Association: IVFSA)は，法医学の分野での獣医師向けの卒後教育の単位が付与される学会を毎年開催している．米国では，NAVCや米国獣医師会(American Veterinary Medical Association: AVMA)の年次大会などで，法獣医学のコースが提供されている．また，ニューヨークの米国動物虐待防止協会(American Society for Prevention of Cruelty to Animals: ASPCA)とフロリダ大学ゲインズビル校では，法獣医学の大学研修プログラムを提供している．

法獣医学がますます注目され，米国法科学アカデミー(American Academy of Forensic Sciences: AAFS)のような全国的な組織からも認知されるにつれて，ヒトの法医学の専門家や法執行機関との横断的な研修がより身近になってきている．研修情報は獣医師のコミュニティ内の地域の情報源から探し出すことができる．さらに，州，地域，および国レベルのリソースも利用可能である．監察医や法医学看護師などの人医療の専門家とともに受講する研修もあり，さらに法執行機関の専門家や犯罪アナリストとともに，銃撃の再現や血痕分析などの分野で研修を受けることもできる．著者が所属する州の獣医事審議委員会では，この種の研修に出席し，卒後教育単位の全部または一部を申請することが好評を得ている．特に獣医師が法獣医学的な問題に対処することが地域社会で歓迎されている場合，このような研修は好評を博している．

このような進展はあるが，この分野を専門とする獣医師の数はまだ少ない．法医学的調

---

* 米国内の各獣医大学を対象に，授業カリキュラムにおける法獣医学のトレーニングに関する調査を電話で行った．

査に積極的に携わっている獣医師は，獣医学カリキュラムの一環として特別なトレーニングを受けたり，専門医認定のコースワークを受けるのではなく，経験や他者からの助言に頼っている．

その他の教育の機会には，主に医療専門職やヒトの法医学を対象とした大学院課程への入学があり，これらの分野では獣医師や動物に関わる他の専門家が必要に応じて知識を得ることができる (Cooper & Cooper, 2007)．法医学研究や法医学捜査に関心のある獣医師は，専門資格の取得に加えて，適切な法医学会の会員になるよう努力すべきである (Cooper & Cooper, 2007)．その代表例がAAFSやIVFSAである．これらの学会は，複数の分野の専門家が互いに連絡を取り合えるようになっている．さらに，よく知られた法医学団体に所属していることにより，法廷における専門家証人としての信頼性が向上する (Cooper & Cooper, 2007)．

法医学業務に携わる獣医療専門家の認定は，特にヒトの法医学ですでにそのような制度がある国では，今後問題となる可能性が高い (Cooper & Cooper, 2007)．英国では法医学専門家登録評議会 (Council for the Registration of Forensic Practitioners: CRFP) が設置されており，多くの法獣医師がCRFP登録簿に登録されている (Cooper & Cooper, 2007)．米国にはこのような機関がないため，法獣医学の専門家証人としての信頼性を高めるためには，追加的な研修と法医学の専門学会への所属は非常に有益である．

情報へのアクセス

法医学に関心のある獣医師のための教育や専門的トレーニングが充実してきた．現在，関連情報は豊富にある．家畜や野生動物の法獣医学的業務 (Cooper & Cooper, 2007) に関連する記事，論文，書籍も普及しつつある．例えば，2020年春にはIVFSAと共同で"Journal of Veterinary Forensic Sciences"という学術雑誌が刊行され，"Veterinary Pathology"の2016年9月号は法医学的な獣医病理学を特集した内容となっている．また，最近ではDr. Jason Brooks編"Veterinary Forensic Pathology" (2巻本，Springer International社発行，2018年) が出版された．AAFS発行の"Journal of Forensic Science"など，主にヒトの法医学に関わる書籍や論文も貴重な情報となる (Cooper & Cooper, 2007)．

前述のように，獣医師がヒトの法医学学会や組織に参加することはメリットが多い．これらの組織には，医学および生物医学分野の専門家だけでなく，法執行機関の犯罪アナリストの会員も在籍している (Cooper & Cooper, 2007)．法医学の学会や団体は，専門的または技術的なやりとりを提供する大会を開催し，法獣医学業務に有用な出版物やガイドラインへのアクセスも提供している．AAFSは米国における代表的な例である．

これらの専門組織や学会は，実践規範や懲戒制度を備えた専門家としての地位を提供している (Cooper & Cooper, 2007)．情報を発表，共有する機会のある学会に参加することで，他

の専門家，特に異なる法医学分野の専門家と意見交換により，多くの情報を得ることができる(Cooper & Cooper, 2007)．（このような場では）鑑定書の作成，報酬や手数料，法医学に関する現在の州法および連邦法などのトピックについても議論される(Cooper & Cooper, 2007)．

確立：体制とプロトコルの標準化

法獣医学の発展を妨げる主な要因の一つは，標準的なシステムやプロトコルが欠如している，あるいは多種多様すぎることである (Cooper & Cooper, 2007)．生きている動物や死亡した動物を扱う際には，体系的で厳格なプロトコルが必要である (Cooper & Cooper, 2007)．筆者の知る限り，法的な事例のためにどのように，あるいはどのような検体を動物材料から得るべきか，あるいはラベリング，輸送，保管のテクニックについて，確立されたガイドラインはない[2]．加えて，法医学の作業に不慣れな獣医師や動物福祉の調査官は，証拠保全の連鎖 (chain of custody) を維持することを知らず，証拠を輸送する際の開封防止封印付きの証拠容器を使用する必要性を認識していない場合がある(Cooper & Cooper, 2007)．

法医学の専門家による証拠の収集と処理のシステムは，しばしば裁判において脆弱な領域となる (Cooper & Cooper, 2007)．弁護士にとって，専門家の意見に異議を唱えるよりも，技術的な作業 (手順や記録の保存など) に問題を見つける方が容易なのである (Cooper & Cooper, 2007)．法獣医学は発展途上の学問であり，（証拠保全の）プロトコルを使用または開発する者は，継続的な変更と改善を促進するために，情報を共有し，フィードバックを受けることが不可欠である(Cooper & Cooper, 2007)．

2016年1月以降，連邦捜査局 (Federal Bureau of Investigation: FBI) の全国インシデントベース報告システム (National Incident-Based Reporting System: NIBRS) は，重大なネグレクト，拷問，組織的虐待(闘獣)，性的虐待を含む動物虐待行為に関するデータを法執行機関から収集している．動物虐待行為は現在，FBIの広範な犯罪情報データベースにおいて，放火，強盗，暴行，殺人などの重罪と同様に記録されている (Desousa, 2016)．これは，動物虐待事件を含むデータベースを構築する場を提供するかもしれない．Cooper博士はその著書の中で，多様な法獣医学的問題のために法獣医学アーカイブの確立の重要性を強調している．これは獣医学部や研究機関で維持管理され，その資料は研究と証拠資料の両目的で活用できると思われる(Cooper & Cooper, 2007)．

研究開発：捜査技術

2007年のCooper博士の著書以来，法獣医学の分野では研究はほとんど進んでいない．

※2　付録1を参照

ヒトの法医学的研究から学ぶことは有益ではあるが，必ずしも理想的ではない．比較法医学を活用し，多様な種や分野から教訓を学び，応用できるようにすべきである．特に死亡時間に関する死後の変化とその解釈は，具体的な研究と評価が求められる重要な例である(Cooper & Cooper, 2007; Merck, 2017)．もう一つの興味深い分野は，銃で撃たれた動物，特に遠距離から撃たれた動物の弾道学である(Cooper & Cooper, 2007)．至近距離で撃たれた動物は，毛皮に射撃残渣(gunshot residue: GSR)が存在する可能性があるが，遠距離からの銃撃の場合はそれが困難である．法獣医学にはまだ多くの情報について研究される必要がある．

協力

　法獣医学は隔絶した分野ではない(図2.2)．むしろ，法医学分野や他の多くの専門家と重なり合う領域である．法獣医学では，咬傷や動物虐待事件の調査において，医学と歯学の両専門家からの情報を必要とすることがある(Aquila et al., 2014; Cooper & Cooper, 2007)．逆もまた同様である．ヒトの監察医(medical examiners: ME)が伴侶動物の解剖検査を行う問題が発生している．ヒトのMEは獣医師ではないため，検体が有資格の獣医療専門家によって得られたものでない場合，(収集した)証拠が破棄される可能性がある(McEwen & McDonough, 2016)．法獣医学の進歩は，様々な分野の科学者や専門家が協力して取り組むことで向上する．医療や歯科の専門職は，ヒトで使用される技術が獣医学的作業にどのように応用できるか，あるいはヒトや他の生物が同様の虐待を受けたときにどのように応用できるかを例証している(Cooper & Cooper, 2007)．医療関係者以外のグループ(法執行機関の犯罪分析官など)との協力も有益である．本章の前半で取り上げたように，筆者と血痕パ

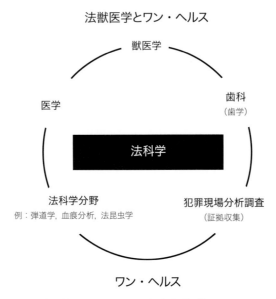

図2.2 法獣医学とワン・ヘルスの概念図(提供：L. Siemens)

ターンの専門家との協力がその好例である．学際的協力の需要はますます高まっている．科学の発展と学際的な応用により，倫理的ジレンマが生じ，法律の制定やガイドラインの策定，あるいはその両者が必要になると思われる(Cooper & Cooper, 2007)．

ネットワークの構築

ネットワークの構築は，同じような関心を持つ個人とのコミュニケーションであり，情報を共有することは双方にとって有益な場合がある．ネットワーキングには，電子メールを通じたコミュニケーション，文献情報の交換，論文の共同執筆(Bradley & Rasile, 2014)，対面での会合などが含まれる．国内外のカンファレンスは，ネットワーキングの絶好の機会である．文献情報の交換には，公開情報と未公開の情報があり，出版物にはなっていないが，個人が参照できるデータも含まれる(Cooper & Cooper, 2007)．

結論

法獣医学は動物虐待問題にとどまらない様々な領域に及んでいる．米国では，（虐待）報告の義務化や，動物福祉，野生動物，法規，刑事，民事関連の問題への獣医師への関わりがますます求められている．こうした分野の教育は，獣医系大学のカリキュラムに取り入れる必要がある．法獣医学に関する研究は，獣医系大学での継続的な研究や，ヒトの法医学分野との連携を通じた取り組みが必要である．法獣医学は，ヒトと獣医学をつなぐ比較医学の一つの形であり，米国で提唱されている「ワン・ヘルス・システム」の将来において人間と動物の双方に利益をもたらす重要な要素である(American Veterinary Medical Association, 2008)．

参考文献

American Veterinary Medical Association. 2008. One Health Initiative Task Force: Final Report July 15, 2008. One Health: A New Professional Imperative, One Health: World Health through Collaboration.

American Board Veterinary Practitioners (ABVP). 2018. Shelter Medicine Practice Board Certification. www.abvp.com.

Aquila, I. C., Di Nunzio O., Paciello D., Britti F., Pepe E., De Luca, and P. Ricci. 2014. Case report: An unusual pedestrian road trauma: From forensic pathology to forensic veterinary medicine. *Forensic Sci International* 234: e1-e4.

Arkow, P. and H. Munro. 2008. The veterinary profession's roles in recognizing and preventing family violence: The experiences of the human medicine field and the development of diagnostic indicators of non-accidental injury. In: Ascione F., ed. *The International Handbook of Animal Abuse and Cruelty: Theory, Research, and Application*. West Lafayette, IN: Purdue University Press, pp. 31-58.

Bailey, D. 2016. *Practical Veterinary Forensics*. CAB International, Oxfordshire, UK, 201p.

Bradley, O. C. Nov 1927. What is comparative medicine? *Proc R Soc Med*. 21(1):129-134.

Bradley, N. and K. Rasile. April 2014. Recognition and management of animal sexual abuse. *Clinician's Brief*. 73-75.

Bradley, N. and A. Zannin. 2015. Bloodstain Pattern Analysis. Presented at *8th Annual Veterinary Forensic Sciences Conference of the International Veterinary Forensic Science Association*, May 13-15, Orlando, Florida.

Cooper, J. and M. E. Cooper. 2007. *Introduction to Veterinary and Comparative Forensic Medicine*. Oxford, UK:

Blackwell Publishing Ltd.

Desousa, D. 2016. NIBRS User Manual for Animal Control Officers and Humane Law Enforcement. National Council on Violence Against Animals. Animal Welfare Institute. 31p.

Green, C. E. 2011. *Infectious Diseases of the Dog and Cat*. 4th ed. St. Louis: MI: Elsevier Saunders, 1376p.

International Veterinary Forensic Science Association (IVFSA). 2018. www.ivfsa.org.

Lockwood, R. and P. Arkow. 2016. Animal Abuse and Interpersonal Violence: The cruelty connection and its implications for veterinary pathology. *Vet Pathol*. 53(5):910-918.

McEwen, B., S. P. McDonough. 2016. Domestic dogs (*Canis lupus familiaris*) and forensic practice. *Forensic Sci Med Pathol*. Letter to the Editor. Published online, September 12.

McEwen, B. 2017. Personal Interview. September 7.

McMillan, F. D., Duffy, D. L., and J. A. Serpell. 2011. Mental health of dogs formerly used as "breeding stock" in commercial breeding establishments. *Applied Animal Behavior Sci*. 135:86-94.

Merck, M. 2017. Personal Interview. September 5.

Touroo, R. 2015. *VME 6575-Veterinary Forensic Medicine*. Spring Semester, University of Florida, Gainesville, Florida.

Vetfolio Program NAVC/AAHA. Graduate Certificate Program. http://www.vetfolio.com/

Wobeser, G. 1996. Forensic (medicolegal) necropsy of wildlife. *J WIldl Dis*. 32(2):240-249.

第 3 章

動物関連の法執行
第一報から告発まで

Susan Underkoffler and Scott Sylvia

概要	42
初期通報と報告	43
捜査，推定原因，捜索令状	46
合同捜査と作戦計画	53
事案着手の準備	58
法廷，起こり得る結果，感情的負担	62
参考文献	66

概要

　動物関連の「法執行」と聞くと，多くの場合，最初に思い浮かぶのは，リアリティ・テレビでみられるような，過剰にドラマ化され，メディアを賑わす動物警官の姿とも思われる．そのイメージは部分的には正しいかもしれないが，実際には，警察官の仕事は平凡な日常の中においても，極めて複雑さが入り交じり，そして人間が起こす最もひどい虐待行為の数々に，日々，絶え間なく感情の起伏の激しい苦しみを味わっていることは，ほとんど認識されていない．動物虐待捜査は，州や郡，行政区や自治体によって法律や規制が異なるため，十分に理解されておらず，また，曖昧なため混乱も多い(図3.1)．法律は執行官や弁護士にさえも理解されておらず，裁判官もよくわかっていないこともあるため，無知から事件が却下されることもある．その結果，正義が守られないだけでなく，動物の法執行(humane law enforcement: HLE)官は，やるせなさの負の感情のスパイラルに継続的に陥ることとなる．動物に関する犯罪捜査は，特に被虐動物の運命を考えると，暗く絶望的になる．事件が長引くと，被虐動物は，何年もとは言わないまでも，何カ月もシェルターに収容されて心身ともに衰弱したり，多忙な動物病院やシェルターの騒がしい環境で，ほとんど個体管理を受けることなく，傷を癒すことを余儀なくされたりすることが多い．

　しかしながら，動物虐待と闘う最前線に立つことは，紛れもなくやりがいのあることでもある．危険な状況や，ネグレクトから動物を引き出すことで得られる満足感は，悲しみを和らげてくれる．また，効率的に事件が解決すれば，闘い続けるモチベーションにもなる．適切な調査，必要な事実の収集，簡潔かつ十分な準備で，法廷への出廷の不安を緩和することが可能である．動物にとって好ましい結果を常に確保できるわけではないが，事例の積み重ねによって，将来の手本となったり，次の事例に役立ったりする．

図3.1 ペンシルベニア州動物法執行官のバッジ

本章は，ハウツーガイドというよりは，証言形式で書かれている．動物虐待の詳細な法獣医学的手法についてすでに多くの出典があり (Sinclair et al. 2009; Merck, 2007)，動物虐待やネグレクトの様々な類型についての説明がされており，本書の他章でもふれられている．本章では，効果的な方法や遭遇する可能性のある事例について述べ，また，捜査過程で使う手順や，この職業の特徴的な曖昧さや本職業に対する尊敬の欠如，精神的負担など，成書ではあまり説明されない側面についても詳述する．

初期通報と報告

州や自治体によって，動物虐待の通報は様々な形で行われる．動物虐待事例について，市民はどのように報告すれば良いのか知らないことが多く，虐待ホットラインを設けている組織はほとんどない．通報の仕方がわからないために報告されない残酷な事件が数え切れないほどある．近所の住民が，裏庭に鎖でつながれ，食事も水も寝床や隠れ場所もない犬を見かけても，どこに通報すれば良いのかわからないこともある．通報先をめぐっての混乱は，対応の遅れや，最悪の場合，動物の死を招くこととなる．

動物虐待やネグレクトの事案に介入できる組織は，場所によって多数存在するが，その役割は多様である．地域によっては，動物虐待事件は地元警察，市警察，州警察が担当することもあるが，多くの警察にとって，あまり重要でないと思われるこれらの犯罪を担当するには負担が大きすぎることが多い．場合によっては，警察官は，このような問題を他の団体に回すよう指示することもある．大都市では，行政の動物シェルターがあり，初動捜査を担当する動物行政官がいるが，正式な法執行訓練はほとんど受けておらず，主な任務は，迷子動物や迷惑動物の排除としている場合もある．多くの地方では，動物事件を担当する特定の人物や組織(団体)が存在しないこともあり，「動物虐待」という言葉にも，同じような重要性や義務感すら感じられないこともある．一方で，地域や都市によっては，民間の非営利動物保護団体が，望まれない動物や虐待された動物を引き取って収容するだけでなく，動物虐待の苦情や事件に対応するために，調査官等を雇用している場合もある．実際，多くの動物虐待防止協会(societies for the prevention of cruelty to animals)や動物保護団体 (humane society) は，理事会または運営団体によって命名されているが(この用語はどこにでもあるため，民間団体であればどのような団体でも使用できる名称である)，動物虐待への対応に重点的な任務が認められていることがある．これらの調査官は，その州または自治体の動物虐待法を執行することを職務とする法執行職員である場合もあり，法に違反した者を逮捕する権限を与えられている場合もある．警察学校や武器の訓練を受けていることもある．所属機関に武力行使に関する規定がある場合もあり，銃器の所持を許可されていることもある．ワシントンDC，ペンシルベニア州，カリフォルニア州，マ

サチューセッツ州は，HLE捜査官を認定している州である．

　どのような機関，団体，施設であれ，市民からの直接の通報によって，捜査官や警察官が虐待事件の可能性を知らされることもあれば，警察が対応できない通報や苦情が回ってくることもある．制服警官が街頭で他の通報を調査しているときに，通行人から通報が入ることもある．動物緊急対応車や警察車両は人目を引くので，地域住民が近づいてきて質問したり，見たことを話し始めたりすることはよくある．電話の場合，通報は，警官の担当区域に基づき，通信指令係が警官に情報を伝達する．大都市圏では，動物虐待に関する苦情にランク付けを行い，「死亡の危険性」を最重要視し，苦情申立人から提供された動物福祉に関する評価に基づいて通報の優先順位を決める機関もある．通信指令係は，動物の状態を評価するために，通報者に特定の質問をするよう訓練されている場合がある．死の危険を示唆する通報は通常24時間以内に調査され，しばしばオンコール対応が必要となる．この種の通報は，極端な天候による動物の苦痛，飢餓による明らかな苦痛，明らかな積極的身体的虐待や拷問，動物を戦わせること，または動物の健康が差し迫った危険にさらされるその他の虐待行為やネグレクトを示す．このような状況の場合，動物をその場から速やかに避難させ，応急処置を施す必要がある．通報はすべて調査するべきではあるが，組織のリソースや人員は非常に限られているのに対し，処理しなければならない通報数は圧倒的に多く，その中でもより多くの命を救うためには，何らかのシステムを導入することが重要である．しかしながら，多くの組織には優先通報を決定するようなシステムはなく，通報は単に時間や人員が許される限り調査されるのみとなってしまうのが現状である．

　優先順位の低い通報には，アニマルホーディング，遺棄，不衛生な環境に関するものがある．このような虐待行為は深刻ではあるが，大規模な調査や裁判所の関与なしに解決できることもある．このような場合の通報は，地域内の空き家と思われる敷地内で犬が吠えているのを聞いたという住民や，近くの家からアンモニアの悪臭が漂っているのに気づいた近隣住民から寄せられることがある．事例をそれぞれ調査するのは捜査官の責任であり義務であるが，法執行のどの局面でも言えることだが，状況の改善のためにどのような行動を取るべきか，捜査官は自らの裁量と経験を駆使して判断しなければならない．動物虐待またはネグレクトの可能性がある事件の初期通報は，警察官が日常的に応対しているような人物や，過去に扱ったことのある人物から来るかもしれない．繰り返し「警告」電話をかけてくる人かもしれないし，単に恨みで行動している不満を抱えた隣人かもしれない．過去に捜査官の援助を受けたことがあり，多頭飼育の問題を抱えていることを認識しながらも誰からの助けも得られない，つまり「システム」から外れた犯罪者自身から来る場合もある．HLEの捜査官が関わり得る状況は無数にあるが，極めて慎重な対応が求められる(Arluke, 2004)．

　HLEの捜査官は，警察や児童福祉・社会福祉関係者を通じて，虐待の可能性がある状況を知らされることもある(図3.2)．このような関係者は，他の犯罪の捜査の過程で，動物

図3.2 家庭内虐待と動物虐待はしばしば同時に発生することを認識する必要がある．(海兵隊撮影：Sgt. Valerie Eppler)

のネグレクトや虐待の可能性に遭遇することが多い．動物虐待と配偶者や子供への虐待が同じ家庭で起こることは広く認識されている(Lockwood & Ascione, 1998)．両者の兆候を探知することは，エスカレートする暴力の連鎖を食い止めるためには極めて重要である．National Link CoalitionとNational Coalition Against Domestic Violenceの報告によると，「意図的な動物虐待の事例の13％は家庭内暴力が関与しており，家庭内暴力シェルターに入るペットの飼い主の71％は，加害者が家族のペットを脅したり，傷付けたり，殺したりしたと報告している」(nationallinkcoalition.org; www.ncadv.org, 2006)．現在，潜在的な問題を探知し，診断するための訓練プログラムが存在する．National Children's Advocacy Centerが提供するプログラムの一つには，「虐待を受けた子供が動物虐待に走る場合の対処，虐待のクロストレーニングやクロスレポーティングを含む学際的チームによる効果的な対応」といった介入戦略について教えているものがある(NCAC, 2013)．

　動物虐待の通報は，匿名の通報者が住所を教えるのみで，自身の名前や個人情報の提供を拒否している場合がある．このように匿名性を要望することは，動物虐待事件の目撃者が，報復のために身元が特定されることを恐れるなど，様々な理由で自分が見たことを伝えたがらない傾向にある，ということに起因している．動物虐待は全般的に，麻薬密売や賭博など他の犯罪と結び付いていることが多い．「密告者」のレッテルを貼られることは，目撃者への脅迫が日常的に行われているところでは危険である．大都市によっては，法廷で証言することはおろか，警察へ情報提供をしてくれるような目撃者を見つけることも不可能に近いほど，声を上げることが困難とされていることもある．「密告をやめろ」という文化は，言われなくても手に取るようにわかる(USDOJ, 2009)．

　獣医師でさえ，起こり得る事態を報告したがらないこともある．個人的な顧客情報を開示することや，開業獣医師と顧客の信頼関係を侵害することを恐れ，沈黙を守ることもある．また，動物を治療に連れてきた人に質問や尋問をすることは，動物を助けようとして

いるかもしれない人を遠ざけるようなことになってしまったり，あるいは，犯人扱いをしていたりと感じる場合もある．また，多くの獣医師は，報復を恐れたり，誹謗中傷を受けたり，あるいは法的な免責について誤解しているなどの理由から，動物虐待事件での証言に対しては消極的である．しかし，このような状況も変わりつつあり，獣医師は暴力の連鎖を断ち切るために不可欠な存在であり，獣医学的な専門知識は動物とヒトの両方の命を救うために不可欠であることが認識されつつある．多くの州では，獣医師に虐待の疑いの報告を義務付ける法律を制定している．また，虐待を報告した獣医師に対して免責を規定している州もある．

　獣医師の証言は，間違いなく訴訟の成否を左右する．例えば，何百匹もの小さな寄生虫が外耳道を這い回り，耳垢を食べて，厚く黒い痂皮状の物質を残して外耳道をふさぎ，極度の痒み，苦痛，沈うつ，欲求不満，また症例によっては頭を振っていたり頭が傾いていたりする，という表現を獣医師がしたとすると，裁判官や陪審員は，耳ダニの病気と，その状態を治療しないことがなぜ「獣医療の欠如」やネグレクトが「犯罪」としてどれほど深刻であるか（より嫌悪感を抱かせるとはいえ），より明確なイメージを持つことができる．同じ症状について，警察官が「動物の耳に黒い分泌物がある」という表現をしても，同じような直感的な反応は得られない．

捜査，推定原因，捜索令状

捜査

　虐待の疑いがあるとの目撃通報があった場合，連絡先がある場合は，捜査官はまずその目撃者から話を聞く必要がある．最初の行動方針を決定するには，できる限り多くの情報を得ることが重要である．しかし，申立人と話をするときは，客観性を維持し，慎重に行う．氏名と電話番号の提供には応じるが，法廷での証言を拒否する申立人は多い．捜査官は，多くの場合，正義をもたらすのは目撃者の証言だけであることを，通報者に伝える必要がある．動物虐待は起訴するのが難しいこと，裁判では通常あまり正当性が認められないこと，裁判官や陪審員は罰則を執行する前に反論の余地のない証拠を要求すること等を，通報者に理解してもらい，証言が不可欠であることを説得できることもある．

　動物虐待調査をするうえで，まずは，迷惑行為の苦情をフィルタリングする．日々，何百件もの通報が寄せられるので，必須の作業である．動物虐待に関する通報が，夫婦間の確執による報復，吠え続ける犬に苛立つ隣人，口論に苛立つ家主や借家人に起因していることはよくある．虐待の疑いがあると通報してきた人と直接捜査官が話をすると，通報のきっかけには他の事情があることに気付く場合もある．隣人との諍いが絡んだ場合は，虚偽または誇大な通報であることが多く，捜査官が通報者と接触できるまでに，「ほとぼり

が冷めた」ということもある．通報に根拠がないように見えても，捜査官が適切な質問をすることで，本当の理由を洗い出すことができる場合が多い．HLEの取り締まりでは，優れたコミュニケーション・スキルが非常に重要である(Arluke, 2004)．

　HLE捜査官は，どの通報を動物虐待行為として調査し，どれが根拠のないものかを判断する責任がある．実際に法律が破られているのか，それとも単に道徳的，倫理的な違反なのかを判断するために，個人的な判断と経験を用いる．法律は極めて曖昧なため，自分達で解釈しなければならない．多くの州では，法律は「動物虐待」や「苦痛」といった用語を定義しておらず，その意味についても詳しく説明していないため，誤解を招いたり，捜査官が適当に説明したりする可能性が十分にある．動物虐待に関わる法律は，その詳細が曖昧なため，事例ごとに説明や適用されることが多い．「適切な食事と飼養環境」という言葉も定義は様々である．例えば，雨漏りし，すのこが割れて屋根が一部のみついた木造の建造物なのか，それとも大きくて重いプラスチックのドラム缶を横向きにしたものなのか．適切な水とは常に新鮮なものなのか，それとも汚れや虫，薄い藻の膜がはっている，あるいは，何日も水を取り替えていないようなもので十分なのか．捜査官は，事実だけでなく，専門的意見や獣医師の知見に基づいて容疑者(被告)に指導しなければならないことも多い．ある人にとっての「殴る」や「酷使」の定義は，他の人と全く異なるかもしれない．このような曖昧さは，捜査官を苛立たせるのと同時に，法律を執行する際に捜査官に多少の柔軟性を与えるものでもある(図3.3)．

　捜査官は，どの事例を刑事事件として追及するかの判断を，容疑者の年齢や状況，違反の程度等に基づいて柔軟に行うこともある．非暴力的または悪質性のない違反については，刑事罰ではなく，指導，援助で対応することもある．高齢者や精神障害を伴う容疑者が関

図3.3 不十分な飼養管理施設の一例，老朽化した厩舎の現場写真

与する事例では，教育や示談等として対応することもある．これは，アニマルホーディングを繰り返している人物で自分の問題を認識できていて，頻繁に捜査官とも連絡を取り，理解や信頼関係があるような場合についても同じである．法律で認められている以上の動物を所持している82歳の老人を裁判制度で追及するよりも，ヒトと動物の両方を助けることの方が重要である．また，地域社会とのより強い関係性を構築することにもつながるほか，住民にとっても安全な選択肢を与えることにもなる．つまり，被疑者が自発的に動物の一部を引き渡すのならば告発はしない，あるいは，必要に応じて，無料の獣医療の提供を援助する等ということを捜査官がすることもある．

　動物虐待事件が起こったとされる場所に行くと，最も多くの情報を得られることが多い(Arluke, 2004)．現地調査をしなければ，捜査を進めるのに必要な情報はほとんど得ることができない．捜査官は，まず住所を聞いた時点から，その場所に関する経験と知識を基に，その地域の民族性，経済水準，慣例法違反や犯罪(もしあれば)などの判断を開始する．例えば，ペンシルベニア州フィラデルフィアでは，闘犬は市の南部で多い．闘鶏は，儀式的あるいは宗教的な動物犯罪と同様，特定の人種と関連していることが多い．どんな地域かを認識していることは，そこでどんなことが起こり得るかに備えるためだけでなく，自身の安全確保のためにも重要である．ベテランの捜査官は，地域を熟知しており，どの辺りが最も危険で，犯罪や暴力が起こりやすいかを熟知している．しかしながら，動物虐待の通報はどこからでも来る可能性があるため，どの通報でも慎重に調査しなければならない．捜査官がドアをノックしたときに何が起こるか，決して予断は許されない．HLEの捜査官は，地元警察と協力し，現地訪問前，あるいは最初の訪問や連絡後に，その物件の住人の経歴や過去の犯罪について調査することもある．その物件の住人に，過去に逮捕歴がある場合等は，動物行政官は警察に同行を要請することもある**(図3.4)**．

　住人が不在の場合，あるいは捜査官がノックしても誰も応じない場合は，何か見えたり聞こえたりできないか住居を簡単に調べることもある．この場合，不法侵入やプライバシーの権利に注意し，慎重に行う．しかし，もし動物を安全な距離から確認でき，簡単にでも目視できれば，次の段階として何をすれば良いかわかることもある．動物行政官は，犬や猫の鳴き声，尿や糞の臭い，ひっくり返されたバケツや重い鎖の様子など，五感をすべて使って調査するよう訓練されている．これらはすべて，どの事例においても重要である．

　最初の訪問で誰も応じないようであれば，名刺を残したり，玄関に通知書を貼り付けたりして，証拠としてそれらは撮影し，所有者に一定の回答期限を与える(多くの場合，24～48時間)．その一定時間内に何の回答もなく，動物虐待法違反が存在する，または存在すると考えられる場合，捜査官は捜索令状を取ることができる．これは遺棄事件では特にこのように行う**(図3.5)**．

　被疑者と直接コミュニケーションをとることが常に目標であるが，被疑者と話をするのは

図3.4 調査写真-家屋内に動物が遺棄されているとの通報があった物件

図3.5 敷地に入らずに調査した際の写真．敷地裏の路地から撮影

困難なこともある．捜査には予測不可能な事態も発生することが想定されるため，捜査官はどんな状況においても，批判的にまた，場合によっては疑いをもってアプローチすることが必要である．捜査官は，被疑者自身から好ましくない反応が返ってくる可能性だけでなく，引き取った動物が攻撃的になることも想定しなければならない．危険はあらゆる角度からやってくる．経験豊富な捜査官は，動物の行動を「読む」ことを習得しており，動物が重度な痛みや苦痛を感じているかどうかを判断できることもあるが，これは獣医師が判断することが望ましい．動物犯罪の現場においては，獣医師が同行することは非常に有効である．

　被疑者の反応は状況によって多様である．協力的な場合もあるが，多くの場合は敵対的で好戦的である．制服を着た人が自分の家の玄関に近づいてくるのを見ると，たいがいは

疑心暗鬼になり，防衛的になる．被疑者は過去に警察と好ましくない関与をしたことがあるかもしれず，HLEであることを示す捜査官のバッジになかなか気付かないこともある．動物の行政官であると気付いたとしても，脅威を感じる，あるいは，不安から敵意を示すことがある．たとえ捜査官が簡単な視察に来ただけであったとしても，動物を取り上げられると怖がることもある．HLEの捜査官が，目撃者による事件の通報が被疑者の住居内であったことを告げると，被疑者はHLEの捜査官に対して拒絶反応を示すことが多く，誰が通報したのか知りたがり，しばしば激昂して，対処すべき問題に焦点を当てなくなってしまう．HLEの捜査官が現場の状況において主導権を握ることが重要である．そのためには，激高している会話を本来の問題に戻すか，冷静に話を聞き，歩み寄って状況を和らげることが必要である．捜査官の仕事の多くは教育である．被疑者は法律をほとんど知らないことが多いので，できる限り法律について伝える．法律自体が曖昧であるため，捜査官は法律がそこまで細かく要求しないことも十分承知したうえでの勧告を行うことができる．一方で，物足りない面も多く，動物に対するケアが不十分であることはわかっていても，法律に違反しているわけでもないのだから，何が適切であるかを伝え，良くなることを願うしかないこともある．冷静な説明や提案で結果が得られない場合，捜査官は警告や法的措置へと強く出ることもある．しかしこのようなやり方も，結果は良し悪しであり，被疑者がさらに攻撃的になる可能性もある．捜査官が中に入るのを拒んだり，捜査官の顔にドアを叩きつけたり，卑猥な言葉を発したりすることもある．何らかの方法で捜査官を脅す可能性もある．協力を拒否した場合，捜査を進めるために捜索令状が必要になることもある．

正当な理由

　捜索令状が必要な状況であれば，正当な理由が必ずあることを確認することが重要である．アメリカ合衆国憲法第4条では，不合理な捜索や押収をしないという権利を保証している．しかし，正当な理由が存在し，状況が正当化される場合は，特に野外や車等プライバシーが保持されない場所においては，捜索令状なしで捜査を行うことができる．しかし，動物虐待の多くは，建物，住居，所有物の捜索を必要とするため，捜索令状の取得が最善であることが多い．正当な理由とは，犯罪が実行されようとしている，あるいは実行されたと信じるに足る，十分な事実と状況があることと定義される (Ingram, 2009)．通常，捜査官は，正当な理由を他人から提供されることが多いが，正当な理由を得る際には，情報の根拠や真実性の双方と同時に状況の総合的判断を基に，情報の信憑性を判断する必要がある．これが確保されない場合，令状請求は却下され，証拠が採用されることはない．悪い噂，単なる疑い，あるいは，根拠のない情報だけでは，正当な理由にはならない．捜査官は事実をつかむために全力を尽くさなければならない．遺棄の通報の際には，鍵のかかっ

たドアから犬の吠え声が聞こえたり，2階の窓から猫が見えたり，壊れた地下室の出入り口から怪我をしてネグレクトされた子犬がみられることがある．このような目視による観察は，適切かつ正当な理由とすることができる．

捜索令状

　令状は，正当性を担保するために，弁護士の承認を得ることが理想的だが，どのような場合でも，捜索する場所とすべての建物または構造物を明記する必要があり，可能な限り明確に，包括的であることが重要である．外構，小屋，納屋，車庫などを捜索する必要があると思われる場合は，すべてを令状に含める．

　捜索令状を執行する際は，地元警察や州警察に協力してもらったり，他のHLE捜査官と同行したりすることが望ましい．危険な状況であることが多く，予測不可能に急速にエスカレートする可能性もあり，また，現場での適切な対応に多くの時間を要することもある．用心のため，また，証拠集めの協力，必要に応じて動物の捕獲，事務処理の補助など，支援や協力体制を持っておくことは極めて重要である．

　令状は，厳しい時間枠の中で執行されなければならない．遺棄現場で令状を執行する場合にも，少なくとももう1人追加で捜査官を確保しておく必要がある．危険が潜んでいる可能性が常にあり，また，敷地から搬出される動物が複数いる場合は，追加で人員を配置すると負担が軽減し，現場対応がしやすくなる．追加の人員を確保することで，複数の敷地の出入り口を確保することもできる．捜索令状の執行中に，物件の保存や，監視したりする必要がある場合は，すべての出入り口付近に複数の捜査官を配置することが望ましい．令状が手元にあり，捜査官が来て令状の所持を告げたり，玄関をノックしたりして再三の命令にも誰も応答しない場合，捜査官は敷地内に入ることができる．このような場合，被疑者，容疑者，また所有者がまだ家の中にいる可能性があり，武器を所持している可能性があること，または動物に攻撃される可能性があることから，細心の注意を払う．

　屋内に入り，現場を確保したら，物を変更したり撤去したりする前に，敷地とその場にいる動物の写真（適切な個体識別と事件番号を添えて）を撮る．発見現場の記録は極めて重要であり，現場が屋内でも屋外でも同様である．あらゆる犯罪現場と同様，人員の安全が最優先であり，次いで被虐動物を救助する．動物は，獣医師による評価と治療のため，直ちに移動する．氏名，住所，その他の識別情報が記載された郵便物や書類は，所有者の追跡のために没収し，撤去前に発見場所で写真を撮り，回収されたその他の証拠物とともに証拠回収シートに記録する．証拠とは，「争点となっている事実を証明または反証するのに役立つもの」と定義される (Gardner, 2005)．事件ごとに，証拠となる資料は異なる．闘犬事件では，敷地内に薬物，闘犬・訓練用具，あるいは大量の違法薬物や武器がある可能性がある．遺棄事件では，空の食事や水の容器，汚れたクレートやケージが証拠として認め

られることがある．重い鎖，動物を叩いたり殴ったりするのに使用されるもの，排泄物の堆積した不衛生なトイレ，動物を不適切に拘束するのに使ったロープや綱などは，事件の証拠となり得る押収品の一部として考えられる (図3.6).

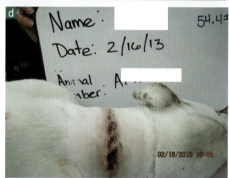

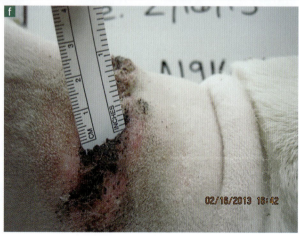

図3.6 (a) 大規模または注目度の高い事件の適切な現場記録には，科学捜査員または外部機関からの協力が有効である．(b) 施設内で発見された証拠品（動物用医薬品）の現場写真．(c) 現場から搬出する前の動物の現場写真．(d) 埋没した鎖の除去後の証拠写真．(e) 埋没した鎖の証拠写真．(f) 埋没した鎖の傷の深さの証拠写真

合同捜査と作戦計画

　動物虐待の捜査に携わる捜査官は，HLEだけとは限らない．捜査が複雑な場合，多数の動物が関わっている，危険な動物が多数いる，ホーディング，闘犬や闘鶏，性虐待などが関わっている場合等，一部署だけでは手に負えないような場合は，他部署からの協力を得る．権限，任務，責任は，州や国によっても異なる．どの部署や機関が主体であるかにかかわらず，動物虐待対応は，主要機関と同様に組織化し，体制準備が必要である．

　ほとんどの法執行機関において，世界的に認知されている最も一般的な作戦計画系統は，SMEAC（状況，任務，実行，管理・後方支援，指揮統制）として知られている．この作戦計画系統は，軍隊から始まり，数世代にさかのぼる．SMEACの作戦計画に基づき，チームリーダーは，機関に関係なく，関係部署や人員を収集し，想定されるすべての事態に備える．警察から獣医師，動物取り扱いチームに至るまで，関係者全員の「誰が」「何を」「どこで」「いつ」「なぜ」「どのように」するのかを定める．うまくいかないことがあったとしても（そして常に起こる），作戦計画をきちんと練っていれば，任務は続行可能で，予期せぬことが起こったとしても，遅れを最小限に抑えることができる．

　HLE，動物行政，または動物緊急対応チームは，動物虐待の専門家であり，動物の管理，トリアージ，輸送，シェルターの設置，獣医学的管理，法獣医学的鑑定を行う．他の機関を主体として，あるいは複数の機関と協力する場合にも，支援機関と同じ作戦計画の様式を持つことで，役割と責任については，すべてのレベルと部門間で明確なコミュニケーションが可能になる．

　効果的なチームによるアプローチを展開しているHLE組織の一例として，オンタリオ州動物虐待防止協会（Ontario Society for the Prevention of Cruelty to Animals: OSPCA）がある．OSPCAの捜査官と検査官は，州法に基づき警察官として任命され，オンタリオ州の動物保護に関する法律を執行する目的として，警察官のあらゆる権限と特権を与えられている．2009年，オンタリオ州政府（カナダ）は州の動物保護法を大幅に改正し，動物虐待を行った者に対して新たな罰則を設けた．2014年，オンタリオ州政府は，オンタリオ州での大規模かつ複雑な動物虐待捜査の調査・調整を目的として，動物虐待捜査官の専門チームを設置することを義務付けた．これを受け，OSPCA主要事件管理（Major Care Management: MCM）チームが結成された．MCMチームは，犯罪現場管理，捜査技術，犯罪現場の写真撮影と動画撮影，捜索令状と代替捜査権限，証拠収集，動物の取り扱いとトリアージなどの高度な専門訓練を受けた警察官で構成されている．チームは，オンタリオ州緊急事態管理の対応手順の一環として，大規模な緊急事態や自然災害にも対応する．また，チームメンバーには，目標達成に必要な多くの資源や機材が提供されており，メンバー全員が各自の役割について相互訓練を受けており，常時代替可能である．

オンタリオ州では，MCMチームが必要とされる捜査では，出動前にチームが作戦計画を立てる．捜索令状やこれまでの捜査内容の確認や準備，後方支援，装備品の点検と準備，人的支援，他の警察機関や地元の獣医療の支援など，段階を踏んで計画と準備が進められる．その後，チームは作戦計画書を作成し，関係者全員を集めてブリーフィングを行い，明確な意思疎通を図るオープンな場を設ける．

現場に到着すると，MCMチームはまず現場管理とバイオセキュリティから始める．証拠の二次汚染や疾病感染のリスクを最小限に抑えるための手段を講じ，警察官の安全を最優先する．すべての場合において，認定獣医師がMCMチームに同行する．チームと獣医師は協力して，現場の初期評価，動物管理の優先順位，トリアージとその後の動物の搬出を計画する．

最初の現場評価の後，優先順位は動物のトリアージとケアに移る．早急な治療が必要な動物は，現場から数分以内にいる獣医師のもとへ搬送される．残りの動物は，トリアージをしてから，現場に到着する前の作戦計画段階に設置した二次収容場所に移動する．可能であれば，動物を現場から移動する前に，動物に関する証拠はすべて収集し，現場にいる動物の写真や動画を撮影する．動物を現場から搬出した後も，証拠の収集と処理を続ける．警官，捜査官，獣医師が協力し，現場の実務処理を行い，政府の確立したガイドラインとベストプラクティスを実施する．

任務終了後は，何がうまくいき，何がうまくいかなかったかを協議し，問題点や課題を特定し，今後の任務のためのベストプラクティスを実施するために，可能な限り早急に報告会を開く．

単独捜査官および合同捜査機関による法獣医学事例

ケース1：「グルーマー」

この事件では，ラサ・アプソタイプの小型犬をグルーミングに出した直後に死亡させた民間人からOSPCAに連絡があった．

飼い主は午前10時に犬をグルーマーに預けた．グルーマーは飼い主が常連客であったため，その犬とは顔なじみであった．犬を預けてから約1時間半後，グルーマーは飼い主に「事件」があり，犬が死んだと連絡した．飼い主が到着すると，グルーマーは犬が「首輪を詰まらせた」と告げた．飼い主は，店の奥のテーブルの上にタオルに包まれて横たわっている愛犬のところに連れて行かれた．飼い主は犬を抱き上げると，犬が濡れていることに気付き，グルーマーは犬に水をかけて蘇生させようとしたと説明した．飼い主は犬を動物病院に連れて行ったが，犬は到着時に死亡が確認された．OSPCAのエージェントが割り当てられ，飼い主はさらなる検査のために犬の死体を引き渡した．犬は直ちにオンタリオ州ゲルフの動物衛生研究所

に運ばれ，解剖検査のために提出された．

　グルーマーが事情聴取を受けたところ，その犬は爪切りの際に攻撃的になったことがあると述べた．この日，グルーマーは口輪を使用し，首の周りに1本の綱を使って犬をグルーミングテーブルに繋いでいた．グルーマーは，犬が攻撃的になってテーブルから飛び降り，手綱と口輪を外そうとしたが犬は無反応になったと主張した．

　事前の解剖検査所見では，右目の結膜に5 mmの局所的な急性出血があった．左脇腹の後端の肋骨のすぐ後ろに，縦5 cm，横1 cmの縦線状の出血が皮下組織にあった．内診の結果，肺はうっ血し，浮腫んでいた．

　病理組織学的に脳に腫脹があることが確認された．狂犬病，馬脳炎，ウエストナイルウイルスなど，この原因と思われる病気は除外された．死因は外傷性脳損傷と断定された．獣医病理学者は，死の様態は断定できないが，死後の検査から，偶発的または非偶発的な鈍的外傷と窒息の可能性が考えられると述べた．調査の結果，この二つの可能性は肯定も否定もできる．

　獣医鑑識の報告書を基にさらに調査を進めた結果，犬はグルーマーが当初述べていたように首輪で窒息したのではないという結論に達した．さらに聞き取り調査を進めると，グルーミングの際，グルーマーは1人でいたことが明らかになった．ある時点でグルーマーは犬から離れ，口輪と拘束具を付けたままにしていた．彼が戻ったとき，犬は無反応であった．

　獣医病理学者の所見とグルーマーへの聞き取り調査から，犬は拘束されている間に興奮し，自由になろうともがき，テーブルから落下したことが判明した．再起不能となった犬は窒息死した．事前の検死で死体に見つかった傷跡は，グルーミングテーブルで使用されていたワイヤー拘束具のサイズと位置と一致した．

　その結果，グルーマーは動物に苦痛を与えたとして州法に基づき起訴され，有罪判決を受けた．裁判所は，この事件は故意ではなかったが，ネグレクトであり，予防可能であったと判断した．罰則は12カ月の保護観察，飼い主への2,500ドルの返還，OSPCAへの1,500ドルの費用支払いであった．さらに裁判所は，今後このような事故が起こらないよう，安全な取り扱い方法と設備を導入するようグルーミング施設を改修するよう，このグルーミング業者に6カ月間の猶予を命じた．後のOSPCAによる検査で，グルーマーは，動物の安全を確保するために最低2人が各動物と一緒にいることを明記した従業員ポリシーを作成し，偶発的な落下を防ぐためにグルーミング中の動物の動きを制限する設備が施設内に配置されていることが確認された．

ケース2：ウサギのホーダー（多頭飼育崩壊）

　2014年初め，OSPCA MCMチームのメンバーは，オンタリオ州東部の住宅で，OSPCA第12条（1）令状（動物が苦痛を感じている）の支援に派遣された．OSPCAに連絡があったのは，勧誘員がその住宅に立ち会い，家の中から悪臭が漂っていることを心配したためで

あった．このことは911に通報され，消防隊が駆け付けた．到着後，消防隊員によると，家には誰もいなかったが，様々な品種のウサギがたくさんいた．家中には糞，ゴミ，腐敗した動物の死骸があった．家の所有者は地元住民であったが，その時点では所在不明であった．地元のOSPCAエージェントが消防隊を支援し，アクセス可能な生きた動物に水を提供し，OSPCA MCMチームの出動要請がなされた．

警察，消防，公衆衛生当局，地元の獣医師と動物保護施設，そして現場に同行する法獣医師などである．警察は現場の警備と警官の安全を担当し，消防は安全点検を手伝い，劣悪な空気を住宅から排出するための負圧ファンを支援するため，現場に待機することになっていた．公衆衛生当局は，最初の評価後にその場所を検査することを許可され，住宅そのものだけでなく，隣接する土地や人々への影響についても判断することになっていた．法獣医師は，証拠収集を担当するチームメンバーを支援し，さらなる検査のためにサンプルとして何をどのように採取するかについて指示を与えることになっていた．OSPCA MCMチームのメンバーには，書記，応急処置，チームの安全管理，写真撮影，証拠収集，法獣医師の補助，トリアージにおける動物の扱いなど，それぞれの任務が割り当てられた．チームメンバーの1人が責任者に指名され，チームの行動と任務を監督する責任を負った．

翌日の午後2時頃，OSPCA MCMチームのメンバーがその場所に到着した．検査準備のため，その場所を確保した．その臭いには刺激臭があり，腐敗または腐敗した肉の臭いと認識された．住居内からは何の反応もなく，所有者も不在だった．

OSPCA MCMチームのメンバーはバイオセキュリティーを最優先とし，カバーオール，安全長靴，フルフェイスの呼吸マスク，ラテックス手袋などの個人防護具を着用した．午後2時20分，法獣医師を伴ったOSPCAメンバーの第一陣（アセスメントチーム）が，動物が苦痛を感じているかどうか，どの程度かを確認するために住居に入り，現地の様子を写真に撮って記録した．

住居の玄関ドアを開けると，臭気がかなり強くなっており，住居内から発生していることがわかった．午後2時23分，獣医師は，危険で不衛生な状況であるため，すべての生きた動物を敷地から撤去するよう命じた．

最初の検査に続き，午後2時40分，第二陣のチームメンバーが玄関から住居に入り，住居内から生きた動物を組織的に除去する作業を支援した．入ってすぐ，チームメンバーの1人が，住居の内部はほとんど立ち入れない状態であり，ゴミや瓦礫の山，古着，糞がいたるところに見られたと指摘した．リビングルームを通って住居の奥に進むと，ケージに入れられた数頭の生きたウサギが観察され，あるものは単独で，またあるものは死体や腐敗した動物と一緒にケージに入れられていた．

また，数頭のモルモットが居間や台所で放し飼いにされているのも確認された．前日の夕方，地元捜査官と消防隊によって，ケージに入れられた生きた動物たちに水が提供されていた．

居間では，破れた大きなゴミ袋がいくつもあった．写真で記録したところ，腐敗したウサ

ギの死骸が見つかった．袋の中の死骸の数は，腐敗の程度が様々で，部分的に腐敗しているものもあれば，液状化しているものもあったため，その時点では不明だった．瓦礫，ゴミ，死体や腐敗した動物は，キッチン，寝室，地下室など，住居のいたるところで見つかった．地下室には大きなウサギの死骸がいくつもあり，そのうちのいくつかはかなり肥大し，腐敗が始まっていた．生きているウサギも何頭か動き回っていた．

　メインフロアの浴室で，小型犬（テリア系の可能性あり）の一部腐乱死体が確認された．この死体は後に法獣医師の指示により証拠として持ち去られた．

　午後3時，動物のハンドリングとトリアージを担当するチームメンバーが，生きた動物の搬出を開始した．動物は屋外に運び出され，写真撮影と記録が行われ，獣医師による予備的な医学的評価が各動物に対して行われた．生きている動物の搬出後，法獣医師の指示により，いくつかの死骸が死後解剖のために押収された．オンタリオ州SPCAの獣医師証明書が発行され，生きたウサギ14頭，モルモット4頭，死亡した犬1頭，死亡したウサギ4頭が敷地から搬出された．その後，家には約300頭の動物の死骸があったことが判明した．

　動物の撤去後，保健所職員はこの家を公衆衛生上の危険があるとして非難しただけでなく，保健所による清掃と検査が終わり，安全だと判断されるまで，家の両隣の家族を避難させるよう指示した．

　法獣医師は，死後解剖のために押収した動物を獣医病理学者に搬送するために適切に梱包することで，捜査官を支援した．獣医師はまた，病理学者に必要な詳細と期待を明確に説明し，現場と状況の詳細を提供することにも協力した．

　死亡動物を検査した病理学者の最終報告書は，死因が飢餓による衰弱であることを明確に示している．加えて，外傷も潜在的な要因として明確に除外された．1頭のウサギの死因は未治療の腎臓病であった．結論は，基本的なケアさえも怠られたために，この状況の動物たちは不必要な苦痛を受けたというものだった．

　最終的に飼い主が特定され，州法に基づくいくつかの罪状で起訴されることとなる．飼い主は2年間の保護観察処分と，動物の所有，飼養，同居の生涯禁止を言い渡された．罰金は6,000ドルで，OSPCAに4,969ドル20セントの返還を命じられた．

　これらの事例からわかるように，HLEが扱う事案のほとんどは，一つの機関が全任務を遂行できる小規模なものであるが，中には外部団体からの追加的な支援を必要とするものもある．どの機関が捜査に加わるにせよ，できるだけ早い段階で連絡し，役割と責任を全て明確に分担することが重要である．

事案着手の準備

　捜査官が情報を収集し，事件を確定する場合は，細心の注意を払って行うことが必要不可欠である．捜査の過程で押収された動物はすべて，獣医師，可能ならば法獣医学の経験があり(たとえ微々たるものであっても)，法廷で証言する意思のある獣医師が評価することが望ましい．獣医師は，獣医学的な訓練と経験に基づいて専門家証人とみなされ，傷害やネグレクトの程度に関する重要な情報を提供するだけでなく，獣医師の観察結果に基づく証言が，軽犯罪あるいは重罪の判断基準となる重要な証拠となることも多い(Sinclair et al.)

　HLE捜査官は獣医学的な訓練をほとんど，あるいは全く受けていないこともあるため，捜査時には，獣医師による被虐動物について可能な限りの検査や評価が完了していることを確認する．獣医師と緊密に連携することで，見落としがないようにする．担当官は，獣医師のメモや報告書，収集した写真やX線画像による証拠を確認し，適切に告発ができるようにする．HLEの捜査官は，獣医師が動物を診察する際，事件の背景や動物が収容された状況，探すべき証拠を担当獣医師に伝え，専門的な情報を提供する．動物の被毛に繊維や植物の痕跡を認めることもある．動物の爪は磨り減っているか，折れているか，ひどく伸びているか．飼い主は動物が「左側から落ちた」と言ったが，X線画像では右側にも外傷があるか．埋没した首輪を除去した際に，傷の深さを測定しているか．また，解剖検査の際(解剖検査が必要な場合)，写真撮影やスクライビング(メモを取ること)を行うことで，解剖検査官をサポートする．獣医師が解剖検査の途中で立ち止まって写真を撮るのは非常に困難で実際には解剖しながら写真を撮ることはできないため，写真撮影の補助を行う．写真の証拠としての信憑性は極めて有用で，法廷で素人に複雑な事象を説明しようとする場合，写真は非常に有効である．検査前，検査の各段階，重要な発見や証拠が見つかったとき，解剖検査の各段階で，動物の写真を撮影する．近影，遠写，概観の写真を，スケールや定規の有無にかかわらず，また，日付，担当者，動物番号，症例番号，捜査機関が記載された個体識別カードを含めて撮影する(図3.7a〜e)．

　可能な限り，状況を直接，獣医学的見地から評価するために，獣医師は現場に同行する方が望ましい．獣医師は現場で発見された薬物や，動物の症状を治療するための薬物を特定することができる．アニマルファイティング，繁殖施設，あるいはホーディング下において，薬物やサプリメントに出くわすことはよくあり，これらの薬物に不慣れな警察官では見逃してしまう可能性もある(Sinclair et al,2006)．また，獣医師は，ネグレクト，ホーディング，身体的虐待の場合にどの動物が最も緊急に治療を必要としているかを判断することができる．法獣医学的評価は，できるだけ早急に行う必要がある．虐待の場合，動物は証拠とみなされる．前述したように，写真や動画によって動物の現場を記録して，適切な証拠処理を行い，動物が迅速な治療を受けるのに役立つだけでなく，裁判官や陪審員に，悲

| 事案着手の準備

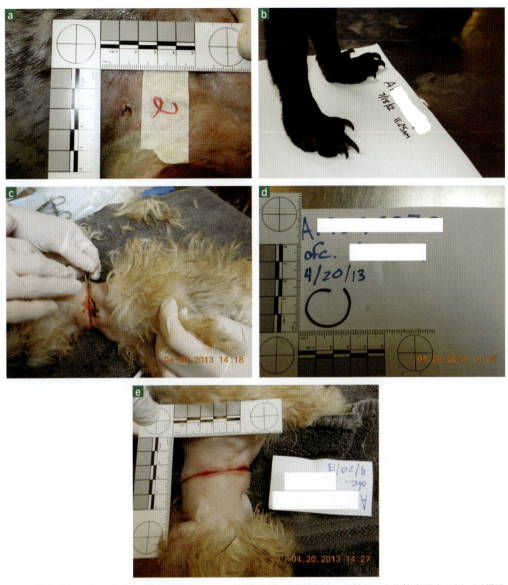

図3.7 (a) 弾丸による傷の近影解剖写真 (スケール付き) の例. (b) 識別カード付きの生体検査写真の例. (c) 埋没した輪ゴムの摘出後の写真. (d) 摘出時の輪ゴムの写真. (e) 摘出後の輪ゴムの傷の写真

惨な状況であった動物の飼養環境を提示することが可能である．動画は，神経障害，整形外科的損傷，あるいは静止画では捉えられないようなその他の所見を記録するのに，あるいはホーディングやパピーミルの現場にいるおそらくは無数の動物たちを描写するのに最適な手段である．また，現場での動物の行動や，警官が最初に動物を押収した際の動物の行動を記録するのにも適しており，この最初の動画映像は，治療やリハビリの後に撮影された映像と比較することで，「ビフォー・アフター」モンタージュとして使用することができる．これは飢餓を記録するうえで特に重要な方法である．現場で押収されたとき，または動物病院やシェルターに最初に到着したときの削痩した動物の写真，再給餌治療中の段

階的な写真，そして治療が完了した後の写真は，動物が「ただ食べることを拒否した」という被告の主張，あるいは血液検査や検査結果を伴う場合，動物が「基礎疾患を患っていた」という主張に異議を唱えるのに役立つ(図3.8a～d).

　HLEの捜査官は，すべての現場を潜在的な犯罪現場として扱うべきである．警察官が現場を処理するときに使うのと同じ技術を，動物事件でも使うことが可能であり，使うべきである．HLE捜査官の中には，これらの技術についてほとんど，あるいは全く訓練を受けていない者もいるが，証拠品を取り扱う際の手袋の着用，記録，ラベル付け，証拠品の適切な保管と処理，十分な写真撮影，現場に立ち会う人数の制限，報道機関への適切な発言など，確実な事件解決に有用な基本事項をいくつか知っておくことは，専門家でなくてもできる．例えば，すべての動物を押収した後，ある時刻にデータベースに記録したが，(1)令状が執行された日とは別の日であった，(2)動物の押収日時に関する供述書の作成日が間違えていた，などという罪のない「ミス」のために，事件化できなくなることもある．とりわけ，警察官，獣医師，検察官など，他者との連携協力が必要な場合は，十分な注意が不可欠である．動物虐待の場合，立証責任は非常に重く，犯人の意図も見極める必要が

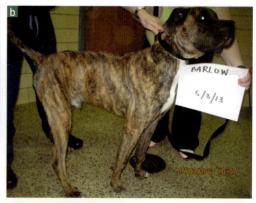

図3.8 (a)収容日に撮影された「バーロー」の写真．(b)再給餌処理後のバーローの写真．(c)収容日に撮影したマディの写真．(d) 再給餌後の「マディ」の写真．動物が故意にネグレクトされた，または虐待されたことを証明するには，検査結果を含む詳細な獣医師の治療記録と組み合わせることが必要である．

あるため，現場での捜査後，定期的に弁護士と会うことも極めて重要である．

　捜査官と弁護士が法的見地からどのような方法で事件を処理するにしても，最初から最後まで，動物は常に重要な位置を占めるべきである．前述したように，動物は発見時，搬出と治療経過中，そして治療の終了時に，外傷の程度にかかわらず，定期的に記録をし，写真を撮り，動画も撮るべきである．写真は必須であり，多すぎるということはない．各動物には固有の識別番号を付けて，現場で撮影する．動物に番号を付け，日付，時間，捜査官の氏名，事件番号，住所とともに，カードまたは消しゴムで消せるボードに書き写す等実施する．このカードまたはボードは，動物と一緒に写真に撮っておく．このステップは，一つの場所に何十頭もの動物がいるような場合や，多頭飼育崩壊（アニマルホーディング）の事例では不可欠である．

ホーディング

　ホーディング事件は難しく，解決には時間がかかる．敷地内のすべてを記録するには，数時間，数日，あるいは数週間かかることもある．獣医師が現場に立ち会い，捕獲した動物や囲いから取り出した動物を評価し，写真を撮り，記録することが特に重要である．ケージや囲い自体が証拠であり，各動物は写真や文書による記録に基づいて特定のケージと適合できるようにする．この場合，敷地のレイアウトを把握するために，単なる写真で示すより現場のスケッチや地図情報は有用だが，動物が自由に歩き回っている場合はあまり有用でない場合もある**(図3.9a,b)**．

パピーミル

　パピーミル（子犬工場）は，ホーディング事件と性質が似ているが，独自の特徴がある．このような事例は，「部外者」は拒絶されることが多く，警察官は軽蔑され，閉鎖的でかつ

図3.9 (a) ホーディング状態にある動物はすべて，その場で識別番号等と撮影する．(b) ホーディング状態にある動物にはすべて，その場の写真と個体識別を付けて，個々に撮影する．

緊密なコミュニティで発生することが多い．パピーミルが頻繁に出没するアーミッシュやメノナイトのコミュニティでは，一般的に写真撮影が禁止されていたり，一般的な文化から遠ざけられていたりする．

法廷，起こり得る結果，感情的負担

法廷

　HLE捜査官は通常，動物虐待事件をあまり重視しない裁判制度に直面する．動物虐待事件は，単なる略式または軽犯罪で，駐車違反程度にしか扱われないこともある．このレベルの事件では，陪審裁判が行われることはほとんどなく，ある都市の裁判員裁判を担当する裁判官は，州の動物法に精通しようとしないほど多忙である．地域によっては，裁判官が動物虐待の事例をほとんど見たことがないため，動物虐待を全く知らない場合もある．時に，裁判官や弁護士はこの問題を矮小化し，その病状を知らないことから笑い物にしたり，写真に写った「フラッフィーちゃん」のおどけた表情をからかったりする．このような現状は，法律だけでなく，警官の自尊心や心の平穏をも傷付ける．何週間も何カ月もかけて捜査したのに，無関心な態度でバカにされたり笑われたりするのだ．さらに，軽犯罪レベルでは，被告人が司法取引を選択することが多く，その結果，警察官は，苦労して得た事実を提出する機会がなく，少額の罰金だけが唯一の罰となる．裁判官は写真や動画を見ることさえ拒否することもあるし，裁判官によっては被告人を有罪と認定しても，様々な理由から動物の所有権を被告人に戻すこともある．捜査官はこのような事態に直面すると，目的全体を逸脱していると見なし，動物の救出を失敗したと感じることもある (Arluke, 2004)．

考えられる結果

　軽犯罪は，州によっては，異なる多くの加重要因によって犯罪に昇格する可能性がある．例えば，ペンシルベニア州では，動物に外傷を負わせたり，醜状※1を与えたりした場合，犯罪者は軽犯罪で起訴される可能性がある．例えば，ホーディングの場合，溜め込んだ動物の1頭が肢を骨折していれば，罪状は略式犯罪から軽犯罪に上がる可能性がある．一方，コロラド州では，動物虐待の初犯は軽犯罪である．しかし，しばしば「故意に」または「意図的に」という用語が法令に組み込まれており，この認識または意図を証明することは難しい場合がある．軽犯罪事件は陪審員の前で審理されることもあるが，多くの大都市では通常，裁判官によって審理される．しかし，どこで裁判が行われようと，有罪判決が下されても実刑判決が下されることはほとんどない．

※1　醜状とは，人目に付く程度以上の瘢痕，線状痕などの傷痕のこと

現在50州すべてに動物虐待の重罪規定があるが，何をもって重罪とするかは州によって異なる．最初の有罪判決が軽犯罪であった州で2回目の動物虐待罪を犯した場合，コロラド州などでは重罪となる．闘犬はすべての州で重罪である．フロリダ州では，過度または反復的な不必要な苦痛や苦しみ，あるいは残酷な死をもたらす故意の行為により，重罪に問われることがある(www.leg.state.fl.us)．

動物の行き先

　意外に思うかもしれないが，動物虐待の被虐動物は，飼養管理を任された施設に到着するやいなや，忘れ去られるか，後回しにされるか，あるいは単に負担とみなされることが多い．被告が有罪となった場合，控訴は何年も続く．上訴が州最高裁判所まで達した例もある．自発的な引き渡しが得られているか，裁判所の命令によって飼育動物がシェルターに収容されない限り，動物は控訴の間，保留されたままとなる．これはある意味，最初の行為と同じくらい残酷な行為である．

　動物虐待事件の動物は，その事件の全期間，証拠とみなされることがある．動物虐待に関する法律は州によって異なるが，ほとんどの州では，事件が係争中の動物の処分に関する規定はない．このため，押収された動物は，事件が裁決するまで，数カ月から数年間，シェルターや動物保護団体で収容されなければならなくなる．これらの動物の治療，給餌，飼養管理にかかる費用は法外なものになる．たとえ生きている動物であっても，「証拠」を変更できないという事実があるため，避妊・去勢手術や救命処置以外の治療（歯の治療や脂肪腫の除去など）を受けることができない場合が多い．特別な治療が必要な場合，HLEの捜査官や検察弁護士は，その事件の裁判官に申し立てて許可を得るか，被告人の弁護士と話をして，その弁護士から被告人に要望を伝えて許可を得ることが可能ではあるが，極めて負担の大きい手続きとなる．このように，莫大な経済的負担の可能性や様々な課題があるため，多くの機関が動物虐待の事例で法的措置を追求することを躊躇することがあり，動物虐待法を執行する別の阻害要因となっている．Humane Society of the United States: HSUSが部分的に扱ったある事件では，200頭以上の犬が押収され，13カ月以上飼養管理を行い，60万ドル以上の費用負担が必要となった(Sinclair et al.)．

　シェルターの中には，事件が解決するまで動物を家庭に預ける里親プログラムを実施しているところもあるが，そうでないところも多い．幸運にもこのようなプログラムがあるシェルターにとっても，喜んで参加してくれる人を見つけるのは難しいことである．里親は，動物が法的には自分の所有物ではないこと，動物に対して去勢・避妊手術をしたり，その動物の写真をソーシャルメディアに投稿したりすることはできないことをまずは理解しなくてはならず，それに同意する契約書に署名しなければならない．動物が保護されている間に誤って妊娠した場合，その子犬も直ちに事件の一部となる．里親でかなりの時間

を過ごした後でも，裁判所の命令により元の飼い主に戻される可能性のある動物の飼養管理をし，絆を深めることを約束してくれる個人や家族を見つけるのは難しいことである．

医療費

　経済的な負担が大きく，動物の健康が長く損なわれることを軽減するためには，いくつかの手段がある．一つは，HLEの捜査官が，捜査の開始時，あるいはその後できるだけ早く，問題の動物の所有者から自発的に所有権放棄を得ることである．これは，動物が必要なすべての治療を受け，迅速に譲渡に出すことができるため，おそらく最良の選択肢である．HLE捜査官の多くは，獣医療を提供する手段や提供する意思を持たない飼い主や，動物虐待の規範に従うことを拒否する飼い主に，所有権放棄を選択肢として提示する．つまり，動物保護団体やシェルターに引き渡すか，適切な処置（適切な食事，水，シェルターの提供，獣医学的処置など）を行わない場合は，告発される可能性があるということである．多くの場合，裁判沙汰になるという脅しだけで，被申立人は動物の適切な飼養管理ができていないことを認める．より深刻な事例では，所有権放棄という選択肢は，告訴の必要性を完全に無効にすることはできないが，動物へのストレスを軽減し，動物保護団体の財政的負担を軽減することができることは確かである（動物虐待に対する保釈金の支払いに関する州法）．

　動物の飼養管理にかかる費用を軽減するもう一つの方法は，保証金の納付と没収規定である．コロラド州，ワシントン州，バーモント州，インディアナ州のようないくつかの州では，有罪判決前の保釈保証金の納付を犯罪者に義務付ける法律が可決された．犯罪者が支払わないことを選択した場合，動物は没収され，譲渡されることになる．飼育，給餌，獣医療に関連する費用は，通常，動物の飼養管理を担当する機関が，獣医療を提供する獣医師または専属獣医師と協力して定める．すべての治療と費用については，綿密な記録を残す必要がある．

　被害動物の飼養管理にかかった費用の返還を求めることは，動物の収容と飼養管理に関連する費用の一部を回収するもう一つの方法ではあるが，返還要求は，捜査官は事件を扱う弁護士にまず行う必要がある．裁判所は，犯罪者の量刑の一部として返還を含めることができる．飼養管理費の文書化と同様に，事件期間中の動物の飼養管理に関連する費用は，綿密かつ正確に記録しなければならない．裁判所は，飼養管理を提供した施設に返還金の支払いを命ずることができ，違反があれば，債務が清算されるまで，犯罪者の財産に先取特権を設定することができる．

放棄

　遺棄事件の扱いは，州や自治体によって異なる．地域によっては，適切な飼養管理も食

事も水もシェルターも与えられずに一定期間放置された動物は，飼い主のいない遺棄物とみなされ，動物福祉の法執行機関によって差し押さえられることがある．遺棄の可能性のある所有物に関しては，取り巻く状況を総合的に考慮する．「所有者または占有者が，所有権，利害，請求権，および/または占有する権利のすべてを放棄することを意図していたことを証明する必要がある．放棄は，財産権の分析のみによって決定されるのではなく，放棄の意図は，その人が財産に対する十分な利害を放棄したことを示す言葉，行為，および証書から推測することができる」(Ingram, 2009年)．放棄されたとみなされた場合，元所有者は所有権を主張することはできない．しかし，動物を押収し，財産処分が完了するまで保管する．その場合，捜査官はあらゆる手段を使って所有者を探し出し，所有者が見つからない場合は，裁判官によって所有権が動物行政に移譲されるよう要請しなければならない．しかし，この手続きには時間と手間を要する．

感情的負担

動物虐待を真摯に受け止めようとしない，あるいは受け入れがたいことを認識してくれない裁判制度においては，捜査官は，「なぜわざわざこんなことをしなければならないのだろう」と思ってしまう．このような落胆が長期化すると，無関心や怠惰な態度につながりかねない．HLE捜査官は，精神的に多大なダメージを受ける仕事をこなさなければならないだけでなく，ヒトや動物から危険な目に遭う可能性にも直面しながらも仕事をこなさなければならない．取り締まりの技術と法律の知識，状況を「読む」優れたコミュニケーション能力，動物の行動に関する全般的な知識，動物の苦痛の窮状に対して感受性を維持すると同時に，完全に感情を遮断しなければならない防衛反応との微妙な境界線を維持する能力を持っていなければならない．時には嘲笑，無礼な行為，非協力的，無関心な行動に耐えながら，実務をこなさなければならない．捜査官は，しばしば「ドッグ・キャッチャー※2」として見下されることもあり，アニマル・コントロールと混同され，法の執行者として信用されず，活動家として間違ったレッテルを貼られることがある．HLE捜査官の多くは，動物への愛情に惹かれてこの仕事に就いたのであり，プロ意識を保ちながら，動物に対する残虐な暴力行為を目の当たりにするのは容易なことではない．しかし，否定的な意見もあるが，ほとんどのHLE捜査官は自分の役割に誇りを持っている．すべての事件に勝てるわけでも，すべての命を救えるわけでもないが，救えた命にはどれほどの苦難があっても価値があることを知っている．物を言えない動物の声を代弁することで，困難を補うことができる．どんな代償を払っても，いつか戦う必要がなくなる日が来ることを願って，捜査官は戦い続ける．

※2 野犬狩りをする行政職員は以前はドッグ・キャッチャーといわれ，嫌われていた．

参考文献

Arluke, A. 2004. *Brute Force; Animal Police and the Challenge of Cruelty*. West Lafayette, IN: Purdue University Press.

Bond Posting for Animal Cruelty State Statutes. http://www.tufts.edu/vet/hoarding/Bondlaws.htm.

Florida Legislature. 1995-2015. http://www.leg.state.fl.us.

Gardner, R. M. 2005. *Practical Crime Scene Processing and Investigation*. Boca Raton, FL: CRC Press.

Ingram, J. 2009. *Criminal Procedure: Theory and Practice*, 2nd ed. Upper Saddle River, NJ: Prentice Hall.

Lockwood, R., and F. R. Ascione. 1998. *Cruelty to Animals and Interpersonal Violence: Readings in Research and Application*. W. Lafayette, IN: Purdue University Press.

Merck, M. 2007. *Veterinary Forensics: Animal Cruelty Investigations*. Ames, IA: Blackwell Publishing.

National Children's Advocacy Center (NCAC) Training and Conferences. 2013. http://www.nationalcac.org/online-training/web-caught-in-the-crossfire-how-the-abuse-of-animals-co-occurs-with-family-violence.html.

National Coalition Against Domestic Violence. 2006. http://www.ncadv.org.

National Link Coalition. nationallinkcoalition.org; Fact Sheet: Nationallinkcoalition. http://org/wp-content/.../DV-FactSheetNCADV-AHA.pdf.

Sinclair, L., M. Merck, and R. Lockwood. 2006. *Forensic Investigation of Animal Cruelty: A Guide for Veterinary and Law Enforcement Professionals*. Washington, DC: Humane Society Press.

Sinclair, L., M. Merck, and R. Lockwood. 2009. *The Stop Snitching Phenomenon: Breaking the Code of Silence*. Washington, DC: U.S. Department of Justice.

Sinclair, L., M. Merck, and R. Lockwood. 2013. The cost of care. *All Animals Magazine*. Humane Society of the United States.

U.S. Department of Justice (USDOJ). 2009. The Stop Snitching Phenomenon: Breaking the Code of Silence. https://www.policeforum.org/assets/docs/Free_Online_Documents/Crime/the%20stop%20snitching%20phenomenon%20-%20breaking%20the%20code%20of%20silence%202009.pdf.

第 **4** 章

動物遺伝学的証拠とDNA解析

AnnMarie Clark

はじめに	68
ミトコンドリアDNA（mtDNA）から得られる情報	71
核DNA（nDNA）から入手可能な情報	72
方法論	75
結論	78
参考文献	79

はじめに

DNA解析はヒトの法医学においてゴールドスタンダードな手法である．得られる情報は信頼性が高く，再現性があり，容易に利用できる．また，DNA解析は動物の法医学においてもゴールドスタンダードになりつつある．DNA解析は，私たちが扱っている動物の種類，性別，その動物が何であるか（遺伝的プロファイル）を示し，そして個々の動物のプロファイルと犯罪現場の証拠から得られたプロファイルを一致させることができる．この情報は，ある個体を特定の場所に位置付けることができ，犯罪を起訴する際に法執行機関にとって大きな助けとなる．

動物を虐待する人と女性や子供を虐待する人の間には強い関連性があることが実証されている (Becker & French, 2004; Gullone & Robertson, 2008; Lockwood & Hodge, 1986)．これとともに，加害者が自由であり，法執行機関の範疇にいない間は，虐待行為がエスカレートすることも示されている (Johnson, 2000)．DNA解析によって動物虐待を特定し，実証する能力は，法執行機関にとって強力な武器である．

多くの場合，動物が関与する犯罪では，DNAが加害者と犯罪の主な接点となることがある．闘犬の場合，犬や犬の集団を特定の闘技場，つまり特定の人間と結び付けることができるのはDNAである．闘鶏も同様である．野生動物を扱う場合，DNAは冷凍庫の肉と車両やナイフに付着した血，そして地面に倒れて発見された動物を結び付けることができる．ゾウの牙やサイの角から採取されたDNAは，押収品の個体群や地理的な起源を明らかにするために利用されており，場合によっては，発見され，殺され，切除された特定の動物を明らかにすることもできる (Comstock et al., 2003)

動物の法医学的DNA捜査は，人間の捜査よりも難しい．ヒトは単一種である．ヒトのDNA解析で問われるのは，個体の性別と，犯罪現場の証拠から得られた遺伝子プロファイルと個体の遺伝子プロファイルの比較である．動物の場合は，まず種を特定する必要がある．次に，その動物の性別が関連付けられれば，通常は決定できる．しかし，遺伝子プロファイルの作成に使用されるマーカーは，それぞれの種に固有のものであり，種ごとに開発されなければならない．つまり，それぞれの種について，ゲノムから適切なマーカーを同定し，信頼性と情報量をテストし，適切な統計を作成できるデータベースを設計・構築しなければならない．そしてそのデータベースは，法廷で使用するための法的課題をクリアする必要がある．これを対象種ごとに行わなければならない．

DNA解析は，その使い方を理解している犯罪捜査官にとって強力なツールである．捜査官は，どのような疑問に答えることができるのか，証拠が損なわれないように犯罪現場でどのように収集すれば良いのかを理解し，DNA証拠がどのように処理されるのかについて基本的な知識を持つ必要がある．本章では，これらの疑問点を探り，法医学的捜査に

DNAをどのように，またなぜ使用するのかについて理解を深める．

　DNAは生きているすべての個体に存在し，一卵性双生児を除いて，個人の遺伝的構成はユニークである．同じ遺伝子構造を持つ個体は存在しない．ヒトのDNAの約98％，あるいは生物種内のDNAの約98％は同一であるが，残りの2％は大きく異なり，固有の遺伝的特徴を持つ個体の識別が可能である．DNAは細胞内の核とミトコンドリアに二つの形態で存在する．哺乳類の血液では白血球に核があるが，赤血球には核がない．鳥類，爬虫類，両生類は有核赤血球を持ち，利用可能なDNAの量が実質的に倍増する．核DNAとミトコンドリアDNAは異なる性質を持っており，それぞれの解析により異なる法医学的疑問に答えることができる．

　細胞内では，DNAは細胞の核とミトコンドリアという二つの特定の明確な領域に存在し，それぞれ核DNA (nuclear DNA: nDNA)，ミトコンドリアDNA (mitochondrial DNA: mtDNA) と称する．ほとんどの人が知っているように，核には二重らせん構造をとった二本鎖DNAが存在する．核DNAは染色体を構成している．ヒトの染色体は23対 (46本)，犬は39対 (78本)，ゾウは56本，七面鳥は80本である！　染色体の半分は母親から，相同な残りの半分は父親に由来する．細胞が複製される際，染色体は複製されるので，二つの娘細胞は同一の染色体セットを持つことになる(図4.1)．しかし，配偶子を作る際には，染色体対が分離し，複製過程で染色体の相同部分が入れ替わる．その結果，元の染色体の正確なコピーではない4本の染色体ができる(図4.2)．父方の染色体と母方の染色体が結合して接合子が形成されるとき，相同遺伝子の入れ替わりによる違いがあるため，接合子は母方，父方，兄弟姉妹のいずれとも同一の遺伝的プロファイルを持たない．

　細胞内の核は膜（核膜）に囲まれており，核膜は核構造を包含し，染色体を安全に保っている．細胞の残りの部分は細胞質で満たされており，この細胞質には，エネルギー産生，RNA産生，細胞の健康維持に関連する様々な小器官や核外小器官が含まれている．細胞

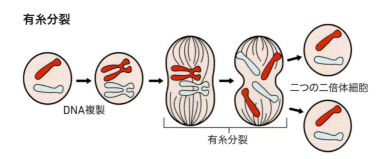

- 親細胞が二つの娘細胞を作るプロセス
- 一つの細胞が複製され分裂し，二つの同一の二倍体細胞が形成される
- 娘細胞のDNAは親細胞のDNAと同一である

図4.1 有糸分裂は娘細胞の体細胞複製である．一つの細胞が複製され分裂することで，同じ細胞が二つできる．（提供：NIH）

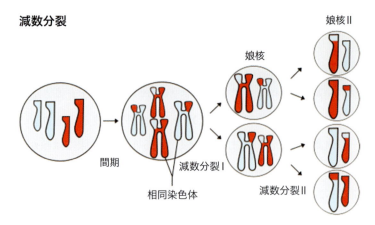

- 親細胞が生殖のために四つの配偶子を作るプロセス
- 一つの細胞が複製，分裂し，さらに複製，さらに分裂して，それぞれ元の親細胞の DNA の半分を含む四つの配偶子（一倍体）が生成される

図4.2 減数分裂は配偶子の生成である．一つの細胞が複製され，染色体DNAのいくつかの相同領域が入れ替わる．これが複製され，二つの細胞はそれぞれ相同染色体の2分の1を持つ四つの細胞に分離する．受精すると，親の染色体の半分を持つ一つの細胞が，半分の相同な染色体を持つもう一方の親の一つの細胞と結合し，一対の完全な相同染色体を持つ接合子となる．（提供：NIH）

小器官の一つは，ミトコンドリアと呼ばれる小さな楕円形の構造体である（図4.3）．ミトコンドリアは，呼吸や細胞の修復などの細胞機能を担っている．科学者たちがミトコンドリアの担う生物学的機能のすべてを理解する以前は，ミトコンドリアは細胞の発電所と呼ばれていた．細胞内のミトコンドリアの数は，数個から数千個まで様々である．ミトコンドリアのユニークで興味深い特徴の一つは，独自のDNAを持っていることである．これは小さな円形の二本鎖構造であり，非組換え型，つまり複製中に相同なDNAの断片が入れ替わることはなく，母系遺伝する．mtDNAのほとんどすべてが生物学的機能をコードしており，重複やフィラーDNAはほとんどない．mtDNAには，その形状からDループと呼ばれる領域があり，ここでDNAの複製が始まり，終わる．mtDNAのこの部分は非翻訳領域であるため，進化的なプレッシャーがほとんどなく，生物に影響を与えることなく変異しやすい．mtDNAのDループ領域は，伝統的に種の同定に用いられてきた．

　一般にmtDNAは母系遺伝し，非組換え型である．mtDNAは非組換え型であるため，そこにコードされる遺伝子は細胞の機能を担い，突然変異の発生率は核DNAよりも低い．しかしDループは進化的なプレッシャーにさらされていないため，致死的でない変異を蓄積しやすい．mtDNAの他の領域は重要な遺伝子機能を担っているため，機能の変化なしに大きく変化することはない．類似した動物同士が繁殖して種が決定することから，Dループ内に蓄積された突然変異は種の違いに関連付けられ，その種に固有のものになる．集団遺伝学では，種を特定し，その種が形成する集団を定義し，集団同士および集団とその周囲との相互作用を記録する．

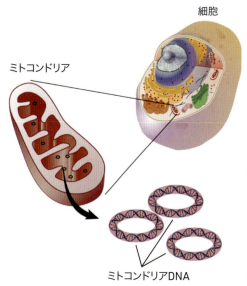

図4.3 ミトコンドリアは細胞質内の核外小体である．細胞の呼吸と機能に重要な役割を果たしている．各細胞には数個から数百個のミトコンドリアが存在し，各ミトコンドリア内にはその機能に使われる小さな円形のDNAがある．ミトコンドリアDNAは小さく（約15,000塩基長），円形で，非組換え型であり，母系遺伝する．ミトコンドリア内のDNAは種の識別に用いられる．（出典：Wikipedia）

ミトコンドリアDNA（mtDNA）から得られる情報

　ミトコンドリアDNA（mtDNA）について，訴訟解決に役立つ，どのような法医学的質問をすることができるのであろうか．家庭内暴力が行われ，犯人に血液や毛が付着していた場合，その血液や毛の種類，つまり出所を特定することができる．血液や毛が犬や猫のものであることが確認された場合，それが家族の犬や猫のものであるかどうかを特定するために，さらに検査することが可能となる．これにより，犯罪現場の加害者を突き止めることができる．季節はずれにシカが殺され，容疑者の冷凍庫に身元不明の肉があった場合，冷凍庫の肉を種まで特定し，動物の性別を特定し，冷凍庫の肉と地上の動物の遺伝子プロファイルを作成し，それらのプロファイルを比較することで，同じ動物のものかどうかを判断することができる．夜間に鶏が殺されている場合，犯人は放し飼いの犬，飼い主不明猫，コヨーテ，キツネ，オポッサム，アライグマ，その他の動物である可能性がある．mtDNAを使用して鶏を殺している動物の種を特定することができ，所有者は正しい犯人を特定することができる．野生動物に関する法執行機関からの一般的な質問は，まずどのような動物種か，次にその個体の性別，そして最後に核遺伝子のプロファイルを比較し，法廷に提出できる証拠と照合することである．

　mtDNAは，容疑者プールから個人を除外するためにも使用できる．血液中の証拠となる生物種を検査し，ある個体のmtDNAプロファイルを同じマーカーで検査したところ，プロファイルが異なっていた場合，その個体は容疑者プールから実質的に除外される．しかし，mtDNAは母系遺伝であり，女性の子孫はすべて同じプロファイルを持つため，これらのプロファイルが一致しても，その個人を排除することはできない．犯人は理論上，

母系の誰であってもおかしくないのである.

　種の同定は，サンプルのシーケンスデータを確認し，テキストファイルとしてエクスポートし，そのテキストファイルを使ってデータベースに問い合わせることで達成される.よく使用される主なデータベースは，国立衛生研究所*が管理する公開データベースのGenBankである.このデータベースには，ほとんどの生物種のゲノムのほとんどの領域における数百万の配列が含まれている.これはフェイルセーフな(安全性を確保された)データベースではないが，サンプルの出所が不明な場合に生物種の決定を始めるには理想的な方法である.基本的なローカルアライメント検索ツール(basic local alignment search tool: BLAST)アルゴリズムは，クエリ(問い)を開始するために使用される.BLASTは，検索開始時に指定したパラメーターに応じて，データベース内の全配列の比較，または配列の選択を行う.その結果は，最も配列が近い100の潜在的なリストで返される.もしGallus gallusで「ヒット」し，100件すべてがGallus gallusでヒットした場合，そのサンプルの出所はGallus gallusである可能性が高い.しかしながら，他の属や種がある場合，結果はそれほど確かなものではない.この場合，問い合わせに用いた配列(クエリシーケンス)が適切でないことや，他のDNAが混じた(コンタミネーションした)サンプルで，混入したDNAがポリメラーゼ連鎖反応(polymerase chain reaction: PCR)で優位に増幅している，もしくはデータベースに疑わしい属や種の配列例が少ないなどの問題が考えられる.これは特に法医学的に重要な昆虫に当てはまる.様々な種を網羅的に表現したデータベースはあるが，正しい種を確実に選択できるほど大規模なデータベースはない.

核DNA(nDNA)から入手可能な情報

　核DNA(nDNA)は個人の遺伝的プロファイルを作成するために使用される.遺伝的プロファイルは，ランダムな組み換えを経た配偶子の結果である.各配偶子は，それぞれの親からのDNAを独自に選択し，平等に選択される機会を持ち，唯一無二の接合体を産み出す.同一のDNAを持つのは一卵性双生児だけである.動物も同じである.動物の性別は，哺乳類ではXY染色体(雌はXX，雄はXY)，鳥類ではWZ染色体(雌はWZ，雄はWW)を識別することによって決定される.ワニ，カメ，リクガメのように温度依存性決定機構を持つ種もあり，その場合は両方の性染色体が揃っていなければならないので，遺伝学的に性別を特定することはできない.しかし，個体識別は可能である.

　nDNAは個人を特定するためのゴールドスタンダードである.刑事事件では，DNAの

＊ National Center for Biotechnology Information, U.S. National Library of Medicine 8600 Rockville Pike, Bethesda MD, 20894.

提供者となった模範的証拠品 (exemplars) が処理される前に，DNA残留物を得るために証拠 (evidence) が処理される必要がある．証拠とは，闘技場から採取された血痕や唾液，咬傷，トラックの荷台や地面に付着した血液，犬小屋やクレートから採取された毛，歯，骨，衣服などである．mtDNAを用いて種を確定した後，nDNAから提供者の性別 (nDNAからX/Y染色体) と固有のプロファイルを決定する．遺伝子プロファイルは，マーカーが利用可能である場合にのみ作成することができる．マーカーとデータベースが利用可能であれば，遺伝子プロファイルを，犬から採取した口腔内スワブ，死んだシカやその他の家畜から採取した組織サンプル，あるいは捕獲したクマから採取した毛髪サンプルなどの模範的証拠品から作成したプロファイルと比較することができる．得られた情報は，犬が特定の闘技場にいたのかどうか，どの犬が噛みつきや暴力的な攻撃に関連したのか，どのクマが家宅侵入に関連したのか，あるいは雌シカが季節外れに捕獲されたのかどうかを判断するのに役立つ．DNAの証拠は事件を計り知れないほど強化することができる．

遺伝的プロファイルは，ショート・タンデム・リピート (short tandem repeats: STR) と呼ばれる特定の反復DNAを利用した複数のマーカーを用いて作成される．これらのマイクロサテライトリピートは2〜6ヌクレオチドで，吃音のように通常8〜20回以上繰り返される．相同部位における繰り返しの数は，しばしば母親と父親で異なる．これはnDNAなので，DNAの片方の鎖は母親から，もう片方の鎖は父親に由来する．偶然，同じ数のリピートを持つこともあれば，異なる数のリピートを持つこともある．複数の部位の違いの組み合わせが，各個人に固有の遺伝的プロファイルとなる．遺伝子座の分析，評価に使用されるPCR法では，各遺伝子座の両対立遺伝子 (各親からのもの) の長さを同定し，可視化することができる (図4.4)．

犯罪現場の処理と証拠の収集については，第1章で詳述している．DNA鑑定のために証拠を収集する場合，手袋を着用し，濡れたサンプルを可能な限り乾燥させ，接触による汚染や捜査官による汚染を防ぐために適切に梱包しなければならないことを覚えておくことが重要である．すべてのサンプルには，日付，場所，事件番号，収集者，個人の識別子，簡単な説明を適切にラベル付けしなければならない．検査技師は現場にいなかったため，容器に記載された識別子と説明以外，サンプルに関する参考資料はない．

証拠のサンプルを過剰に集めるのは良いことだ．現場の安全確保は一度しかできないし，証拠収集のために戻るのは難しい．すべてのサンプルを処理する必要はなく，事件の疑問を解決するために必要なものだけを処理すれば良い．また，サンプルの解析がうまくいかなかった場合，再度の解析を行うためのサンプルをより多く提供できることになる．

証拠は適切に保管される必要があり，風雨や日光，化学化合物にさらされた場合など，採取時の状況を検査技師に伝える必要がある．これらの条件はすべて，時間と同様にDNAの劣化を促進する．証拠が好ましくない条件にさらされている場合，技術者は，さ

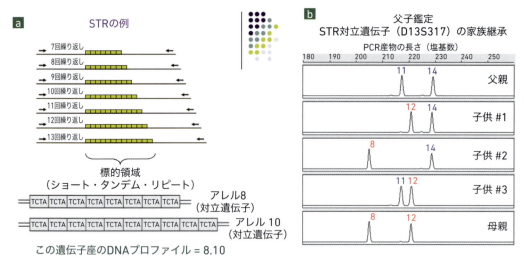

図4.4 STR（ショート・タンデム・リピート）の視覚化 **(a)** STRはDNAの短い繰り返しからできている．一方のDNA鎖（対立遺伝子）は母親のもので，もう一方のDNA鎖は父親のものである．これらは同じ数である場合もあれば，異なる数の繰り返しである場合もある．**(b)** ある遺伝子座のピークを分析に用いた図である．父親と母親はこの一つの遺伝子座でヘテロ接合体（二つの異なる大きさのピーク，すなわち，それぞれ11/14と8/12）である．子供1（12/14）もヘテロ接合体で，母親から12の対立遺伝子を，父親から14の対立遺伝子を受け継いでいる．子供2（8/14）は母親から8の対立遺伝子を受け，父親から14の対立遺伝子を受けた．子供3（11/12）は父親から11の対立遺伝子を受け，母親から12の対立遺伝子を受けた．これは一つの遺伝子座である．多くの遺伝子座を足し合わせると，その人に固有のプロファイルになる．（[a] https://www.slideshare.net/RanaMuhammadAsif/forensic-dna-typingm-asif-59208013 から．[b] https://slideplayer.com/slide/4798394/）

　らなる劣化を避け，可能な限り多くの情報を取得するために，証拠をタイムリーに処理したいと考える．mtDNAは円形であり，nDNAに比較して各細胞内により多く存在するため（nDNAが核内の単一な構造であるのに対し，各細胞内に10〜1,000コピー存在する），より丈夫で劣化の影響を受けにくい．nDNAは細胞死が起こり，核膜が壊れ始めるとすぐに劣化が始まる．DNAをいち早く捕捉し，分解プロセスを止めることができれば，抽出できる可能性のある情報はより良いものになる．DNAを含む証拠が収集された後の分解プロセスを遅らせるには，濡れた状態で収集された場合，証拠を乾燥させる必要がある．採取場所で乾燥できない場合は，できるだけ早く冷凍保存する．これらの行為により，DNAの分解を開始する酵素と細菌の活動が停止する．温かく湿度の高い環境で採取されたサンプルは，最終保管施設に輸送されるまで，採取場所で氷嚢を入れたクーラーに保管する必要がある．こうすることで，熱，日光への暴露，採取容器内の結露によるDNA証拠物のさらなる損傷から保護することができる．結露を防ぐため，証拠品は紙や段ボールに入れて保管するのが最善である．プラスチックは，接触汚染の危険性がある場合，または骨など物品が完全に乾燥している場合にのみ使用する．

方法論

　DNAを抽出する方法はいくつかある．より一般的な方法の一つは，カラムを含むキットを使用することである．サンプルを小さなチューブに入れ，メーカーのプロトコルに従ってキットの試薬をサンプルに加える．試薬は，タンパク質の活性を止め，細胞を溶解し，DNAを溶液中に放出するように設計されている．試薬にはDNAを維持するための化合物が含まれているので，DNAが酸化したり急速に分解したりすることはない．溶液はカラムに導入される．カラムにはディスクがあり，細胞粒子を捕捉する物理的バリアとして機能し，pHが適切であればDNAを表面に付着させる静電荷を持つ．DNAを洗浄して残骸を除去した後，pHの異なるバッファーをカラムに導入すると，静電荷が変化し，DNAがカラムから洗い流される．最終的に，きれいなゲノムDNA（mtDNAとnDNA）だけがバッファーの入ったチューブに入る（図4.5）．

　DNA抽出物が定量された後，質問に応じて，ゲノムの特定領域を標的としてPCRが行われる．PCRとは，遺伝子座を化学的に数百万回複製する方法であり，PCR産物は特殊な装置で可視化される（図4.6）．もし質問が生物種であれば，mtDNAの一部を対象とし，増幅し，塩基配列を決定する．この場合，重要なのはヌクレオチドの実際の順序である．そしてその塩基配列をGenBankや他のデータベースで照会し，種を決定する．もし質問が誰なのか，あるいはその証拠が個人と一致するのか，ということであれば，nDNAの複数の領域がPCRの標的となり，増幅され，同じ装置で可視化される．この場合，各遺伝子座における各アレルのPCR産物のサイズが使用される重要な情報である．ヌクレオ

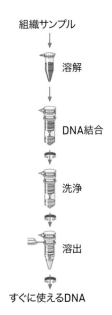

1. 証拠からサンプルの一部を取り出し，チューブに入れる
2. 試薬を加えて細胞を溶解し，DNAを放出させる
3. 溶解した溶液をカラムに導入してDNAを結合させる
4. 結合したDNAを洗浄して不純物を取り除く
5. DNAを新しいチューブに溶出する

図4.5 カラムベースのキットを用いたDNA抽出（出典：Qiagen Dneasy Blood and Tissue Kit）

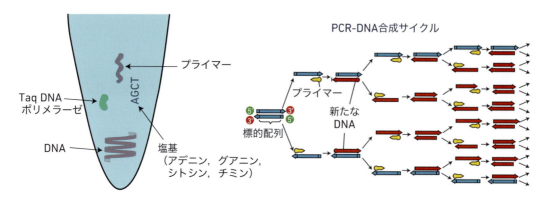

図4.6 ポリメラーゼ連鎖反応（PCR）の過程では，小さなチューブに必要な試薬とDNAをすべて加える．チューブは厳密に定義された加熱と冷却のサイクルにかけられ，標的DNAのコピーが作られる．([a] https://www.biologyexams4u.com/2014/04/pcr-polymerase-chain-reaction.html#.XVRtd-NKjcs. [b] https://www.slideshare.net/biotechvictor1950/technique-of-polymerase-chain-reaction-pcr-experimental-biotechnology)

チドの順序は重要ではない(図4.4)．

　結果の信頼性は，情報が比較されるデータベースの直接的な結果である．法獣医学に応用されているデータベースは，もともとは個体群や保存遺伝学的研究のために設計されたデータベースを拡張したものである．ある種が種として同定され，この特定の種の個体群を構成するものは何かという疑問に答えるためにサンプルが収集された．サンプルは，個体群内および個体群間の関係を決定するために収集された．種を同定する能力は，種内のばらつきを考慮するのに十分なサンプル数を持つデータベースに基づいている．すべての個体からサンプルを採取することはできないため，ある個体が特定のグループに属するかどうかは，統計的分析に基づいて決定される．傾向を確立するのに十分な個体がサンプリングされていれば，未知のサンプルがどのグループ（種または個体群）に属するかを確信を持って言うことができる．

　これは「良い」データベースの重要な側面である．*People v Axell*, 1991 (235 Cal. App.3d 836, 866-867)は，母集団内および母集団間のばらつきを考慮に入れることがデータベースにとっていかに重要であるかを示した．この事件では，被告に対して使用された統計が問題となった．Axellはヒスパニック系であり，弁護側は，民族性に基づく部分構造(sub-structurer)の可能性が考慮されているかどうかを尋ねた．この法廷闘争の結果，法医学目的で使用されるすべてのデータベースに疑問を投げかける論文がサイエンス誌に掲載された(Cohen et al., 1991; Devlin et al., 1993)．そのデータベースは，ばらつきを捉えるために適切に構築されていただろうか．信頼できる統計分析のために十分なサンプル，十分なデータがデータベースにあったのだろうか．

　個体群構造の質問に答えるために作成されたデータベースは，良い出発点となる．サン

プルは当初，個々の個体群および/または地理的分布全体を代表するように収集される．個体群データベースを法医学的な質問により適用できるようにするには，個体群内および個体群間の変動を捕捉するために十分なサンプルを収集し追加する必要があり，またデータベースを特定の地域や個体群に偏らないようにするために地理的に広い範囲にわたって収集したサンプルを追加する必要がある．これは，個体識別だけでなく，種の識別に使用されるデータベースにも当てはまる．

　例えば，種の同定のために提出された組織サンプルは，DNAが抽出され，PCRが行われ，増幅産物が精製され，塩基配列が決定される．技術者がシーケンサーからのデータを確認し，良好であると判断したら，その配列のエクスポートされたテキストをデータベースと比較し，由来となる種を決定する．配列はGenBankに提出され，BLAST検索が行われ，ウミガメのいずれかの種に属することが判明する可能性もある．GenBankにはウミガメの配列がそれほど多く登録されていないかもしれない．しかし，その塩基配列をウミガメ全種の何千もの塩基配列からなる内部データベースと比較し，ケンプヒメウミガメのグループに属することがわかれば，技術者はそのサンプルがその特定の種のものであることを統計的に確信することができる．さらに，ウミガメには帰巣本能があり，巣があったのと同じ浜に戻って巣を作るため，原産地の浜は一般的に特定できる．

　GenBankの結果は注意して見るべきである．GenBankに提出されたすべての配列を同定し，検証するために注意が払われているが，それは完全なものではなく，エラーも存在する．ウミガメの例と同じように，GenBankから始めることが推奨される．ウミガメの配列が十分に存在するので，技術者はそれが本当にウミガメであると確信できる．さらに調査を進めれば，ウミガメの種類を確認できる．しかし，技術者が死体に関連して発見された昆虫の属と種を探している場合は，問題になることがある．GenBankには特定の昆虫の配列がほとんどない．また，種内変異の表現が限られており，多くの属や種が存在しても，データベースにはそれぞれの代表が一つか二つしかない場合がある．理想的には，研究室が扱う種ごとに広範な内部データベースを設計し，維持することであるが，これは必ずしも実行可能ではないので，GenBankは依然として良い出発点である．

　遺伝子プロファイル，nDNAのデータベースは全く異なる．これらのデータベースは種に特化したものでなければならず，できるだけ偏りのないものでなければならない．種特異的な遺伝子プロファイルのリポジトリは存在しない．これらは，特定の生物種を分析している研究室が自前で構築しているデータベースである．ヒトのプロファイルは，同じ遺伝子座を解析するキットを用いて作成されるため，理論的には，国内外どこでもすべてのヒトのプロファイルを比較することができる．ヒト以外の種の遺伝子プロファイルは，いくつかの例外を除き，キットとして入手できない．馬，牛，犬のためのキットはあるが，異なるメーカーのキットには同じ遺伝子座が含まれていないため，連続性はない．一般的

に，種特異的な遺伝子座はそれを使用する研究室で開発されるか，文献から引用される．犬の同定に10の遺伝子座を使用している研究室が，他の研究室と同じ遺伝子座を使用しているとは限らないし，おそらく使用していないため，共有データベースは存在できない．このようなデータベースから生成される統計は，データベースのサイズとデータベース内の個体の表現と同じ程度にしかならない．例えば，犬のデータベースには約50%の「雑種」と50%の純血種があるはずである．雑種と純血種の混合は，その地域の犬だけでなく，データを歪めるような部分構造や他の事象がないことを示すために，地理的に広い範囲にわたる犬を代表するものでなければならない．非ヒト検定用のデータベースは高価で，登録に時間がかかる．

データベースは，信頼性が高く一貫性のある統計を作成できるよう，十分な規模と適切な代表性が必要である．規模が小さすぎたり，偏りがありすぎたりすると，統計が事件のDNA証拠を裏付けることができず，証拠が破棄されて考慮されなくなる可能性がある．多くの遺伝子座を持つよく設計されたデータベースは，安全に証言に使用することができ，裁判官や陪審員に受け入れられる統計が実施可能である．

結論

DNAデータは，ヒトであれ動物であれ，犯罪捜査には不可欠である．個人と犯罪現場を結び付ける唯一の方法かもしれない．DNAは，様々な犯罪行為に関与した，あるいは使用された種を特定するために使用される．法医学的に重要な昆虫の種を，互いに区別がつかない発育初期に特定するために使用されることもある．

DNAは，個々の犬やシカ，その他の種を識別するために使用される．冷凍庫の肉と，トラックの荷台や衣服に付着した血液や，季節外れに死んだシカの組織を結び付けるのにも使われる．

証拠は，ヒトの証拠収集と同じ注意と要件で収集される．そして多くの同じプロトコルとキットを使用して処理される．ヒトの科学捜査とは異なり，生物種は不明であることが多く，個体識別を行う前に特定する必要がある．個体識別は，関係する種のために設計・構築されたデータベースに基づいて行われる．世界中の法廷では，動物のDNA証拠もヒト間のDNA証拠と基本的に同じように扱われる必要があると認識されつつある．法医学的捜査に使用される動物のDNAは，ゴールドスタンダードになりつつあり，法廷で求められることがより多くなってきている．動物の法医学的DNA証拠にとっては，非常にエキサイティングな時代である．

参考文献

Becker, F and French, L 2004. Making the links: Child abuse, animal cruelty and domestic violence. *Child Abuse Review* 13 (6):399-414.

Cohen, JE., Lynch, M, Taylor, CE, Green, P, Lander, ES, Devlin, B, Risch, N, and Roeder, K 1991. Forensic DNA Tests and Hardy-Weinberg Equilibrium. *Science*. 253:1037-1041.

Comstock, KE et al. 2003. Amplifying nuclear and mitochondrial DNA from African elephant ivory: A tool for monitoring the ivory trade. *Conservation Biology* 17 (6):1840-1843.

Devlin, B, Risch, N, and Roeder, K 1993. Statistical Evaluation of DNA Fingerprinting: A Critique of the NCR's Report. *Science*. 259:748-749.

Gullone, E and Robertson, N 2008. The relationship between bullying and animal abuse behaviors in adolescents: The importance of witnessing animal abuse. *Journal of Applied Developmental Psychology* 29 (5):371-379.

Johnson CP 2000. Crime Mapping and Analysis Using GIS. *Geomatics 2000: Conference on Geomatics in Electronic Governance*. Paper 4.

Lockwood, R and Hodge, GR 1986. Tangled Web of Animal Abuse; The Links Between Cruelty to Animals and Human Violence. *Humane Society News* (Summer). http://www.ncjrs.gov/App/publications/abstract.aspx?ID=155688

People v Axell 1991. 235 Cal.App.3d 836, 866-867. https://caselaw.findlaw.com/ca-court-of-appeal/1769953.html

第 **5** 章

法昆虫学

Jason H. Byrd and Adrienne Brundage

はじめに	82
背景	82
昆虫の基礎解剖学	85
昆虫の生活環	87
昆虫学的証拠の活用	88
入植時間の計算	96
昆虫相の遷移と入植時間の延長	100
侵入種と偶発種	106
腐敗分解過程で重要な昆虫種	107
参考文献	126

はじめに

　法昆虫学(forensic entomology)は13世紀の中国に始まり，ヒトの法医学的な死亡捜査の様々な場面で活用されてきた．しかし，野生動物や動物を対象とした捜査での昆虫学的証拠の利用は，法医学や野生動物保護の分野で広く採用されていない(取り入れられていない)．とはいえ，野生動物保護官の意識向上と訓練により，野生動物が関わる犯罪捜査における法昆虫学の利用は増えつつある．野生動物の事件で，法昆虫学を応用した最近の実例としては，カナダでの事例が挙げられる．真夏のマニトバ州ウィニペグで，3頭のアメリカクロクマの死体がゴミ捨て場の近くで発見された．クマはいずれも射殺され，体内から胆嚢が摘出され，そして死体はゴミに埋もれていた．胆嚢が取り出されていたことから，営利目的の犯行と思われた．当局はこの地域で複数の容疑者を逮捕したが，逮捕時に動物組織を所持していた者はいなかった．現場の警官は死因究明における昆虫の利用法を理解しており，腹部の傷から昆虫の卵を回収することができた．採取したサンプルの一部は検査用に保存し，残り(の卵)は生きたままクマの肝臓に乗せて経過を観察した．顧問で法昆虫学者のGail Anderson博士は，死体から3種のクロバエ(双翅目[ハエ目]クロバエ科)，*Phormia regina*(クロキンバエ)，*Lucilia sericata*(ヒロズキンバエ，一般的なキンバエ)および*L. illustris*(ミドリキンバエ)を同定した．これらのハエは法昆虫学ではよく知られている．死後間もない動物に産卵し，環境温度に依存して発育する．この情報を基に，Anderson博士はクマの死骸から採集された昆虫の日齢を推定した．死骸にハエの卵が産みつけられたのはクマが殺された直後である可能性が高いため，昆虫が入植したと思われる時期から動物の死亡時間を推定した．この作業により，逮捕された容疑者とクマとの関係が明確になり，密猟者はそれぞれ服役し，事件は解決した(Anderson, 1999)．

背景

　法昆虫学は節足動物科学と司法制度の交差点である(Amendt et al., 2007; Benecke, 2008; Smith, 1986; Byrd & Castner, 2010)．昆虫学とは，節足動物，特に昆虫とその近縁種に関する学問である．語源はギリシャ語で昆虫を意味する*entomo*と，学問を意味する*logus*から来ている．この分野には様々な生物学分野と応用分野が含まれるが，その一つが法医学である(Gullan & Cranston, 2009)．これらの分野に共通するのは，いずれも昆虫を研究対象としていることである．

　すべての節足動物は，両側対称性，分節化した付属肢，キチン(またはグルコースの誘導体であるN-アセチルグルコサミンの長鎖ポリマー)から形成された外骨格，体節，

といったいくつかの基本的な特徴が共通している．節足動物は形態的特徴からいくつかのグループに分けられる．昆虫は，次の特徴によって他の節足動物と区別できる．すなわち，体は「頭部」，「胸部」，「腹部」の三つに分かれており，1対の触覚（生態により特化した機能を持つ）と3対の分節した肢を持つ (Foottit & Adler, 2009; Gullan & Cranston, 2009).

昆虫は地球上で最も多様性に富む生物群である．世界の種多様性の約半分を占め，記載されている生物種の50％を占めている (Foottit & Adler, 2009). 昆虫は，あらゆる生態系に生息し，空いたニッチを適所として開拓，適応する能力を持つ．小さなサイズ，高度に組織化された神経運動系，速い発育環（発育サイクル）は，変動する環境への対処を容易にしている (Gullan & Cranston, 2009). この対処能力がまさに昆虫を科学捜査における貴重なツールにしている．

法昆虫学は昆虫学と司法制度が交差する分野であるが (Catts & Haskell, 2008; Byrd & Castner, 2010)，野生動物法昆虫学はその科学の特定の領域である (Anderson, 1999). 野生動物法昆虫学は，特に人間以外の動物を扱う法昆虫学の一分野である．この分野は家畜を対象とすることが多いが，冒頭の事例で示したように，密猟や野生動物が関与するその他の事件でも活用されている．法昆虫学の研究の大部分は，ヒトの死体ではなく，動物の死体を用いて行われてきた (表5.1). そのため，昆虫と様々な動物を関連づける多くの知識が見出されてきた．多くの場合，野生動物の法昆虫学的事例では，どのような動物であれ，分解と遷移に関連する研究が行われており，法昆虫学的研究がこの特定の分野に直接応用されることになる．

表5.1 ヒト以外の動物を対象とした昆虫相遷移研究の地域別まとめ（続く）

地域	対象動物	文献
北米	アメリカワニ	Nelder et al. (2009), Watson Carlton (2003), Watson (2005)
	クマ	Swiger et al. (2014), Watson & Carlton (2003), Watson (2005)
	鳥類	Brand et al. (2003), De Jong (1994), Lord and Burger (1984), Sanford (2015), Tessmer et al. (1995)
	猫	De Jong (1994), Early and Goff (1986), Johnson (1975), Sanford (2015)
	シカ	De Jong (1994), Watson and Carlton (2003), Watson (2005)
	犬	De Jong (1994), Reed (1958), Sanford (2015)
	キツネ	Smith (1975)
	マウス	De Jong (1994)
	オポッサム	Johnson (1975)
	アメリカヘラジカ	Samuel (1988)

表5.1（続き）ヒト以外の動物を対象とした昆虫相遷移研究の地域別まとめ

地域	対象動物	文献
北米	豚	Anderson and Vanlaerhoven (1996), Avila and Goff (1998), Benbow et al. (2013), Caballero and León-Cortés (2014), Davis (2000), Gill (2005), Hewadikaram and Goff (1991), Macaulay et al. (2009), Michaud et al. (2010), Pastula and Merritt (2013), Payne (1965), Payne (1968), Richards and Goff (1997), Sharanowski et al. (2008), Tabor (2004), Tenorio et al. (2003), Vanlaerhoven and Anderson (1999), Watson and Carlton (2003), Watson (2005)
	ウサギ	Johnson (1975), De Jong and Chadwick (1999), Mckinnerney (1978)
	アライグマ	De Jong (1994), Joy et al. (2002)
	ラット	De Jong and Hoback (2006), Keiper (1997), Patrican and Vaidyanathan (1995), Parmenter and Macmahon (2009), Tomberlin and Adler (1998)
	サンショウウオ	De Jong and Hoback (2006), Regester and Whiles (2006)
	スカンク	De Jong (1994)
	リス	De Jong (1994), Johnson (1975)
	カメ	De Jong (1994), Abell et al. (1982)
中米および南米	犬	Jiron (1981)
	魚類	Moretti et al. (2008)
	トカゲ	Cornaby (1974)
	マウス	Moretti et al. (2008)
	豚	Barrios and Wolff (2011), Battan Horenstein (2010), Martinez (2007), Mayer and Vasconcelos (2013), Ortloff et al. (2012), Rosa et al. (2011)
	ウサギ	Mise et al. (2013), Vasconcelos et al. (2013)
	ラット	Moretti et al. (2008), Moura et al. (1997), Mauricio Osvaldo (2005), Vasconcelos et al. (2013)
	ヘビ	Moretti et al. (2009), Vanin (2012)
	ヒキガエル	Cornaby (1974)
欧州	鳥類	Arnaldos et al. (2001), Arnaldos et al. (2004), Blackith and Blackith (1990), Kuusela and Hanski (1982)
	魚類	Kuusela and Hanski (1982)
	マウス	Blackith and Blackith (1990), Putman (1977), Lane (1975)
	豚	Bajerlein et al. (2011), Bonacci et al. (2011), Grassberger and Frank (2004), Matuszewski et al. (2010), Turner and Howard (1992), Malgorn (2001), Prado E Castro (2012)
	ウサギ	Bourel et al. (1999)
	ラット	Kocarek (2003)
	ノネズミ	Lane (1975)
アフリカ	犬	Boulkenafet Sélima Berchi et al. (2015)
	ゾウ	Coe (1978)
	魚類	Kyerematen et al. (2012)
	インパラ	Braack (1986), Braack (1987), Ellison (1990)
	ウサギ	Tantawi et al. (1996), Mabika et al. (2014)

表5.1（続き）ヒト以外の動物を対象とした昆虫相遷移研究の地域別まとめ

地域	対象動物	文献
アフリカ	豚	Kyerematen et al. (2012), Kelly et al. (2009)
アジア	鳥類	Azwandi et al. (2013)
	山羊	Zaidi and Chen (2011)
	サル	Ahmad et al. (2011)
	豚	Chin (2007), Wang et al. (2008)
	ウサギ	Azwandi et al. (2013), Shi (2009), Shi (2010), Mahat et al. (2008), Abouzied (2014)
	ラット	Azwandi et al. (2013)
オーストラリア	フクロギツネ	Lang et al. (2006)
	犬	O'Flynn (1983)
	魚類	Schlacher et al. (2013)
	キツネ	O'Flynn and Moorhouse (1979)
	モルモット	Bornemissza (1957), Voss et al. (2009)
	カンガルー	O'Flynn and Moorhouse (1979)
	羊	O'Flynn (1983)
	豚	O'Flynn and Moorhouse (1979), Eberhardt and Elliot (2008), Voss (2008), Archer and Elgar (2003)

昆虫の基礎解剖学

解剖学は昆虫学の基礎である．一般に節足動物は，様々な条件下でうまく生きるための戦略を進化させてきた．腐敗や分解に関与する昆虫の外部および内部の解剖学的構造をしっかりと理解することは，捜査における出発点となる．

昆虫の体形は基本的に円筒形で細長く，上述の通り，頭部，胸部，腹部の三つの主要な部位に分かれている．頭部は硬化した体節が融合して頭蓋を形成している．脳を保護し，口吻に強度を与えるために硬く，感覚中枢を収容している．感覚中枢は，単眼と複眼を通した視覚入力と，触角を通した嗅覚入力からなる(Gullan & Cranston, 2009)．

視覚入力によって，昆虫は動きや産卵に良い場所，餌となる対象を認識し，また交尾相手を見つけることができる．ほとんどの昆虫は単眼と複眼の2種類の眼を持っている．複眼は昆虫の頭部の大部分を占め，複数のレンズが集合し，協働して一つの像を形成する．この像は単眼と呼ばれる個々のレンズによって支えられており，明暗に関する情報を昆虫に与える．複眼と単眼が一緒に働くことで，ハエなどの昆虫は腐肉を見つけることができる(Nation, 2011)．

昆虫の口器には様々な形がある．咀嚼型の口器を持つ昆虫は様々な基質を食べ，その食物を噛み砕くことができる．また，動物の皮膚や植物の表面を突き破って体液を吸う吸口器を持つ昆虫もいる．スポンジ状の口吻を持つ昆虫は，消化液を分泌し，生じた消化産物

を吸い上げることができる(Nation, 2011)．水や花蜜のような液体を自由に吸うのに適した
ストローのような機能のある口器を持つ昆虫もいる．未熟な昆虫の中には，口部の代わり
に咽頭骨格の先端が発達した口鉤と呼ばれる特殊な構造を持ち，環境中の食物をかき集め
て食べることができるものもいる．法医学的に重要な昆虫にみられる口器の種類は，それ
ぞれの昆虫が食べる組織の種類によって異なる．腐敗の初期段階で摂食する昆虫は，成虫
ではスポンジ状の口部を持ち，幼虫では口鉤を持つ傾向がある．組織が硬くなりがちな腐
敗後期に摂食するものは，咀嚼性の口器を持つものが多い(Mullen & Durden, 2002)．

　成虫の胸部には3対の肢があり，しばしば翅がある．肢は5節に分かれ，歩く，走る，
掘る，つかむ，跳ぶなど，個々の昆虫に共通する様々な行動に適応する．翅は通常2対あり，
膜状の翅を支えて強度を高めるために翅全体に葉脈のように広がった細長い翅脈がある．
この翅脈と翅脈の間に位置する細胞は，様々な昆虫の種の識別に使われる．翅を持つもの
が一般的だが，紙魚のように翅を持たずに進化した昆虫や，ノミのように生きた動物から
栄養を得ることに特化したために翅を失った昆虫もいる．また，身を守るため，あるいは
飛ぶために翅を変化させた昆虫もいる．カブトムシは2対の翅を持つが，外側の1対(上翅)
は下翅を保護するために固くなっている．ハエはよく発達した1対の翅を持つが，他の昆
虫で後翅にあたる2枚が平均棍というコブのような形の器官に変化し，飛行中にバランス
をとるために使われている(Gullan & Cranston, 2009)．

　腹部は一般に円筒形で，9～11個の明瞭な体節からなる．各体節の両側には気門と呼ば
れる穴があり，取り入れられた酸素が体内の気管に拡散するようになっている．通常，腹
部には付属器はなく，主に内臓を収容する役割を果たす．腹部の末端には生殖器やその他
の特殊な構造がある．雌の生殖器には高度に硬化し，針として防御に使われるものもある
(Gullan & Cranston, 2009)．

　昆虫の内臓は血体腔の中に収められている．血体腔には，管状に変形した心臓，脳，消
化器系，生殖器系，神経系，呼吸器系など，すべての器官が含まれている．臓器は，血リ
ンパと呼ばれる，血体腔に充満したに栄養豊富な液体の中にある[1]．血リンパは脊椎動物
の血液と組織液の機能の一部を兼ね備えており，栄養素を供給し，代謝物を除去し，基本
的な免疫機能を担っている．

　血リンパの循環は主に筋ポンプ作用によって維持されており，筋肉の収縮により膜で仕
切られた区画間を循環している．昆虫は開放血管系で，血リンパは血管に閉じ込められて
いない．その代わり，血リンパは血体腔を漂い，臓器に栄養とホルモンを供給すると同時
に，老廃物を除去し，免疫機能を助ける(Nation, 2011)．ほとんどの昆虫の血リンパは酸素
を運搬しないため，哺乳類の血液のような特徴的な赤色をしていない．昆虫の体の背側に

※1　昆虫は開放血管系で，血液，リンパ液，組織液の区別がなく，体液は血リンパと総称される．

ある導管は哺乳類の血管とは異なり，単純な管で背管または背脈管（哺乳類の「心臓」にあたる）と呼ばれ，後端は閉じており，オスティアと呼ばれる小孔が点在している．この小孔を通して，血リンパは背脈管に入り，脳に向かって前方に送り出される．その後，血リンパは背脈管の腹側隔膜と翼状筋の収縮により，血体腔側へと流れる（Mullen & Durden, 2002）．

　酸素は気管により組織に供給される．昆虫は空気中から酸素を得，細胞から二酸化炭素を排出する．空気は通常，体の側面または後面にある開口部から昆虫に入る．この開口部は気門と呼ばれ，体内の隅々まで分岐した気管に接続している．気管は体中で順次分岐し，最も細い気管（毛細気管）はすべての内臓や組織に接している（Mullen & Durden, 2002）．

　消化器系は食物の分解と老廃物の排泄を担っており，以下のようにいくつかの部位に分かれる．

　前腸は摂取された食物を受け取り，筋肉によるすり潰しによって最初の消化を担う．（消化酵素による）化学的消化は主に中腸で行われ，酵素が炭水化物とタンパク質を吸収可能な単位に分解する．これらの消化産物は，中腸に張り巡らされた保護膜である篩（囲食膜）を透過して，中腸粘膜から吸収される．吸収後に残ったものは後腸に送られ，余分な水分とイオンを吸収して老廃物を排泄する．後腸からぶら下がっているのは，マルピーギ管と呼ばれる管で，昆虫種により本数が異なる．マルピーギ管は血リンパ中に浮遊し，老廃物を濾過する．老廃物は直腸に送られ，昆虫の体外に排出される（Nation, 2011）．

　昆虫の神経系は，内外の環境に関する情報を伝達し，統合する役割を担う．（中枢）神経系は主に脳からなり，脳は頭部被殻の背側領域に沿って存在し，脳から胸部と腹部に沿って腹側に（1対の）腹側神経索が伸びている．神経索には神経節（神経細胞を含む組織の肥厚した領域）が一定間隔に存在している．それぞれの神経節は，関連する体節のニューロンの集合体であり，体節からの情報を脳に送って処理する（Nation, 2011）．

昆虫の生活環

　ほとんどの昆虫の生殖には，二つの性が関わっている．雌の生殖系は，卵の形成と貯蔵を担い，卵への栄養供給を行い，交尾で受け取った精子を貯蔵し，卵の受精後に環境中に産み落とす．雄の生殖システムは，精子を作り，卵子の授精のために雌に精子を提供するという役割を担っている（Nation, 2011）．

　法医学的に重要な昆虫は主に双翅目，つまりハエである．一般的に双翅目は動物の死体に最初に入植する昆虫であるため，双翅目の生活環は法医学が扱う事件で最もよく利用（活用）される．そのため，双翅目の生活環を理解することは極めて重要であると考えられている（Smith, 1986; Catts & Haskell, 2008; Nation, 2011）．すべてのハエは通常，環境中に産

み落とされる卵から発生するが，一部のハエでは，卵は雌の体内で発育し，幼虫を産出する[※2](Mullen & Durden, 2002)．ハエは卵から孵化して幼虫になり，蛹化し，蛹から成虫になる．成虫になったハエは動物の死骸にたどり着き，卵や幼虫を死体の自然な開口部（天然孔）や傷口に産み付ける (Nation, 2011)．こうして生まれた幼虫は，蛹化する準備が整うまで死体の組織を食べる．幼虫は脱皮を繰り返し，三つの齢期を経て，体内での摂食を終えると，集団から分散し，中には放浪するものもある(Mullen & Durden, 2002)．分散期では，幼虫は腐肉から15〜20フィート（4.5〜6 m）ほど離れ，環境中の物の下を這うか，土の中を数センチ潜るなどして安全な場所にて蛹化する(Catts & Haskell, 2008)．幼虫の体表のクチクラが固化して保護殻となる．この殻の中で様々な酵素の働きにより，幼虫が成虫へと変態する(Gullan & Cranston, 2009)．

昆虫学的証拠の活用

　現場での昆虫学的証拠の評価は，現場とその周辺状況に関する貴重な情報を提供する (Anderson et al., 1984; Braack & Retlef, 1986; Benecke, 2001; Watson & Carlton, 2005; Velasquez, 2008)．昆虫学的な証拠の解釈は，捜査者（または分析者）に現場の様々な状況に関する情報を提供する．これには，昆虫の入植時期（ひいては動物の死亡時間），入植の季節や場所，死後の死体の移動または保管の可能性，ネグレクトの証拠，死体の外傷部位，死体中の化学物質の存在など，が含まれる (Smith, 1986; Catts & Haskell, 2008; Byrd & Castner, 2010; Barnes & Gennard, 2011)．これらの情報は，捜査の複数の段階に役立つ可能性がある．

入植時間

　2014年7月2日の朝，ある家族が裏庭に行くと，生後6カ月齢のラブラドール・レトリーバーの子犬がいなくなっていることに気付いた．普段，子犬はフェンスで囲まれた庭の犬小屋で一晩を過ごしていた．フェンスに明らかな破損はなく，逃走手段は不明であった．2日後の2014年7月4日午後5時ごろ，自宅近くの空き地で子犬の死体が発見された．犬はバラバラにされていた．死体には多数のウジが這い回っていた．ハエの幼虫はヒロズキンバエ (*Lucilia sericata*) の3齢幼虫と同定された．この種は死体が発見された地域では一般的な種であり，夏季にみられる．採取された幼虫は2日齢と推定され，ハエは2014年7月2日のうちに動物の身体に到着していたことがわかった．子犬は行方不明になる前夜は健康であったことから，ハエは犬が死んだ直後に卵を産み付け，入植した可能性が高く，動物の死亡時間はいなくなった日の7月2日と考えられた．

※2　ニクバエは卵胎生で，孵化寸前の卵や1齢幼虫を産む．

昆虫は知識豊富な分析者に，現場について多くのことを明らかにしてくれる．まず最も注目されるのは，入植時間(time of colonization: TOC)の推定であり，これは死後経過時間(postmortem interval: PMI)，つまり死亡時間と関連することが多い(Byrd & Castner, 2010)．法医学において重要な昆虫の多くは，分解者という生態学的グループに属している(Price, 1997)．分解者は死体を効率よく見つけて利用する.動物の死体のような一時的な栄養資源に依存するものは，その場所を特定するのが得意である(Price, 1997; Cain et al., 2008)．昆虫は死後数分で死んだばかりの動物に到達し(Hall, 1995; Catts & Haskell, 2008)，死体を直接食べるか，あるいは卵を産みつけて，死体に入植する(Price, 1997; Byrd & Castner, 2010)．資源位置の効率性から，死体に自由にアクセスできる昆虫は動物の死後数分以内にその死体に到着し，入植すると考えられる．したがって，死体に入植している昆虫の発育齢を推定すること(TOC推定)は，死体が昆虫の入植に利用可能であった時間，ひいてはその動物が死後どれくらい経過しているか(PMI)の指標として利用できる(Byrd & Castner, 2010; Tomberlin et al., 2011)．

昆虫の発育齢推定は，その昆虫の基本的な生理機能に依存している．昆虫は変温動物であり，その成長と発育は周囲の温度に影響される．周囲温度が低いと昆虫の成長は遅くなり，温度が高いと昆虫の成長は速くなる．それぞれの昆虫種には，成長の上限と下限の温度閾値がある(Yang et al., 1995；Price, 1997)．周囲温度に基づく成長速度を数式により予測することができる(参照：後述「入植時間の計算」)(Higley et al., 1986；Byrd & Castner, 2010；Michaud & Moreau, 2011)．

昆虫が腐肉を素早く見つけて入植する能力と，昆虫学者が周囲温度から昆虫の年齢を数学的に推定する能力を利用して，PMIを推定することができる．ただし，いくつかの前提が必要である．もし昆虫が死後すぐに死体に到着し，その成長が周囲温度によって決定されると仮定すると，ある周囲温度下で発見された昆虫が，発見時の発育段階に到達するのにかかる時間を計算することができる．この計算で得られる時間が最小PMIである(Smith, 1986; Catts & Haskell, 2008; Byrd & Castner, 2010)．ただし，腐肉への昆虫の正確な到着時間が不明な場合(例えば，動物が生前あるいは死後に昆虫の活動から隔絶されていた場合など)，この計算時間は入植間隔時間(time of colonization interval, 動物の死亡から昆虫が入植するまでの時間)と見なされる(Byrd & Castner, 2010; Tomberlin et al., 2011)．

入植時間の延長

2012年1月の朝，乾燥して腐敗した犬の死骸が室内で発見された(**図5.1**)．犬は，ゴミがぎっしり詰まった部屋に通じる，少し開いた扉の後ろに挟まっていた．この家の所有者はゴミをため込むことで知られており，最近この家から追い出されたばかりだった．犬の死体の周りには3個の蛹の抜け殻と28個の閉じたままの蛹(羽化前の蛹)が発見された．閉じ

図5.1 昆虫相の遷移は，死後，長期経過したケースでの最小死後経過時間（mPMI）の推定に役立つ．

たままの蛹のうち4個体はクロバエ科（Calliphoridae）であることが確認されたが，種までは特定できなかった．閉じた蛹のうち7個と蛹の抜け殻のうち1個はヒメイエバエ科のコブアシヒメイエバエ（*Fannia scalaris*）と同定された．羽化前の蛹15個と空の蛹の1個はヒメイエバエ科のヒメイエバエ（*F. canicularis*）と同定された．このような状況下でのイエバエ種の存在は，PMIの延長を示唆している．この場合，死体上および死体周辺で発見された全種に関連する成長時間から得られるPMIとTOCの推定時間を延長する必要がある．

この事例では，最初のハエが到着し，死体に入植し，幼虫期を完了するのにかかる時間より長くTOCを延長する必要があることを示している．この方法は昆虫相の遷移と呼ばれ，腐敗昆虫が特定の順序で死体に到着し，特定の期間，死体上にとどまる事実に基づいている（Price, 1997; Michaud et al., 2015）．昆虫が腐肉に到達する順序と，その腐肉を資源として利用する期間を知ることで，調査者は連続したいくつかの昆虫相を含むTOC（すなわち，最小死後経過時間［mPMI］を示す）を推定することができる．

死因と死の様態

外傷があると，外傷のない死亡動物でみられる昆虫相の典型的なパターンを変化させることがある．動物虐待において，昆虫の入植パターンを変化させる最も一般的な外傷は銃創または鋭器損傷である．頭部に外傷を受けた場合，通常，昆虫は頭部にある自然な開口部に入植するため，全体的なパターンを大きく変えることはないかもしれない（図5.2）．外傷は，真皮層の下にある組織への新たな侵入経路を昆虫に提供する．外傷の結果，体外に出た血液は，ハエ成虫に糖分とタンパク質を供給する．外傷部位は多くの場合，早期に飛来したハエが最初に入植する部位となる．死骸のさらに内部へのアクセスが増えることで，幼虫の摂食による腐敗がやや促進される．頭蓋の構造上，一般的に頭部の外傷は認識されやすく，法医病理学者や人類学者が最初に報告することが多い．しかし，体の他の部位に

図5.2 頭部の外傷は，昆虫による頭側から肢側へと向かう全体的な分解パターンを変えることはない．ただし，身体の他の部位に外傷や創傷があると，このパターンが変化することがある．死後間もない時期には，昆虫の分布が死体のあちこちにランダムに観察されることはない．一見ランダムに分布しているように見える体上の昆虫の分布は，（頭部以外の）外傷の部位を示している可能性がある．

図5.3 外傷がない場合，昆虫は体のどの部位よりも先に，目，鼻，口，耳に入植し，侵食する．肛門や生殖器にも入植するが，通常，これらの部位への入植は，頭部の天然の開口部への入植の後にみられる．

このような外傷があると，頭から下への典型的な腐敗分解パターンが変化し，予期せぬ場所にウジの塊ができることになる．

　首吊り死体で発見された動物は，他の方法で殺された動物と同じパターンで昆虫を引き寄せる．動物が完全に宙吊りになっていて地面に触れていない場合でも，昆虫は身体の自然な開口部や傷に群がり，入植する．吊り下げに使用された索状物付近の体表に損傷があると，ハエはこれらの損傷部位に卵を産み，幼虫は損傷組織の辺縁で摂食を始める．しかし，体表の組織損傷は常にみられるわけではなく，縊死の兆候を示すのは内部組織の損傷である．このような場合，ハエは体の自然な開口部に引き寄せられ，口，目，鼻，耳などに寄生する(図5.3)．その結果，一般的には頭部から下部への腐敗パターンとなる．残念なことに，腐敗が進行している場合では，明らかな傷や異常な昆虫の寄生がない場合，病理学者が死因や死の様態を特定できないことがある．

　これらの例は，動物の死骸に入植している昆虫から得られる情報のほんの一例である．

しかし，死因や死亡機序のメカニズムが重要な場合もある (Smith, 1986; Byrd & Castner, 2010; Roberts & Márquez-Grant, 2012)．この情報は，入植昆虫の一般的な行動に関する知識から得られる可能性がある．ほとんどの分解者は，到着時間にかかわらず，容易にアクセスできる組織や，消化できる状態の組織に入植する．つまり，死後非常に早くやってきた昆虫は，アクセスしやすく，風雨や捕食者から保護され，子孫の餌として利用しやすい部位に入植する．このような場所には，体の自然な開口部や傷口が含まれる (Catts & Haskell, 2008; Byrd & Castner, 2010)．ハエ成虫は目，耳，口，鼻，肛門や生殖器の開口部以外にも，皮膚のひだにも産卵する傾向がある (Smith, 1986; Campobasso, 2001)．その結果生まれた幼虫は，卵塊の近辺の組織を食べ，その後新しい場所に移動する．そのため，初期のウジの塊は，頭部や頸部，肛門や生殖器に多くみられる．それ以外の部位，特に四肢や背部，胸部中央にウジがいる場合は，その部位に何らかの傷があり，そこから幼虫が侵入している可能性が高い．傷があるということは，自然死以外の死因である可能性がある (Smith, 1986)．

昆虫の入植季節と死体の移動

すべての節足動物は，餌の入手可能性，分散能力，好ましい気候など，様々な要因に基づいて分布域を決めている．そのため，地域や時期により生息する分解者の種類は異なる．様々な昆虫の生息域と分布に関する知識は，死亡場所の可能性を示すことができるため，法医学分析において重要である．多くの科学的研究により，法医学的に重要な様々な昆虫種の生息範囲と生態学的な違いが明らかにされており (Baumgartner, 1985; Mariluis & Mulieri, 2003; Baz et al., 2007; Honda et al., 2008; Brundage et al., 2011)，昆虫の生息地にはそれぞれ異なる好みがあることがわかる．例えば，Brundageら (2011) は，法医学的に重要なハエは一つの郡内でも，都市部，農村部，水系と大きく環境が異なる生息地でそれぞれ異なるコミュニティを維持していることを示した．このことは，都市部で殺された動物に集まるハエの種類が，わずか数マイル離れた農村地域で殺された動物とは異なることを意味している．同様に，Grunerら (2007) は，冬，春，夏，秋で動物の死体に入植するハエの種の構成が有意に異なることを示した．このことは，同じ地域でも異なる時期に発見された動物死体には異なる昆虫種が関連していることを示している (図5.4a, b)．様々な地域や季節に共通する法医学的に重要な昆虫の種類を知ることで，捜査官は昆虫が入植したときの場所により死亡場所を特定し，その動物が死んだ場所と遺棄した場所を区別し，動物の死体が腐敗している時期を絞り込むことができる．

昆虫学的証拠が死体の移動を示唆するもう一つの方法は，ハエの基本的な生活環に関係している．ハエ類の幼虫が腐肉を利用する期間は比較的短い．死体を食べ終えると，死体から離れ，蛹化するための安全な場所を見つける．その場所は腐肉の真下であったり，腐肉の周辺であったりする．蛹化したハエや蛹の抜け殻が多数存在することは，一時期その

図5.4 （a）フロリダ州北部で7月に発生した，死後6日目の豚の死体．昆虫の入植と広範に進行した腐敗段階がみられる．（b）フロリダ州北部で1月に発生した死後6日目の豚の死体．昆虫の入植は最小限であり，腐敗は進行していない．

場所に死体があったことを示す．たとえ今は死体がないとしても，かつてその場所に動物の死体があったことを示す証拠となる．

　ハエの幼虫は，腐肉性動物による侵食や犯罪を隠すために死体が移動されるなどして，大部分の組織がなくなった後でも，腐敗死体から滲み出した体液を食べ続けることがある (Haglund & Sorg, 1996)．かつて死体に付着していたウジが，体液が染み込んだ地面や寝具 (Catts & Goff, 1992; Kelly et al., 2009) などに残っていたり，ぶら下がった死体から落ちていたりすることがある (Haglund & Sorg, 1996; Fisher et al., 2006)．これらの幼虫は，死体から直接採取した幼虫と同じ方法で分析し，排出された体液での入植時間の推定に用いることができる．これにより，死体が除去された時期に関する情報が得られる可能性がある．

ネグレクトの証拠

　犬が中等度のネグレクト状態で発見された．被毛はもつれて固まっていた．犬は衰弱しており，適切にグルーミングができなかった．その結果，被毛は尿と糞便で汚れていた．腐敗した被毛はハエの成虫を引き寄せ，成虫は被毛の腐敗物に産卵を始め，孵化した幼虫が腐敗した被毛の中で摂食を始めた **(図5.5)**．一般に，ウジは組織を部分的に液状化して侵食するため，生きた動物の皮膚に潰瘍性のただれを生じることが多い．この潰瘍性炎症が

壊死組織を作り出すと，新たに異なる種類のハエが引き寄せられ，動物の組織を直接食べ始める(図5.6)．これは動物のネグレクトの場合によくみられる現象である．被毛にはびこる昆虫種を注意深く分析し，組織を直接侵食する種を区別することで，幼虫による侵食が始まった時期や死亡までのネグレクト期間がどの程度であったかを判断するのに役立つ．

　この事例はネグレクトを定量化する必要性を示しており，この点は野生動物の法昆虫学との相違点である．死体に入植する昆虫は死亡時間の判定に最もよく用いられるが(Byrd & Castner, 2010)，まだ生きている動物の化膿した傷口に入植する能力も見落としてはいけない(Mullen & Durden, 2002)．捜査官は入植時間や死後経過時間(PMI)を判別するのと同じ技術を用いて，ネグレクトの時間を算出することができる．主な違いは，前者が死後に動物

図5.5 腐敗した(動物死体の)被毛中の幼虫の塊．動物の毛が尿や排泄物で汚れていると，動物の組織だけでなく排泄物も餌とするハエ類が集まってくる．幼虫の侵食行動により食べている物が液状化し，この液体がさらに下層の組織に潰瘍や病変を生じさせることがある．被毛のみから採集した昆虫と，その下の組織から直接回収した昆虫を分けて保管しておけば，昆虫学者が調べた組織と被毛での入植経過時間を比較した場合，その動物(あるいは死体)がネグレクトされていた期間やケア不足の可能性を判断するのに役立つ．

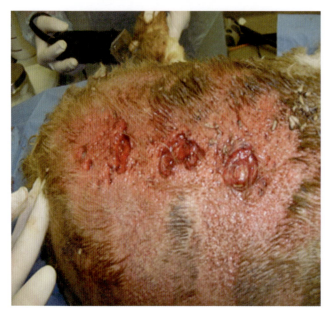

図5.6 組織から直接採取した幼虫を分析することで，昆虫の入植時間を算定することができる．この二つの期間を合わせることで，飼育放棄(ネグレクト)の期間や，死亡した場合の最小の死後経過時間(PMI)を推定することができる．

に入植した昆虫について調べるのに対し，後者は生前に動物に入植した昆虫について調べる点である．用いられる科学的手法は同じである．調査者は環境温度と昆虫の生活環に関する知識を用いて，動物から採集した幼虫の年齢を推定することができる．昆虫が開放創に定着したと仮定すると，昆虫の年齢はその昆虫がどれくらいの期間その動物を侵食していたかを示す．もしその昆虫が目に見えるほど大きかったり，（内部や目に見えにくい場所ではなく）体表で侵食していれば，その昆虫が摂食している期間，その動物は放置されていたと推測できる．これにより，捜査官はネグレクトの期間を知ることができる．

一方で，ネグレクト期間はPMI推定の際に問題となることがある．死亡した動物に入植する種の多くは生きた動物の開放創にも入植できるので，動物が死亡する前から創傷が存在していた可能性にも留意しなくてはならない (Mullen & Durden, 2002)．このような昆虫が動物の生前に入植していた場合，通常の昆虫齢を用いるとPMIの推定に誤りが生じる．昆虫が生前ではなく死後に入植したことが確実でない限り，PMIの推定には注意が必要である．

外傷の有無

外傷がない場合，昆虫による腐敗は頭部から下部へと腐敗現象が進行するのが典型的であり，最も失われる組織は頭部である (図5.7)．昆虫は頭部の自然な開口部に引き寄せられ，ウジの塊は通常頭部からでき，組織が消費されるにつれて下方へと移動する．その結果，組織の損失は通常，頭部に多く，下方ではあまり顕著でない．

牛のような大型の動物や，皮膚が非常に厚い動物種では，若干異なる腐敗現象を示す．多くの家畜種では，卵や幼虫が最初に集まる場所は頭部の自然な開口部であり，通常の入植パターンがみられる．しかし，皮膚が厚いとウジの侵食を妨げ，幼虫の活動はより湿潤でやや柔軟な組織やその下部の組織に集中する．その結果，骨格は乾燥した皮膚に覆われたままとなり，環境によっては数カ月から数年持続する．

図5.7 昆虫による腐敗分解の典型的なパターンを示す犬の白骨化死体．通常，頭部から下方へ向かって腐敗分解が進行する．外傷がない場合，ハエの幼虫はまず頭部の天然の開口部に産卵，定着し，組織が消費されるにつれて下方に移動する．これらのハエの幼虫は，体から離れて分散・前蛹期に入るか，あるいは残った組織が乾燥し，早く到着したハエの幼虫の食料資源として適さなくなる．この乾燥した組織は，後から到着する甲虫類に食べられたり，降雨で湿った状態になるとハエ類に食べられたりする．

動物の皮膚や毛皮，被毛は，一部の昆虫にとって組織への侵入の妨げとなる．腐肉食性昆虫は，幼虫の成長に適切な，侵食しやすい場所を選んで入植する．たいていの場合，このような場所は自然な身体の開口部(目，耳，口，肛門など)である．傷口も昆虫にとって魅力的な入植場所である．軟部組織を貫通するが，硬い組織を損傷していない傷は，腐敗の過程で目立たなくなり，捜査官に見落とされる可能性がある．昆虫の活動は，腐肉食動物が食べる耳，腹部，外部生殖器などの周辺でも活発にみられる．通常，昆虫が定着しないような身体部位(胸部，背部，脇腹，四肢など)に昆虫がいる場合は，その部位に傷があることを示している．

薬物の存在

死体の入植昆虫から得られる情報で，重要だがあまり利用されていないものの一つに，動物体内に存在する薬物，毒物，その他の化学物質の有無がある(Introna et al., 2001)．昆虫は動物の組織を直接食べているため，「あなたはあなたが食べたものでできている」ということわざが当てはまる．動物組織中に存在するあらゆる物質が昆虫に摂取されるが，分解者にはこれらの物質の多くを排泄する生理機能がない(Pounder, 1991; Gosselin et al., 2011)．そのため，化学物質は最終的に昆虫の体内に蓄積され，一般的な毒性学的手法で抽出することができる．動物の組織そのものではなく，入植昆虫を検査することで，腐敗またはミイラ化した動物にどのような化学物質が含まれていたかを調べることができる(Gosselin et al., 2011)．

この手法の限界は，動物組織中に存在する物質の正確な量を測定できないことである(Tracqui et al., 2004)．昆虫は死体の組織を食べ，様々な量の物質を摂取し，その物質を体内に蓄積する．これが化学物質の生物濃縮につながる．生きている動物に含まれる化学物質の量と，昆虫組織に蓄積される化学物質の量との間には，相関関係は知られていない(Tracqui et al., 2004)．したがって，この方法で化学物質を定量することはできない．しかし，「この化学物質はこの動物に存在したか」というYesかNoかの質問には確実に答えることができる．

すべての法医学と同様，法昆虫学は，科学を実際の状況に応用したものである．これらの事例やシナリオは，法医学における昆虫の最も一般的な利用法を示しているが，その応用範囲は実に無限である．どのような実用的な応用も，一般的な研究を通じて得られた昆虫についての知識を活用している．

入植時間の計算

双翅目，ハエの幼虫は変温動物であり，自ら熱を産生しない(Beck, 1983; Nation, 2011)．そのため，幼虫の成長のスピードは，周囲の温度に左右される (Davidson, 1944; Beck, 1983;

Nation, 2011）．周囲の温度が高ければ高いほど，幼虫期と蛹期は速く進行し，温度が低ければ低いほど，幼虫期と蛹期の進行は遅くなる．この特性によって，法昆虫学者は昆虫の発育データを応用して，昆虫による動物死体の侵食時間を推定できる．また，昆虫にとって温度は密度に依存しない最も重要な成長要因でもある (Beck, 1983; Byrd & Castner, 2010)．

周囲の温度は双翅目の代謝および発育速度にも大きな影響を与える (Nation, 2011)．一般に，ある特定の温度範囲内では，幼虫の発育は周囲の温度の上昇に伴って加速される．ただし，この傾向は極端な温度下では当てはまらない．どの昆虫にも活動と生存可能な温度域があり，それを下回ったり上回ったりすると，機能できなくなる (Block, 1982; Beck, 1983; Nation, 2011)．当然ながら種によって活動可能な温度範囲は異なる．熱帯や温暖な地域で進化した種は，温帯や寒冷な地域で進化した種よりも上限が高い傾向にある (Addo-Bediako et al., 2000)．そのため，発育温度閾値は，種によって大きな違いがある．発育温度閾値の下限値[※3]は上限値よりもよく知られており，侵食時間を数学的に推定する際に重要になる(Block, 1982; Nation, 2011)．法医学的に重要なハエの発育零点は通常摂氏6℃〜10℃の範囲で，実験的に決定できる．特定のハエ種の発育零点が分からない場合，一般的な経験則として，冬季に発生する種や寒冷地に生息するハエには6℃を，温暖な地域や夏季に発生するハエには10℃を適用する(Davies & Ratcliffe, 1994; Anderson, 2000; Ames & Turner, 2003; Catts & Haskell, 2008)．

卵から成虫までの昆虫の各成長段階には，最低温度以上かつ最高温度以下で一定の熱量が必要である(Davidson, 1944; Hagstrum & Milliken, 1988)．成長速度は，対象のハエが各発育段階を経るのに必要な熱量を表す線形モデルで示すことができる．これらの線形モデルはデグリーデー(度日)モデル（degree-days model）またはデグリーアワー(度時間)モデル(degree-hours model)と呼ばれ，発育は発育零点以上の温度に時間(日または時間)の積算として表される(Pruess, 1983; Yang et al., 1995; Megyesi et al., 2005; Michaud & Moreau, 2011)．

この有効積算温度モデルでは，下記の計算式と周囲温度とを使って，ハエが発生するまでの時間を計算することができる．

(平均周囲温度−発育零点)×単位時間

この計算式は，一定期間の平均周囲温度から，その昆虫種の発育零点を差し引き，その結果に単位時間を掛けたものである．単位時間が1日の場合，「デグリーデー(度日)」といい，DDと表し，単位時間が1時間の場合は「デグリーアワー(度時間)」といい，DHと表す．気象観測所では1日または1時間単位で気温を記録することが多いため，この種のモデルではこの二つが最も一般的な時間の単位となる．

※3　発育零点．これ以上低いと発育できない発育限界温度のこと

この計算式は，昆虫が生活環の様々な段階を通過するのに必要なDDまたはDHを計算するために使用できる．昆虫が生活環を終えるのに必要なDDまたはDHは，実験によって決定できる．データは，ある昆虫種がある温度で発育するのに必要な時間として記録され，これらのデータは上述の計算式を用いてDDまたはDHに変換することができる．

表5.2は法医学的に重要な昆虫数種と，各昆虫が様々な温度で発育するのに要する時間を示している．例えば，クロキンバエ（*Phormia regina*）が27℃で発育するのに必要な時間を計算してみよう．研究によれば，クロキンバエの卵は産まれてから孵化するのに16時間，1齢幼虫まで18時間，2齢幼虫まで11時間，3齢幼虫まで36時間かかる．この情報をDHに換算するには，各データを計算式に当てはめれば良い．

卵のDH：

$$(27℃-10℃)×16時間$$
$$(17℃)×16時間$$
$$272\,DH$$

この場合，クロキンバエが卵期を経るには272DHを要する．これと同じ計算でDDを決定することができる．

卵のDD：

$$(27℃-10℃)×0.67日$$
$$(17℃)×0.67日$$
$$11.39DD$$

クロキンバエの各発育段階に必要なDDまたはDHの数は，これと同じ方法で計算することができる．

1齢幼虫期のDHまたはDD：

$$(27℃-10℃)×18時間$$

表5.2 気象観測所からの平均周囲温度とデグリーデー（DD）/積算デクリーデー（ADD）の算定例

日付	平均温度（℃）	DD	ADD
5月15日	21	11	11
5月14日	25	15	26
5月13日	22	12	38
5月12日	18	8	46
5月11日	22	12	58
5月10日	20	10	68
5月 9日	15	5	73

$$(17℃) \times 18時間$$
$$306DHまたは12.75DD$$

2齢幼虫期のDHまたはDD：

$$(27℃-10℃) \times 11時間$$
$$(17℃) \times 11時間$$
$$180DHまたは7.5DD$$

3齢幼虫期のDHまたはDD：

$$(27℃-10℃) \times 36時間$$
$$(17℃) \times 36時間$$
$$612DHまたは25.5DD$$

各成長段階でのDHまたはDDを合計すると，クロキンバエの産卵直後の卵から3齢幼虫期の終わりまでの発育に要する積算デグリーデー（ADD）または積算デグリーアワー（ADH）を決定できる．

$$11.39DD + 12.75DD + 7.5DD + 25.5DD = 57.14DD$$

このように昆虫の生活環における任意の発育段階について計算することができる．

昆虫の発育に必要なADDまたはADHが分かれば，記録された周囲温度を基にDDの蓄積にかかる時間を算出できる．種の発育零点は同じDDの計算式で使用し，平均温度は一定期間の気象観測所の記録を用いる．

例えば，ある気象観測所が1日の平均気温を15℃と記録した場合，その1日に蓄積されたDDを計算することができる．

$$(15℃-10℃) \times 1日$$
$$(5℃) \times 1日$$
$$5\ DD$$

この計算では，その日1日で5DDが蓄積されたことになる．各日を同じように計算し，その結果を合計することで，任意の期間の有効積算温度を算出することができる．

$$4日間の平均気温（℃）：15℃，20℃，21℃，18℃$$
$$各日のDD：5DD，10DD，11DD，8DD$$
$$この4日間のADD：5DD + 10DD + 11DD + 8DD = 34DD$$

これらの情報がすべて計算されたら，その昆虫種の発育に要するDDを，ある期間に蓄積されたDDの合計に当てはめ，観測された周囲温度下で，昆虫がある発育段階にまで達するのにかかる時間を決定できる．この情報は**表5.2**に当てはめてみるとよりわかりやすい．

まず，表中では日数が降順で示されていることに注意する．昆虫学者が昆虫に関する証拠を収集した日付を開始点として，そこから時間をさかのぼると，少なくとも昆虫がいつ卵を産みつけたか，いつから昆虫による死体の侵食が始まったかを決定することができる．**表5.2**では，5月15日に11DD，5月15日に15DD，5月14日に12DDなど，卵から3齢幼虫期の終わりまで57.14DDが蓄積されている．

例えば，5月15日の日没時に3齢末期のウジが動物から発見された場合，そのウジが3齢まで発育するのに必要なADDを用いて産卵時期を決定できる．この場合，クロキンバエが3齢まで発育するには57.14DDが必要である．5月15日にはその数値に達するだけのDDが蓄積されていなかったので，卵が5月15日に産卵されたとすると，現場で観察された発育段階に達する時間はなかったと思われる．5月14日から5月15日の間に蓄積されたDDはわずか25であるため，ハエが3齢に達するにはまだ時間が足りない．しかし，5月11日から5月15日の間だと，ウジが観察された3齢幼虫期に到達するのに十分なDDが蓄積されている．つまり，この事例では，5月15日までに3齢に達するには，卵は5月11日またはそれ以前に産卵されていなければならなかったと言える．このことから，ある動物に入植するハエの生活様式から，最小入植経過時間を推定することができる．

有効積算温度による入植時間の推定方法の有効性は，特定の腐肉食性昆虫の発育速度のデータが入手できるかどうかにかかっている．特定の昆虫種の生命表や発育速度は，実験的に得られ，論文等で発表される場合が多い．**表5.3**は，法医学上，よく遭遇する重要なハエの発育速度について公表されているデータの抜粋である．

昆虫相の遷移と入植時間の延長

腐肉に群がる節足動物には様々な生態群が関わる．すなわち，動物の死体を餌とする腐肉食性種，動物の死体を侵食し，かつ，他の入植生物を捕食する雑食種，これら腐肉食性種や雑食性種の捕食者および寄生者，自然環境の延長として死体を利用する侵入性種，そしてたまたま死体の付近に居合わせた偶発種などである(Smith, 1986; Roberts & Márquez-Grant, 2012)．

腐肉食性昆虫は，一定の予測可能な順序で死体上や死体中に辿り着くため，法昆虫学にとっておそらく最も有用である．昆虫相の生態学的遷移は，環境，季節，および死体の分解状態により影響を受ける．死体に集まる昆虫群集は一定の順序に従って波のように連続的に交代するが，このような遷移の進行を遷移系列と呼ぶ．それぞれの遷移相における昆虫群集は特定の腐敗状態に引き寄せられる異なる種で構成されている(Smith, 1986; Goff, 1993)．

表5.3 各温度における双翅目（ハエ目）の発育データと文献情報（続く）

学名（和名）	温度（℃）	卵（時間）	1齢幼虫（時間）	2齢幼虫（時間）	3齢幼虫（時間）	摂餌停止～蛹化※（時間）	蛹（時間）	卵から成虫までの日数	文献（発表年）
Calliphora latifrons（ミヤマクロバエ）	23	–	19	42	74	130	170	15.56	Anderson (2000)
Calliphora vicina（ホホアカクロバエ）	23	–	25	49	81	160	250	19.87	Anderson (2000)
	27	24	24	20	48	128	264	18	Kamal (1958)
	26	17	18	22	54	–	–	–	Ratcliffe (1984)
Calliphora vomitoria（ミヤマクロバエ）	27	26	24	48	60	360	336	23	Kamal (1958)
	26	18	25	29	64	–	–	–	Ratcliffe (1984)
Chrysomya albiceps	25	–	6	42	84	24	120	11.5	Thyssen et al. (2014)
Chrysomya megacephala（オビキンバエ）	25	17	16	26	40	81	119	12.40	Bharti et al. (2007)
	26	–	6	24	68	–	121	9.63	Rabêlo et al. (2011)
	27	21	50	50	84	–	84	16.05	Sukhapanth et al. (1988)
Chrysomya putoria	25	–	6	42	48	24	96	9.00	Thyssen et al. (2014)
	26	–	6	31	90	–	180	13.29	Rabêlo et al. (2011)
	25	–	6	42	60	12	108	9.50	Thyssen et al (2014)
Chrysomya rufifacies	25	12	18	34	106	–	119	12.04	Byrd and Butler (1997)
	28	16	36	32	92	–	84	–	Flores et al. (2014)
Cochliomyia macellaria	25	12	18	24	62	–	124	10.00	Byrd and Butler (1996)
Cynomyopsis cadaverina	27	19	20	16	72	96	216	18.00	Kamal (1958)
Fannia canicularis（ヒメイエバエ）	24	67	38	67	166	–	247	24.4	Meyer and Mullens (1988)
Fannia femoralis	24	67	38	69	86	–	201	19.3	Meyer and Mullens (1988)
Lucilia cuprina（ヒツジキンバエ）	27	13.37	–	–	–	–	–	13.31	Ash and Greenberg (1974)
Lucilia illustris（ミドリキンバエ）	21	–	26	59	93	162	258	21.49	Anderson (2000)

表5.3（続き）各温度における双翅目（ハエ目）の発育データと文献情報

学名（和名）	温度（℃）	卵（時間）	1齢幼虫（時間）	2齢幼虫（時間）	3齢幼虫（時間）	摂餌停止～蛹化※（時間）	蛹（時間）	卵から成虫までの日数	文献（発表年）
Lucilia sericata（ヒロズキンバエ）	27	14.38	-	-	-	-	-	13.52	Ash and Greenberg (1974)
	25	14	16	19	36	87	125	12.38	Grassberger and Reiter (2001)
	26	12	24	22	316	-	189	23.45	Kim et al. (2007)
	23	-	21	45	77	152	264	22.77	Anderson (2000)
	27	18	20	12	40	90	168	12	Kamal (1958)
	26	15	19	22	35	-	-	-	Ratcliffe (1984)
	22	19	26	47	84	-	157	33.5	Rueda et al. (2010)
Musca domestica（イエバエ）	27	18	37	42	60	-	102	15.07	Sukhapanth et al. (1988)
Phormia regina（クロキンバエ）	25	18.9	25	44	95	156	209	14.25	Byrd and Allen (2001)
	23	-	22	82	135	202	243	16.75	Anderson (2000)
	27	16	18	11	36	84	144	11.00	Kamal (1958)
Protophormia terraenovae（ルリキンバエ）	20	-	26.25	67.92	127.92	-	251	19.35	Clarkson et al. (2005)
	25	-	44	70	148	192	232	15.83	Warren and Anderson (2013)
	27	15	17	11	34	80	243	11.00	Kamal (1958)
	26	19	39	20	54	-	-	-	Ratcliffe (1984)
Hydrotaea (Ophyra) aenescens	24	20	46	40	124	-	168	16.58	Lefebvre (2004)
Sarcophaga haemorrhoidalis	25	-[a]	12	32	112	-	300	19.00	Byrd and Butler (1998)

注意：標準温度で各発育段階を完了するために必要な平均時間を時間または日数で表している。特定の発育段階に関するデータがない場合は「－」と表記した。

[a] Sarcophaga haemorrhoidalis（ニクバエの一種）は卵胎生で幼虫を産むため、卵期の記載はない。

※ 3齢幼虫は十分摂食した後、食べることを止め、蛹化の場所を探して分散する。

初期の昆虫学の研究では，死体に集まる昆虫の種類や数，遷移系列は死体の置き場所によって異なることが示されている．Mégnin（1894）は，環境にさらされた動物では8種の異なる昆虫種の生態学的遷移が観察されたのに対し，埋められた動物からはわずか3種であったことを示した．このような違いは，死体に入植する昆虫にとってその組織が利用可能かどうか，物理的にアクセスが容易でない組織にも到達できる能力があるか，という昆虫の能力に関係する．一般的な腐敗の場合，その段階によって，引き寄せられる昆虫は異なる．腐敗の段階は明確でなく，時には厳密に特徴付けることが難しい場合もあるが，歴史的に科学者は動物の死体の腐敗を，新鮮期，膨隆期，腐朽促進期，酪酸発酵期，乾燥期の大きく五つの段階に分けてきた（Haglund & Sorg, 1996）．各段階では，予測可能な順序で一つまたは複数の昆虫やその他の節足動物が集まってくる．

死の瞬間から，動物の死体の昆虫相は変化しはじめる．死体が冷え，血液循環が停止すると，寄生していた外部寄生虫は比較的早く死体から消える（Mullen & Durden, 2002）．（幼虫が生体内部に寄生する）蝿蛆症を引き起こすハエの場合，生きた組織にのみ寄生し，動物が死ぬと幼虫も死ぬが，生きた動物にも死体にも寄生できる種だと動物の死後も生き続けることができる．例えば，ウマバエは生きている動物にのみ寄生し，動物の死後は死ぬ．一方，*Cochliomyia*属のハエは生体と死体のどちらからでも栄養を吸収できるため，動物の死後も死体を侵食し続ける（Mullen & Durden, 2002; Byrd & Castner, 2010）．

腐肉食性昆虫，すなわち死体組織を好む昆虫は，動物の死後数分以内に死体に誘引され，新鮮な腐敗の段階に関連する．一般的に，昆虫がアクセスしやすい状態の新鮮な死体の場合，死後1時間以内に最初の成虫が観察される（Byrd & Castner, 2010）．死後15秒以内に雌が飛来したと報告する研究者もいる（Catts & Haskell, 2008）．卵と初期の幼虫は，自己融解の開始とともに出現する傾向がある．一般に，この初期段階では，ハエの成虫とハエの卵が存在することが特徴である．卵は体の自然な開口部の近くや傷口，時には皮膚や保護された皮膚のひだや覆いの中にみられることもある．卵は暖かい環境ではすぐに孵化して一齢幼虫になるが，この段階では死体に大きなウジの塊はなく，組織はまだ新鮮に見える．この新鮮な段階でみられる最も一般的な昆虫のグループには，双翅目のクロバエ科（Calliphoridae），イエバエ科（Muscidae），ニクバエ科（Sarcopagidae）のハエが含まれる（Schoenly & Reid, 1987; Smith, 1989）．

死体が腐敗しはじめると，若いウジは体内に移動し，細菌をまき散らし，消化酵素を分泌して組織を侵食する．幼虫は塊で移動することで，発生する熱を共有し，互いの消化分泌物を利用できる．幼虫はまず筋肉と筋肉の間を侵食し，ウジが成長し消化液が働き出すと，筋線維そのものを食べるようになる．腐敗の速度は増し，死体から発せられる臭いがさらにクロバエ，ニクバエ，甲虫，ダニを引き寄せる．それらに寄生性のスズメバチが加わり，ウジの中に卵を産み付け，後に蛹の中にも産卵する．この腐敗段階に関連する最も

一般的な昆虫は，クロバエ科，ニクバエ科のハエである(Smith, 1986)．

腐敗がさらに進行し，腐朽促進期になると，死体には複数の世代のウジを認める．3齢期に達する大きなウジもみられる．最も古いウジは，蛹化場所を求めて死体から分散しはじめる．これらのウジは環境中の物体の下を這い，穴を掘って土にもぐり，蛹になる．腐敗初期にみられる昆虫群はもはや死体に寄り付かなくなり，次の遷移系列や腐敗後期を好む昆虫に場所を譲る．腐敗分解がさらに進むと捕食性のウジが増え，ウジの塊の内部で他の種を捕食している場合がある(Nelder et al., 2009)．捕食性の甲虫は死体に卵を産み，孵化した幼虫は死体や死体に寄生する他の昆虫を捕食する．より一般的にみられるのは寄生性のハチで，巨大なウジの塊と発育中の蛹を攻撃する．活発な腐敗は，カツオブシムシ科の甲虫やグリース蛾(*Aglossa cuprina*)を特徴とする新たな遷移系列の昆虫群を引き寄せる．活発な腐敗が酪酸発酵に移行するにつれて，さらに二つの昆虫集団が誘引される．まず，チーズバエ，ヒメイエバエなど*Fannia*属のハエ，甲虫類，他の昆虫を捕食するカッコウムシ科などの甲虫からなる集団が死体にやってくる．もう一つは，ダンプフライ[※4]，ノミバエ，シデムシ，エンマムシからなる群れである(Smith, 1986)．

死体の軟部組織がほとんど剥ぎ取られると，残った組織は乾燥し始める(図5.8)．軟らかい部分が減った死体は，ウジの口鉤では食べにくくなるが，甲虫の咀嚼口器には適している．甲虫の成虫や幼虫は皮膚や靱帯を食べ，チーズバエのような腐敗の後期段階に集まるハエは，残っている湿った組織を食べに来る．捕食者や寄生虫はこの段階でもまだ多く，はぐれたウジや周辺にいる柔らかい昆虫を捕食する(Smith, 1986; Schoenly, 1992)．

死体が完全に乾燥すると，被毛や乾燥した皮膚を食べる昆虫が集まってくる(図5.9)．腐敗の乾燥段階は，主にダニ類からなる新たな昆虫相にとって非常に魅力的であり，これに続くのはカツオブシムシ科(Dermestidiae)の甲虫やヒロズコガ科(Tineidae)の蛾である．最後はヒョウホンムシ科(Ptinidae)とゴミムシダマシ科(Tenerionidae)の昆虫へと移り変わる．この段階は長く続く傾向がある．乾燥した組織を食べるには，多くの時間と消化酵素が必要だからである．死体が乱されず，組織が乾燥していると甲虫はそのまま骨の上に留まっている(Smith, 1989)．

甲虫，ガ，ダニによって乾燥した組織が処理された後は，蛹の抜け殻とともに骨だけが残る．もはや昆虫の活動はなく，細菌や物理的要因により，さらに分解される(Haglund & Sorg, 1996)．

ちなみに，埋められた動物の死体では昆虫種の多様性は低く，遷移相を構成する昆虫数も少ない(Payne, 1968)．埋められたばかりの新鮮な死体には，クロバエ科，イエバエ科，ニクバエ科，ノミバエ科(Phoridae)のハエが集まる傾向がある．埋却死体の場合，腐朽促進

※4　ゴミに群がるハエの俗称で，主にイエバエ科の*Hydrotaea aenescens*を指す．

昆虫相の遷移と入植時間の延長

図5.8 (a)この牛の死体では，ウジの侵食により，口周囲に典型的な組織欠損がみられる．(b)昆虫は動物の肛門や生殖器にも寄生する．昆虫の侵食によって，昆虫が死体から離れた後も，死後の痕跡が数週間から数カ月にわたって目に見える形で残ることがある．

図5.9 この子牛は胸部で著しい腐敗がみられ，図5.8の牛とはかなり異なる様相を示している．この腐敗分解の様子から，脊椎動物による死体の採食があったと思われる．四肢と頭部に沿った組織がほぼ無傷であるにもかかわらず，肋骨が骨格化していることに注目されたい．昆虫は無傷の死骸では起こらない胸腔へのアクセスができた．そのため，ウジによる侵食は肋骨と腹部臓器の周辺に集中し，その結果，このような異常な腐敗パターンになった．

期ではコガネムシなどの植物の根を食べる甲虫が，また，乾燥期ではハネカクシ科の甲虫が集まる．

　Mégninの最初の実験以来，様々なサイズの動物死体を用いて，そこに出現する昆虫の遷移相を調べる研究が数多くなされた．その結果，死体における昆虫遷移相の数は8から10に及ぶというのが一致した見方だが，腐敗過程の連続性からそこでみられる各昆虫相

105

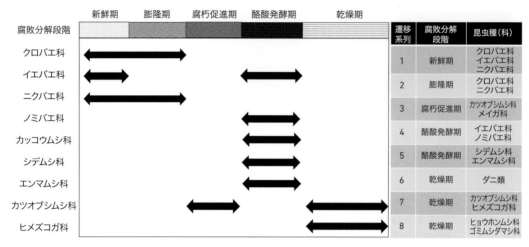

図5.10 腐敗分解の各段階における法医学的に重要な昆虫種の一般的な出現パターン．昆虫の発生だけでなく，昆虫相の遷移も死後経過時間の推定に利用できる．昆虫相の遷移とは，死体で発見される昆虫群集の種類と，それらが死体に到着し，去っていく，移り変わりをいう．昆虫の地理的分布と昆虫相遷移に関する知識は，法昆虫学者が死後経過時間を推定する際に役立つ．

の遷移も連続しており，死体の分解に集まる節足動物の集団を明確に分けることは難しい．しかし，腐敗した死体に現れる昆虫種の目や科についての見解は広く一致している (Smith, 1986; Catts & Haskell, 2008; Byrd & Castner, 2010)．また，出現する順序についても，死体に最初に集まるのは主に双翅目で構成されるという考えが一般的である．死体の置かれた場所，覆いの有無，動物の種類，その地域の昆虫種，時期，その他無数の要因が影響する．図5.10は死体に集まる昆虫の科を示す．昆虫学者は，その地域の死体における昆虫遷移パターンを知っていれば，たとえ最初に集まった昆虫がすでにいなくなっていても，それらの入植時期を推定することができる．

侵入種と偶発種

上記に挙げた昆虫以外にも，腐敗した死体で見つかる昆虫や節足動物は多く存在する．これらの生物は，死体を日陰や隠れ家として，あるいは捕食のための見晴らしの良い場所として利用している．これらの節足動物は，使いやすい環境中の物体を利用しただけで，法医学上の本質的な意味はない．ただし，このような節足動物の存在は死後経過時間 (PMI) の延長を示す可能性がある．例えば，動物の死体上にクモの巣がある場合はPMIの延長を示す．死体から発見される可能性があるが，直接的な法医学的意味を持たない生物を不定形種と呼ぶ (Braack, 1986; Smith, 1986)．

陸上または空中を移動する節足動物は，死体の上や周辺に偶然に着地することがある．これらの標本は法医学的に重要な生物と一緒に採集されることがあるが，死体へ到着する

順序は予測できない偶発的なものであるため，法医学的価値はない．これらの生物は偶発種と呼ばれ，法医学的な事例でしばしば発見されるが，重く扱われない(Smith, 1986; Byrd & Castner, 2010)．

腐敗分解過程で重要な昆虫種[※5]

　一般にハエ目と言われる双翅目は，最も大きく多種多様な種から構成される目の一つである．この目名は文字通り「2対の翅」を意味し，後翅の1対は大きく変形，縮小し，（平均棍と呼ばれる）器官に変化している．世界中に約12万種が存在し，そのうち北米には約2万種が生息している．双翅目はベクターとして，ヒトや動物の健康にとって最も重要な目と考えられている．

　双翅目は完全変態する．つまり，卵から孵化し，いくつかの幼虫期を経て蛹化し，成虫になる．ほとんどの双翅目の雌は卵生だが，孵化するまで体内に卵を保持し，初期幼虫を環境中に産むものもある．これは卵胎生または幼虫胎生と呼ばれる．また，極めて少数だが，一部のハエは幼虫が蛹になる準備が整うまで発育中の幼虫を成虫の体内で保護する．これらは蛹生ハエと呼ばれる．

　幼虫は未熟な段階では，水生または半水生環境に生息する．幼虫の発育段階は齢期と呼ばれ，その数は種によって異なる．一般的に，ハエは蛹化までに3〜4齢の幼虫期を経る．幼虫期の摂食を終えると，未熟なハエは形を変え，蛹になる．蛹の期間は長く続くことがあり，やがて完全に成熟した成虫が現れる．

　ハエ目には，事件の捜査に重要な情報を与える種がある．例えば，ヒツジバエ科，クロバエ科，ニクバエ科，イエバエ科，ノミバエ科などである．

ヒツジバエ科 *Oestridae*

　ヒツジバエ科は米国では一般にボットフライ（ヒフウジバエ）として知られている．哺乳類に偏性寄生し，高度な宿主特異性を示し，1種または少数の近縁宿主にのみ寄生する．また，通常の宿主では顕著な部位特異性を示し，1齢の幼虫が侵入する部位はウジが発生する一般的な部位ではない．ヒツジバエ科のハエは，好んで侵食する部位によって，新世界ヒフバエ，旧世界ヒフバエ，鼻ウジバエ，胃ウジバエに分類される．

　ヒツジバエ科の幼虫は侵入型であり，中度から重度の棘に覆われた，太い地虫のような生物である(図5.11)．幼虫は偏性寄生で，生存には生きている動物を必要とする．宿主が死

[※5]　この項目では北米でみられる種が紹介されているが，一部は日本にも生息している．和名は日本昆虫目録第8巻(2014年版，日本昆虫学会編)の表記に従った．

図5.11 ヒトヒフバエ（*Dermatobia hominis*）の幼虫．この種はヒト，霊長類，その他多くの動物に寄生する．他の多くのウジと異なり，ボットフライは生きた宿主を必要とする．

ねば幼虫も死ぬ．しかし，宿主の死後，幼虫が死ぬまでの正確な時間はまだ定量化されていない．宿主の皮膚から侵入した幼虫は，癤と呼ばれる炎症を起こし痛みを伴う腫れが生じる．これは無菌性の炎症で，蛹蛆症を引き起こすハエは引き寄せられず，通常ウジが発生する場所ではない．

クロバエ科　Calliphoridae

　この科は死体に生息する最も一般的で重要な種を含む．北米ではblowfly，bottle fly，screw warmなどの名称で知られる．クロバエ科は死体に出現する最初の昆虫集団に属し，死後すぐに死体にたどり着く．一部の種は，生きている動物の傷口から侵入し，死後も摂食を続けることがある．

　成虫の体長は通常6〜14 mmであるが，最終的な成虫の大きさは幼虫の段階での種や餌の有無に左右される．外観は鮮やかな緑や青からブロンズや光沢のある黒まで様々で，金属光沢のあるものが多い．一部のハエ体が細かい毛や粉で覆われているため，メタリックな色彩を覆い隠し，くすんで見えたり埃っぽく見えたりする．

　クロバエは動物死体を最初に発見し，入植する昆虫の一つである．実験的な研究では，死体露出後，数分以内に成虫が死体に到着することが報告されており，この科は入植時間の推定に適した昆虫と考えられている．クロバエ科は死体を化学的に検知し，続いて死体を視覚的に評価するといった2段階のプロセスを経て死体の位置を特定する．成虫は，卵と孵化したばかりの幼虫の保護に適した，体の天然の開口部や傷口に産卵することを好む．

　卵は「卵塊（クラッチ）」と呼ばれる大きな塊で産み付けられる．個々の卵は，産卵の際にそれぞれの卵に薄く粘着性のあるコーティングが施されることで，互いに接着し，死体にも接着する．この卵の塊は，同じ場所で同時に孵化するウジの大きな塊となり，大きな死体にパッチ状のウジの塊ができる．雌のハエは一度に約200個の卵塊を産み，種や温度に

もよるが，孵化には約24〜48時間かかる．

　卵は孵化し，三つの幼虫期の最初の幼虫である1齢幼虫になる．幼虫の体は先端が細く，尖った前端には頭部と口鉤があり，鈍い後端には一対の気門(呼吸管)がある．頭部は縮小して小さく，眼を欠き，内部は硬化した頭咽頭骨格で支えられている．頭咽頭骨格の複雑な構造は，生きた幼虫の表皮を通して部分的に見ることができるが，全体の構造を見るには幼虫から余分なタンパク質を取り除く必要がある．この頭咽頭骨格の形状は，幼虫の識別に非常に役立つ．

　1齢幼虫は，体長が最も小さく，期間も最も短い．ウジは小さく，産卵場所の近くで餌をとる．成長するにつれ，元の産卵場所から離れた，より腐敗の少ない場所に移動する．成熟した3齢幼虫は体長8〜23 mmで，白色またはクリーム色をしている．終節には幼虫の主要な呼吸器官である後方気門がある．

　後方気門は種の同定や各幼虫期の形態学的指標として重要である．クロバエ科では，各気門の開口部を形成する気門孔(スリット)は，正中線に向かって傾斜している．他の科では，気門孔の形状が大きく異なる．各気門の気門孔の数は幼虫の各成長段階を示す．1齢幼虫はU字型の気門孔が一つ，2齢幼虫は二つ，3齢幼虫は三つである．

　幼虫が三つの発育段階を経るのにかかる日数は4〜21日で，種や気温によって異なる．当然，気温が高いほど幼虫の発育は早い．3齢幼虫の期間は最も長く，最も貪欲な摂食が特徴である．

　ウジは摂食を終えると，死体から離れ，蛹化に適した保護された場所を探して分散する．これは集団で行う傾向があり，一度に大量のウジが死体から分散したり，さまよったりするのがみられる．この段階は通常「前蛹期」と呼ばれ，ウジが摂食を中止し，摂食場所から分散するのが特徴である．「前蛹期」は，ウジが適切な蛹化場所を見つけられるかどうかによって，3日から2週間まで様々である．幼虫は通常，腐肉から15〜20フィート(約4.5〜6 m)離れた場所をさまよい，土の中に潜り込んだり，落ち葉や岩，家具，カーペットなど，環境中の保護された場所の下を這い回ったりする．タイルやリノリウムのような特別に滑らかな表面では，ウジは摂食していた場所から100フィート(約30 m)以上離れた場所をさまようことがある．非摂食段階で，幼虫は単に適切な蛹化場所を探しているだけであることを覚えておくことが重要である．分厚く絡まった被毛を持つ動物の場合，蛹が被毛の中で見つかることもある．このような動物では(3齢)幼虫の一般的な分散期間は短く，蛹期は動物の被毛の中に形成される．

　保護された場所に至ると，前蛹は縮んで，外側の外皮(クチクラ)が固まって蛹の莢になる．蛹期は3〜20日以上続くことがあり，成虫は生後数カ月の蛹から羽化することが知られている．蛹の期間が経過するにつれて，蛹の莢の色は変化する．若い蛹は，最初は幼虫期と同じクリーム色がかった白色で，やがて暗褐色に変化する．これは蛹の年齢を推定す

る良い方法だが，定量的というよりは定性的な方法である．

　成虫は蛹莢から脱出，または羽化する準備ができると，特殊な囊を膨らませ，莢の端から弱くなった継ぎ目に沿って莢を破る．羽化したばかりの成虫は淡い色で，成虫に特徴的な金属光沢はまだみられない．翅は折り畳まれているため，すぐには飛ぶことはできない．翅を広げて，体を硬化させるのに45分ほどかかり，その間は（他の生物による）捕食や寄生に対し，非常に脆弱である．

　クロバエ科の雄との見分け方は簡単である．雌雄ともに，交尾や産卵時のみ露出する内性器（内部生殖器）を持っているが，外見的に雌雄の区別ができる特徴がある．雌では複眼が大きく広がり，左右の複眼の間には数ミリの隙間がある．雄の場合，複眼は頭の頂点で近接し，間に隙間はない．

　米国には，法医学的に重要なクロバエ科が数種いる．それぞれの種は特定の地域に生息し，一般的に特定の気温を好む．

Phormia regina (Meigen) ※6

　クロキンバエ（*Phormia regina*）は一般にクロバエ（black blow fly）として知られており，フロリダ州南部を除く米国全土に生息している．成虫の体長は7〜9 mmで，胸部，腹部ともに暗緑色からオリーブ色である．肢と頭部はともに深い黒色である．胸部前方の気門は鮮やかなオレンジ色の毛に囲まれ，明るいオレンジ色の外観をしている．*Phormia regina*は通常，寒冷地性のハエで，春から秋にかけて南部地域で最も多くみられる．北半球では夏に多くみられる．この種の幼虫は主に死体を食べて成長するが，蠅蛆症※7を起こすことが知られている．より大きな死体を好み，第一波の昆虫の後に遅れて次々とやってくる．

※6　昆虫の学名については付録2を参照
※7　生体の傷口に産卵して引き起こされる．

Cochliomyia macellaria（Fabricius）

　*Cochliomyia macellaria*は一般に二次ラセンウジバエ（secondary screwworm）と呼ばれ，北米で最も一般的なコクリオミイア属の一種である．主にカリフォルニア州からテキサス州にかけての米国南西部に生息し，標本の状態が良ければ顕微鏡を使わなくても容易に同定できる．成虫は明瞭な緑青色をしており，胸部背面にはvittaeと呼ばれる3本のはっきりした暗緑色の縦縞がある．頭部はオレンジ色で，肢は赤褐色である．幼虫の後端には気門があり，渦巻き状の黒い線が容易に見える．温暖で湿度の高い気候を好み，米国南部では雨季に最も多くみられる．日当たりの良い場所でも日陰の場所でもよく腐肉を食べる．寒さには弱く，冬の間はあまり見かけない．

Compsomyipes callipes（Bigot）

　*Compsomyipes callipes*は*Cochliomyia macellaria*によく似ている．暗色の金属光沢の色合いの体で，背中には3本の縦縞があり，頭部は明るいオレンジ色である．ただし，やや大型で，口部には棍棒状の触角があり，後胸甲には暗色の長い棘毛があり，萼片（キャリパー）は暗色である．現在，本種は米国南西部にのみ生息し，一般的には農村地帯や大きな死体を好む．

Chrysomya rufifacies（Macquart）

　ホホジロオビキンバエ（*Chrysomya rufifacies*）は，一般にhairy maggot blow fly（「毛深いウジのクロバエ」の意味）として知られている．本種は，オーストラリアとアジアの固有種で，1980年代初頭に米国に入ってきた．現在では米国南部全域に定着している．急速に生息域を広げており，最近では1年で最も暖かい時期にはカナダ南部でもみられるよう

になった．成虫はずんぐりとした鮮やかな青緑色の体に，濃い青色を帯びた腹節を持つ．成虫は屋外を好み，建物内に侵入することはほとんどない．幼虫は，体側に目立つ肉質の突起があることで他の種と容易に区別できるため，「毛深いウジ」という俗称がある．幼虫は死体を食べるだけでなく，捕食性で，共食いもする．しばしば死体上の他の昆虫種を捕食して完全に駆逐することがある (Smith, 1986; Baumgartner, 1993; Whitworth, 2006)．

Chrysomya megacephala (Fabricius)

オビキンバエ (*Chrysomya megacephala*) は，アジアでは一般に便所バエと呼ばれ，アジア地域，南アフリカ，南米に広く分布している．現在では米国南部，特にフロリダ，ジョージア，アラバマ，ミシシッピ，ルイジアナ，テキサス南部に生息している．成虫は *C. rufifacies* に似たがっしりとした太く短い体つきをしており，頭部が著しく大きいのが特徴である．目は異常に大きく，非常に目立つ赤色をしているため，野外でこの種を見分けるのは容易である．雄，雌とも成虫は腐肉，果物，甘い食べ物，糞便などに集まるので，この俗称がある．成虫はいったん食料源を見つけると，そこに落ち着く傾向があり，比較的数が少なくても腐肉から採集されることが多い．この種は容易に建物内に侵入し，餌や産卵場所を探す．幼虫は主に腐肉を食べ，成虫は新鮮な死体を好む (Smith, 1986; Whitworth, 2006)．

Calliphora vicina (Robineau-Desvoidy[※8])

ホホアカクロバエ (*Calliphora vicina*) は一般に欧州に多いクロバエとして知られている．複数の種が "bluebottle fly" という俗称を共有しているが，そのうち *C. vicina* が最も広く世界中に分布している．米国では北半分の地域に多く生息し，大型の腐肉によく付く．体長は10〜14 mmと大型である．頭部は黒く，頬の下部は赤から黄色に見える．胸部は暗青色だが，細かい毛と灰色がかった粉で覆われており，全体的にほこりっぽい外観で，く

[※8] 原著ではMeigenと記載されていたがRobineau-Desvoidyと訂正した．

すんだ銀色に見える．胸部には暗青色や黒色の微かな縞があり，腹部は銀色の模様が目立つ金属光沢のある青色をしている．全体的に非常に毛むくじゃらな体をしている．本種は都市部によくみられる種で，成虫はあらゆる種類の腐敗物に引き寄せられ，腐った果物，腐った肉，糞などに頻繁にみられる．幼虫は主に腐肉に寄生し，温暖な都市部では腐肉に寄生するクロバエの優占種であることが多い (Hall, 1948; Whitworth, 2006)．

Calliphora vomitoria (Linnaeus)

　ミヤマクロバエ (*Calliphora vomitoria*) は一般に北極クロバエとして知られている．この種は米国ではバージニア州からカリフォルニア州，北はアラスカからカナダ全域まで広く分布している．体長は7〜13 mmで，濃青色の胸部に4本の暗色の縦縞があり，体は非常にずんぐりとして毛むくじゃらである．細かい毛と灰色の粉で覆われ，銀色を帯びている．腹部は金属光沢のある明るい青色で，銀灰色の粉で模様が入っている．外見は*C. vicina*に似ているが，頭部全体的が黒く，*C. vicina*に特徴的なオレンジ色の頬をしていない．森林地帯や郊外に生息し，日陰を好む．カナダでは主に森林に生息し，標高の高い場所でもみられるが，特に人の居住地のゴミ周辺でよくみられる．飛行速度は遅く，飛行中にブーンという大きな音を立てる．幼虫は腐肉食性で，農村部で腐肉を食べる最も一般的なクロバエ種である．

Calliphora (*Eucaliphora*) *latifrons* (Hough)

　Calliphora latifrons は一般的なクロバエで，メキシコからカナダ，ウィスコンシン州やオンタリオ州まで広く分布している．コロラド州以南のロッキー山脈で最もよくみられ，アラスカでも報告されている．本種のハエの胸部は暗青色で，暗色の縞模様がある．他のクロバエ種ほど一般的ではないが，排泄物や腐敗組織からしばしば採集される (Hall, 1948; Smith, 1986; Whitworth, 2006)．

Calliphora livida (Hall)

　Calliphora livida は一般的なクロバエで，体長8〜10 mm．全体的に濃く青い金属光沢をしており，胸部は灰色の粉で覆われ，くすんでいる．腹部には豊富な棘毛があり，背面と腹面に白い斑がある．頭部は完全な黒色で，他の*Calliphora*属種と混同されやすい．北米大陸に広く生息する．

Calliphora alaskensis (Shannon)

　Calliphora alaskensis は広く分布しているが比較的稀な種で，生息域の南部の標高の高い場所でのみみられる．カナダ全土，米国ではアラスカ州，そしてテネシー州とノースカロライナ州に生息する．成虫の体長は約7〜13 mmで，腹部と胸部は金属光沢のある青色で，灰色のくすんだ色調の場合もある．頭部は全体的に黒い (Whitworth, 2006)．

Cynomya cadaverina (Robineau-Desvoidy)

　Cynomya cadaverina は北米大陸で一般的な種で，カナダと米国の国境沿いで最も多くみられる．テキサス州南部まで分布しているが，米国の最も温暖な南部では稀にしかみられない．体長約9〜14 mmとかなり大型で，腹部は濃青色である．目の下の頭部は赤褐色から黒色で，しばしば小さな黄色い毛で覆われている．*C. cadaverina* は春と秋に生息数のピークを迎えるが，生息域の最南端では真冬に成虫がみられることもある．成虫は排泄物や腐敗後期の腐肉に集まる．幼虫は通常，*Lucilia*属や*Cochliomyia*属の後の腐肉から見つかる (Whitworth, 2006)．

Cynomya mortuorum (Linnaeus)

　*Cynomya mortuorum*は *Cy. cadaverina*の近縁種だが，生息域はかなり限局している．本種は，北極圏に近い極北のアラスカでしかみられないことから，寒冷地に適応したクロバエであることがわかる．成虫は森林縁や草地でみられ，草花の近くにいることが多い．成虫の体長は8〜15 mmで，胸部と腹部が金属光沢のある青色で頭部が鮮やかなオレンジ色をしているため，*Cy. cadaverina*と容易に区別できる．その生息域から，本種の幼虫期は他の多くのクロバエよりも長く，3齢期を終えるのに38日以上かかる．幼虫はこの地域でよくみられる小型哺乳類に寄生するが，腐肉がない場合は排泄物中でも生き延びることができる(Smith, 1986; Whitworth, 2006)．

Protophormia terraenovae (Robineau-Desvoidy)

　ルリキンバエ(*Protophormia terraenovae*)は，クロバエの一種で，northern blowfly(「北のクロバエ」の意味)の俗称がある．深い青から紫色の体色をしており，体長は7〜12 mmと大型である．黒から茶色をした前胸気門，黒い頭部，黒い肢が特徴である．この種は米国北部からカナダ，アラスカにかけて広く分布している．寒冷地性のハエとして知られ，冬季には米国南部でも稀にみられることがある．夏期は標高の高い場所で多くみられ，北極圏に多く生息し，北極から550マイル(約900 km)以内で発見されている．これらの地域では7月に最も多くみられる(Hall, 1948; Whitworth, 2006)．

Lucilia illustris（Meigen）

　ミドリキンバエ（*Lucilia illustris*）はgreen bottle fly[※9]の通称で知られる．この通称は複数のキンバエ種に対し使われている．西半球で最も一般的なキンバエ種の一つで，米国北部からカナダ全土にかけて広く生息している．成虫の体長は約6〜8 mmで，胸部と腹部は鮮やかな緑色で，肢は黒い．温暖な気候の種で，夏期は，開けた森林地帯で最も多く生息する．成虫は主に新鮮な腐肉に集まるが，時折排泄物から採集されることもある．雌は最も活動的で，明るい場所や日当たりの良い場所にある死体に産卵するのが一般的である．幼虫は排泄物を食べて成長できるが，腐肉をより好むようである（Stevens & Wall, 1996; Whitworth, 2006）．

Lucilia sericata（Meigen）

　ヒロズキンバエ（*Lucilia sericata*）はsheep blowfly[※10]の一種で，文献によっては*Phaenicia*属に分類されることもある．*L. sericata*は世界中で最も一般的なクロバエ種の一つである．北米では米国およびカナダ全土で採集でき，西部で最もよくみられる．成虫の体長は6〜9 mmで，胸部と腹部は鮮やかな青緑色，黄緑色，または緑青銅色をしている．胸部背面には三つのくっきりとした横溝があり，前肢は黒または濃い青色をしている．幼虫は様々な餌で成長するが，腐肉が最も適している．腐肉に最も早く到着（到達）する種の一つで，死後数時間以内に産卵する．成虫は明るい日差しと開けた場所にある死体を好むが，死体の陰になる場所を探して産卵する．本種は多くの動物に蠅蛆症を引き起こすことが知られる．また，傷口の壊死組織を除去するマゴット療法[※11]によく使われる2種のうちの1種である（Smith, 1986; Stevens & Wall, 1996; Whitworth, 2006）．

[※9]　体が金緑色のハエ
[※10]　羊に蠅蛆症を起こす寄生ハエの総称
[※11]　ウジによるデブリードメント療法

Lucilia cuprina (Wiedemann)

　ヒツジキンバエ (*Lucilia cuprina*) は一般にオーストラリアヒツジウジまたはブロンズボトル・フライとして知られている．*L. sericata* と近縁だが，*L. sericata* の方が寒さに強く，生息域の北部で最も多くみられる．*L. cuprina* は北米では北米南部，特に米国南東部でよくみられ，バージニア州からミズーリ州を経てカリフォルニア州まで広くみられる．このハエは体長 6〜8 mm で，金属光沢のある黄緑色またはくすんだ銅色がかった緑色の色調で，大腿部は緑色の金属光沢がある．成虫は腐肉よりも排泄物を好むようだが，腐敗した果実にもよく集まる．成虫は餌の近くの地面や草木にとまり，邪魔が入ると素早く飛び去る．そのため，本種の成虫を現場で採集するのは非常に困難である．幼虫は腐肉に寄生していることが多いが，いくつかの動物でヒツジウジ症や蠅蛆症の原因となっている．この種は春から秋にかけて多く，フロリダでは一年中採集される．住居の近くにいることが多く，容易に家屋に侵入する．上述の *L. sericata* と本種はマゴット療法でよく使用される．

Lucilia coeruleiviridis (Macquart)

　Lucilia coeruleiviridis は，主に米国南東部に生息しているが，稀に北東部や中西部でもみられることがある．南はメリーランド州からフロリダ州まで，北はミシガン州とウィスコンシン州まで生息している．ミシシッピ川以西ではあまりみられない．成虫は一般に体長 8.0〜9.5 mm で，胸部と腹部は光沢のある緑色をしている．腹部の第五節はしばしば背面に沿って赤や紫色を帯び，非常に光沢がある．

Lucilia cluvia (Walker)

　Lucilia cluvia は *L. coeruleiviridis* に非常によく似ているが，平均体長は 7.5〜8.0 mm

とやや小さい．L. cluviaとL. coeruleiviridisとのその他のわずかな違いとして，頭部の毛の色や腹部第五節の光沢の程度などがある．L. coeruleiviridisとの類似性から，本種の同定は専門家に任せるのが望ましい．L. cluviaの成虫は米国南東部のフロリダ州北部からノースカロライナ州，ミシシッピ州西部や南部に限られる(Whitworth, 2006)．

Lucilia mexicana (Macquart)

　*Lucilia mexicana*は主に米国南西部にいるハエで，カリフォルニア州からテキサス州にかけてよくみられ，ユタ州南部からメキシコにかけて生息する．成虫は体長6〜9 mmで，胸部，腹部ともに鮮やかな緑色の金属光沢がある．肢は通常，頭部と同様に黒色である．本種は動物や人間の糞，ゴミ，新鮮な腐肉に集まるため，森林地帯や都市部の両方でみられる(Stevens & Wall, 1996; Whitworth, 2006)．

Lucilia elongata[※12] (Shannon)

　*Lucilia elongata*は比較的稀な種で，米国西部のカリフォルニア州，コロラド州，オレゴン州，ワシントン州からカナダのブリティッシュコロンビア州にかけて生息する．通常，胸部と腹部は光沢のある青緑色で，頭部と肢は黒い(Smith, 1986; Whitworth, 2006)．

イエバエ科　Muscidae

　イエバエ科は世界中に分布し，腐肉や排泄物，および腐敗分解物によくつく多くの種が含まれる．イエバエ科のハエはヒトと密接な関係にあり，ヒトの生活圏で共生するハエと考えられている．このような関係性から，イエバエ科はいつの間にか世界中に分布し，ヒトとの関わりにより繁栄している(McAlpine, 1981)．一般的に，イエバエ科のハエは死体に入植する際，クロバエに続いて現れる傾向があるため，二次的な入植者と考えられている(Byrd & Castner, 2010)．この種の多くはゴミや糞便に集まり，農村部，特に養鶏場のような

※12　原著では*Lucilia elongate*と記載されていたが，*L. elongata*と訂正した．

閉鎖的な環境に多くの家畜が飼養されている場所の近くに多く生息している (Hewitt, 1912; McAlpine, 1981)．

Musca domestica（Linnaeus）

　イエバエ（*Musca domestica*）は一般にhouseflyとして知られ，世界中の人の生活圏でみられる共生種である．成虫の体長は6〜9 mmで，全体的に灰色をしている．第四翅脈が鋭角に曲がっており，胸部背面に4本の黒い縦縞模様があることで，他のイエバエ科と容易に区別できる．室内でよくみられ，食物，ゴミ，糞，腐肉を探し回る．成虫は水分のあるものなら何でも食べ，特に腐敗分解物に引き寄せられる．幼虫はしばしば牧草地や農業施設にある糞中にみられるが，腐肉を食べて成長する能力もある．アラスカとカナダ北部から米国南部にかけて北米全域に分布する (James, 1947)．

Musca autumnalis（DeGeer）

　*Musca autumnalis*は北米では一般にフェイスフライ（face-fly）と呼ばれ，牛の害虫として知られる．ハエ成虫は大型動物の体液，特に目や鼻の周りの分泌物を食べ，大量に発生すると動物や人間に炎症を引き起こす．このハエは旧世界[13]に起源を持ち，1940年代に北米に持ち込まれた．現在は夏の気温が穏やかな地域である，米国中部や北部からカナダ南部に生息している．現時点では，アリゾナ，ニューメキシコ，ルイジアナ，フロリダにはみられない．体は*M. domestica*に似ているが，雄では腹部が明るい橙黄色で中央部に黒い縞があることで区別できる．成虫は屋内や物陰に集まっていることがあり，幼虫は牛の糞でよく発育する．幼虫のうちは死体に寄生することはほとんどないが，新鮮な死体には誘引され，腐敗分解の第一波でみられる (Huckett, 1975; McAlpine, 1981)．

---

[13]　アフリカ，欧州，アジアを含む地域

Hydrotaea(*Ophyra*) *leucostoma*(Wiedemann)

　*Hydrotaea leucostoma*は，光沢のある青黒い種で，便所，と畜場，閉鎖的な畜舎でよくみられる．北米に広く分布し，メキシコ以北からカナダ南部にかけてみられる．雄はホバリングという特徴的な行動をとる．幼虫は主に排泄物中で成長するが，腐敗後期の死体を利用することもある．2齢と3齢の幼虫は捕食性で，同じ食物資源を利用する他の幼虫を攻撃する．幼虫は深い土中で蛹化する．地表から3フィート（約1.5 m）下に埋まっているのが発見されている．成虫は1年のうち暖かい時期に多く，6月から10月にかけて最もよくみられる(Huckett, 1975; Smith, 1986)．

Hydrotaea dentipes(Fabricius※14)

　モモエグリハナバエ（*Hydrotaea dentipes*）は北米全体に広く分布し，メキシコ湾岸から北はアラスカ南部，東はニューファンドランドにかけてみられる．成虫は体長約8 mmとイエバエによく似た大きさと形をしているが，第四翅脈は鋭角に曲がっていない．雄は雌よりずっと色が濃く，半透明の暗い翅を持つ．雌は雄より明るい色合いで，翅は透明である．成虫は糞尿や腐敗した果実にみられ，便所や臓物の近くにいる．幼虫は乾燥して固まった糞や腐肉，腐った果実でみられる．3齢幼虫は捕食性で，同じ食物資源内の他の幼虫を捕食する(Huckett, 1975)．

※14　原著ではMeadeと記載されていたが，Fabriciusと訂正した．

Hydrotaea (*Ophyla*) *aenescens* (Wiedemann)

　*Hydrotaea aenescens*は，通称ブラック・ダンプ・フライまたはアメリカン・ブラック・ダンプ・フライと呼ばれ，新世界※15の温暖な地域に多い．カナダ全土，米国南部，メキシコに生息する．この種は人と深い共生関係にあり，北米大陸全域のゴミ捨て場や動物の汚物に頻繁に出没する．寒い地域では，発酵した生ゴミに留まることで氷点下にも耐えることができる．成虫は小さく，光沢のある黒色で，小ぶりである(Huckett, 1975)．

Muscina stabulans (Fallen)

　オオイエバエ(*Muscina stabulans*)は世界中に分布し，米国では北部の温帯地域に広く分布し，特によくみられる．北はアラスカからニューファンドランドまで，南はカリフォルニアからジョージアまで生育していることが記録されている．翅脈が鋭く曲がっていない以外は*Musca domestica*に似ている．体は全体的に灰色で，後肢の脛は黄色である．成虫は人里近くや農耕地，特に鶏舎や厩舎でみられる．成虫はしばしば屋内に移動し，あらゆる種類の腐敗物を食べる．2齢から3齢幼虫は捕食性を増し，巣にいる雛を襲うことが知られている．*M. stabulans*は埋却死体で見つかることがしばしばあり，土壌表面下の腐敗物を利用する能力を持っている(Huckett, 1975)．

Fannia※16 *scalaris* (Fabricius)

　コブアシヒメイエバエ(*Fannia scalaris*)は主に屋外に生息する種で，世界的に分布して

※15　南北アメリカ大陸を指す．
※16　*Fannia scalaris, F. canicularis*は，ヒメイエバエ科(Fanniidae)，ヒメイエバエ属(*Fannia*)だが，原著ではイエバエ科(Muscidae)の項目に含んでいる．翻訳版では原著通りとした．

いる．北はアラスカ中部，南はメキシコで見つかっている(Huckett, 1975)．屋内で発見された場合，便所や肥溜めといった原始的な環境に生息し，一般にlatrine fly (latrineはトイレの意)として知られる．幼虫は半液体状となった腐敗物の中で発育し，腹腔内の液体や腐敗の後期に現れる(Hewitt, 1912)．

Fannia canicularis (Linnaeus)

「小さいイエバエ(lesser house fly)」として知られるヒメイエバエ(*Fannia canicularis*)は長い翅脈[17]が鋭角に屈曲していないことを除けば，イエバエ(*Musca domestica*)に似ている．成虫は全体的に黄色で，顔面部は灰色，腹部は細長く茶色がかった灰色をしている．肢は黒褐色で関節が黄色い．成虫は他のイエバエ類よりも涼しい環境を好むようだが，北米大陸全域でみられている．成虫は農村地帯でよくみられ，糞が大量に蓄積している場所に多く，尿やその他の排泄物から発生する揮発性物質に誘引される．腐敗の後期によくみられ，腐肉食性昆虫の第二波と関連していることが多い(Grisales et al., 2012)．

ニクバエ科　*Sarcophagidae*

ニクバエ科(Sarcophagidae)のハエは一般的にはニクバエ(flesh fly，fleshは肉のこと)として知られている．北米全域に生息するが，ほとんどの種は温暖な地域に生息する．成虫は中型から大型のハエで，通常，胸部背側に3本の黒い縦縞があり，腹部は市松模様のようなパッチ状の模様がある(McAlpine, 1981)．幼虫は大きく，腐敗した肉で発育する．ニクバエ科の種の同定は非常に難しく，単に科名で呼ばれることが多い(Smith, 1986; Nation, 2011)．成虫はほとんどの条件下で腐肉に誘引され，屋内で腐敗している動物の上にいることが多い(Sanford, 2015)．雌は卵胎生で，通常，卵ではなく幼虫を産むため，死体上では3齢幼虫が多くみられる．一般的な種はクロバエ科と同時か，やや遅れて死体に飛来する(Mullen & Durden, 2002)．

---

[17]　ヒメイエバエ科の翅脈のM1＋2脈は直線状だが，イエバエは途中で鋭角に曲がっている．

Sarcophaga haemorrhoidalis（Fallén）

　*Sarcophaga haemorrhoidalis*は，成虫の腹部末端が明瞭に赤いことから，一般にred-tailed flesh fly（腹部末端が赤色のニクバエの総称）と呼ばれている．人の生活環境で生息し，メキシコ以北の北米の大部分に分布している．大型の種で，体色は黒く，成虫は白い粉末に覆われて全体的に灰色に見える．成虫の胸部背側には3本の明瞭な縦縞があり，腹部にはくっきりした市松模様がみられる(McAlpine, 1981)．成虫は糞便や腐肉を食べたり，生きた動物に寄生して，蠅蛆症を引き起こす(James, 1947; Smith, 1975)．

Sarcophaga bullata（Parker）

　*Sarcophaga bullata*は，*S. hemorrhoidalis*と近縁で，生息範囲はほぼ同じで，米国南部でよくみられる．成虫は他のニクバエ科とほぼ同じ形態であり，同定には専門的な手段で雄性生殖器を調べる必要がある(McAlpine, 1981; Vairo et al., 2011)．

ノミバエ科（*Phoridae*）

　ノミバエ科は世界中に分布しており，多様な種を含む科である．成虫は小型から中型で，くすんだ黒，黄色，または茶色の体色をしている．胸部が膨らんでいるため「こぶ背」のような外見をしている．蛹は背腹扁平で，前端に一対の特徴的な呼吸角をもつ物体の上を不規則に走り回る性質から，（北米では）スカットル・フライ（小走りするハエの意），あるいはその外見からハンプバックド・フライ（こぶ背のハエの意）の俗称がある．幼虫は腐敗した有機物中にみられ，多くの種は動物の死体でも見つかる．一部の種は地下で繁殖する能力を持ち，土中に埋めた死体からも見つかる(McAlpine, 1981; Smith, 1986)．

Megaselia abdita (Schmitz)

　*Megaselia abdita*はノミバエ科の一種で，しばしば他の*Megaselia*属のハエと一緒に発見される．成虫は地中の腐肉から発見されることが多く，ノミバエ科の多くにみられる特徴的な外見であるこぶ状の背中をしており，小走りで動く．成虫は腐敗物に誘引され，埋却された死体にも定着する．法医学的指標として，*M. abdita*は寒冷期の死体と関連すると考えられている (Greenberg & Wells, 1998; Manlove & Disney, 2008) が，まだ詳細には研究されていない．

Megaselia scalaris (Loew)

　クサビノミバエ (*Megaselis scalaris*) は一般にスカットル・フライやハンプバックド・フライなどの総称で呼ばれるノミバエの一種である．成虫の体長は2〜3 mmで，胸部と腹部は黄色または黄褐色をしている．この種は主に温暖な気候に生息しているが，北米北部にも広がっている．人間との関わりが深く，人類が世界中を移動するにつれて新しい地域へと運ばれてきた．雌は悪臭を放つ液体に引き寄せられ，ほとんどの有機物に産卵する．幼虫は様々な有機物を摂取し，生きた植物から腐敗物まであらゆるものに寄生する．幼虫のなかには，適切な環境下で他の無脊椎動物に寄生するものもおり，その多くは蝿蛆症を引き起こす (James, 1947; Disney, 2008)．本種は米国南部からカナダ南部にかけて生息する (James, 1947)．

Megaselia rufipes (Meigen)

　Megaselia rufipes，通称スカットルフライの一種で，*M. scalaris*と近縁で，しばしば*M. scalaris*と一緒に発見される．成虫は体長2〜3 mmで，胸部と腹部は暗褐色，肢は淡黄色

である．腹側は淡黄色である．フロリダ州南部からアラスカにかけて生息する．初期の観察によると，*M. rufipes*は動物の死体が晒されてから数日以内に産卵し，埋められたり，屋内で覆い隠されている腐敗分解物に到達できる能力を持つ(Manlove & Disney, 2008)．

チーズバエ科　*Piophilidae*

　チーズバエ科はスキッパーフライとして総称され，温帯地域で最大の多様性を示す(McAlpine, 1981)．成虫は小型で，全体的に金属光沢のある青色か黒色をしている．腐敗した動植物でよくみられ，動物の腐敗後期に出現する．「スキッパー(跳ねるもの)」という呼び名は，幼虫が示す特徴的な行動に由来する．幼虫は腹部最後節に突起があり，口鉤でその突起をつかむ．口鉤を突然離すと，ウジは数センチの距離を飛び，空中に「跳躍」する．チーズバエ科のウジの寄生がある場合，動物の死体に「ジャンピング・ワームが観察された」などと記述されることも多い(Huckett, 1975; McAlpine, 1981; Nation, 2011)．

Piophila casei (Linnaeus)

　チーズバエ(*Piophila casei*)は，通称チーズスキッパー，チーズフライ，ベーコンフライと呼ばれる小型種で，体長約2.5〜4.0 mm．体は全体的に黒く，頭部は明瞭に丸く，頭部下部，触角，肢の一部が黄色い．世界的にみられる共生種で，一般に腐肉でみられ，食品産業では害虫として扱われる．幼虫は死体における昆虫遷移の後期で観察され，生きている動物に産卵し，蝿蛆症を引き起こす．米国とカナダに広く生息し，南はルイジアナ州南部とメキシコ湾岸に，北はアラスカとカナダ北極圏に及ぶ(Martin-Vega, 2011; Rochefort et al., 2015)

Stearibia nigriceps (Meigen)

　クロチーズバエ(*Stearibia nigriceps*)の成虫は体長2.5〜4.1 mmで，金属光沢のある青みを帯びた光沢のある黒色をしている．肢は全体が黄色いものから部分的に黄色や黒色のものまで様々である．本種は成虫・幼虫期ともに腐肉に寄生し，食品産業では害虫として

扱われる．腐敗が進んだ段階で最もよくみられ，埋却死体との関連性から，法医学的に重要である．米国とカナダに広く生息し，カナダのユーコン準州，ブリティッシュコロンビア州からノバスコシア州，南は米国ルイジアナ州まで及ぶ(Martin-Vega, 2011; Rochefort et al., 2015)．

参考文献

Abell D., S. Wasti, and G. Hartmann, Saprophagous Arthropod Fauna Associated with Turtle Carrion, *Applied Entomology and Zoology*. 17, 1982, 301-307.

Abouzied E. M., Insect Colonization and Succession on Rabbit Carcasses in Southwestern Mountains of the Kingdom of Saudi Arabia, *Journal of Medical Entomology*. 51, 2014, 1168-1174.

Addo-Bediako A., S. L. Chown, and K. J. Gaston, Thermal Tolerance, Climatic Variability and Latitude, *Proceedings of the Royal Society of London. Series B: Biological Sciences*. 267, 2000, 739-745.

Ahmad N. W., L. H. Lim, C. C. Dhang, C. W. Kian, R. Hashim, S. M. Azirun, H. C. Chin, A. G. Abdullah, W. N. W. Mustaffa, and J. Jeffery, Comparative Insect Fauna Succession on Indoor and Outdoor Monkey: Carrions in a Semi-Forested Area in Malaysia, *Asian Pacific Journal of Tropical Biomedicine*. 1, 2011, S232-S238.

Amendt J., C. P. Campobasso, E. Gaudry, C. Reiter, H. N. Leblanc, and M. J. R. Hall, Best Practice in Forensic Entomology—Standards and Guidelines, *International Journal of Legal Medicine*. 121, 2007, 90-104.

Ames C. and B. Turner, Low Temperature Episodes in Development of Blowflies: Implications for Postmortem Interval Estimation, *Medical & Veterinary Entomology*. 17, 2003, 178-186.

Anderson G. S., Wildlife Forensic Entomology: Determining Time of Death in Two Illegally Killed Black Bear Cubs, *Journal of Forensic Sciences*. 44, 1999, 856-9.

Anderson G. S., Minimum and Maximum Development Rates of Some Forensically Important Calliphoridae (Diptera), *Journal of Forensic Sciences*. 45, 2000, 824-832.

Anderson G. S. and S. L. Vanlaerhoven, Initial Studies on Insect Succession on Carrion in Southwestern British Columbia, *Journal of Forensic Sciences*. 41, 1996, 617-625.

Anderson J. M. E., E. Shipp, and P. J. Anderson, Distribution of Calliphoridae in an Arid Zone Habitat Using Baited Sticky Traps, *General & Applied Entomology*. 16, 1984, 3-8.

Archer M. and M. Elgar, Yearly Activity Patterns in Southern Victoria (Australia) of Seasonally Active Carrion Insects, *Forensic Science International*. 132, 2003, 173-176.

Arnaldos I., E. Romera, M. D. García, and A. Luna, An Initial Study on the Succession of Sarcosaprophagous Diptera (Insecta) on Carrion in the Southeastern Iberian Peninsula, *International Journal of Legal Medicine*. 114, 2001, 156-162.

Arnaldos M., E. Romera, J. Presa, A. Luna, and M. García, Studies on Seasonal Arthropod Succession on Carrion in the Southeastern Iberian Peninsula, *International Journal of Legal Medicine*. 118, 2004, 197-205.

Ash N. and B. Greenberg, Developmental Temperature Responses of the Sibling Species Phaenicia Sericata and Phaenicia Pallescens, *Annals of the Entomological Society of America*. 68, 1974, 197-200.

Avila F. W. and M. L. Goff, Arthropod Succession Patterns onto Burnt Carrion in Two Contrasting Habitats in the Hawaiian Islands, *Journal of Forensic Sciences*. 43, 1998, 581-586.

Azwandi A., H. Nina Keterina, L. C. Owen, M. D. Nurizzati, and B. Omar, Adult Carrion Arthropod Community in a Tropical Rainforest of Malaysia: Analysis on Three Common Forensic Entomology Animal Models, *Tropical Biomedicine*. 30, 2013, 481-494.

Bajerlein D., S. Matuszewski, and S. Konwerski, Insect Succesion on Carrion: Seasonality, Habitat Preference and Residency of Histerid Beetles (Coleoptera: Histeridae) Visiting Pig Carrion Exposed in Various Forests (Western Poland), *Polish Journal of Ecology*. 59, 2011, 787-797.

Barnes K. M. and D. E. Gennard, The Effect of Bacterially Dense Environments on the Development and Immune Defences of the Blowfly *Lucilia sericata*. *Physiological Entomology*. 36, 2011, 96-100.

Barrios M. and M. Wolff, Initial Study of Arthropods Succession and Pig Carrion Decomposition in Two Freshwater Ecosystems in the Colombian Andes, *Forensic Science International*. 212, 2011, 164-172.

Battan Horenstein M., A. Xavier Linhares, B. Rosso De Ferradas, and D. Garcia, Decomposition and Dipteran Succession in Pig Carrion in Central Argentina: Ecological Aspects and Their Importance in Forensic Science, *Medical and Veterinary Entomology*. 24, 2010, 16-25.

Baumgartner D. L., Distribution and Medical Ecology of the Blow Flies (Diptera: Calliphoridae) of Peru, *Annals of the Entomological Society of America*. 78, 1985, 565-587.

Baumgartner D. L., Review of *Chrysomya rufifacies* (Diptera: Calliphoridae), *Journal of Medical Entomology*. 30, 1993, 338-352.

Baz A., B. Cifrian, L. M. D. Aranda, and D. Martin-Vega, The Distribution of Adult Blow-Flies (Diptera: Calliphoridae) Along an Altiudinal Gradient in Central Spain, *Annales-Societe Entomologique de France*. 43, 2007, 289-296.

Beck S. D., Insect Thermoperiodism, *Annual Review of Entomology*. 28, 1983, 91-108.

Benbow M., A. Lewis, J. Tomberlin, and J. Pechal, Seasonal Necrophagous Insect Community Assembly During Vertebrate Carrion Decomposition, *Journal of Medical Entomology*. 50, 2013, 440-450.

Benecke M., A Brief History of Forensic Entomology, *Forensic Science International*. 120, 2001, 2-14.

Benecke M., A brief survey of the history of forensic entomology, *Acta. Biologica Benrodis*. 14, 2008, 15-38.

Bharti M., D. Singh, and Y. P. Sharma, Effect of Temperature on the Development of Forensically Important Blowfly, *Chrysomya megacephala* (Fabricius) (Diptera: Calliphoridae), *Entomon*. 32, 2007, 149-151.

Blackith R. and R. Blackith, Insect Infestations of Small Corpses, *Journal of Natural History*. 24, 1990, 699-709.

Block W., Cold Hardiness in Invertebrate Poikilotherms, *Comparative Biochemistry and Physiology Part A: Physiology*. 73, 1982, 581-593.

Bonacci T., T. Zetto Brandmayr, P. Brandmayr, V. Vercillo, and F. Porcelli, Successional Patterns of the Insect Fauna on a Pig Carcass in Southern Italy and the Role of *Crematogaster scutellaris* (Hymenoptera, Formicidae) as a Carrion Invader, *Entomological Science*. 14, 2011, 125-132.

Bornemissza G. F., An Analysis of Arthropod Succession in Carrion and the Effect of Its Decomposition on the Soil Fauna, *Australian Journal of Zoology*. 5, 1957, 1-12.

Boulkenafet Sélima Berchi F, S. Lambiase, F. Boulkenafet, S. Berchi, and S. Lambiase, Preliminary Study of Necrophagous Diptera Succession on a Dog Carrion in Skikda, North-East of Algeria. *Journal of Entomology and Zoology Studies*. 3, 2015, 364-369.

Bourel B., L. Martin-Bouyer, J. C. Cailliez, V. Hedouin, D. Gosset, and D. Derout, Necrophilous Insect Succession on Rabbit Carrion in Sand Dune Habitats in Northern France, *Journal of Medical Entomology*. 36, 1999, 420-425.

Braack L., Arthropods Associated with Carcasses in the Northern Kruger National Park, *South African Journal of Wildlife Research*. 16, 1986, 91-98.

Braack L., Community Dynamics of Carrion-Attendant Arthropods in Tropical African Woodland, *Oecologia*. 72, 1987, 402-409.

Braack L. E. and P. F. Retlef, Dispersal, Density and Habitat Preference of the Blow-Flies *Chrysomyia albiceps* (Wd.) and *Chrysomyia marginalis* (Wd.) (Diptera: Calliphoridae), *Journal of Veterinary Research*. 53, 1986, 13-18.

Brand L. R. M. Hussey, and J. Taylor, Decay and Disarticulation of Small Vertebrates in Controlled Experiments, *Journal of Taphonomy*. 1, 2003, 233-245.

Brundage A., S. Bros, and J. Y. Honda, Seasonal and Habitat Abundance and Distribution of Some Forensically Important Blow Flies (Diptera: Calliphoridae) in Central California, *Forensic Science International*. 212, 2011, 115-120.

Byrd J. H. and J. C. Allen, The Development of the Black Blow Fly, Phormia Regina (Meigen), *Forensic Science International*. 120, 2001, 79-88.

Byrd J. H. and J. F. Butler, Effects of Temperature on *Cochliomyia macellaria* (Diptera: Calliphoridae) Development, *Journal of Medical Entomology*. 33, 1996, 901-905.

Byrd J. H. and J. F. Butler, Effects of Temperature on *Chrysomya rufifacies* (Diptera: Calliphoridae) Development, *Journal of Medical Entomology*. 34, 1997, 353-358.

Byrd J. H. and J. F. Butler, Effects of Temperature on *Sarcophaga haemorrhoidalis* (Diptera: Sarcophagidae) Development, *Journal of Medical Entomology*. 35, 1998, 694-698.

Byrd J. H. and J. L. Castner, *Forensic Entomology the Utility of Arthropods in Legal Investigations*, 2nd ed., Boca

Raton, 2010

Caballero U. and J. L. J. E. M. León-Cortés, Beetle Succession and Diversity between Clothed Sun-Exposed and Shaded Pig Carrion in a Tropical Dry Forest Landscape in Southern Mexico, *Forensic Science International*. 245, 2014, 143-150.

Cain M. L., W. D. Bowman, and S. D. Hacker, *Ecology*, Sunderland, 2008.

Campobasso C. P., Factors Affecting Decomposition and Diptera Colonization, *Forensic Science International*. 120, 2001, 18-27.

Catts E. P. and M. L. Goff, Forensic Entomology in Criminal Investigations, *Annual Review of Entomology*. 37, 1992, 253-272.

Catts E. P. and N. H. Haskell, *Entomology and Death: A Procedural Guide*, 2nd ed., Clemson, SC, 2008.

Chin H. C., A Preliminary Study of Insect Succession on a Pig Carcass in a Palm Oil Plantation in Malaysia, *Tropical Biomedicine*. 24, 2007, 23-27.

Clarkson C. A., N. R. Hobischak,, and G. Anderson, Developmental Rate of *Protophormia terraenovae* (RD) Raised under Constant and Fluctuating Temperatures, for Use in Determining Time Since Death in Natural Outdoor Conditions, in the Early Postmortem Interval, *Canadian Police Research Centre*, 2005.

Coe M., The Decomposition of Elephant Carcasses in the Tsavo (East) National Park, Kenya, *Journal of Arid Environment*. 1, 1978, 71-86.

Cornaby B. W., Carrion Reduction by Animals in Contrasting Tropical Habitats, *BioTropica*. 6, 1974, 51-63.

Davidson J., On the Relationship between Temperature and Rate of Development of Insects at Constant Temperatures, *Journal of Animal Ecology*. 13, 1944, 26-38.

Davies L. and G. G. Ratcliffe, Development Rates of Some Pre-Adult Stages in Blowflies with Reference to Low Temperatures, *Medical and Veterinary Entomology*. 8, 1994, 245-254.

Davis J. B., Decomposition Patterns in Terrestrial and Intertidal Habitats on Oahu Island and Coconut Island, Hawaii, *Journal of Forensic Sciences*. 45, 2000, 836-42.

De Jong G. D., An Annotated Checklist of the Calliphoridae (Diptera) of Colorado, with Notes on Carrion Associations and Forensic Importance, *Journal of the Kansas Entomological Society*. 67, 1994, 378-385.

De Jong G. D. and J. W. Chadwick, Decomposition and Arthropod Succession on Exposed Rabbit Carrion During Summer at High Altitudes in Colorado, USA, *Journal of Medical Entomology*. 36, 1999, 833-845.

De Jong G. D. and W. W. Hoback, Effect of Investigator Disturbance in Experimental Forensic Entomology: Succession and Community Composition, *Medical and Veterinary Entomology*. 20, 2006, 248-258.

Disney R. H. L., Natural History of the Scuttle Fly, *Megaselia scalaris*, *Annual Review of Entomology*. 53, 2008, 39-60.

Early M. and M. L. Goff, Arthropod Succession Patterns in Exposed Carrion on the Island of Oahu, Hawaiian-Islands, USA, *Journal of Medical Entomology*. 23, 1986, 520-531.

Eberhardt T. L. and D. A. Elliot, A Preliminary Investigation of Insect Colonisation and Succession on Remains in New Zealand, *Forensic Science International*. 176, 2008, 217-223.

Ellison G., The Effect of Scavenger Mutilation on Insect Succession at Impala Carcasses in Southern Africa, *Journal of Zoology*. 220, 1990, 679-688.

Fisher R. S., W. U. Spitz, and D. J. Spitz, Chapter 2, part 3. In William C. Rodriguez and Wayne D. Lord (eds.), *Spitz and Fisher's Medicolegal Investigation of Death: Guidelines for the Application of Pathology to Crime Investigation*. Charles C Thomas Publisher, 2006.

Flores, M. M. Longnecker, and J. K. Tomberlin, Effects of Temperature and Tissue Type on *Chrysomya rufifacies* (Diptera: Calliphoridae)(Macquart) Development, *Forensic Science International*. 245, 2014, 24-29.

Foottit R. G. and P. H. Adler, *Insect Biodiversity: Science and Society*, 2009.

Gill G. J., Decomposition and Arthropod Succession on above Ground Pig Carrion in Rural Manitoba, 2005, 1-180.

Goff M. L., Estimation of Post-Mortem Interval Using Arthropods' Development and Successional Patterns, *Forensic Science Reivew*. 5, 1993, 81-94.

Gosselin M., S. M. Wille, M. D. M. R. Fernandez, V. Di Fazio, N. Samyn, G. De Boeck, and B. Bourel, Entomotoxicology, Experimental Set-Up and Interpretation for Forensic Toxicologists, *Forensic Science International*. 208, 2011, 1-9.

Grassberger M. and C. Frank, Initial Study of Arthropod Succession on Pig Carrion in a Central European Urban Habitat, *Journal of Medical Entomology*. 41, 2004, 511-523.

Grassberger M. and C. Reiter, Effect of Temperature on *Lucilia sericata* (Diptera: Calliphoridae) Development with Special Reference to the Isomegalen- and Isomorphen-Diagram, *Forensic Science International*. 120, 2001, 32-36.

Greenberg B. and J. D. Wells, Forensic Use of *Megaselia abdita* and *M. scalaris* (Phoridae: Diptera): Case Studies, Development Rates, and Egg Structure, *Journal of Clinical Forensic Medicine*. 5, 1998, 215-215.

Grisales D., M. Wolff, and C. J. B. De Carvalho, Neotropical Fanniidae (Insecta, Diptera): New Species of Fannia from Colombia, *ZOOTAXA*. 3591, 2012, 1-46.

Gruner S. V., D. H. Slone, and J. L. Capinera, Forensically Important Calliphoridae (Diptera) Associated with Pig Carrion in Rural North-Central Florida, *Journal of Medical Entomology*. 44, 2007, 509-515.

Gullan P. J. and P. S. Cranston, *The Insects: An Outline of Entomology*, 3rd Edition, Wiley-Blackwell, 2009. 528p.

Haglund W. D. and M. H. Sorg, *Forensic Taphonomy: The Postmortem Fate of Human Remains*, CRC Press, 1996. 668p.

Hagstrum D. W. and G. A. Milliken, Quantitative Analysis of Temperature, Moisture, and Diet Factors Affecting Insect Development, *Annals of the Entomological Society of America*. 81, 1988, 539-546.

Hall D. G., *The Blowflies of North America*, Baltimore: Thomas Say Foundation, 1948.

Hall M. J. M., Trapping the Flies That Cause Myiasis: Their Responses to Host-Stimuli, *Annals of Tropical Medicine and Parasitology*. 89, 1995, 333-357.

Hewadikaram K. A. and M. L. Goff, Effect of Carcass Size on Rate of Decompostion and Arthropod Succession Patterns, *American Journal of Forensic Medicine and Pathology*. 12, 1991, 235-240.

Hewitt C. G., *Fannia* (Homalomyia) *canicularis* Linn, and *F. scalaris* Fab. An Account of the Bionomics and the Larvae of the Flies and Their Relation to Myiasis of the Intestinal and Urinary Tracts, *Parasitology*. 5, 1912, 161-174.

Higley L. G., L. P. Pedigo, and K. R. Ostlie, Degday: A Program for Calculating Degree-Days, and Assumptions Behind the Degree-Day Approach, *Environmental Entomology*. 15, 1986, 999-1016.

Honda J. Y., A. Brundage, C. Happy, S. C. Kelly, and J. Melinek, New Records of Carrion Feeding Insects Collected on Human Remains, *Pan-Pacific Entomologist*. 84, 2008, 29-32.

Huckett H. C., *Muscidae of California: Exclusive of Subfamilies Muscinae and Stomoxyinae*, 1975.

Introna F., C. P. Campobasso, and M. L. Goff, Entomotoxicology, *Forensic Science International*. 120, 2001, 42-47.

James M. T., *The Flies That Cause Myiasis in Man*, Washington, DC, 1947.

Jiron L. F., Insect Succession in the Decomposition of a Mammal in Costa Rica. *Journal of the New York Entomological Society*. 89, 1981, 158-165.

Johnson M. D., Seasonal and Microseral Variations in the Insect Populations on Carrion, *American Midland Naturalist*. 93(1), 1975, 79-90.

Joy J. E., M. L. Herrell, and P. C. Rogers, Larval Fly Activity on Sunlit Versus Shaded Racoon Carrion in Southwestern West Virginia with Special Reference to the Black Blowfly (Diptera: Calliphoridae), *J. Med. Entomol*. 39, 2002, 392-397.

Kamal A. S., Comparative study of thirteen species of sarcosaprophagous Calliphoridae and Sarcophagidae (Diptera) I. Bionomics. *Annals of the Entomological Society of America*. 51.3, 1958, 261-271.

Keiper J. B., Midge Larvae (Diptera: Chironomidae) as Indicators of Postmortem Submersion Interval of Carcasses in a Woodland Stream: A Preliminary Report, *Journal of Forensic Sciences*. 42, 1997, 1074-1079.

Kelly J. A., T. C. V. D. Linde, and G. S. Anderson, The Influence of Clothing and Wrapping on Carcass Decomposition and Arthropod Succession During the Warmer Seasons in Central South Africa, *Journal of Forensic Sciences*. 54, 2009, 1105-1112.

Kim H. C., S. J. Kim, J. E. Yun, T.-H. Jo, B. R. Choi, and C. G. Park, Development of the Greenbottle Blowfly, *Lucilia sericata*, under Different Temperatures, *Korean Journal of Applied Entomology*. 46, 2007, 141-145.

Kocarek P., Decomposition and Coleoptera Succession on Exposed Carrion of Small Mammal in Opava, the Czech Republic, *European Journal of Soil Biology*. 39, 2003, 31-45.

Kuusela S. and I. Hanski, The Structure of Carrion Fly Communities: The Size and the Type of Carrion, *Ecography*. 5, 1982, 337-348.

Kyerematen R., B. A. Boateng, and E. Twumasi, Insect Diversity and Succession Pattern on Different Carrion Types, *Journal of Research in Biology*. 2, 2012, 1-8.

Lane R. P., Investigation into Blowfly (Diptera: Calliphoridae) Succession on Corpses, *Journal of Natural History*. 9,

1975, 581-588.

Lang M. D., G. R. Allen, and B. J. Horton, Blowfly Succession from Possum (*Trichosurus vulpecula*) Carrion in a Sheep-Farming Zone, *Medical & Veterinary Entomology*. 20, 2006, 445-452.

Lefebvre F. and T. Pasquerault, Temperature-Dependent Development of *Ophyra aenescens* (Wiedemann, 1830) and *Ophyra capensis* (Wiedemann, 1818)(Diptera, Muscidae), *Forensic Science International*. 139, 2004, 75-79.

Lord W. D. and J. F. Burger, Arthropods Associated with Herring Gull (*Larus argentatus*) and Great Black-Backed Gull (*Larus marinus*) Carrion on Islands in the Gulf of Maine, *Environmental Entomology*. 13, 1984, 1261-1268.

Mabika N., G. Mawera, and R. Masendu, An Initial Study of Insect Succession on Decomposing Rabbit Carrions in Harare, Zimbabwe, *Asian Pacific Journal of Tropical Biomedicine*. 4, 2014, 561-565.

Macaulay L. E., D. G. Barr, and D. B. Strongman, Effects of Decomposition on Gunshot Wound Characteristics: Under Moderate Temperatures with Insect Activity, *Journal of Forensic Sciences (Blackwell Publishing Limited)*. 54, 2009, 443-447.

Mahat N. A., P. T. Jayaprakash, and Z. Zafarina, *Necrophagous Infestation in Rabbit Carcasses Decomposing in Kubang Kerian Kelatan. Malaysian Journal of Medical Sciences*. 15, 2008, 124-124.

Malgorn Y., Forensic Entomology or How to Use Informative Cadaver Inhabitant, *Problems of Forensic Sciences*. XLVI, 2001, 76-82.

Manlove J. D. and R. H. L. Disney, The Use of *Megaselia abdita* (Diptera: Phoridae) in Forensic Entomology, *Forensic Science International*. 175, 2008, 83-84.

Mariluis J. C. and P. R. Mulieri, The Distribution of the Calliphoridae in Argentina (Diptera), *Revista de la Sociedad Entomologica Argentina*. 62, 2003, 85-97.

Martinez E., Succession Pattern of Carrion-Feeding Insects in Paramo, Colombia, *Forensic Science International*. 166, 2007, 182-189.

Martin-Vega D., Skipping Clues: Forensic Importance of the Family Piophilidae (Diptera), *Forensic Science International*. 212, 2011, 1-5.

Matuszewski S., D. Bajerlein, S. Konwerski, and K. Szpila, Insect Succession and Carrion Decomposition in Selected Forests of Central Europe. Part 1: Pattern and Rate of Decomposition, *Forensic Science International*. 194, 2010, 85-3.

Mauricio Osvaldo M., M.-F. Emygdio Leite De Araújo, and C. Claudio José Barros De, Heterotrophic Succession in Carrion Arthropod Assemblages, *Brazilian Archives of Biology and Technology*. 2005, 477.

Mayer A. C. G. and S. D. Vasconcelos, Necrophagous Beetles Associated with Carcasses in a Semi-Arid Environment in Northeastern Brazil: Implications for Forensic Entomology, *Forensic Science International*. 226, 2013, 41-45.

Mcalpine J. F., *Manual of Nearctic Diptera*. Ottawa, 1981.

Mckinnerney M., Carrion Communities in the Northern Chihuahuan Desert, *The Southwestern Naturalist*. 23(4), 1978, 563-576.

Mégnin, P. *La Faune Des Cadavres: Application De L'entomologie À La Médicine Légale*, 1894.

Mcgycsi M. S., S. P. Nawrocki, and N. H. Haskell, Using Accumulated Degree-Days to Estimate the Postmortem Interval from Decomposed Human Remains, *Journal of Forensic Sciences*. 50, 2005, 618-626.

Meyer J. A. and B. A. Mullens, Development of Immature *Fannia* Spp. (Diptera: Muscidae) at Constant Laboratory Temperatures, *Journal of Medical Entomology*. 25, 1988, 165-171.

Michaud J.-P., C. G. Majka, J.-P. Privè, and G. Moreau, Natural and Anthropogenic Changes in the Insect Fauna Associated with Carcasses in the North American Maritime Lowlands, *Forensic Science International*. 202(1-3), 2010, 64-70.

Michaud J.-P. and G. Moreau, A Statistical Approach Based on Accumulated Degree-Days to Predict Decomposition-Related Processes in Forensic Studies, *Journal of Forensic Sciences (Blackwell Publishing Limited)*. 56, 2011, 229-232.

Michaud J.-P., K. G. Schoenly, and G. Moreau, Rewriting Ecological Succession History: Did Carrion Ecologists Get There First? *Quarterly Review of Biology*. 90, 2015, 45-66.

Mise K. M., R. C. Correa, and L. M. Almeida, Coleopterofauna Found on Fresh and Frozen Rabbit Carcasses in Curitiba, Parana, Brazil. *Brazilian Journal Biology*. 73(3), 2013, 543-548.

Moretti T. D. C., O. B. Ribeiro, P. J. Thyssen, and D. R. Solis, Insects on Decomposing Carcasses of Small Rodents in a Secondary Forest in Southeastern Brazil, *European Journal of Entomology*. 105, 2008, 691-696.

Moretti T. D. C., S. M. Allegretti, C. A. Mello-Patiu, A. M. Tognolo, O. B. Ribeiro, and D. R. Solis, Occurrence of *Microcerella halli* (Engel)(Diptera, Sarcophagidae) in Snake Carrion in Southeastern Brazil, *Revista Brasileira de Entomologia*. 53, 2009, 318-320.

Moura M. O., C. J. D. Carvalho, and E. L. Monteiro-Filho, A Preliminary Analysis of Insects of Medico-Legal Importance in Curitiba, State of Paraná, *Memórias do Instituto Oswaldo Cruz*. 92, 1997, 269-274.

Mullen G. R. and L. A. Durden, *Medical and Veterinary Entomology*, 2002.

Nation J. L., *Insect Physiology and Biochemistry*, 2011 (Nation 2011).

Nelder M. P., J. W. Mccreadie, and C. S. Major, Blow Flies Visiting Decaying Alligators: Is Succession Synchronous or Asynchronous? *Psyche*. 2009(0033-2615), 2009, 1-7.

O'Flynn M. A., The Succession and Rate of Development of Blowflies in Carrion in Southern Queensland and the Application of These Data to Forensic Entomology, *Journal Austrailian Entomological Society*. 22, 1983, 137-148.

O'Flynn M. A. and D. E. Moorhouse, Species of *Chrysomya* as Primary Flies in Carrion. *Australian Journal of Entomology*. 18, 1979, 31-32.

Ortloff A., P. Peña, and M. Riquelme, Preliminary Study of the Succession Pattern of Necrobiont Insects, Colonising Species and Larvae on Pig Carcasses in Temuco (Chile) for Forensic Applications, *Forensic Science International*. 222, 2012, e36-e41.

Parmenter R. R. and J. A. Macmahon, Carrion Decomposition and Nutrient Cycling in a Semiarid Shrub-Steppe Ecosystem, *Ecological Monographs*. 79, 2009, 637-662.

Pastula E. C. and R. W. Merritt, Insect Arrival Pattern and Succession on Buried Carrion in Michigan, *Journal of Medical Entomology*. 50, 2013, 432-439.

Patrican L. A. and R. Vaidyanathan, Arthropod Succession in Rats Euthanized with Carbon Dioxide and Sodium Pentobarbital, *Journal of the New York Entomological Society*. 103, 1995, 197-207.

Payne J. A., A Summer Carrion Study of the Baby Pig Sus Scrofa Linnaeus, *Ecology*. 46, 1965, 592-602.

Payne J. A., Arthropod Succession and Decomposition of Burried Pigs, *Nature*. 219, 1968, 1180-1968.

Pounder D. J., Forensic Entomo-Toxicology, *Journal of the Forensic Science Society*. 31, 1991, 469-472.

Prado E Castro C., A. Serrano, P. Martins Da Silva, and M. D. García, Carrion Flies of Forensic Interest: A Study of Seasonal Community Composition and Succession in Lisbon, Portugal, *Medical & Veterinary Entomology*. 26, 2012, 417-431.

Price P. W., *Insect Ecology*, 1997. New York: John Wiley & Sons.

Pruess K. P., Day-Degree Methods for Pest Management, *Environmental Entomology*. 12, 1983, 613-619.

Putman R. J., Dynamics of Blowfly, *Calliphora Erythrocepha,* within Carrion. *Journal of Animal Ecology*. 46, 1977, 853-866.

Rabêlo K. C., P. J. Thyssen, R. L. Salgado, M. S. Araújo, and S. D. Vasconcelos, Bionomics of Two Forensically Important Blowfly Species *Chrysomya megacephala* and *Chrysomya putoria* (Diptera: Calliphoridae) Reared on Four Types of Diet, *Forensic Science International*. 210, 2011, 257-262.

Ratcliffe, G. G. Comparative studies on the developmental rates of the larvae of certain blowflies (diptera: calliphoridae) at constant and alternating temperatures. *Diss*. Durham University, 1984.

Reed H. Jr, A Study of Dog Carcass Communities in Tennessee, with Special Reference to the Insects, *American Midland Naturalist*. 59, 1958, 213-245.

Regester K. J. and M. R. Whiles, Decomposition Rates of Salamander (*Ambystoma maculatum*) Life Stages and Associated Energy and Nutrient Fluxes in Ponds and Adjacent Forest in Southern Illinois, *Copeia*. 2006, 2006, 640-649.

Richards E. N. and M. L. Goff, Arthropod Succession on Exposed Carrion in Three Contrasting Tropical Habitats on Hawaii Island, Hawaii, *Journal of Medical Entomology* 34, 1997, 328-339.

Roberts J. and N. Márquez-Grant, *Forensic Ecology Handbook: From Crime Scene to Court*, Wiley-Blackwell, 2012.

Rochefort S., M. Giroux, J. Savage, and T. A. Wheeler, Key to Forensically Important Piophilidae (Diptera) in the Nearctic Region Cjai 27—January 22, 2015, *Canadian Journal of Arthropod Identification*. 27, 2015, 1-37.

Rosa T. A., M. L. Y. Babata, C. M. De Souza, D. De Sousa, J. Mendes, C. A. De Mello-Patiu, and F. Z. Vaz-De-Mello,

Arthropods Associated with Pig Carrion in Two Vegetation Profiles of Cerrado in the State of Minas Gerais, Brazil, *Revista Brasileira de Entomologia*. 55, 2011, 424-434.

Rueda L. C., L. G. Ortega, N. A. Segura, V. M. Acero, and F. Bello, Lucilia Sericata Strain from Colombia: Experimental Colonization, Life Tables and Evaluation of Two Artifcial Diets of the Blowfly *Lucilia sericata* (Meigen) (Diptera: Calliphoridae), Bogotá, Colombia Strain, *Biological Research*. 43, 2010, 197-203.

Samuel W., The Use of Age Classes of Winter Ticks on Moose to Determine Time of Death, *Canadian Society of Forensic Science Journal*. 21, 1988, 54-59.

Sanford M. R., Forensic Entomology of Decomposing Humans and Their Decomposing Pets, *Forensic Science International*. 247, 2015, e11-e17.

Schlacher T. A., S. Strydom, and R. M. Connolly, Multiple Scavengers Respond Rapidly to Pulsed Carrion Resources at the Land-Ocean Interface, *Acta Oecologica*. 48, 2013, 7-12.

Schoenly K., A Statistical Analysis of Successional Patterns in Carrion-Arthropod Assemblages: Implications for Forensic Entomology and Determination of the Postmortem Interval, *Journal of Forensic Sciences*. 37, 1992, 1489-1513. (172)

Schoenly K. and W. Reid, Dynamics of Heterotrophic Succession in Carrion Arthropod Assemblages: Discrete Seres or a Continuum of Change? *Oecologia*. 73, 1987, 192-202.

Sharanowski B. J., E. G. Walker, and G. S. Anderson, Insect Succession and Decomposition Patterns on Shaded and Sunlit Carrion in Saskatchewan in Three Different Seasons, *Forensic Science International*. 179, 2008, 219-240.

Shi Y. W., Effects of Malathion on the Insect Succession and the Development of *Chrysomya megacephala* (Diptera: Calliphoridae) in the Field and Implications for Estimating Postmortem Interval, *American Journal of Forensic Medicine and Pathology*. 31, 2010, 46-51.

Shi Y. W., Seasonality of Insect Succession on Exposed Rabbit Carrion in Guangzhou, China, *Insect Science*. 16, 2009, 425-439.

Smith K. G., *A Manual of Forensic Entomology*, 1986.

Smith K. G., The Faunal Succession of Insects and Other Invertebrates on a Dead Fox, *Entomological Gazette*. 26, 1975, 277.

Smith P. H., Causes and Correlates of Loss and Recovery of Sexual Receptivity in *Lucilia cuprina* Females after Their 1st Mating, *Journal of Insect Behavior*. 2, 1989, 325-337.

Stevens J. and R. Wall, Classification of the *Genus lucilia* (Diptera: Calliphoridae): A Preliminary Parsimony Analysis, *Journal of Natural History*. 30, 1996, 1087-1094.

Sukhapanth N., E. Upatham, and C. Ketavan, Effects of Feed and Media on Egg Production, Growth and Survivorship of Flies (Diptera: Calliphoridae, Muscidae and Sarcophagidae), *Journal of the Science Society Thailand*. 14, 1988, 41-50.

Swiger S. L., J. A. Hogsette, and J. F. Butler, Larval Distribution and Behavior of *Chrysomya rufifacies* (Macquart) (Diptera: Calliphoridae) Relative to Other Species on Florida Black Bear (Carnivora: Ursidae) Decomposing Carcasses, 2014.

Tabor K. L., Analysis of the Successional Patterns of Insects on Carrion in Southwest Virginia, *Journal of Medical Entomology*. 41, 2004, 785-795.

Tantawi T. I., E. M. El-Kady, B. Greenberg, and H. A. El-Ghaffar, Arthropod Succession on Exposed Rabbit Carrion in Alexandria, Egypt, *Journal of Medical Entomology*. 33, 1996, 566-580.

Tenorio F. M., J. K. Olson, and C. J. Coates, Decomposition Studies, with a Catalog and Descriptions of Forensically Important Blow Flies (Diptera: Calliphoridae) in Central Texas, *Southwestern Entomologist*. 28, 2003, 37-45.

Tessmer J. C., Meek, and V. Wright, Circadian Patterns of Oviposition by Necrophilous Flies (Diptera: Calliphoridae) in Southern Louisiana, *Southwestern Entomologist (USA)*. 20(4), 1995, 439-445.

Thyssen P. J., C. M. De Souza, P. M. Shimamoto, T. De Britto Salewski and T. C. Moretti, Rates of Development of Immatures of Three Species of *Chrysomya* (Diptera: Calliphoridae) Reared in Different Types of Animal Tissues: Implications for Estimating the Postmortem Interval, *Parasitology Research*. 113, 2014, 3373-3380.

Tomberlin J. K. and P. H. Adler, Seasonal Colonization and Decomposition of Rat Carrion in Water and on Land in an Open Field in South Carolina, *Journal of Medical Entomology*. 35, 1998, 704-9.

Tomberlin J. K., R. Mohr, M. E. Benbow, A. M. Tarone, and S. Van Laerhoven, A Roadmap for Bridging Basic and

Applied Research in Forensic Entomology, *Annual Review of Entomology*. 56, 2011, 401-421.

Tracqui A., C. Keyser-Tracqui, P. Kintz, and B. Ludes, Entomotoxicology for the Forensic Toxicologist: Much Ado About Nothing? *International Journal of Legal Medicine*. 118, 2004, 194-196.

Turner B. and T. Howard, Metabolic Heat Generation in Dipteran Larval Aggregations: A Consideration for Forensic Entomology, *Medical & Veterinary Entomology*. 6, 1992, 179-181.

Vairo K. P., C. A. D. Mello-Patiu, and C. J. De Carvalho, Pictorial Identification Key for Species of *Sarcophagidae* (Diptera) of Potential Forensic Importance in Southern Brazil, *Revista Brasileira de Entomologia*. 55, 2011, 333-347.

Vanin S., Carrion Breeding Fauna from a Grass Snake (*Natrix natrix*) Found in an Artificial Nest, *Lavoro Societa Veneziana di Scienze Naturali*. 37, 2012, 73-76.

Vanlaerhoven S. L. and G. S. Anderson, Insect Succession on Buried Carrion in Two Biogeoclimatic Zones of British Columbia, *Journal of Forensic Sciences*. 44, 1999, 32-43.

Vasconcelos S. D., T. M. Cruz, R. L. Salgado, and P. J. Thyssen, Dipterans Associated with a Decomposing Animal Carcass in a Rainforest Fragment in Brazil: Notes on the Early Arrival and Colonization by Necrophagous Species, 2013.

Velasquez Y., A Checklist of Arthropods Associated with Rat Carrion in a Montane Locality of Northern Venezuela, *Forensic Science International*. 174, 2008, 67-69.

Voss S. C., Decomposition and Insect Succession on Cadavers inside a Vehicle Environment, Forensic Science, *Medicine & Pathology*. 4, 2008, 22-32.

Voss S. C., H. Spafford, and I. R. Dadour, Annual and Seasonal Patterns of Insect Succession on Decomposing Remains at Two Locations in Western Australia, *Forensic Science International*. 193, 2009, 26-3.

Wang J., Z. Li, Y. Chen, Q. Chen, and X. Yin, The Succession and Development of Insects on Pig Carcasses and Their Significances in Estimating Pmi in South China, *Forensic Science International*. 179, 2008, 11-18.

Warren J. A. and G. S. Anderson, The Development of *Protophormia terraenovae* (Robineau-Desvoidy) at Constant Temperatures and Its Minimum Temperature Threshold, *Forensic Science International*. 233, 2013, 374-379.

Watson E. J., Insect Succession and Decomposition of Wildlife Carcasses During Fall and Winter in Louisiana, *Journal of Medical Entomology*. 42, 2005, 193-203.

Watson E. J. and C. E. Carlton, Spring Succession of Necrophilous Insects on Wildlife Carcasses in Louisiana, *Journal of Medical Entomology*. 40, 2003, 338-347.

Watson E. and C. Carlton, Succession of Forensically Significant Carrion Beetle Larvae on Large Carcasses (Coleoptera: Silphidae), *Southeastern Naturalist*. 4, 2005, 335-346.

Whitworth T., Keys to the Genera and Species of Blow Flies (Diptera: Calliphoridae) of America North of Mexico, *Proceedings of the Entomological Society of Washington*. 108, 2006, 689-725.

Yang S., J. Logan, and D. L. Coffey, Mathematical Formulae for Calculating the Base Temperature for Growing Degree Days, *Agricultural and Forest Meteorology*. 74, 1995, 61-74.

Zaidi F. and X.-X. Chen, A Preliminary Survey of Carrion Breeding Insects Associated with the Eid Ul Azha Festival in Remote Pakistan, *Forensic Science International*. 209, 2011, 186-194.

第 **6** 章

動物の性的虐待

Martha Smith-Blackmore and Nancy Bradley-Siemens

歴史的背景	136
動物の性的虐待における犯罪の定義	137
動物の性的虐待は精神病質か	138
動物における性的虐待の発生率	139
性虐待が疑われる被虐動物の診察	141
動物の性的虐待が疑われる場合に	
獣医師が取るべき措置	144
身体検査	145
証拠保全の連鎖	151
条件付け	152
結論	152
参考文献	153

動物の性的虐待 (animal sexual abuse: ASA) は，獣姦，動物性愛，動物への性的暴行などの用語でも知られている．獣姦は通常，ヒトの心理学では，ヒト以外の動物との反復的な激しい性的妄想，衝動，性行為，または性的興奮や快楽を経験する動物とのあらゆる性的接触に関連するものと定義される．動物性愛とは，動物または動物に対する性的嗜好または性的魅力のことであり，動物性愛という用語は虐待よりもむしろ「愛」や「魅力」を示唆するものである．

　動物の性的虐待という用語は，「児童性的虐待」に由来し，獣姦や動物性愛という用語よりも正確で完全な用語である (Munro & Munro, 2008)．激しい妄想や衝動を繰り返すことは違法行為ではないが，米国のほとんどの州では動物との実際の性的接触を重罪および／または軽罪に分類している．動物との性的接触が厳密には合法である州もある (ハワイ州，ケンタッキー州，ニューメキシコ州，ウェストバージニア州，ワイオミング州など)[※1]．

　未成年者や障害のある成人と同様，動物は法的な同意を与えることができないため，ASAを特に禁止することに継続的な関心が寄せられている．事実上，動物は私たちの管理下で (保護される対象で)，ヒトと動物の性的関係にはほとんど常に強制が伴う (Beirne et al, 2017)．さらに重大なことに，動物の性的虐待と児童の性的虐待には関係がある．

　ASAが特に違法とされていない場合でも，苦痛を与える動物との性的接触，あるいはASAを目的とした物理的・化学的拘束により動物に苦痛を引き起こす場合は，依然として動物虐待として扱われる範疇に該当する．動物の大きさ，使用される道具や身体の部位，性的接触の種類は，結果として外傷を生じる可能性がある．

　動物との性的交流が違法であるが，身体的損傷が認められない場合，一般的な法的基準に応じて，挿入または接触を証明するために，法医学に頼ることができる．ヒトと動物の性的相互作用の種類には，動物を利用した自慰行為，オーラルセックスをさせるまたは行う，膣性交，肛門性交，道具によるソドミー[※2]，およびSM行為や性的殺害などの行動フェチの代理としての動物が含まれる (Merck, 2013)．偶発的でない外傷は，生殖器や肛門領域に関わるあらゆる行為に基づいてASAに分類されることがある (Merck, 2013)．特に乳首に加えられた外傷は，性的動機に基づく動物虐待である可能性がある．

歴史的背景

　動物との性的接触に対する人類の関心を示す最古の描写は，少なくとも2万5千年前の洞窟壁画にまでさかのぼる．ヒトと動物の性的関係もまた，時代を超えて様々な文化の中

※1　2024年8月現在，ケンタッキー州，ハワイ州，ワイオミング州ではすでに違法となっている．また，ニューメキシコ州は昨年違法とする法案が可決された．現在はウェストバージニアの1州のみが合法と思われる．

※2　不自然な性的行為を指す法学用語

図6.1 カブラ・イ・パン・パピリ※3（出典：Wikimedia）

で，芸術や神話に描かれている．ヒトと動物の性的関係は，芸術や神話の世界で，また様々な時代や文化の中で描かれている．初期の芸術的・文学的表現におけるヒトと動物の性行為の描写の背景は不明で，実際にあった出来事なのか，あるいは神話的な解釈を意図したものなのかについては明確でない(図6.1)．

歴史的および文化的には，動物との性行為は，男らしさや繁殖力を高める手段，結婚前に性的経験を積む方法，ニンフォマニア※4に対する治療法，男らしさを試す手段，黒魔術や呪術の修養の一環，あるいは動物の力を得る方法として奨励，容認されてきた．しかし一方で，この行為は不自然な性行為や犯罪として非難されている．時代や場所の社会的背景によって，動物との性的接触は，容認や許容から，社会的追放，投獄，拷問，処刑にまで及んできた．

動物の性的虐待における犯罪の定義

ヒトと動物の性的接触を禁止する法律は，米国や世界中で様々だが，過去20年間で動物との性行為を合法とする考えは減少している．歴史的な「ソドミー法」は「自然に対する犯罪」を禁止するもので，同性愛行為とともに獣姦を違法としていた．同意のある同性の成人同士の行為を禁止するソドミー法を廃止する取り組みにより，多くの州で獣姦が不注意に合法化されることとなった．2018年の時点で，45の州と二つの準州が動物との性行為を禁止していたが，五つの州とコロンビア特別区はソドミー法の廃止により獣姦は非犯罪化された．

※3　パンという半獣身の神が雌の山羊と交接している像．イタリアのヘルクラネウムで発掘された．
※4　女性の性欲亢進症を指す精神医学用語

この意図せぬ結果を是正するため，「獣姦禁止法」が制定され，次のような内容が含まれている．すなわち，動物との性行為を故意に行う者，動物との性行為を他者に行わせ，幇助し，または教唆する者，動物との性行為が自己の管理下にある敷地内で行われることを許可する者，すなわち，商業目的または娯楽目的で，動物との性行為を含む行為に関与，組織，宣伝，指揮，広告，幇助，オブザーバーとしての参加，またはその促進のための役務を提供すること，または性的満足を得る目的で，動物との性行為に従事する者を写真または動画撮影すること，などである．動物との性的行為とは，ヒトと動物との物理的な性的接触と定義できる．

動物の性的虐待は精神病質か

受刑者を対象とした研究から，獣姦は将来の対人暴力の危険因子となる可能性が示唆されており (Holoyda, 2016)，動物性愛は精神病の早期指標として挙げられている (Lesandrić et al.)．動物の性的虐待，特に子供の頃に経験した動物の性虐待は，児童性虐待を犯すリスクを高める唯一最大の危険因子であり，最も強い予測因子であることが示されている (Abel, 2008)．獣姦の逮捕者の35％は，児童への性的虐待や性的搾取にも関与している．さらに，犯罪者の40％近くが，獣姦，児童性的虐待，家庭内暴力，暴行，強姦，薬物乱用，不法侵入，公然わいせつ，さらには殺人などの前科を持っている (Edwards, 2018)．

性的虐待の動機には，日和見的(実験的)，執着的，あるいは支配的でサディスティックな特性が含まれる．日和見的な動機を持つ者とは，動物が身近で，無防備かつ，自分にとって脅威でないという理由で動物を探し求める人である．執着型は，動物に性的嗜好や魅力を感じるタイプの虐待者である．支配的な(サディスティックな)虐待者は，子供のような弱い立場の人間に，屈辱を与え，支配し，コントロールし，搾取するために，動物とのセックスを強要する，ことで満足感を得ることがある．このタイプの人間は，動物を含む他者を性的な虐待を負わせる際に生じる痛みや苦痛から性的満足を得る．このタイプの虐待者は，虐待の過程で動物を傷つけたり殺したりする可能性が高い(Sinclair et al.,2006)

1970年代には，獣姦行為は一過性のもので，他に性的捌け口がないときに起こるものだと考えられていた．最近の研究では，動物性愛者を自認する人のほとんどが，他に性的捌け口がないから動物とセックスをしているのではなく，それが彼らの性的嗜好であるためにそうしていると報告されている．動物と性的な関係を結ぶ最も一般的な理由は，愛情への欲求から動物に惹かれること，および動物に対する性的魅力および/または動物への愛情であった (Holoyda and Newman, 2016)．

インターネットが普及するまで，ASAに関する科学的あるいは臨床的な報告のほとんどは，性的嗜好のために治療を求めた個人の症例報告であった．インターネットが普及して以来，動物性愛者のためのソーシャル・ウェブサイトは何十もある．Beast Forumは，

100万人以上のユーザーと約1万人の会員が常時オンラインにいる世界最大のオンライン動物性愛者コミュニティである．動物のポルノ画像が入手しやすくなり，それを支援するコミュニティが増えたことが，ASAの発生率増加の一因になっている可能性がある．

　動物に対する性的暴行は，家畜種や特定の大きさの動物に限定されるものではない．どのような動物種も被虐動物になり得る．しかし，性行為は犬や馬に多いことがわかっている(Williams & Weinberg, 2003)．Hani Miletski博士が2002年に行った，93名の動物性愛者を対象とした調査によると，犬と馬が最も一般的な被虐動物であった(Miletski, 2005a,b)．女性の場合，動物とセックスする主な理由として，動物に性的魅力を感じたから(100%)，動物に愛情を注いだから(67%)，動物が自分とのセックスを望んだから(67%)と答えている．彼女達のサンプルのうち，人間のパートナーがいなかったから動物とセックスをしたと答えたのはわずか12%，人間とセックスするのが恥ずかしかったからと答えたのはわずか7%だった．Miletskiの調査対象者のほとんどが，犬(男性87%，女性100%)や馬(男性81%，女性73%)とのセックスを好んだ．

動物における性的虐待の発生率

　Helen Munro博士とMichael Thrusfeld博士の基礎研究 "Battered pets: Sexual abuse" は2001年に発表され，英国の小動物開業医の無作為抽出からの回答に基づいた小動物の非偶発的外傷に関する調査の結果である(Munro and Thrusfield, 2001)．報告された448例のうち，6%が性的虐待であった．性的虐待の事例のうち，犬が21件，猫が5件，不特定の動物種が2件であった．獣医師が性的虐待を疑う理由としては，外傷の種類，飼い主の行動，目撃者の証言，加害者の自白などが挙げられた．外傷の種類には，膣および肛門や直腸の穿刺性損傷(陰茎および非陰茎)外傷，肛門周囲の損傷，および生殖器への外傷が含まれていた．一部の外傷(去勢など)は極端で，致命的なものもあった．対照的に，明らかな損傷がみられない症例もあった．外傷の種類と重症度は，児童虐待や人体法医学病理学のテキストに記載されているものと同様であった．

　ASAの罹患率は児童性的虐待者で高い．Englishら(2003)は，児童に対する性犯罪を犯した180人の成人を調査した．症例記録では動物への性的暴行は4.4%にすぎなかったが，ポリグラフ検査を行ったところ，36.1%がそのような行為を認めた．

　ASAの合法性や定義にはばらつきがあり，法執行機関のデータ収集にも限界があるため，ASAがどの程度発生しているのか，明確には把握されていない．FBIが発表した2016年のNIBRS(National Incident-Based Reporting System)データを見ると，ASAのデータが初めて個別のデータ要素として収集された年では，動物虐待事件として報告された総件数1126件のうち，ASAに該当するものはわずか9件であった．これは報告された

全事件の1%にも満たない(図6.2, 表6.1).

被告人をASAで起訴するには検察官の勇気が必要であり，ASAの代わりに強制わいせつ罪，治安妨害罪，またはその他の軽い罪として起訴される場合もある．犯罪者は，より軽い罪状や，犯罪の性的性質を不明瞭にする罪状で有罪を認める機会を交渉することがある．これらの弁護戦術は，検察の結果に関する統計を不正確にするかもしれないが，事件報告を曖昧にしてはならない．

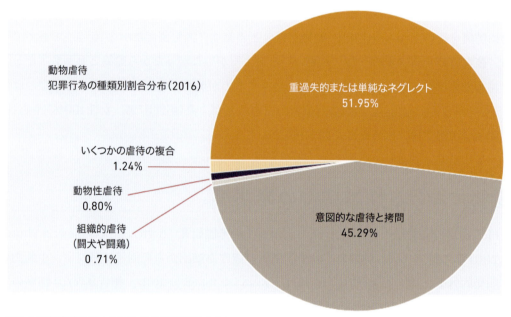

図6.2 動物虐待犯罪：犯罪行為の種類別割合分布

表6.1 科学的データの品質チェックを受けたオープンデータ・リポジトリ

州	総数	重過失的または単純なネグレクト	意図的な虐待と拷問	組織的虐待	動物性虐待
合計	1,126	599	523	12	9
コロラド	8	7	1	0	0
デラウェア	494	214	289	3	0
マサチューセッツ	2	1	1	0	0
ミシガン	130	91	38	1	1
ミネソタ	1	0	1	0	0
ミズーリ	15	8	6	1	0
ノースダコタ	7	5	3	0	0
オレゴン	105	45	58	1	1
サウスダコタ	10	5	5	0	0
テネシー	219	143	69	4	5
ワシントン	85	50	34	0	2
ウェストバージニア	13	8	4	1	0
ウィスコンシン	37	22	14	1	0

動物虐待犯罪：犯罪行為の種類別割合分布(2016)*

*各機関は1犯罪ごとに3種類の犯罪行為まで提出することができる．

CASE 1

経緯：この事件は，現像のために提出されたデジタル写真の日常的なスクリーニングにより，法執行機関の知るところとなった．犬と思われる動物の膣に木槌の柄を挿入している複数の写真の他，犬と思われる動物の外陰部/膣部に人間の男性器を挿入している写真が追加されていた．

身体検査：容疑者の自宅から約3〜5歳の雌のラブラドール・レトリーバー2頭を押収するため，捜査令状が取得された．2頭とも膣に外傷を負った形跡があった．2頭とも膣内に深さ10 cm以上の360°の線状病変があった．

結果：法執行機関は法廷で，犬の飼い主が写真に写っている人物であることを示すことができた．証言は，実際の性的虐待ではなく，犬たちが耐えた「拷問と思われる」痛みや苦痛の量にかかっていた．熱心な検察官の献身的な努力により，最終的に重罪の有罪判決が下された．さらに，容疑者を性犯罪者として登録する申し立てがあったが，これは実現しなかった．

注：この事件は獣姦法が施行される前の州で起きた．既存の動物虐待法はあったが，法の曖昧さにより，訴追がより複雑となった．

性虐待が疑われる被虐動物の診察

すべての動物がASAの対象になる可能性がある．獣医師は動物虐待の兆候となり得る状態や行動を認識し，それらを鑑別リストに含めることが必須である．性的虐待の被虐動物は，獣医師が診察のために来院した際，あるいは目撃者の証言から，法執行機関などによって特定されることがある．ASAの既往歴が報告された場合，重く受け止め，臨床的な広い視野を持たなければならない．

獣医師がASAを法執行機関に報告する場合，連絡を徹底することが重要である．獣医師は動物の専門家であるが，医師ほど性的虐待事件の法的手続きに精通していない場合がある．法執行官は，獣医師が指導や意見を必要としていることを再認識する必要があるかもしれない．

ASA事件の性質は，身体的損傷を伴わない接触から，貫通，絞殺，その他の付随する外傷，または投与された鎮静薬の過剰投与による後遺症としての死亡まで，様々である．痕跡の採取と病変の記録による身体検査の後，一般血液検査，尿検査のための尿検体，および糞便検体を採取し，リファレンスラボ[5]に提出する．

薬物による動物の性的暴行に鎮静薬が使用されたと疑われる場合，獣医学的検査の目的で鎮静薬を投与する前に，毒薬物スクリーニングに備えて十分な検体を採取する．雌犬の

---

[5] 検査機関としての承認を受けたラボのこと

最初の排尿サンプルは，加害者の精子が残存している可能性があるため，非常に注意深く取り扱う．

　民間，保護施設，救急診療所の獣医師は，動物虐待事件への対応の最前線にいる．患者の初期診察と治療がどのように行われるかは，法執行機関や法医学の専門家が起訴を成功させるために必要な重要な証拠を収集し，文書化する能力に直接影響を与える可能性がある．これは特に性的暴行の場合に当てはまる．

動物の性的虐待に似た症状

　性的虐待が疑われる動物を診察するとき，獣医師はその症例がASAに該当するかどうかを慎重に検討しなければならない．

　動物の性的虐待は，泌尿生殖器や肛門周囲の異常の鑑別に含めるべきである．しかし，生殖器の異常の鑑別には，腫瘍性，炎症性，またはホルモン性の原因が含まれる．これらの部位の擦過傷，腫脹，その他の異常は，臨床検査，生検，超音波検査などを用いて，後天性または自然疾患と鑑別するためにさらなる診断が必要な場合がある．

　ASAが疑われる場合，十分な診察と検査により，ASAに似た所見を呈する自然または後天性の疾患を除外しなければならない．獣医師は，ASAの被虐動物とされる動物を診察する際，科学的公平性を示さなければならない．肛門，外陰部，会陰部の外傷を模倣する可能性のある疾患を考慮し，適切な場合には除外しなければならない．疾患があるからといってASAの可能性が排除されるわけではないが，申し立てを裏付ける痕跡証拠を見つけるためのハードルは高くなる．性器や肛門の損傷や外傷の場合は，性的虐待を鑑別の対象とすべきである．

肛門と会陰

　テストステロン依存性のアポクリン腺の肥大により，未去勢の雄の肛門は通常太く隆起している．この第二次性徴は，肛門への挿入でみられる擦り傷や断裂毛を引き起こすことはない．

　犬は肛門嚢の嵌頓や消化管寄生虫により，肛門または肛門付近に自己外傷や潰瘍を起こすことがある．動物はアレルギーによる刺激で自分の肛門周囲に外傷を引き起こすこともある．肛門周囲瘻および裂肛は，犬の肛門および肛門周囲領域の免疫介在性病変である．会陰ヘルニアは，前立腺肥大および閉塞を伴う未去勢の高齢雄犬でみられる．直腸脱は，テネスムスまたは分娩後の過度の緊張によって起こることがある．

　仮性肛門閉鎖症（pseudocoprostasis）[6]（糞便と毛の塊によって肛門が閉塞される．この

---

[6]　長毛種の犬や猫では，糞便ダムを除去した後，肛門の拡張および肛門周囲組織の紅斑や腫脹が認められる．検査機関としての承認を受けたラボのこと

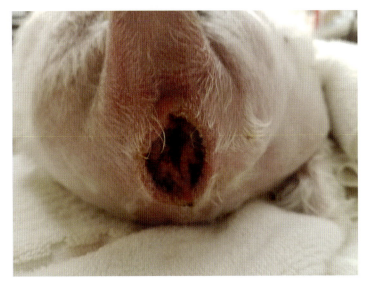

図6.3 6歳，避妊雌のビション・フリーゼにおける糞便ダム除去後の仮性肛門閉鎖症による外傷（著者撮影）

塊は糞便ダムと呼ばれる）を経験した長毛の犬や猫は，マットを取り除いた後，肛門が拡張し，肛門周囲に赤く腫れた組織の縁ができることがある(図6.3)．

外陰部と膣

　外陰部の腫れは発情期には正常である．過度の腫脹や持続的な腫脹は異常であるが，犬ではよくみられる．これは卵巣腫瘍による高エストロゲン症やエストロゲン物質への暴露で起こることがある．膣粘膜は浮腫を伴って腫脹し，この組織は膣口から突出して粘膜を露出させる．

　雌犬の膣過形成，肥大，および/または脱肛は，若齢犬の最初の数回の発情期によくみられる症状であり，これは短頭種の犬種でより頻繁にみられる．エストロゲンに対する感受性が亢進し，膣の粘膜下組織に過剰な浮腫が生じると考えられている．重度の腫脹は膣組織の突出を引き起こし，擦過傷や潰瘍になることがある．このような状態は，発情期または避妊手術後に自然に退縮する．

　膣ポリープはほとんどの動物種で発生し，特に犬でよくみられる．膣ポリープは膣口から突出し，潰瘍化することもある．膣または前庭の狭窄は，先天異常として，または分娩時の外傷後に起こることがある．マイコトキシンは，一部の種，特に豚において，高エストロゲン症およびそれに続く膣肥大を引き起こす可能性がある．

　膣および外陰部の最も一般的な腫瘍は扁平上皮腫瘍である．扁平上皮腫瘍はすべての種に発生するが，牛，雌羊，雌馬で最も多い．これらは色素沈着の少ない組織が日光にさらされるとより多く発生する．犬伝染性性病腫瘍は雌雄犬に存在することがある．雌犬は膣

平滑筋腫を発症することがある.

　ほとんどの種は，性器病変の原因となる種特異的なヘルペスウイルスを持っている．性器ヘルペスは多巣性の上皮壊死，アポトーシス，びらんを起こす．一部の種では，潰瘍は合体して直径数cmの大きな潰瘍を形成する．これらの病変は治癒後に色素脱失の跡を残すことがある.

　分娩後の外陰炎および膣炎は，難産時に外陰部が裂傷し，感染することで発症する．顆粒性外陰炎は，炎症性疾患における外陰部および膣の外観を表す用語で，リンパ濾胞の過形成の結果である可能性がある.

陰茎，陰囊，精巣

　陰囊および精巣の疾患または偶発的外傷(睾丸炎または精巣上体炎)は，腫脹および変色を引き起こすことがある．すなわち，精巣捻転および陰囊ヘルニアは，自然発生的に急性の腫脹および変色を引き起こすことがある．大腸菌やその他のグラム陰性菌の血行性または上行性の伝播は，陰囊の顕著な腫脹と潰瘍形成を伴う精巣炎を引き起こすことがある．未去勢の犬は，ケージ壁から十分に洗い流されていない犬小屋の消毒液のような腐食性物質の上に座ることで，陰囊に火傷を負うことがある．犬は罹患した陰囊を舐めたり嚙んだりして，陰囊内容物に瘻孔を起こすことがある.

　雄馬は，陰茎や陰核に付着したハエの幼虫の迷走によるハブロネマ症に罹患することがある．馬のサルコイドはまた，陰茎および陰核に潰瘍性増殖性病変を呈することがある.

　上記の疾患の多くは，適切な診断を行うために組織学的評価が必要である．生検は，疾患がないことを裏付け，ASAの診断を確定するのに役立つ．消化管内寄生虫の糞便検査と肛門腺の注意深い検査とその記録は，会陰部外傷がこれらの疾患と関連している可能性が高いかどうかを見分けるのに役立つ.

　管轄区域によっては，獣医師として報告義務が生じる場合がある．もし提供された病歴が損傷と一致しない場合，それを疑い，報告することが獣医師の義務である．獣医師は患者のためだけでなく，社会の健康と安全の擁護者でもある.

動物の性的虐待が疑われる場合に獣医師が取るべき措置

1. 適切な法執行機関による押収書類があること，または動物の所有者の同意書／検査実施許可があることを確認する.
2. ASAに関する目撃者の供述書や文書を確認する．捜査令状の宣誓供述書には，犯罪の詳細な経緯と理論についての説明が必要である.

3. 警察，家族，または目撃者から，暴行の容疑について口頭で経緯を聴取する．供述は逐語的に書き留め，経緯に引用する．

4. 可能であれば，詳細な病歴を確認する．

5. 飼い主が同席する場合は，検査内容と発見された傷の程度を説明する．

6. 動物の状態を評価するための身体検査には，動物の性的暴行または非偶発的外傷の可能性に関連する全般的な健康状態および特定の潜在的外傷を含む．可能であれば，全身の代替光源 (alternate light source: ALS) 検査，全身X線撮影，赤外線撮影を含む．

7. 可能な限り，メモ，スケッチ，写真を用いて外傷を客観的に記録する．

8. 潜在的な痕跡証拠を収集し，保存する．全血球算定，血液生化学性状，毒薬物スクリーニングのために血液および検体を採取する．膣内挿入の可能性がある雌の場合，最初に排出される尿を採取し，冷蔵保存する．この尿サンプルは，遠心分離してはならない．

9. 発見された症状に対する治療を行う．

10. その場にいる家族のボディランゲージや態度を観察する．異常または不審な場合は，法執行機関に通報する．

11. フォローアップの必要性を評価するために利用可能なリソースを参照し，必要に応じて通常の通常の獣医診療を行う (Bradley and Rasile, 2014a,b).

身体検査

検査を行う獣医師と助手はパウダーフリーの手袋を着用し，動物を清潔な白いシーツまたはブッチャーペーパー※7に乗せ，検査中に落ちる可能性のある痕跡証拠を回収しながら，動物の鼻先から尾まで完全な検査を行うべきである．検査を行う獣医師は，加害者が動物を性的虐待するためには強制が必要であり，そのような拘束は物理的なもの (頭部への衝撃的な打撃，頭部，マズルおよび/または四肢の拘束，強制的な把持)，化学的なもの (鎮静薬)，または条件反射のための行動訓練によるものであることを念頭に置かなければならない．そのような強制の兆候が観察された場合は，カルテに記載し，必要であれば図式化，写真撮影，ビデオ撮影を行う．

動物の性的虐待で薬物の使用が疑われる場合，身体検査やX線撮影，証拠収集をスムーズに行うために鎮静剤や麻酔薬，抗不安薬を使用する際は，それらの投与前に血液検査を

※7　ブッチャーペーパー：海外の食肉店で使われる肉や魚の包装紙．厚手で丈夫であり，耐油性，耐水性がある．日本でも入手可能である．

行うべきである.

　擦過傷, 打撲傷, 模様のある傷, 裂傷, 咬傷, 火傷, 頭部外傷, 鈍的損傷, 耳の傷(耳による拘束が繰り返されると, 外耳道に慢性的な変化がみられることがある), 結紮および／または拘束具(鼻口部または四肢の周囲)の跡, 爪の傷, 絞殺や絞殺未遂に関連する強膜または眼底の天井出血, 尾(特に付け根)の傷などを探すために, 注意深く, 慎重に, 頭から尾まで全身をくまなく検査する.

　検査には, 痕跡証拠の検出と収集, 偶発的または自然な原因による外傷と区別される疑わしい外傷や, 非偶発的ASA外傷に似る疾患の検出と記録を含むべきである. ASAの外傷または痕跡証拠は, 陰茎または動物の生殖器, 会陰, 口腔, その他の部位への異物がヒトの口腔内に接触または侵入したため, または動物がヒトの口腔内に接触または侵入した証拠により発見されることがある.

　尾腹部または大腿内側部に, 指の先端によって付けられた三日月型または卵型のあざがみられることがある. これらのあざは, 拘束のために手で強く握った跡と一致する. 死亡動物では, 剃毛した皮膚の外部所見ではわかりにくいあざを確認するために, 皮膚を裏返して注意深く解剖を行う必要がある.

　小型の動物では, 開口部が陰茎や指, 物体の挿入ができないほど小さい場合, 会陰部や肛門周囲が骨盤腔を通って内側に入り込む場合がある. このような場合, 被毛や羽毛が濡れていたり, 塊になっていたり, (特定の場所での異常な摩擦や圧力が原因で, 皮膚に)「ターゲット様病変」と呼ばれる中心部より辺縁部が赤い円形状の的の様な病変がみられる. この種の虐待は, ほとんどの場合致死的である.

　雌犬の生殖器検査は外部生殖器から始め, 内側へと進める. 雌の場合, 鎮静薬を使用すると内診が容易になる. この検査は潤滑剤を使用せずに行うので, 膣鏡の挿入には細心の注意が必要である. 検査には, 滅菌済みのヒト用プラスチック膣鏡が使用できる(光源付きのものもある). 滅菌コーン付き耳鏡は検査と光源に使用できる.

　膣口, 膣壁, 子宮頸管開口部の内部損傷を観察し, クリトリス窩, 左右の陰唇, 膣口, 前庭, 尿道口, 会陰部, 肛門の損傷に注意する. 膣への挿入により, 膣口が内転することがある. 避妊した雌犬では膣脱がみられることがある. スワビングを行った後, 内部病変の撮影をしやすくするために, 潤滑剤を使用しても良い.

　雄の外性器については, 尿道口, 陰茎包皮, 陰嚢, 会陰および肛門を診察する(陰茎のX線撮影または触診により, 陰茎の骨折を診断する). 直腸脱および前立腺炎がみられることがある. 陰茎と陰嚢の咬傷や打撲痕, 肛門のひだの裂傷を探す. 陰茎幹のすべての表面を検査するために, 円周方向に評価する.

　直腸口は雌・雄いずれの動物でも貫通している可能性があり, 直腸脱を起こす可能性がある. 会陰部および直腸の検査は, 肛門外組織の撮影とともに行い, 組織の断裂を記録す

る．すべての内診において，異物が留置されている可能性に注意する．

代替光源試験

　ブラックライト(UVランプまたはウッド灯)またはその他の代替光源(ALS)※8を使用し，光を当てると見えやすいタンパク質性物質(精液，唾液，嘔吐物，血液など)の有無について全身を検査する．ブラックライトまたはALSで発見された証拠すべては，綿棒で拭き取るか採取(毛の塊を切り取る)し，記録する．

　ヒトの精液を検出するのに適したALSは，オレンジ色のレンズを通して見る420〜450 nmの波長である．ほとんどの動物病院にはウッド灯が常備されており，この光は300〜400 nmの波長を発する．ヒトの精液を検出するためのより特異的な光源として，Bluemaxx BM500※9 (Sirchie; Medford, NJ)が推奨されている (Stern and Smith-Blackmore, 2016)．

　動物の全身をALSで検査し，タンパク質性沈着物(精液，唾液，血液)を検出する．証拠が採取された死体の場所をメモやスケッチに記録する．ALSは，まだ目に見えない外傷を発見できることもある．

　赤外線サーモグラフィは，生体内の外傷や炎症部位の発見に役立つ．赤外線サーモグラフィは血流や血流増加部位のマッピングにも使用できる．携帯電話用を含め，様々な赤外線カメラが市販されている．

証拠の痕跡

　ASAが疑われる場合，体液，潤滑剤，繊維，外毛などの痕跡証拠を収集し，保存するための対策を講じる．微量証拠に関する法医学の原則は，ロカールの交換原理と呼ばれている．

　Edmund Locardは，「フランスのシャーロック・ホームズ」として知られるフランスの犯罪学者である．彼は，法医学の礎となった基本的な原則を定義したことでよく知られている．つまり，「人が人，場所，物に接触すると，物理的に交換された物質が証拠として痕跡が残る」(Bader and Gabriel, 2010)．これは「ロカールの交換原理」と呼ばれ，生物・無生物を問わず，すべての犯罪現場に当てはまる．

　すべての初動対応者と検査員はロカールの交換原理を認識し，被虐動物の取り扱い，搬送，および法医学的検査を行う際にこれを考慮すべきである．初動対応者は，暴行が疑わ

※8　代替光源(ALS)とは肉眼で見えにくい血液や精液，唾液などの体液などを可視化する青や紫，オレンジ色の波長の光源のこと
※9　科学捜査用のライト，オレンジ色のフィルター板がセットになっている．

れた時点から動物が法医学的検査の担当者の手に渡るまでに起きた接触や活動を記録しておく.

　動物との接触は最小限に抑えるべきであり，動物に接触するすべての人は，その動物が犯罪現場であることを理解し，そのように扱う．これは，法医学的検査が行われるまで動物のグルーミングを行わないこと，動物を個別ケージに分けること，セルフグルーミングを防ぐために検査が行われるまで動物にエリザベスカラーを装着することを意味する．可能な限り，動物は清潔な白いシーツや中敷を敷いた清潔な航空輸送用の容器（クレート）に入れて輸送すべきである．

DNAの証拠

　頬粘膜採取スワブは，被虐動物（「生物学的標準」）の参照DNAプロファイルを採取するために使用する．作成されたプロファイルは，外傷を受けた加害者（咬傷または引っ掻き傷）と照合するため，あるいは動物を拘束，貫通，または傷付けるために使用された可能性のある異物と照合するために使用することができる．動物のDNAが存在すると推定される収集物は，ANSI国家認定委員会認定の獣医遺伝学診断研究所で分析する．ヒトのDNAが存在するかどうかの分析が必要な試料は，犯罪鑑定所に提出する.

　滅菌スワブを使用して，疑わしい部位や口腔をスワブする．肛門の奥深くまでスワブを入れる前に，会陰部，肛門周囲，または肛門をスワブ採取．陰茎をぬぐう前に，陰核前庭をぬぐうこと．乾燥した部位を採取するときは，滅菌水で湿らせた滅菌スワブを使用し，スワブの先端が検体採取部位以外の部位に触れないようにする．スワブは，ラベルを貼った個別の綿棒箱または個別の紙封筒に入れる．腟内および直腸内の検査には，腟鏡または耳鏡コーンを使用すると良い.

　ラベルには，採集日時，採集地域，採集者名を記載する．これらのサンプルは密封し，記録し，本書の他の箇所に記載されているように，証拠保全の連鎖によって追跡できるようにすること．肢の爪の掻き取り，切り抜き，および乾燥物と一緒に切り取られた毛皮の塊は，紙製の証拠折りに入れて提出する．生物学的材料は，ビニールに入れて室温で保管してはならない．カビが発生し，DNA証拠が変性してしまうからである．舌の下，頬と歯肉の間，舌，口蓋からはスワブサンプルを採取する．生物学的標準として使用するために採取した頬のぬぐい液は，人との接触の証拠を探すために口腔から採取したぬぐい液とは別に保管すること．雄からは陰茎と陰嚢のスワブを，雌からは腟と子宮頸部のスワブを採取し，ASAの疑いのある被虐動物全頭から肛門のスワブを採取すべきである．性暴行の後，動物が排便した場合は，糞便を採取すべきである．徹底的な内診と法医学的証拠のためのスワブ採取の後，腟または直腸を滅菌水で洗浄し，法医学的証拠が残っていればそれを抽出することができる.

表6.2 動物虐待犯罪：犯罪行為の種類別分布

法獣医学的検査	
証拠の保管（時間的制約）	・動物を検査に出す責任がある人は，時間がどれだけ経過したかと，証拠が失われてしまう可能性について説明する． ・動物性虐待の被虐動物を被害から120時間以上経過してから検査する場合，DNAの証拠は信憑性が失われるが，記録は法執行機関によって作成される必要がある． ・その事件について警察官や捜査官とよく話し合い，何が起こったとされているのか，証拠がまだ動物に残っているのかについて探し出す．容疑者や犯罪現場が知られているのであれば，そこにまだ証拠が残っているのかを議論する．
法獣医学的検査を即時に実行できない場合	・あらゆる法獣医学的証拠になり得るものにダメージを与えないよう注意する．例えば，食事を与えない，洗わない，直腸体温を測定しない，などである． ・法獣医学的検査の緊急性について強調し，動物を清潔な取り外し可能なベッドのある清潔な動物舎に入れ，エリザベスカラーを付け，動物は絶食させること． ・法執行機関が法獣医学的検査をまだ行っていなければ，警告し，法獣医学に精通した獣医師になるべく早めに連絡を取ること． ・法執行機関に検査，写真撮影，被害部位のスワビングを推奨する．
性的暴行検査キットとサンプリング機材	・飼い主がわかっている場合は同意書，または法執行機関が押収した文書 ・すべての証拠における証拠保全の連鎖の確保 ・見込まれるその他の証拠：唾液，精液，血液，吐瀉物，昆虫など． ・証拠の回収と保管：内容，日付，時間，採取された場所をラベルに書き，それぞれ別々の容器に入れる． ・咬創とその周辺，および紫外線ライトで蛍光発光した部位や他の光源によって判別された部位を滅菌水と滅菌コットンを使ってスワビングする． ・どのように証拠を保管するかは，犯罪検査機関によって指示される． （事前に法務機関に連絡を入れる）

　性的暴行の際に動物が容疑者を引っ掻く可能性があるため，被虐動物の肢の爪の切れ端，スワブなどを採取すべきである．泌尿生殖器の部位の毛を梳かすこと．毛を梳かした櫛に痕跡が残っている可能性がある．櫛の歯に証拠が残っている可能性があるため，使用した櫛は梱包しておくこと．周囲から対照となる毛を採取すること．包装された性的暴行の検体採取キットが市販されており，犯罪捜査ラボにとって処理しやすい形式であるため，好まれることがある．

　性的暴行の検査は，性的暴行検査担当の看護師が人間の性的暴行の被害者に対して日常的に行っており，法医学的検査としても知られている．しかし，実際に性的暴行を受けた，あるいは性的暴行が疑われる被虐動物に対しても法医学的検査が行われるべきであるということは，法執行機関であっても多くの人が認識していない**(表6.2)**．幸いなことに，近年，動物虐待事件に対する司法制度の対応は飛躍的に向上し，法獣医学も発展している．ロカールの交換原理は動物虐待のあらゆる被虐動物，特にASAの事例に適用されるべきで，獣医師がこの原則を認識し，法執行機関にこの原則を思い出させることは，証拠保全に大いに役立つ．

スワブ検体採取

1. 接触した可能性のある身体のすべての部位をスワブで拭き取る．
2. 体表面は，滅菌水を滴下して湿らせたスワブを使用し，その後に乾いた綿棒を

使用する.

3. 綿棒を45度の角度で持ち,皮膚と接触する部分をスワブの上部に集中させる.

4. 粘膜や湿ったものをぬぐう場合,最初のスワブを湿らせる必要はない.

5. スワブ検体を入手したら,乾燥させる.スワブドライヤーを使用しても良い.

6. スワブドライヤーを使用する場合は,スワブを1時間乾燥させてから包装する.

7. スワブドライヤーがない場合は,綿棒を段ボールの綿棒箱に入れ,室温で24時間保管する.すべてのサンプルは,できるだけ早く法執行機関に送付する.

8. 各箱に,スワブ検体が採取された場所のラベルを貼る.具体的な梱包のガイドラインについては,犯罪鑑識所に確認すること(Bradley and Rasile, 2014a,b).

記録管理

創傷は,測定値とともにカルテに記載する.発見された外傷の説明は,後にそれを読む人が傷の外観を理解できるよう詳細に記述すること.さらに,傷の大きさ,外観,場所を記し,動物の外形のボディマップまたは図に描くべきである.複数の外傷がある場合は,外傷を記述するために別の記録も作成することが有用である.

会陰部損傷の記録は,時計の文字盤を基準にして行うことができる.肛門は12時の位置にあり,雌の場合,膣口は6時の位置にある.雄では陰嚢が6時の位置である.

病変の測定には法医学用の定規を使用し,その定規を病変の写真に含める.各外傷の幅,長さ,深さ(該当する場合)を測定し,記録する.複数の外傷が一カ所に集まっている場合は,大きいものから小さいものまで測定して記す.American Society for the Prevention of Cruelty to Animals(ASPCA)はASPCAPro.comのウェブサイトで,動物虐待事件の法医学的文書作成のための有用な書式例を公開している.

写真撮影

個々の外傷を撮影する前に,動物の全体的な写真を撮る.すべての写真は,全体,局所,病変部のクローズアップの3枚を1セットとし,1セットにはスケール用の定規を付け,もう1セットには定規を付けずに撮影する.こうすることで,写真の前後関係を保つことができる.傷の写真は,洗浄,剃毛,創傷処置の前後で撮影する.ASAが疑われる場合,外傷の有無にかかわらず,すべての性器を撮影すること.鏡を使う場合は,鏡またはスコープを使って撮影し,内傷を記録する.すべての写真は,コンピューターファイルに保存し,画像のディスクまたはポータブルドライブに記録し,法執行機関または検察庁が適宜使用できるように共有すべきである.

X線検査

全身のX線撮影を行い，生殖器官，腹腔，尾の付け根に外傷の形跡がないか精査する．性的暴行を受けた動物の膣や直腸に異物が挿入され，その場所に留まることがある．避妊済みの雌の膣に異物が挿入された場合，その物体は子宮切端を貫通し，腹部で遊離した状態で発見されることがある．ASAの唯一の徴候が原因不明の腹膜炎であることもある．これは，外傷を受けた結腸壁の微小な裂け目から細菌が腹腔内に侵入するためと考えられている．

CASE 2

経緯：若い男児が飼い犬に性器を噛まれたため救急外来を受診した．どのようにしてそのような傷を負ったのかと尋ねると，彼は飼い犬とセックスをしたことを公然と認め，自慢さえしていた．病院スタッフから警察に連絡があり，彼は逮捕された．

身体検査：家族は診察のために犬を引き渡した．犬は約3歳の雌のオーストラリアン・シェパード．会陰部に外傷が認められた．鎮静下での膣検査で，膣内壁の紅斑と挫傷は何らかの物体の侵入によるものと判明した．性的暴行検査が実施され，警察当局に提出された．

結果：警察は犬から得られた鑑識証拠を預かった．容疑者は不起訴となった．

CASE 3

経緯：生後3カ月齢，4ポンド（約1.8 kg），雌のシー・ズーの子犬2頭が，重度の直腸外傷でそれぞれ別の日に別の動物病院を受診した．1頭は個人開業医を受診し，すぐに死亡した．2頭目の子犬は横たわった状態で別の動物病院に搬送された．2頭目の子犬は直ちに直腸温度を測定し，直腸部を希釈クロルヘキシジン溶液で洗浄した．この犬は静脈点滴を受けたが，その後死亡した．

身体検査/検死：子犬の死体は2頭とも地元の保護施設に移送された．両方の子犬の直腸外膜は著しく拡張し，裂傷があり，会陰部と腹部には挫傷があった．最初の子犬のみ法医学的検査が行われ，サンプルが採取された．解剖検査は2頭とも行われた．

結果：2頭とも同じ家で生まれた子犬であり，解剖所見は2頭とも性的虐待を受けたことを示していた．肛門組織に広範な拡張があり，会陰部と腹部には裂傷と挫傷があった．近位および遠位の直腸裂傷があり，腹膜炎も併発していた．告訴はされなかった．

証拠保全の連鎖

痕跡証拠を収集し提出する際には，適切な証拠保全の連鎖を実践しなければならない．（証拠物件の入った）各封筒または束を梱包用テープで封印する．テープと封筒に，封印し

た日時と自分のイニシャルを記入する．多くの捜査機関は，提出されたすべての証拠品に警察の報告書のコピーを添付することを好む．具体的な手順については，その事件を担当する刑事または動物行政官に相談する．封筒を封印したのと同じ方法で，「キット」全体を封印する．

証拠保全の連鎖書類のコピーと内容物のリストは，封をしたキットの外に保管する．キットを預かる人は，証拠保全の連鎖を維持するために署名する．

獣医学的報告書全体のコピー(証拠保全の連鎖書類を含む)は調査担当者に提出する．調査機関によっては，臨床写真または死後写真のコピーを要求することがある．報告書が必要かどうか，あるいはすべての臨床写真を法執行機関に提供するかどうかについては，所属機関の方針に従う．報告書と写真の原本は必ず保管する．

CASE 4

経緯：迷子の3歳，雌，小柄なジャーマン・シェパード・ミックスが動物病院に収容された．外陰部に重度の外傷があり，出血，かさぶた，潰瘍がみられた．

身体検査：この犬はすぐに性的虐待を受けたと考えられた．上記の外見的病変以外には，内部病変や外傷の徴候はなかった．会陰部の打撲は観察されなかった．法医学的証拠は未滅菌の綿棒と採取器具を用いて不適切に採取された．病変は直ちにクロルヘキシジン溶液で洗浄されたため，それ以上の法医学的検査は試みられなかった．

結果：最終的に外陰部病変の塗抹検査が行われた．細胞診の結果，可移植性性器腫瘍であった．

注意：疑わしい場合は，直腸温や肛門周囲の治療を行う前に法医学的検査を行い，証拠を収集するのが常に正しいが，正しく行うための設備や能力がない場合は，法医学的証拠を汚染するよりは何もしない方が良い．前もって準備しておくか，法医学の獣医師に連絡して，検査の説明や支援を行ってもらうべきである．

条件付け

動物は性的虐待を受け入れたり，性行為を行うように条件付けられたり，訓練されたりすることがある．検査中に前かがみの姿勢をとったり，突き出したり，自然射精をするなどの条件付けされた行動はすべて記録し，可能であればビデオに撮る．

結論

ASAは，それが疑われる事例も含めて動物虐待にあたり，重大な犯罪である．どのよ

うな形態の動物虐待も，人間に対する犯罪の前兆となる可能性がある．多くの獣医師は，自分の診察が事件に与える影響に気づいていない．獣医師は，ASAの被虐動物と疑われる動物のケアをする際，最良の法獣医学的手法を遵守することが不可欠である．

参考文献

Abel, G. G. 2008. What can 44,000 men and 12,000 boys with sexual behavior problems teach us about preventing sexual abuse? *Paper presented at the California Coalition on Sexual Offending 11th AnnualTraining Conference, Emerging Perspectives on Sexual Abuse Management*, San Francisco, CA.

Bader, D. M. G. and Gabriel S. 2010. *Forensic Nursing: A Concise Manual*. CRC Press, Boca Raton, FL.

Beirne, P., Maher, J., and Pierpoint, H. 2017. Animal sexual assault. In J. Maher, H. Pierpoint, and P. Beirne (Eds.). *The Palgrave International Handbook of Animal Abuse Studies*. London: Palgrave Macmillan, pp. 59-85.

Bradley, N. and Rasile, K. K. 2014a. Recognition and management of animal sexual abuse. *Clinician's Brief*, 4:73-75.

Bradley, N. and Rasile, K. K. 2014b. Addressing animal sexual abuse. *Clinician's Brief*, 4, 77.

Edwards, J. 2018. Arrest and prosecution of animal sex abuse (bestiality) offenders in the USA, 1975-2015. In Press. From http://www.mjennyedwards.com/laws.html and https://www.researchgate.net/project/Variance-in-Adjudicated-Cases-of-Animal-Sexual-Abuse-and-Exploitation-in-the-US/update/5b1141fe4cde260d15e25b17

English, K., Jones, L., Patrick, D., and Pasini-Hill, D. 2003. Sexual offender containment: Use of the postconviction polygraph. *Annual New York Academy of Sciences*, 989, 411-427.

Holoyda, B. 2016. Bestiality in Forensically Committed Sexual Offenders: A Case Series. *Journal of Forensic Sciences*, 62(2), 541-544.

Holoyda, B. J. and Newman, W. J. 2016. Childhood animal cruelty, bestiality, and the link to adult interpersonal violence. *International Journal of Law and Psychiatry*, 47, 129-135.

Lesandrić, V., Orlović, I., and Vjekoslav, P. 2017. Zoophilia as an Early Sign of Psychosis. *Alcoholism and Psychiatry Research: Journal on Psychiatric Research and Addictions*, 53(1), 27-32.

Merck, M. 2013. *Veterinary Forensics: Animal Cruelty Investigations*, 2nd ed. Wiley Blackwell, Ames, Iowa.

Miletski, H. 2005a. A history of bestiality. In A. M. Beetz, and A. L. Podbersek (Eds.). *Bestiality and Zoophilia: Sexual Relations with Animals*. West Lafayette, IN: Purdue University Press, pp. 1-22.

Miletski, H. 2005b. Is zoophilia a sexual orientation? A study. In A. M. Beetz, and A. L. Podbersek (Eds.). *Bestiality and Zoophilia: Sexual Relations with Animals*. West Lafayette, IN: Purdue University Press, pp. 82-97.

Munro, H. and Thrusfield, M. V. 2001. Battered pets: Sexual abuse. *Journal of Small Animal Practice*, 42, 333-337.

Munro, R. and Munro, H. M. C. 2008. *Animal Abuse and Unlawful Killing: Forensic Veterinary Pathology*. Saunders Elsevier, Edinburgh, UK.

Sinclair, L., Merck, M., and Lockwood, R. 2006. *Forensic Investigation of Animal Cruelty: A Guide for Veterinary and Law Enforcement Professionals*. Humane Society Press, United States.

Stern, A. W. and Smith-Blackmore, M. 2016. Veterinary forensic pathology of animal sexual abuse. *Veterinary Pathology,* 53(5), 1057-1066.

Williams, C. and Weinberg, M. 2003. Zoophilia in men: A study of sexual interest in animals. *Archives of Sexual Behavior*, 32, 523-535.

第 7 章

鈍器損傷

Patricia Norris

損傷の種類	156
創傷部位の経時的変化	166
鈍器損傷被害動物の評価	170
参考文献	171

損傷の種類

　法獣医学では，何らかの外力によって動物に生じる外傷（正常組織に断絶）を鈍器損傷（blunt force trauma: BFT）と鋭器損傷（sharp force trauma: SFT）の2種類に定義している．鋭器損傷については第8章で取り上げる．

　筆者もR. MunroとH. Munroの意見に同意して，鈍器損傷の議論と説明を次の二つの段階に分けて行うことを推奨している．（1）損傷と病変の性質，範囲，位置に関する説明，次に（2）これらの損傷の原因として導き出された意見および結論，そしてその原因が偶発的か，非偶発的か，あるいは未確定か（Munro & Munro, 2008）．

　鈍器損傷とは，動物の身体に，何らかの鋭利でない物体による外力が加わったことで生じる正常組織の断絶（損傷）である．Ressel，Hetzel，Ricciの3人は，鈍器損傷と鋭器損傷の間にはグレーゾーンがあるという主張を展開しているが，「明らかに鋭利でない物体によって引き起こされるすべての病変に鈍器損傷という用語を適用する」（Ressel et al., 2016）という非常に実用的な発言もしている．鈍器損傷による損傷は，移動する物体から身体への運動エネルギーの伝達，または移動体が鈍体（鈍器）に衝突すること，あるいはその二つの組み合わせから生じる（Gerdin, 2014）．古典的な方程式は以下の通りである．

$$力＝質量×加速度 \qquad 運動エネルギー＝1/2質量×速度^2$$

　このエネルギーの伝達は，肉眼的なレベル（表皮剥脱，挫傷または皮下出血，裂創，骨折）および顕微鏡的なレベル（細胞の損傷および死）で身体に損傷を与える可能性がある．したがって，損傷の影響を完全に説明するには，両方のレベルを含める必要がある．

　力は，圧縮，張力，剪断，ねじり，曲げ，あるいはこれらの組み合わせによって身体に作用する（Gerdin, 2014）．圧縮は組織同士を押し付け，張力は組織同士を引き離す．曲げ伸ばしは，片側の組織が圧縮され，反対側の組織に張力が生じる傾向がある．剪断は組織を斜めに滑らせる力であり，ねじれは組織を軸に沿ってねじれさせる．

　力の大きさが外傷の程度に影響するのは確かだが，その他の要因も関係する可能性がある．これらの要因には，衝撃が生じた時間や表面積，衝撃が生じた身体の特定の部位などが含まれる．

　衝撃が発生する時間は，少なくとも二つの点で要因となり得る．一つ目は，個々の事例における衝撃が身体に伝えられる時間（すなわち，衝撃の速度）である（Gerdin, 2014）．例えば，衝撃が十分な長さにわたって発生した場合，身体は身構えるなどして衝撃に適応するのに十分な時間を有する可能性がある．このような状況では，身体は（限られた範囲で）力を吸収し，消散させることができるかもしれない．このような適応により，動物の身体へ

の衝撃の影響を最小限に抑えるか，少なくとも軽減できる可能性がある．より速い速度で衝撃が与えられると，身体は力を吸収，放散することができず，組織の破壊(裂創，骨折など)につながる可能性が高くなる．時間に関するもう一つの考慮点は，身体のある部位に慢性的に加えられる衝撃の場合に関連する．この慢性的な衝撃の一般的な例は，衰弱した動物の骨が隆起した部位の上にみられる褥瘡である(**図7.1a,b**)．骨が隆起した部位が硬く鈍い表面(コンクリート床，金属製ケージ)に接触している時間は，これらの部位の組織の病変の深さと重症度に影響する可能性がある．

　衝撃を与える表面積も，組織に与えるダメージに大きく影響する．比較的小さな表面積に強い力が加えられると，伝達されるエネルギー量が少ない組織に集中し，伝達されるエネルギーが多くの組織に広がる場合よりも，それらの組織に壊滅的な影響を及ぼす可能性が高くなる．エネルギー伝達をより大きな表面積に広げることで，エネルギー伝達は，増加した体積の組織によりよく吸収または消散される．

　身体の部位により，衝撃による力を吸収する能力には非常に大きな差がある．筋肉のような軟部組織を覆う皮膚への衝撃は，頭蓋骨のような骨を覆う皮膚に比べて，同じ力，同一持続時間，同一表面積の衝撃の場合であっても，それほど広範囲な病変を引き起こさないかもしれない．さらに，骨粗鬆症やエーラス・ダンロス症候群(Ettinger & Feldman, 2000)のような結合組織の脆弱性を呈す動物のように，その動物の健康状態も動物への衝撃の最終的な結果に影響を及ぼす可能性がある．

　その他の要因も，鈍器損傷の最終的な結果を左右する．衝撃を受けた部位が動物の生死を分けることもある．大腿骨を骨折させるのに十分な力が加わると，皮膚の表皮剥脱，紫

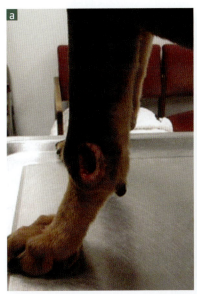 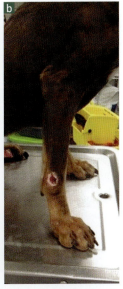

図7.1 (a)この痩せ細った犬は，動物保護施設で数カ月間過ごしたが，敷物がほとんどなく，褥瘡ができた．(b)同じ犬の右前肢に生じた褥瘡

斑，皮下およびその周囲の筋肉での出血，大腿骨の断片化が生じる可能性がある．万が一，大腿動脈が破裂するような衝撃が大腿骨に加われば，その衝撃は致命的となる．腹部への鈍器損傷についても同じことが言える．このような事例の最終的な結果は，力の大きさよりも，むしろ力による損傷の部位に左右されるかもしれない．

　鈍器損傷が動物の血液凝固機能やその過程に影響を及ぼす可能性があることが研究で示されている(Abelson et al., 2013; Gottlieb et al., 2017)．この影響は，ごく軽度〜軽度の鈍器損傷を受けた動物では稀であるようだが，重度の外傷では重大な影響を及ぼす可能性がある (Abelson et al., 2013; Gottlieb et al., 2017)．活性化部分トロンボプラスチン時間 (activated partial thromboplastin time: aPTT) の評価は，重度鈍器損傷に罹患している動物では変化している可能性があるため，重度外傷の動物の評価においては考慮すべきである(Holowaychuk et al., 2014)．

　筆者が獣医学部在学中および卒業後に受けた訓練では，動物の皮膚が裂けている場合を裂創と呼び，「切開創」という用語はほとんど使われなかった．ここでは一貫性を持たせるため，鈍器損傷でみられる典型的な病変の説明は，ヒトの法医学分野から引用する．鈍器損傷に関連する最も一般的な病変(表皮剥脱，皮下出血，裂創，骨折)については，以下の項で説明する．

表皮剥脱

　表皮剥脱は，粗い表面との摩擦によって表皮が部分的または完全に剥がれたり，圧迫によって破壊されたりした皮膚の損傷と定義できる(DiMaio & DiMaio, 2001; Ressel et al., 2016) **(図7.2)**．場合によっては，損傷は表皮から真皮にまで及ぶ．表皮剥脱は，打撃，転倒，引きずり，引っ掻き，摩擦，擦過および穿刺創の刺入口の皮膚陥凹部にできる**(図7.3a, b)**．表皮剥脱は，挫創や裂創などの他の病変と一緒にみられることがある．

　死亡前の表皮剥脱は赤褐色で，湿潤しているか痂皮状で，境界が不鮮明か不明瞭である

図7.2 ホーディングの調査中，犬の後肢の尾側表面に確認された表皮剥脱

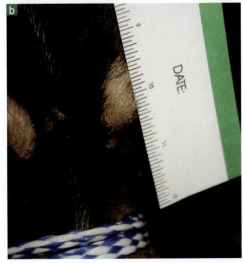

図7.3 （a）犬の顔面に確認された表皮剥脱．（b）写真はすべて，定規などの有無にかかわらず撮影すること

ことが多く，病理組織学的検査で炎症反応を示すことがある．治癒した表皮剥脱は瘢痕を示さない（DiMaio & DiMaio, 2001）．死後の表皮剥脱は，黄色，半透明，乾燥した表面で，痂皮はなく，縁は鋭く，または境界が明瞭で，顕微鏡検査では炎症反応は認められない．

　物体が身体に衝突する角度によって，表皮剥脱は擦過性，圧迫性あるいは接触性とパターン性の三つに細分化される（Ressel et al, 2016）．

擦過性（摩擦性）表皮剥脱

　擦過性表皮剥脱は，器物が90°以外の角度で身体に接触したときに生じる（Ressel et al., 2016）．擦過性表皮剥脱の一種が掻創で，尖った器物が皮膚を角度を付けて横切ることによって生じる．獣医療における典型的な例は，他の動物の肢の爪や歯による掻創である．毛の生えていない皮膚や毛の薄い皮膚では，物体が鋭角に皮膚にぶつかると，皮膚細胞が押されて積み重なる傾向がある．このような場合，始点では細胞が取り除かれているが，終点では物体が皮膚に接触しなくなったところに細胞が積み重なっているため，掻創の方

向が特定できる (Munro & Munro, 2008). DiMaioは，この方向性は臨床的というよりは理論的なものであると主張している (DiMaio & DiMaio, 2001).

動物は毛で覆われていることが多いため，被毛が擦過創の力を拡散させることがある．被毛を調べると，毛幹が折れていることがわかる．器物は，被毛や皮膚を角度を付けて移動しているため，病変の形や大きさは器物の大きさや形と必ずしも一致しないことがある (Gerdin, 2014).

広範囲の擦過性表皮剥脱は，擦過創と呼ばれることもある．このタイプの表皮剥脱は，身体が路面を滑ったり，器物が皮膚の広い部分を滑ったりする際の，滑りや摩擦と関連することがある．獣医療で最も一般的な擦過創の一つは，動物が車に轢かれ，舗装道路を滑ったことによる「路面擦過創 (road rash)」である．摩擦による擦過創のもう一つのタイプは，首輪，ハーネス，結紮器具が皮膚に力を加えて摩擦することによって生じる病変である．このような病変では，地面や舗道からの破片，または器物由来の繊維が付着していないかよく調べる必要がある．摩擦の強さによっては，これらの破片が真皮に食い込んでいることがある (DiMaio & DiMaio, 2001; Gerdin, 2014; Merck, 2013).

擦過性表皮剥脱が真皮にまで及ぶと，出血や体液の滲出が起こることがある．滲出液が乾燥すると，赤褐色の痂疲が残る (DiMaio & DiMaio, 2001; Gerdin, 2014).

衝撃性（接触性）表皮剥脱

衝撃性表皮剥脱は，鈍体が動物に垂直に衝突したときに発生する (DiMaio & DiMaio, 2001; Ressel et al., 2016). 器物の下の組織が押し潰されるような力が身体に加わる．この種の力による損傷は，衝撃の位置によって決まる．毛が密生していると力が分散されるため，皮膚に目に見える病変は生じない．衝撃を受けた部位が頬骨弓や頭蓋骨のような骨の隆起部上にある場合には，表皮剥脱がみられることがある．衝撃を受けた部位が筋肉や骨などの組織の上にある場合は，表皮剥脱，挫創，下にある骨の骨折などの混合損傷を生じる可能性がある．

パターン表皮剥脱

パターン表皮剥脱とは，体に残った痕跡から対象物の形状が判断できるものである．動物の被毛は衝撃を和らげる傾向があるが，皮膚が剥き出しの部分や被毛がまばらな部分では，はっきりとした模様が見えることがある．体に衝撃を与えた物体によっては，毛皮を剃ることで傷が原因器物を想定できるような特定の模様を示す表皮剥脱が見えることがある．パターン擦過傷は，擦過性あるいは衝撃性表皮剥脱の場合もある．Ressel と Ricci (2016)は，霊長類の円形の爪痕，ヒトの爪の三日月形の痕，イヌ科動物の細長い爪痕など，爪による表皮剥脱が動物で最も一般的なパターン表皮剥脱であると説明している．ネコ科動物や猛禽類は，裂創や穿刺創を生じさせて表皮剥脱を残すことが示唆されている．

挫傷（皮下出血）

挫傷（皮下出血とも呼ばれる）は，皮膚自体の破壊を伴わない，皮膚表面下の血管破裂による組織内への出血による損傷，または変色と定義できる(Dorland's Illustrated Medical Dictionary, 1988)．挫傷はまた，鈍器による外傷のために赤血球(red blood cell: RBC)が皮下組織や周辺組織に浸出し，目に見える病変と定義されている(Barington & Jensen, 2013)．挫傷は内臓や脳にも生じることがある．

挫傷は，鈍器損傷の際，皮膚を無傷のままにして皮下の血管を破裂させ，皮下組織に出血を生じる(図7.4)．出血は重力の影響を受け，最も抵抗の少ない経路をたどって組織平面に沿って移動する．このため，挫傷のパターンは外傷の原因となった器物の大きさや形状を正確に反映していないことがある．皮下出血の大きさ，形，経時変化は，皮膚の厚さ，損傷した血管の位置，大きさ，損傷した血管の種類(動脈，静脈，毛細血管)，損傷の深さと範囲，組織の重要性，損傷した組織の種類，動物の活動性，外傷時の血圧などに影響される．動物の被毛や皮膚の色素沈着によっては，挫傷を観察するのが難しい場合がある．

外傷の原因となった物体や上記の要因によっては，挫傷がその物体の模様を残すことがある．パターン痕のある打撲は動物では比較的稀であるが，その一因は加えられた力が被毛によって分散されるためである．しかし，毛の薄い皮膚に細長い物体が衝突することで生じる「トラムライン[※1]（二重条痕）」と呼ばれる形態の皮下出血は，動物でも確認されている(Munro & Munro, 2008)．二重条痕では，平行して走る2本の線状の皮下出血の間に健常皮膚がみられる．これは，器物による強打により，圧力が加わった部位の真下にある血管は破裂しないが，両端の毛細血管が膨らんで引き裂かれ，皮下出血を起こすことで生じる．豚の場合，色素が薄く毛が薄いため，外傷の原因となった物体の模様が，特に表皮を除去

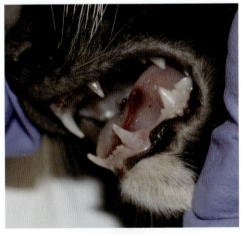

図7.4 死亡した猫の舌の挫傷

※1　二重条痕の慣用的な表現．線路のように2本線の皮下出血が特徴

した後に特徴的に現れることがある (Barington & Jensen, 2013).

挫傷は色の変化を伴う. 当初, 赤血球は酸素飽和度によって鮮やかな赤からくすんだ赤に見える. 酸素濃度が低下すると, 打撲傷は赤色から青紫色に変化する. 赤血球が劣化してヘモグロビンが漏出する. ヘモグロビンが様々な副産物に代謝されると, 色は緑色 (ビリベルジン), 黄色 (ヘマトイジン), 褐色 (ヘモシデリン) に変化する (DiMaio & DiMaio, 2001; Gerdin, 2014; McCausland & Dougherty, 1978; Munro & Munro, 2008).

出血は鈍器損傷または自然原因によって起こる. 皮下出血は通常, 直径10 mm以上の出血とみなされる (Gerdin, 2014). 3 mm未満の出血は点状出血と呼ばれ, 血小板減少症 (血小板数の低下) や血小板機能障害を引き起こす疾患によって生じることがある. 紫斑病では3〜10 mmの出血が認められるが, 多くの場合, 疾患の原因となる血管炎の結果である (Gerdin, 2014). 10 mmを超える出血である斑状出血は, フォン・ヴィレブランド病などの凝固因子欠乏疾患 (Côté, 2007) や殺鼠剤などの有毒物質の摂取 (Miller & Zawistowski, 2013) によって引き起こされることがある. 斑状出血と皮下出血は, 臨床的に鑑別が困難な場合がある. 血栓を含む大量の出血は血腫と呼ばれることが多い (Gerdin, 2014).

臨床的に皮下出血は, 疾患に伴う状態や毒物の摂取と鑑別しなければならない. もしそのような機会に遭遇した場合には, 臨床獣医師は, 飼い主, 動物行政官, または報告者から詳細な病歴を聴取すべきである. 病変の大きさ, 分布パターン, およびその位置が判断要因になる可能性があるため, 臨床獣医師は病変位置の記録と各病変の詳細な記録を伴う徹底的な身体検査を行うべきである. 状況によっては, すべての病変の位置を特定するために, 毛刈りや剃毛を検討する必要がある (Munro & Munro, 2008). 皮膚への鈍器損傷により, 表皮剥脱や裂創が併発することがある. このような病変は疾患や毒素の摂取とは関連しない (Gerdin, 2014). 生きている動物の場合, 挫傷の経過, 進展, 消失を記録するため, 病変をできるだけ早く写真に記録し, その後の動物の評価中に再度写真に記録すべきである. 死亡した動物の場合は, すべての挫傷を記録するために, 解剖検査時には皮膚を反転させ, 皮下組織をよく観察する必要がある. 法獣医学的解剖検査技術と鈍器損傷の記録については第10章でさらに説明する.

裂創

医学辞書によると, 裂創は「引き裂かれた, 潰れた傷」(Dorland's Illustrated Medical Dictionary, 2008) と定義されている. 筆者の獣医臨床上の経験では,「裂創」という言葉は一般的に, 原因に関係なく動物の皮膚やその下の組織のあらゆる切り傷や裂け目を意味する言葉として使われている. 法獣医学の分野では, 裂創は鈍器損傷によって組織が引き裂かれる, 裂ける, 剪断される, 引き伸ばされる, または押し潰されることによって生じる損傷を示す (Gerdin, 2014; Tong, 2014) (**図7.5**). 裂創は, 打撲傷と同様, その上の組織に目に見える傷がな

図7.5 腫脹（浮腫）を伴った眼瞼裂創

くても内臓にみられることがある．裂創は，外傷の原因となった器物の形状を反映している場合もあれば，反映していない場合もある．DiMaioは，細長い物体は線状の裂創を生じやすいが，表面が平坦な物体は不規則またはY字型の病変を生じやすいことを示唆している（DiMaio & DiMaio, 2001）．

　裂創縁には表皮剥脱や挫傷がみられることもある．さらに，裂創内に架橋構造（ブリッジ）が存在することが多い．この架橋構造は，外傷時に完全には断裂しなかった組織の束で構成されている．架橋構造は通常，鋭器損傷ではみられない（Gerdin, 2014; Gerdin & McDonough, 2013）．鋭器損傷に伴う創は，一般に切創，割創，刺創と呼ばれる．鈍器損傷と鋭器損傷の間にはグレーゾーンが存在することに留意する必要がある．切れ味の鈍いナイフでは，創縁に表皮剥脱が生じることがあり，鋭利な辺縁を持つ大きく重い器物では切創に似た病変が生じることがある．このような場合，「貫通性鈍器損傷」や「穿刺創」といった用語が適切である（DiMaio & DiMaio, 2001; Recknagel & Stefan et al., 2011）．

　裂傷の深部を調べると，衝撃を受けた物体の破片や痕跡が見つかることがある（DiMaio & DiMaio, 2001）．さらに，鈍器損傷が皮膚に対して接線方向に発生した場合，打撃を受けた側の皮膚は削られ，擦過創が生じる可能性がある（DiMaio & DiMaio, 2001）．

　裂創の特殊なものに剥離創がある．剥離創は，組織がねじれるような角度で剪断力が身体に加わった場合にみられる．剥離創では，組織間や組織内にポケットが形成され，そこで出血が起こることがある．より重度な状態では，皮膚とその下の組織，または臓器とそれを身体に接着している椎弓根部から「ねじ切られる」ことがある（腎臓の剥離創）．典型的な剥離損傷は先端の脱落である**（図7.6a, b）**．肉球や肢から皮膚が剥がれる損傷は，多くの場合，自動車事故によるものか，結紮による二次的なものである（Merck, 2013）．筆者の経験では，コヨーテが小型犬や猫を攻撃した結果，胸郭から皮膚が剥がれた症例がある．

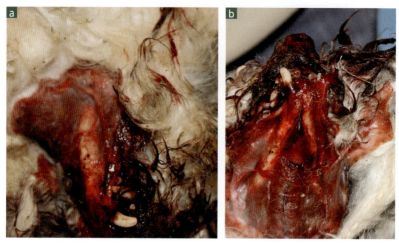

図7.6 (a) 犬の下顎骨の手袋状剥皮損傷の例. (b) 同じ手袋状剥皮損傷の別写真

骨折

　骨折は骨の結合力を超える力によって引き起こされる．骨折は，損傷の原因となった力の種類，方向，エネルギーに直接関係する(Fossum, 2007; Gerdin, 2014; Touroo, 2012) **(表7.1)**. おそらく若木骨折[※2]を除き，軟部組織の損傷が骨折と同時に起こる．裂創，挫傷，刺創や穿通創，出血は骨折と同時に発生し，時には広範囲に及ぶこともある．生きた動物の骨折は通常，身体検査と整形外科的診察の後，X線撮影や場合によってはCT (コンピューター断層撮影) などの画像診断によって診断される (Fossum, 2007)．一般的には，最低2方向 (四肢の側面像と頭側/尾側像など) のX線検査画像を撮影するが，鈍器損傷が疑われる場合には全身のX線検査画像も撮影するべきである (Gerdin, 2014)．場合によっては，MRI (magnetic resonance imaging) や骨シンチグラフィのような高度な検査が，難しい診断や回復経過の記録に役立つこともある (Fossum, 2007)．

表7.1 骨折と力の種類

骨折の種類	外力の種類
横骨折	屈曲
斜骨折	圧迫 (長軸方向)
斜骨折と粉砕骨折	圧迫および屈曲
螺旋骨折	捻転
粉砕骨折	高エネルギー外傷
単純骨折	低エネルギー外傷

出典：Fossum, T. 2007. *Small Animal Surgery*. 3rd ed. St. Louis MO: Mosby Elsevierより改変

※2　若木骨折：骨が完全に折れてしまうのではなく，亀裂を生じながら部分的に折れ曲がる不完全骨折のこと．成長期や骨がやわらかい成長過程の骨折にみられる．

骨折は，転倒や飛び降り，アニマルファイティング，スポーツ外傷，自動車事故（motor vehicle accident: MVA），鈍器損傷や銃撃などの非偶発的外傷（nonaccidental injury: NAI）によって引き起こされる（Fossum, 2007; Gerdin, 2014; Harvey et al., 1990; Intarapanich et al., 2016; Tong, 2014）**（図7.7a, b）**．Tongは，NAIによる骨折を疑う六つの特徴を指摘している．これらには，（1）多発骨折，（2）複数部位の骨折，（3）横骨折，（4）骨折治療の遅れ，（5）治癒段階が異なる複数の骨折の存在，などが含まれる（Lockwood & Arkow, 2016; Tong, 2014）．損傷に関する回顧的研究では，自動車事故における損傷は，表皮剥脱，四肢の手袋状剥皮損傷，仙腸関節脱臼，骨盤や仙椎の骨折，胸部外傷（気胸および肺挫傷）が多い傾向にあると指摘されている．この研究では，NAIとより関連性の高い損傷として，頭蓋骨骨折，強膜出血，歯の破折，椎骨骨折，肋骨骨折（片側または両側の骨折），および頭蓋骨，歯，椎骨，肋骨の離断した骨折や破折，爪床の損傷が挙げられている．この研究でも，Tongの研究と同

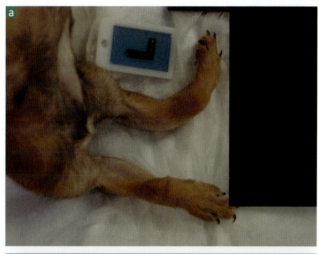

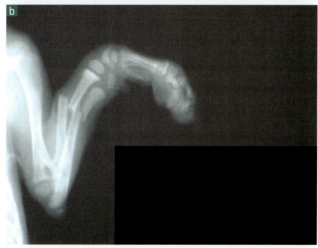

図7.7 （a）非偶発的外傷（NAI）により左後肢を骨折した犬（外貌写真）．
（b）同じ犬の前肢（橈尺骨）骨折のX線検査画像

様に，しばしば骨折の自然治癒過程の進行がみられる (Intarapanich et al., 2016; Tong, 2014)．

病的骨折

　病的骨折とは，外力が加わっても加わらなくても生じる骨折のことである．病的骨折は，病的過程によって骨が著しく弱くなったり，破壊されることで生じる．最も一般的な三つの疾患は，感染性疾患，代謝性疾患，腫瘍性疾患である (Fossum, 2007)．他には，骨格の細い小型犬が狭いケージに長期間閉じ込められている場合，体を動かさないことで骨が通常よりも脆くなっている可能性もある．このような動物や骨折を評価する際には，これらの可能性を除外して診断を進める必要がある．

頭蓋骨骨折と頭部鈍器損傷

　ほとんどの骨折では，それに伴う出血は周囲の組織にとって必ずしも問題ではない．しかし，頭蓋骨骨折や頭部外傷の場合はそうではない．頭蓋骨に最初に衝撃が加わると，その部分の組織が損傷する(直撃損傷)．頭蓋骨の閉鎖性と脳の硬度を考慮すると，力は脳に伝わり，脳は頭蓋骨の反対側にも衝撃を与え，その結果，組織が損傷する(対側損傷)(Ressel & Ricci, 2016; Touroo, 2012)．出血は衝撃を受けた部位で最も重度となる**(図7.8a〜d)**．出血は硬膜外血腫(頭蓋骨の内側表面と硬膜の間の空間での出血)，硬膜下血腫(脳と硬膜の間の空間での出血で，頭蓋骨骨折がなくても起こることがある)，および脳挫傷(脳内での出血)の形で起こることがある (Gerdin, 2014; Ressel & Ricci, 2016; Touroo, 2012)．

創傷部位の経時的変化

表皮剥脱

　表皮剥脱の組織学的検査は，創傷治癒の一般的な一連の過程(出血，白血球の浸潤，再生と線維化)に基づき，必要に応じて細胞浸潤や治癒過程に関する種特異的な知識を補強することで，大まかな受傷時期を推定するために利用できる (Gerdin, 2014; Gerdin & McDonough, 2013)．

　一般的に治癒には，痂疲形成，上皮再生，表皮下肉芽形成，退縮の4段階があると考えられている (Ressel & Ricci, 2016; Roberston & Hodge, 1972; Touroo, 2012)．各段階の時間経過の目安は，痂疲形成：0〜12時間，上皮再生：30〜72時間，表皮下肉芽形成：5〜12日，退縮：12日以上である (Ressel & Ricci, 2016; Roberston & Hodge, 1972; Touroo, 2012)．種差，自己損傷の可能性，栄養不良，タンパク質欠乏，他の疾病の存在などの不確定要因の影響は完全にはわかっておらず，裁判の場では争われる可能性があるため，病変の経時的変化を評価するために，この一般的なガイドラインを使用する際には注意が必要である．

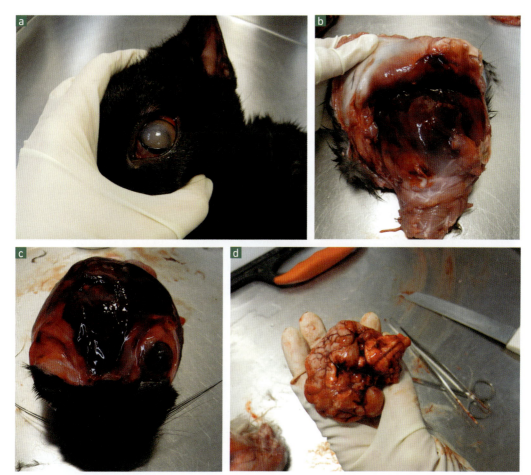

図7.8 (a) 強膜出血は, 子猫の頭部への鈍器損傷により生じたと報告されている. (b) 子猫に加えられたとされる鈍器損傷による出血を示すため, 頭蓋骨の皮膚を反転させている. (c) 子猫の頭蓋骨表面の出血を示す写真. (d) 報告された鈍器損傷による出血の範囲を確認するための脳の検査 (写真提供：Mahogany Wade-Caesar, MS, DVM)

挫傷

　法医学と法獣医学の両分野において, 挫傷の経時的変化には長年関心が持たれてきた. 上述したように, 挫傷は鈍器損傷による出血で, 血管外に漏出した赤血球は最も抵抗の少ない経路を通り, 重力に従って, 皮膚の表層近くやそれより深部へと移動していく. そのため, 挫傷が目に見える場合もあれば, 見えない場合もある. 赤血球の酸素濃度が変化し, 赤血球の代謝とそれに伴う副産物の生成により, 皮下出血の色が変化する.

　挫傷の外観に基づく経時的変化の信頼性と正確さについては, 論争が存在する. Langloisは, ヒトにおけるこれらの変化を説明する生理学的過程とともに, 皮下出血によくみられる色の範囲について広範に検討した. 彼は, 挫傷を評価するための分光光度法の使用について議論し, 視覚的評価に頼ることの限界について詳述した (Langlois & Gresham, 1991; Langlois, 2007).

特定の動物種における挫傷の視覚的外観の観察が行われている．Munroは，牛と羊の皮下出血は0〜10時間の間は赤色で出血性であり，24時間までには濃い色になり，24〜38時間までには水っぽい粘稠性を持ち，3日以上経過すると錆びたオレンジ色で石鹸のような質感になるという研究を紹介している (Gracey et al., 1999；Merck, 2013；Munro & Munro, 2008, 2013)．他の著者は，皮下出血の経過時間を決定する方法としての皮下出血の視覚的評価は信頼できないことが示されていると述べている (Barington & Jensen, 2013; Grossman et al., 2011; Pilling et al., 2010)．

挫傷の一般的評価で，受傷時期が半日未満 (12時間未満) のごく最近なのか，半日から1日 (12〜24時間) なのか，2日以上 (48時間以上) 経過しているのかを判断する際に，組織学的評価が役立つことがある (Gerdin, 2014; Gerdin & McDonough, 2013)．いくつかの動物における挫傷に関連した組織学的外観，進行，治癒の評価が報告されている．豚における皮下出血の経時的変化に関する研究は，一般的に創傷治癒の研究に基づいている (Barington & Jensen, 2013)．研究によると，豚における皮下出血の時間経過を4時間以上または4時間未満と推定することは可能である．豚では皮下出血が4時間以上経過している場合，細胞浸潤の所見を基にして，創傷治癒過程と比較することで，受傷時期を推定することができる (Oehmichen, 2004; Raekallio, 1980)．皮下の好中球の平均数と筋組織のマクロファージの平均数は，皮下出血の時間経過と相関していた．さらに，筋肉組織における白血球の局在も時間依存性であった．これらの情報を用いて，豚の打撲傷は生後4時間未満，または4〜10時間の間のいずれかに決定することができた (Barington & Jensen, 2013)．

同様の研究は，と畜場で処理された子羊や子牛の枝肉を用いて行われている．McCauslandとDougherty (1978) は，48時間までの挫傷の経時的変化に関する組織学的基準を確立した．この基準では，多形核白血球，マクロファージ，紡錘細胞，新生毛細血管の存在と相対度数を考慮している．この研究では，顕微鏡所見は二つの種で同様で，およそ48時間経過した挫傷にみられる黄変は，子牛と子羊におけるこれらの病変の経時的変化の判断に有用であると結論付けている．

病変の経時的変化に加えて，衝撃時の力も組織学的所見に影響する可能性がある．ある研究では，衝撃力が出血の重症度と壊死した筋組織の量に有意に影響することがわかっている．皮下組織の好中球の数は，皮下出血の時間経過と衝撃力の強さとともに増加した．この研究の著者は，鈍器損傷の場合，可能な限り，皮下組織だけでなく，その下の筋肉も評価すべきであると主張している．また，この研究では，筋組織中のマクロファージ数の場合，非常に強い衝撃を受けた場合にのみ，受傷時期の判定に関連することを明らかにしている．したがって，挫傷の法獣医学的，組織学的評価にあたっては，衝撃力と鈍器損傷の受傷時期を考慮すべきであると考えられる (Barington et al., 2016)．

骨折

　骨折の治癒過程には，炎症期，修復期，リモデリング期の三つの段階がある(Harvey et al., 1990)．炎症期は受傷時に始まり，血腫形成，損傷した骨細胞や他の細胞の壊死を含み，炎症性細胞の流入とサイトカイン，成長因子，炎症性メディエーターの分泌につながる(Fossum, 2007; Harvey et al., 1990; Ressel et al., 2016)．修復期は，血腫の器質化，新生血管形成の開始，間葉系細胞の出現によって始まる(Carlson & Weisbrode 2012, Harvey et al., 1990, Ressel & Ricci, 2016)．成熟動物の血管新生と未成熟動物の血管新生には違いがあり，未成熟動物には骨を貫通する動脈がある(Fossum, 2007)．この違いは，出血の程度や血腫形成に影響する可能性がある．修復期は一般的に損傷後24〜48時間以内に始まる(Carlson et al., 2012; Ressel et al., 2016)．修復期は，線維性骨組織の出現(受傷後約36時間)で進行し，その後，仮骨と硝子軟骨の形成(4〜6週間)で進行する(Carlson & Weisbrode, 2012; Harvey et al., 1990; Ressel et al., 2016)．リモデリングの最終段階は数カ月から数年以内に起こり，その形態は，そこに加えられる緊張や圧力に最も適応する形状をとるようになる(Fossum, 2007; Harvey et al., 1990; Ressel et al., 2016)．

　骨折治癒の特徴として，遷延治癒，あるいは骨折の癒合不全の発生がある．遷延治癒は，骨折が予想される期間内に治癒しなかった場合に診断される．遷延治癒を引き起こす要因としては，骨片の過度の不安定性，骨折部位の固定不足または不十分な固定，損傷組織への不十分な血液供給，骨折片のずれ，足場材不足につながる骨量減少，周辺組織の感染，骨片の感染(骨髄炎)，特定の薬物の投与(例：コルチコステロイド)，飢餓，加齢(通常は「高齢動物」)，および代謝性疾患(Fossum, 2007; Harvey et al., 1990)がある．また，胸部外傷がラットの骨折の治癒を遅らせる可能性があることを示した研究もある(Raekallio, 1980)．このことは，多発性の重度外傷がある動物では考慮すべきことかもしれない．

　癒合不全は，骨が治癒しなくなったときに起こる．これはX線検査画像上，癒合していない骨として認められ，一般的に硬化した縁が平滑に見えることがある．癒合不全は，骨折の治療が行われなかったり，治癒期に骨折の固定が不十分であったりした場合に起こる(Fossum, 2007; Harvey et al., 1990)．遷延治癒または癒合不全骨折の可能性を考慮することは，動物の評価および受傷推定時間に含めるべきである．

表皮剥脱，挫傷，裂創，骨折の時間経過における課題

　鈍器損傷に関連する病変やその経時的変化については広範な研究がなされているが，動物を対象とした研究はあまり行われていない．脊椎動物は4万種以上，無脊椎動物は数百万種以上存在する(Cooper & Cooper, 2008)．最も基本的な疑問としては，「これらの病変とその経時的変化を評価する基準は，すべての種，あるいは温血動物種に外挿できるのか」「もしそうでないなら，どの基準が，どの種に対して有効なのだろうか」などがある．臨床

法獣医学は，ネグレクトされ，病気にかかり，負傷し，あるいは死亡している動物が発見された場合，その動物種を問わず必要とされることがある．

研究によると，猫の治癒は犬よりも遅く，肉芽組織の形成は犬の方が早い．他の研究によると，ポニーの外傷は馬よりも初期炎症反応が強いため，治癒が早い（Munro & Munro, 2013）．

その他の課題には，動物自身が関わっている．動物は，口や肢，爪，蹄の届く範囲の病変を舐めたり，噛んだり，引っ掻いたり，さらには自傷することが知られている．最初の損傷は鈍器損傷によるものであったとしても，動物自身が二次的な病変を引き起こし，最初の外傷の評価を不明瞭にしたり，複雑にしたりすることがある．二次的な感染症は，臨床所見や組織学的所見に重大な影響を及ぼす可能性がある．治癒に要する時間や経過が混乱し，著しく遅延する可能性がある．

病変の出現および治癒に影響を及ぼす可能性のあるその他の要因としては，栄養不良，重度のタンパク質欠乏，寄生虫の蔓延，体調不良あるいは重度の体調不良，年齢，併発疾患，外傷の加重などがある．これらの要因が個体にどの程度影響するかは，その動物の評価および病変の経時的変化を推定する際に考慮する必要がある．したがって，臨床獣医師は病変の正確な経時的変化を特定しようとするのではなく，視覚的外観および組織学的所見が，報告された外傷の受傷時期と一致しているかどうかを判断するのが良いと思われる（Gerdin, 2014; Gerdin & McDonough, 2013）．

鈍器損傷被害動物の評価

臨床法獣医学は，科学を臨床症例に適用するものである．鈍器損傷および鈍器損傷が動物に与える可能性のある損傷に関する上記の科学的知見および情報を踏まえ，このような損傷を受けた疑いのある動物を評価する際には，以下の点を考慮する必要がある．

1. 身体検査：第1章に記載されているように，動物は正常所見と異常所見の両方を記録した完全な身体検査を受けるべきである．損傷の痕跡，特に裂創の深さ，爪床をよく調べる．
2. 血液検査：完全血球計算および血清化学検査を考慮すべきである．挫傷のある動物では，aPTTを含む完全な血液凝固プロファイルを考慮すべきである．他の除外項目を除外または確認するために必要な血液検査も行う．病変によっては，正常部位と異常部位の接合部を含む部位を生検することが適切な場合もある．
3. X線検査：全身のX線検査は，生きている動物と死亡した動物の両方について考慮すべきである．全身のX線検査は目視では発見できない損傷を発見する可

能性があり，損傷のパターンを確定するのに役立つ．MRI検査，CT検査，超音
波検査，シンチグラフィのような高度な画像診断も症例によっては利用できる．

4. 損傷の記録：すべての損傷の記録が重要である．損傷の位置を確認し，特徴的
な解剖学的ランドマーク（一つの損傷につき二つのランドマークが望ましい）と
の関係を記述する．損傷の種類（表皮剥脱，挫傷，裂創，骨折），大きさ（長さ，幅，
深さ），形（規則的，不規則，不明瞭，模様），色，および関連する所見（浮腫，
異物，破片など）を記載する．骨折の所見には，開放骨折か閉鎖骨折か，若木骨
折か完全骨折か，粉砕の程度，位置，関節面を含むかどうか，変位の程度を含
める．治癒の証拠，二次感染/損傷，関連所見も記録する．内臓損傷の証拠があ
ればすべて記載する．補助的検査の結果もすべて記録する．

5. 写真記録：すべての損傷を含む動物全体を撮影する．写真には，動物および損
傷の全体像，中間距離，狭拡大を含める．

6. 再評価：皮下出血などにおける新鮮な病変は，時間の経過とともに変化するこ
とがあるので，動物とその損傷を再評価し，その症例に適した写真を撮るべき
である．

7. 死亡した動物：死亡した動物は，その場で記録し，写真を撮り，法獣医学的解
剖検査と適切な診断検査のために専門家に提出されるべきである．

参考文献

Abelson, A. L., T. E. O'Toole, A. Johnston, M. Respess and A. M. de Laforcade. 2013. Hypoperfusion and acute traumatic coagulopathy in severely traumatized canine patients. *Journal of Veterinary Emergency and Critical Care*. 23(4): 395-401.

Barington, K. and H. E. Jensen. 2013. Forensic cases of bruises in pigs. *Veterinary Record*. 173(21): 526-531.

Barington, K. and H. E. Jensen. 2016. The impact of force on the timing of bruises evaluated in a porcine model. *Journal of Forensic and Legal Medicine*. 40: 61-66.

Carlson, C.S. and S. E. Weisbrode. 2012. Bones, joints, tendons and ligament. In: James F. Z. and M. Donald McGavin (eds)*Pathologic Basis of Veterinary Disease*. 5th ed. St. Louis: MO: Mosby Elsevier.

Cooper, J. E. and M. E. Cooper. 2008. Forensic veterinary medicine: A rapidly evolving discipline. *Forensic Science, Medicine and Pathology*. 4: 75-82.

Côtè, E. 2007. *Clinical Veterinary Advisor: Dogs and Cats*. St. Louis: MO: Mosby Elsevier.

DiMaio, V. and D. DiMaio. 2001. *Forensic Pathology*. 2nd ed. Washington, DC: CRC Press.

Dorland's Illustrated Medical Dictionary. 27th ed. 1988. Philadelphia, PA: W.B. Saunders Company.

Ettinger, S. and E. C. Feldman. eds. 2000. *Textbook of Veterinary Internal Medicine*. 5th ed. Philadelphia, PA: W.B. Saunders Company.

Fossum, T. 2007. *Small Animal Surgery*. 3rd ed. St. Louis MO: Mosby Elsevier.

Gerdin, J.A. and S. P. McDonough. 2013. Forensic pathology of companion animal abuse and neglect. *Veterinary Pathology*. 50(6): 994-1006.

Gerdin, J. A. 2014. (Lectures) Veterinary Forensic Pathology. Summer 2014, Course 6576, University of Florida: ASPCA.

Gottlieb, D., J. Prittie, Y. Buriko, and K. E. Lamb. 2017. Evaluation of acute traumatic coagulopathy in dogs and cats following blunt force trauma. *Journal of Veterinary Emergency and Critical Care*. 27(1): 35-43.

Gracey, J. F., D. S. Collins, and R. J. Huey. (eds) 1999. From Farm to Slaughter. In *Meat Hygiene*. 10th ed. London: Saunders, 163-196.

Grossman, S. E., A. Johnston, P. Vanezis, and D. Perrett. 2011. Can we assess the age of bruises? An attempt to develop an objective technique. *Medicine Science and the Law*. 51: 170-176.

Harvey, C. E., C. D. Newton, and A. Schwartz. 1990. *Small Animal Surgery*. Philadelphia, PA: J.B. Lippincott.

Holowaychuk, M. K., R. M. Hanel, R. D. Wood, L. Rogers, K. O'Keefe, and G. Monteith. 2014. Prospective multicenter evaluation of coagulation abnormalities in dogs following severe acute trauma. *Journal of Veterinary Emergency and Critical Care*. 24(1): 93-104.

Intarapanich, N. P., E. C. McCobb, R. W. Reisman, E. A. Rozanski, and P. P. Intarapanich. 2016. Characterization and comparison of injuries caused by accidental and non-accidental blunt force trauma in dogs and cats. *Journal of Forensic Sciences*. 61(4): 993-999.

Langlois, N. E. and G. A. Gresham. 1991. The ageing of bruises: A review and study of the colour changes with time. *Forensic Science International*. 50(2): 227-238.

Langlois, N. E. I. 2007. The science behind the quest to determine the age of bruises-a review of the English language literature. *Forensic Science. Medicine and Pathology*. 3(4): 241-251.

Lockwood, R. and P. Arkow. 2016. Animal abuse and interpersonal violence: The cruelty connections and its implications for veterinary pathology. *Veterinary Pathology*. 53(5): 910-918.

Maguire, S., M. Mann, J. Sibert, and A. Kemp. 2005. Can you age bruises accurately in children? A systematic review. *Archives of Disease in Childhood*. 90: 187-189.

McCausland, I. P. and R. Dougherty. 1978. Histological ageing of bruises in lambs and calves. *Australian Veterinary Journal*. 54: 525-527.

Merck, M. 2013. *Veterinary Forensics*. 2nd ed. Ames, IA: Wiley-Blackwell Publishing.

Miller, L. and S. Zawistowski. 2013. *Shelter Medicine for Veterinarians and Staff*. 2nd ed. Ames, IA: Wiley-Blackwell.

Munro, R. and H. M. C. Munro. 2008. *Animal Abuse and Unlawful Killing: Forensic Veterinary Pathology*. Philadelphia, PA: Saunders Elsevier.

Munro, R. and H. M. C. Munro. 2013. Some challenges in forensic veterinary pathology: A review. *Journal of Comparative Pathology*. 149(1): 57-73.

Oehmichen, M. 2004. Vitality and time course of wounds. *Forensic Science International*. 144: 221-231.

Pilling, M. L., P. Vanezis, D. Perrett, and A. Johnston. 2010. Visual assessment of the timing of bruising by forensic experts. *Journal of Forensic and Legal Medicine*. 17: 143-149.

Raekallio, J. 1980. Histological estimation of the age of injury and histochemical and biochemical estimation of the age of injuries. In *Microscopic Diagnosis in Forensic Pathology*. Eds J. A. Perper & C. H. Wecht. Illinois, USA: Thomas Books, pp. 3-35.

Recknagel, S., R. Bindl, J. Kurz, T. Wehner, C. Ehrnthaller, M. W. Knoferl, F. Gebhard, M. Huber-Lang, L. Claes, and A. Ignatius. 2011. Experimental blunt chest trauma impairs fracture healing in rats. *Journal of Orthopedic Research*. 29(5): 734-739.

Ressel, L., U. Hetzel, and E. Ricci. 2016. Blunt force trauma in veterinary forensic pathology. *Veterinary Pathology*. 53(5): 941-961.

Robertson, I. and P. R. Hodge. 1972. Histopathology of healing abrasions. *Forensic Science*. 1(1): 17-25

Tong, L. J. 2014. Fracture characteristics to distinguish between accidental injury and non-accidental injury in dogs. *Veterinary Journal*. 199: 392-398.

Touroo, R. 2012. *Introduction Veterinary Forensic Sciences*. Spring course 6575. Gainesville, FL: University of Florida.

第 **8** 章

鋭器損傷

Adriana de Siqueira and Patricia Norris

はじめに	174
鋭利な外傷性病変と鋭器の定義	174
刃物以外の様々な鋭器	178
鋭器損傷病変の識別と検査	179
死の様態，死亡機序，死因の特定	181
犯罪現場の所見	182
結論	183
参考文献	183

はじめに

　鋭器損傷は，ナイフ，ハサミ，ドライバー，針，鉈などの鋭器によって引き起こされる創傷であり (Pounder, 2000; Humphrey & Hutchinson, 2001; Bury et al., 2012; Parmar et al., 2012)，それぞれの物体が皮膚に独特な(固有の)痕跡を残し，それが鑑別につながる可能性がある．場合によっては，鋭器損傷が鈍器損傷と誤認されることがあるため，病理組織学的分析が鑑別に役立つことがある (Ressel et al., 2016)．病変の死後鑑別は，動物に対する犯罪の可能性を調査するうえで極めて重要である．この目的のために，獣医病理学者は，病変の性質を特定し，それらを記述，測定，写真撮影をすることで，病変を引き起こした可能性のある器物の種類を知る手がかりを得るという，重要な役割を果たす (Gerdin & McDonough, 2013; Salvagni et al., 2014)．創傷の位置，形状，深さ，経路などの創傷パターンは，それらを引き起こした行為が故意か偶発的かを示す手がかりとなる (Knight, 1975; Dettmeyer et al., 2014)．この場合，この情報は，血痕パターン分析などの他の犯罪現場の所見と併せて分析されるべきである (Attinger et al., 2013)．

　動物の創傷は，体表を覆う被毛や皮膚の色や厚さという身体的な特徴(側面)のため，必ずしも簡単に識別できるとは限らない(Campbell-Malone et al., 2008；Munro & Munro, 2008；Merck, 2012)．したがって，被毛や羽毛，皮膚上の乾燥した血液は，その下に鋭器損傷があることを示している可能性がある．死後間隔，微生物や地域的な昆虫相による作用 (Brundage & Byrd, 2016)，環境的側面，犯罪現場の要素(例：天候[湿度，乾燥，その他の気候条件]，あるいは死体が発見された場所[湖沼，河川，屋内，屋外など])は，実際の創傷の形態に干渉する可能性がある (Byard et al., 2005)．鋭器損傷は致死的である場合もあれば，そうでない場合もある．そのため，解剖検査によって外見と内面を完全に調べることで，死因や死の様態，死亡機序を明らかにすることができる．

　動物は社会的暴力など，様々な原因で鋭利な傷を負うことがある．動物は家族の一員とみなされているが，虐待行為だけでなく，狩猟，交通事故や，海洋動物の場合は船舶が関係する事故，治療行為，宗教的慣習によって犠牲になることもある (Arkow, 1994; Ascione et al., 2007; Aquila et al., 2014; Melo et al., 2014)．

鋭利な外傷性病変と鋭器の定義

　鋭器損傷は，(1)刺創，(2)切創，(3)割創，(4)治療・診断創の四つに分類できる (Jones et al., 1994；Di Maio & Di Maio, 2001；Hainsworth et al., 2008；Dettmeyer et al., 2014)．場合によっては，加害者と被害を受けた動物との位置関係を推測し，損傷の原因となった鋭器の種類を仮定することが重要である (Spitz, 1993)．鋭器や刺された部位の特徴から，いくつかの手がかり

表8.1 鋭器損傷：種類，定義，器物

鋭器損傷の種類	定義	器物
刺創	傷の深さは創口の長さを超えており，刃の長軸が身体の表面にほぼ垂直な方向に入ることによって生じるもの	ナイフ[a]，ハサミ，ドライバー（ネジ回し），バーベキューフォーク，割れたガラス[c]，矢
切創	切り傷や切り口の長さが深さを超えているもの	刺創と同じ
割創	重量のある器具によるもので，皮膚に切創があり，骨に骨折や深い溝が生じるもの	斧，牛刀，鉈
治療・診断創[b]	獣医療によって生じるもの	注射，外科用メス

[a] ナイフによるものが最も多い．
[b] 事件の被害動物が獣医療を受けた場合 (Salvagni et al., 2016)
[c] 破片の形状や鋭さによる．

が得られるかもしれない．**表8.1**にその定義と対応する鋭器を示す．

刺創と切創

　刺創と切創は最も一般的な鋭器損傷で，多くの場合ナイフが原因である．ナイフの部位は，リカッソ[※1]，柄，ガード（鍔），刃先，先端（ポイント）がある（**図8.1**）．突き刺す力と角度によって，皮膚や皮下組織に特徴的な痕跡が残る．

　ナイフの各部位はそれぞれ異なる痕跡を残す可能性があり，創傷のパターンを分析して，ナイフのどの部位が刺創に関与したかを判断する必要がある (Di Maio & Di Maio, 2001; De Siqueira et al., 2016)．リカッソは皮膚に正方形のような外観を残す．刺す力が強いと，ガードの痕跡を見ることができる．犯人が刺そうとしている間，あるいは刺すのをためらっている間に動物が動く場合があることを考慮すべきである．動物が動くと，ナイフが皮膚に表面的な切開痕を残すことがあり，これは人間の自殺未遂で残る逡巡創と似ている (Spitz,

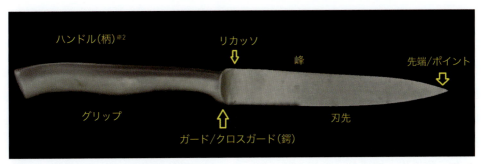

図8.1 一般的なナイフの主な部位と名称

※1　リカッソ：刃物の根本の刃のない部分
※2　原著ではhandle or hiltと記載されていたが，ヒルトはこの図でいうとガードの部分を指すと思われたので，ハンドル（柄）と表記した．

1993; Di Maio & Di Maio, 2001; Merck, 2012). 狩猟や食肉を提供するための殺傷の場合, 頸部の切創は失血死させるためのものである. この場合, 狩猟者は組織から弾丸を取り除こうとしたり, 弾丸による創傷を隠そうとしたりする(Stroud & Adrian, 1996).

一般的な直刃のナイフと鋸歯状のナイフのパターンを区別することが困難な場合もある. このような区別が可能なのは, 後者が傷創の周囲に線状または線に類似した痕跡を残す場合のみである(Pounder et al., 2011; Crowder et al., 2013). 動物の場合, 肉眼的検査では, 毛皮や羽毛がこれらの病変の識別を不明瞭にすることがある. 病理組織学的分析が役立つのは, 骨や軟骨に線状の痕跡があった場合のみである. しかし, 刃物の歯が残した線状の痕跡には, 衝撃の角度が最も影響することがわかっている.

切創では, 皮膚に接触する刃の角度によって創縁のタイプが決まる. 例えば, 極端な角度では皮弁ができるのに対し, 斜めの角度では片側に欠けた縁が生じ, 反対側は面取りされた縁となる. 切創のもう一つの特徴は, ナイフの切り口の方向である. しかし, 鋭器損傷を分析する場合, 病理医は以下のことを考慮すべきである. (1)加害者と被害を受けた動物の動きが動的であること, (2)刺された部位の形, (3)下層組織の特徴, 例えば, 骨, 軟骨, 軟部組織や内臓があるかどうか(Di Maio & Di Maio, 2001; Dettmeyer et al., 2014).

創縁のパターンを決定するその他の要因は, 突き刺す力と角度である (Mazzolo & Desinan, 2005). 刺創が骨や軟骨に達した場合, 鋭器の衝撃で痕跡が残る. 加害者の刺す力が強ければ強いほど, 加害者と被害を受けた動物の位置関係によっては, 内臓に到達する可能性が高くなる(Munro & Munro, 2008). 刺創の位置や進入角度は, 創の種類を決定する. 進入角度が直角の場合はガードの痕が左右対称で残る. それ以外の角度の場合は痕跡が傷の上または下になる. 動物の場合, 皮膚の深さや色素沈着, 毛の種類によって, このような区別が難しい場合がある. 加害者の中には, 動物の頭部を固定して首の腹側を刺す者もいる. このような場合, 受傷部が首の左側にあれば, 攻撃者が右利きであった可能性があり, 左利きであればその逆である(Campbell-Malone et al., 2008; Munro & Munro, 2008).

さらなる問題がガードが左右対称でない場合に生じる. 鈍器外傷(blunt force trauma: BFT)と誤解される可能性がある(Hainsworth et al., 2008; Ressel et al., 2016). BFTでは, 病変の縁の間に裂傷や軟部組織の架橋状残存がみられ, 不規則な縁と断裂を呈し, 挫傷を伴う. 鋭器損傷の創縁は角ばっているか線状で, 通常は挫傷を伴わない. ナイフの一部が鈍性の場合は, 刺創の角度や力によって挫傷が生じることがある(Spitz, 1993; Di Maio & Di Maio, 2001). さらに, 患部の特徴がこれらの所見に影響することもある. BFTでは, 力および解剖学的局在によって, 裂創, 打撲傷, 擦過創, 骨折が認められるのが一般的である. 病理組織学的分析と現場所見を合わせて分析することで, このような評価を下すことができる(Byard et al., 2006).

ドライバーやハサミは, 皮膚に特徴的な跡を残す鋭器であり, 主にこれらの物体の鈍性表面によって擦過痕を生じる. プラスドライバーは, 表面的には, 四つのエッジと円形のパ

ターンを持つ，銃剣に似たX字型の病変を生じる．マイナスドライバーは，規則的で小さな四角い端を持つ，縁が擦り切れたスリット状の病変を生じる．ハサミによる鋭器損傷は，二つの刺し傷を引き起こす可能性がある．しかし，病変の形態は，鋭器損傷を作り出すために使用された力や，柄で保持されたか指のくぼみで保持されたかに依存する(Parmar et al., 2012)．

割創

これらの傷は，鉈，斧，肉切り包丁などの重いものによって引き起こされ，主に骨に特徴的な病変を生じることがある．このような創傷は，切断された対象物を特定するための線状の痕跡を示すことがある．例えば，鉈はより広く不規則な傷に小さな骨片を生じ，斧は骨を砕く(Lynn & Fairgrieve, 2009)．骨に残る病変のパターンから，創傷の詳細かつ正確な検査が，割創とBFTの鑑別に役立つ可能性がある．

動物の四肢切断は食肉の場合に行われ，儀式的な目的で行われることもある．場合によっては，斧や鉈の他に，ノコギリが使われることもある．このような死後の創傷の端は乾燥しており，出血の形跡もない(Spitz, 1993)．宗教によっては，動物を儀式に供え，信者の信仰に基づいて神々に捧げる．このような目的には，鳩，家禽，牛，羊や山羊の一種など，様々な動物種が利用される．悪魔崇拝的儀式の場合，猫や犬にはしばしば切断や拷問の跡がみられる(Gill et al., 2009)．

ボートのプロペラは海洋動物に割創のような傷創を与えることがあり，その病変は鋭器損傷と鈍器損傷の組み合わせである可能性がある(Lightsey et al., 2006)．ボートのプロペラは皮膚を切ることもあるが，四肢を切断することもある．これらの病変は発見しにくいため，詳細で正確な検査が必要である．解剖学的部位にもよるが，これらの損傷は死に至ることもあれば，生存していても損傷後の感染症による合併症を呈することもある．高速ボートは類似した病変を残すことがあり，そのパターンは割創と切創の両方に一致する．高速ボートのプロペラには鋭利なエッジがないため，切創と割創，あるいは鈍器損傷と切創の特徴を残したり，酷似した病変を残したりすることがある(Byard et al., 2012)．

治療/診断に伴う創傷

治療や診断に伴う鋭器損傷は主に，切開，静脈穿刺，カテーテル留置などの医療処置によって引き起こされる(Dettmeyer et al., 2014)．これらの損傷は針やメスによって生じる(図8.2)．このような外傷は，外傷を生じさせるために利用された力や動物の凝固障害により，皮膚や皮下組織中の血斑から大きな血腫まで様々である(Fogh & Fogh, 1988)．切開は外科的処置の結果生じることもあれば，裂創による病変を治療するための処置として，洗浄や縫合，弾丸の摘出が必要な場合に生じることもある．しかし，犬と猫の連続殺害事件の報告では，針による複数の鋭器損傷が大血管や胸部内臓を損傷させ，その結果引き起こされた血液量

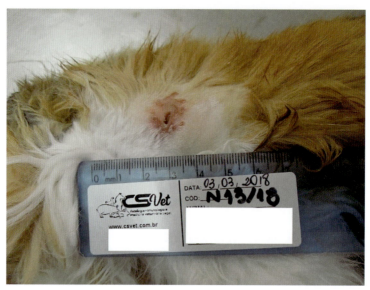

図8.2 猫の頸部，左側面．オゾン療法による治療創．病変の境界がきれいな円形であることに注意

の減少によるショックが死因となっている(Salvagni et al., 2016)．

刃物以外の様々な鋭器

　2本または3本の突起があるバーベキュー・フォークは，鋭利な創傷の原因となる．これは2本または3本の創傷のグループとして識別でき，それぞれの突起による創傷の間隔は，刺す角度と力によって一定または不規則になる(Spitz, 1993; Di Maio & Di Maio, 2001)．割れたガラスは，ギザギザした鋭いエッジを持つ切創を作る．複数の創傷がある場合，創の形，深さ，大きさに特徴がある．このような場合，創口にガラスの破片がないか検査する必要がある(Spitz, 1993; Di Maio & Di Maio, 2001)．

　矢やクロスボウを使用する狩猟では，鋭器損傷が生じる可能性がある．しかし，猫を対象とした研究(De Siqueira et al., 2012)で明らかになったように，家畜であっても矢やその他の鋭器によって貫通性の創傷を負うことがある．創傷は円形からX字型まで様々で，大きさや形も様々である．創口を生じさせた力のため，骨折，出血，内臓への損傷を伴うことがある．銃創との鑑別が難しい場合もある．銃弾は挫滅輪を残し，矢は下部組織を切り裂き，隣接する毛を線状に切断することがあるため，創傷の軌跡が鑑別に役立つことがある．いずれの場合も，X線検査が重要である．弾丸は射創管に鉛や骨に達する破片を残すことがあり，その他の鋭器もX線検査でしか見えない金属片を残すことがある．アイスピックでは，小さなスリット状または円形の創傷ができるため，散弾銃の弾丸を模倣した病変が生じることがある(Spitz, 1993; Di Maio & Di Maio, 2001)．

獣医病理学者は専門家の証人として召喚されることがあり(Frederickson, 2016)，位置，器物(武器の種類)，加害者が加えた力について質問されることがある．考慮すべき生体力学的要因には，ナイフの特性(重量，形状，鋭さ)，突き刺す速度と種類，体内でのナイフの動き，皮膚と臓器の抵抗性(内臓，骨)，被害を受けた動物の動き，皮膚から体内へのナイフの動き，打撃の速度と方向が含まれる(Knight, 1975; Annaidh et al., 2012)．しかし，これらの要素がすべて揃っていても，力の正確な定量化は困難である．

鋭器損傷病変の識別と検査

鋭器損傷病変の同定と検査には，図8.3に示すような定まった手順が必要である．
犯罪捜査で遭遇する可能性のあるあらゆる種類の鋭器損傷を考慮し，以下の手順を推奨する(Byard et al, 2006; Cooper & Cooper, 2008; Merck, 2012; Salvagni et al, 2014; Brownlie and Munro, 2016)．

1. X線検査

不審死の場合，解剖検査を行う前に，X線検査を行うことで，骨折や刃物の破

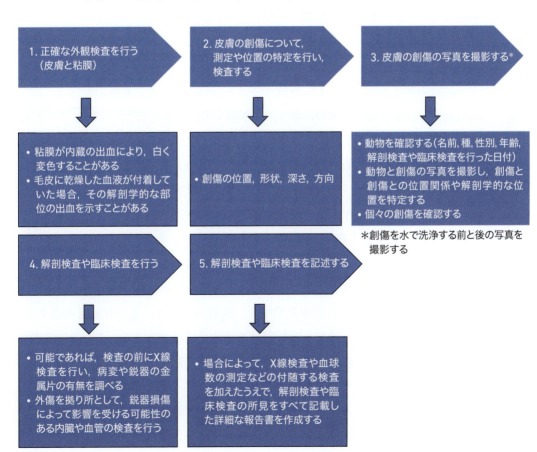

図8.3 鋭器損傷検査のための段階的フローチャート

片を発見することができる．もう一つの用途は，刺創を生じさせた武器の種類を示す可能性のある道具の痕跡を鑑別することである．

2. 毛皮・羽毛および皮膚の検査

ヒトの鋭器損傷は容易に確認でき，明らかである．動物の場合，毛皮や羽毛，皮膚の色素沈着，種によって異なる皮膚の特徴により，必ずしも容易に確認できるとは限らない．痂皮や乾燥した血液を探すために，入念な外貌検査を行うべきである．創口は触診すべきである．複数の創傷がある場合は，個々に番号を付け，動物の身体の図と解剖学的位置を示して記録する．

3. 写真による記録

動物の写真を，個体識別証明書の有無にかかわらず撮影する．創口が発見されるたびに，水で洗う前と後，毛を剃る前と後に，スケール（物差し）と動物の識別票をつけて写真を撮る．可能な限り，犯行現場で撮影した写真と比較する．場合によっては，死体の移動や死後変化によって創傷の形態が変化することがある．死後変化だけでなく，死体の位置が変化すると，創傷の形状が変化し，誤解を招くことがある．したがって，現場と解剖検査室の両方で写真を撮影することが推奨される．これらの写真を比較し，相違点を指摘して分析すべきである．

4. 病変の正確な記述

これには，創傷の周囲の跡，色，縁，形状を含める．皮膚を検証することで，皮下組織の病変を明らかにし，記録することが可能となる．病変の形状は，器物の鋭利さ，被害を受けた動物の動き，突き刺す力，下部組織（骨，軟骨，軟部組織，内臓）に影響されることがある．特徴的な鋭器損傷は，被害を受けた動物が動いたり，ナイフがねじれたりしたときに生じる．このような場合，創傷は被害を受けた動物やナイフのわずかな動きによって生じるV字型や，ナイフの抜き差しによって二次的に生じるY字型やL字型のパターンを示すことがある．

5. 刃の幅と長さを推定する

刃の幅と長さを推定するには，病変部の縁を接着させて測定する．刺創の長さは刃の幅と同じかそれ以上である．複数の病変がある場合は，それぞれを測定し，その平均値から刃の幅と長さを推定する．皮膚の弾力性による収縮を考慮する，皮膚の裂開やランゲルライン（皮膚割線）を考慮する必要がある．これらは皮膚に弾力性を与えるコラーゲンと弾性線維のパターンであり，創傷の形状はこれらの線となす角度と相関しているはずである．創口から金属片が見つからなければ，特定のナイフを否定することはできても，決定的な否定はできないことに注意すべきである．

- ランゲルラインに平行に刺す：狭いスリット状の傷ができる.
- ランゲルラインに垂直に刺す：この線維が傷の端を引き離し，隙間のある傷を作る.
- ランゲルラインに対して斜めに刺すと，線維によっては非対称または半円形のパターンができる.

6. 刺創の軌跡をたどる

深い傷の場合，突き刺す力と角度によって影響を受ける可能性のある下層の組織や内臓を調べる.

7. 病理組織学的分析

創傷の両側の断片を採取し，出血の証拠を探す.切れ味の悪い器物による割創や刺創，縁に凹凸のある創傷は，鈍器損傷と区別する必要がある.骨や軟骨を含む場合は，標本を詳細かつ正確に観察することで，鋭器損傷の痕跡を見つけ，同定につながる可能性がある.

死の様態，死亡機序，死因の特定

法医学上，病変が死後か生前か，致死的かそうでないか，病変の発生時期を特定することが重要な場合がある.この情報は，解剖検査および病理組織学的検査で判明する可能性がある.病変が生前であれば，出血が肉眼や顕微鏡検査で発見され，いくつかの組織面を貫通している.死後の出血であれば，一般的に，顕微鏡で血液が単一の筋膜面に限局していることによって区別されるが，死体が腐敗している場合，その判断は困難である (Betz & Eisenmenger, 1996; Sauvageau & Racette, 2008).

死因は，鋭器損傷として，傷害された部位を示しながら確認されるべきであり，傷害された部位と血管・臓器によって異なる.最も頻度の高い死因は，主要な血管が傷害された場合に起こる出血による循環血液量減少性ショックである (表8.2).胸部や腹部を刺される

表8.2 鋭器損傷：死亡の原因，機序，様態に関する考察

死因 (cause of death)[a]	死亡機序 (mechanism of death)	死の様態 (manner of death)
● 鋭器損傷と影響を受けた身体的部位の特定	● 出血による循環血液量減少性ショック ● 血胸や腹腔内出血	● 血痕の分析や凶器の可能性など，犯行現場のデータと合わせて判断する必要がある.
刺傷や複数の損傷箇所により傷害を受けた血管や内臓を考慮する.		通常，刺されたままの凶器が見つかったり，犯行現場に残されていることは稀である.

[a] Munro & Munro (2008); Schlesinger et al. (2014).

と体内で出血を起こすことがある(Dettmeyer et al., 2014). 四肢, 頭部, 頸部が傷害された場合, 犯行現場には大量の血液がある可能性がある. 死亡機序は, 関与した部位や血管・臓器によって異なるが, 最も頻度の高い死因は, 主要な血管が切断された場合の出血に起因する循環血液量減少性ショックである(Di Maio & Di Maio, 2001; Dettmeyer et al., 2014). 胸部や頸部の病変は, 致命傷の可能性が高い. 気管が傷害された場合, 死亡機序は血液の誤嚥による窒息かもしれない. 死の様態は, 犯罪現場のデータ, すなわち血痕パターンと併せて判断すべきである. 複数の創傷がある場合, 肉眼的外観だけでは, 死亡と関連した創傷が発生した時期を判断することが困難な場合があるため, 病理組織学的分析が有用である. 出血の量は信頼できる指標とはならないかもしれない. なぜなら, 循環がしばらく停止していない限り, 死後間もなく, あるいは死後短時間で付けられた創傷から出血が起こる可能性が高いからである(Illinois Coroners and Medical Examiners Association, 2007).

　肺, 肝臓, 脾臓, または腎臓への鋭器損傷の場合, 死後数時間は, 体腔内への出血が起こりやすく, その部位の血液がすべて排出されるまでは出血が続く(Di Maio & Di Maio, 2001; Dettmeyer et al., 2014).

　鋭器損傷による晩期合併症には, 肺, 肝臓, 脾臓, 腎臓などの内臓における隠れた出血があるが, これは死後数時間にわたって起こる. また, 致死的ではない創傷の場合, 鋭器損傷後, 数日から数週間後に感染症が発生することもある. 腸の鋭器損傷は腹膜炎を起こすことがある. その他の原因としては, 拷問や攻撃などの故意による創傷や, 自動車事故などによる偶発的な隠れた刺創が考えられる(Byard et al., 2012).

犯罪現場の所見

　暴力による動物の死や不審死の場合, 可能な限り犯罪現場を調査することが強く推奨される. 鋭器損傷の場合, 血痕パターン分析(bloodstain pattern analysis: BPA)により, 血液が飛び散った角度や距離に関する情報が得られる場合がある(de Bruin et al., 2011; Attinger et al., 2013). 血痕の形状やパターンは, その発生源や発生地点を示す可能性がある. 血飛沫は出血の起点の方向を示す. 発生地点からの滴下距離に加えて, 飛散した距離や幅はすべて測定すべきである.

　BPAから, 使用された凶器の種類, 凶器の位置, 対象物, 被害を受けた動物と加害者, 犯行現場に居合わせた人物の動き, 刺傷, 打撃, 発砲の回数が推定できる情報が得られる. 鋭器損傷の場合, 物体やその他の出血源から血液が(円弧を描いて)飛び散る血痕パターン, いわゆる「キャストオフ・パターン(castoff pattern)」がみられることがある. これらのパラメーターから得られる情報は, 死に至った出来事の再現に役立つ場合がある. BPAは, 解剖検査所見や分子生物学的検査と組み合わせる必要がある. 血液のDNA検査は, その

血液が動物のものなのか，刺殺や銃撃の際に負傷した可能性のある加害者のものなのかを判断するために検討される．このような情報に基づいて，事件の再現が解釈されることもある．犯罪現場の検証は，死因や死の様態の解明，死後所見の解釈に寄与することがある(Peschel et al., 2011; Osborne et al., 2016)．

結論

　鋭器損傷は，毛皮・羽毛や皮膚の特徴など動物特有の問題もあり，獣医病理学者や臨床獣医師にとって診断上の難題となる．詳細で正確な検査が必要である．鋭器損傷と鈍器損傷の鑑別が必要なのは，そのパターンが類似している場合があるためである．このような場合，骨折や金属片を検出するために，X線検査や病理組織学的分析が有用である．加害者や鋭器と被害動物との相互作用は動的であるため，通常の鋭器損傷で予想されるパターンとは異なる創傷を呈する場合があることを覚えておくことが重要である．

参考文献

Annaidh, A.N., Cassidy, M., and Curtis, M. 2012. A combined experimental and numerical study of stab-penetration forces. *Forensic Science International*. 233(1-3):7-13.

Aquila, I., Di Nunzio, C., and Paciello, O. 2014. An unusual pedestrian road trauma: From forensic pathology to forensic veterinary medicine. *Forensic Science International*. 234:e1-e4.

Arkow, P. 1994. Child abuse, animal abuse, and the veterinarian. *Journal of the American Veterinary Medical Association*. 204(7):1004-1007.

Ascione, F.R., Weber, C.V., and Thompson, T.M. 2007. Battered pets and domestic violence: Animal abuse reported by women experiencing intimate violence and by nonabused women. *Violence Against Women*. 13(4):354-373.

Attinger, D., Moore, C., and Donaldson, A. 2013. Fluid dynamics topics in bloodstain pattern analysis: Comparative review and research opportunities. *Forensic Science International*. 231(1-3):375-396.

Betz, P. and Eisenmenger, W. 1996. Morphometrical analysis of hemosiderin deposits in relation to wound age. *International Journal of Legal Medicine*. 108(5):262-264.

Brownlie, H.W. and Munro, R. 2016. The veterinary forensic necropsy: A review of procedures and protocols. *Veterinary Pathology*. 53(5):919-928.

Brundage, A. and Byrd, J.H. 2016. Forensic entomology in animal cruelty cases. *Veterinary Pathology*. 53(5):898-909.

Bury, D., Langlois, N. and Byard, R.W. 2012. Animal-related fatalities—Part I: Characteristic autopsy findings and variable causes of death associated with blunt and sharp trauma. *Journal of Forensic Sciences*. 57(2):370-374.

Byard, R.W., Gehl, A. and Tsokos, M. 2005. Skin tension and cleavage lines (Langer's lines) causing distortion of ante- and postmortem wound morphology. *International Journal of Legal Medicine*. 119(4):226-230.

Byard, R.W., Kemper, C.M. and Bossley, M. 2006. Veterinary forensic pathology: The assessment of injuries to dolphins at postmortem. In: Tsokos, M., ed. *Forensic Pathology Reviews*. Vol 4. Totowa, NJ: Humana. 415-436.

Byard, R.W., Machado, A. and Woolford, L. 2012. Symmetry: The key to diagnosing propeller strike injuries in sea mammals. *Forensic Science, Medicine, and Pathology*. 9(1):103-105.

Campbell-Malone, R., Barco, S.G. and Doust, P.Y. 2008. Gross and histologic evidence of sharp and blunt trauma in North Atlantic right whales (Eubalaena glacialis) killed by vessels. *Journal of Zoo and Wildlife Medicine*. 39(1):37-55.

Cooper, J.E. and Cooper, M.E. 2008. Forensic veterinary medicine: A rapidly evolving discipline. *Forensic Science, Medicine, and Pathology*. 4(2):75-82.

Crowder, C., Rainwater, C.W. and Fridie, J.S. 2013. Microscopic analysis of sharp force trauma in bone and cartilage: A validation study. *Journal of Forensic Sciences*. 58(5):1119-1126.

de Bruin, K.G., Stoel, R.D. and Limborgh, J.C. 2011. Improving the point of origin determination in bloodstain pattern analysis. *Journal of Forensic Sciences*. 56(6):1476-1482.

de Siqueira, A., Cassiano, F.C., Landi, M.F.D.A., Marlet, E.F. and Maiorka, P.C. 2012. Non-accidental injuries found in necropsies of domestic cats: A review of 191 cases. *Journal of Feline Medicine and Surgery*. 14(10):723-728.

de Siqueira, A., Cuevas, S.C., Salvagni, F.A. and Maiorka, P.C. 2016. Forensic veterinary pathology: Sharp injuries in animals. *Veterinary Pathology*. 53(5):979-987.

Dettmeyer, R.B., Verhoff, M.A. and Schütz, H.F. 2014. Pointed, sharp, and semi-sharp force trauma. In: Dettmeyer, R.B., Verhoff, M.A. and Schütz, H.F., eds. *Forensic Medicine: Fundamentals and Perspectives*. Berlin, Germany: Springer. 135-154.

Di Maio, V.J. and Di Maio, D. 2001. Wounds caused by pointed and sharp-edged weapons. In: Di Maio, V.J. and Di Maio, D., eds. *Forensic Pathology*. 2nd ed. New York, NY: CRC Press.

Fogh, J.M. and Fogh, I.T. 1988. Inherited coagulation disorders. *Veterinary Clinics of North America: Small Animal Practice*. 18(1):231-243.

Frederickson, R. 2016. Demystifying the courtroom: Everything the veterinary pathologist needs to know about testifying in an animal cruelty case. *Veterinary Pathology*. 53(5):888-893.

Gerdin, J.A. and McDonough, S.P. 2013. Forensic pathology of companion animal abuse and neglect. *Veterinary Pathology*. 50(6):994-1006.

Gill, J.R., Rainwater, C.W. and Adams, B.J. 2009. Santeria and Palo Mayombe: Skulls, mercury, and artifacts. *Journal of Forensic Sciences*. 54(6):1458-1462.

Hainsworth, S.V., Delaney, R.J. and Rutty, G.N. 2008. How sharp is sharp? Towards quantification of the sharpness and penetration ability of kitchen knives used in stabbings. *International Journal of Legal Medicine*. 122(4):281-291.

Humphrey, J.H. and Hutchinson, D.L. 2001. Macroscopic characteristics of hacking trauma. *Journal of Forensic Sciences*. 46(2):228-233.

Illinois Coroners and Medical Examiners Association. 2007. Guidelines for the determination of manner of death. http://www.coronersillinois.org/images/20151116085155.pdf

Jones, S., Nokes, L. and Leadbeatter, S. 1994. The mechanics of stab wounding. *Forensic Science International*. 67(1):59-63.

Knight, B. 1975. The dynamics of stab wounds. *Forensic Science*. 6(3):249-255.

Lightsey, J.D., Rommel, S.A. and Costidis, A.M. 2006. Methods used during gross necropsy to determine watercraft-related mortality in the Florida manatee (*Trichechus manatus latirostris*). *Journal of Zoo and Wildlife Medicine*. 37(3):262-275.

Lynn, K.S. and Fairgrieve, S.I. 2009. Macroscopic analysis of axe and hatchet trauma in fleshed and defleshed mammalian long bones. *Journal of Forensic Sciences*. 54(4):786-792.

Mazzolo, G.M. and Desinan, L. 2005. Sharp force fatalities: Suicide, homicide or accident? A series of 21 cases. *Forensic Science International*. 147(suppl):S33-S35.

Melo, R.S., Silva, O.C. and Souto, A. 2014. The role of mammals in local communities living in conservation areas in the northeast of Brazil: An ethnozoological approach. *Tropical Conservation Science*. 7(3):423-439.

Merck, M.D. 2012. Patterns of non-accidental injury: Penetrating injuries. In: Merck, M.D., ed. *Veterinary Forensics: Animal Cruelty Investigations*. Ames, IA: Wiley-Blackwell. 101-114.

Munro, R. and Munro, H.M.C. 2008. Introduction. In: Munro, R. and Munro, H.M.C., eds. *Animal Abuse and Unlawful Killing: Forensic Veterinary Pathology*. London, UK: Elsevier. 1-2.

Osborne, N.K., Taylor, M.C. and Zajac, R. 2016. Exploring the role of contextual information in bloodstain pattern analysis: A qualitative approach. *Forensic Science International*. 260:1-8.

Parmar, K., Hainsworth, S.V. and Rutty, G.N. 2012. Quantification of forces required for stabbing with screwdrivers and other blunter instruments. *International Journal of Legal Medicine*. 126(1):43-53.

Peschel, O., Kunz, S.N. and Rothschild, M.A. 2011. Blood stain pattern analysis. *Forensic Science, Medicine, and Pathology*. 7(3):257-270.

Pounder, D.J. 2000. Sharp injury. In: Siegel, J.A., Saukko, P.J., and Knupfer, G., eds. *Encyclopedia of Forensic Sciences*. London, UK: Academic Press. 340-342.

Pounder, D.J., Bhatt S., and Cormack, L. 2011. Tool mark striations in pig skin produced by stabs from a serrated blade. *American Journal of Forensic Medicine and Pathology*. 32(1):93-95.

Ressel, L., Hetzel, U., and Ricci, E. 2016. Veterinary forensic pathology: Gross and histological features of blunt force trauma. *Veterinary Pathololgy*. 53(5):941-961.

Salvagni, F.A., de Siqueira, A., Fukushima, A.R., de Albuquerque Landi, M.F., Ponge-Ferreira, H., and Maiorka, P.C. 2016. Animal serial killing: The first criminal conviction for animal cruelty in Brazil. *Forensic Science International*. 267:e1-e5.

Salvagni, F.A., de Siqueira, A., and Maria, A.C.B.E. 2014. Patologia veterinária forense: Aplicação, aspectos técnicos e relevância em casos com potencial jurídico de óbitos de animais. *Clinica Veterinaria*. 112:58-73.

Sauvageau, A. and Racette, S. 2008. Postmortem changes mistaken for traumatic lesions: A highly prevalent reason for coroner's autopsy request. *American Journal of Forensic Medicine and Pathology*. 29(2):145-147.

Schlesinger, L.B., Gardenier, A., and Jarvis, J. 2014. Crime scene staging in homicide. *Journal of Police and Criminal Psychology*. 29(1):44-51.

Spitz, W.U. 1993. Sharp force injury. In: Spitz, W.U., and Spitz, D.J., eds. *Spitz and Fisher's Medicolegal Investigation of Death: Guidelines for the Application of Pathology to Crime Investigation*. 3rd ed. Springfield, IL: Charles C Thomas. 252-310.

Stroud, R.K. and Adrian, W.J. 1996. Forensic investigational techniques of wildlife law enforcement investigations. In: Fairbrother, A., Locke, L.N., and Hoff, G.L., eds. *Noninfectious Diseases of Wildlife*. Ames, IA: Iowa State University Press. 3-18.

第 9 章

射創と創傷弾道学

Nancy Bradley-Siemens

はじめに	188
動物への銃撃事件の現状	188
弾丸による外傷事例の種類	189
銃器の種類	189
弾薬	193
射撃	196
ライフリング（施条）	196
弾道学	198
殺傷能力	198
創傷の検査	199
射撃距離の決定	202
生存または死亡した銃撃被害動物の検査	205
外部証拠収集	208
文書作成	210
結論	211
参考文献	211

はじめに

　法獣医学は法科学の中でも新しい分野である．この学問分野における法獣医学と獣医病理学の重要性は，射創が関係する事件において特に重要である．弾丸による外傷では，生きた状態で診察を受ける動物もいるが，致死処置を行う結果となることもあり，多くが致命的で訴訟問題になることもある．本章では，米国内で遭遇する弾丸による外傷事例と，これらの外傷事例に関連する武器と弾薬の種類について解説する．また，弾丸の内部弾道[※1]，外部弾道[※2]，終末弾道[※3]の各段階と殺傷能力について説明する．法医学的検査については，射創の検査，弾道の確定，射撃距離と方向の決定，画像処理手順，弾丸に関わる証拠の収集と保管，火薬の分析を含む．本章では，獣医学上および診断上，信頼できる結論を確実に得るために，標準的な法医学的手法や手順と組み合わせて考察することが求められる弾丸による外傷に対する調査の要点について解説する．

動物への銃撃事件の現状

　獣医学的な診断としては，射創は一見すると単純な問題と判断されてしまうかもしれない．しかし，これらの事例では，動物の生死は様々で，非常に複雑である可能性があるため，事例の状況や申告者（事例の届出者）の意図を十分に理解せずに着手すべきではない(Bradley-Siemens & Brower, 2016)．本稿執筆時点では，事例の法的な状況が不明な場合に記入すべき書類の必要最低基準はない．著者は，本章で法医学の手順に類似した手続きを，射創を含むすべての事例に対して実施することを推奨する(Bradley-Siemens & Brower, 2016)．

　すべての動物への銃撃が違法というわけではない．犯罪として捜査されるためには，飼い主の同意がない，狩猟シーズン外，法的根拠がない，あるいは不必要な苦痛を与えられたと判断される必要がある(Munro & Munro, 2008; Bradley-Siemens & Brower, 2016)．動物への射撃による創傷には，偶発的なものと故意によるものがあり，複雑な犯罪現場と捜査を伴う場合がある．被疑者は未成年から成人まで幅広い．この種の事件には，公共の危険や物的損害が含まれる場合があり，合法または非合法の銃器が関与することがある(Munro & Munro, 2008; Merck, 2013; Bradley-Siemens & Brower, 2016)．

　射創を理解し解釈するためには，法獣医学者および法獣医病理学者は創傷弾道学を理解し，この種の症例には大量の証拠の調査と文書作成が必要であることを認識する必要がある．獣医師は射入口と射出口を区別し，その所見に影響を与えたり，妨げたりする可能性

※1　内部弾道：弾丸が砲口を出るまでの砲内の弾丸の運動
※2　外部弾道：弾丸の大気中における運動
※3　終末弾道：弾着してからの弾丸の挙動および効果

のある要因を解釈できなければならない．獣医師には，創の検査と動物の体内と体内を通る「貫通経路（射創管）」に基づいて，弾丸が発射された距離を概算するために協力する必要が生じる場合もある．弾道学的証拠の収集と保存，およびその他の捜査に対する支援が必要な場合もある．最終的に，法医学的な報告書の正確な文書作成とその準備には，医事問題に関する必要条件の知識が必要である（Merck, 2013; Bradley-Siemens & Brower, 2016）．

弾丸による外傷事例の種類

　射創を伴う動物虐待事件の年間捜査件数や起訴件数に関する情報は限られている．現在のところ，この種の犯罪に関する全国的なデータベースや，銃器を使用して動物虐待を行った容疑者に関するプロファイル情報は存在しない（Merck, 2013; Bradley-Siemens & Brower, 2016）．

　これまでに報告されている銃撃事件の特徴から，銃撃事件には主に男性の容疑者が関与しており，使用される銃器の種類は，容疑者の年齢が反映されている可能性があることがわかっている（Lockwood, 2011, 2013; Tedeschi, 2015; Bradley-Siemens & Brower, 2016）．例として，若年者では，BB弾やペレット弾を発射する空気式やガス式の銃器を使用する可能性が高く，成人では，高性能の銃器や散弾銃を使用する可能性が高い（Merck, 2013; Bradley-Siemens & Brower, 2016）．武器の種類別の使用状況も報告されており，都市部では拳銃による外傷が最も多く，農村部ではライフル銃や散弾銃，郊外では空気銃やガス銃による外傷が多い（Pavletic, 1985; Merck, 2013; Bradley-Siemens & Brower, 2016）．銃撃を受けた犬の大半は若く，避妊・去勢手術は受けていなかった（Jason, 2004; Bradley-Siemens & Brower, 2016）．撃たれた伴侶動物の大多数は，多くが放し飼い状態で，「屋外で管理されていない」傾向にあった（Pavletic, 1985; Merck, 2013; Bradley-Siemens & Brower, 2016）．

　Pet-abuse.com（http://pet-abuse.com）というオンライン情報サイトは，米国における動物虐待の調査情報を収集している．この情報サイトによると，2017年に記録された動物虐待事件のうち，射創は11％以上を占め，1998年から2010年では，伴侶動物（犬，猫，馬）への銃撃による外傷は10.3％で，被害動物で最も多かったのは犬であった（Bradley-Siemens & Brower, 2016）．

銃器の種類

　銃撃による損傷の程度を判断するには，銃器と弾薬に関する一般的な知識が必要である．小火器には，拳銃，ライフル銃，散弾銃，サブマシンガン（短機関銃），機関銃の5種類がある（DiMaio, 1999; Merck, 2013）．獣医学分野において遭遇する射創は，拳銃，ライフル銃，

散弾銃，エアガンによるものが最も多い(Bradley-Siemens & Brower, 2016; Bradley-Siemens et al., 2018)．発射速度の遅い武器には，銃弾の発射速度が1,000フィート(305 m)/秒程度の拳銃や空気銃がある．発射速度の速い武器には，銃弾の発射速度が2,500フィート(762 m)/秒以上の拳銃やライフル銃が含まれる(Merck, 2013)．

　武器の口径は，片方(ランド)から対岸(ランド)の距離を測った銃口の直径に基づいている．つまり口径とは，ライフリング(施条[※4])される前の銃身の直径のことである．口径は，インチまたはメートル単位で表記される．前者のインチ単位の例としては，0.38スペシャル弾，0.45ACP弾，0.357マグナム弾などがあり，後者のメートル単位の例としては，9×18 mmマカロフ弾や5.56×45 mm弾などがある(Bradley-Siemens & Brower, 2016; Bradley-Siemens et al., 2018)．米国のインチ法と欧州で使われているメートル法の両方の例が，有名なJames Bondの銃であるワルサーPPKで，0.32ACPまたは7.65 mmと呼ばれている．

拳銃

　米国で最も一般的な拳銃の種類は，回転式拳銃(リボルバー)と自動装填式拳銃(セミオートマチック，稀にオートマチック)である(DiMaio, 1999; Bradley-Siemens & Brower, 2016; Bradley-Siemens et al., 2018)．拳銃は銃身がライフリングされている．回転式拳銃は複数の薬室を持つ回転式弾倉を持ち，各薬室に個別の実包(弾薬筒，カートリッジ)が入る．弾倉(輪胴)は機械的に回転し，各薬室を撃針と銃身に一致させる．自動拳銃(ピストル[※5])には複数の実包を収納する弾倉(マガジン)がある．弾倉は通常，拳銃のグリップ内にある．拳銃は口径と装弾数によって，発射速度の速いまたは遅い武器とみなされる場合がある(DiMaio, 1999; Merck, 2013; Bradley-Siemens & Brower, 2016; Bradley-Siemens et al., 2018)．

空気，ガス，スプリング式銃

　空気，ガス，バネを動力源とする武器には，玩具から非常に強力な拳銃やライフルまで，様々なものがある．エアライフルは，圧縮空気またはガスの膨張力を利用して，ライフリングされた銃身に弾丸を推進する．空気銃は，銃身の中が滑らか(非ライフル)である点で，エアライフルと区別される．スプリング式の銃では，引き金を引くと撃針がスプリングで押され，弾丸が発射される．これらのタイプの武器では，同じ種類の弾丸を使用することができる(Bradley-Siemens & Brower, 2016; Bradley-Siemens et al., 2018)．空気式，ガス式，スプリング式銃は，通常，拳銃と同様に発射速度の遅い武器とみなされる(DiMaio, 1999)．

※4　銃身内部にらせん状の溝を切ること．弾丸に回転運動を与え，ジャイロ効果により直進性を高める．
※5　ピストルは，広義では拳銃を指すが，狭義では自動拳銃を意味する．

ライフル

　ライフルは，肩で支えて構えて撃つように設計された武器である．ライフルは拳銃よりも長距離で使用することができ，より正確で精度が高い．米国では，ライフルの銃身長は16インチ（40.6 cm）以上と定められている．ライフルには，ヒンジ式や単発式，レバーアクション式，ボルトアクション式，ポンプアクション式，自動装填式など複数の種類がある（DiMaio, 1999; Bradley-Siemens & Brower, 2016; Bradley-Siemens et al., 2018）．自動装填式ライフルには，半自動式と自動式がある．半自動式ライフルでは，引き金を引くたびに1発ずつ発射する．自動小銃は，引き金が押されている限り，あるいは弾薬がなくなるまで弾を発射し続ける（DiMaio, 1999; Bradley-Siemens & Brower, 2016; Bradley-Siemens et al., 2018）．ライフル銃はライフリングされた銃身を持ち，一般に発射速度の高い武器と考えられている（DiMaio, 1999; Bradley-Siemens & Brower, 2016）．

散弾銃

　散弾銃は肩で支えて構えて撃つ．散弾銃の銃身の中は，一般に滑らかな構造（滑腔砲身）で，ライフリングはされていない．ライフリングされた銃身は，スラッグ弾を使用するためにある．散弾銃の銃身の直径はゲージと呼ばれ，最も一般的には10，12，16，20，または28ゲージのいずれかであるが，他のサイズも存在する．ゲージとは，銃身に収まる金属製の球体（散弾の弾）の重さを指すのが正しく，この重さは1ポンドの何分の1かで決まる．例えば，12ゲージの銃身には12分の1ポンドの弾が収まる．散弾銃は，近距離で動いている標的に散弾を撃ち込むのに使われ，ペレット，バックショット，スラッグなど，複数の種類のショットシェル（散弾実包）を発射することができる．米国では連邦法により，散弾銃の銃身の長さは18インチ（45.7 cm）以上と定められている．散弾銃の銃身には，シリンダー（チョークなし），改良シリンダーチョーク，モディファイドチョーク，フルチョークなどのチョーク（絞り）の種類があり，散弾の広がる範囲を調節することができる．また，散弾銃には，可変チョークやアジャスタブルチョークと呼ばれる装置や，銃身に交換可能なチョークチューブが取り付けられている場合がある．このことは，散弾銃による射創における射撃範囲の解釈に影響を与える可能性がある（DiMaio, 1999; Merck, 2013; Bradley-Siemens & Brower, 2016; Bradley-Siemens et al., 2018）．

その他の様々な武器

　これらは銃器と類似した機能を利用した器具の一種であり，動物虐待行為を行うために本来の目的以外に使用することができる．

ネイル(スタッド)ガン(釘打機)

スタッドガンとも呼ばれるネイルガンは，ブランクカートリッジ(専用空包)または圧縮空気を利用して金属釘を木材，コンクリート，鋼鉄などの対象物に打ち込む建設用工具である．専用空包の口径範囲は0.22～0.38インチ(5.56～9.65 mm)[6]．専用空包には，銃器よりも高い圧力に達することができる速燃性推進剤が含まれている．釘は発射する対象物の表面を貫通することを目的としているが，硬い表面では跳ね返ってしまうこともある．通常，負傷するようなことは偶発的であるが，ネイルガンを使用して故意に負傷させた例もある(Merck, 2013; Bradley-Siemens et al., 2018)．

バング・スティック

バング・スティックは，サメや大型魚，ワニを仕留めるために使用される円筒形の器具である．この器具は，標的や対象物に直接接触すると発射されるように設計されている．バング・スティックは，薬室(チャンバー)と同じ役割を果たす単一の金属製弾倉で構成され，撃針装置が付いている．バング・スティックは0.357マグナムや0.44マグナムなどの標準的な拳銃用の弾薬を使用する．バング・スティックの威力は弾丸によるものではなく，高圧ガスが標的となる動物に噴射されることによって生じる(Merck, 2013; Bradley-Siemens et al., 2018)．

キャプティブ・ボルト・ガン(と殺銃)

キャプティブ・ボルト・ガンは，圧縮空気または撃針によって点火される空包を用いる．金属製のボルトは7～12 cmの棒状で，キャプティブ・ボルト・ガンの銃身に押し込まれ，スプリングの弾力性による反動で銃身に戻る．ボルトの先端は直径7～12 mmの円形で，鋭い刃が付いており，そのため，皮膚と骨を貫通して辺縁の鋭い円形の穴が開く．この装置は，家畜やその他の大型動物をと殺するために設計されている．伴侶動物に対するキャプティブ・ボルト・ガンの使用例が報告されている(DiMaio, 1999; Merck, 2013; Bradley-Siemens et al., 2018)．筆者は，2頭の犬が殺されてゴミ箱に捨てられ，それぞれの動物の頭部に銃創と思われる外傷が存在した事例を経験している．それぞれの犬の頭蓋骨には円形の穴があり，辺縁は鋭かった．銃弾の残骸はなく，どちらの犬にも射出口は認められなかった．頭蓋骨のX線画像から，前頭部の脳に頭蓋骨の小さな円形の骨片が発見された(図9.1)．

---

[6] 原著にも単位の記載がなかったため，訳者が追加

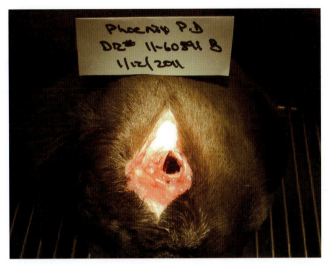

図9.1 犬を殺すために使用されたキャプティブ・ボルト装置．頭蓋骨を円形に貫通している．（写真提供：C. West）

弾薬

　弾薬は，雷管，推進薬，発射薬の組み合わせであり，飛距離，目標貫通力，殺傷能力といった特定の目標を達成できるように設計されている．これを実現するために，弾薬の構造においては，使用される武器の口径，発射薬の組成構成，推進薬の量と燃焼速度について考慮される必要がある(DiMaio, 1999; Bradley-Siemens & Brower, 2016; Bradley-Siemens et al., 2018)．

　実包は，薬莢，雷管，発射火薬，弾丸（発射体）で構成される**(図9.2)**．薬莢は，金属製で，通常は真鍮または鋼鉄でできている．薬莢は膨張するように設計されており，弾薬筒を発

図9.2 実包とその切断面：下が雷管，中央が発射火薬，上が弾丸（写真提供：L. Siemens）

射したときにガスが逆流しないように銃の薬室を隔離する．雷管は弾薬筒の点火部品であり，武器の撃針で打たれることで，弾薬筒内の発射火薬に点火する．米国の雷管は，通常，スチフニン酸鉛，硝酸バリウム，硫化アンチモンで構成されている．雷管はリムファイアとセンターファイアに分類され，雷管は薬莢基部の周辺あるいは中央にある．発射火薬は実包内の火薬で，点火して弾丸を発射させる．弾丸(発射体)は，銃身から発射される実包の構成部品の一つである(DiMaio, 1999)．

　弾丸にはジャケット(覆い，被甲)付きとジャケットなしの2種類がある．前者はさらにフルジャケットとセミジャケットに分類される．弾丸の形状には，ラウンドノーズ，ワッドカッター，セミワッドカッター，ホローポイントなどがある．ラウンドノーズ弾は鈍い円錐形で，底面は平らか面取りされている．ワッドカッター弾は円筒形で，基部は面取りされているか空洞になっている．セミワッドカッター弾は，先端が平らな表面を持つ切り詰められた円錐形をしており，円錐形の基部には基部の直径と同じ大きさの段差がある．ホローポイント弾は，弾丸が標的に接触したときに弾丸が潰れて変形すること(マッシュルーム現象)を促進するために，弾丸の先端部分の内部に空洞がある(DiMaio, 1999; Bradley-Siemens & Brower, 2016) **(図9.3)**．

　高速で発射される鉛の弾丸は，溶融したり破片化したりする可能性があり，ジャケットは弾丸の周囲を金属で覆い，保護する役割がある．その結果，ジャケット弾は，より高速の武器でより多く使用されている．金属製ジャケットは，動物の体内に入った後，鉛の弾丸から分離することがある．ジャケットは弾道学にとって重要である．弾丸のこの部分は，特定の銃を識別するために使用できるライフルマーク(施条痕，線条痕)が残っている(DiMaio, 1999; Bradley-Siemens & Brower, 2016; Bradley-Siemens et al., 2018) **(図9.4)**．

　散弾銃のショットシェル(散弾実包)は，厚紙またはプラスチック製の薬莢に，底部の雷管，火薬，ワッド(緩衝材)，散弾が収められている **(図9.5)**．ショットシェルを表現する言

図9.3 様々な種類の発射体(左から右へ)：ジャケット付きホローポイント，セミジャケット付きフラット・ノーズ，セミジャケット付きホローポイント，セミワッドカッター，鉛製ラウンドノーズ(写真提供：L. Siemens)．

葉は世界各地で異なる[※7]．シェルは，米国ではその長さによって，2＋3/4インチ（7.0 cm），3インチ（7.7 cm），3＋1/2インチ（8.9 cm）の三つのサイズがあり，口径は，12（18.5 mm口径），16（16.8 mm口径），20（15.7 mm口径）が一般的である．ショットシェルの長さによって火薬の量が決まり，発射される散弾（ペレット）の大きさと数によって発射量が変わる．散弾は直径1〜9 mmの金属球状の弾丸である．最も小さい散弾は，バードショットと呼ばれ，0.05〜0.16インチ（1.3〜4 mm）の大きさで，米国の散弾規格では12〜1となる．より大きい散弾，0.24〜0.36インチ（6.1〜9.1 mm），米国規格の#4〜#000は，バックショットとして知られている．散弾銃の弾丸には，弾丸に似た金属

図9.4 鉛弾（キノコ状）（右）とジャケット部分（左）．これらは動物の体内で分離することがある．ジャケット部分にはライフリングがある．どちらも証拠として回収する必要がある．（写真提供：L. Siemens）

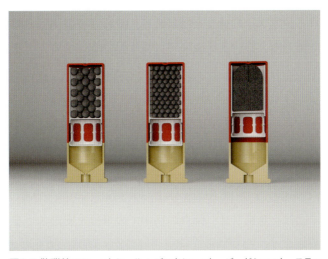

図9.5 散弾銃のショットシェル：バックショット，バードショット，スラッグ（写真提供：L. Siemens）

※7　日本では「散弾実包」や「装弾」と呼ばれる．

製のスラッグも含まれる (DiMaio, 1999; Haag & Haag, 2011; Bradley-Siemens et al., 2018)．その他，ショットシェルには，製造業者によって複数のサイズや形状がある．家庭で装填されたショットシェルでは，様々な材料の組み合わせが含まれる可能性がある (DiMaio, 1999)．

空気式，ガス式，スプリング式の武器は，ペレットやBB弾を発射する．ペレットは，先端が丸いもの，尖ったもの，ワッドカッター※8，平坦なものなど，様々な形がある．最も一般的なペレットは「ワスプ・ウエスト（くびれた腰）」で，ディアブロ・スタイルとも呼ばれる．BB弾は球形で，大型のショットペレットに似ている．BB弾やペレットはブランドによって様々な素材で作られている．これらの材料は，銅，鉛，鋼鉄，亜鉛など様々である (DiMaio, 1999; Bradley-Siemens & Brower, 2016; Bradley-Siemens et al., 2018)．

射撃

銃の引き金が引かれ，銃の中で撃針が放たれると，射撃が開始される．撃針が薬莢の雷管に当たって発火して炎が上がる．炎は薬莢の薬室に入り，火薬に点火して大量のガスと熱を発生させる．推進薬1 gは高温高圧下で1 Lのガスを発生させる．熱によって発生したガスは，弾丸と薬莢側面に圧力をかける．弾丸の根元にかかるガスの圧力が，弾丸を銃身内に押し込む (Clasper, 2001)．弾丸が銃身を出るとき，火炎，ガス，未燃の火薬，煤，雷管の残渣，弾丸と薬莢から気化した金属が噴出し，弾丸を追いかける．このような物質は射撃残渣（銃発射残渣，gunshot residue: GSR）と呼ばれる．回転式拳銃の場合，この種の物質は弾倉と銃身の隙間と銃身の両方から出てくる (DiMaio, 1999; Bradley-Siemens & Brower, 2016; Bradley-Siemens et al., 2018)．GSRはまた，武器から射手に逆流することもある．

弾丸が銃身を離れる速度は銃口速度と呼ばれる．銃口速度は弾薬の種類と口径，銃身の長さ，発射火薬の燃焼速度，雷管点火後のガス発生量によって決定する．

ライフリング（施条）

拳銃，ライフル銃，空気銃，ガス銃にはライフル銃身がある．銃身にライフリングを施す工程では，銃身の内側・内径に螺旋状の溝を切る (図9.6)．溝の間に残った部分はランドと呼ばれる (DiMaio, 1999; Merck, 2013; Bradley-Siemens & Brower, 2016)．ライフリングの目的は，弾丸の縦軸に沿って回転を発生させ，弾丸の空中での飛行を安定させることである．ライフリングは弾丸を安定させ，命中精度を向上させるが，同時に弾丸の速度を低下させる．

※8　ワッドカッター（wadcutter）は弾丸の一種で，特に標的射撃や精密射撃で使用される．この弾丸の特徴として，通常の弾丸とは異なり，先端が平らになっている．

| ライフリング(施条) |

速度の低下は，前方方向への発射体のエネルギーの消耗によるものであるため，(Clasper, 2001; Bradley-Siemens & Brower, 2016)，ライフリングは弾丸の速度を低下させることになる．ライフリングは，銃器固有の銃身内部のライフリングを弾丸に刻印することで，個々の銃器で使用された弾丸に付けられた銃器の指紋のような役割を果たす**(図9.7)**．

拳銃やライフル銃には，その音を小さくするために銃身の先端にサプレッサーまたはサイレンサーと呼ばれる装置が取り付けられることがある．このサプレッサーは，銃口から放出されるガスや粒子を吸収して射撃時の音を小さくする．サプレッサーは，銃口から排出されるガスや粒子を迂回させる一連の隔壁を内蔵した金属管である．これにより，射撃距離の決定に役立つ銃発射残渣の飛散に影響を与える可能性がある (Bruzeka-Mucha, 2017)．サプレッサーが銃口に正しく装着されていなかったり，自作のサプレッサーが使用されて

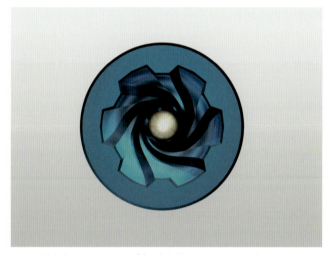

図9.6 銃身内のライフリング(写真提供：L. Siemens)

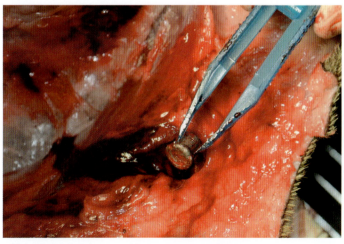

図9.7 発射体の摘出は，手袋をはめた指か，発射体のライフリングを変えない，ここに示すような器具を使って行わなければならない．

いたりすると，サプレッサーは武器を通して発射される弾薬にも影響を及ぼす可能性がある．これらは銃身から弾丸が射出される際に弾丸を変化させ，傷や凹みを生じさせる可能性がある．このような弾丸の不具合は「バッフルストライク」と呼ばれる(Haag & Haag, 2011)．

弾道学

弾道学とは，弾丸等の発射体の移動に関する科学である．弾丸の飛行経路は，内部弾道，外部弾道，終末弾道の3段階で説明できる．内部弾道は，銃器内部の弾丸の経路について表す．外部弾道は，弾丸が空中を飛行することを表す．終末弾道とは，弾丸が物体(動物)の体内を通過する経路のことである．弾丸が動物の体内に入っている場合の弾道学は，「創傷弾道学」と呼ばれることがある(Bradley-Siemens & Brower, 2016; Bradley-Siemens et al., 2018)．

この概念は以下の式で表される．

$$運動エネルギー(kinetic\ energy:\ KE) ＝ 1／2質量 × 速度^2$$

この式は，弾丸によって動物組織に伝達される可能性のある運動エネルギー量に対する質量と速度の影響を関係付けるものである．この方程式は，発射体の質量が2倍になれば運動エネルギーは2倍になるが，速度が2倍になれば運動エネルギーは4倍になることを示している(DiMaio, 1999; Merck, 2013; Bradley-Siemens & Brower, 2016; Bradley-Siemens et al., 2018)．

弾丸の移動距離と通過する物質に生じる変化が，組織損傷を引き起こす弾丸の能力に影響を与える．弾丸の速度は，対象に接触するまでの移動距離によって変化し，組織に伝達される運動エネルギーの量に影響する．弾丸に対する組織抵抗も，組織に放出されるエネルギー量に影響する．皮膚は十分な抵抗力を持っているため，貫通には最低50〜60 m／秒の弾丸速度が必要である．弾道は組織に伝達される運動エネルギーに影響を与える．運動エネルギーと使用される武器の種類との組み合わせが，弾丸の殺傷能力を最もよく予測するものである(DiMaio, 1999; Santucci & Chang, 2004; Bradley-Siemens & Brower, 2016; Bradley-Siemens et al., 2018)．

使用される弾薬の種類は殺傷能力に影響を及ぼすが，弾丸の口径やジャケットの有無に加え，衝撃で弾丸が断片化したり，部分的または完全に扁平化(マッシュルーム化)したりする機能や性能も，殺傷能力に大きく影響する(Clasper, 2001; Felsmann et al., 2012; Bradley-Siemens & Brower, 2016)．

殺傷能力

弾丸による損傷は，裂創または破砕，空洞形成，衝撃波の三つの方法で起こる．組織損

傷は，弾丸の経路またはその破片が動物の体内を通過する経路に沿って起こる．一時的な創洞は，弾丸の通過経路（射創管）の組織における外方への膨張，伸張，断裂によって形成される．一時的な空洞が波動的に崩壊することによって，永久的な空洞が生じることがある．

　創洞が形成される際，破砕力と伸張力の両方が組織に作用し，弾丸が組織を通過する際に，弾丸の周囲に多相の媒質が形成される．この相には，血液，リンパ液，細胞液からなる体液が含まれ，その周囲を放射状に拡散した固形組織相が取り囲む．放射状に拡散された組織は，射入口に挫滅輪を形成し，創洞から組織が除去されると逆飛散を引き起こす可能性がある．組織内の空気と弾丸によって発生したガスの一方，もしくは両方によって形成された気相が存在することもある．創洞が形成されると真空状態になり，毛髪や破片が射入口に引き込まれることもある (Merck, 2013; Bradley-Siemens & Brower, 2016)．

　どのような組織を弾丸が通過したかは，生じる損傷の程度に影響する．肺や筋肉等の弾性組織は，特に空洞形成による損傷に対してより抵抗力がある (DiMaio, 1999; Santucci & Chang, 2004; Bradley-Siemens & Brower, 2016; Bradley-Siemens et al., 2018)．肝臓や脳のような厚い軟組織や，骨のような緻密な硬組織は抵抗が大きく，エネルギー伝達レベルが高くなる (Clasper, 2001; Santucci & Chang, 2004; Bradley-Siemens & Brower, 2016)．弾丸が原因となる骨折は，骨の種類と衝撃が加わった角度に依存する．例えば，海綿骨は柔らかいため，エネルギーを吸収する能力が高く，骨折が起こりにくくなる．皮質骨は密度が高いため，骨折し粉砕する可能性がある．頭蓋骨への射撃では，頭蓋内圧が上昇し，標的型の骨折線を形成する同心型の骨折を引き起こす．弾丸が骨と接触すると，減速や変形が生じ，弾丸や骨自体に破損や粉砕といった影響が生じる可能性がある．骨片は二次的な弾丸としても作用して，本来の弾丸の射撃距離や射撃方向の判断に影響を与える可能性がある (DiMaio, 1999; Clasper, 2001; Bradley-Siemens & Brower, 2016)．組織の硬さは，弾丸の終末弾道に対する抵抗力に影響し，組織を通過する速度を変化させる可能性がある (Bradley-Siemens & Brower, 2016)．

創傷の検査

　銃撃された動物が生きているか死んでいるかは，創傷の検査において考慮する必要がある．検査所見は，弾丸が残留している単発の射創のように比較的単純な場合もあれば，複数発による射創のように複雑な場合もある．動物が生存している事例では，弾丸を入手できる可能性がある．複数発や散弾銃の弾丸による射創，弾丸の破片がほとんどない貫通創，骨片が二次的弾丸となっているような事例では，すべて検査とその解釈が複雑になる可能性がある (Jason, 2004; Merck, 2013; Bradley-Siemens et al., 2018)．

　弾丸による創傷は，自動車による外傷，動物による咬傷，裂傷などの他の創傷と鑑別しなければならない．外傷についての情報がない場合は，検査前に全身のX線検査を行う必

要がある．弾丸による創傷と一致する検査所見には，出血，臓器(肝臓と脾臓)損傷，骨折，塞栓症がある(Bradley-Siemens et al., 2018)．弾丸による創傷には，射入口，射出口，および再射入口がある．生存あるいは死亡した被害動物の外貌検査では，これらの所見を確認し，記録することが不可欠である．弾丸による創傷の完全な法獣医学的身体検査や死後身体検査を実施しようとする場合には，射入口と射出口との鑑定，および間接射創の有無の確認は極めて重要である(Bradley-Siemens & Brower, 2016)．

弾丸による創傷には貫通射創と盲管射創がある．盲管射創は，弾丸が動物の体内に入り，外に出ない場合に生じる．貫通射創は，弾丸が動物の身体を完全に貫通した場合に生じる．弾丸による創傷はさらに，擦過創と接線損傷とがある．擦過創には，弾丸が浅い角度で皮膚に当たって生じる表皮剥脱が含まれる．接線損傷は皮下組織まで皮膚が裂ける(DiMaio, 1999; Merck, 2013; Bradley-Siemens & Brower, 2016)．

射入口

射入口は通常，辺縁が鋭利で，直径の小さな円形の穴として確認される．その直径は発射された弾丸の直径とほぼ同じである．創傷の周囲には輪状の表皮剥脱(挫滅輪)が形成され，皮膚や毛皮が創の内側へ陥入していることもある(Bradley-Siemens & Brower, 2016) **(図9.8)**．

射入口には，煤暈(輪状の煤痕)や刺青暈(火薬輪)といわれる煤粉に関連する変化が認められ，至近距離～中距離で撃たれた場合は，発射された弾丸による挫滅輪が認められる．銃器が発射されると，火薬に加え，火薬の発火による煤煙が銃口から出てくる．煤煙は炭素で，雷管，発射薬物，薬莢から気化した金属を含んでいる．銃口を動物の身体に近付けると，煤粉が付着することがある．このような跡は露出した皮膚にみられることがあるが，毛が長かったり密生していたりすると，所見が変化することがある．発火炎により，接射

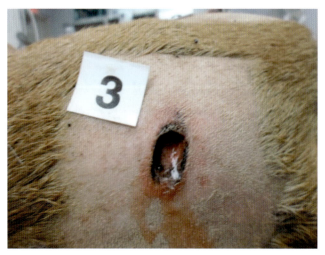

図9.8 挫滅輪のある射入口

および近接射では，射創の周囲の皮膚や毛皮が焼けることがある (DiMaio, 1999; Bradley-Siemens & Brower, 2016)．煤粉や焼けた毛皮がまだ残っている可能性があるため，射創を精査する前に射創上の被毛を採取することは重要である．煤暈の大きさ，濃さ，外観，および発生範囲は，射撃距離，火薬の種類，動物の身体に対する銃口の角度，銃身の長さ，口径，銃の種類，および標的の種類などの複数の要因に依存する．検査対象となる動物のほとんどの部位には毛が生えており，火薬や煤粉が付着していないか被毛を採取する必要性が生じる．また，被毛下の皮膚における証拠を発見するために，射創の周囲の毛刈りが必要となる (DiMaio, 1999; Merck, 2013; Bradley-Siemens & Brower, 2016; Bradley-Siemens et al., 2018)．

間接射創

この創は，弾丸が身体のある部位を通過して別の部位に入り込み，再射入口を生じた場合を意味する．この再射入口には通常，挫滅輪は認められない．このため，射入口と区別することができる．再射入口は，弾丸が動物の体内に入る前にドア，壁，窓などの中間物を通過した場合にも生じる．いずれの状況でも，射創の外観や数が変化し，創傷の解釈が難しくなる (Merck, 2013; Bradley-Siemens & Brower, 2016; Bradley-Siemens et al., 2018)．

射出口

射出口は通常，射入口よりも創縁が不整で直径が大きい．不整な創縁は，スリット状，星状，不規則な形状などがある．通常，射撃残渣を伴う挫滅輪は認められない．下層の組織や骨が露出している可能性がある (Merck, 2013; Bradley-Siemens & Brower, 2016; Bradley-Siemens et al., 2018) **(図9.9)**．

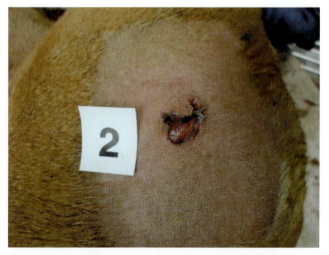

図9.9 射出口．外側方向に皮弁が形成されていることに注意

射撃距離の決定

　射撃距離が標的となる動物から離れるのに伴って，煤粉や火薬残渣の堆積量は変化する．これらの変化を正確に判断するには，走査型電子顕微鏡または分光器（スペクトロメーター）によるさらなる検査が必要である．皮膚の欠損，辺縁，表皮剥脱の形態は変わらないかもしれない．弾道学の専門家は，武器と弾薬の種類を考慮して，射入口の外観を評価するが，発射された距離を決定するために，使用された武器と弾薬を試射する必要が生じる場合もある（DiMaio, 1999; Bradley-Siemens & Brower, 2016）．

接射創

　接射創は，銃を発射した際に銃身の先端が動物の皮膚に直接接触することで生じる．接射創には，強接射創，弱接射創，斜接射創，不完全接射創がある（DiMaio, 1999; Bradley-Siemens & Brower, 2016）．強接射創では，銃口が皮膚に押し付けられ，銃口が当たる部分の皮膚が盛り上がる（外側に押し出される）．銃口から噴出する高温のガスが射入口の周囲を焼け焦がす．このような創傷は，煤煙とガスが皮膚内に吹き込まれることによって生じる（DiMaio, 1999; Bradley-Siemens & Brower, 2016）．骨が隆起している部位の皮膚では，皮膚が皮下から剥離し，「煤腔（ドーム形成）」が生じる．弱接射創は，銃口を動物の皮膚に軽く当てたときに生じる．弾丸より先に出るガスは皮膚を押し下げ，皮膚と銃口の端の間に隙間を生じさせ，ガスが抜け出るようにする．煤粉は射入口を取り囲む領域に排出される（DiMaio, 1999; Bradley-Siemens & Brower, 2016）．斜接射創は，銃口が動物の皮膚に対して鋭角をなしている場合に生じる．すなわち，銃口の縁の全体が皮膚に接触していない状態となる．ガスと煤煙は，皮膚とあまり接触していない銃身の端から外側方向に噴出する．中心の偏った煤粉の二つの区域が形成される．最も明瞭なのは創口の内側の区域で，皮膚や被毛が黒く焼け，洋ナシ型，円形，楕円形などの形を示す．創口の外側のより大きな区域は，薄い灰色の煤粉が扇状に広がっている．創口の内側の区域の大部分は銃口とは反対側にあり，銃が発射された方向を示している（DiMaio, 1999; Bradley-Siemens & Brower, 2016）．不完全接射創は斜接射創に類似している．銃口は動物の皮膚に接触しているが，体表面は完全に平らでないため，銃身の端と皮膚の間に空間が生じる．この隙間から煤煙やガスが漏出し，皮膚や被毛が焼け焦げたような状態になる（DiMaio, 1999; Bradley-Siemens & Brower, 2016）．

準接射創

　準接射創は，銃器が動物の皮膚に接触せず，少し離れたところにある場合に生じる．その距離は非常に短いため，放出される粒子の多くは分散できず皮膚に跡を残す．接射創の射入口では，焼け焦げた皮膚や被毛を覆う火薬の煤粉の帯で囲まれている．この焼け焦げ

の帯は弱接射創よりも大きい．煤粉は皮内と焼け焦げの帯に埋もれている (DiMaio, 1999; Bradley-Siemens & Brower, 2016)．角度のある接射創では，煤粉は銃口の端から放射状に広がり，斜接射創のように二つの帯ができる．しかし，黒く焼けた帯の大部分は銃口と同じ側にあり，銃口の方を向いている．実際の射撃方向は逆である (DiMaio, 1999; Bradley-Siemens & Brower, 2016)．

近射創（中間射創）

近射創は，発射時に銃身の先端が動物の身体から離れた位置にあり，さらに，弾丸とともに放出された火薬粒が皮膚に「刺青暈（火薬輪，火薬粒）」を起こすのに十分な距離まで近付いたときに発生する．これは火薬の粒子が皮膚に埋め込まれ，その結果出血することで生じる．この出血は外傷性の刺青によって引き起こされ，射入口の周囲の赤褐色から橙赤色の点状病変として認められる．射入口の周囲への拡散は，銃が発射された角度によって左右対称であったり，偏心性であったりする．刺青暈は生活反応（生前の反応）であり，その存在は動物が撃たれたときに生きていたことを示している (DiMaio, 1999; Bradley-Siemens & Brower, 2016)．

近射創に該当する距離は，使用された武器によっては１mを超えることもあるが，拳銃の近射創は一般に10 mmとされる (DiMaio, 1999; Bradley-Siemens & Brower, 2016)．また，近射創は，組織損傷や挫滅輪および煤粉の角度から射撃方向を判断するのに役立つ (Bradley-Siemens & Brower, 2016)．

不確定距離

近射創以上では，射入口付近では煤粉や火薬による刺青暈は目立たなくなる．唯一の痕跡は，弾丸が動物の皮膚を貫通した際に生じるものと思われる．それ以上の距離では，挫滅輪が存在しないこともある (DiMaio, 1999; Bradley-Siemens & Brower, 2016)．

散弾射創

銃口から動物までの距離が長くなると，パターン（散弾の広がり）が拡大し，射入口の辺縁が不整になる．距離が長くなるにつれて，散弾は分散し，単発の射創や周囲の物に当たったりする (図9.10a〜c)．散弾銃が動物の身体に対して垂直に発射された場合，散弾のパターンは，通常円形になる．動物に対して角度を付けて発射されると，中心が偏った広がり方になる．どちらの状況でも，散弾のパターンの直径は射撃距離に依存する．散弾のパターンの広がりは，散弾のサイズと速度によって変わる．ショットシェルのワッド（緩衝材）は，至近距離では二次的な弾丸となることがある．ワッドは，貫通の有無にかかわらず，挫傷（花弁状の場合もある）を伴って，２射目の弾丸のように見えることがある (DiMaio, 1999; Haag & Haag, 2011; Bradley-Siemens & Brower, 2016) (図9.11)．

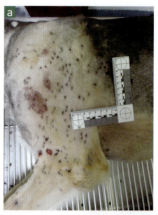

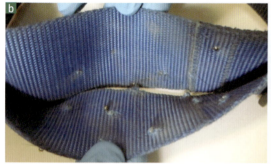

図9.10 (a) 左側から散弾銃 (バードショット) で撃たれた犬. (b,c) 散弾銃で撃たれた犬の首輪

図9.11 犬の死体近くで発見された散弾銃のショットシェルのワッド

生存または死亡した銃撃被害動物の検査

　射創は，刺創，咬傷，裂創と鑑別する必要がある．原因不明の創傷がある動物に対しては，全身のX線検査を行うべきである．射創を示すその他の所見には，気胸，気腹，心タンポナーデ，呼吸困難，骨折，腹膜炎，血腹，血胸などがある(Merck, 2013)．

　可能であれば，被害動物を診察する前に，すべての捜査情報と現場所見，特に銃器と弾薬の種類を把握しておくことが有益である．射創が確認された被害動物では，必ず全身のX線検査を行わなければならない．鈍器外傷などの他の創傷が存在する可能性を考慮する必要がある．また，死亡した動物では，皮膚に外傷の明らかな証拠が示されていることがある(Merck, 2013)．

　標準的な身体検査または解剖検査の手順と報告に加え，法獣医学者や病理学者は，射入口と射出口，弾道および関連する組織損傷の形状に関する情報について提供しなければならない．獣医師は，弾道学的証拠を適切に鑑定・回収する動物の検査(生きている動物)や解剖検査に先立って，収集する必要がある外的証拠に留意しなければならない．そのために，治療や死体の取り扱い(死亡の場合)を始める前に，証拠収集の最適な手順を考慮した計画を立てるべきである(Bradley-Siemens & Brower, 2016; Bradley-Siemens et al., 2018)．

　銃撃事件に対処する前に，法獣医学者は地元の司法当局者や鑑識，あるいは科学捜査研究所などと連絡を取り，処理できる証拠の種類と，証拠をどのように収集し提出すべきかを熟知しておく必要がある．これらの機関は，証拠の取り扱いと収集に関する専門知識を提供し，射撃残渣や弾丸などの証拠の入手と分析において，訓練を受けた職員(弾道学の専門家)を指導することができる(Merck, 2013; Bradley-Siemens et al., 2018)．

写真記録

　創傷面や創洞に関する証拠は，写真撮影後に収集する(Merck, 2013; Bradley-Siemens et al., 2018)．動物の全身を撮影する必要がある．標準的には，前後，左右，上(背側)と下(腹側)を撮影する．射創は，それぞれ確認した時点で撮影し，その後，創傷の特徴や皮膚表面の証拠を確認するために毛を剃り，再度撮影する．それらは，計測の有無にかかわらず撮影する(Merck, 2013)．

放射線学

　射創が疑われる場合には，解剖検査の前，あるいは被害動物が生きている場合にはできるだけ早期に，全身のX線検査を行うべきである．獣医師が積極的に法獣医学の立場から銃撃事案に関わる場合には，X線撮影装置が現場で利用できるか，または利用できる施設と協力関係にある必要がある．標準的な指標と鑑別を伴う最低2方向の画像を得る必要が

ある(図9.12a, b)．X線画像は，弾丸の形状と密度についての特徴，および動物の体内での位置を示してくれる(図9.13a, b)．また，X線検査は，体内の弾丸の経路を明確にすることができる．創洞は，ガス，出血，骨，または金属陰影の存在によって確認されることがある(Lockwood, 2013; Bradley-Siemens & Brower, 2016; Bradley-Siemens et al., 2018)．X線画像に写っている骨片の方向や骨の傾きは，弾丸の発射方向の判定に役立ち，射入口または射出口の識別を明確にする(図9.14)．弾丸が骨に当たると，通常，損傷した骨の後方に骨片が認められるため，弾丸の発射方向を示すことになる(Bradley-Siemens & Brower, 2016)．

コンピューター断層撮影(computed axial tomography: CAT)は，死亡した動物あるいは生きている動物に対する法医学的検査において非常に有益である．

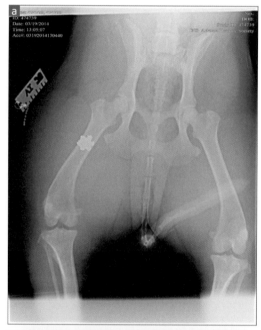

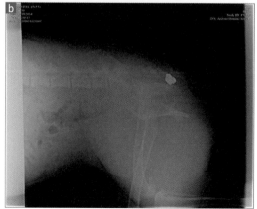

図9.12 大腿部の射創の腹背方向および側面方向のX線画像

生存または死亡した銃撃被害動物の検査

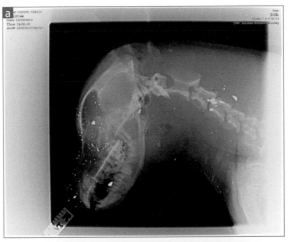

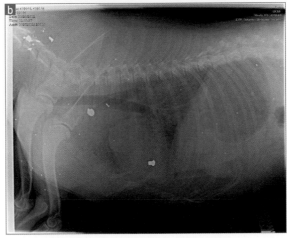

図9.13 同じ犬が異なる種類の弾薬で複数回撃たれた．(a)顔面に0.22スネークショット（ペレット弾），(b)胸部への0.22弾

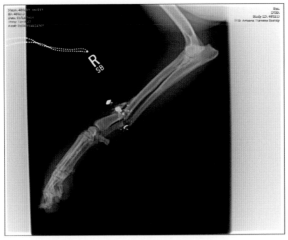

図9.14 右前肢の射創，橈尺骨骨折と弾丸の破片化

外部証拠収集

　GSRとは，銃口や銃器の他の開口部から出るガスや粒子を含む武器の排出物のことである．GSRは，雷管，火薬，弾丸の材料とそれらの燃焼生成物である (DiMaio, 1999; Merck, 2013)．GSRは，（射撃距離決定の項目で説明済であるが）射創の周囲や射手の手に付着することがある．これは，射創でよくみられる外部証拠である．

　ここでもまた，法獣医学の研究機関によって手順が異なる可能性があるため，銃撃事件の調査を開始する前に外部証拠の収集について，関係機関と協議すべきである．被害動物の生死にもよるが，射入口周囲の組織を切除することがある．皮膚や隣接する軟部組織をコルク片や発泡スチロール片の上に置き，形状，大きさ，解剖学的方向を維持することで，さらなる分析を行うことができる．このようなサンプルは，走査型電子顕微鏡とX線分光計のどちらか，あるいは両方を用いて分析し，煤煙粒子の質と量を確定することができる．射創の検査時に証拠を収集するために使用される技術は以下のように複数ある．射創に関連した粉粒体が発見された場合は，付箋に削り取り，封をした紙封筒に入れることができる．射入口と射出口は剃毛し，その毛はセロハン紙あるいはワックス紙の封筒に入れる．斑点状の変化を透明なテープを使用して組織から採取し，スライドガラス上に置く．解剖検査の際に，接射創のある皮膚の煤粉や斑点状の変化のある部分を採取し，弾道検査の専門家に送ったり，写真撮影して，保存するために採取してホルマリン固定することもある (DiMaio, 1999; Pavletic, 2010; Bradley-Siemens & Brower, 2016)．

　発射後の薬莢は通常，犯罪現場の周囲や被害動物の死体の近くで観察されるが，動物の死体を死体袋に入れたり，被害動物の上に死体袋をかけたりする際に，偶然に収集されることもある．発射後の薬莢は，武器の種類や使用された銃器を特定するために使用することができる固有の特徴と分類された特性を持っている．殺傷された動物から薬莢が発見された場合，証拠品として保存することが重要である (Haag & Haag, 2011) (図9.15)．

火薬分析技術

　現代の火薬には硝化セルロースが含まれている．銃の発射中，亜硝酸化合物や硝酸化合物を含んだ，燃焼したまたは燃焼していない，あるいは部分的に燃焼した火薬の粒子が放出される．弾道学の専門家は，毛髪や皮膚に残留する有機亜硝酸塩を検出するために，グリース試験（変法）と呼ばれる化学分析を利用することができる (Jason, 2004; Haag & Haag, 2011; Bradley-Siemens & Brower, 2016)．また，弾道検査の専門家は，射入口から採取した毛皮や皮膚を顕微鏡で観察することによって，焼けたまたは焼けていないGSRの粒子を特定することができる (Jason, 2004; Haag & Haag, 2011; Bradley-Siemens & Brower, 2016)．赤外線写真は，弾薬中の硝酸が動物の毛皮に付着していることを示すのに有効である (Bradley-Siemens &

図9.15 犬が撃たれた現場で発見された薬莢．証拠とするために薬莢を回収することが重要である．薬莢は動物の毛皮の中や，解剖検査のために死体を回収する際に死体袋の中から発見されることがある．（写真提供：フェニックス警察）

Brower, 2016; Weiss et al., 2016)．これにより，弾丸が発射された距離の決定に役立つ射撃残渣のパターンが示される．さらに，代替光源(alternate light source: ALS)やロジゾン酸ナトリウム試験のようなその他の検査は，GSRの検出や射撃距離の想定に利用されることがある(Weiss et al., 2016)．

標的までの射撃距離を推定する技能は，GSRに対する様々な試験によって向上させることができる．このような試験を実施できるかどうかは，その必要性と資材によって事例ごとに異なる．GSRパターンを変化させたり損壊したりする可能性のある化学的検査の前に，写真撮影と視覚的強調を試みることが推奨される(Weiss et al., 2016)．

弾道

弾道や軌跡を明確にする技術は，犯罪現場を再現したり，目撃者や容疑者から提供された証拠の裏付けや反論を行ううえで重要である．弾道は犯人の位置や被害動物との距離に関する情報を提供し，使用された武器や弾薬の種類を特定するのに役立つ．

弾道を確定するために，獣医師はまず射入口を特定しなければならない．射入口の傷の長さと幅を測定し，創の傾斜を測定する．さらに，GSRパターンが存在すれば，射撃の方向を特定するのに役立つ(Di Maio, 1999; Bradley-Siemens & Brower, 2016)．

動物が死亡している場合は，弾道ロッドが弾丸の弾道を視覚化し，特徴付けるのに役立つ場合がある．ロッドはまっすぐでなければならず，グラスファイバー製，プラスチック製，木製がある．ロッドは弾丸が動物の体内に入り，体内を通過する経路を推定するためのものである．ロッドは人工的な射創管を作らないように注意して設置する必要がある(図9.16a, b)．動物を固定後(腹臥位)，体の頭側，尾側，両側面，腹側，背側から写真を撮る．これらの写真は，調査結果に基づく推論の構築に役立つ(Bradley-Siemens & Brower, 2016)．

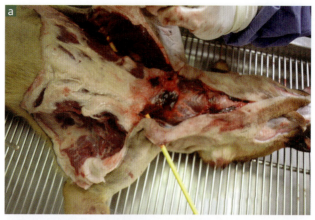
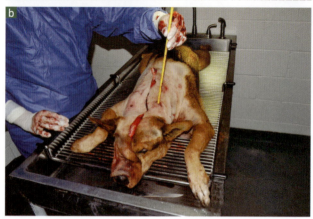

図9.16（a, b）動物を通過する弾丸の経路を記録するのに役立つ弾道ロッドの使用

文書作成

　弾丸による創傷と証拠はすべて写真撮影を行い，文章と図で記録する．それぞれの創傷を区別するためには，識別システムを使用する必要がある（Merck, 2013）．病変や創傷を識別するために番号を付けることもある．Melinda Merck博士は，文字が射創を表し，数字が射入口と射出口を表す「文字-数字システム」を提案している．番号1は射入口に適用され，番号2は射出口に適用される．例えば，A1＝は射入口A，A2＝はA1に関連する射出口となる（Merck, 2013）．

　文字や数字で識別された射創は，その射創が生じた順序を示すものではない．Mary Dudley医師（解剖学・法医学病理学専攻，元ミズーリ州カンザスシティ，ジャクソン郡監察医務院主任監察医）によると，射創の番号や文字の配列は，頭部から尾側に向かって行うのが監察医の間では一般的だとのことである（personal communication, Dudley, 2018）．

　射創の位置は，位置方向の基準（腹側，頭側など）と近傍の解剖学的ランドマークとの距離の測定値を用いて特定する．創傷とその周囲の特徴についても記述する必要がある

(Merck, 2013)．また，散弾射創のように複数の創傷が存在する場合には，それらをグループ化する必要がある (Merck, 2013)．周囲の特徴を記述する際には，身体の正中線を12時として，時計の針のように記載する．

創傷は，貫通または穿孔されたすべての組織と臓器について記載する．動物の体内を通過した弾丸の経路を記録する．弾丸の方向性については，前後，左右，上下という用語を使い，シンプルに表現することが推奨される (personal communication, Dudley, 2018)．回収した弾丸の外観と重量を記述し，その位置を記録する必要がある (Merck, 2013; Bradley-Siemens & Brower, 2016; Bradley-Siemens et al., 2018)．

結論

法獣医学的症例，射創またはその他のあらゆる種類の症例を受け入れるかどうかを決定することは，獣医師と獣医病理学者にとって困難な場合がある．法獣医学的検査にどのような追加項目が必要か，通常の診断報告書以外にどのようなことが期待されるかを理解することは，判断の過程において重要である．本章では，射創の種類に関する基本的な情報を提供し，検査技術について説明している．加えて，この種の法医学的事例で必要とされる法獣医学専門家や法獣医学機関等の広範なチームとの関係構築の必要性を明確に伝えることができれば幸いである．

参考文献

Bradley-Siemens N, Brower AI. 2016. Veterinary forensics: Firearms and investigation of projectile injury. *Vet Pathol*. 53(5):988-1000.

Bradley-Siemens N, Brower AI, Kagan R. 2018. Firearm injuries. Ch. 7. In: Brooks JW, ed. *Veterinary Forensic Pathology Volumes 1&2*. Springer.

Bruzeka-Mucha Z. 2017. A study of gunshot residue distribution for close range shots with a silenced gun using optical and scanning electron microscopy, xray microanalysis, and infrared spectroscopy. *Sci Justice*. 57:87-94.

Clasper J. 2001. The interaction of projectiles with tissues and the management of ballistic fractures. *JR Army Med Corps*. 147:52-61.

Di Maio VJ. 1999. *Gunshot Wounds: Practical Aspects of Firearms, Ballistics, and Forensic Techniques*, 2nd ed. Boca Raton, FL: CRC Press.

Felsmann MZ, Szarek J, Felsmann M, Babinska I. 2012. Factors affecting temporary cavity generation during gunshot wound formation in animals-new aspects in the light of flow mechanics: A review. *Veterinarni Med*. 57(11):569-574.

Haag MG, Haag LC. 2011. *Shooting Incident Reconstruction*, 2nd ed. Amsterdam, Netherlands: Elsevier.

Jason A. 2004. Effect of hair on the deposition of gunshot residue. *Forensic Sci Commun*. 6(2):1-12.

Lockwood R. 2011. When animal and humans attack: Veterinary and behavior forensic issues in investigating animal attacks and shootings [abstract]. Paper presented at *joint ASPCA/NAVC Conference*, January 15-19, 2011, Orlando, FL.

Lockwood R. 2013. Factors in the assessment of the dangerousness of perpetrators of animal cruelty. http://coloradolinkproject.com/dangerousness-factors-2/.

Merck M. 2013. *Veterinary Forensics: Animal Cruelty Investigations*, 2nd ed. Ames, IA: Wiley-Blackwell.

Munro R, Munro H. 2008. *Animal Abuse and Unlawful Killing: Forensic Veterinary Pathology*. Edinburg, UK: Saunders Elsevier.

Pavletic M. 1985. A review of 121 gunshot wounds in the dog and cat. *Vet Surg*. 14:61-62.

Pavletic M. 2010. *Atlas of Small Animal Wound Management and Reconstructive Surgery*, 3rd ed. Ames, IA: Wiley-Blackwell.

Pet-abuse.com (http://pet-abuse.com).

Santucci RA, Chang YJ. 2004. Ballistics for physicians: Myths about wound ballistics and gunshot injuries. *J Urol*. 171:1408-1414.

Tedeschi P. 2015. Methods of forensic animal maltreatment evaluations. In: Levitt L, Patronek G, Grisso T, eds. *Animal Maltreatment: Forensic Mental Health Issues and Evaluations*. Oxford, UK: Oxford University Press, 309-331.

Weiss CA, Ristenbatt RR, Brooks JW. 2016. Shooting Distance Estimation Using Gunshot Residue on Mammalian Pelts. Poster Presentation. Penn State Eberly College of Science.

第 **10** 章

法医学的解剖検査

Jason W. Brooks

法医解剖入門	214
トレーニングと権限	216
テクニック	217
解剖検査結果の報告	231
参考文献	235

法医解剖入門

　法医学的解剖検査とは，法的手続きに使用する報告書を作成する目的で，法執行機関の要請により実施される死体の死後検査のことである．法医学的解剖検査は，後に述べるように，標準的な診断的解剖検査とは異なる点もあるが，死体の解剖と検査は，どちらの場合もほぼ同じである (Brownlie & Munro, 2016; Kagan & Brooks, 2018)．法医学的解剖検査と診断的解剖検査の主な違いは以下の通りである．（1）検査の目的，（2）検査の記録，（3）検査中に発生した証拠の収集．法医学的解剖検査を実施する過程で，犯罪が行われたかどうかを判断することは病理医の責任ではなく，むしろ死体の病理解剖学的所見を単純かつ客観的に記述し解釈することが重要であることを獣医病理医は考慮しなければならない(Gerdin & McDonough, 2013; McDonough et al.,2015)．解剖検査報告書そのものや病理学者の証言を証拠として，犯罪または民事上の不正行為の有無は裁判所が判断することになる．

　診断的解剖検査は通常，自然死と思われる死因による動物の死骸に対して，あるいは犯罪行為が予想されない場合に行われる．これは，自然な病気の進行により死亡した人間や，犯罪行為が疑われないその他の状況において，病院で行われる解剖検査に多少なりとも匹敵するものである．診断的解剖検査は，原則として，心血管系，呼吸器系，消化器系，神経系，筋骨格系，泌尿生殖器系，内分泌系，リンパ系，および消化器系を含む，身体のすべての主要臓器系の徹底的な肉眼および顕微鏡検査から構成されるべきである．診断的解剖検査の目的は死因を特定することであり，そのため微生物，微量栄養素，毒素の検出のための診断的検査が優先されることが多い(McDonough & Southard, 2017)．診断用解剖検査報告書の対象者は通常，検査した動物の所有者または獣医師であり，検査によって得られた結果や報告書で伝えられた内容が所有者や獣医師にとって実用的で有用なものであれば，検査は成功したとみなされる．この場合，簡潔さ，明瞭さ，迅速さは，成功した検査と報告書の最も高く評価される特徴の一つである．これは，肯定的なものも否定的なものも含めて，所見を徹底的に詳細に記録することが最も重要である法医学的な解剖検査とは大きく異なる点である．死体の実際の検査は，標準的な診断検査と大きく異なることはない．法医学的解剖検査は，先に診断検査について述べたように，心血管系，呼吸器系，消化器系，神経系，筋骨格系，泌尿生殖器系，内分泌系，リンパ系，および内臓系を含む，身体のすべての主要臓器系の徹底的な肉眼および顕微鏡検査から構成されるべきである．しかし，法医学的検査の目的は調査内容によって異なり，一般的には死因を特定することであり，おそらくは特定の原因の可能性を含むか除外することである．ただし，死亡時間や死の様態など他の質問が行われることもある(Merck et al.,2013)．法医学的解剖検査報告書において想定される読者は裁判所であり，報告書はこの読者を念頭に置いて書かれるべきである．

　ヒトの死体の法医解剖の必要性は法律で定められており，一般的には以下のような場合

に必要とされる (Peterson & Clark, 2006).

1. 暴力による死，非自然的な原因による死，その他異常または不審な状況による死の疑いがある場合
2. 乳幼児や小児，または一見して健康な人の予期せぬ，あるいは原因不明の死
3. 拘留中の者の死
4. 公衆衛生を脅かす病気による死，またはその疑いがある死
5. 医師の治療を受けていない人の死

異常または不審な状況によるヒトの死は，さらに次のように定義される (Peterson & Clark, 2006).

1. 警察活動に伴う死
2. 急性労災に伴う死
3. 明らかな感電死
4. アルコール，薬物，毒物による明らかな中毒死
5. 明らかな溺死
6. 身元不明の人体
7. 人体が炭化または骨格化する
8. 法医病理医が必要と判断した場合

動物の法医学的解剖検査の必要性は，現在のところ，このような法律によって規制されていない．したがって，捜査を開始し，動物の死骸を検査のために提出するかどうかは，すべて法執行官の裁量に任されている．筆者は，動物の法医解剖を正当化する根拠として，以下を考慮することを提案する．

1. 動物の死が，暴力またはその他の非自然的な原因による疑いがある場合，またはその他の異常または疑わしい状況による場合
2. 獣医師，寄宿施設，グルーミング業者，またはその他の一時預かり者に預けられている間に動物が死亡した場合
3. 動物の死が警察の行動に関連している場合
4. 警察官または鑑定を行う獣医師が必要と判断した場合

トレーニングと権限

　ほとんどの司法管轄区では，ヒトの死亡の調査には，死亡診断書を発行する検死官または監察医 (medical examiner: ME) による医学的調査の監督を伴う死体の検死を含むことが，特定の状況において法律で義務付けられている (CDC, 2015; Touroo et al.,2018)．管轄区域によっては，この監察医が病理学者や法医病理学者であったり，検視官の場合は，医学的訓練をほとんど受けていない選挙で選ばれた職員であったりする (Institute of Medicine 〈U.S.〉. Committee for the Workshop on the Medicolegal Death Investigation System,2003)．検死官あるいは監察医が病理学者でない場合，解剖検査は通常，病理学者，できれば裁判所のために法医解剖を行う高度な訓練を積んだ病理学者が行う．その場合，病理学者は検死報告書を作成し，これが死亡診断書を発行する検死官または監察医による医学的調査の基礎となる．しかし，動物犯罪捜査では通常，死後の死体検案や死亡診断書の発行は法律で義務付けられていない．したがって，検死官や監察医に相当する獣医師は存在しない．しかし，社会の期待が高まり，動物犯罪を取り巻く法的状況が変化するにつれ，動物の死骸の法医解剖の必要性は増加の一途をたどっている．法執行機関にとって，資格があり，能力があり，このサービスを喜んで提供する獣医の専門家を見つけることは，ますます難しくなっていくと思われる．

　現在のところ，獣医病理学者のために正式に認められた法医学病理学トレーニングや認定プログラムは存在しない．したがって，法医学的解剖検査を法獣医病理学者に依頼する法的要件やガイドラインは存在し得ない．このサブスペシャリティは正式に認められていないためである (McDonough et al.,2015)．同様に，法獣医師のための正式に認められた研修や認定プログラムも存在しない．しかし，法医病理学に豊富な経験を持つ認定獣医病理学者 (非公式に法獣医病理学者と呼ばれる)，または法医学に豊富な経験を持つ臨床獣医師 (非公式に法獣医師と呼ばれる) に法医学的解剖検査を依頼すべきである (Munro & Munro, 2011; Ottinger et al.,2014)．そのような専門家がいない場合は，法獣医学的解剖検査経験のある臨床獣医師が解剖検査を行うことも考えられるが，これはあくまで代替案として考えるべきであり，裁判所に対して正当性を主張しなければならない．動物の法医学的解剖検査を実施するために法執行機関に要請された人物を，以下では鑑定を行う獣医師と呼ぶ．鑑定を行う獣医師は，監察医という用語の使用と同様に，特定の専門的経歴を定義するものではなく，捜査における個人の役割を定義するものである．鑑定を行う獣医師としての資格に必要な専門的訓練は，今後数年のうちに専門的基準によって確立されるはずである．しかし，現時点では，そのような基準は存在しないため，以下は将来の発展のためのガイドラインとする．したがって，鑑定を行う獣医師は，専門的資格により，優先順位の高い順に，以下のようになるべきである．

1. 法病理学の訓練と経験を積んだ認定獣医病理学者またはそのような専門家の下で訓練を受けている研修医
2. 法医学の訓練と経験を積んだ臨床獣医師，またはそのような専門家の下で訓練を受けている研修医
3. 法医学的トレーニングを受けていない，認定獣医病理学者
4. 法医学の訓練を受けていないが，十分な解剖検査経験を有する臨床獣医師

　法医学的解剖検査を実施することが法執行官または鑑定を行う獣医師により決定された場合，死体の受領後，鑑定を行う獣医師は法医学的解剖検査全体を完了し，文書化する責任を負い，法執行官により提出された，あるいは死後検査中に収集作成された，すべての証拠品の証拠保全の連鎖の完全性を維持する責任を負う．捜査官は，解剖検査結果の解釈に役立つ可能性のある，関連する警察報告書，写真，医療記録，または目撃者の供述を鑑定を行う獣医師に提供する責任がある．解剖検査後の死体の残骸およびすべての証拠品は安全な場所に保管し，最終的には警察当局に返却するか，捜査機関の判断で破棄しなければならない．保管および移動の記録は厳重に保管されなければならない．鑑定を行う獣医師は，検査結果を，裁判所が使用する一般的な言語を使用した完全な報告書にまとめることが期待されている．この報告書には，解剖検査所見，死因，場合によっては死の様態の完全な説明が記載されなければならない．解剖検査報告書については，本章の後半で詳述する．

テクニック

病歴と死亡現場調査

　死体を検査に受け入れる前に，鑑定を行う獣医師は捜査官またはその他の関係者から詳細な病歴を入手することが必須である (Gerdin & McDonough, 2013)．この履歴には，検査する動物の種類，品種，年齢，性別，検査する動物の数，死体が発見された地理的な場所，死の状況，現場の説明，死体が発見された日付と時刻，動物が生きていたと確認された最後の時刻，死体が発見されてからどのように保管されていたか，飼い主が判明しているかどうか，飼い主が動物の死に関与したと疑われているかどうか，解剖検査で答えるべき具体的な質問など（ただし，これらに限定されない），判明している限りの関連情報を含めるべきである．電話による会話，個人的な会話，電子メール，テキストメッセージ，その他を含むあらゆるコミュニケーションは，鑑定を行う獣医師が日時とともに症例ファイルに記録する．解剖検査を行う前に病理医が病歴を検討することは，時折議論になる話題である．しかし，公平な専門家の手にかかれば，そのメリットは理論的な欠点をはるかに上回る．

死因にまつわる事実を正しく理解することによってのみ，病理医は死因を適切な文脈で考察し，警察当局の質問に答えることができるのである．例えば，解剖検査に出された濡れた犬の死体は，溺死によるものかもしれないし，別の原因で死亡した後に水に浸かったことによるものかもしれないし，低体温症や暴風雨にさらされたことによるものかもしれない．目撃者が後者について説明し，死体が浸かった可能性のある水辺が近くにない場合，鑑定を行う獣医師は死因としてこのシナリオの可能性を強調するように解剖検査報告書を調整することができる．この方法を批判する人たちは，鑑定を行う獣医師が目撃者の証言は当然事実であると信じる偏見を持ち，それによって誤った死因に誘導される可能性があると指摘する．実際には，鑑定を行う獣医師であれば誰でも，提示されたすべての証拠（真実かどうかわからない目撃証言を含む）を検討し，これを総合して死後の死体検査を行わなければならない．このようにして初めて，病理医は裁判所から「これらの解剖検査所見は弁護側の説明した出来事と一致しているか，あるいは検察側の説明した出来事と一致しているか」と問われたときに答えることができるのである．

　ある管轄区域では，監察医や検死官が死亡現場を訪問して死亡調査を開始するのが一般的であるが，獣医師の死亡調査では一般的ではない．死亡現場を訪れることで，法執行機関が提供する現場報告書では見落とされたり，完全に把握されなかったりする貴重な情報を病理学者に提供することができる(Lew & Matshes, 2005; Touroo & Fitch, 2018)．貴重な証拠が現場から収集される可能性があるのは，現場が警察によって確保されているこの時期である．警察によって現場が解放された後，証拠収集のために現場に合法的に立ち入ることが困難または不可能になる可能性があるため，動物犯罪に精通した捜査官が立ち会い，起訴に関連する証拠の収集を指導することが不可欠である．この捜査官は，可能であれば鑑定を行う獣医師であるが，より一般的には法執行官である．鑑定を行う獣医師が死亡現場を訪れない場合，鑑定を行う獣医師には，現場の説明を書いた警察報告書のコピーと，できれば現場と死体が発見された位置の写真を提供することが不可欠である．

死体およびその他の証拠の提出

　症例を受理し記録する前に，提出者はいくつかの書類を受理検査施設に提出することが勧められる．提出者は提出書式に記入するか，臨床診療の場合は患者登録書式に記入する．この書式には，症例に関連するすべての関係者の氏名と住所，検査対象動物の説明，検査官が要求するサービスの説明，および検査官が知っている完全な病歴と必要に応じて添付書類を含める．提出者はまた，検査の条件，検査，料金，その後の結果の連絡，検査後の死体および証拠の処分に同意する同意書に署名しなければならない．また，受入検査施設と提出者の双方は，動物の保管が提出者から検査施設に移されたことを文書化するための証拠保全の連鎖(chain of custody)に署名すべきである．

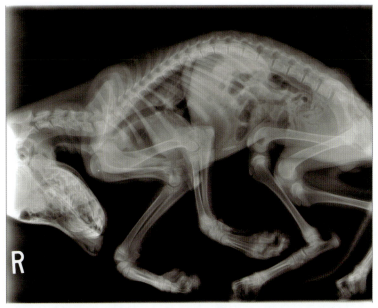

図10.1 2層のビニール袋に入れられた犬のX線画像. 位置決めや袋の材料によるアーチファクトの低減は難しいが, 質の良い画像を得ることができる.

予備イメージング技術

　死体のX線検査は, 死後の整形外科的損傷の評価や, 異物・投射物の同定に非常に有効な手段である (Gerdin & McDonough, 2013). すべての法医学的事件でX線画像の撮影が奨励されているが, 死体が焼却された事件や, 骨格損傷, 異物, 投射物による損傷が疑われる事件では, X線画像の撮影は必須と考えるべきである.

　X線撮影を行う場合は, 死体の解剖検査前に行うべきである. 具体的には, X線撮影は検査の第一段階として, 提出された包装から死体を取り出す前に行うのが理想的である (図10.1). これが不可能または合理的でない場合, X線撮影は外部検査後, 内部検査前まで延期することができる. 死体が開かれた後にX線撮影を試みると, ほぼ確実にアーチファクトが発生し, いくつかの特徴の評価ができなくなる. この方法は, 解剖前のX線撮影が不可能な場合にのみ用いるべきである. X線検査は, 費用面から提出者が拒否することが多い. 断られた場合は, できれば提出者の署名を添えて, 症例記録に記録すべきである. X線撮影同意書 (radiography release form) は, 検査官が解剖検査前のX線撮影の費用と利点を説明し, 許可を得たり, 拒否を文書化したりするのに役立つ.

　X線画像は, 各身体部位の直交する二つのビューから構成され, すべての身体部位を撮影する. すべてのX線画像には, 日付, 症例番号, 診療所または研究室名, 動物ID, 位置マーカーを記載する.

死体の身元確認

　死体の検査は，被害動物の身元を確認するために，死体の外見的特徴に重点を置いて，提出された証拠を徹底的に記述することから始まる．検査者は，すべての検査所見を書面または口述により記録する．標準化された書式を使用することで，検査者は検査のすべての側面が完了し，漏れがないことを確認することができる．さらに，リソースが許せば，撮影した各写真の説明を記録するためにフォトログを使用することもできる．最初の写真は，症例番号，動物名または提出者名，検査日などの識別情報を含む検査室または臨床文書から撮影すべきである．これは，以後のすべての写真の同一性を確立するのに有用である．

　同一性の証明は，動物が提出者によって受け取られた方法の記述から始めるべきである．これには，例えば，動物が提出者により引き渡されたのか，宅配業者により発送されたのかを記載する．さらに，死体を収容し保存するために使用された包装材および冷却装置がある場合は，その説明も記載する．これらの品目は，開梱および包装解除のプロセスを通じて順次撮影されるべきである．その後，検査者は，写真に症例番号を含めて死骸の写真を撮る．体の表面はすべて，最初に提出された通りに撮影し，独特のマーキング，タトゥー，鑑札など，識別可能な特徴にはさらに重点を置くべきである (Kagan & Brooks, 2018)．これらの写真は，毛色や羽毛の長さなど，動物の種や品種を確認するための一般的な特徴を記録する役割も果たす．性別と体格の記録は動物の識別に不可欠であるが，次項で説明する．検査官は，埋め込まれたマイクロチップの有無を確認するために死骸をスキャンする．スキャンの前に，既知のマイクロチップを使用して陽性対照を行い，スキャナーが正しく機能することを確認することが推奨される．チップが検出された場合，スキャナーが表示した情報(マイクロチップ番号および／または製造元など)を記録し，チップが検出されなかった場合はその旨を記録する．スキャナーの結果は写真に撮っておかなければならない．

　鑑定を行う獣医師は，被害者の特徴を説明する文書と写真に続いて，動物の身元を維持するために役立つあらゆる物品を収集し，適切に保存することを余儀なくされる．このような物品には，死体から発見された識別タグまたは装置，およびDNA分析用の生物学的サンプルが含まれる．収集された各物品は，書面による証拠記録に記録される．DNAのために収集される試料には，毛髪(できれば毛根がそのまま付着しているもの)，頬粘膜スワブ，および乾燥した液体の擦過物が含まれる．毛髪サンプルは紙製またはグラシン紙の証拠用封筒に保管し，濡れた液体は綿棒で拭き取り，乾燥ラックで乾燥させ，綿棒ホルダーボックスまたは紙製封筒に入れる(図10.2)．乾燥した液体は，湿らせた綿棒で拭き取り，湿った綿棒について前述したように保管することができる．その他の組織検体は，–20℃〜–80℃で凍結保存する．

| テクニック |

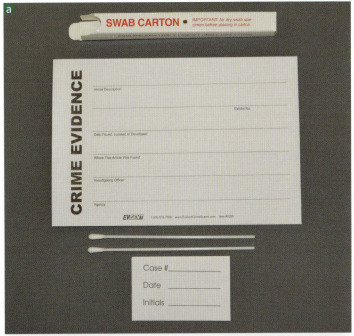

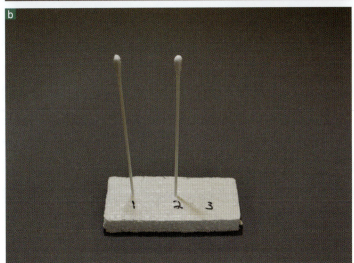

図10.2 死体の身元を確認するために採取すべきサンプル．口腔粘膜のぬぐい液と毛根の残っている毛髪を最低限採取する．

外表検査

　外表の検査はおそらく法医解剖の最も重要で時間のかかる側面である．解剖検査所見を総合的に評価し，専門的な解釈を行うために，鑑定を行う獣医師はこの部分の検査を開始する前に，死亡状況や臨床経過を確認することが理想的である．まだ行われていない場合，死体の表面はすべて，洗浄やその他の手を加えることなく，提出されたままの状態で撮影すべきである．創傷，内科的・外科的処置，その他の異常所見が確認された部位については，特別な注意を払い，記録すべきである．痕跡証拠とみなされる可能性のある関連異物

が存在する場合は，それらを収集し，文書化すべきである．

　検査官は，体重，頭部-臀部長，鼻-尾の全長，胸囲，肩の高さなどの身体計測値を記録しなければならない．検査官は性別，去勢手術の有無，年齢を記録する．動物の栄養状態は，できれば受け入れられている種特異的ボディコンディションスコアリングシステムがあれば，それに従って記述すべきである．解釈の不確実性を避けるため，使用される尺度を名前と可能な得点の範囲で明記するのが賢明である．鑑定を行う獣医師は次に，標準化された尺度または記述的な客観的言語を使用して，衛生状態およびグルーミングの状態を記述し，毛並み，爪，耳，歯の状態および清潔さ，外部寄生虫の有無を特徴づける必要がある．歯が折れている，抜けている，欠けているなど，歯に異常がある場合は，標準的な犬種ごとの歯型表を用いて記録する．

　爪やかぎ爪に保存すべき痕跡証拠が含まれている可能性がある場合は，その切除に配慮する必要がある．この場合，爪の角質部分を鋭利な器具で切断し，証拠書類袋または封筒に入れて保存することができる．痕跡証拠を探す際には，異なる光源を使用すると，死骸や包装資材の評価に役立つことがある．最初の外見検査と証拠収集の後，より完全な評価を可能にするため，必要に応じて死体を洗浄し，さらに検査と写真撮影を行うことができる．

　外表面の検査が終了したら，毛や羽の下の皮膚表面を評価するために，検査者は最も適切な方法を検討しなければならない．毛や羽の状態によっては，毛を刈り取ったり，羽を引っ張ったりして皮膚表面を露出させることが望ましい場合もある．毛が濡れていたり，ひどく絡み合っていたり，腐敗が進行している場合は，これができないこともある．濡れた毛や絡み合った毛の場合，毛刈りを疑わしい小さな部分に限定するか，カミソリやメスを使って疑わしい部分の毛を剃るか，あるいは外皮表面の検査を見合わせ，次項で述べるように皮下検査に頼る必要があるかもしれない．腐敗が進行して皮膚が剥離している場合は，水道ホースで穏やかに水圧をかけることで，表皮を機械的に除去することができる．この方法では，体表から表皮がびまん性に剥がれ落ち，表層の細部は失われるが，隣接する真皮の変化は明瞭に観察できる．

　検査官は死後の保存状態を記述し，青斑，硬直，腐敗，昆虫の発生など死後の変化を記録しなければならない(Brooks & Sutton, 2018)．適切であれば，体温も測定し，体温を測定した部位と使用した体温計の温度範囲を記して記録する．多くの臨床体温計は35℃以下は記録しないが，低体温体温計はもっと低い温度まで読み取るため，体温計の限界値以下はさらに定義する必要がある．

　外部検査を完了するために，外傷や損傷は，損傷の種類，部位，大きさ，形状およびパターンについて詳細に説明する(図10.3)．同様に，医学的または外科的治療を受けた形跡も記録する．体のすべての開口部について，滲出液，出血，異物がないかを評価する．なお，性的虐待の兆候として性器と肛門には特別な注意を払う必要がある．四肢，翼，尾などの

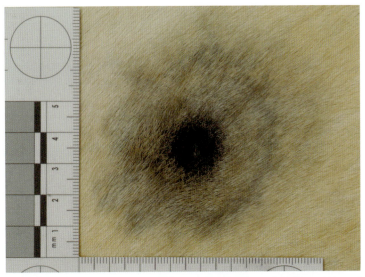

図10.3 牛の皮膚にできた銃創の写真．カメラアングルは皮膚表面に対して垂直で，目盛りは病変部と同じ焦点面にあることに注意

図10.4 体外表面の絵図例．様々な動物種の図が簡単に見つかったり，作成できたりする．

すべての末端は，触診またはその他の方法で，軋轢，変形などの内部傷害の徴候がないか検査されなければならない．外的検査で発見された異常は写真に撮り，身体の主要なランドマーク(**図10.4**)からの測定値を用いて身体上の位置を示す絵図に記録しなければならない．

内景検査

外表検査終了後，全身の体腔と器官の完全な評価を行う．できれば全身を，少なくとも頭部，胸部，腹部など体の主要部位を，また肉眼的に外傷が確認できる部位はすべて，皮膚を

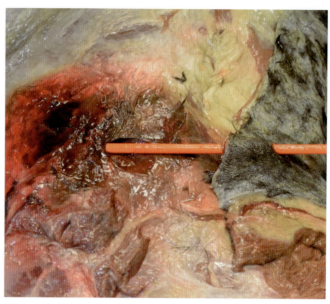

図10.5 銃創部位の犬の腹部の皮下出血．この画像では，様々な体平面における創傷の空間的関係を示すために軌跡棒が使用されている．

反転して皮下を調べることから始める．皮下組織に傷害の痕跡がないか評価する必要があり，出血として目に見える可能性が高い(**図10.5**)．外的な傷害の痕跡が発見された場合は，皮膚に加え，患部に隣接する筋骨格系構造およびその他の内部組織も検査する．骨格に病変があれば，できれば標準化された骨格検査用紙(**図10.6**)を用いて図式化し，症例記録に記録する．

　鑑定を行う獣医師は死体を開腹し，体腔および臓器をその場で検査する．創傷，内科的・外科的処置，その他の異常所見が確認された部位には特別な注意を払い，記録する．頭蓋腔，胸腔，腹腔，骨盤腔の臓器を摘出し，個別に検査しなければならない．検査官は，各臓器を切開または解剖して説明し，内容物があれば測定して説明する．空洞のある臓器については，内容物がないことも記録する．臓器は適切であれば個別に重量を測定しても良いが，種や品種を問わず多くの組織について明確な基準値は存在しない．検査官は，死斑，硬直，腐敗，昆虫の発生など，死後の内部変化について記述する．内臓脂肪組織の貯蔵量および骨髄の量と質の評価を行うべきである．骨髄の採取については次項で述べる．体内の傷や損傷を記述し，スケールを付けて写真に撮る．実用的であれば，患部間の空間的関係を示すことで，体内傷害と体外傷害の関連性を示す試みも可能である．複数の体表を貫通する創傷路を示すには，軌跡棒が役立つ(**図10.7**)．

　検査終了後，検査官は，体内から適切な痕跡証拠を採取して文書化し，補助検査用に保存する組織を採取する．体内検査で検出された異常は，写真に撮って記録する．

| テクニック |

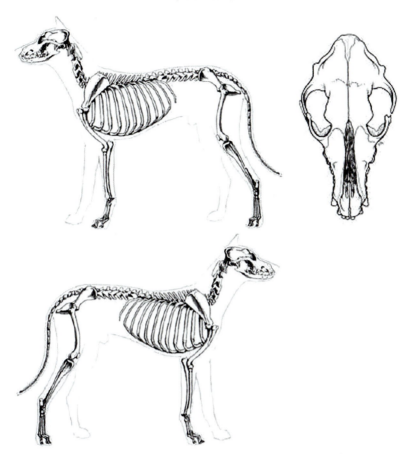

図10.6 骨格図の例．様々な動物種の図が簡単に見つかったり，作成できたりする．

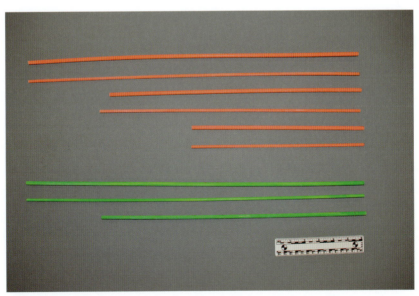

図10.7 様々な色に塗られた木製のダボでできた軌跡棒．創傷の大きさに応じて，様々な長さと直径の棒が有用である．

顕微鏡検査

　肉眼的検査終了後，肉眼的検査所見に基づき，すべての主要臓器および関連する追加組織について顕微鏡検査を実施することが必須とされている (Peterson & Clark, 2006; Gerdin & McDonough, 2013)．これには，生体液または押捺塗抹標本の細胞学的評価と組織の組織学的評価の両方が含まれる．細胞学的検査は，細胞診の訓練を受けた獣医師，できれば獣医臨床病理学者が行うべきである．組織学的評価は獣医解剖病理学者が行うことを強く推奨する．検査官が獣医病理学者でない場合は，評価と相談のために組織を獣医病理学者に送るべきである．このセットには最低限，脳，心臓，肺，肝臓，脾臓，腎臓，腸，膵臓，および膿瘍，腫瘍，火傷，打撲，その他の創傷のような肉眼的病変の辺縁の代表的なサンプルを含めるべきである．病歴と肉眼所見に応じて，骨格筋，脊髄，末梢神経，リンパ節，副腎，甲状腺，下垂体，胸腺，胃，食道，気管，乳腺，膀胱，精巣，卵巣，眼球，皮膚，骨，骨髄，または肉眼的変化を含むか特に関連性のあるその他の組織も評価の対象とする (McDonough & Southard, 2017)．

　自然死による顕微鏡的変化の解釈は獣医病理学者が容易に行えるが，外傷，ネグレクト，その他非偶発的外傷による変化の解釈は，法医病理学の訓練を受けた者が行うのが最善である．法医病理医がこのような病変を解釈するのに役立つ文献は数多くあるが，そのほとんどはヒトの死亡調査に特化したものである (Dettmeyer, 2011)．個々の症例報告に加え，最近では法獣医病理学に特化した文献も少数ながら出版されている．読者は，顕微鏡的変化の解釈について，これらの文献を参照されたい (Brooks, 2018a, 2018b; Rogers & Stern, 2018)．

補助診断技術

　肉眼および顕微鏡検査に加え，解剖検査で収集された生物学的サンプルおよびその他の証拠に適用できる診断分析が数多くある．さらなる分析の必要性は，コスト，納期，結果の解釈，陽性または陰性の結果が法的に及ぼす影響を慎重に考慮し，捜査官と鑑定を行う獣医師が決定しなければならない．検査官と捜査官は，実施頻度の低い多くの分析について，明確に定義された基準範囲が現在多くの動物種について存在しないため，結果の解釈に問題があることを考慮しなければならない．さらに，利用可能な分析法で物質が検出されなかった場合，裁判所は偽陰性を引き起す可能性のある制約を考慮せずに，真の陰性であると容易にみなしてしまう可能性がある．

X線撮影

　X線撮影については，本章ですでに述べた．手短に言えば，X線画像はすべての法医学的事件に強く推奨されるが，死体が焼却された事件や，骨格損傷，異物，発射体による損傷が疑われる事件では必須と考えるべきである．X線画像は，各身体部位の二つの垂直像

図10.8 様々な波長の光を投射できる装置と眼鏡フィルターを示す携帯型代替光源（ALS）の例

で構成され，すべての身体部位を撮影すべきである．すべてのX線画像には，日付，症例番号，診療所または研究室名，動物ID，位置マーカーを記載する．

代替光源試験

　生物学的流体，繊維，打撲痕など，様々な種類の痕跡証拠を視覚化するための補助手段として，適切な訓練を受けた担当者は代替光源（alternate light source: ALS）装置を利用することができる（図10.8）．死体を暗室に安置し，透明または黄色のフィルター付きゴーグルを装着し，紫外線（UV）光源（375～390 nm）を使用して，すべての死体外表面を検査する．あるいは，UV光源に加えて，またはUV光源の代わりに，青色（455 nm）光源とオレンジ色のフィルター付きゴーグルを使用しても良い．他の光源やフィルターが他の特定の用途に有用であるかもしれないが，これらはほとんどの解剖検査条件において最も一般的に有用な組み合わせである．ALSに関するさらなる情報については，他のリソースを参照されたい（Maloney & Housman, 2014）．

毒性学

　病歴，肉眼的または顕微鏡的変化から判断して，毒性学的分析のために組織を提出することができる．最初に分析が要求されなくても，検査官は，将来の分析に備えて，検体を適切に採取し，保管することが勧められる．毒性学的に最も価値がある検体は，血液（抗凝固処理した全血および血清），尿，眼液，胃内容物，肝臓，腎臓，脳，脂肪である．その他の組織は，特定の毒素について価値がある可能性がある．一般に，組織は漏れのない容器または袋に，液体は漏れのない飛散防止チューブに採取する．試料は，分析のために

直ちに提出する場合は冷蔵保存し，そうでない場合は，毒性学者の指示がない限り凍結保存する．獣医毒性学の詳細については，他の資料を参照されたい(Murphy & Kagan, 2018)．

寄生虫学

　定量的または半定量的糞便卵検査は，安価で簡単に実施できる検査法であり，家畜の飼育と衛生の一般的な質を示す重要な指標とみなされることが多い．検査者は，消化管内寄生虫量を評価するために，指示された場合，寄生虫卵数測定のために糞便サンプルを提出することを検討すべきである．糞便卵数測定法は多数存在するため，卵数測定を行う場合は，解剖検査報告書に使用した方法を明記すべきである．同様に，検査官または検査を実施した検査施設は，方法によって結果が異なるため，卵数の結果を解釈すべきである．

骨髄脂肪分析

　法執行官は頻繁に，被害動物の栄養状態を評価するよう検査官に求める．有用な手段であり，死後の栄養状態を定量的に測定できる数少ない方法の一つが，骨髄脂肪分析である(Meyerholtz et al.,2011)．この骨髄の化学分析により，脂質で構成される骨髄の割合が算出される．サンプルは大腿骨または上腕骨の一部で，約2 gの骨髄を含むものでなければならない．大きな骨の場合は，骨髄を露出させるために骨を振動のこぎりで切断し，分析のために骨髄を取り出すことができる(図10.9)．骨髄サンプルは，すぐに分析に供する場合は冷

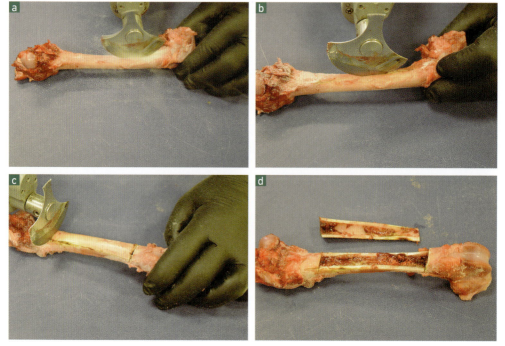

図10.9 骨髄を露出させるために皮質骨を4面カットした犬の大腿骨からの骨髄摘出

蔵保存し，そうでない場合は凍結保存して将来の分析に備える．

微生物学

　細菌，ウイルス，真菌などの獣医微生物病原体については，非常に多くの診断分析法が利用可能である．検査担当者は，必要であれば微生物学的検査に検体を提出することを検討すべきである．感染症検査の詳細については他の臨床リソースを参照されたい(McDonough & Southard, 2017)．

昆虫学

　解剖検査時に検査者が先に述べたような証拠の収集に勤勉でなければならないのと同様に，昆虫の証拠の収集にも細心の注意が必要である (Anderson, 2013)．死体上，死体周辺，死体内の昆虫の生活段階は，地理的位置などの特徴だけでなく，死後経過時間の最も具体的な証拠の一部を提供する可能性がある．しかし，この証拠を役立てるためには，適切に採集・保存し，訓練を受けた専門家が評価しなければならない．このトピックについては，本文の別の箇所で詳しく取り上げているので，ここではこれ以上の説明は省略する．鑑定を行う獣医師は，昆虫の採集と保存のための適切な技術，および解釈のために法医昆虫学者に提出する方法を熟知していることが不可欠である．

その他の分析

　前述の項目は，法獣医学的解剖検査において最も一般的に要求される補助技術の多くを表しているかもしれないが，特定の状況において有用な他の多くの項目があることは確かである．捜査官と鑑定を行う獣医師は，必要に応じて，痕跡証拠分析，DNA分析，弾道分析などの他の補助的処置を依頼することもできる．これらの分析の多くは，犯罪鑑識所によって提供されるかもしれない．しかし，犯罪鑑識所によっては，動物由来のサンプルを受け入れないところもある．捜査官と鑑定を行う獣医師は，希望する分析を行うだけでなく，検査結果を解釈することもできる検査機関を探す責任がある．

証拠の収集

　解剖検査における証拠収集の原則は，他の種類の証拠収集に用いられる原則と同じであり，本書の他の項目に記述されている．しかし，読者にはいくつかの重要なポイントを覚えておいていただきたい．検査者は，証拠として保持することを意図したすべての物品を適切に収集し，包装し，ラベルを貼り，固定し，保存すべきである(Touroo & Fitch, 2018)．金属製の物品は，工芸品のような傷や工具の跡を作らないように，プラスチック製または先がゴムの工具で扱い，品種の特徴を保持すべきである．収集した各証拠品を箇条書きにし

て説明した証拠記録(evidence log)を作成する．この証拠記録は，各証拠品の証拠保全の連鎖(chain of custody)用紙と連動させ，各証拠品の移動と保管の移管を記録する．解剖検査後，死後検査中に撮影された写真やX線画像は，残された唯一の証拠となることが多いので，厳重に保管すべきである．法執行機関または鑑定を行う獣医師によっては，X線画像または写真の保管を捜査機関に移すことを好む場合もある．そうしない場合，鑑定を行う獣医師は，将来，裁判所から要求があれば，これらの書類を提出する責任がある．この考え方は，次項で述べるように，解剖検査で収集されたその他の物的証拠にも適用される．

死体と証拠の処分

解剖検査と証拠収集の終了後，検査官は死後検査中に提出された，または発生した物品の保管または廃棄の作業に直面する．このプロセスは，検査者の無作為の判断に基づくのではなく，提出者との事前の書面による合意に完全に基づくことが重要である．死体，付随検査のために収集・保管された生物学的試料，および解剖検査で収集された証拠品について，処分と呼ばれる各物品の最終的な運命を提出者が示さなければならない．処分の選択肢には，検査官による保管，提出者または第三者への返却，または死体の破棄が含まれる．

筆者の経験では，法執行機関に物品の保管を申し出た場合，法執行機関はこの選択肢を選ぶ可能性が高い．したがって，死骸や証拠品の保管を申し出る場合，特に冷凍庫のスペースが必要なサンプルについては，容量が限られている可能性が高いため，検査担当者は注意を払うべきである．冷凍庫に保管する物品は，ビニール袋に入れ，不正開封防止シールで密封する（図10.10）．冷凍庫は施錠し，アクセスは必要な人員だけに制限する．室

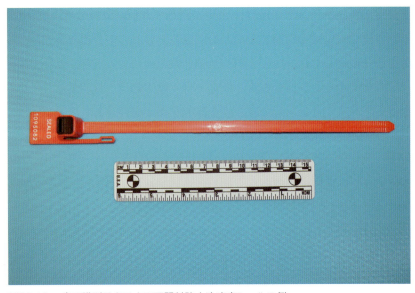

図10.10 一意の識別子を示す不正開封防止冷凍庫シールの例

図10.11 試料を乾燥した状態に保つための通気を可能にする収納箱を備えた証拠品保管庫の例

温で保管できる品目であっても，権限のない者がアクセスできないように，整理され安全な保管庫を維持するためには，細心の注意が必要である**(図10.11)**．したがって，一般に，利用可能な研究室スペースの容量を超えないように，機関に提供される保管の時間を厳しく制限することが推奨される．あらゆる物品の保管は，証拠記録および/または証拠保全の連鎖文書に記録され，追跡されるべきである．物品が提出者または第三者に返却される場合，これもまた提出者により書面で要求され，その後，証拠記録および/または証拠保全の連鎖文書に記録されるべきである．

　遺品が破棄される場合，提出者によるこの要求は，どの遺品が破棄されるかを明記したうえで，文書で記録されるべきである．死体は破棄するが，証拠となる物品は保管するよう要請する機関も珍しくない．したがって，各物品の処分に関する提出者の意図を個別に扱うために，注意を払わなければならない．廃棄を要請された品目の実際の廃棄は，立会い，文書化され，検査官および/または担当職員が，日付，時間，廃棄方法を示して署名すべきである．

解剖検査結果の報告

　法医学的解剖検査を行う最終的な目的は，監察医または鑑定を行う獣医師が法廷で使用するための解剖検査報告書を提出することである(Adams, 2008)．したがって，病理医は報告書を獣医学的死亡調査の頂点と考えるべきであり，すべての検査室での努力は一つの要約文書の作成に集約される．この文書の書式は検査官の裁量に委ねられるが，いくつかの

重要な構成要素をここで説明する．病理医またはその他の獣医師によっては，検査室情報管理システムなどの特定のソフトウェアを用いて作成された報告書の発行を求められる場合がある．しかし，そのようなシステムの多くは臨床または診断報告書作成用に設計されており，法廷で使用するためのきれいな書式の要約報告書の作成には適していない．このような場合，病理医は，雇用主が許可しているのであれば，ソフトウェアで作成された報告書に添付するか，または別個に提出することができる独立した法医学的解剖検査報告書を作成することが推奨される．いずれにせよ，鑑定を行う獣医師は提出時に提出者と，検査終了時にどの関係者が報告書を受け取るのかを明確にすべきである．すべての連絡は，捜査官を通じてのみ行い，飼い主との連絡は行わないことを推奨する．

　解剖検査報告書には，報告書が書かれた時点で鑑定を行う獣医師が知っていた証拠の簡潔な要約，解剖検査所見の徹底的な客観的要約，および入手可能な証拠との関連において裁判所が文脈に沿って解剖検査所見を理解するのに役立つ解釈文が含まれるべきである (Davis & McDonough, 2018)．具体的には，解剖検査報告書には以下のようなアウトラインが推奨されるが，その内容や形式は検査官の裁量に委ねられる．

1. 一般情報：検査対象を特定するための客観的情報は，ヘッダー，フッター，または報告書の冒頭のいずれかに記載する．これには，最低限，捜査機関および／または警察官，法執行機関の事件番号および／または動物識別番号または名前（わかっている場合），動物の種，品種および性別，報告書の日付，解剖検査の日付，鑑定を行う獣医師の名前，肩書きおよび所属，該当する場合は鑑定を行う獣医師が付与した事件番号を含める．

2. 履歴：報告書には，目撃者の証言，現場での所見，解剖検査時に検査官が入手可能であった獣医学的医療記録を含む経時的情報の簡潔かつ完全な要約を記載すべきである．この項目は，死体が検査官に引き渡された日時，方法などを記述するのに適切である．また，法執行官が検査官に，解剖により回答するよう尋ねた質問を記載することも適切である．提出者が解剖検査前の死体のX線撮影を拒否した場合，または検査にその他の制限を設けた場合は，その旨をここに記載すべきである．

3. 解剖検査結果：この項目には，肉眼検査と顕微鏡検査の客観的所見を記載する．簡潔な説明文が適切であるが，この項目は主に，検査中に観察または記録された，フィルターを通さない客観的所見および測定値で構成されるべきである．この項目は，死体が提出された容器または包装の説明，および氷嚢のような保冷具の有無から始めるべきである．死体の保存状態（冷凍，解凍，冷蔵，未冷蔵など）および死後の状態を記述する (Brooks, 2016)．体重，寸法，毛色と長さ，性

別を含む死体の識別特徴を記載する．外部および内部検査の特徴を記述する．顕微鏡検査の結果は，検査したすべての組織を記載する．該当する場合は，補助的な検査の結果を，それらの分析が行われた検査施設名とともに記載する．検査者は，肉眼所見と顕微鏡所見を「病理解剖学的所見」などの見出しでわかりやすくまとめることもできる．

4. 死亡の原因（死因）と死の様態：死因に関する検視官の専門的な見解と，それに続く原因に関する意見欄は，解剖検査報告書の中で最も重要な項目である．この時点までに，報告書には捜査官または検視官が肉眼および顕微鏡検査の過程で提供した客観的な情報がすべて含まれている．この時点で初めて，報告書の文言は意見に変わる．検査官には通常，検視された被害動物の死因を裁判所に提出することが期待されている．死因とは，被害動物を死に至らしめた最初の出来事と定義される．この死因はさらに，直接的死因（近因とも呼ばれる）と根本的死因に細分される．直接的死因または近因とは，死亡に至った最終的な疾病，外傷または状態のことである．根本的死因とは，最終的に死に至った一連の出来事の始まりとなった最初の疾患，外傷，状態のことである．寄与死因という別の用語が使用されることがあるが，これは，死亡に至る生理学的変化の進行に影響を及ぼしたが，その一連の出来事の始まりの原因とはならなかった，被害動物に認められた状態のことである．病理学者の中には，死亡機序を含めることを好む者もおり，これは先に述べた死因から生じた生理学的過程と定義される．複雑な状況の場合，死亡機序は報告書に記載された事象の順序を明確にすることがあるが，そうでない場合は，多くの場合それは不必要であり，不可欠であると考える必要はない．

　死の様態は法的分類として，自然死，偶発的外傷，故意による外傷のいずれかに定義される(図10.12)．被害動物の死の様態を特定するのは複雑なプロセスであり，解剖検査所見と，既知または報告された事件の経緯や現場所見などの捜査所見の両方を考慮しなければならない．ヒトの死因調査における死の様態の分類は，通常，自然死，事故死，自殺，殺人，未確定の5分類のうちの一つである．自殺は被害動物には当てはまらないため，法獣医学的調査ではこの分類は除外される．殺人という用語は人間以外の被害動物には直接当てはまらないため，この用語は非偶発的外傷(nonaccidental injury)に置き換えられる．したがって，獣医療における死亡の様態の分類は，自然死，偶発的外傷，非偶発的外傷，未確定の四つである(図10.12)．偶発的外傷と非偶発的外傷の区別は困難な場合があり，多くの場合，すべての症例所見の総合的考察に大きく依存する．あるいは，偶発的な死亡の様態と非偶発的な死亡の様態をまとめて不自然死と

ヒトおよび動物の死亡調査における死の様態

ヒト

自然死
事故死
自殺
殺人
未確定

動物

自然死
偶発的な死*
非偶発的な死*
　非偶発的外傷とネグレクト（怠慢）の両方を含む
未確定
（＊偶発的と非偶発的な死亡の様態は，総じて不自然とみなされる可能性がある）

図10.12 ヒトの死亡診断書に用いられる死の様態分類と，動物の死亡調査に用いられる死の様態分類案

みなすこともできる．検査官が死の様態を合理的な程度まで確実に決定できない場合，この分類は未確定として記載されるべきである．死の様態を報告書に記載することが望ましいか否かを決定するために，検査官が捜査官および／または検察官と協議することが理想的である．

5. 見解：見解の項目は，解剖検査所見の要約と死因と死の様態の全体的な解釈を言語化したものである．死因や死の様態以外では，これが裁判所にとって解剖検査報告書の中で最も価値のある部分である．意見書は，陪審員全員を含む裁判所が理解できる平易な言葉で書かれ，検査官によるすべての記述と解釈が，偏見や憶測を避けるために注意深く提示されることが重要である．意見陳述で，検査官は，提出時に提出者から質問されたことに口頭で対応することが期待される．

　一般に，解剖検査報告書は，提出時に要請された方法で，適時に，捜査法執行機関に提出されることが期待される．納期は症例数や複雑さ，付随検査の程度に影響されるが，捜査官が現実的な予想を持てるように，提出時に提出者とこの点について話し合うべきである．両当事者はまた，本件に関する今後の連絡の実践や，その後の法的手続きにおける検

査官の期待についても話し合うべきである．

　先に述べたように，解剖検査が完了した時点で，永久的な記録として残るのは，解剖検査報告書と同様に，写真とX線画像だけであることが多い．これらの記録は厳重に保管され，法執行機関や裁判所の代理人による召喚状によって記録が要求された場合，すぐに取り出せるようにファイリングされていることが必要不可欠である．

参考文献

Adams, V. I. 2008. *Guidelines for Reports by Autopsy Pathologists*. Totowa, NJ: Humana Press.

Anderson, G. 2013. Forensic entomology: The use of insects in animal cruelty cases. In *Veterinary Forensics: Animal Cruelty Investigations*, edited by M. Merck, 273-286. Ames, IA: John Wiley & Sons, Inc.

Brooks, J. and Sutton L. 2018. Postmortem changes and estimating the postmortem interval. In *Veterinary Forensic Pathology*, edited by J. W. Brooks, 43-63. Cham, Switzerland: Springer.

Brooks, J. W. 2016. Postmortem changes in animal carcasses and estimation of the postmortem interval. *Veterinary Pathology.* 53(5):929-40.

Brooks, J. W. 2018a. *Veterinary Forensic Pathology*, 1st ed. Vol. 1, edited by J. W. Brooks. Cham, Switzerland: Springer.

Brooks, J. W. 2018b. *Veterinary Forensic Pathology*, 1st ed. Vol. 2, edited by J. W. Brooks. Cham, Switzerland: Springer.

Brownlie, H. W. and Munro, R. 2016. The veterinary forensic necropsy: A review of procedures and protocols. *Veterinary Pathology*. 53(5):919-928.

CDC, Centers for Disease Control and Prevention. 2015. Public Health Law Program: Coroner/Medical Examiner Laws by State. Available from www.cdc.gov/publications/coroner.

Davis, G. and McDonough, S. P. 2018. Writing the necropsy report. In *Veterinary Forensic Pathology*, edited by J. W. Brooks, 139-149. Cham, Switzerland: Springer.

Dettmeyer, R.B. 2011. *Forensic Histopathology: Fundamentals and Perspectives*. New York: Springer.

Gerdin, J. A. and McDonough, S. P. 2013. Forensic pathology of companion animal abuse and neglect. *Veterinary Pathology*. 50(6):994-1006.

Institute of Medicine (U.S.). Committee for the Workshop on the Medicolegal Death Investigation System. 2003. *Medicolegal Death Investigation System: Workshop Summary*. Washington, DC: National Academies Press.

Kagan, R. and Brooks, J. 2018. Performing the forensic necropsy. In *Veterinary Forensic Pathology*, edited by J. W. Brooks, 27-42. Cham, Switzerland: Springer.

Lew, E. O. and Matshes, E. W. 2005. Death scene investigation. In *Forensic Pathology: Principles and Practice*, edited by D. Dolinak, E. W. Matshes and E. O. Lew, 9-64. New York: Elsevier/Academic Press.

Maloney, M. S. and Housman, D. 2014. *Crime Scene Investigation Procedural Guide*, edited by R. M. Gardner. Boca Raton: CRC Press.

McDonough, S. P., Gerdin, J., Wuenschmann, A., McEwen, B. J. and Brooks, J. W. 2015. Illuminating dark cases: Veterinary forensic pathology emerges. *Veterinary Pathology*. 52(1):5-6.

McDonough, S. P. and Southard, T.L. 2017. *The Necropsy Guide for Dogs, Cats, and Small Mammals*. Ames: IA: Wiley-Blackwell.

Merck, M., Miller, D. and Maiorka, P. C. 2013. CSI: Examination of the animal. In *Veterinary Forensics: Animal Cruelty Investigations*, edited by M. Merck, 37-68. Ames, IA: Wiley-Blackwell.

Meyerholtz, K. A., Wilson, C. R., Everson, R. J. and Hooser, S. B. 2011. Quantitative assessment of the percent fat in domestic animal bone marrow. *Journal of Forensic Sciences.* 56(3):775-777.

Munro, R. and Munro, H. 2011. Forensic veterinary medicine 2. Postmortem investigation. *In Practice*. 33(6):262-270.

Murphy, L. A. and Kagan, R. 2018. Poisoning. In *Veterinary Forensic Pathology*, edited by J. W. Brooks, 75-87. Cham, Switzerland: Springer.

Ottinger, T., Rasmusson, B., Segerstad, C. H., Merck, M., Goot, F. V., Olsen, L. and Gavier-Widen, D. 2014. Forensic veterinary pathology, today's situation and perspectives. *Veterinary Record*. 175(18):459.

Peterson, G. F. and Clark, S. C. 2006. Forensic autopsy—Performance standards. *American Journal of Forensic Medicine and Pathology*. 27(3):200-225.

Rogers, E. R. and Stern, A. W. 2018. *Veterinary Forensics: Investigation, Evidence Collection, and Expert Testimony*. New York: CRC Press.

Touroo, R., Brooks, J., Lockwood, R. and Reisman, R. 2018. Medicolegal investigation. In *Veterinary Forensic Pathology*, edited by J. W. Brooks, 1-8. Cham, Switzerland: Springer.

Touroo, R. and Fitch, A. 2018. Crime scene findings and the indentification, collection, and preservation of evidence. In *Veterinary Forensic Pathology*, edited by J. W. Brooks, 9-25. Cham, Switzerland: Springer.

第 11 章

法獣医骨学

Maranda Kles and Lerah Sutton

はじめに	238
骨の構造と成長	239
解剖学用語	242
骨格要素	245
獣医骨学の応用	257
結論	265
参考文献	266

はじめに

　骨学とは，骨格と骨の構造と機能を研究する学問である．比較骨学とは，異なる種の骨格や解剖学的構造の類似点と相違点を研究する学問である．これらの分野から，法獣医骨学が生まれた．法獣医骨学，あるいは比較骨学は，法的意義のある問題に応用され，多くの場合，動物の死体の属や種を同定し，動物虐待や虐待事件の場合に適用される法律を決定する（図11.1）．なぜ骨を研究するのだろうか．

　骨は動的なものであり，成長と発育を可能にする理想的な構造を持ち，筋肉の使用，健康状態，食事，外傷などに基づいて生涯を通じて変化する．加えて，骨は耐久性があり，軟組織が腐敗した後も長く保存されるため，生活史と死因の両方の特定と分析に使用できる永続的な記録を提供する．この事実は，法人類学者によって150年以上前から知られており，人骨を同定し，死因と死の様態を特定するための証拠とするために利用されてきた．しかし，法獣医骨学の分野はかなり歴史が浅い．人間以外の骨学に関する書籍のほとんどは，比較骨学，つまり，この骨はこの動物に似ているのか，それともあの動物に似ているのか，ということに基づいて単に骨を同定することに焦点を当てている（例：Elbroch, 2006;

図11.1 比較骨学：ヒト／牛／羊．(Hawkins, B.W. 1860.A Comparative View of the Human and Animal Frame.[Plate eight-Man, cow and sheep and explanatory text], pp. [unnumbered]-22. https://uwdc.library.wisc.edu/collections/histscitech/companat/)

France 2009)，あるいは，考古学的記録における動物の骨の分析である動物考古学を指向しており，一般的に先史時代の動物や家畜化された動物に焦点を当て，犬や猫など法的に重要な動物に言及することはほとんどない(Cornwall, 1968; Olsen, 1973; Gilbert, 1990; Hillson, 1999; Hulbert, 2001; Reitz and Wing, 2008; Beisaw, 2013)．現代の動物識別について論評しているものは，年齢，性別，品種に関する差異をほとんど取り上げておらず，また取り上げているものも，法的な場面におけるこの知識の応用に焦点を当てていない(例：Elbroch, 2006)．さらに，骨の観点から外傷分析に取り組んだ文献はほとんどなく，ほとんどの文献は軟部組織の外傷分析に焦点が当てられている(例：Merck, 2013)．したがって，この分野はエキサイティングで急速に成長している分野である．本章では，哺乳類の骨学に焦点を当てた獣医骨学の入門的なレビューを通じてこの分野への扉を開き，この知識を虐待，残虐行為，またはネグレクトの問題に対処するためにどのように利用できるかについて触れ，法獣医学的調査における獣医骨学の有用性と必要性を示すことを目指す．

骨の構造と成長

骨はタンパク質(コラーゲン)とミネラル(ハイドロキシアパタイト)の部分からできている．有機成分であるコラーゲンは骨の含有量の約30％を占め，ミネラル部分は骨の含有量の約65％，残りの5％は水分である．コラーゲンは骨に靭性と弾力性を与え，ハイドロキシアパタイトは骨に剛性と硬度を与える(Romer & Parsons, 1977)．ケラチンは，蹄や爪，動物の「甲羅」を構成する硬組織で，線維状のタンパク質でできている(Reitz & Wing, 2008)．このような硬組織は，法獣医学の現場でも発見されることがあり，その分析は種の同定に役立つ可能性がある．骨学的に重要な最後の組織は軟骨である．軟骨は，ほとんどがコラーゲンで構成される緻密な結合組織である．この組織は骨よりも分解が早いが，軟部組織よりは遅いため，法獣医学的事例ではまだ存在する可能性がある．しかし，この組織は弾力性があり，乾燥しやすく，外観が変化しやすいため，分析には限界がある．とはいえ，この問題に関しては入手可能な情報がある(参照：Bonte, 1975; Crowder et al., 2013)．

骨は哺乳類の全体重の約20％を占め，筋骨格系の硬い構成要素である．骨は身体に形と構造を与え，筋肉が作用するレバーとして機能している．骨は骨芽細胞によって形成される．骨芽細胞は通常，骨の骨膜の下，または骨の外表面の薄膜の下に存在し，破骨細胞は骨を吸収または除去する．これらの細胞はどちらも，成長期や発育期に特に活発に活動するが，成人期を通じてその活動を続ける．これらの細胞は，生涯を通じて骨の成長と再構築(リモデリング)をもたらすものである．成長期には，粗く束になった，もしくは編んだ骨と表現される未熟な骨が急速に産生され，骨細胞，つまり生きた骨細胞が多く含まれる．顕微鏡で見ると，コラーゲン線維のパターンがランダムであるため，線維骨と呼ばれ

る.肉眼的に見ると,線維骨は成熟骨より多孔質で無秩序に見えるか,成熟骨のように滑らかな外観を持たない.未熟な骨は,骨折の修復や一部の骨腫瘍でもみられる.最終的に,線維骨は成熟骨に置換される.成熟骨はコラーゲンの組織化された構造が特徴である.これらの骨の種類を識別し,成長と成熟が起こる過程と時間枠を理解することは,外傷の識別と解釈の基礎となる.例えば,骨折の修復のタイミングを評価することで,外傷のタイムラインを作成することができ,それを用いて全身的な非偶発的外傷,すなわち虐待の事例を明確にすることができる.

　緻密骨(緻密骨/皮質骨)は,長骨の外軸や長骨の関節に多くみられ,骨に栄養が行き渡るようにハバース管を含んでいる.軟骨下骨は関節の表面にあり,軟骨に覆われている.通常のコンパクトな骨よりも滑らかで光沢がある(図11.2).一方,骨梁(海綿骨)は骨髄腔内に認められ,血管により栄養を供給されている.海綿骨は多孔質もしくはハニカム構造を有し,通常,骨の関節端にぎっしりと詰まっている(図11.3).骨梁は,骨の重量を激増させることなく骨を支える支柱システムとして機能する.これは鳥類の骨を見ると特によくわかる(図11.4).

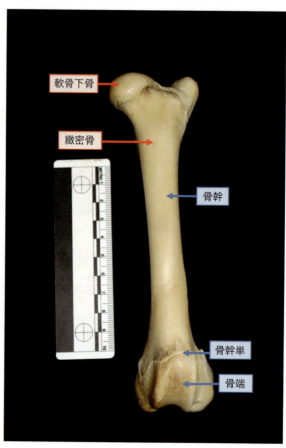

図11.2 骨の部位と,緻密骨と軟骨下骨を示す.

骨の構造と成長

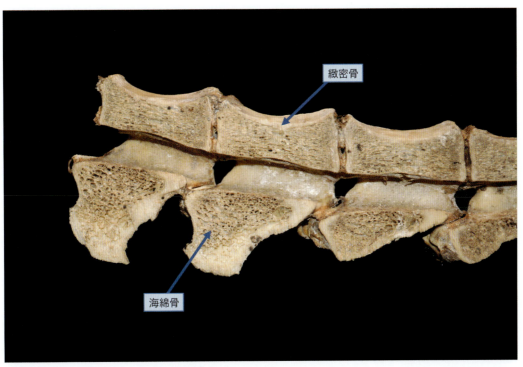

図11.3 緻密骨と海綿骨．シカの椎骨の画像

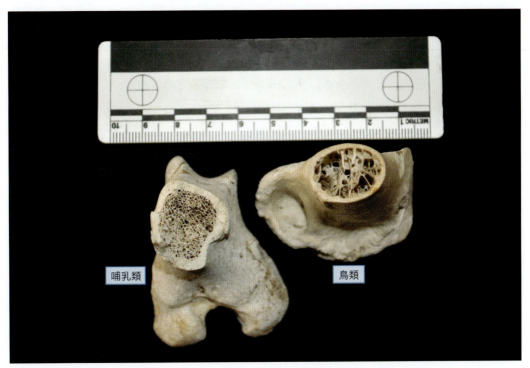

図11.4 哺乳類の骨（シカ）と鳥類の骨（七面鳥）．皮質骨の厚さと海綿骨の配列の違いに注意

骨は周囲の軟部組織，筋肉，静脈，腱，臓器によって形作られ，走る，曲げる，しゃがむ，持ち上げる，噛むといった個人の活動によって形作られ，性別，年齢，身長によって形作られる．この情報は，存在する骨を特定し，存在する種を特定するのに役立つ．また，個体の生活史を理解するのにも役立つ．骨は，整形外科医のJulius Wolff（1892）が概説した「ウォルフの法則」に従って作られ，修正される．「ウォルフの法則」は，骨は必要な場所に設置され，必要のない場所では吸収されることをシンプルに説明している．

　ウォルフの法則は，形態は機能に従うという概念の基礎である．哺乳類，鳥類，爬虫類，魚類など，それぞれの動物の骨格は，クラス，属，種のレベルでグループ化された変更を伴う一般化されたボディプランを持っている．これらの変更は，主に運動（機能）の違い，つまり，四足歩行/ランニング，スリスリと歩く，飛ぶ，登る，スイングするなどの違いや，食性の違い（草食，雑食，肉食）に基づいている．

　骨には五つの基本形があり，最初の識別に役立つ．すなわち，長骨（四肢の骨：主に緻密骨），短骨（手首と足首の骨：主に海綿骨），扁平骨（頭蓋骨：緻密骨のプレートが薄い海綿骨を挟む），不規則骨（脊椎骨：構成が様々），および種子骨（膝蓋骨：腱または靱帯の中に形成される骨構造）である．

　長骨は，骨幹 Diaphysis（シャフト），骨端 Epiphysis（端面または関節面），骨幹端 Metaphysis（骨幹部の近位端および遠位端）の三つの部分から構成され，骨幹端で骨の成長が行われる．成長期には，骨幹が全長に達するまで骨端軟骨（成長板）が存在し，全長に達した時点で骨幹と骨端が接触し，両者の融合が始まる．この過程は遺伝学によって厳密に制御され，非常に予測しやすい形で起こるので，想像できるように，この過程を理解することは年齢判定に役立つ可能性がある**（図11.3）**．

　骨は単なるまっすぐな管ではなく，凸凹，隆起，谷があり，そのすべてに名前が付いている（参照：特徴のリスト France, 2009, White et al., 2012）．これらの特徴は，存在する骨，その骨が由来する体の側面（つまり，右か左か），最終的には分類，属，種レベルの関連を決定するのに役立つ．

解剖学用語

　標準化された解剖学用語は，外傷，病理，その他の差異を，専門家と他の専門家の間で簡単に説明することを可能にする．図11.5〜7はこれらの用語を示している．

　頭方 Cranial：頭の方向，前方

　尾方 Caudal：尾の方向，後方

　吻側 Rostral：頭蓋骨について言及する場合，鼻の方向

　腹側 Ventral：腹部や地面に向かう方向．四肢に言及する場合は使わない．

背側 Dorsal：背中や空に向かう方向．前肢や後肢の足首のより先の部分（paw, foot）に言及する場合，上面を指すこともある．
内側 Medial：正中線方向
外側 Lateral：正中線から離れる方向
近位 Proximal：体幹，軸骨格に近い，または主な腫瘤状病変に近い．主に四肢と尾部

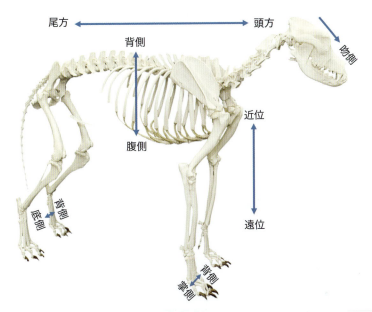

図11.5 犬の骨格に示された方向用語

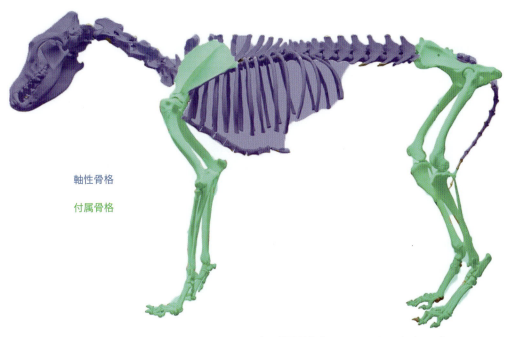

図11.6 犬の骨格に示された軸性骨格（axial skeleton）と付属骨格（appendicular skeleton）

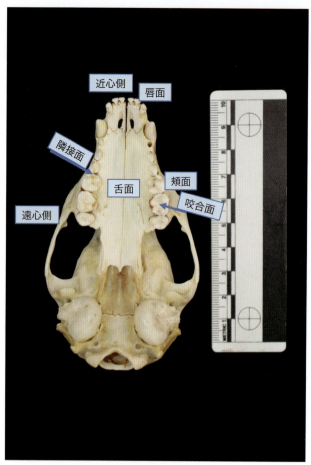

図11.7 アライグマの頭蓋骨を下から見た図に示された歯の方向用語

に使用される．

遠位 Distal：体幹や軸骨格から遠い，または主な腫瘤状病変から遠い．主に四肢や尾部に使用される．

掌側 Palmar：前肢の中手骨以下の部分(paw, foot)の下面

底側 Plantar：後肢の中足骨以下の部分(paw, foot)の下面

軸側 Axial：軸に近い側．頭部，椎骨，肋骨の骨格

付属器，四肢 Appendicular：付属器の骨格：腕，脚とその関節窩

歯科用語

近心側 Mesial：正中線方向，または中切歯の方向

遠心側 Distal：正中線から離れる，または臼歯の方向

舌(側)面 Lingual：歯の内側の面．舌側のことをいう．

唇(側)面 Labial：唇側．一般的に前歯または切歯の表側(唇の内側に面した側)指す．

頬(側)面 Buccal：頬に向かって．一般的には後歯や臼歯の表側(頬粘膜に面した側)を指す．

244

隣接面 Interproximal：2本の歯の間
咬合 Occlusal：咬合面，咀嚼面．切歯は切端面と呼ばれる．

骨格要素

骨格要素についての詳細な議論は本章の扱う範囲を超えている．そこで，各要素の概要を簡単に説明する**(図11.8)**．様々な哺乳類を調べてみると，形態は機能に従うことに気付くと思われる．頭蓋骨では，視覚，嗅覚，食餌が特に影響力のある機能であり，遠位四肢では，運動が主に影響力のある機能である．いくつかの要素は他の要素よりも種を診断しやすく，中でも頭骨は最も診断しやすいので，ここではその特徴についてもう少し詳しく説明する．

頭蓋

頭蓋は五感のうち，視覚，聴覚，嗅覚，味覚(食性)の四つを網羅している．頭蓋と下顎の形状から，その動物にとってのこれらの感覚の重要性について多くの情報を得ることができ，検討の対象となる種の範囲を素早く絞り込むことができる．

視覚

眼窩は多くの骨で構成され，眼窩の外側にある頬骨突起(後眼窩突起とも呼ばれる)によって区切られている．眼窩と頬骨突起の大きさ，方向，骨の完全性から，その動物が狩猟や

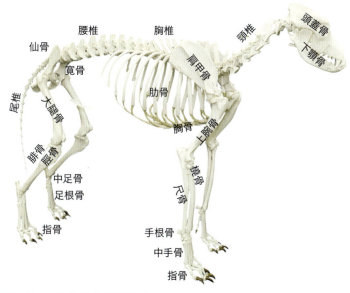

図11.8 犬の骨格で確認された骨

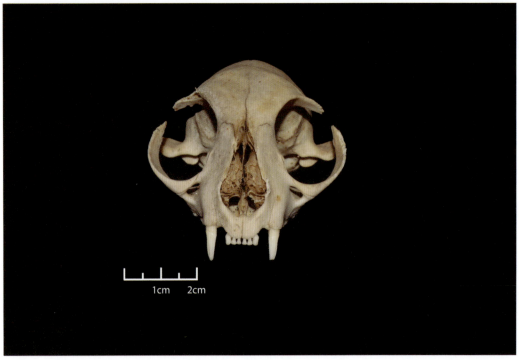

図11.9 一般的なイエネコの頭蓋骨の前面図

生存のために視覚に依存しているかどうかを知ることができる．ネコ科動物の眼窩(図11.9)は大きく，不完全に眼球を覆うものであることから，狩猟における視力の高さがうかがえる．同様に，フクロウの眼窩は非常に大きく，夜間の視力を確保できるように保護されている．どちらの種でも，前眼窩は視野の重なりを作り，立体視や奥行き知覚を可能にする．げっ歯類は眼窩が小さく，保護されていないため，視覚への依存度が低い．同様に，アルマジロ(図11.10)も眼窩の保護は最小限であり，他の感覚に頼って世界を移動したり，捕食者から身を守ったりしている．馬，シカ，牛などの偶蹄類は，眼窩が大きく，横方向に配置されているため，ほぼ360°を見渡すことができ，捕食者を探すのに不可欠であるが，単眼視で世界を見ているため，奥行き知覚がない．獲物として，彼らは捕食者がどこにいるかを知る必要があるが，必ずしもどれが近づいているかを知る必要はない(図11.11)．

聴覚

　頭蓋骨の側面にある側頭骨には，聴覚器官を収容しており，耳骨胞と，一部の哺乳類では外耳道(耳の穴)がある．耳骨胞は，外耳道のすぐ下に位置する膨らんだ薄壁の構造である．イヌ科動物やネコ科動物では大きく，シカでは中程度，クマ，オポッサム，牛では小さい．これも狩猟や生存における聴覚の機能的重要性に基づいている(図11.12, 13)．

| 骨格要素 |

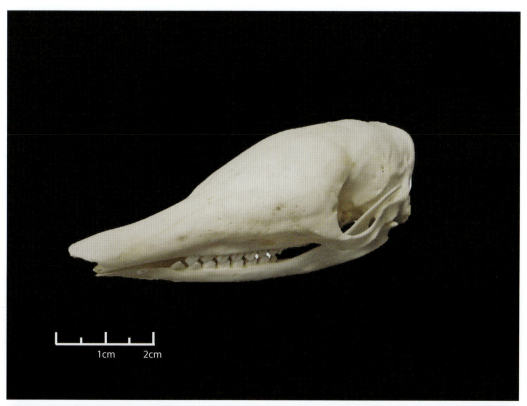

図11.10 アルマジロ頭蓋骨の側面図

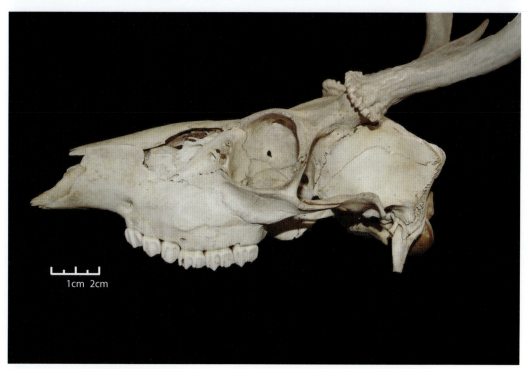

図11.11 オジロジカ頭蓋骨の側面図

第11章

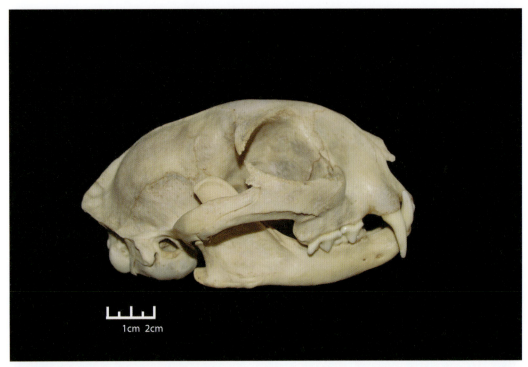

図11.12 ヤマネコ（ボブキャット）頭蓋骨の側面図

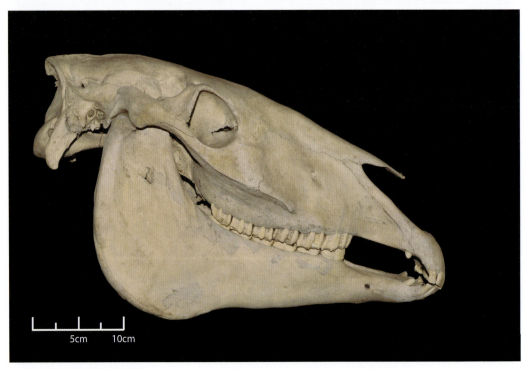

図11.13 馬の頭蓋骨の側面図

嗅覚

　鼻は上顎骨と鼻骨によって規定されている．鼻の中にはカタツムリのような形をした鼻甲介があり，嗅覚のタービンの役割を果たしている．嗅覚に大きく依存する動物では，鼻甲介はより大きく複雑である(図11.14)．動物の鼻の全長も，狩猟や生存のために嗅覚に頼っていることを反映している．嗅覚に大きく依存するアルマジロの鼻は非常に長く，眼窩は保護されていないが，霊長類の鼻は小さく，眼窩はかなり保護されている(図11.15)．

味覚

　食習慣は上顎骨と下顎骨の大きさと形，そして側頭骨にある顎関節を介して頭蓋骨と下顎骨の連結を決定する．頭蓋との関節接合がゆるいと，放牧動物は下顎骨をより横方向に動かすことができ，関節接合がきついと，正確な歯並びで死骸から肉を剪断することができる．また，下顎頭(耳の近くで頭蓋に付着している部分．関節突起とも称する)の歯列に対する高さは，食餌に影響を与える．下顎頭が歯列と一直線上にある場合，歯がより効果的にかみ合うため，食物や肉をスライスしたり，剪断したり，粉砕したりするのに適している(肉食動物および雑食動物：ヤマネコなど)が，下顎頭が歯列よりかなり上にある場合，食物を転がしたり，植物をすりつぶしたりするのに適している(草食動物：馬など)．

　頭蓋骨には他にも種を見分けるのに役立つ多くの特徴があるが，この章では詳しく説明

図11.14 犬の頭蓋骨の吻側から見た図

図11.15 旧世界ザルの頭蓋骨の側面図

しきれない．願わくば，この感覚に関する考察が，分類，属，種を評価するためにどのような特徴を調べるのかの基礎固めに役立てば幸いである．

歯列

ほとんどの哺乳類は双生歯類で，乳歯と成歯の2組の歯が生える．ポリフィオドン（多歯類）と呼ばれる動物の中には，サメやワニなど，生涯にわたって歯が生え変わるものもいる．歯には切歯（incisors：I），犬歯（canines：C），前臼歯（premolars：P），後臼歯（molars：M）の4種類がある(図11.16)．2種類以上の歯を持つ動物をヘテロドン類，爬虫類や魚類のように1種類の歯を持つ動物をホモドン類と呼ぶ．

切歯（I）は小さく，ノミのような形をした歯で，歯根は1本である．偶蹄目（牛やシカなど）には上顎切歯がない（豚を除く）．その他の種，特にげっ歯類は，切歯が修正されていたり，肥大していたりする．これらの歯は，しばしばくわえたり，削ったり，引き裂いたりするのに使われる．

犬歯（C）は円錐形で歯根が1本であることが多い．馬などの有蹄類では痕跡的で切歯のような外見をしているが，大型肉食動物ではかなり大きく特徴的な歯になる．これらの歯はしばしば，穴を開けたり，保持したり，引き裂いたりするのに使われる．

前臼歯（P）と後臼歯（M）は，食べ物を噛んだりすりつぶしたりするのに使われる．前臼

| 骨格要素 |

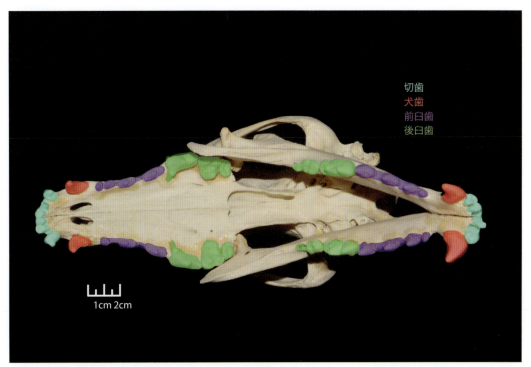

図11.16 犬の頭蓋骨を下から見た図に示された歯の種類

歯は単根または複根で，後臼歯は2本以上の歯根を持つ傾向がある．後臼歯は口の奥にあり，前臼歯より大きい傾向があるが，げっ歯類，ウサギ，偶蹄類など，大きさや見た目がよく似ている種もある．

存在する歯の種類の数は，属の決定に役立つ．上顎と下顎の片側半分に各タイプの歯が何本存在するかは，歯式で表される．歯式は常に，前からI：C：P：Mの順で示される．歯の数は上顎と下顎で異なることがあるため，歯式では両方を報告することが重要である．例えば，すべての犬，コヨーテ，オオカミの歯式は3/3：1/1：4/4：2/3であり，これは上顎と下顎の両方に切歯が3本ずつ（3/3），犬歯が1本ずつ（1/1），前臼歯が4本ずつ（4/4），上顎に後臼歯が2本，下顎に後臼歯が3本ずつ（2/3）あることを意味する(図11.17)．これはオジロジカの歯式が0/3：0/1：3/3：3/3であるのとは大きく異なり，上顎には切歯も犬歯もないことを示している．近縁種を見ると，イエネコの歯式は3/3：1/1：3/2：1/1，ヤマネコの歯式は3/3：1/1：2/2：1/1である(図11.18)．

時には，発見された歯列が予想される歯列公式と異なることがあり，これを記録することは重要である．例えば，ヒトの歯列の公式は2：1：2：3（下顎と上顎の歯の数は同じ）であるが，多くのヒトは第三後臼歯を持っておらず，多くの場合手術によって除去されている．しかし，第三後臼歯が生えないヒトも増えており，その場合，後臼歯部のスペースが非常に小さいことから明らかになる傾向があり，X線画像で先天的に存在しないことが確

| 第11章 |

図11.17 歯列の図：犬の頭蓋骨

図11.18 歯列の図：猫の頭蓋骨

認されることが多い．現時点では，歯列の公式はまだ2：1：2：3であり，第三後臼歯がないことを記録し，その理由を説明することが重要である．最終的には，ヒトの歯式は2：1：2：2に変わるかもしれない．動物に話を戻すと，同じようなことがいくつかの犬種でみら

れる．歯の密生やその他の遺伝的変化により歯が失われているのである．したがって，予想される歯式とみられるバリエーションに関する文献をチェックすることは重要であり，可能であれば，どの歯が欠損しているのか，そしてその理由は何なのか（例：外傷や病気による死亡前の欠損，死亡後の欠損，幼若で未発生または未発達，または個体の異常）を判断することができる．例えば，犬の歯列の例(図11.17)では，右上顎第二前臼歯と右下顎第三後臼歯が欠如している．前臼歯は個体異常によるものと思われ，発育しなかっただけであるが，後臼歯は死後に失われた．

頭蓋後骨格

　頭蓋後骨格にもまた，科，綱，属，種の同定に役立つ様々な変化がみられる．形は機能に従うものであり，これは特に運動に関して当てはまる．したがって，四肢の下部は，手根骨や中手骨の数が減少したり，指節骨が蹄や爪に変化したりするなど，種によっては他の種に比べてより変化する傾向がある．

前肢

肩甲骨

　肩甲骨(scapula)は通常，ほとんどの哺乳類の背外側に位置する．筋肉が付着できるように細長くなっている．ある種ではより細長く，他の種ではよりD字型や三角形をしている．

上腕骨

　上腕骨(humerus)は前肢(forelimb)の上部の骨である．上腕骨頭は肩甲骨と関節している．上腕骨頭は丸みを帯びた構造をしており，肩関節の回転を可能にする．上腕骨頭は，回転をあまり必要としない種ではより卵形になり，掘る，登る，泳ぐなど運動以外の活動に前肢を使う種ではより丸みを帯びる傾向がある．頭部は，犬などの四足動物では下向きの肩甲骨と関節を形成するため，より後方に位置する傾向があり，チンパンジーなどの直立性の強い動物ではより側方に位置する傾向がある(図11.19)．

橈骨と尺骨

　橈骨(radius)と尺骨(ulna)は前肢の下側の骨で，同じような大きさになる傾向がある．橈骨はより前外側にある骨で，尺骨はより後内側にある骨である．多くの種で尺骨は橈骨と癒合し，一つの骨となるが，他の種では尺骨は退化しており，ほとんど発達していない．

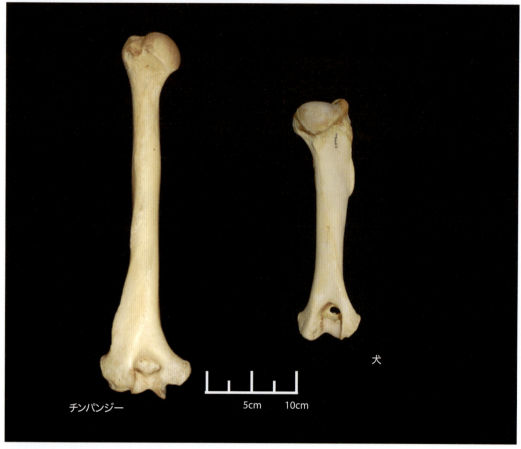

図11.19 チンパンジーと犬の上腕骨

胴体／骨盤
鎖骨

　この要素は哺乳類にも存在するが，多くの場合，退化しているか，あるいは存在しないため，種の識別にはあまり役に立たない．骨魚類には鎖骨（clavicle）があり，カメは鎖骨を胸甲に組み込み，鳥類には「叉骨（ウィッシュボーン）」の形でみられる．

椎骨

　椎骨（vertebrae）は首から骨盤（pelvis）まで同じような長さで，全体的に円筒形をしていることが多い．

　すべての椎骨は似たような構造をしているが，椎骨の各セグメントには，それらを指し示す若干の変更が加えられている．

頸部

　通常，頸椎（cervical）は七つある．

1. C-1は環椎と呼ばれ，頭蓋と連結している．

2. C-2は軸椎と呼ばれ，第一頸椎の旋回と頭部の回転を可能にする．C-1が回転する骨突起，つまり歯状突起の全体的な形状は，回転の程度を示唆する．

3. 胸椎 Thoracic：胸椎は通常11〜16個ある．肋骨はこれらの椎骨の椎体と関節接合している．

4. 腰椎 Lumbar：腰椎は通常4〜7個ある．これらの椎骨は，胸椎よりも椎体が長い傾向がある．

5. 仙骨（仙椎）Sacrum：仙椎は通常3〜6個の椎骨が癒合したものからなるが，1個の場合もある．最初の仙椎は最も尾側の腰椎と連結する．仙骨の翼は仙骨翼と呼ばれ，耳状面で寛骨と関節接合する．しかし，仙骨はしばしば寛骨と融合し，一つの堅固な構造を形成する．

6. 尾椎 Coccygeal：尾椎の数は尾の長さによって異なる．

胸骨

胸骨（sternum）は，鎖骨があれば鎖骨と，肋骨があれば肋骨と関節で連結する．胸骨は，より頭側にある肋骨（しばしば真肋と呼ばれる）とは，個々の肋軟骨を介して胸肋関節で直接連結し，また，下側の肋骨（仮肋）とは，共通の肋軟骨を介して間接的に連結している．胸骨の本体は，軟骨で結合された複数の胸骨片）として現れることもあれば，これらが融合して一つの胸骨体になることもある．

肋骨

通常，肋骨（ribs）の数は胸椎の2倍であるため，胸椎が12本なら肋骨は24本あるはずである．多くの場合，最初の7本の肋骨は胸骨と直接連結し（真肋），8，9，10本目は軟骨を介して連結し（仮肋），11，12本以上は胸骨と連結しない（浮肋）．頸肋や腰肋を持つ種もあるが，これらは他の肋骨よりはるかに小さい傾向があり，胸肋の解剖学的特徴のすべては発達していないのが一般的である．様々な出版物に，種ごとに予想される肋骨数のリストが掲載されている．なお，家畜化された牛や豚の肋骨の数は，食肉用に繁殖されたか否かで変化する傾向がある．

肋骨には，牛にみられるような非常に幅広く平らなものと，犬にみられるような非常に丸いものの2種類がある．

寛骨

四足歩行の動物の骨盤（pelvis）は細長い傾向にあり，筋肉を付着させ，筋肉の機能を最大限に発揮させる．二足歩行や遊泳する哺乳類では骨盤はさらに修正され，マナティーや

イルカのような動物では骨盤はほとんど存在しない.

　寛骨（os coxae）は三つの骨で構成されている．腸骨（ilium）は翼または刃のような部分，坐骨（ischium）はより球根状のアーチ状の部分，恥骨（pubis）はより薄いアーチ状の部分である．寛骨臼（寛骨臼窩）は，この三つが合わさる部分で，これが股関節の関節窩になる．腸骨稜は動物の突き出た「腰」である．

後肢
大腿骨
　大腿骨（femur）は後肢（hindlimb）の上部に位置する．大腿骨頭は内側を向いており，寛骨の寛骨臼と関節接合する．大腿骨頭は上腕骨頭よりもボール状である傾向があり，この関節でより多くの回転を可能にする．大腿骨頭の中央には大腿骨頭窩があり，寛骨の寛骨臼切痕からの円靭帯を挿入するための小さなくぼみとなっている．上腕骨頭には窪みがないため，断片的な要素で両者を容易に区別することができる．

膝蓋骨
　膝蓋骨（patella）（膝頭）は大きな種子骨で，肢の大腿四頭筋の機能（膝関節の伸展）を増強する働きがある．

脛骨と腓骨
　脛骨（tibia）は二つの下腿骨のうち大きいほうで，より前内側にある骨であり，小さい方の腓骨（fibula）はより後外側にある骨である．多くの種では，腓骨は脛骨と癒合して一つの骨になるが，他の種では腓骨は退化し，ほとんど発達しないか，存在しない．

前肢と後肢
手根骨と足根骨
　手根骨（carpals）は最大8個，足根骨（tarsals）は最大7個ある．

中手骨と中足骨
　哺乳類の祖先の形では，5本の中手骨（metacarpal: MC）または中足骨（metatarsal: MT）があるが，様々な種でこの数は減少し，長い中手骨または中足骨が1本しかないものもある．後肢の狼爪を切除した犬では，第1中足骨とそれに付随する指節骨がない．犬や他の多くの種では，この第1中足骨が存在する場合，前肢にみられるような完全に形成された指として現れることもあれば，末節骨のみの場合もある．
　第1中手骨または第1中足骨が最も短く，第3中足骨と第4中足骨が最も長い傾向がある．

256

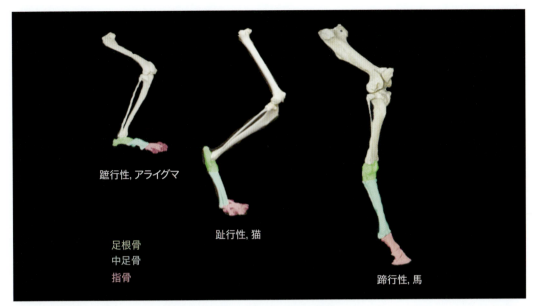

図11.20 足根骨，中足骨，指骨の関係を示すアライグマ，猫，馬の後肢

中手骨の軸は，断面がより平らかD字型になる傾向があり，全体的に短くて太いのに対し，中足骨は断面がより卵形か丸みを帯びる傾向があり，見た目には長くて細い．

指骨

典型的には14本の指骨（phalanges）が存在する．第1指（親指）には基節骨 Proximal phalanxと末節骨 Distal phalanxの2本があり，他の4指には基節骨，中節骨 Intermediate phalanx，末節骨がある．指の数が減ると指骨の数も減るため，馬の指骨は片肢につき基節，中節，末節の3本しかない．指骨は近位から遠位へ進むにつれて小さくなる．前肢の指骨は，同等の後肢の指骨よりも大きい傾向がある．

これらの要素の数と長さ，そして爪や蹄の有無が識別に役立つ．例えば，蹠行性（足の裏を地面につけて歩く習性がある）動物は趾が完全に揃っており，中手骨と中足骨は橈骨/尺骨または脛骨/腓骨に対して短い傾向がある．そして，趾行性（つま先歩行）動物は，つま先が完全に揃っているか，わずかに減少している．しかし，中手骨と中足骨の長さは長くなっている．蹄行性（蹄歩き：基本的に趾の爪で歩く）動物は趾の数が減り，中手骨と中足骨の長さはピークに達している（図11.20）．

獣医骨学の応用

獣医骨学を法獣医学的な意味で解釈すると，一群の骨格を分析する最終的な目的は，生前の生物学的プロファイル，すなわち死後の身元確認に使用できる，個体が生前に有して

いた一連の特徴を作成することである．獣医学の場合，生物学的プロファイルには，分類，目，科，属，種，品種，年齢，性別，身長/体格，個体差，健康状態，病理学的特徴，外傷などが含まれる．実践者（Practitioner）はこれらの情報を活用し，症例に含まれる個体または個体の生涯，そして場合によっては死についての理解を深める．

この最後の項目では，網，目，科，属，種の同定を評価するために，骨格要素の特徴をどのように用いるかについて述べる．同定に用いることができる明確な分類上の特徴や種特有の特徴のいくつかを強調するために，いくつかの動物種を選んで記述した．これは獣医骨学の活用方法の一例として行われたものであり，決定的なものではなく例示的なものである．相違点として挙げた項目は絶対的なものではなく，よく観察し，さらに研究を重ねれば，より多くの微妙な違いが見つかるはずである．

鑑別プロセス

骨は種によってその外見が異なるが，これは形が機能に従うからである．このような機能は，運動機能の変化から始まり，目，科，属と分類体系を下るにつれて，特殊な運動機能，食性，および/または環境の影響による機能変化が現れる．

鑑別プロセスは，(1)存在する要素，(2)発育と大きさ，(3)形態(目)，(4)バリエーション(科，属，種)の四つの一般的なステップで進められる．Cornwall (1968)はこのプロセスについてより詳細な考察を行っている．

1. 存在する要素：骨または骨格標本が同定用に提示された場合，最初のステップは，どのような骨または骨の組み合わせが存在するかを決定することである．頭蓋の要素なのか，頭蓋後骨格の要素なのか．歯か長骨か？　例えば，大腿骨が提示された場合，魚類やヘビ類を簡単に除外できる．

2. 発育と大きさ：次に，発育と大きさを評価し，他の動物を除外する．例えば，大腿骨の長さが100 mmで，完全に発達，形成されている場合(成体であることを示す)，馬，牛，シカなどの大型動物を除外することができる．

3. 形(目)：第3段階は，形態に基づく目や科の排除である．シカ(偶蹄目 Artiodactyla)は細長い骨格を持つ傾向があり，犬と猫(食肉目 Carnivora)は短い骨格を持つ傾向がある．大腿骨の長さが100 mmであることから，短くてずんぐりしていると示唆され，偶蹄目は除外できる．

4. バリエーション(科，属，種)：大腿骨のその他の特徴により，ネコ科とイヌ科を区別することができる．これは微妙な違いに基づく．特に骨学的な証拠のみに基づいて種を特定することは非常に困難である．ある要素は非常に診断的であるが，他の要素は一般的な特徴であり，種や属の判定にはあまり役に立たな

い．このステップは比較分析によって達成するのが最善であり，存在する要素に区別できる特徴がない場合は不可能な場合もある．

犯罪現場で収集された遺骨がある場合，従事者は通常，法獣医学的に重要でない骨を最初に除去したいと考える．例えば，犬に対する動物虐待事件であれば，犬の遺骨が法獣医学的に重要であり，その他の遺骨は(少なくとも現時点では)それほど重要ではない．このことを念頭に置いて，以下の項目では，鑑別の四つのステップを通して，この事例で犬以外の遺骨を除去するために用いたいくつかの特徴に焦点を当てた．まず哺乳類以外の遺骨を除き，次に犬と同じ環境でみられ，犬と大きさや外見が近い他の動物，例えば，アライグマや猫などの骨を除去する．

哺乳類以外

両生類，爬虫類，魚類，鳥類など，法獣医学検査の過程で発見される可能性のある哺乳類以外の動物は数多く存在する．以下は，これらの動物を哺乳類と区別するために使用されるいくつかの特徴についての簡単な考察であり，これは，鑑別プロセスのステップ1と2におおよそ該当する．

容易に認識でき，網固有のいくつかの特徴を提供する要素の一つは，椎骨である．哺乳類の椎骨の椎体は両端平坦，無凹形(acoelous)であり，頭側面，尾側面ともに平らである．これらの椎骨は圧縮力への対応に適しているため，哺乳類にとって理想的である．前凹形(procoelous)の椎骨は椎体の頭側面が凹状，尾側面が凸面だが，一方，後凹形(opisthocoelous)椎骨はその逆で，椎体の頭側面が凸状で尾側が凹状である．これらのタイプの椎骨は，脊髄を過度に伸ばすことなく脊椎の柔軟性を高めている．カエルやほとんどの爬虫類は前凹形(procoelous)で，ほとんどのサンショウウオ，ガー目の魚類，一部の鳥類は後凹形(opisthocoelous)である．両凹形(amphicoelous)の椎骨は椎体の両表面が凹んでおり，可動域が広く，ほとんどの軟骨魚類と硬骨魚類，および少数の爬虫類にみられる．異凹形(heterocoelous)の椎骨は鞍状で，頸部を後退させ，捻る動きを制限し，脊髄への負担を軽減する．これは，鳥類や亀類の首によくみられる(図11.21)．

他の骨要素の一般的な外観も，識別に役立つことがある．例えば，鳥の骨の最も顕著な特徴は，軽いことである．鳥の骨は高度に含気化されている，つまり骨に多くの空気を入れた小腔が含まれている．これは特に飛翔する鳥類に当てはまり，潜水する鳥類や陸生の鳥類は含気化が少ないが，それでも哺乳類よりは多い．鳥類の骨は一般的に皮質骨が薄く，骨髄腔にはほとんど骨がない．海綿骨は他の哺乳類のように密ではなく，代わりに細い支柱が髄腔を横切っており，骨を支えるが重さはほとんどない．一方，爬虫類は皮質骨が非常に緻密で，髄腔がほとんどない傾向がある(図11.22)．

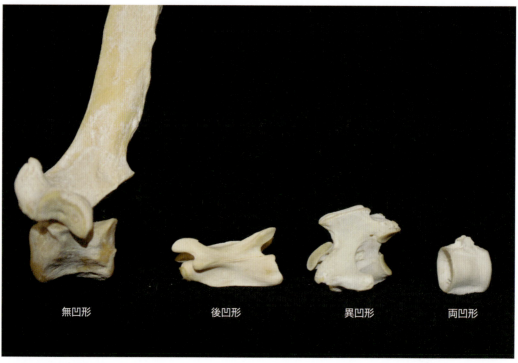

図11.21 椎骨の形の違い

無凹形　後凹形　異凹形　両凹形

哺乳類　爬虫類　鳥類

図11.22 哺乳類，爬虫類，鳥類の長骨の断面図．皮質の厚さを示す．

| 獣医骨学の応用 |

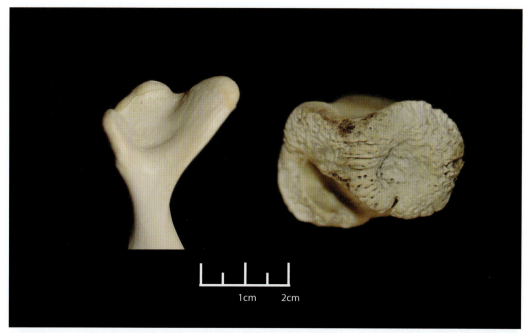

図11.23 カメの骨と未熟な哺乳類の骨．爬虫類の骨は滑らかな形をしているが，哺乳類の骨の表面は起伏があり，不完全であることを示している．

　両生類や爬虫類に目を向けると，これらの動物は軟骨関節を持っているため，骨の端は丸みを帯びており，特に長い骨は哺乳類にみられるような彫刻のような造形が施されていない．人間の幼児の骨は，しばしば両生類や爬虫類の遺骨と間違われる．しかし，注意深く観察すると，両生類や爬虫類の骨は末端が平滑で，完全な骨端を有するのに対し，乳幼児の骨や哺乳類の幼骨は骨幹端がまだ成長しているため，末端が起伏していたり，粗糙なことがわかる**(図11.23)**．

　次に，哺乳類の遺骨の調査に移る．食肉目，偶蹄目，奇蹄目には法獣医学的に興味深い種がいくつか見つかっているため，これらの分類に焦点を当てる．以下は鑑別プロセスのステップ3の分析に該当する．

食肉目対偶蹄目・奇蹄目

　肉食動物は肉を食べる哺乳類であるが，その多くは雑食性である．すべての肉食動物は，肉を剪断し，互いを研ぎ澄ますために一緒に働く最後の上顎前臼歯（P4）と第一下顎臼歯（M1）を含む裂肉歯配列を共有している．また，一般的に犬歯も肥大しているが，この構造の発達はグループによって異なる．

　偶蹄目は偶数指の有蹄動物であり，奇蹄目は奇数指の有蹄動物である．どちらも草食動物である．全体として，これらの動物の歯は食べ物をすりつぶしたり，削ったりするために設計されているが，それぞれの目の中で科や属のグループが異なることを示す形（例：丸い尖端と三日月形の尖端）のバリエーションがある．

肉食動物(犬，コヨーテ，猫，ヤマネコなど)は偶蹄目(シカ，牛など)や奇蹄目(馬など)よりもはるかに小さい傾向があるため，骨格標本を見てもこの二つのグループを混同する人はほとんどいないと思われるが，その全体的な違いを論じることで，鑑別プロセスで調べる特徴を浮き彫りにすることができる．

肉食動物では，脳は全体的に大きく，特に一部の種(猫など)では吻側の領域が縮小している．つまり大きな顎の筋肉を付着できるように，頭蓋骨の様々な部分が修正されている．眼窩はより前方に向く傾向がある．耳骨胞は拡大する．歯列は一部の種では歯の本数が減少するが，全体的には犬歯が大型化する．

偶蹄類では脳は小さく，吻側が大きい．多くの偶蹄類では，頭蓋骨から角や枝角が突き出ている．眼窩は側方に向いている傾向がある．耳骨胞はいくつかの動物種よりも大きいが，肉食動物群ほど膨らんでいない．上顎に切歯がなく，犬歯は減少するか欠如し，前臼歯は後臼歯に似た形と大きさであることが多い．

肉食動物では，肋骨の断面は奇蹄目や偶蹄目よりも丸みを帯びている傾向がある．肩甲骨はD字型になる傾向がある．上腕骨と橈骨・尺骨の長さはほぼ同じである．上腕骨頭は半球状で，結節は骨頭より上に突出(隆起)する．橈骨と尺骨は区別できる．腸骨は狭く長く，坐骨結節が目立つ．大腿骨は，趾行性では細長く直線的であるが，蹠行性では短くがっしりしている．脛骨と腓骨の長さはほぼ同じである．脛骨と腓骨は区別できる．

奇蹄目や偶蹄目では，肋骨の断面は平らであることが多い．肩甲骨は大きくて細長く，この二つの目や科を区別するのに役立つ特徴がいくつかある．奇蹄目では腸骨は長く幅が広いが，寛骨臼の上方の頸部に向かって細くなる．寛骨臼の開口部は広く，坐骨と恥骨は短い．偶蹄目では腸骨は短く，寛骨臼の上の頸部が太い．寛骨臼の開口部は狭く，恥骨と坐骨は長く広い．上腕骨は両群とも橈骨と尺骨に比べて短いが，偶蹄目ではより軽く，奇蹄目ではより重く作られている．偶蹄目には尺骨があるが，種によっては橈骨と癒合することもある．一方，奇蹄目では尺骨が著しく縮小し，橈骨と癒合していることが多い．奇蹄目では，大腿骨も後肢の他の部分に比べて短く，腓骨は添え木状に縮小し，脛骨と癒合していることもある．偶蹄目では，大腿骨と脛骨の長さは前肢の要素よりも類似しており，腓骨は通常，退化しているか癒合している．特筆すべき例外は豚で，豚には比較的大きく明瞭な腓骨がある．

鑑別プロセスの第4段階として，以下では似たような環境に生息し，大きさや形が似ていて，動物の同定によく登場するいくつかの動物を検証する．

犬/猫/アライグマ/オポッサム

頭蓋を見ると，小型の犬と大型の猫，アライグマ，オポッサムを混同する人がいるかもしれないが，これらの種を区別するのに役立ついくつかの特徴がある．例えば，上顎の第

4前臼歯は，アライグマでは後臼歯状（四角い形）であるのに対し，犬では非常に細長く列肉歯を形成している．オポッサムの第1前臼歯は犬歯状だが，第3前臼歯と第4前臼歯はあたかも刃のようである．また，アライグマは下顎の後臼歯が2本しかないが，犬は通常3本ある．猫は歯列が減少しており，上顎前臼歯は3本しかなく，そのうち3本目は犬歯状で，非常に小さい後臼歯を1本有する．また，下顎前臼歯は2本しかなく，1本の後臼歯は前臼歯に匹敵するサイズである．

　観察しやすいもう一つの特徴は口蓋骨，つまり上顎骨の後方部分である．アライグマの口蓋骨はさらに尾側に伸びており，翼状突起の尾側近くまで伸びているのに対し，犬の口蓋骨は後臼歯にかなり近いところで終わっている．猫とオポッサムでは，口蓋骨は犬よりさらに尾側に伸びているが，アライグマほどではない．しかし，オポッサムは口蓋骨の尾側に多数の孔があるため，容易に識別できる(図11.24)．

　頭蓋より後ろの骨格では，猫，アライグマ，オポッサムの上腕骨にはentepicondylar foramen（顆上孔supracondylar foramen）と呼ばれる，遠位端の内側顆の上方（近位）に穴があり，その大きさや形は動物によって異なる．犬にはこの特徴はない．犬の上腕骨には滑車上孔supratrochlear foramenと呼ばれるものがあり，滑車の上の肘頭窩に孔があることが多い．このように全く異なる動物が似たような特徴を持っている一方で，上腕骨の近位端と遠位端には，両者の区別に役立つ他の違いがあり，その一部は画像から明らかである(図11.25)．

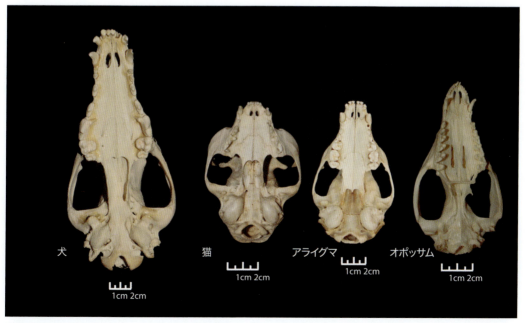

図11.24 犬，猫，アライグマ，オポッサムの頭蓋骨を下から見た図．それぞれの違いを示す．

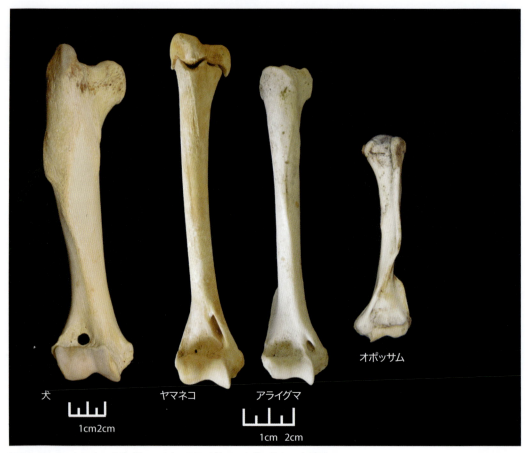

図11.25 犬, ヤマネコ（ボブキャット）, アライグマ, オポッサムの上腕骨

犬／オオカミ／コヨーテ

　これらの動物は形態も機能も似ており，すべて同属である．犬は私たちのペットであり，虐待やネグレクト事件の対象となることが多い．一方，コヨーテは迷惑動物とみなされることが多く，オオカミは多くの地域で保護されているため，種の判別は保護種の密猟や違法殺戮が疑われる場合に重要になる．

　口蓋骨の長さと幅を比較することで，動物種を知ることができる．長さが幅の約3倍であればコヨーテである可能性が高く，一方，飼い犬では長さが口蓋幅の3倍以下であることが判明している (Howard, 1949; Bekoff, 1977)．また，口蓋骨の幅を歯列の長さで割って100を掛けた逆数指数は，これらの種を区別するのに役立つ．33未満の値は一般的にコヨーテに関連するが，犬は36以上の値をとる傾向があり，オオカミは一般的にその中間に位置することがわかっている (Howard, 1949; Gilbert, 1990; Elbroch, 2006)．この指標はまた，警察犬（おそらくジャーマン・シェパード）の平均値が38，グレーハウンドの平均値が39，ブルドッグの平均値が91 (Gilbert, 1990) であったことから，いくつかの家庭犬種を見分けるのにも有用であろう (図11.26)．

結論

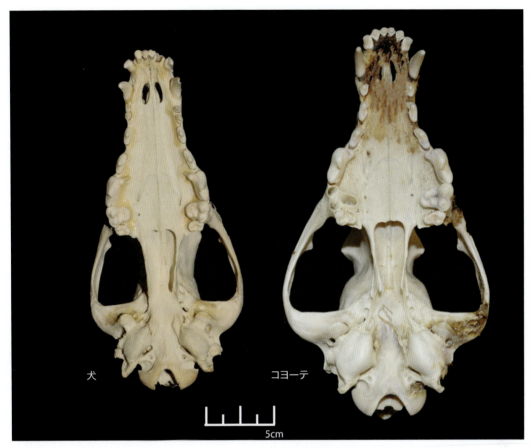

図11.26 犬とコヨーテの頭蓋骨を下から見た図

　犬とオオカミの比較では，犬の眼窩間がオオカミに比べて細長いことが指摘されている．したがって，歯列の長さと比較した歯列の端から耳骨胞前面までの距離の比率が，これらの動物を区別する方法となる．家畜化された犬は高い値を示し，オオカミは低い値を示すことが多い(Olsen, 1973)．

結論

　本章の目的は，読者に獣医骨学についての理解を深めてもらい，綱，目，科，属，種を評価するために検査される特徴のいくつかに重点をおいて解説した．種の評価は，法獣医学的調査を開始するうえで不可欠である．そこから，存在する要素を適切に識別し，分類することで，骨学者は複数の個体が存在する場合に提示される骨要素のパターンを評価したり，病理学や外傷のパターンを評価したりすることができるようになる．その結果，ネグレクトや虐待を立証することができるか，もしくはそれらを除外できるかもしれない．

　法医骨学の価値は，骨の同定にとどまらない．骨の正常な形を知ることは，外傷の症例

で役立つ．例えば，どのような骨が変化(変形)したかを判断することで，外傷の種類，外傷のパターン，外傷の時期を評価することができる．外傷症例の一例として，肢に外傷がある動物では，片方の肢は代償性に筋肉が増加し，成長する一方で，もう片方の肢は使用されないためにミネラル密度が低下している場合がある．これは，ウォルフの法則の最も細かいレベルでの適用である．骨がどのように発達し，年齢とともに変化するかを理解することは，パピーミル(子犬工場)の事例では貴重である．それぞれの子犬の年齢を正確に評価することで，雌犬が出産と出産との間に適切な期間を与えられていたかどうかを判断することができる．動物の雄と雌を区別する特徴に関する知識は，ある種の虐待事件においても有用である．動物の性別を決定することで，捜査対象の犯罪行為(例：闘犬や[過剰]繁殖など)においてそれぞれの動物が果たした役割を知ることができる．

　ヒト以外の動物の骨学が法獣医学的捜査に応用できる可能性は膨大であるが，その価値は骨そのものを理解することから始まる．この章に記載された情報は，骨学的調査の重要性を説明するためのものである．ヒト以外の動物の骨学の分野をヒトの法医骨学研究のレベルにまで引き上げるには，さらに多くの研究が必要であるが，現時点でも実施可能な分析の種類とその結果から得られる情報には大きな意義がある．

参考文献

Beisaw, A.M. 2013. *Identifying and Interpreting Animal Bones*. Texas A&M Anthropology Series. Texas A&M University Press: College Station TX.

Bekoff, M. 1977. *Canis latrans* Mammalian Species No. 79, 9. American Society of Mammalogists: Lawrence, KS.

Bonte, W. 1975. Tool marks in bone and cartilage. *Journal of Forensic Sciences* 20:315-25.

Cornwall, I.W. 1968. *Bone for the Archaeologist*. Phoenix House: London.

Crowder, C., C. Rainwater, and J. Fridie. 2013. Microscopic analysis of sharp force trauma in bone and cartilage: A validation study. *Journal of Forensic Sciences* 58(5):1119-1126.

Elbroch, M. 2006. *Animal Skulls: A Guide to North American Species*. Stackpole Books: Mechanicsburg, PA.

France, D.L. 2009. *Human and Non-Human Bone Identification: A Color Atlas*. CRC Press: Boca Raton, FL.

Gilbert, B.M. 1990. *Mammalian Osteology*. Missouri Archaeological Society Inc: Columbia, MO.

Hawkins, B.W. 1860. *A Comparative View of the Human and Animal Frame*. [Plate eight—Man, cow and sheep and explanatory text], pp. [unnumbered]-22. https://uwdc.library.wisc.edu/collections/histscitech/companat/

Hillson, S. 1999. *Mammal Bones and Teeth: An Introductory Guide and Methods of Identification*. Henry Ling Ltd: London.

Howard, W. 1949. A means to distinguish skulls of coyotes and domestic dogs. *Journal of Mammalogy* 30(2):169-171.

Hulbert, R.C., ed. 2001. *The Fossil Vertebrates of Florida*. University Press of Florida: Gainesville, FL.

Merck, M. 2013. *Veterinary Forensics: Animal Cruelty Investigations*. Wiley-Blackwell: Ames, IA.

Olsen, S.J. 1973. *Mammal Remains from Archaeological Sites: Part 1*. Peabody Museum: Cambridge, MA.

Reitz, E.J., and E.S. Wing. 2008. *Zooarchaeology*, 2nd ed. Cambridge Manuals in Archaeology. Cambridge University Press: New York.

Romer, A.S., and T.S. Parsons. 1977. *The Vertebrate Body*, 5th ed. Saunders: Philadelphia, PA.

White, T.D., M.T. Black, and P.A. Folkens. 2012. *Human Osteology*, 3rd ed. Elsevier Academic Press: Boston, MA.

Wolff, J. 1892. *Das Gesetz der Transformation der Knochen (The Law of Bone Transformation)*. A Hirshwald: Berlin.

第 **12** 章

環境と状況
外傷/死
熱，化学，電気，高体温症，低体温症，溺死

Nancy Bradley-Siemens

はじめに	268
熱傷	268
高体温症	285
溺死	290
低体温症	295
低温による傷害	297
結論	297
参考文献	298

はじめに

　この章では，動物虐待のシナリオの中で伴侶動物が遭遇する環境的，状況的な外傷や死に至る原因を探る．状況的な傷害または死亡は，熱傷（熱，化学物質，電気によるもの）や水没による溺死の可能性がある．環境による傷害または死亡は，気候や監禁，シェルターの欠陥による極端な温度差が原因の高体温症または低体温症によって引き起こされる場合がある．

熱傷

　熱は様々な形で組織に伝わり，持続時間や強さによっては壊死性病変が生じることがある（Maxie, 2016）．熱には湿熱と乾熱の2種類がある．乾熱は主に水蒸気を含まない熱風を利用する．湿熱は液体または水蒸気の形の水分を含んでいる（Maxie, 2016）．乾熱は乾燥と炭化を引き起こす．湿熱は凝固（沸騰）を引き起こす（Maxie, 2016）．熱は，蒸気，煙，化学物質の吸引を通じて，体内に影響を与える可能性がある．組織が焼ける最低温度は111°F（44℃）である（Maxie, 2016）．

　ミズーリ大学獣医教育病院では，1990年から1999年の間に，18頭の患者が熱傷に関連した傷害の治療を受けた（Pope, 2003）．ある大都市圏からの報告では，11年の間に煙を吸引して治療を受けたのは猫22頭と犬27頭のみであった（Pope, 2003）．熱傷は獣医療では比較的稀である（Pope, 2003; Garzotto, 2015）．伴侶動物で熱傷がみられた場合，特に獣医療において熱傷が頻繁に起こる場合には，鑑別として動物虐待を除外するべきではない．伴侶動物における熱傷の最も一般的な原因は，電熱パッド，熱湯，火災暴露，加熱灯，自動車のエンジン，電気焼灼ユニットの不適切な接触，放射線療法である（Garzotto, 2015）．

　熱傷は，損傷の程度と体表面積の割合という二つの主要なパラメーターを用いて評価される．まず，皮膚の解剖学的構造を復習することから始めると良い．皮膚の外層は表皮であり，深層は真皮である．真皮は浅層神経叢と中層神経叢から構成され，ここから毛や腺組織が発生する．真皮の下には，深層（皮下）神経叢と皮下筋を含む皮下組織がある．この層は，浅層神経叢と中層神経叢を介して皮膚上部に血液を供給する．表層神経叢には表皮に栄養を供給する毛細血管ループがあるが，伴侶動物ではヒトに比べて毛細血管ループが十分に発達していないため，ヒトの熱傷の場合よりも重度の紅斑や水疱形成が少ない（Garzotto, 2015）．

熱傷の分類

　熱傷は，熱傷の原因やメカニズムおよび身体組織の深度や重症度によって分類される

（Pope, 2003）．熱傷のメカニズムは，熱，放射線，電気，化学物質に分類される（Pope, 2003; Wohlsein et al., 2016）．炎，熱い液体，高温の金属，自動車エンジン，タールなどの半固体，あるいは半液体は熱傷を引き起こす可能性がある．小動物では，放射線熱傷は通常，治療用放射線源によって引き起こされる．電気熱傷は，電流との直接接触またはアーク放電によって引き起こされる場合がある（Pope, 2003; Schulze et al., 2016）．化学熱傷は，強酸または強アルカリ物質との接触によって引き起こされ，タンパク質変性や細胞代謝の阻害により組織破壊をもたらす（Pope, 2003; Merck & Miller 2013）．

　ヒトの熱傷について知られていることのほとんどは，動物モデルで行われた研究から得られたものである．獣医学の教科書には，熱傷を負った動物や煙を吸引した動物の評価と治療について詳述した章がある．熱傷を伴う動物虐待の事例を調査する獣医師は，この文献に目を通すべきである（Sinclair et al, 2006）．

　熱傷は第1度，第2度，第3度，第4度の損傷と呼ばれている．現在のより一般的な用語は，表皮，部分層，全層であり，これらの用語は動物ではより簡潔だと考えられている（Garzotto, 2015; Pope, 2003）．第1度熱傷は表在性で，表皮の外層に限局している．皮膚は発赤，乾燥し，触ると痛みを感じる．第2度熱傷は，表皮と真皮の一部を含む部分層の損傷である．真皮の表層部分のみが関与している場合，血管の血栓症や血漿の漏出が起こる可能性がある．通常，毛包は影響を受けない．より深い部分層での創傷では，毛包が破壊されることがある．皮膚は黄白色または褐色になり，通常，強く圧迫されたとき以外に感覚はほとんどない（Garzotto, 2015; Sinclair et al., 2006）．第3度熱傷は，表皮と真皮層を消失する全層の熱傷である．皮膚は感覚を失い，革のように硬く焦げたように見える．第4度熱傷は第3度熱傷と同様の特徴を持つが，筋肉，腱，骨などの深部組織も含まれる（Sinclair et al., 2006; Garzotto, 2015）．

　全体表面積（total body surface area: TBSA）の20％を超える熱傷を負った伴侶動物は，重大な代謝障害を起こす可能性がある（Garzotto, 2015）．TBSAが50％を超える動物は予後不良である（Garzotto, 2015）．TBSAは計算または推定することができる．

全体表面積

　TBSAを計算または推定するには複数の方法がある．これは，初期治療や医学的に熱傷の記録を作成するために重要である．熱傷の程度を確認して記録する必要がある．以下の考察は，実際の計算と様々な推定，すなわち9の法則（Sinclair et al., 2006; Garzotto, 2015）および手掌法からなる．TBSAは次の通り計算できる．

$$\text{TBSA (cm}^2\text{)} = K \times W2/3$$

　ここで，Kは定数（犬は10.1，猫は10.0），Wは動物の体重(kg)である（Sinclair et al., 2006）．

計算の過程を迅速化し，長時間の計算を避けるために，犬や猫には体重と体表面積の換算表がある．このような換算表はpetcancervet.co.uk/（Sinclair et al., 2006）から入手できる．負傷動物のTBSAが確定したら，メートル定規で熱傷の面積を測定し，その面積を動物のTBSAで割って100をかけることにより，熱傷の範囲を計算する．例えば，体重14 kgの犬（TBSAは5,860 cm^{2}と計算される）の熱傷面積7 cm×6 cm（42 cm^2）は1％（42/5,860×100）である（Sinclair et al., 2006）．

9の法則

　ヒトでは，熱傷の程度を推定するために9の法則が用いられる（Rodes et al., 2013）．これはヒトの医学書に記載されており，人体における熱傷創の体表面積を推定する方法として広く用いられている．この法則を用いると，頭部と各腕のTBSAは9％，胴体の前面と背面はそれぞれ18％になる（Sinclair et al., 2006）．9の法則は熱傷範囲を推定するために，獣医学の著者によって使用されている（Sinclair et al., 2006; Merck & Miller 2013）．伴侶動物では，9の法則による体の面積に比例したパーセンテージを用いてTBSAを推定することができる（Garzotto, 2015）．頭部，頸部，各前肢は体表面積の9％を占める．後肢，体幹背側，体幹腹側は体表面積の18％を占める（Garzotto, 2015）（**図12.1**）．

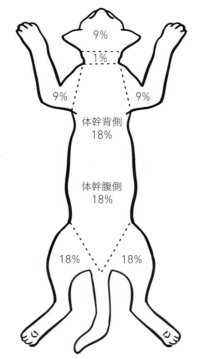

図12.1　9の法則によるTBSA熱傷パーセンテージの推定
（提供：Les Siemens）

手掌法

　今後応用できる可能性のあるもう一つの方法は，手掌の面積の測定である (Rodes et al., 2013)．これは，被害者の手掌の表面積を熱傷に適用して，傷害の程度の割合を推定するものである．ヒトの被害者の手掌は1%のTBSAに相当する．筆者は，アリゾナ州フェニックスにあるマリコパ郡熱傷病棟を見学した後，この方法に注目した．これは伴侶動物でも前肢の掌の表面積を使って再現できる可能性がある．筆者は，これを将来TBSAの推定に応用するための研究を進めている．

　熱傷を実際に測定しTBSAを算出することは，医療記録の記載や法廷での証言において最も信頼性が高く，正当化できる方法である (Sinclair et al., 2006)．

　熱傷の深度を判断することは，特に傷の初期段階ではより困難である．先に述べた生理学的経過では，治療の種類や不足によって，部分層の損傷から全層の損傷に進行する可能性がある．毛皮は効果的な断熱材となり得るため，毛のない皮膚は損傷を受けやすくなる (Pope, 2003)．部分層の熱傷は痛みを伴い，毛は脱毛しにくい．全層の熱傷は通常痛みを伴わず，毛は容易に脱毛する (Pope, 2003)．

　染色法は傷害の深度を鑑別するのに有用である (Pope, 2003)．改良されたvan Gieson染色により，正常な皮膚は赤く染まる．組織に異常がある場合，軽度の壊死部位は淡黄色に，深い損傷は明るい黄色に染まる (Pope, 2003)．これは治療法を決定するのに有益であるが (Pope, 2003)，医学的に熱傷の全範囲を早期に決定するためにも応用できる可能性がある．

熱

　熱傷は，熱源との接触または近づくことによって生じる可能性がある．損傷の程度に影響する因子には，熱源の温度，接触時間，組織における熱の伝導性が含まれる．初期には，接触熱傷の出現が遅れる場合がある．初期の所見は毛のつやがなくなったり湿ったりする程度であり，最終的には毛や皮膚が失われる (Hedlund, 2002; Merck & Miller, 2013)．

　動物の皮膚では表層血管叢が豊富にはないため，ヒトの皮膚のように熱が伝わらない．直接接触による熱傷では，凝固，細胞タンパクの変性，血漿の喪失および組織浮腫を伴う血管凝固が起こる (Hedlund, 2002)．局所組織における虚血は3～5日以内に観察される場合がある (Merck & Miller, 2013)．衰弱した組織と健常組織の間に移行領域が生じ，可逆的な組織損傷，血流の減少，血管内で血球凝集が生じる可能性がある (Merck & Miller, 2013)．血管作動性物質の放出が続き，真皮での虚血，組織浮腫，乾燥，細菌の二次感染を引き起こす (Merck & Miller, 2013)．この移行領域は充血組織に囲まれている．最終的には痂皮が形成される場合がある．これは凝固した皮膚成分の残渣であり，傷の被覆保護として丈夫な変性膠原線維(コラーゲン線維)からなる．痂皮が盛り上がったり曲がったりして下層組織から離れると，第1度熱傷と第2度熱傷では痂皮が分裂する．第3度熱傷では痂皮の分裂は起

こる場合と起こらない場合があり，分裂が皮下組織層まで進行することもある．痂皮の下における細菌感染は4～5日以内に生じる(Hedlund, 2002; Merck & Miller, 2013)．会陰，肢，目，耳，顔面の熱傷は，機能の潜在的な喪失と疼痛の重篤性から重症とみなされる(Saxon & Kirby, 1992)．

火傷

　この種の熱傷は高温の液体との接触によって引き起こされ，毛が焼けることはない．火傷は，流出，飛沫，浸漬，過熱蒸気によって起こる．動物では，液温が華氏120度(48.8℃)に達すると火傷を起こすことがある(Sinclair et al., 2006; Merck & Miller, 2013)．

　飛沫や流出による熱傷の場合，液体が体側を流れるにつれて冷えていく．熱傷は，液体(流体)が組織表面と最初に接触した箇所でより重度になり，液体が最初の接触点から流れるにつれて表面的になる．過熱蒸気は重度の火傷を引き起こす可能性がある．蒸気を吸引すると，上気道，下気道，深部気道に気道損傷が生じる可能性がある(DiMaio & DiMaio, 2001; Merck & Miller, 2013)．これにより，喉頭に浮腫が生じ，気道の閉塞や窒息を引き起こす可能性がある．意図的な浸漬の熱傷は，水位により直線で描かれるのが特徴である(Platt et al., 2006)．これは，体の部位と被害動物の闘争や抵抗の程度によって左右される．四肢では，上縁が明瞭なストッキングや手袋のような分布になることがある．火傷は，肢の浸漬の深さによって，肢と肉球に限定されることもある．猫の場合，肢の指は接触すると引っ込み，肉球の間の部位を保護する(Merck & Miller, 2013)．肢の火傷の肉眼的所見には，排膿と黒ずみの進行を伴う腹側の肉球表面からの上皮消失，肉球と指の間の正常な非紅斑部，つま先または肢の背側および側面の毛と表皮の消失を伴う紅斑性皮膚などがある(Munro & Munro, 2008; Merck & Miller, 2013)(**図12.2**)．

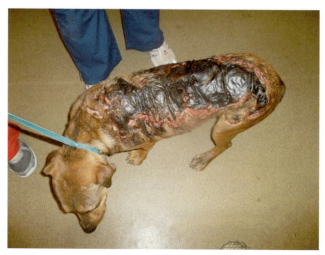

図12.2 火傷の傷：熱湯によるもの(写真提供：R. Jesus)

暑い気候での屋外でホースから噴射された水が動物にかかると，背中が火傷することがある(Quist et al., 2011)．多くの場合，これは偶発的なものである．しかし，火傷に気づかなかったり，対処しなかったりした場合，動物虐待の罪に問われる可能性がある．

タバコによる熱傷

タバコによる熱傷は，児童虐待ほど詳しくは記録されていないが，動物でも起きている(Munro & Thrushfield, 2001)．急性熱傷は赤色で，直径0.5〜1.0 cmの円形である．タバコを斜めの角度で使用した場合，熱傷はくさび形になる．意図的な場合は全層に及ぶことがあり，クレーター状の傷を形成する．古い熱傷は円形で陥没しており，表面に瘢痕組織が薄く発達していることがある．偶発的な熱傷は，高温の灰に短時間接触したことにより，表面的で偏りが出る傾向がある(Munro & Thrushfield, 2001; Merck & Miller, 2013)．

日光皮膚炎

紫外線による日射傷害や日焼けは，毛皮が少なく色素沈着が薄い部分を持つ動物でよく記録されている(Merck & Miller, 2013)．また，色素の濃い部分でも日光による熱傷が発生する可能性がある．暗い色の(黒い)皮膚は，明るい色の皮膚よりも45%多く日光を吸収することができる．可視光線は皮膚を数ミリメートル透過して，熱エネルギーを拡散し，熱負荷をさらに増大させる(Merck & Miller, 2013)．組織学的所見は，表皮付属器の壊死，血管壊死，表皮下の小水疱形成といった全層の熱傷を示す(Merck & Miller, 2013)．このような症例では，背中に熱傷の病変を呈し，小斑や痂皮を含むことがある．このような傷は，動物の背中に腐食剤が塗布された動物虐待と間違われることが多い(Merck & Miller, 2013)．日光の熱による壊死は直射日光にさらされることによって生じる．通常，動物が直射日光から避難(逃避)できない場合，特に環境状況や物理的な制約によって起こる(Merck & Miller, 2013)．十分な日陰や避難場所を確保しないまま動物を屋外につないでいる場合，動物虐待の罪に問われることがある．このような状況(日光の暴露)による熱傷の病変は，数日から最長2週間程度は現れない場合がある．

輻射熱による熱傷

これは，炎，火，熱ランプ，ヒーター，ラジエーターなどの高温の表面から発生する熱波によって引き起こされる，接触に近い熱傷である．温度によっては，熱傷が数秒で起こる場合もある．輻射熱は動物の体表に重大な損傷を与える可能性がある．受傷直後の初期段階では，毛は無傷で，皮膚は紅潮し，(動物ではあまりみられないが)水疱ができることもあり(Pope, 2003)，皮膚が剥離する場合もある．長時間の暴露を受けると，皮膚は革のようになり，最終的には炭化することがある(DiMaio & DiMaio, 2001; Merck & Miller, 2013)．

化学熱傷

　この種の熱傷は，強酸や強アルカリの化学薬品が細胞の代謝を阻害したり，タンパク質を変性させることによって損傷を引き起こす(Merck & Miller, 2013)．このような熱傷は，外部熱傷，内部熱傷，または両方の熱傷の組み合わせの可能性がある．化学熱傷と熱による熱傷で生じる損傷は類似しているため，慎重に検査して原因を特定しなければならない(Merck & Miller, 2013)．

　組織の損傷は，化学熱傷による複数の作用機序によって起こる場合がある．脱水作用のある化学物質は組織を乾燥させ，酸化剤はタンパク質の凝固によって損傷を引き起こし，腐食剤はタンパク質を変性させてびらんや潰瘍を引き起こし，変性作用のある化学物質は塩の形成によって組織を固定し，発泡剤は組織のヒスタミンやセロトニンの放出を引き起こし，水疱形成を引き起こす場合がある(Hedlund, 2002; Merck & Miller, 2013; Saukko & Knight, 2016)．

　化学物質が目に接触すると，角膜全層の穿孔や壊死などの角膜損傷を引き起こす可能性がある．化学熱傷の副次的な影響として，組織の損傷を引き起こす化学反応から熱が生じる可能性がある(Hedlund, 2002; Merck & Miller, 2013)．化学物質の摂取は，意図的または偶発的を問わず，環境暴露に起因する場合がある．その他の方法としては，意図的な給餌や身体への塗布があり，塗布は毛づくろい(舐めるなど)によってさらに複雑化する．化学物質の摂取による症状は，化学物質の量や性質によって，鼻口部，舌，硬口蓋，歯肉，口腔咽頭，食道，胃，小腸にみられることがある．化学物質の中には，組織の熱傷だけでなく全身中毒を引き起こすものもある(Merck & Miller, 2013)．

　意図的に熱傷を負わせる動物虐待には，様々な化学物質が関連している．例えば，違法な覚醒剤の製造に使われる施設に動物がいる場合などには，長期間の暴露によって熱傷や炎症を引き起こす化学物質もある．筆者の個人的な経験では，ハンバーガーの肉やパンケーキの生地が，複数の種類の有毒化学物質の摂取を促進させるために使用されていた．

　傷害の程度は，化学物質の種類，作用，身体に接触する化学物質の量，化学物質の強さ，接触時間，化学物質の浸透，化学物質の摂取または吸収の有無など，様々な要因に左右される．化学薬品による損傷は，表面的なものから第3度熱傷を引き起こすものまである(Merck & Miller, 2013)(図12.3a～c)．

マイクロ波

　マイクロ波は，主に水を介した分子撹拌によって熱を発生させる．一般的な台所の電子レンジの周波数は2,450ヘルツである．これは，マイクロ波の電場が1秒間に24億5千万回反転し，組織内の水分子を激しく撹拌(運動)させ，分子摩擦が生じ，熱が発生することを意味する．その結果，組織の熱傷(焼烙)が行われる(Surrell et al., 1987; Merck & Miller, 2013)．

熱傷

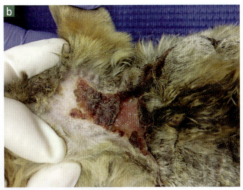
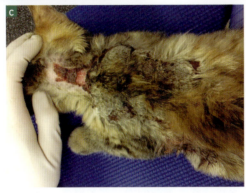

図12.3 (a〜c) 化学熱傷．熱接着剤により壊死性皮膚炎を起こした子猫（写真提供：Dr. B.J. McEwen）

損傷の量は，電子レンジに入れる時間や発生するマイクロ波の強さに依存する(Merck & Miller, 2013)．損傷は組織内の水分分布の影響を受けるが，最も大きな損傷は内部で起こる．顕微鏡学的には組織を温存する効果があり，マイクロ波熱傷の生検標本では，比較的層状（サンドイッチ）の組織の外観がみられる(Tans, 1989; Merck & Miller, 2013)．マイクロ波による熱傷は，他の種類の傷と区別できる．火傷（熱湯の入った容器に入れられた動物）の場合は，水の線と一致した熱傷の明瞭な境界が残る．拘束されていない動物は，熱い液体の中で暴れることで飛沫熱傷を起こすことがある．金属物やタバコの直接接触による熱傷は特徴的な模様を残す場合がある(Surrell et al., 1987)．

マイクロ波の熱傷でみられる死後の特徴として，境界がはっきりした組織の裂け目や脱毛を引き起こす皮膚の脆弱性，爪の伸長の有無にかかわらず，耳介遠位部の折れ曲がりや紅斑などが挙げられ，毛が焼けたり焦げたりすることはない．顕微鏡で見ると肺葉のうっ血があり，肺胞液の貯留や血管周囲の出血を伴うこともある．組織は崩壊し，内臓が焼けたような外観を呈し，調理された鶏肉の臭いを伴うことがある(Munro & Munro, 2008; Merck & Miller, 2013)．

動物虐待が疑われる場合，まず問題の電子レンジに故障の形跡がないか確認し，影響を受けた動物の身体や身体の部位が電子レンジに収まるかどうかを判断する必要がある．マイクロ波の熱傷は，マイクロ波の放射装置に最も近い体の部分，通常はマイクロ波装置の

上部に，境界が明瞭な病変として生じる(Surrell et al., 1987)．正常な皮膚と熱傷の皮膚の境界部で全層生検を行う必要がある(Surrell et al., 1987; DiMaio & DiMaio, 2001)．これらの種類の熱傷では，肉眼的にも組織学的にも，火炎熱傷，接触熱傷，電気熱傷，化学熱傷などの他の熱傷では観察されない相対的に層状の組織の温存がみられる．腹部や胸部の他の深部構造にも急性の内臓損傷を起こし，腸閉塞を生じることがある(Surrel et al., 1987)．

電気熱傷

　電流には直流(direct current: DC)と交流(alternating current: AC)の2種類がある．交流電流は企業や住宅で多くみられ，直流電流はバッテリーでより一般的である．直流電流は一方向に流れるのに対し，交流電流は発生源から遠ざかったり向かってきたりと方向を頻繁に変える．米国では，ほとんどの構造用壁コンセントは110ボルトだが，電化製品や大型機器の場合は通常220ボルトである．直流は交流よりも危険性が低い．50〜80ミリアンペア(AC)の電流は数秒で致命的となるが，同じ時間であっても250ミリアンペア(DC)の電流の場合は，ヒトでは生き延びることが多い．ヒトの場合，交流の方が不整脈を引き起こしやすい(Saukko & Knight, 2016)．

　組織に流れる電流は，皮膚病変，臓器損傷，死を引き起こす可能性があり，これを感電死という(Saukko & Knight, 2016)．損傷の程度は，電流，電圧，発熱，被害動物が電源と接触している時間によって異なる(Merck & Miller, 2013; Schulze et al., 2016)．電流は電線を伝わる電気の量であり，ミリアンペア(mA)で測定される．組織の損傷は，組織に流れる電気の量に比例する．電圧は別の要素であり，高ければ高いほど，より多くの電気が組織を流れる．電流が身体を流れる時間が長ければ長いほど，生じる損傷の程度も大きくなる．低電流が長時間身体に流れると，高電流が短時間流れる場合よりも損傷が大きくなる可能性がある．電流から熱が発生し，熱傷を引き起こす(Saukko & Knight, 2016)．発生した熱は深部にまで及ぶため，組織の損傷は深刻なものとなる．呼吸麻痺や心室細動により死に至ることもある(Hedlund, 2002)**(図12.4a〜c)**．

　電流は体内に入ると，接触点から接地点または出口まで最短経路で移動する(Saukko & Knight, 2016)．電流に対する組織の抵抗は，大きいものから順に，骨，脂肪，腱，皮膚，筋肉，血液，神経である．抵抗が最小となる電流の経路には，血管，神経，湿潤組織などが含まれる(Hedlund, 2002; Merck & Miller, 2013; Saukko & Knight, 2016)．電流は骨などの抵抗の大きい組織に集中し，熱エネルギーの発生が増大する(Hedlund, 2002)．

　感電した動物は，原因となった電源に接触した状態で発見されることがある．動物の感電の大半は偶発的なものである(Merck & Miller, 2013)．動物虐待の場合，電気は動物の拷問や殺害に使われることがある(Merck & Miller 2013)．Humane Society of the United Statesの動物虐待および闘技担当ディレクター(Animal Cruelty and Fighting Director)であるChris

| 熱傷 |

Schindlerによると，ピットブルが競技に負けた後や，飼い主が単に処分したい場合，飼い主は電気を使って殺処分することが日常的だという．「プラッギング」と呼ばれる方法が使われる．これには，壁コンセントや携帯用ジャンプボックス(車のバッテリー充電用)に差し込める電気延長コードが使われる(図12.5)．通常，ワニグチクリップとコンセントに差し込むコードを

図12.4 (a〜c) カササギの感電死(写真提供：Dr. J.D.Struthers)

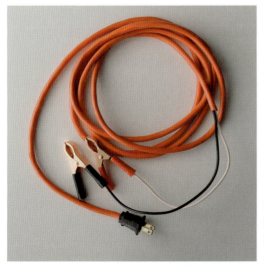

図12.5 闘犬を感電させるために使用される「クリップ」装置の模擬写真．装置は唇と脇腹の部分に取り付けられ，コンセントに差し込まれる．現場での使用では電灯のコードと間違われることもある．(写真提供：L. Siemens)

備えた二つの電極装置がある．動物の耳と尻尾または肛門にクリップを装着し，装置をコンセントに差し込んで犬を殺す(Schindler, personal communication, 2018)．同様の方法は，保険金詐欺のためにショーホースや競走馬を殺す場合にも使われている(Schindler, personal communication, 2018)．Humane Society of Southern Arizonaの動物虐待調査官であるMike Duffey刑事によると，犬の感電死に使われるもう一つの方法は，金属製の屋根板と金属片にワイヤーが取り付けられた手動のおもちゃの電車「変圧器」を使うものだという．犬の肢を濡らして，金属板の上に犬を乗せる．電流が流れると犬は死ぬ(Duffey, personal communication, 2018)．

　これらの方法による感電死では，肉球の損傷などの外部熱傷がみられる場合があるが，ワニグチクリップの使用，特に肛門部では，電気痕があったとしても微妙にしか残らない可能性があり，解剖検査時に調べる必要がある．電気で負傷した動物は，横紋筋の長時間の収縮により強直状態で発見される可能性がある．また，嘔吐や下痢の証拠がみられることもある(Merck & Miller, 2013)．ヒトでは骨折につながる場合もある(DiMaio & DiMaio, 2001)．アンペア数が低い感電死では，筋肉の震え，痛みを伴う筋肉の収縮，意識消失が生じる．動物では心室細動や呼吸麻痺を起こし，損傷を受ける可能性がある．水分の多い内部組織での熱損傷が減少し，肺水腫の痕跡が認められることもある．電源を除去して動物が生存している場合，全身性の衰弱と運動失調がみられ，その後二次的な肺水腫が起こる．電気熱傷は，血管作動性物質の放出や血管作動性血栓症を引き起こし，組織壊死を起こすことがある．組織は焦げ，褐色，淡灰色に見えることがある．損傷後1〜2日で組織の浮腫が観察される場合がある．局所組織での虚血は3〜5日で発症する可能性がある．損傷の全容を把握するには2〜3週間かかることもある(Hedlund, 2002; Merck & Miller, 2013)．

　低電圧の電気による熱傷は電気痕と呼ばれ，電気との接触部位にみられることがある．この種の熱傷は一般に小さいか，境界が隆起したへこみのあるクレーターまたは紅斑(水疱形成)を伴う青白い病変として現れる(Merck & Miller, 2013; Saukko & Knight, 2016)．一部の病変では，青白い病変部を囲む充血した境界線，または病変内部の発赤を伴う．熱傷は，熱によって黄色または黒色に変色することがある(Saukko & Knight, 2016)．組織学的には，表皮表面の崩壊がみられる場合がある．クリップのような金属器具を導電面として使用した場合，金属の粒子が存在する可能性がある．壊死組織に近接した生存組織部分における皮膚の表層部および深部のコラーゲン線維が石灰化するパターンは，電気的に誘発された病変と一致する可能性がある．交流と直流を使用した豚の皮膚の実験では，このような現象が観察されている(Danielson et al., 1991)．

　高電圧の電気熱傷は，身体組織の焦げや接触部位に第3度の熱傷を引き起こす可能性がある．電流のアーク放電による複数の小さな熱傷創は，ヒトでも観察されるワニ皮効果[1]

※1　ワニ皮効果とは，電気による熱傷(電撃傷)でみられる特徴的な皮膚の損傷パターンの一つ

を引き起こすことがある(Saukko & Knight, 2016)．電流と第3の物体を介して接触する場合，結果として生じる電気熱傷は大規模かつ不規則になる可能性がある．実際の熱傷は，境界が盛り上がった青白いクレーターで構成され，熱により熱傷部位は黄色または黒色に変色する．ヒトでは，四肢の喪失や臓器の破裂とともに，高電圧による大規模な組織破壊が指摘されている(DiMaio & DiMaio, 2001)．死因は通常，心停止である．脳幹の呼吸中枢に高電圧による熱損傷が生じ，呼吸停止に至ることがある(DiMaio & DiMaio, 2001)．

テーザー銃[2]

テーザー銃は，身体に高電圧をかけ，神経筋を破壊して人を無力化する電気制御装置(伝導エネルギー兵器)である．武器から二つのダーツまたはプローブが発射され，ターゲットの皮膚を貫通する．ダーツにはワイヤーが取り付けられており，武器によっては35フィート(約1.5 m)以上伸びる．武器のトリガーを押すとパルス電流が出力される．ダーツの貫通部位には皮膚の損傷がみられ，通常，接触部位には局所的な熱傷が観察される．犬にテーザー銃を使用した研究では，不整脈は認められなかった(Merck & Miller, 2013)．筆者の個人的な経験では，動物が発見されたときには通常，棘付きのダーツの片方または両方がまだ残っており，局所的に炎症や発赤がみられたりする．

組織学

電気熱傷と熱による熱傷は区別することができる．電気熱傷は正常組織から損傷組織への移行が急激であり，その境界は鋭い．角質層には蜂の巣状の空胞が存在する．表皮が真皮から剥離して，真皮のコラーゲンは変性し，高電圧により皮膚表面の金属が気化して表皮下に水疱ができる．コンピューター断層撮影と光顕微鏡検査は，電気熱傷，火炎熱傷，擦過傷による皮膚損傷の鑑別に役立つ(Merck & Miller, 2013)．

クレアチニンキナーゼ値の上昇は，ヒトの細胞損傷のマーカーとして使用されることがあり，感電死と一致する別の指標になる可能性がある(Teodoreanu et al., 2014)．

煙の吸引

急性の肺損傷は煙の吸引によって引き起こされる．即座に窒息しない場合でも，化学物質と熱の複合作用により，上皮壊死と滲出が広範囲に生じ，数日以内に死に至ることがある(Maxie, 2016; Wohlsein et al., 2016)．

煙の吸引や体内の熱傷害は，伴侶動物が屋内または直接接触(火を付けられる)で火にさらされた場合に生じる可能性がある．動物が火災現象に巻き込まれた場合の死因は，一酸

※2　テーザー銃はスタンガンの一種で，日本ではほとんど流通していない．

化炭素中毒，煙中毒，気道や体内の熱損傷，またはその組み合わせである (Merck & Miller, 2013)．

　煙を吸引すると，口腔，鼻孔，上気道および下気道にすすが付着することがある（**図12.6**）．すすを飲み込むと，食道や胃の粘膜に薄片として存在することになる (Spitz, 2006)．口腔や喉頭のすす粒子が下気道へ落ちて汚染の原因になることを避けるため，解剖検査の検査のために内臓を取り出す間，球状の吸収綿で上気道と気管を遮断（ブロック）することができる．すすは粘液に混じっていることがあり，メスやヘラを使って取り除き，記録のために清潔な白いペーパータオルの上に広げることができる (Spitz, 2006)．すすがないからといって，火災関連の出来事の前に死亡したと断定することはできない (Maxie, 2016)．

　肺実質の顕微鏡所見は，火災前および火災中における動物の生死を判定するのに役立つ（**図12.7a〜c**）．ヒトにおける組織学的特徴は，気管支拡張，肺胞管の過拡張，肺胞の拡張，肺胞出血である (Merck & Miller, 2013)．動物が高温のガスを吸引した場合，新たな熱損傷が生じ，先に述べた浮腫および/または熱傷を引き起こす可能性がある．これにより，口腔粘膜，鼻咽頭の組織が破壊され，残りの呼吸器官にも全体的に損傷が生じる (Merck & Miller, 2013)．熱損傷の結果，喉頭浮腫を引き起こし，閉塞や窒息を引き起こす場合がある (Saxon

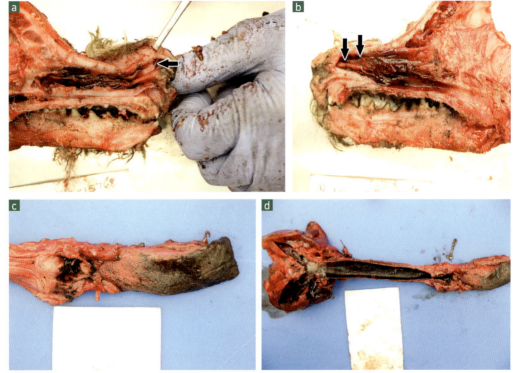

図12.6 (a) 前庭部の粘膜（矢印）は，沈着した黒色の色素物質（すす）により多くの箇所で変色している．(b) 鼻甲介（矢印）はうっ血している．(c) 舌背部と喉頭の入口が黒色の色素物質（すす）で変色している．(d) 喉頭，気管，気管支の粘膜は，沈着した黒色の色素物質（すす）により，ほぼ広範囲に変色している．少量の泡が気管分岐部内にあり，肺，気管，喉頭筋は暗赤色である．(b〜dの写真提供：Dr. J.D.Struthers)

| 熱傷 |

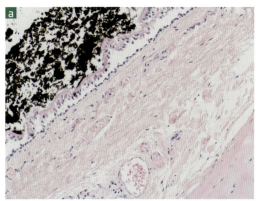
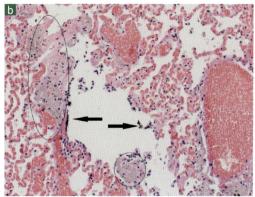
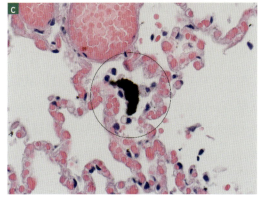

図12.7 （a）気管の顕微鏡写真，対物レンズ40倍．表面上皮は沈着した粒状の黒色の色素物質（すす）で覆われている．（b）対物レンズ20倍の顕微鏡写真．呼吸細気管支の表面上皮と肺胞管への流出物には，沈着した粒状の黒色の色素物質（すす）が含まれる（矢印）．気道間質と血管外膜には，無機粉塵を吸引・保持したマクロファージ関連の小結節が認められる（丸印）．じん肺＝無機粉塵の吸引・保持＋炭じん症＝炭素の吸引・保持．（c）対物レンズ60倍の顕微鏡写真．肺胞には沈着した粒状の黒色の色素物質（すす）があり，肺胞内マクロファージに取り囲まれている．（a〜cの写真と解釈，提供：Dr. J.D. Struthers）

& Kirby, 1992; Wang et al., 2014）．損傷後24時間は，上気道の損傷によりこの部位に閉塞が生じることがある（Tans, 1989）．重度の喉頭熱傷は，重度の浮腫または萎縮として現れ，その両方またはいずれかが閉塞を引き起こす可能性がある（Wang et al., 2014）．気道粘膜の内層は内腔へ剥落し，最初の損傷から2〜6日以内にさらなる気道閉塞が生じる可能性があり（Saxon & Kirby, 1992），界面活性剤の産生が阻害される（Juthowitz, 2005）．内腔の熱傷は全身性の炎症をもたらしたり，急性肺損傷や急性呼吸窮迫症候群（acute respiratory distress syndrome: ARDS）の原因となる敗血症を引き起こす場合がある（Juthowitz, 2005）．

　煙の吸引による損傷は，単独または熱による損傷や化学的損傷と組み合わさって発生する場合がある．動物が密閉された空間で発見された場合や火災の中で意識を失った場合に，最も深刻になる可能性がある（Saxon & Kirby, 1992）．乾燥した空気は熱伝導率が低く，気道の熱放散率が高いため，熱損傷は通常上気道に限定される（Pope, 2003）．蒸気は乾燥した空気よりも熱伝導率が指数関数的に高く，下気道で深刻な破壊を引き起こす可能性がある．

下気道における熱損傷は，吸引による損傷の5%未満で生じる(Pope, 2003)．

一酸化炭素

　一酸化炭素(carbon monoxide: CO) は，空気より軽い無色無臭の有毒ガスで，炭化水素燃料の不完全燃焼から発生する(Carson, 1986)．ヘモグロビンとの結合親和性が高いため(酸素の210～240倍)，一酸化炭素はヘモグロビンから酸素を置換し，組織の低酸素状態を引き起こす(Pope, 2003)．一酸化炭素はヘモグロビン(カルボキシヘモグロビン[COHb])と結合し，ヘモグロビンの酸素運搬能力を阻害する．これにより，酸素-ヘモグロビン解離曲線は左にシフトし，組織への酸素供給がさらに減少する(Pope, 2003) (Merck & Miller, 2013)．COHb濃度が上昇すると，皮膚または死斑の部分はチェリーレッドやピンク色に変色する(Merck & Miller, 2013)．制御された住宅火災では，一酸化炭素濃度が8%までにも上昇することが実験的に測定されている(Pope, 2003)．COHb濃度が40%を超えると，不可逆的な神経障害を引き起こす可能性がある．COHb濃度が60%を超えると致死的になる場合がある(Pope, 2003)．加えて，一酸化炭素の直接的な影響により肺障害が引き起こされ，加熱された空気を吸引した時に生じる正常な反射による呼吸の低下が減少することがある(Pope, 2003)．急激な高濃度から急死に至ることがある．これは，中枢神経系への影響よりも先に生じる心機能障害による心停止に起因する可能性がある(Merck & Miller, 2013)．一酸化炭素中毒では，解剖検査所見として気管支の拡張と主要血管の拡張が認められる場合がある．心臓の心室，特に右心室は，一酸化炭素中毒で時々観察される中心静脈圧の急激な上昇によって拡張することがある(Carson, 1986; Merck & Miller, 2013)．脳では，大脳半球の白質，淡蒼球，脳幹，大脳皮質の壊死からなる酸素欠乏に関連した変化が観察される．脳の浮腫，脱髄，出血，海馬の壊死が起こることもある(Carson, 1986; Merck & Miller, 2013)．

　一酸化炭素濃度を検査することは，生前と死後の所見を裏付けるうえで重要である．静脈血を採取し，直ちに氷上で搬送すべきである(Merck & Miller, 2013)．COHb濃度はヒトの実験室で測定する必要がある．動物が生きている場合，COHb濃度は時間の経過とともに低下するので，記録のためにCOHb濃度をできるだけ早く検査することの重要性がさらに高まる(Merck & Miller, 2013)．

火災によるシアン中毒

　火災による最も一般的な死因は，熱傷ではなく有害ガスの吸引である．シアン化ガスは，燃焼ガスの中で最も有毒である可能性があるが，煙の吸引における重大な危険性として認識されることはほとんどない(Jones et al.,1987年)．シアン毒性の原因は，建材や家具における合成ポリマーの使用である(Jones et al., 1987)．シアン化合物は，細胞の呼吸酵素であるミトコンドリアのシトクロムオキシダーゼと結合して阻害することにより，細胞が酸素を利

用する能力を阻害する (Merck & Miller, 2013). 主に心臓と脳に影響を及ぼす. 動物の身体が
ピンク色やチェリーレッドに見えることがあるが，これは一酸化炭素中毒によるものであ
り，組織が血液から酸素を取り込むことができず，血中に酸素が十分に含まれていること
により起こる (Merck & Miller, 2013). 被害動物はチアノーゼになることもある. シアン化ガ
ス中毒の診断検査は困難な場合がある. 死体の腐敗によって血液中にシアン化合物が生成
され，誤って濃度が上昇する. 硫化物などの血液中の他の物質もシアン化合物と同様に反
応し，誤って濃度を上昇させることがある (DiMaio & DiMaio, 2001; Merck & Miller, 2013). シア
ン化合物の濃度を考慮する必要はあるが，COHbが生成される前に死亡したヒトの例も
ある (Gerling et al., 2001)

火災で被害を受けた動物の検査

　被害動物を検査する前に，犯罪現場とそこで何が起こったかを考慮する必要がある. 可
能であれば，動物の死体を写真に撮り，その場で検査し，犯行現場に関連する死体の状況
を明らかにすべきである. 火災の原因に関する証拠は，動物の身体，つまり燃焼促進剤の
臭いや使用された促進剤から発見される場合がある. 死体からの証拠を収集する必要があ
る. これらの検討事項について，法執行機関の犯罪アナリストまたは地元の法医学研究所
と話し合うことを検討する. 例えば，促進剤を含む毛皮のサンプルは，分析を行う研究所
に送るために気密性のある塗料缶に入れる必要がある (Merck & Miller, 2013). 骨折や突起物
など生前の外傷を除外するために，全身のX線画像を使用する. 火災による極度の熱によ
り骨折する可能性がある (Merck & Miller, 2013).

　生き残った被害動物の毛皮は煙のような臭いがする. 外から観察できる熱傷に加えて，
口腔内や上気道，下気道にも熱傷が存在する可能性がある. 被害動物の喉頭痙攣の有無を
確認する. 気道の損傷は，浮腫，粘膜紅斑，潰瘍形成，出血，すす粒子の蓄積などがある
(Merck & Miller, 2013). 一酸化炭素中毒は，皮膚や粘膜がチェリーレッドになることがある.
角膜擦過傷や結膜炎など眼の損傷が観察されることもある. 中等度から重度の症例におけ
る気管吸引細胞診では，焼けただれた線毛細胞，粘液鎖，すす粒子が検出されることがあ
る (Carson, 1986).

火災により死亡した動物

　火災前に動物が生きていたのか死んでいたのか，あるいは生前の外傷の形跡があるのか
を判断しなければならない. 外傷の痕跡がある場合もあれば，ない場合もある. 外傷がほ
とんどない，あるいは全くない死体は，煙の吸引により死亡した可能性がある. 死体に
よっては，あぶられたような損傷の痕跡があり，皮膚が薄茶色や硬い革のような外観を呈
する場合もある (DiMaio & DiMaio, 2001) (**図12.8a~b**).

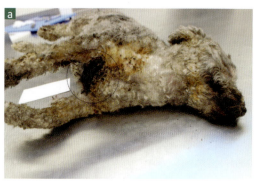

図12.8 (a,b)BBQに入れられた犬．犬の外表の40％に，毛皮と表皮の焼け，焦げ，焼灼がみられる．（写真提供：Dr. J.D. Struthers）

　動物の身体は熱により焦げて腫れることがある．胸部に熱が蓄積すると，血液が肺胞，気道，口，鼻孔に浸潤し，生前の外傷に似た状態になる．胸膜（内膜）に血液が存在する場合は，生前の外傷である可能性がある(Stern et al., 2014)．動物が生前に蒸気を吸引した場合，肺組織に燃焼促進剤の残留物が存在することがある(Merck & Miller, 2013)．重度の火傷を負った死体では，皮膚が収縮して裂けていることがある．他の例では，皮膚が完全に焼けただれ，その下にある筋肉が露出し，熱で破裂することもある．筋肉に熱が伝わり，筋線維に平行に裂ける．筋肉の裂傷は，死亡前の外傷による場合もある(Spitz, 2006; Merck & Miller, 2013)．死体が平らな面に横たわっていた場合，皮膚に変化のない部分がある可能性がある．体内壁が焼失し，内臓が露出し，焦げたり炭化したりすることもある(DiMaio & DiMaio, 2001; Merck & Miller, 2013)．

　肉眼検査で生前と死後の熱傷を判別するのは非常に困難である．生体反応（炎症）の顕微鏡的証拠があるかもしれないが，証拠がないことが死後の損傷を示すわけではない．真皮血管内の熱による血栓症は，炎症細胞が熱傷部位に到達するのを妨げる可能性がある(DiMaio & DiMaio, 2001; Merck & Miller, 2013)．

　住宅火災で2頭の犬が死亡しているのが発見され，死後約24時間経過していた．2頭の犬のうち1頭は，体の50％以上（大部分は背部と右体壁の大部分）に重度の火傷を負っており，皮膚にはひどい焦げと裂傷を伴っていた．まぶたには火傷の跡やすすの付着は認められなかった．両方の犬の内診では，咽頭，喉頭，気管，主気管支の粘液に混じったすす（黒い色素物質）の沈着が認められた．口腔粘膜と筋肉組織は赤色であった．顕微鏡所見は2頭とも呼吸器系に限られていた．すすは，気管と気管支の線毛上皮，細気管支の上皮に付着していた．肺胞腔内のすすはごくわずかであった(Stern et al., 2014)．

　死亡した動物の採血と一酸化炭素濃度の測定，吸気活動の証拠（上記参照）は，火災前および火災中に動物が生きていたことを示す最良の指標となる．全血は大動脈，心臓，尾大静脈から採取できる．Stern博士(Stern et al. 2014)の話によると，一酸化炭素濃度測定のた

めの血液サンプルはグリーントップのヘパリンチューブで採取されていた．これらのサンプルは，分析のために人用の研究所または病院に送る必要がある．これらのサンプルはできるだけ早く入手し，分析のために送るべきである(Stern et al., 2014)．

　火災では，頭蓋骨から血液と骨髄が滲出して，骨と硬膜の間に溜まる場合があり，前頭部，頭頂部，側頭部とともに後頭部が侵される可能性があり，外傷性硬膜外血腫様の症状を呈する．溜まった物質はチョコレート褐色の塊状であり，砕けやすいあるいは蜂の巣状の外観を呈する(DiMaio & DiMaio, 2001; Merck & Miller, 2013)．硬膜外血腫が生前ではないことを示す指標の一つは，熱変化による頭蓋骨骨折の存在である．これは生前には存在しない．Spitzによれば，硬膜下出血は生前の損傷の指標である(Spitz, 2006; Merck & Miller, 2013)．

　焼死体は四肢が屈曲し，ボクサーのような姿勢をとることがある．これは身体が火傷した時の発熱による筋組織の凝固と筋線維の収縮によるものである．筋肉が収縮した結果，骨折することがある．コンピューター断層撮影を用いて，外傷性変化と熱変化の鑑別を行うことができる(Merck & Miller, 2013)．

昆虫学

　焼死した動物の体内と体外には，生きているあるいは死んだ昆虫や幼虫の痕跡が残っている可能性がある．しばらくすると，死体に存在する昆虫は，新鮮な死体から発見された昆虫と同じ第一期の昆虫になる可能性がある(Merck & Miller, 2013)．これらの昆虫は死後の経過期間を調べるのに役立つほか，火災が発生した時期の特定にも役立つ．昆虫学的な証拠として，死んだ幼虫が体内，特に頭蓋骨や体腔で見つかることがある．これはその動物が火災前に死亡していたことを示す可能性がある(Merck & Miller, 2013)．

高体温症

　熱射病は，熱によって引き起こされる病気の中で最も重篤なものである(Drobatz, 2015)．外部性(運動による過熱)と非外部性(典型的な熱射病)に分類される．あらゆる身体系が関与する可能性はあるが，主に関与するのは循環器系，中枢神経系，消化器系，腎臓系，凝固系である．熱中症状には三つのタイプがあり，軽症から最重症まで連続的に現れる(Drobatz, 2015)．

- 熱痙攣：ナトリウムと塩化物の喪失による筋肉の痙攣
- 熱疲労/衰弱：疲労，脱力，筋肉の震え，嘔吐，下痢
- 熱射病：重篤な中枢神経障害と多臓器不全

最近では熱射病を，脳症を主徴とする多臓器不全症候群を引き起こす，全身性炎症反応を伴う高体温症と定義している．

　熱射病では，深部体温が上昇し，熱による症状を引き起こす(Drobatz, 2015)．飼育動物の熱射病は犬や猫に多くみられる(Drobatz, 2015)．犬の身体は様々な方法で熱を放散する．一つは皮膚の血管拡張による熱伝導であり，より冷たい表面と直接触れることで体内の熱を奪う．姿勢の変化と皮膚の血管拡張によって対流が発生し，体表面を吹き抜ける空気が犬の身体に接している暖められた空気層を取り除く．放射とは，皮膚血管の拡張を通して輻射熱(赤外線熱)を環境中に直接放出することである．蒸発は，環境温度が深部体温と同じ場合の最後の方法であり，最も重要である．最初の三つの方法は，環境温度が89.6°F(32℃)以下の場合に行われる(Merck & Miller, 2013)．犬はヒトのように汗をかくことができないため，パンティングによる蒸散で熱を発散する．口腔と鼻腔は，湿った粘膜から水分を損失(蒸発)するための広い表面積を提供する(Merck & Miller, 2013)．熱負荷と熱放散の減少が組み合わさった状態では，体温が急速かつ極端に上昇する可能性がある．熱射病は，熱放散のメカニズムが体温上昇を補えなくなった場合に起こる．例えば，閉じ込め(高温の車内)，避難場所や水分のない極端な環境温度にさらされた(拘束された)場合などである(Merck & Miller, 2013)．

　動物虐待では，動物が暑い車内や建物の中に放置されていたり，屋外につながれたまま水を与えられず，環境温度の上昇や直射日光から保護されていなかったりする場合に，高体温症が観察される(Merck & Miller, 2013)．さらに，環境温度は相対湿度に影響される．湿度が高くなると，暑さ指数は測定温度よりも高くなる(Merck & Miller, 2013)．

　暑い車内に放置された動物は，熱射病を発症することが多い．直射日光が当たる駐車場の車内では，窓が少し開いていても，犬は20分ほどで死んでしまうこともある(Merck & Miller, 2013)．様々な条件における車内温度の上昇について，複数の研究が行われている．ある研究では，窓を閉め切った状態では平均温度が5分ごとに3.2°F(1.8℃)ずつ上昇し，窓を数インチ(約2.5 cm)開けた状態では3.1°F(1.7℃)ずつ上昇し，最終的に車内温度は1時間以内に最高レベルまで上昇した．外気温にかかわらず，最初の30分間で80%以上の上昇がみられた．外気温が低い場合でも，車内温度は117°F(47℃)に達し，最大は平均41°F(5℃)上昇した(Merck & Miller, 2013)．外気温が85°F(29℃)の場合，窓を1～2インチ(2.5～5 cm)開けたままにしても，車内温度は10分以内に102°F(39℃)に達し，30分以内に120°F(49℃)になる(Merck & Miller, 2013)．車内の温度はわずか10分で20°F(11℃)上昇することがある．気温が70°F(21℃)の日でも車内は110°F(43℃)になることがあり(AVMA, 2018)，窓が少しぐらい開いていても違いはない．

　犬の身体は，セットポイントと呼ばれる狭い範囲内で体温を維持している．体温がセットポイントから逸脱すると，体温を上昇または低下させるための生理学的反応が開始さ

れる．犬の体温が106°F(41℃)に達すると，犬は熱症状による危険にさらされる．体温が110°F(43℃)以上に達すると，細胞反応が破壊され，犬は5〜15分で死に至る可能性がある．

熱射病は猫ではあまり報告されていない．これは発見されなかったという可能性がある (Merck & Miller, 2013)．発見された場合，通常は猫が急激な体温上昇にさらされたり，逃げ場のないまま高温下に閉じ込められたりしたことが原因である(Merck & Miller, 2013)．

暑い車内での動物虐待に関するほとんどの州法には，身体的危害の可能性や実際の身体的危害に関する文言が盛り込まれていることを強調しておきたい．このことは，たとえ幸いにも身体的危害が起こらなかったとしても，何が起こり得るかを明確にするための獣医師の証言の重要性を強調している．

検査

熱射病で起こる臨床症状は，犬種による生理学的な違いや熱射病の病因の違いにより，すべての犬で同じではない．熱射病の犬の幅広い臨床症状には，急速な呼吸，パンティング，呼吸困難，脱水，嘔吐，下痢(最終的には血便になる)，虚脱，抑うつ，痙攣などが含まれる．抑うつと昏睡は痙攣よりも頻繁に観察される(Merck & Miller, 2013)．

熱射病の複雑かつ重篤な病理学的影響は，身体組織への直接的な熱傷害によって引き起こされる．熱射病の診断は，犬の体温が100°F(38℃)以上であることと一致する．多臓器不全を引き起こすと考えられる臨界温度は109°F(43℃)である(Merck & Miller, 2013)．

熱射病に罹患した犬の身体所見は，体温上昇の激しさと持続時間，生じた個々の病態生理学的反応によって異なる(Drobatz, 2015)．直腸温は，組織の灌流状態や冷却機能が開始されたかどうかによって，上昇することも，正常になることも，あるいは低下することもある．脈拍数は通常上昇し，熱放散を増加させるために呼吸数が速くなる(Drobatz, 2015)．粘膜は充血し，毛細血管の再充満時間は短い．蒸発による体液の喪失，嘔吐，下痢，血管拡張による循環血液量減少性ショックのため，脈拍は弱くなる．頻脈は一般的である．中枢神経系の徴候は覚醒状態から昏睡状態まで多岐にわたるが，最もよくみられるのは抑うつ状態である．犬が歩行可能な状態を維持している場合，運動失調の可能性がある．神経障害はさらに，大腿部の灌流不良，直接的な熱障害，脳浮腫，中枢神経系の出血，代謝異常などが含まれる場合がある(Drobatz, 2015)．急性腎障害は熱射病の合併症である可能性がある．嘔吐と下痢が観察され，消化管の病変は水様性から出血性まで様々である(図12.9)．胃潰瘍が生じることもある．播種性血管内凝固(disseminated intravascular coagulation: DIC)は熱射病で比較的よくみられる所見である．これは，点状出血，斑状出血，尿中および/または便中の血液によって示される(Drobatz, 2015)(図12.10a〜b，図12.11)．

| 第12章 |

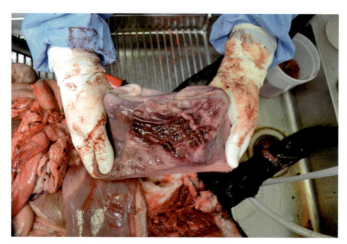

図12.9 高体温症．胃粘膜の広範な紫斑性粘膜出血

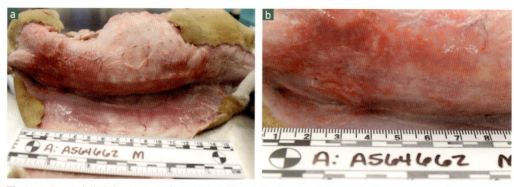

図12.10 (a, b) 高体温症．子犬．皮膚を反転した際の充血，うっ血，出血（写真提供：Dr. J.K.Lee）

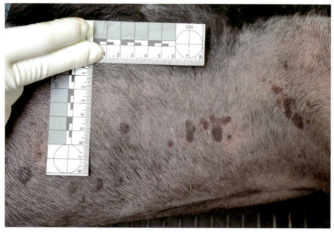

図12.11 高体温症．斑状出血の多発性領域

肉眼所見/組織学的所見

　熱射病による死亡の診断は，除外診断のことが多く，動物の死を取り巻く状況，特に犯罪現場の所見に基づいて行われる (Merck & Miller, 2013)．X線画像，病理組織学，臨床病理

学を含むあらゆる法医学的解剖検査を行い，死に関与する他の原因や要因を除外する必要がある (Merck & Miller, 2013)．アリゾナ州での熱射病の症例に関する筆者の個人的な経験では，高体温症に伴うクレアチニンキナーゼの上昇がみられた．

熱射病は身体，特に四肢の硬直を引き起こし，死後硬直と間違われることがある (**図 12.12**)．死後硬直は死後の一時的な状態である．熱射病による硬直は，筋短縮と硬直の原因となる筋タンパク質の凝固から生じる永続的なものである (Merck & Miller, 2013)．体腔内では，全身性の組織の自己融解が起こることがある．観察される自己融解は，環境温度の上昇による分解の進行や促進と非常によく似ている．死後期間に応じた熱射病の信頼できる指標は，体内で進行する自己融解であり，体外でみられるそれほど進行していない分解レベルとは一致しない．自己融解が進行していると，顕微鏡による分析や追加検査ができない場合がある．心臓には，心筋虚血，出血，壊死の肉眼的証拠がみられることもある (Merck & Miller, 2013) (**図12.13**)．

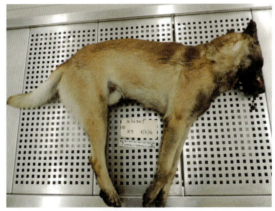

図12.12 高体温症．高温の車内に閉じ込められた後の身体の過度な硬直（写真提供：Dr. A.W.Stern）

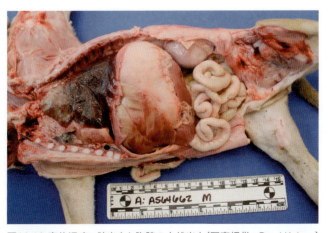

図12.13 高体温症．肺出血と胸腺の点状出血（写真提供：Dr. J.K. Lee）

末梢筋，心臓，肝臓および脳でみられる組織学的徴候には，横紋筋が関与している．これらの所見は，筋線維の横紋筋融解症（重度の変性から壊死），筋鞘核の反応性増殖，異栄養性石灰化からなる．心筋は，「特定の裂かれたまたは虫食いのような外観」を伴う局所的な変性と壊死を呈することがある（Merck & Miller, 2013）．

　その他の組織学的所見は，肝臓の局所変性と壊死，ショックに伴う小葉中心性壊死が含まれる場合がある．脳では局所的な神経細胞の収縮と壊死が観察され，腎臓では横紋筋融解による色素沈着がみられることがある．組織サンプルは内毒素血症の徴候を示す場合がある．

　動物が発見または死亡した場所の周囲温度を記録しておくことが重要である．米国の気象データは国立気象局（National Weather Service）www.nws.noaa.gov/climate から入手できる（Merck & Miller, 2013）．

溺死

　溺死は酸素欠乏による死亡を伴う窒息の一形態と考えられているが，溺死に組み込まれたメカニズムには窒息以外の要因が含まれている可能性があり，身体的特徴は他の形態の窒息でみられるものとは異なる（Sinclair et al., 2006）．溺死の診断は，典型的な窒息死とは異なる情報に基づいて行われる（Sinclair et al., 2006）．これらの理由から，本章では溺死を他の形態の窒息とは分けて考察する．

　溺死の定義とは，液体に浸かったときの窒息により生じる低酸素血症が原因となって死亡することである（Merck & Miller, 2013）．水没は全身を浸すこともあれば，外気道の開口部だけを浸して十分な場合もある（Merck & Miller, 2013）．溺死で観察される主な病態生理学的異常は，適切な肺ガス交換を維持できないことによる低酸素性の組織損傷である（Powell, 2015）．溺死は伴侶動物を獣医学的に評価する理由としては稀と考えられている（Heffner et al., 2008）．よって，負傷や死亡の原因として溺死が疑われる場合，その出来事や状況に対する疑念が生じるはずである．2017年9月時点のPet-Abuse.com の米国動物虐待分類（U.S. Animal Abuse Classifications）によると，全国の動物虐待事件のうち，溺死は1％未満である（PetAbuse.com）．

　動物虐待の一形態としての意図的な溺死には，いくつかの形態がある（Sinclair et al., 2006）．溺死の第一の形態は「迷惑動物」である．野生動物や望まれない繁殖の結果が，安楽死や「処分溺死」という誤った考えによって溺死させる（Sinclair et al., 2006）．第二の形態は，被虐動物や動物に関連する人の被害者を怯えさせ，威嚇し，虐待することを目的とした懲罰や攻撃行為である．これは「怒り狂った溺死（furious drowning）」として知られている（Sinclair et al., 2006）．第三の形態は「偽装溺死」であり，動物を何らかの非侵襲的手段，例えば，絞殺

や頭部への鈍的外傷によって殺した後，動物の身体を水で飽和させるか，容器や水域に浸して溺死に見せかけるものである．このような溺死は，（家庭内暴力のように）他者を威嚇する手段として，あるいは別の形の動物虐待を隠蔽するために用いられることがある(Sinclair et al., 2006)．AVMAの安楽死に関する報告書によると，溺死は安楽死の手段として認められておらず，動物福祉に反する．溺死事件の調査により，死因はゆっくりとストレスがかかり，苦痛を伴うものであった可能性があり，拷問の法的定義と一致し，重罪に問われる可能性がある(Sinclair et al., 2006)．

2002年，世界保健機関(World Health Organization: WHO)は，国際専門家委員会により溺水とその考えられる結果を次のように定義した．つまり，「溺水とは，液体に沈む／浸かることにより呼吸障害を経験する過程であり，その結果は死亡，罹患する，または罹患なしである」(McEwen & Gerdin, 2016)．その結果，これらの新しい用語の採用については，獣医病理学者や法獣医師によって考慮されるべきと結論付けた(McEwen & Gerdin, 2016)．水没は体全体が水中にある場合に起こり，浸水は体の一部が水に覆われていることを意味する．溺死が起こるためには気道も浸水していることが必要である．

動物の死因として溺死を立証するのは難しい．動物が水中や完全に濡れている状態で見つかった場合，溺死を鑑別しなければならない．重要な問題は，動物が水に入ったとき，あるいは水にさらされた時に生きていたかどうかである(McEwen & Gerdin, 2016)．溺死の診断は，除外診断のことが多く，犯罪現場，病歴(もしあれば)，目撃者の供述から追加情報を得る必要がある(McEwen & Gerdin, 2016)．

溺死のメカニズム

溺死の主なメカニズムは，気道に液体が入った後，低酸素血症が急速かつ持続的に発症することである(McEwen & Gerdin, 2016)．溺死のプロセスは多面的で，心肺反射や電解質・血液ガスの異常が関与している．その結果，液体(水)や嘔吐物の誤嚥・嚥下が生じる．不随意運動，体力の消耗／疲労，息苦しさを伴う苦闘が続き，死に至る(McEwen & Gerdin, 2016)．

全体的な影響として，アシドーシスと高炭酸ガス血症を併発し，動脈血の酸素化が即時に低下する．動脈中の二酸化炭素濃度は通常，溺死動物の意識喪失を引き起こすと考えられている二酸化炭素誘発性壊死における濃度95 mmHg未満である(McEwen & Gerdin, 2016)．これが，溺死が動物福祉に反するとされる主な理由である(McEwen & Gerdin, 2016)．

溺死の段階

過去に，溺死のプロセスは犬での実験を通じて文献で検討され，行動学的および生物学的溺死反応が実証された(McEwen & Gerdin, 2016)．これらは溺死の五つの段階として一般化

されている(McEwen & Gerdin, 2016)．第一段階および第二段階では，脱出の試み，激しいもがき，息を止める様子が観察される．第三段階では，胸部の深呼吸運動，嚥下，痙攣が起こる．第四段階では角膜反射が低下し，瞳孔が散大する．最後の第五段階では，呼吸運動が減弱し，頭部と顎の筋肉の筋収縮が起こり，死に至る(McEwen & Gerdin, 2016)．

　犬は最長1.5分間，激しくもがくことがある．通常，声門は閉じており，胸部の吸気運動が試みられ続けるため，液体が飲み込まれる(McEwen & Gerdin, 2016)．低酸素血症により意識を失った場合は，喉頭が弛緩して液体が吸引されるか，動物が意識を保っている場合には，吸気性のあえぎから水が吸引され飲み込まれる(McEwen & Gerdin, 2016)．3分後には，痙攣や発作が起こり，その結果，胃が液体で過膨張し，嘔吐することがある(McEwen & Gerdin, 2016)．心停止や死亡は5分以内に起こるが，水没後最長10分かかることもある(McEwen & Gerdin, 2016)．初期の低酸素血症は，肺水腫，カテコールアミンの放出，血管収縮，不整脈，肺高血圧，肺内右左シャントによって複雑化する(McEwen & Gerdin, 2016)．

　溺死による電解質と血管内の変化は，肺に吸引される水の塩分濃度および／または水量によるものである．水のこれらの生化学的作用は浸透圧である(McEwen & Gerdin, 2016)．塩水と淡水の溺死を鑑別することは法医学的に重要である．淡水では，動物は血液の希釈，血液量の増加，血清塩化物，ナトリウム，浸透圧，ヘマトクリットの低下，高カリウム血症を示すことがある．これらの変化は，動物の体内の体液の再分配により一時的に起こるが，22 mL/kg以上の大量の水を吸引すると持続することがある．犬では，吸引した淡水は3分以内に循環器に浸潤し，淡水で溺れている間に体重の約10%が肺に吸収される可能性がある(McEwen & Gerdin, 2016)．

　塩水の吸引は淡水よりも致死率が高く，淡水吸引の半分の量で溺死する可能性がある．塩水で溺れると，血清ナトリウム，浸透圧，カリウムが増加し，血液濃縮が起こる．塩水の高張性により，体液が循環から肺胞に引き込まれ，基底膜が変化し，界面活性剤の流出と肺活量の低下が生じて肺水腫を引き起こす(McEwen & Gerdin, 2016)．

　溺死は進行性の脳低酸素症を引き起こし，死に至る．損傷は4〜10分以内に脳の限られた領域で発生し，おそらく不可逆的である．さらに，この時間経過後，数分以内に持続性昏睡に陥ることがある(McEwen & Gerdin, 2016)．

冷水

　冷水に2分間浸漬すると，動物の深部体温は単に浸漬する場合よりも急速に低下する．これは，大量の液体を吸引し，肺組織内の新たな表面積に接触することが原因である．水没による低体温症は，直腸温が68°F(20℃)以下に低下すると致死的になる(McEwen & Gerdin, 2016)．

生存動物の合併症

溺水しても生き残った伴侶動物の合併症には，精神機能の低下や神経障害，非心原性肺水腫，肺炎，ARDSが含まれる(McEwen & Gerdin, 2016)．

肉眼的および顕微鏡的病変

肺は全体的に重く，浮腫状で，潰れずにホルマリンの中で沈む(図12.14a〜b)．口腔，鼻腔，気管では泡沫がみられることがある(図12.15a〜b)．上記の徴候は溺死と一致するが，特異的ではなく，他の原因による場合がある．外側の毛皮は濡れているか，湿っているか，乾燥している場合は棘状に固まっている可能性がある(図12.16a〜b)．水の吸引がないのは，喉頭痙攣やあえぎができなかったことに起因する可能性がある．動物の溺死に関する研究では，肺への液体吸引の証拠がなく，気管に粘液栓があることが示された．ヒトでは，溺死を裏付ける可能性のある追加の所見として，胸水貯留，乳様突起と中耳のうっ血/出血による側頭骨の硬膜下変色，頸部筋の出血，脾臓の収縮が挙げられる(McEwen & Gerdin, 2016)．

溺死時に水を飲み込んだり，嘔吐物を吸引した場合は，胃内容物の外観と量を記録する必要がある．ヒトの溺死では，水による胃の過膨張によって胃粘膜の裂傷が生じることが観察されている(McEwen & Gerdin, 2016)．

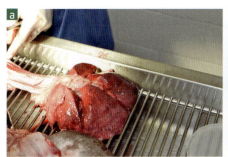 

図12.14（a）溺死．浮腫のある肺　（b）溺死．切開された肺組織から液体が滲出

 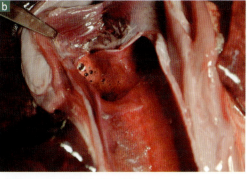

図12.15（a）溺死．気管内の赤味を帯びた泡　（b）溺死．気管内の泡が気管支幹に進行している．

図12.16 (a,b) 溺死．解剖検査所見の裏付けとなる事件を記録するための現場写真と報告書の重要性．写真は犬が濡れていて，何らかの争いがあったことを立証している．（写真提供：phoenix警察）

死後の変化

　死後の浸水間隔や，水中および回収後に起こる変化により，解剖検査所見が妨げられたり，複雑になったりする可能性がある．初期の変化は，皮膚の浸軟，青斑，死後硬直，死冷がある．後期の変化は，初期腐敗，死蝋の形成を含む高度な腐敗，および骨化である．死蝋とは，細菌の酵素による脂肪組織の分解によって水中に沈んだ死体上に生成されるワックス状の物質である．水中での死後の変化は，時間と温度に依存するという点で陸上と似ている．水中での分解は通常遅いが，水から出されると分解は加速する．動物の身体は最初沈み，腐敗ガスによって浮力が増すと最終的には浮上する．水が十分に冷たい場合はこの現象は起こらず，動物の身体が浮上することはない．浸水時間や状態が長くなると，皮膚から毛が抜け，全身が水浸しになることがある．さらに，水生動物による清掃や自然または人為的なその他の環境要因によって生前の病変が変化したり，死後の病変が生じたりすることがある(McEwen & Gerdin, 2016)．

　徹底的な法医学的解剖検査により，他の疾病の経過が存在するかどうかを除外することができる．その他の病歴は，動物が水域から出ることを妨げている神経障害などの問題を特定するのに役立つ場合がある．特に，淡水で遊んだり訓練したりする動物では，淡水の過剰摂取（水中毒）による低ナトリウム脳症を考慮すべきである(McEwen & Gerdin, 2016)．

　動物に固定されているブロック，タイヤ，鎖などの重りは意図的に身体を水没させたことを示すが，もしあったとしても，水域に入ったときに動物が生きていたか死んでいたかを判断するために使うべきではない．しかし，強制的に水に浸漬または水没させられた動物には，頭部，頸部，四肢の鈍的外傷による挫傷，皮下出血，その他の外傷が発生する可能性がある(McEwen & Gerdin, 2016)（**図12.17**）．

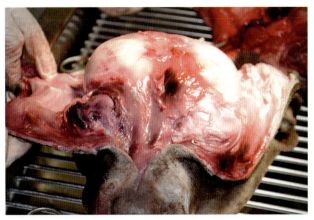

図12.17 水中で犬の頭部を保持するために使われた力の程度を示す．皮膚を反転

低体温症

　家畜の低体温または体温低下は，外部の寒さ，薬物，または体温調節機能の失調による深部冷却によって引き起こされる状態である．四肢の局所性低体温症は，凍結が始まらない限り，損傷の過度の危険性を伴うことなく発生する可能性がある．全身性低体温症は，動物の深部体温が正常な生理学的深部体温を下回る場合に起こる．熱損失の増加，熱産生の減少，または正常な体温調節機能の失調を引き起こす場合はいずれも，低体温症を引き起こす可能性がある(Merck & Miller, 2013)．動物の体温は1日を通して変動するため，犬(100°F〜103°F[37.8℃〜39.5℃])，猫(99.5°F〜102.5°F[37.5℃〜39.2℃])の範囲で表記される(Merck & Miller, 2013)．熱損失，熱産生の減少，正常な体温調節機能の失調による個別のまたは複合的な影響によって，深部(主要臓器の)体温が種特有の生理学的パラメーターより低くなる(Todd, 2015)．

　低体温症は原発性と続発性に分類される(Todd, 2015)．原発性低体温症は，身体が正常な熱産生能力を持ち，低い環境温度にさらされたときに発症する．続発性低体温症は，体温調節と熱産生が傷害，病気，薬物によって変化した場合に生じる(Merck & Miller, 2013; Todd, 2015)．

　これまで低体温症は，深部体温に基づいて軽度，中等度，重度に分類されてきた．これらの分類は単純であるが，特定の深部体温に直接関係しない様々なレベルの症状を区別する機能的変化には対処していない．新しい考え方は，深部体温だけでなく，各段階の臨床結果に基づいて低体温症を分類することである(Todd, 2015)．軽度の低体温症では，震えや熱を求める行動を含む体温調節機能が存在するが，運動失調が観察されることもある．中等度の低体温症では，体温調節システムの喪失が生じ，意識レベルの低下や心血管の初期の不安定性を引き起こす．低体温症が重症になると，動物の体温調節システムは完全に失われ，動物は震えることができなくなり，昏睡状態や心室細動が起こる場合がある(Todd, 2015)．

熱損失は，対流，伝導，放射熱の伝達，蒸発熱の伝達によって起こる (Merck & Miller, 2013; Wang et al., 2014)．皮膚の熱損失は，露出した体表面積によって左右される．冷たい水に浸かると，冷たい空気に触れるよりも体温が急速に低下する．代謝による熱産生は体重の関数である．小型犬，猫，新生子，悪液質の動物は，体表面積/体重の比率が高く，熱を産生する能力が低く，急激な熱損失が起こりやすい (Merck & Miller, 2013)．体脂肪の減少により体の断熱性が欠如すると，熱損失が生じる．伴侶動物は，環境の極端な温度から逃れることができない場合や，老齢動物，新生子，未治療の怪我や衰弱性疾患の動物など，寒い環境に対応できない場合，熱損失が増加する (Merck & Miller, 2013)．

寒さに慣れていない動物は寒い環境に敏感である．猫は犬よりも急激な温度変化に敏感である．ネコ科動物の低体温症については十分な記録がないが，おそらく報告や発見が少ないためと考えられる (Merck & Miller, 2013)．

低体温症は，心血管，呼吸器，電解質，中枢神経系，酸塩基，凝固の異常を引き起こす可能性がある (Todd, 2015)．

動物は寒冷ストレスにより疼痛を示すことがある．筋硬直や関節液の粘度上昇により，体や四肢が硬直することがある (Merck & Miller, 2013)．重症の場合，筋硬直は呼吸に影響を及ぼすこともある．動物が病気の場合，極度の寒さに対して敏感になり，死に至る危険性が高くなる．低体温ストレスは体重減少を招き，免疫系を低下させる可能性がある．飢餓と寒冷ストレスの状況では，身体はエネルギーの使用に対して相反する要求を持つ (Merck & Miller, 2013)．

寒さに対する身体の防御は，皮膚や筋肉の血管収縮を開始して体温を保つことである (Merck & Miller, 2013)．体を寄せたり丸まったりする行動反応や，立毛，末梢血管の収縮，震えなどの反射的な生理的変化により，熱産生が増加する (Todd, 2015)．動物の体温が94°F (34℃) を下回ると，震えや求熱活動が停止する (Merck & Miller, 2013)．末梢血管の収縮は血管拡張に変わり，深部体温の低下を引き起こす．細胞代謝は，震えを介して化学的熱産生を行うために増加するが，やがて過剰になって代謝率が低下すると，細胞内の化学的熱産生が減少し，身体の熱生成が低下する．その結果，中枢神経系が抑制され，視床下部の低体温に対する反応が低下する．深部体温が88°F (31℃) を下回ると，体温調節は停止する (Merck & Miller, 2013)．低体温症が続くと，心拍数と呼吸数が減少する．体温が77°F (28℃) を下回ると，呼吸抑制が起こる可能性がある (Merck & Miller, 2013)．心室細動と心筋収縮力の低下は，体温74°F〜68°F (23.5℃〜20℃) で観察されている．これは代謝性アシドーシスと血液粘度の上昇によってさらに複雑になり，低体温は心筋機能の低下を引き起こす．起こり得るその他の合併症として，低酸素症，呼吸窮迫症候群，肺炎，肺水腫などがある (Merck & Miller, 2013)．

低温による傷害

　凍傷は，低温に適切に順応した健康な動物では比較的稀な症状である．最近になって温暖な気候から寒冷な気候に移動した動物や病気の動物は凍傷で死亡する場合がある．これは，凍結温度に長時間さらされたり，凍結した金属物に接触したりすることが原因である可能性がある．動物に血管疾患やその他の異常がある場合，外気温がそれほど低くなくても組織が壊死することがある(Maxie, 2016)．不適切な避難場所，吹きさらしの風，動物が濡れていることにより，凍傷が発症するまでの暴露時間が短くなる(Maxie, 2016)．

　凍傷は通常，耳の先端，陰嚢，指，乳腺，脇腹の皮膚のひだ，尾の先端で起こる．これらの部位は，毛や血管による保温が不十分なためである (Merck & Miller, 2013; Maxie, 2016)．皮膚が凍ると青白く見え，触ると冷たく，触覚が低下または失われる (Merck & Miller, 2013; Maxie, 2016)．びまん性の皮下浮腫や出血を伴う暗色または青みがかった領域が存在することがある (Merck & Miller, 2013)．解凍後，軽度の紅斑，浮腫，辺縁の鱗屑，最終的には疼痛が観察される．軽症の場合，患部の毛が白くなることがある．耳の先端や耳介が丸まる場合がある．重症例の場合，皮膚は壊死して剥離する可能性がある．病変は熱傷に似ている (Maxie, 2016)．細胞の内外に氷晶が形成され，細胞の損傷と死が進行する．虚血性壊死への進行が観察され，その後に組織の剥離が起こる場合がある．組織損傷の境界が完全に特定されるまでには4〜15日かかる場合がある(Munro & Munro, 2008)．

肉眼所見と顕微鏡所見

　肉眼所見のほとんどは非特異的であり，低体温症が死因かどうかは，死亡を取り巻く状況，他の原因の除外，および身体検査所見に基づいて判断される (Merck & Miller, 2013)．顕微鏡所見としては，肺内出血，急性出血性膵炎，脂肪壊死を伴う限局性膵炎，心筋変性病巣などがみられ，凍傷などの合併症が観察されることもある．凍傷の組織学的所見としては，炎症性細胞浸潤の散発病巣を伴う真皮の浮腫と充血が生じる可能性がある (Merck & Miller, 2013)．

結論

　この章では，伴侶動物が遭遇する環境的，状況的な外傷や死の複数の原因を探ってきた．取り上げた分野の多くでは，さらなる研究が必要である．偶発的な病因と非偶発的な病因を区別するために，そのような環境や状況が伴侶動物にどのような影響を与えるかを常に考慮しなければならない．

参考文献

AVMA Website (Temperature Scales). 2018. www.avma.org/public/Petcare/Pages/pets-in-vehicles.aspx.

Carson, T.L. 1986. Toxic Gases. In Kirk, R.W., ed. *Kirk's Current Veterinary Therapy X Small Animal Practice*. Philadelphia: WB Saunders: 203-205.

Danielson, L., Karlsmark, T., Thomsen, H.K., Thomsen, J.L., and Balding, L.E. 1991. Diagnosis of electrical skin injuries: A review and a description of a case. *American Journal of Forensic Medicine and Pathology*. 12(3): 222-226.

DiMaio, V.J., and DiMaio, D. 2001. *Forensic Pathology*, 2nd ed. Boca Raton, FL: CRC Press.

Drobatz, K.J. 2015. Heatstroke. In: Silverstein, D.C., and Hopper, K., eds. *Small Animal Critical Care Medicine*, 2nd ed. St Louis, MI: Elsevier Saunders: 795-799.

Duffey, M. 2018. Animal Cruelty Investigator, Humane Society of Southern Arizona. Personal Interview.

Garzotto, C.K. 2015. Thermal burn injury. In: Silverstein, D.C., and Hopper, K., eds. *Small Animal Critical Care Medicine*, 2nd ed. St Louis, MI: Elsevier Saunders: 743-747.

Gerling, I., Meissner, C., Reiter, A., and Oehmichen, M. 2001. Death from thermal effects and burns. *Forensic Science International*. 115: 33-41.

Hedlund, C.S. 2002. Surgery of the Integumentary System. In: Fossum, T.W., ed. *Small Animal Surgery*, 2nd ed. St Louis, MI: Mosby: 134-228.

Heffner, G.G., Rozanski, E.A., Beal, M.W., Boysen, S., Powell, L., and Adamantos, S., 2008. Evaluation of freshwater immersion in small animals: 28 cases (1996-2006). *Journal of the American Veterinary Medical Association*. 232: 244-248.

Jones, J., Mc Mullen, M.J., and Dougherty, J. 1987. Toxic smoke inhalation: Cyanide poisoning in fire victims. *American Journal of Emergency Medicine*. 5: 318-321.

Juthowitz, L.A. 2005. Care of the Burned Patient. In: *Proceedings of the Eleventh International Veterinary Emergency and Critical Care Symposium*. Atlanta, GA, September 7-11: 243-249.

Maxie, M.G. 2016. *Jubb, Kennedy, and Palmer's: Pathology of Domestic Animals* Volume 2, 6th ed. St Louis, MI: Elsevier Inc.

McEwen, B.J., Gerdin, J. 2016. Veterinary forensic pathology: Drowning and bodies recovered from water. *Veterinary Pathology*. 53(5): 1049-1056.

Merck, M.D. and Miller, D.M. 2013. Burn-, electric-, and fire-related injuries. In: Merck, M.D., ed. *Veterinary Forensics: Animal Cruelty Investigations*, 2nd ed. Ames, IA: Wiley-Blackwell: 139-150.

Munro, H.M., and Thrushfield, M.V. 2001. Battered pets: Non-accidental physical injuries found in dogs and cats. *Journal of Small Animal Practice*. 42: 279-290.

Munro, R., and Munro, H. 2008. *Animal Abuse and Unlawful Killing: Forensic Veterinary Pathology*. Edinburgh: Elsevier.

National Weather Service, Online Weather Data, www.nws.noaa.gov/climate

PetAbuse.com

Platt, M.S., Spitz, D.J., and Spitz, W.U. 2006. Investigation of deaths in childhood. Part 2: The abused child and adolescent. In: Spitz, W.U., and Spitz, D.J., eds. *Spitz and Fisher's Medicolegal Investigation of Death: Guidelines for the Application of Pathology to Crime Investigation*, 4th ed. Springfield, IL: Charles C Thomas: 357-416.

Pope, E.R. 2003. Thermal, electrical, and chemical burns and cold injuries. In: Slatter, D.H., ed. *Textbook of Small Animal Surgery*, Volume 1, 3rd ed. Elsevier-Health Sciences Division: 356-372.

Powell, L.L. 2015. Drowning and Submersion Injury. In: Silverstein, D.C., and Hopper, K., eds. *Small Animal Critical Care Medicine*, 2nd ed. St Louis, MI: Elsevier Saunders: 803-806.

Quist, E.M., Tanabe, M., Mansell, J.E.K.L., and Edwards, J.L. 2011. A case series of thermal scald injuries in dogs exposed to hot water from garden hoses (garden hose scalding syndrome). *Veterinary Dermatology*. 23: 162-166, e33.

Rodes, J., Clay, C., and Phillips, M. 2013. The surface area of the hand and the palm for estimating percentage of total body surface area: Results of a meta-analysis. *British Journal of Dermatology*. 169(1): 76-84.

Saukko, P., and Knight, B. (eds.). 2016. Electric fatalities. In: *Knight's Forensic Pathology*, 4th ed. Boca Raton, FL: CRC Press: 325-338.

Saxon, W.D., and Kirby, R. 1992. Treatment of acute burn injury and smoke inhalation. In: Kirk, R.W., and Bonagura, J.D., eds. *Kirk's Current Veterinary Therapy XI Small Animal Practice*. Philadelphia: WB Saunders: 146-154.

Schindler, C. 2018. Animal Cruelty and Fighting Director, HSUS. Personal Interview.

Schulze, C., Peters, M., Baumgartner, W., and Wohlsein, P. 2016. Electric injuries in animals: Causes, pathogenesis, and morphologic findings. *Veterinary Pathology*. 53(5): 1018-1029.

Sinclair, L., Merck, M., and Lockwood, R. 2006. *Forensic Investigation of Animal Cruelty: A Guide for Veterinary and Law Enforcement Professionals*. Humane Society of the United States.

Spitz, W.U. 2006. Thermal Injuries. In: Spitz WU., and Spitz DJ., eds. *Spitz and Fisher's Medicolegal Investigation of Death: Guidelines for the Application of Pathology to Crime Investigation*, 4th ed. Springfield, IL: Charles C Thomas: 747-782.

Stern, A.W., Lewis, R.J., and Thompson, K.S. 2014. Toxic smoke inhalation in fire victim dogs. *Veterinary Pathology*. 51(6): 1165-1167.

Surrell, J.A., Alexander, R.C., Cohle, S.D., Lovell, F.R., and Wehrenberg, R.A. 1987. Effects of microwave radiation on living tissues. *Journal of Trauma*. 27(8): 935-939.

Tans, T.R. 1989. Pneumonia. In: Kirk, R.W., and Bonagura, J.D., eds. *Kirk's Current Veterinary Therapy XI Small Animal Practice*. Philadelphia: WB Saunders: 376-384.

Teodoreanu, R., Popescu, S.A., and Lascer, I. 2014. Electrical injuries: Biological value measurements as a prediction factor of local evaluation in electrocution lesions. *Journal of Medical and Life*. 7(2): 226-236.

Todd, J.M. 2015. Hypothermia. In: Silverstein, D.C., and Hopper, K., eds. *Small Animal Critical Care Medicine*, 2nd ed. St Louis, MI: Elsevier Saunders: 789-793.

Wang, C., Zhao, R., Liu, W., La-na, D., Zhao, X., Rawg, Y., Ning, F., and Zhang. G., 2014. Pathological changes of the three clinical types of laryngeal burns based on a canine model. *Burns*. 40: 257-267.

Wohlsein, P., Peters, M., Schulze, C., and Baumgartner, W. 2016. Thermal injuries in veterinary forensic pathology. *Veterinary Pathology*. 53(5): 1001-1017.

第 13 章

アニマルファイティングと
ホーディング

Nancy Bradley-Siemens and Barbara Sheppard

はじめに	302
アニマルファイティングに関する法律	302
動物福祉法（合衆国法典第7編第2156条）	303
アニマルファイティング	304
闘鶏	304
闘犬	316
成豚と闘犬の闘い（ホッグ・ドッグファイティング）	323
法執行機関（警察等）との協力	323
アニマルホーディング	327
結論	337
参考文献	337

| 第13章 |

はじめに

　アニマルファイティング（動物同士の闘い）とホーディング（溜め込むこと）には，飼い主による虐待行為とネグレクト，そして秘密裏に行われるという共通点がある．アニマルファイティングは組織的な動物虐待と定義され，ホーディングは重度のネグレクトと定義される．重要な違いは，アニマルファイティングは，飼い主が個人的な犯罪行為の一つとして行う，金儲けのためのビジネスや事業であるということである．アニマルファイティングが他の犯罪行為と結び付いていることから，麻薬密売など他の組織犯罪を減らすための手段として，米国では，警察官や検察官が連邦法としてアニマルファイティング法の制定を促した．これらの連邦法は，各州によるアニマルファイティングに対する一貫した法的アプローチをもたらし，強力な法的手段を提供する．対照的に，ホーディングは一般的に，他の故意の犯罪行為とは関連しないため，包括的な連邦法は存在しない．アニマルホーディングは，児童虐待や高齢者虐待につながる可能性があるにもかかわらず，各州はアニマルホーディングに対処するための統一された法的基準を持っていない．多くの州では，元々ホーディングに対処することを意図していない動物虐待法を適用している．

　アニマルホーダー（動物を溜め込む人）の特徴は，アニマルファイティングに関与する人の特徴よりも予測しにくい．アニマルファイティングをビジネスとする飼い主について，犯罪的な利益動機がかなり予測できるのとは異なり，動物を溜め込む個人は，すべてが一つの型に当てはまるわけではなく，自分に非があるとは考えていないことがある．アニマルホーダーは，精神的な病気，拒絶，経済的困窮による絶望，あるいはセルフネグレクト，動物保護施設での安楽死への懸念などに影響されている可能性がある．ほとんどのアニマルファイティングビジネスが犯罪行為を隠すために獣医師との接触を避けているのに対し，一部のアニマルホーダーは獣医師の治療を求めることがあり，それによって獣医師の疑いを招く可能性がある．もう一つの重要な違いは，アニマルファイティングは観客を巻き込み，特定の道具や用具類を所持していることである．したがって，闘犬法では，故意に闘犬を観戦することと，これらの用具類を所持することを違法としている．対照的に，ホーディングには同様の法律は適用されない．さらに，犬や猫にとって許容できる飼育レベルについては，ホーディングを行っている人々を含め，意見が分かれている．したがって，個人や合法的なペットビジネスによるペットの所有権を侵害しないような，具体的なホーディングの基準を規定するのはより困難である．

アニマルファイティングに関する法律

　連邦法の戦略の中には，闘犬禁止法をより広範な犯罪撲滅の手段として活用するものも

ある．これらの法律の中には，動物福祉法（Animal Welfare Act: AWA），アニマルファイティング禁止執行法（Animal Fighting Prohibition Enforcement Act: AFPEA），アニマルファイティング観戦禁止法（Animal Spectator Act／Animal Fighting Spectator Prohibition Act）がある．AWAのような重要な連邦法の位置付けを理解することは，アニマルファイティングを禁止する連邦法の眺望に役立つ．これによって，情報を得た者は，自分で法律を調べ，その後の改正の可能性を追うことができる．また，闘犬がどのような行為とみなされ，連邦政府がそれを禁止する法律をどこに位置付けているのかという視点も得られる．

　連邦議会で可決された法律は，番号が割り当てられ，広範なトピックに特化された「タイトル」に整理されている．合衆国法典第7編（7U.S.C.）には，「農業」という大まかな名称が割り当てられている．合衆国法典第7編には，「第1章」〜「第115章」があり，各章にはトピックが指定され，単一の法令（第X条）または番号付けされた法令の範囲（第X条〜第XXX条）が含まれている．

　合衆国法典第7編第2131条と第2156条の関連部分は以下の通りである．

- 合衆国法典第7編　農業
  - 第54章特定の動物の輸送，販売および取扱（§2131-2139）
    - 法令§2131-議会の方針声明
    - 法令§2156-アニマルファイティング事業の禁止

　合衆国法典第7編第2131条において，連邦議会は，この章が州境を越える（州をまたぐ），あるいは外国貿易に関与する営利目的の動物取扱事業に関するものであると説明している．アニマルファイティングは，禁止されているとはいえ，動物を展示目的で使用する商業活動であるため，この章に属する．第24章は，「州間通商もしくは外国通商，またはそのような通商もしくはその自由な流れに実質的に影響を与える」動物および活動を規制するものであり，その規制は，動物の人道的な取り扱いを保証するために，「そのような通商に対する負担を防止および除去し，そのような通商を効果的に規制するために必要」である．これらの連邦規制は，連邦法と他の権限との間に「直接かつ和解しがたい矛盾」がある場合に限り，「アニマルファイティング事業に関する州，地方，または自治体の法律または条例に取って代わるか，さもなければこれを無効とする」ものである（合衆国法典第7編第2156条[i][1]）．

動物福祉法（合衆国法典第7編第2156条）

　2007年のアニマルファイティング禁止執行法（AFPEA）は，「アニマルファイティングおよびその他の用途について，禁止を強化すること」を主旨として，動物福祉法（AWA）の

合衆国法典第18編第3章を改正したものである．AFPEAの序章では，「動物福祉法第26条第(a)項，第(b)項，第(c)項，第(e)項のいずれかに違反した者は，各違反に対して，動物福祉法に基づき罰金を科すか，3年以下の懲役に処すか，またはその両方を科す」と規定されている．この法律の重要な点は，組織的な闘犬を重罪とし，ファイティングを目的とした動物の州間または国外輸送の各違反に対して，最高3年の禁固刑と最高25万ドルの罰金という罰則を認めたことである．米国農務省監察総監室はこの法律を執行する権限を有する("H.R. 137-110th Congress: Animal Fighting Prohibition Enforcement Act of 2007." www.GovTrack.us. 2007. May 23, 2018 https://www.govtrack.us/congress/bills/110/hr137)．

AFPEAはAWAに以下の変更を加えた．

- (c)項-「州間の手段」に代えて「商業的言論のための州間通商の手段」を挿入
- 第(d)項と第(e)項を削除し，(d)項および(e)項-「ナイフ，ギャフ(鉄蹴爪)，その他の鋭利な器具を，闘技に使用するために鳥の肢に取り付けたり，取り付けたりするように設計したり，あるいはそのように意図したものを，州間通商または外国間通商において，故意に販売，購入，輸送，引き渡したりすることは，何人も違法とする．」を挿入
- 第(i)項-「第(a)項，(b)項，(c)項，または(e)項の違反に対する刑事罰は，合衆国法典第18編第49節に規定されている」とする新小節の追加

アニマルファイティング

アニマルファイティングは組織的な動物虐待である．本章で取り上げる動物対動物の闘争の最も一般的な形態は，闘犬，闘鶏，いわゆる豚追い(hog dogging)[1]である．組織的な動物同士の闘いには，他にも魚，小鳥，馬などがある(Merck, 2013; National Humane Education Society, 2018)．

闘鶏

闘鶏(cockfighting)の歴史は3000年以上前に遡り，ペルシャ，インド，中国，その他の

---

[1] Hog-doggingとhog-dog fightingは厳密には異なるが，ここでは非合法な活動として闘犬などと並列で記載されているので，このような表記とした．なお，両者は犬と豚の対決という点では共通しているものの，hog-doggingは狩猟や管理を目的とした実用的な活動であるのに対し，hog-dog fightingは残酷なエンターテインメントであり，法的にも倫理的にも問題がある．「成豚と闘犬の闘い(ホッグ・ドッグファイティング)」も参照

東洋諸国で行われていた．紀元前400年頃にギリシャに伝わり，小アジアやシチリアにも広がった(Sakach & Parascandola, 2016)．この時代のギリシャの文献には，ギャフ(人工的な鉄蹴爪)の使用が記されている．ローマ人は英国に闘鶏を持ち込んだとされている．古代の文献には，鉄，銅，銀でできた人工の鉄蹴爪が記されている(Dinnage et al., 2004)．闘鶏は欧州全土に広まり，やがて米国植民地にも伝わり，闘犬とともに人気を博した(Lockwood, 2013)．

闘鶏は現在，全米50州すべてで違法とされている．しかし，プエルトリコ，バージン諸島，北マリアナ諸島，グアムの米国領ではまだ合法である．AFPEA(2007年)は，州や国境を越えて闘鶏用具を譲渡することを連邦法違反とした．連邦アニマルファイティング法違反に対する罰則も強化された．闘鶏は東南アジアとラテンアメリカ全域で合法化されている(Lockwood, 2013)．

赤色野鶏から，闘技や鑑賞用に多くの品種が開発された．主な闘技用軍鶏(シャモ)はスペイン軍鶏とヤンキー軍鶏の2種である(Dinnage et al., 2004)．多くの軍鶏は，これらの鳥の攻撃的な性質を利用するために繁殖された雑種である(Merck, 2013)．軍鶏は通常，トサカ，肉垂，耳たぶ(ダブ)を切り落とされる．これらは頭の上とくちばしの下にある赤い組織である．これは鶏の体重を減らし，闘争中の外傷，特に出血の可能性を減らすために行われる．尾の羽毛も，闘争中に歩行の妨げになる可能性があるため，カットされることがある．さらに，闘鶏はギャフ(鉄蹴爪)やナイフを装着しやすくするため，肢にある天然の蹴爪を取り除く(Lockwood, 2013)．

闘鶏の種類

最も一般的な闘鶏の方法は，メイン，バトルロイヤル，ウェールズ・メインの三つである．メインでは，マッチした2羽の雄鶏が奇数回戦い，獲得した勝利の過半数で勝敗を決める．バトルロイヤルは何羽でも同時に戦い，1羽が残るまで殺し合いをさせる．ウェールズ・メインでは8組の闘鶏が行われ，最後に残った1組が闘うまで，8羽の勝者が互いに闘う．米国で最も人気のあった闘鶏はダービーである．これは，10〜30羽のコッカー(オーナー/ハンドラー)がそれぞれ4〜12羽の軍鶏をエントリーするもので，闘鶏は総当たり戦で行われる．勝った闘鶏の数が最も多い闘鶏家が勝者となる(Sakach & Parascandola, 2016)．

闘鶏参加者

プロモーター

試合場所の所有者または管理者であり，大会を円滑に進めるために必要なすべての手配に責任を負う．この責任には，スケジュール管理，入場料の決定と徴収，アリーナやその他のピット用品の提供，マッチメイカー，タイムキーパー，審判員，警備員などのイベントスタッフの選定などが含まれる．さらに，プロモーターは敷地内施設(闘鶏小屋[闘鶏を収容するための作業台やストールを備えた小さな建物])を闘鶏家に貸し出すこともある(Sakach & Parascandola, 2016)．

ハンドラー

「ピッター」とも呼ばれ，試合中にヒール（軍鶏の肢にギャフを結ぶこと）をして闘鶏のハンドリングを行う者を指す．ハンドラーは闘鶏の所有者である場合もあり，闘鶏が勝利した場合に賞金の何割かが支払われる場合もある．試合中にピットに入ることができるのは，ハンドラー2名とレフェリー1名のみである（Sakach & Parascandola, 2016）．

レフェリー

レフェリーは闘鶏のルールに精通し，マッチングされた雄鶏の重量を評価し，バンドナンバーを確認し，闘鶏に使用する器具を検査する．イベントの規模にもよるが，各ピットには個別のレフェリーがつく（Sakach & Parascandola, 2016）．

観客（スペクテイター）

闘鶏に参加する人のこと．観客の多くは男性だが，性別，年齢，民族を問わず闘鶏愛好家になる可能性がある（Sakach & Parascandola, 2016）．

闘鶏場を円滑に運営するためのその他の重要な人材は，マッチメーカー，タイムキーパー，スコアキーパー，警備員である（Sakach & Parascandola, 2016）．

闘鶏のプロファイル

闘鶏にはプロの闘鶏家，趣味の闘鶏家，そして初心者の三つのレベルがある．プロの闘鶏家は，繁殖，訓練，闘鶏に大きな誇りを持っている．彼らは全国レベル，あるいは国際レベルで活動することもある．彼らの自宅や施設には，繁殖用の家禽と闘鶏用の家禽を合わせて，数百羽から数千羽の家禽が飼育されていることもある．趣味の闘鶏家（愛好家）であれば，庭に50〜100羽の家禽を飼うこともある．このような人たちは地元のダービーに参加する傾向がある．初心者は通常50羽以下しか所有しておらず，遠隔地のローカル・ブラシ・ファイト（小規模で組織化されていないファイト）に出場する（Sakach & Parascandola, 2016）(**図13.1**)．

トレーニング

闘鶏家は試合前に"keep（キープ）"と呼ばれる集中的なトレーニングとコンディショニング・プログラムを行う．キープ期間は試合前の2〜4週間である．キープ中，闘鶏は厳しいトレーニングを受け，特別食やビタミン剤などの強化剤を与えられる．トレーニングとコンディショニングには，走る，じゃれる，飛ぶ，肢を引く，スパーリングなどが含まれる．ランニングは，カーペットの敷かれたベンチのような平らな場所で，片手で闘鶏を後ろから押して，腕1本分の距離を走らせることで持久力を養う．"Flirting"は，闘鶏が羽ばたくことを要求する連続的なリズムで，片方の手からもう片方の手へ闘鶏を空中に約2フィート放

図13.1 1羽ずつケージに入れられた鳥（バックヤードに繁殖用の雌鶏もいる）

図13.2 軍鶏のトレーニングに使用されるスパーリングマフ

り投げる．この運動は翼を強化する．"Fly"では，闘鶏を地上にいる別の闘鶏の5フィート（約1.52 m）上空で保持する．地上にいる闘鶏は上にいる闘鶏に向かって飛ぶ．"Leg pulls"は抵抗による引っ張りをシミュレートする．闘鶏は腹の下で支えられ，手が届く場所に置かれる．闘鶏は肢を伸ばし，肢の筋肉の持久力を養う．スパーリングは，スパーリングマフ（ミニチュア・ボクシンググローブ）を蹴爪に装着して行う．スパーリングの試合では，軍鶏の戦闘スタイルとトレーニングの進捗状況を評価する(Sakach & Parascandola, 2016)(**図13.2**)．

闘鶏

　闘鶏は，軍鶏と呼ばれる特別に飼育・訓練された2羽以上の鳥を，ある種の囲いの中に入れて闘わせる"blood sport（血を流す競技）"である．闘鶏の結末は，通常三つの内の一つである．1羽が死ぬか，ハンドラーが試合を放棄するか，1羽が10秒カウントを3回以上，20秒カウントを1回以上とられ負けとなるか，である．闘いは数分から30分以上続くこともある (Sakach & Parascandola, 2016)．

CASE1：複数の法執行機関（NBS）

経緯：連邦捜査当局と連携した地元警察は，爆発物を所持している人物に懸念を抱いていた．その人物は組織的な闘鶏にも関与していた．鶏の存在に基づき，敷地内への捜査令状が取得された．

身体的所見：敷地内に入ると，容疑者は数羽の軍鶏のトサカと肉垂をハサミで切っていた．他にもトサカや肉垂を切られたばかりで出血していた数羽がいた．現場には100羽以上の軍鶏と雌鶏がいた．敷地の前は鶏の繁殖とトレーニングのための施設になっていた．現場には鶏を治療するための医薬品が入った小屋があった．その他の住居には闘鶏道具があった．連邦機関は銃器とポルノを押収した．すべての闘鶏の雄鶏に法獣医学的検査が行われた．トサカと肉垂は片方または両方の蹴爪とともに切断されていた．多くの鶏の頭部と顔面に傷があった．胸部，肢部，翼にも切り傷や裂傷があった．多くは布の糸で縫われているか，傷の上に紫色の粉状の物質が付着していた（図13.3）．

結果：すべての鶏は没収され，最終的に人道的な方法で安楽死させられた．雌鳥は保護され，多くは州の鳥類の獣医師により，外来性ニューカッスル病（exotic Newcastle disease: END）

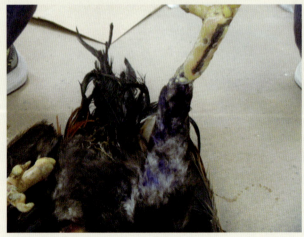

図13.3 闘鶏中の鶏の傷によく使われる紫色の粉．地元の飼料店で入手できる．

と鳥インフルエンザの検査を受けた．現場の捜査中，現場で爆発物が発見されたため，獣医師と警察当局は，現場からの避難を余儀なくされた．爆発物処理班が呼ばれ，爆発物を安全に処理し，捜査が再開された．現場で発見された容疑者全員が闘鶏の重罪を認めた．

CASE2：ダービー（NBS）

経緯：地元警察が闘鶏ダービーの情報を入手．すべてのリソースに連絡され，そのイベントに突入する準備が整った．3回の週末が過ぎ，すべての捜査組織の準備が整った．

身体的所見：市外の人里離れた場所で開催されたイベント（ダービー）に警察当局が踏み込んだ．闘鶏場はイベント用の仮設野営地の中心近くで発見された．捨てられた闘鶏の死骸がこのリングの外に大量に山積みにされていた．多くの闘鶏には深い切り傷があり，失血死したようだった．多くは首が折れていた．この襲撃後，容疑者が拘束され，個々の闘鶏が調べられた．頭部と目に刺し傷があった．鳥の肢にはギャフやナイフが付けられていた．多くの闘鶏は腹部胸部と翼に切り傷があり，鋭利な力による気嚢穿刺があった．

結果：重罪である闘鶏および闘鶏立会いで80人以上が逮捕された．その他の活動も発見され，麻薬の所持・販売，違法賭博，アルコールの違法販売，銃器の違法所持などで刑事告発された．

薬物/道具

　闘鶏では，飼育中のビタミン剤だけでなく，薬物や動物用医薬品が多用されている．Humane Society of the United States（HSUS）が発行している闘鶏に関するファイナル・ラウンドにリストがある．ジギタリスなどの強心剤，血液凝固を促進するビタミンK，テストステロンなどのホルモン，その他の筋肉増強剤を注射することもある．多くの闘鶏家は鶏に注射する独自の「秘密の配合」を持っており，ほとんど何でも構成できる（Sakach & Parascandola, 2016）**（図13.4）**．

　鶏たちはしばしば，パフォーマンスを向上させるために様々な種類の薬物を与えられる．これらは通常，ホルモン剤，興奮剤，血液凝固剤で構成されている．ストリキニーネは，鶏の興奮と攻撃性のレベルを高めるためによく使われる興奮剤である（Dinnage et al., 2004）．その他の薬物としては，抗生物質，カフェイン，覚醒剤，ビタミン剤などがある（Merck, 2013）．

　この種の薬物の存在は，ある場所で軍鶏が飼育され，調教され，闘わせられていることを証明するのに役立つ．獣医師はこれらの薬物とその用途を特定することができる．さらに，獣医師は違法に所持されている可能性のある薬物（筋肉増強剤など）を法執行機関に示

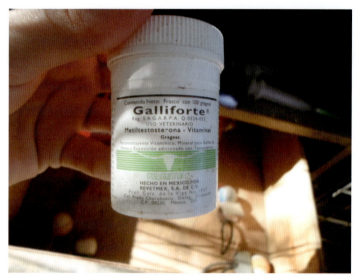

図13.4 闘鶏に使用されるホルモン剤．多くのボトルには，英語またはスペイン語で，飼育用または闘鶏用と明記されている．（提供：Ruthie Jesus）

すことができる．薬物の所持には処方箋が必要な場合もあれば，薬物の種類によっては所持が違法となる場合もある．これらは，さらなる罪につながる可能性がある．日常的に行われるわけではないが，毒物検査のために血液を採取する．毒物検査用の血液サンプルは，EDTAまたはヘパリン入りチューブに入れる必要がある．犬や猫に使用されている紫色のチューブを使用することもできる．採血は翼の尺骨静脈から行う．特にメタンフェタミン（スピード），PCP（フェンシクリジン），コカインなどの薬物が，闘争を強化するために鶏に投与された疑いがある場合は，警察と相談する．

　鶏はギャフ，長いナイフ（フィリピンのスラッシャー），または短いナイフ（メキシコのスラッシャー）を片肢または両肢の変形した蹴爪に取り付ける．これらの器具の装着はヒーリングと呼ばれる(Christiansen et al. 2015)．鳥は通常15〜20フィート（約4.57〜6.10 m）の穴の中で闘わされる．ピットは長方形か円形で，壁は3フィート（約91 cm）の高さまである．建材は様々である(Merck, 2013)**（図13.5〜13.7）**．

| 闘鶏 |

図13.5 防水帆布の上に並べられた鉄蹴爪．ヒーリングと呼ばれる作業で鶏の肢に装着される．（提供：Ruthie Jesus）

図13.6 肢の上に鉄蹴爪を装着するためのヒーリング用具（提供：Ruthie Jesus）

図13.7 鉄蹴爪を取り付けた肢（提供：Ruthie Jesus）

> **CASE 3：大音量の音楽の通報（NBS）**
> **経緯**：警察は，大音量の音楽と大勢の人が集合住宅の裏に集まっているとの通報を受けた．警察が駆けつけたところ，裏庭（地下）で闘鶏が行われていた．この闘鶏は通常20羽から100羽までが参加していた．現場は包囲され，容疑者が拘束された．
> **身体的所見**：血で汚れたカーペットと木でできたその場しのぎのリングがあった．リング/ピットの近くには死んだ闘鶏が山積みになっていた．その多くに裂傷や切り傷があった．死因は失血死か首の骨折で，鶏の闘争能力に影響を及ぼす傷跡が観察された．先に述べた事例と同様の傷が記録されている．没収された鳥にはギャフとナイフがあった．
> **結果**：闘鶏を組織し，参加し，観客として参画した罪で重罪が適用された．

鶏への対応

　闘鶏の捜査で押収された鳥の状態は，通常，闘犬の起訴ほど重要視されない (Lockwood, 2013)．告発は通常，鶏と闘鶏用具の所持に基づいて行われる．鶏の状態を文書や写真で詳細に記録することで，他の証拠に強度を加えることができる．鶏は事件情報，日付などと一緒に写真に撮るべきである．軍鶏は，獣医師が徹底的な肉眼検査を行えるような形で保持されるべきである．頭部，胴体，翼，肢，尾に傷跡がないか，外傷がないか，あるいは取扱者が外傷を修復した形跡（糸やデンタルフロスで縫った跡など）がないか調べる．前述のものは，計測の有無にかかわらず写真に収めること．各鳥には識別番号が割り当てられ，すべての検査所見と写真は個々の軍鶏について参照される(図13.8)．

　法獣医学的検査に加え，獣医師は鳥の肢や翼にバンド（プラスチック製または金属製）があれば記録する必要がある．これらのバンドは，キープカードや，その日の試合とその鶏

図13.8 マーカーボードを使って，症例情報とともに鳥を撮影する．

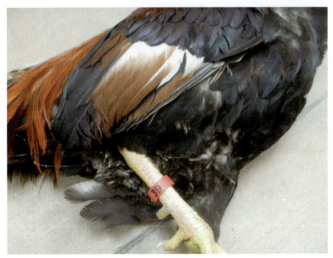

図13.9 肢にバンドを付けた鶏．ファイティングマッチで使用され，通常はイベントのキープカードと一致する．

を関連付ける試合日程表と一致する可能性がある．このようなバンドは，その鶏がどこで生まれたかを特定する助けにもなる**(図13.9)**．

外傷の種類

　闘鶏に使用される軍鶏には，通常，治癒段階の異なる複数の傷の痕跡がある．これらの傷（瘢痕や創傷）は，何らかの図を用いて記録することができる(参照：Merck, 2013, Appendix 34)．生存している鶏にみられる傷はたいてい頭部と目である．顔，特に目の周りが腫れていることがある．眼球に穴が開いても，組織が腫脹しているため発見できないことがある．鼻孔が乾燥した血液で塞がれ，呼吸困難に陥ることもある．これらの傷は，対戦相手

のくちばしやギャフによる可能性がある．鳥類は気囊，胸部，翼に刺し傷や鋭利な力による傷を負うことがある (Merck, 2013)．使用されたナイフやギャフに関連して，骨の損傷が観察される．鋭利な力による外傷や骨折がみられることもある．さらに，頸椎脱臼を伴う，軍鶏の殺処分と関連した外傷もある (Merck, 2013)．獣医師以外が治療した傷も見つかることもある．通常，切り傷や裂傷は何らかの糸で縫合される．様々な色の粉状の市販薬が塗られた，様々な治癒段階にある傷がよくみられる**(図13.10〜13.12)**．

　追加の闘鶏の法獣医学的証拠は，遺棄された(場合によっては焼却された)骨格標本から発見されることもある．特に鋭利な力による損傷が疑われる場合は，骨へのタフォノミクス変化(死体が土などに埋まった後に起こる変化)も検討する．

図13.10 鉄蹴爪による肢の裂傷

図13.11 顔と頭の外傷．トサカと肉垂は取り除かれている．（提供：Ruthie Jesus）

図13.12 喧嘩中に負った胸筋部の裂傷(提供:Ruthie Jesus)

解剖検査

闘鶏事件では通常,死の直前または死後の外傷を観察する肉眼検査で十分である.法執行機関により動物虐待容疑が追及される場合,解剖検査が必要になることもある.それが予想される場合は,死後すぐに鶏を冷やすべきである.組織の急速な劣化を最小限に抑えるため,羽の下に水を噴霧すると身体を素早く冷やすことができる.死体は冷蔵保存し,24時間以内に解剖検査を行うべきである.家禽の解剖検査を行うには,人獣共通感染症の蔓延を防ぐため,手袋,エプロン/カバーオール,M-99マスク以上からなる適切な個人防護具(personal protective equipment: PPE)が必要である(Greenacre, 2014; Touroo & Reisman, 2018).

収容

押収された状況によって鶏の扱いが決まる.飼い主が引き渡した場合は,法獣医学的検査の後,安楽死させることができる.押収された鶏を収容する場合は,個別にケージに入れる必要がある.鶏が互いに顔を合わせないよう,視覚的な障壁が必要である.闘鶏が活発に行われている最中に押収された場合,ギャフやナイフが肢に残っている可能性があり,攻撃的な鶏は非常に危険であるため,取り扱いには注意が必要である.

疾病検査

鳥類の国際輸送,州間輸送,州内輸送には州および連邦の規制がある.具体的な疾病検査要件は適用される規制によって異なる(Merck, 2013).特に米国南西部では,闘鶏が鶏の違法輸送に関与していることがよくある.メキシコと米国で発生した外来性ニューカッスル病(END)は,闘鶏を目的とした軍鶏の違法輸送に関連している(Merck, 2013).多くの州

では，闘鶏のために軍鶏を押収する際，鳥インフルエンザ，サルモネラ，ENDの検査を義務付けている (Lockwood, 2013)．これらの検査は通常，州指定の鳥獣獣医師が行うため，州の獣医師に連絡し，指示を仰ぎ，支援を受けることを推奨する．

結末/安楽死

闘鶏の攻撃的な性質，人獣共通感染症の可能性，他の鳥への報告義務のある伝染病の懸念のため，家庭や保護施設に収容することは実行不可能なことがある (Lockwood, 2013)．鶏が所有者から引き渡された場合，差し押さえに異議がない場合，あるいは有罪判決が下された場合，唯一の選択肢は鶏を人道的に安楽死させることである．これらの鶏の安楽死にはペントバルビタールナトリウムの腹腔内注射を推奨する．

闘犬

犬は3000年以上も前から，ライオン，イノシシ，雄牛，そしてヒトに対して使われてきた．13世紀の英国では，雄牛追いと熊狩りは流行の娯楽であり，犬が，閉じ込められたりつながれたりした雄牛や熊を攻撃するものであった (Lockwood, 2013)．闘犬 (dogfighting) は，雄牛追いや熊狩りが禁止された後の1830年代に始まり，人気のある代替イベントとなった．米国では1860年代に闘犬が流行し，その多くはアイルランドやイングランドで生まれた犬であった (Lockwood, 2013)．

米国では，闘犬のほとんどがアメリカ・ピット・ブル・テリアである．欧州，南米，アジアでは，他の犬種も闘犬として使われてきた．ナポリタン・マスティフ，日本の秋田犬や土佐犬，ドゴ・アルヘンティーノ，フランスのドグ・ド・ボルドー，チャイニーズ・シャー・ペイなどである．米国の闘犬家たちは，米国のピット・ブル・テリアをカナダ，メキシコ，英国，欧州，オーストラリア，極東に輸出しているという指摘もある (Christiansen et al., 2004)．

闘犬の種類

闘犬は，ファイターが集まればいつでもどこでも開催される．ドッグファイトは，闘うために特別に飼育され訓練された2頭の犬をピットに入れることで行われる．イベントは，参加者の規模や数によって，マッチ，ショー，またはコンベンション（シリーズマッチ）と呼ばれる．実際の試合は仮設または常設のピットまたはアリーナで行われる．ピットやアリーナは一般的にベニヤ板の壁で囲まれたエリアである (Christiansen et al.)．試合は地方で週末の夕方に行われることもあれば，週末3日間を含む祝日の近くに大規模なイベントが開催されることもある．屋外または屋内の闘技場が利用されることもある．典型的な闘犬場

の広さは14〜20平方フィート（約1.30〜1.86 m²）で，高さ約24〜36インチ（約60.96〜91.44 cm）の木製の壁がある．闘技場の床面は通常，牽引力を高めるためにカーペットかキャンバス地である．闘技場は持ち運び可能な場合もあれば，干し草の俵のようなその場しのぎのもので作られる場合もある（Christiansen et al., 2004；Sakach & Parascandola, 2016）**(図13.13)**．

闘犬参加者

闘犬に関わるスタッフは，闘鶏イベントに関わるスタッフと同様である．プロモーターは，試合，ショー，または大会を行うためのすべての手配を行う人である．場所を所有または管理し，イベントスタッフを選出し，ピットやアリーナを建設または提供するとともに，入場料の徴収に責任を負う．闘犬においては，プロモーターは警備員を雇い，警察無線を傍受し，警察官の接近にクラクションを鳴らすような外周の見張り番を配置するなど，警備により細心の注意を払う．ハンドラー（飼い主の場合もある）は試合中の犬の扱いに責任を持つ．レフェリーとは，ピットで競技の審判をする人のことである．全国大会では，レフェリーは通常，闘犬界で定評のある人物がなる．レフェリーには，イベントに対する報酬と，旅費，食費，宿泊費が支払われる．報酬は，予定されている試合の数によって，1日あたり200ドルから500ドルと幅がある．観客とは，イベントに参加する人のことである．観客は，娯楽，ギャンブル，または動物の入場などを目的として来場する．観客だけでなく，ハンドラー，プロモーター，レフェリー，ファイターは，年齢，性別，人種，職業，経済状態を問わない（Christiansen et al., 2004; Sakach & Parascandola, 2016）．

闘犬のプロファイル

闘犬家には，本格派（プロ），趣味，ストリートファイターの三つのレベルがある．プロ

図13.13 闘犬に使用される屋外闘技場（提供：Mike Duffey）

は自分の犬を繁殖し，訓練し，闘わせることに大きな誇りを持つ．国内および/または国際的なレベルで活動し，アンダーグラウンドな出版物で知られることもある．彼らが関与する試合は，確立された血統を持つ経験豊富な犬を使用する高額賞金の試合である (Christiansen et al, 2004; Sakach & Parascandola, 2016)．趣味派は，互いに近距離に住む個人である．これらの人々は，闘犬の質よりもギャンブルに大きな関心を持っている．彼らは平均的な能力を持つ闘犬を購入し，一貫して同じ闘技場を使用することがある．ストリート・ファイターは，ピット・ブルやピット・ブル・クロスを使用するギャングのメンバーや少年であることが多い．ストリート・ファイターは通常，公共の公園や運動場，路地裏などで即興の試合を行う．この場合の参加者は一般的にアマチュアの参加者である (Christiansen et al, 2004; Sakach & Parascandola, 2016)．

トレーニング

「組織化された闘犬家」は何十頭もの犬を所有し，実績のある血統から自分の子犬を繁殖させることもある．一般的な闘犬家のモットーは「最高のものを繁殖させ，残りは葬る」である (Christiansen et al., 2004)．闘犬に求められる資質は「戦闘能力」であり，闘う準備ができていて，闘う意志があり，屈しない動物である．このような繁殖プログラムで繁殖された子犬は，集中的な淘汰プロセスにかけられる．他の犬に対して攻撃的な行動を示す子犬だけが飼育される．最初の16〜18カ月を生き延びた犬は，将来有望な犬となり，訓練を受けることができる．この段階では，将来有望な犬は「ショートロール」や「コンバット」で他の犬と対戦させられ，自信をつけさせるとともに，様々なファイトスタイルに触れさせる (Christiansen et al., 2004)．この段階での対戦相手は過度に粗暴ではない．次に「ゲーム」テストが行われる．若犬は通常，徹底的に疲れ果てるまで，より大きく，より粗暴な犬と戦わされる．その後，見込みのある犬は別の新しい犬に突進したり引っ掻いたりすることが期待される．合格すれば，マッチドッグとなる (Christiansen et al., 2004; Sakach & Parascandola, 2016)(図13.14〜13.16)．

試合前，試合犬はキープに入る．これは4〜6週間の激しいコンディショニングである．キープは持久力，体力，心肺機能を高めるように設計されている．これは，ボクサーのように激しい運動で構成され，トレッドミル(スラッドミルやカーペットミル)や，市販のトレッドミルを改造したものを使用する．その他の器具としては，持久力をつけるためのキャットミルやジェニー，筋力を付けるためのスプリングポールなどがある．キャットミルまたはジェニーは，回転する中心軸から突き出た取っ手に犬をつなぐ馬の歩行器に似たものである．犬は，犬のすぐ前で，檻に入れられているか，先頭の取っ手につながれている小さな餌の動物を追いかける．スプリング・ポールは，犬が噛んだりつかんだりできる重い若木のポールから吊り下げられた皮，インナーチューブ，または犬用グリップのおも

図13.14 樽を使った基本的なシェルター（提供：Chris West）

図13.15 重い鎖でつながれた闘犬（提供：Chris West）

ちゃを使用する（Christiansen et al., 2004；Sakach & Parascandola, 2016）**(図13.17)**.

　これらの訓練用具は捜査の重要な証拠となるものであり，事件の証拠として押収し，訓練用としての継続的な使用を中止させるべきである．

図13.16 おそらく犬の首を鍛えるために結ばれ，組み立てられたレンガ（提供：Chris West）

図13.17 闘犬の訓練に使用されるすのこ状のトレッドミル（提供：Chris West）

CASE 4：闘犬飼育訓練事業（NBS）

経緯：捜索令状を持った地元警察が違法薬物のために住居を捜索したが，何も見つからなかった．そこで，彼らは住居と裏庭を撮影したところ，庭には重い鎖でつながれた複数のアメリカン・ピット・ブル・テリアがいた．庭にはルームランナーとひも付きポールもあった．

この警察機関は別の機関の動物犯罪課に現場の写真を提出し，犬の捜索令状と違法薬物の捜索令状を再度取得することができた.

身体的所見：家屋と敷地に立ち入ったところ，犬と上記の道具が確認され，没収された．さらに闘犬に関連した薬物，ビタミン剤，医療用品が押収された．家からは6 kgのコカインが発見された．すべての犬の首と前肢に治癒しつつある傷と傷跡があった.

結果：すべての犬（6頭）と備品が没収された．犬たちは身体検査と行動検査を受け，里親に引き取られるか，人道的に安楽死させられた．容疑者は流通目的の麻薬所持と複数の動物虐待の重罪で起訴された.

ファイト

　ピットに入る前に，犬は相手のハンドラーによって洗われ，検査される．これは例えば，犬の被毛に毒を塗るなどの不正行為を防ぐために行われる．洗った後は，タオルや毛布に包まれてハンドラーの元に戻され，ピットの隅に置かれて試合開始を待つ．レフェリーの指示があれば，犬たちは互いに向き合う．号令とともにハンドラーは犬を放す．犬たちは咬み合いながらピットの中で激しくぶつかり合う．戦いは1時間から数時間続くこともある (Christiansen et al., 2004; Sakach & Parascandola, 2016).

薬物/道具

　コンディショニング器具については，この章のトレーニングの項目で前述した．闘犬には薬物や動物用医薬品が多用される．薬物はビタミン，経口または注射のアンフェタミン，筋肉増強剤，ホルモン，鎮痛薬などである．このような種類の薬物，医療用品，道具類が存在することは，ある場所で犬が飼育され，訓練され，闘ったことの資料がための助けとなる．闘鶏の項目で述べたように，獣医師は，この種の証拠の確認と収集，および毒物検査の考察に役立つ貴重な存在となり得る (Sakach & Parascandola, 2016) **(図13.18)**.

闘犬への対応/外傷の種類

　それぞれの犬には識別番号を付け，日付と事件情報を添えて写真を撮る必要がある．このような動物に対しては安全が第一であり，攻撃的な犬の扱いに慣れたスタッフ（技術者）が不可欠である．これらの犬は専門家レベルでヒトへの攻撃性を目的に飼育されているわけではないが，筆者（NBS）の経験では，裏庭で趣味で飼育されている動物の多くは非常に危険である.

　各犬は完全な身体検査，BCSのスコアリング，診断検査（フィラリア症や糞便分析を含む），可能であれば全身のX線画像を撮る必要がある．すべての傷は計測の有無にかかわ

図13.18 闘犬飼育中に使用された粉末プロテインミックス（提供：Chris West）

らず，また治療後にも記録（図と写真）する必要がある．傷を記録した瘢痕カルテは写真を補完するものである．Dr.Merckは瘢痕や治癒した傷には青ペンを，新鮮で治癒過程の傷には赤ペンを使用することを推奨している（Merck, 2013）．

　フィラリア症，腸内寄生虫，貧血がよくみられる（Merck, 2013）．*Babesia gibsoni*は闘犬によくみられる寄生虫である（Merck, 2013）．ピットブルはパルボウイルス，毛包虫症，皮膚糸状菌症に非常にかかりやすい．闘犬は断耳や断尾されることもあれば，されないこともある．耳の場合は通常，ハサミで雑に切られる．闘犬は相手をつかみ，押さえ付け，揺さぶり，深い組織に刺し傷，裂傷，骨折を生じさせる．闘犬の傷は通常，頭部，頸部，前肢にみられる．これらの傷の多くは瘢痕であるか，治癒の様々な段階にある．口腔領域では，ブレークスティック（咬合を解除するために使用される）の使用による頬側および歯肉組織の損傷を調べる必要がある（Christiansen et al. 2004；Merck, 2013；Sakach & Parascandola, 2016）．硬口蓋にも穿刺創がある可能性があるため，歯科X線画像を検討する．パフォーマンス強化剤のための血液検査と尿検査を追加で受けることを検討する．これらの薬物の多くは数時間以内に代謝されるため，タイムリーな診断検査の重要性が増す．

解剖検査

　現場で犬が死亡しているのが発見された場合，法獣医学的解剖検査を行うことが極めて重要である．これには全身のX線画像と毒物検査（必要な場合）が含まれる．これらの犬の多くは闘犬の傷によるショック死や失血死であるが，敗者はハンドラーやオーナーによっ

て殺されることもある．闘犬家が犬を殺す方法としては，感電死（第12章参照），絞殺，溺死などが一般的である．これらはさらなる動物虐待罪につながる可能性がある (Touroo & Reisman, 2018)．

結末

　動物保護団体のリソース，闘犬の健康状態や行動状況によっては，安楽死が必要な場合もある．しかし，これらの動物が没収された場合，日常的な安楽死は必ずしも一般的ではなくなりつつある．これらの犬の多くは，愛情深い家庭で普通の生活を送ることができることが実証されている．ASPCA行動チームは，闘犬から保護されたこの種の犬たちに対して良い成果を上げている．

成豚と闘犬の闘い（ホッグ・ドッグファイティング）

　ホッグ・ドッグファイティングは，違法行為である闘犬や闘鶏と同じカテゴリーに属する動物格闘技である．ホッグ・ドッグファイティングは，猟師が犬を使って野生の豚を見つけ，追いかけ，捕まえる合法的な活動である豚狩りに由来する．野豚は農村部では迷惑な存在とみなされ，多くの州で無許可での狩猟が一般的である．ホッグ・ドッグファイティングによく使われる犬種は，アメリカン・ピット・ブル・テリアとカタフーラである．ホッグ・ドッグファイティングのイベントでは，板状の歯を抜かれた成豚がペン（囲い）に入れられる．複数の犬が一頭の豚と一緒に檻に入れられ，豚を襲うように焚き付ける．豚がペンの角から出てこない場合は，牛追い棒が使われる．豚は苦痛に悲鳴を上げ，犬は凶暴に攻撃する．入場料と賭けが行われ，最も早く攻撃した犬の飼い主には賞金が与えられる．1頭の豚が複数の競技に耐えなければならないこともある．ただし，狩猟としての豚追いについては，現在までのところ多くの州で合法である．

法執行機関（警察等）との協力

　獣医師は闘犬場などから，闘鶏用の鶏や闘犬用の犬を診療所やシェルターに，検査のために持ち込むことがある．獣医師は現場に来て検査を行い，全体的な状態を評価するよう依頼されることもある．獣医師は，これらの動物が関係する動物虐待の法令やその他の法令違反について議論するうえで，大いに貢献できる．獣医師は，法執行機関にとって，闘犬や闘鶏に関連する道具やその他の備品を特定するうえで非常に重要な存在である．

　闘鶏や闘犬のイベントでは，動物虐待をはじめ，以下のような多くの犯罪が行われている (Sakach & Parascandola, 2016)．

- 闘鶏特有の犯罪
- 州の虐待防止法令
- ギャンブル
- 恐喝
- 所得税の未申告または脱税
- 共謀罪
- 武器の隠匿
- 治安紊乱
- 動物福祉法または動物闘争禁止施行法(連邦法)
- 麻薬および規制薬物
- アルコール飲料の違法販売
- 未成年者の非行に寄与する行為

アニマルホーディング法
連邦法以外の動物ネグレクトと虐待

　各州には，飼い主による動物の虐待を禁止し，最低限の飼養管理を義務付ける独自の法律がある．最低限の飼養管理のレベルは州によって異なるが，共通する要素がいくつかある．

- 十分な量の食事と清潔な飲料水を与え，正常な体重を維持できること
- 動物が通常の体温を維持でき，適切な住居または避難所によって濡れないように保護されていなければならないこと
- 糞尿やゴミで汚れないよう，清潔で衛生的な居住空間が確保されていること
- 動物病院での治療を受けるなどにより，外傷や病気による二次的な苦痛を和らげるため，ある程度の努力がされていること

　近隣住民，配達員，介護者，または法執行機関を含むその他の専門家は，これらの生活と飼養管理の要件の違反に基づいて，ホーダーによる動物ネグレクトと残酷行為を特定する可能性が最も高い．州レベルのアニマルホーディング法があるのは，米国内ではイリノイ州とハワイ州の2州だけである．

　関係者が責任能力のある成人であれば，責任能力のある成人が同じような不衛生な環境で生活することは違反ではないかもしれない．その住居の特性が住宅法や公共の安全規制に違反しない限り，責任能力のある成人は汚れた環境で暮らすことを選択することができる．このようなシナリオでは，ホーダーを捜査し告発する任務を負った当局は，その限られたリソースが他の法執行活動に必要とされるのであれば，事件の追及に必要なリソース

を投入しない可能性もある.

　対照的に，家庭内に未成年者や責任能力のない成人がいる場合，その生活環境は児童保護行政や成人保護行政の注意を引く可能性がある．これらの保護行政の専門家の当面の優先事項は，その人のニーズに対処することである．その対応には，動物を取り上げることがその人にとってストレスになる場合は，動物を取り上げ，飼養管理をすることは含まれない場合もある.

　ホーダーを調査し，その動物を所有し，そのホーダーを告訴するために警告をする法的権限を誰が持っているかは，必ずしも明確ではない．地元の動物監視員がいる場合，保安官や警察署，州警察は，それぞれの管轄区域内で地方法や州法を執行する権限を持っている．警察は，法律を執行し，ホーダーを捜査し，動物を取り上げるために介入する権限を持っているが，警察は，強盗，暴行，その他の暴力犯罪を防止し，捜査することによって，限られたリソースを，市民を保護するために優先的に使用する傾向がある．州によっては，動物保護団体の特別な訓練を受けた代表者に，執行権限を明示的に与えることで，動物虐待法の執行を許可しているところもある．すべての関係者は，この法執行権限を付与されずに介入しようとする人権団体の代表者に注意すべきである．執行権を行使するすべての当事者は，その努力によって得られた証拠が保障されるよう，刑事訴訟法および証拠規則を遵守しなければならない.

アニマルホーダーのタイプ

　一般的に他の犯罪行為に関与している人物による犯罪的で営利事業である闘鶏・闘犬等とは異なり，人々は様々な理由でホーダーになる．そのため，すべてのタイプのホーダーに有効な特定の介入方法は存在しない．Hoarding of Animals Research Consortium (HARC)は，ホーダーの動機と状況に基づいて，ホーダーをキャパオーバー型，レスキュー型，搾取型の三つのグループに分類した．これらの分類は，その人がどのようにして動物をため込むようになったか，また，様々なタイプの介入に対する受け入れや抵抗のレベルを説明するものである．介入が可能な範囲は，問題があることを受け入れている人に対する動物の飼養管理や里親探しの支援から，あらゆる法的権限を激しく拒否する人に対する最終手段としての法的訴追の脅威や実際の訴追まで多岐にわたる.

キャパオーバー型ホーダー

　キャパオーバー型ホーダー(Patronek et al., 2006)は，家族同然の動物の飼養管理に個人的に専念しているが，適切な飼養管理を提供するスキルや能力が低下している．この低下は，一つまたは複数の要因によって引き起こされる可能性がある．一つの要因は，収入の減少，医療費やその他の出費，配偶者やその他の援助者の喪失などの経済的変化である．別の要

因としては，個人的な病気，加齢による衰え，配偶者やその他の人による支援の喪失などにより，標準的な飼養管理を維持するための身体的能力が低下することが考えられる．

　当初は問題の深刻さを認識していないが，動物の飼養管理のレベルが低下していることをある程度認識しており，完全にキャパオーバーとなる前に問題を解決しようと努力するが失敗した可能性がある．彼らは非常に愛着を持っている動物たちのことを心配しており，彼らの自尊心の拠り所となっているのは，動物たちの世話人としての役割であり，それは積極的に救い出そうとしたり，獲得しようとしたのではなく，徐々に受動的に獲得したものである．彼らは，多軸分類の中の第1軸精神障害の可能性があり，孤立した性格の傾向があるかもしれないが，意図的に秘密主義になることはなく，状況をコントロールしたいという強い欲求に駆られることもない．

　このタイプはホーダーの中で最も，介入者の立ち入りを受け入れ，権威ある勧告を尊重し，それに従う可能性が高い．しかし，動物から引き離されることは精神的に非常に困難である．福祉サービスによる援助や介入を受ける可能性は最も高い．

レスキュー型ホーダー

　レスキュー型ホーダー(Patronek et al., 2006)とは，動物の安楽死を防ぐという個人的な使命感や強迫観念を持ち，支援ネットワークから，積極的に動物を入手することで，動物の数を徐々に増やしていく，社会に溶け込んでいる人間である．彼らは権力や動物保護施設に不信感を抱いているため，動物を救えるのは自分だけだと考える．当初はレスキューを行い，その後に譲渡することもあるが，さらなる動物を断ることは難しく，永遠に動物を飼い続ける．動物の数が増えるにつれて，彼らは次第に十分なケアを提供できなくなるが，動物が他の場所で安楽死させられるのではないかという根深い恐怖がベースにあり，自分たちだけが唯一の動物の希望であると頑なに信じ続ける．

　彼らは自分に問題があることを認めようとせず，より多くの動物を集めることに強迫的に駆り立てられる．このような心理状態に基づき，彼らは介入者による立ち入りを受け入れず，権威ある勧告に従わせることは難しい．彼らは秘密主義であり，動物をコントロールできなくなるのを避けるために闘うことが多い．彼らは社会福祉サービスによる援助や介入を受ける資格があるとは考えにくい．起訴されることが必要な場合もあるが，場合によっては十分ではないかもしれない．

搾取型ホーダー

　搾取型ホーダー(Patronek et al., 2006)は他の二つのグループとは異なり，動物や人間への共感が動機ではなく，動物の苦しみや動物に与えている害に反応しない．

　自らが究極の専門家であると傲慢に信じているため，揺るぎない支配力を行使しようと

し，問題があることを完全に否定し，飼養管理に問題があるとの指摘を受け入れない可能性が高い．このような心理に基づき，動物を一時的に移動させるなどして，法執行機関を含む当局を欺き，逃れるために，明確な言い訳，嘘や計画を立てるなど，操作的で欺瞞的な戦略を用いる．彼らは自責の念に欠けており，動物問題に関して存在しない良心に訴えても無意味である．このような操作的な性格のため，このタイプのホーダーは最も扱いにくいタイプであり，起訴が必要な場合もある．

　このような人は介入者の立ち入りを受け入れないし，権威ある勧告に従わせるのも難しい．彼らは秘密主義であり，動物をコントロールできなくなるのを避けるために闘うことが多い．社会福祉サービスによる援助や介入を受ける資格があるとは考えにくい．

アニマルホーディング

　ホーディングは動物のネグレクトの最も悪質な形態の一つであり，年間推定25万頭の動物が影響を受けている (Christiansen et al., 2004)．アニマルホーダーは，複雑でしばしば誤解されがちな精神状態に起因する行動や怠惰によって，アニマルネグレクトを犯す (Bradley-Siemens et al., 2018)．ホーディング(ため込み)行動やレスキュー行動は，複雑な神経精神疾患の現れである可能性がある．強迫的なホーディングは，『精神障害の診断と統計マニュアル(Diagnostic and Statistical Manual of Mental Disorders[DSM-5])』において，強迫性障害 (obsessive compulsive disorder: OCD) の下で特定されている．しかし2013年，米国精神医学会はこれを異なる精神疾患の一形態と認定しており，精神衛生の専門家からは一般的に関連する強迫性障害とみなされている (Bradley-Siemens et al., 2018)．アニマルホーディングとは，動物や個人への悪影響を気にすることなく，動物を収集し，管理する強迫的な欲求のことである．

　アニマルホーダーの精神状態や人格障害は，動物が経験するかもしれないネグレクトの形態を決定し，積極的な介入を阻む原因となる．典型的なアニマルホーダーは近所の "crazy cat lady(いかれた猫おばさん)" だが，この症候群はもっと広範で複雑である．アニマルホーダーの70%以上は女性であるが，アニマルホーディングは社会経済的，人口統計的な境界を越えている (Merck et al., 2013)．ホーダーの女性の平均年齢は53歳，男性は49歳である (Patronek et al., 2006; Bradley-Siemens et al., 2018)．ホーディングはあらゆる種類の動物を巻き込む可能性がある (Merck et al., 2013)．再犯率はほぼ100%であるが，その主な理由は，ホーダーに関する精神衛生上の問題が対処されていないためである (Patronek et al. 2006; Merck et al., 2013)．

　ホーディングは，三つの主要な特徴によって定義される．すなわち，乱雑と無秩序，動物の無制限なため込み，動物を遺棄または手放すことができないこと，である．ホーディングは通常，動物を救おうとする利己的な行為から始まる (Bradley-Siemens et al., 2018)．人間

の満たされていない欲求を満たそうとして，強迫的な介護行動が増える一方，飼養管理をしている動物の要求を無視したり，軽視したりする(Patronek et al., 2006; Bradley-Siemens et al., 2018)(図13.19, 図13.20).

　ホーディングは個人の自宅や別の施設で行われる可能性があり，どちらもレスキューや動物保護施設として誤って伝えられる場合もある．これらの施設は501.c.3(課税の優遇を受ける非営利組織の1種としての寄付金集め)(Merck et al., 2013)であることがある．

図13.19 ホーダーの家の中央部にある金網の犬小屋．すべてが糞便の深い層に覆われており，特に犬小屋の中はそうであった．

図13.20 ホーダー宅の猫たちのトイレと化した浴槽．糞の深さは約12インチ(30.48 cm)

| アニマルホーディング |

CASE 5：アニマルホーディングの重罪（NBS）

経緯：大きな地方自治体にある2軒の家で，200頭以上の犬を飼う大規模なホーディング事件が発生した．この事件は，騒音，悪臭，そして動物の状態から，飼養管理をしているボランティアの1人が通報したため，警察当局の注意を引いた．この所有者は非営利法人501.c.3（寄付集め）であり，時には動物を有料で引き取っていた．

物証：2カ所とも同時に家宅捜索を受けた．多くの動物が病気か死亡していた．家や庭のいたるところに糞尿があった．多くの犬が敷地内を自由に走り回っていたが，多くは食事も水もなく，糞尿だらけの犬小屋に閉じ込められていた．期限切れの不適切な薬物が動物に使われていた．

結果：病気や死亡した犬の多くが人獣共通感染症にかかっていた．この事件は州の上級裁判所に進み，数日間続いた．人獣共通感染症が含まれていたため，このホーダーは，軽罪および重罪レベルのホーディング関連罪で有罪判決を受けた．さらに，動物を診察せずに処方箋で薬物を提供し，動物虐待を報告しなかった獣医師は非難された．

アニマルホーダーは通常，その地域の動物福祉団体に知られている．多くの場合，地元の人道支援団体の調査官や動物行政官は，個人のホーダーとの長年の事件歴を持っている．さらに，介入または起訴が追求された場合，法執行機関はその個人に関する情報を持っている．

『ホーディング：心理学と罰（Hoarding: Psychology and Punishment）』と題されたR.L. Lockwoodの2006年の発表によれば，典型的なアニマルホーディング行動には次のようなものがある．

- 訪問者を家に入れない．
- 家に何頭の動物がいるかを確認しない．
- 飼育動物の健康状態が悪化しているにもかかわらず，新たな動物を獲得し続ける．
- 伝染病や麻痺のある動物を世話したがる．
- 飼養管理を補助するスタッフ/ボランティアがいる場合，その数は動物の数に対して十分ではない．

獣医師が観察することができるホーディングの警告サインには，一度しか診察を受けたことのない複数の動物を連れてくる飼い主，動物に対する予防処置の欠如，および/または動物が極度の病気や外傷を呈していることなどが含まれる．ホーダーは，地域の複数の獣医師のところに行くこともある．動物，動物運搬者，飼い主/世話をする者から悪臭がすることがある(Merck et al., 2013; Bradley-Siemens et al., 2018)．

アニマルホーダーの大きな問題の一つは，自らが悪いことをしているとは思っていない

ことである．彼らは動物や生活環境の悪化を認めようとしない(Merck et al., 2013)．ホーディングは動物虐待を構成する重度のネグレクトの一形態であり，しばしば児童虐待や高齢者虐待と関連している(Merck et al., 2013)．

　前述したように，多くのアニマルホーダーは，地域の動物福祉団体や動物福祉調査官に知られていることが多い．これらの組織は，獣医師，法執行機関，または他のサービス(ガス，水道，電力)機関から連絡を受け，ホーダーや住居・施設と接触している．筆者(NBS)の経験では，ホーディング環境を部外者に知らせる二つの主なものは，大きな物音や動物からの悪臭である．このような事例の場合，動物福祉団体や動物福祉調査官はまず，動物の自主的な譲渡や不妊手術を通じて，ホーダーと協力しようとする．さらに，動物福祉調査官は，人間の被害者/加害者に援助を提供するために，社会福祉サービスに連絡する．これは成功する場合もあるし，成功しない場合もある．

　地域の法律やリソースに応じて，アニマルホーダーに対処する方法は複数ある．理想的には，捜査令状を取得し動物を押収するため，動物福祉調査官による複数回の現場訪問を通じて十分な証拠を集めることである．施設や住宅への立ち入りができない場合は，住宅所有者組合，建築基準法執行機関，公衆衛生検査官，または動物行政官が支援できる場合がある．動物の尿や糞による臭いや衛生面，動物の騒音レベル，建物の構造上の損傷など，公衆衛生/安全上の懸念がある場合，住居内での飼育が許可される動物の数に制限がある場合がある．ホーダーが非営利団体として登録されており，州がこれらの非営利動物保護施設/救済施設を規制している場合，法令を執行する規制機関がこれらの事例の調査および起訴を支援できる可能性がある．これらはすべて，家への立ち入りを可能にし，最終的には捜索令状につながったり，ホーダーに引っ越しを強要して他の滞在場所を見つけさせたり，移動しようとする動物の数を公表させたりすることができる．

　当局がホーディングの状況にある動物を押収する場合，通常，動物福祉担当者，警察，消防署の危険物処理班(HAZMAT)，条例施行担当者，福祉サービス，その他多くの組織が関与する，多岐の専門組織との取り組みとなる(Patronek et al., 2006)．ホーダーは地域の動物福祉団体にとって深刻な負担であり，地域のシェルターの限られた収容スペースをすぐに占有し，尿や糞便，げっ歯類，人獣共通感染症の存在により，公衆衛生/安全上の潜在的な懸念を引き起こす．筆者(NBS)は，200頭以上の犬がいる二つの異なる家での大規模なホーディングの事件に関わった．生死を問わず，多くの犬がレプトスピラ症にかかっていた．

ホーディングの犯罪現場

　通常，住居や施設に立ち入る際にはPPEが必要である．アンモニアと硫化水素のレベルの測定は，はじめに携帯型検知器(動物福祉調査官)により行われ，あるいは消防署のHAZMATが測定レベルを評価し，安全プロトコルとパラメーターを決定する．これらの

レベルは非常に重要であり，文書化するか，その事例のHAZMATユニットからの報告書を取得する必要がある．50 ppmを超えるアンモニア・レベルは，極度の刺激性物質とみなされる．100 ppm未満のアンモニアガスは，動物に慢性的なストレスを与える可能性がある．300 ppmを超えると，健康と生命の両方に対する脅威を引き起こす可能性がある（Merck et al., 2013）**（図13.21，図13.22）**．

図13.21 消防署の危険物処理班（HAZMAT）

図13.22 消防署のHAZMATチームの指導のもと，個人用防護服を着用してホーダーの家に立ち入る職員

ホーディングの状況は災害対応と同じように扱われ，どれだけの建造物や動物が関与しているかによって事件の指揮系統が変わる．複数の機関が関与することの重要性は軽視できない．各機関には目的と専門分野がある．

押収作業中に獣医師が立ち会うことは極めて重要である．環境全体とそこにいる動物を犯罪現場や証拠として扱う必要がある（第1章参照）．獣医師は現場を歩き回り，環境，食事と水へのアクセス，食事の保管場所（もしあれば），動物に使用されている薬物を評価する必要がある．薬物の場合，多くは期限切れであったり，正しい方法で保管されていなかったりする．獣医師は，証拠の収集と現場の処理，つまり，冷蔵庫や冷凍庫の中に，ホーダーが手放そうとしない死亡した動物がいないか，何を写真に記録しておくか，などをサポートすることができる．これらは，個人の精神状態を立証するため，あるいは訴追を求める場合，事件にとって極めて重要である(図13.23a,b，図13.24a,b)．

獣医師は，環境から搬出された動物をトリアージするために現場にいる必要がある．各動物には識別番号をつけ，すべての症例情報と一緒に写真を撮る．獣医師は各動物の徹底的な身体検査を行う必要がある．動物の状態，動物の数，動物福祉団体のリソースに応じて，個々の動物に血液検査やX線画像を含む診断的精密検査を行う．獣医師は，症例ごとに判断し，診断を慎重に行わなければならない場合もある．最低限，ボディコンディションスコア，体重，体温，脈拍，呼吸，所見と実施した治療を含む実践的な身体検査を文書化しなければならない．死亡した動物がいる場合は，法獣医学的解剖検査を行うべきである．死因が病気によるものか，飢餓によるものか，その他の原因によるものかを確認することが重要である．さらに，死亡した動物が他の動物に共食いされたのかどうかを判断し，リソースが制限されてその動物が生活していた状況が劣悪であったことを説明する必要がある(図13.25)．

検査結果や解剖検査結果は，ネグレクトのレベルを立証する．ホーディング事件におけるネグレクトは，過密飼育，不十分な食事と水，不衛生な生活環境からのストレスを受けることと定義される (Merck et al., 2013)．さらに，これらの動物は通常，長期間栄養不良，飢餓，脱水症状に苦しんでいる．ホーディングによる被虐待動物は通常，呼吸器疾患（特に猫），消化器疾患，外部および内部寄生虫の蔓延，皮膚糸状菌症の徴候を示す．その他に観察される問題としては，ひどい毛並み，伸びすぎた肢の爪，そしてスペースやリソースが限られているための喧嘩による咬傷などがある (Merck et al., 2013)．

アニマルホーディング

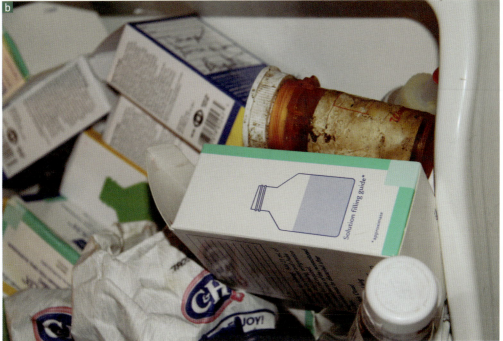

図13.23 (a) ホーダー宅のキャビネット内に保存されていた薬物. (b) ホーダー宅の冷蔵庫に保管されていた薬物

図13.24 (a) 食事と腐敗した水の中の糞．(b) 食事とボウルにいる甲虫

アニマルホーディング

図13.25 共食いされた猫の肢．猫が死んだとき，他の猫は，食事もなく家からも出られないため，死んだ猫を食べ始めた．

CASE 6：キャットホーダー（NBS）

経緯：このホーディング事件では，40頭以上の猫が裏庭で金網のケージに入れられ，隠れ場所もトイレも，十分な食事も水も与えられていなかった．動物福祉調査官と警察当局は，数頭の猫が瀕死の状態にあったため，緊急事態として猫を押収した．

身体的所見：猫たちは動物保護施設に運ばれ，数頭は直ちに人道的な安楽死を余儀なくされた．猫たちは後に猫伝染性腹膜炎（FIP）と診断された．他の猫の多くはFIPの力価を有していた．

結果：このアニマルホーダーは高齢で財力もなかった．彼女は複数の国選弁護人を提供されたが，その後解雇した．彼女は最初の差し押さえに異議を唱え続け，今度は弁護人なしで，最終的には州最高裁判所まで行き，3年後に差し押さえが支持された．猫たちは元気になり，シェルターによって40万ドル以上の費用をかけて保護された．残りの猫たちは最終的に譲渡された．被告は告訴されなかった．

　ここで重要なのは，獣医学的訓練を受けたかどうかにかかわらず，飼い主が健康上または飼育上の問題として観察できたはずのことが対処されなかったか，あるいは期限切れの薬剤の使用など誤った方法で対処されたことを特定することである（図13.26）．飼養管理の

図13.26 ホーダー宅より保護された猫．上部呼吸器感染症による重度の眼脂がみられた．室内のアンモニアは高濃度であった．

スタンダードに関して考慮すべき一般的な質問は「普通の人であれば，何を見て，そして（または），何をするだろうか」である．

ホーディングの事例

　筆者（NBS）が思うに，これらの事例はその複雑さゆえに最もフラストレーションが溜まる．通常，ホーディングでは，多数の動物が関与する．検察官や裁判所は，動物が何年も動物保護施設に滞留したり（これらの組織が機能不全に陥る），法律顧問のいないアニマルホーダーが延々と差し押さえの上訴をすることで，裁判システムを堂々巡りにさせたりすることがないように，差し押さえを支持し，確定させる（放棄がない場合）必要性を理解していないことが多い．

　本章で前述したように，アニマルホーディング法を制定している州はイリノイ州とハワイ州の二つしかない．アニマルホーディング法がある一部の自治体では，後述するように，通常，軽犯罪法である．しかし，これらの法律の中には，ホーダーである被告に対して精神鑑定を義務付けているものもある．

　大抵の場合，ホーダーは，動物病院での治療や食事，水，適切な飼養環境の提供を怠ったことからなる複数の軽犯罪で起訴される．前者，そして後者においても，獣医師の関与の重要性はいくら強調してもしすぎることはない（Patronek & Nathanson, 2016）．

結論

　アニマルファイティングやアニマルホーディングは，現在進行形の課題であり，継続的な変化と解決をもたらすために獣医師の関与が必須である．現在，動物虐待の報告を何らかの形で義務付けている，あるいは奨励している州は35州ある．獣医師は，このような事例の報告や起訴に積極的に参加し，動物の福祉だけでなく，人間の福祉や安全にも重大な影響を及ぼすこの種の動物虐待犯罪に対して，より厳しい罰則とより多くのリソースを向けるために国や州レベルの法律を支持・支援しなければならない．

参考文献

Bradley-Siemens, N., A.I. Brower, and R. Reisman. 2018. Neglect. In: Brooks, J., ed. *Veterinary Forensic Pathology*, Vol 2. Cham, Switzerland: Springer, pp. 37-65.

Christiansen, S., F. Dantzler, K. Johnson, R. Lockwood, P. Paulhus, and E. Sakach. 2004. *The Final Round: A Law Enforcement Primer for the Investigation of Cockfighting and Dogfighting*. Humane Society of the United States.

Christiansen, S., Dantzler, F., Goodwin, J., Reever, J., Schindler, C., Johnson, K., Paulhus, M., and Sakach, E. 2015. *The Final Round: Law enforcement Primer for the Investigation of Cockfighting and Dogfighting*. The Humane Society of the United States.

Dinnage, J., K. Bollen, and S. Giacoppo. 2004. Animal fighting. In: Miller, L., and S. Zawistowski, eds. *Shelter Medicine for Veterinarians and Staff*. Ames, IA: Blackwell Publishing, pp. 511-521.

Greenacre, C.B. 2014. Poultry Necropsy Laboratory. In *Proceedings; Pre-laboratory lecture Notes*. Knoxville, TN: American Board of Veterinary Practitioners (ABVP).

Lockwood, R.L. 2006. Hoarding: Psychology and Punishment. In *Proceedings*. Atlanta, GA: Animal Cruelty Cases: Investigation and Prosecutions and Animal Law.

Lockwood, L.R. 2013. Animal fighting. In: Miller, L., and S. Zawistowski, eds. *Shelter Medicine for Veterinarians and Staff*, 2nd ed. Ames, IA: Blackwell Publishing, pp. 441-452.

Merck, M. 2013. Animal fighting. In: Merck, M., ed. *Veterinary Forensics; Animal Cruelty Investigations*, 2nd ed. Ames, IA: Blackwell Publishing, pp. 243-253.

Merck, M., D.M. Miller, and R. Reisman. 2013. Neglect. In: Merck, M., ed. *Veterinary Forensics; Animal Cruelty Investigations*, 2nd ed. Ames, IA: Blackwell Publishing, pp. 207-232.

National Humane Education Society. 2018. Animal Fighting. nehs.org/animal-fighting/

Patronek, G., L. Loar, and J.N. Nathanson. 2006. *Animal Hoarding: Structure Interdisciplinary Responses to Help People, Animals, and Communities at Risk*. Hoarding Animals Research Consortium.

Patronek, G. and J.N. Nathanson. 2016. Understanding animal neglect and hoarding. In: Levit, L., G. Patronek, and T. Grisso, eds. *Animal Maltreatment: Forensic Mental Health Issues and Evaluators*. Oxford, NY: Oxford University Press, pp. 159-193.

Sakach, E. and A. Parascandola. 2016. *Investigating Animal Cruelty: A Field Guide for Law Enforcement Officers*. Humane Society of the United States.

Touroo, R. and R. Reisman. 2018. Animal fighting. In: Brooks, J., ed. *Veterinary Forensic Pathology*, Vol 2. Cham, Switzerland: Springer, pp. 97-119.

第 **14** 章

法獣医毒性学

Sharon Gwaltney-Brant

法獣医毒性学とは何か	340
獣医毒性学の原理	342
法獣医毒性学調査	349
参考文献	357

法獣医毒性学とは何か

　法毒性学は，毒性学の法に関する問題への応用と定義される．ヒトの法毒性学は，死後の法医毒性学，人体機能毒性学，法医学的薬物検査の三つの分野を包含する (Levine, 2010)．死後の法毒性学は，体内異物の同定を通じて死因や死の様態の特定に役立つ．人体機能毒性学 (Human Performance Toxicology) は，個人の行動や作業能力を損なったり高めたりする可能性のあるアルコールや麻薬などの化学物質の有無を同定し，解析することに重点を置いている．法薬物検査は，(米国の場合) 薬物検査や仮釈放者のための裁判所命令の検査のように，個人の体液や組織をスクリーニングして，違法化学物質の有無を判定するものである．ヒトの法毒性学の範囲は，毒性学者がこれらの分野の一つもしくはそれ以上を専門にするのに十分なほど広い．それに比べ，法獣医毒性学はより広範で専門化されていない学問分野である (Murphy, 2012)．死後毒性学や機能毒性学に加え，法獣医毒性学にはレギュラトリー毒性学 (行政毒性学)，保険調査，野生動物の毒性学など，他の分野も含まれる (Ensley, 1995; Stroud & Kuncir, 2005)．歴史的に，法獣医毒性学の大半はレギュラトリー毒性学であり，(米国では) フードチェーンに入る食用動物またはその産物 (例：乳，卵) 中の有害残留物の取り締まりに主眼が置かれている．獣医学における機能毒性検査は，主に動物アスリート (主にレース動物) に焦点を当てている．保険目的の毒性学的検査は，一般に，金銭的価値の高い多数の動物 (例：肉牛の群れ) の損失か，非常に価値の高い動物 (例：エリート競走馬) の生命または機能の損失のいずれかを伴う．死後調査は，家畜の損失を伴う状況で一般的に行われ，その原因を特定し，さらなる損失を防ぐことを目的とする．伴侶動物の死後の法獣医毒性学の症例では，意図的な悪意のある毒物混入に関連することが最も多く，後述する理由により，調査が実施される頻度は低い．しかし，動物虐待防止法の施行がより厳しくなるにつれ，伴侶動物に対する悪意のある毒物混入の調査頻度は増加しているようである．法獣医毒性学の分野は，ヒトの法毒性学に比べて比較的小さいため，ほとんどの獣医毒性学者は「何でも屋」になる傾向があり，様々な法毒性学の症例を扱うだけでなく，研究，教育，臨床中毒学 (すなわち，動物中毒の診断と治療) など，毒性学の他の分野にも従事している．

　獣医の法毒性学的調査は，獣医学に特有のいくつかの要因があるため，ヒトの事例ほど頻繁には行われていない (Gwaltney-Brant, 2016)．第一に，疑わしい動物の傷害や死亡事例では，ヒトの事例のように自動的に検査されるわけではない．一般的に，医師は毒殺の疑いを報告することが義務付けられているが，多くの国・地域では，獣医師にそのような義務はない．法律が悪質な中毒の検査を義務付けているヒトの事例とは異なり，動物の中毒を調査するかどうかは，一般的に管轄している当局次第であり，歴史的に多くの管轄区域は，公衆衛生が関係しているか，多数の動物が影響を受けているか，あるいは時折，世論の反

発が彼らの考えを変えることがない限り，時間と費用を費やさないことを選択してきた．ヒトの法医学の場合，政府機関が調査や毒性学検査の費用を負担するが，獣医学の場合，その費用は通常，動物の飼い主に転嫁される．しばしば，中毒の徴候は最初は自然疾患に起因するとされ，毒性学的分析のための適切なサンプルの収集が遅れることになる．

Box14.1 ニュースの中の法獣医毒性学：ポロ・ポニーにおけるセレン中毒症

　2009年4月19日，フロリダ州ウェリントンで開催された全米ポロ選手権に参加していた20頭のベネズエラ産ポロ馬が6時間以内に倒れ死亡，さらにその数時間後に1頭が死亡した．死因は心筋の損傷による急性心不全と断定された．解剖検査で発見された臨床症状と病変から，この事例を担当した獣医毒性学者によってセレン中毒症が疑われた．毒性学的分析の結果，すべての馬の組織に有毒な濃度のセレンが存在することが確認された．セレンの由来は，ベネズエラのポロ馬房にいた5頭を除くすべての馬に筋肉内注射で投与されたビタミンとミネラルのサプリメントであることが判明した．サプリメントを投与されていない5頭には影響がなかったことから，サプリメントが関与している可能性が疑われた．地元の薬局が処方したサプリメントには，意図した量の100倍のセレンが含まれていたことが判明した．2016年，陪審は馬主への損害賠償として250万ドル支払うことを命じた．

　法獣医毒性学の焦点は法律であるため，それらの法律が何であるかを理解することが重要である．2017年現在，米国の12州(アラバマ州，アリゾナ州，コロラド州，デラウェア州，ミズーリ州，モンタナ州，ネブラスカ州，ニューハンプシャー州，ノースダコタ州，オレゴン州，サウスカロライナ州，テネシー州)とコロンビア特別区は，動物保護法の中で動物の毒殺については特に言及していない(ただし，そのうちの一つであるサウスカロライナ州は，警察犬や警察馬を毒殺することは違法であると言及している)．これらの法律の多くでは，「傷害」や「危害」という用語によって，毒殺は暗黙のうちにカバーされているといえる．しかし，毒殺が省かれていることで，法律に抜け穴が残されているとも言える．ある州では，他人の動物を毒殺することは違法とされているが，これは自分の動物を毒殺することが合法であることを意味するのだろうか．法律で犬猫の毒殺は違法と明記されている場合，馬の毒殺は合法なのだろうか．確かに，各州の法律を標準化すれば，より一貫した取締りが可能になり，毒殺の企てから動物をより良く守ることができると思われる．

　このような法律があるにもかかわらず，動物に対する毒殺が刑事事件として立件する条件基準を満たすことは，闘犬場に対する連邦捜査など，より大規模な刑事訴追の一環でない限りほとんどない．食品流通に不純物を混入させる目的で，意図的に食用動物に毒を盛った場合は，化学テロリズム法に基づき起訴される可能性がある．しかし，動物に対す

第 14 章

図14.1 2009年，ベネズエラのポニー25頭のうち20頭が死亡した件について法獣医学的調査が行われ，誤調合されたビタミン/ミネラルサプリメントによるセレン中毒が原因であることが判明した．

る毒物混入事件の大半は民事裁判に委ねられ，一方の当事者が，毒物混入の責任を追及されるもう一方の当事者に損害賠償を求めることになる(Desta et al., 2011) **(Box14.1, 図14.1)**．多くの司法管轄区では，民事裁判の証拠許容性と説得責任の基準は，刑事裁判ほど厳格ではない．多くの民事事件は，最終的に法廷外で和解が成立するが，和解の可否を左右するのは，どちらか一方の証拠の「質」であることが多い(Murphy, 2012)．

獣医毒性学の原理

定義

「毒(poison)」とは，生物に悪影響を及ぼす物理的・化学的物質のことである(Eaton & Gilbert, 2008)．「毒素(toxin)」とは，植物，動物，菌類，細菌などの生物起源の毒のことで，毒素という用語は，あらゆる毒を指すものとして誤って使われることが多い．「毒物(toxicant)」は毒の同義語であり，生物学的または非生物学的由来の物質を指す．例えば，マチン(*Strychnos nux-vomica*)という植物に由来するストリキニーネは毒素とも毒物とも呼ばれるが，金属水銀は毒物ではあるが毒素ではない．「外来異物(ゼノバイオティック：xenobiotic)」とは，体にとって異物である化合物を指す言葉である．ゼノバイオティクスには，食品，薬物，ビタミン，ミネラル，その他生体に内因性でない化合物が含まれる．「毒性(toxicity)」とは，有害作用を引き起こすのに必要な毒物の相対的な効力または量を指し，

342

中毒症(toxicosis)とは毒によって引き起こされる臨床症候群を指す．したがって，正しい用法は「ニコチンの毒性は，わずか数ミリグラムで犬に中毒症を引き起こすほどであった」となり，犬は「ニコチン中毒」ではなく，「ニコチン中毒症」を経験したということになる．中毒は毒に冒された「状態」なので，中毒症と似ている．毒性学者の中には，「中毒(intoxication)」という用語を中枢神経系に異常をきたす中毒(例：アルコール中毒)に限定する者もいる．

毒性学の概念

　毒性学の父として広く知られているParacelsus(1493-1541)が述べた毒性学の基本的な考え方は以下である．つまり，「すべてのものは毒であり，毒のないものはない．毒性を引き起こすものとそうでないものを分けるのは用量だけである」(Eaton & Gilbert, 2008)．これは毒性学を理解するうえで不可欠な概念である．と言うのも，既知の最も有毒な化合物であっても，それが体内で適切な低用量であれば有害な影響を及ぼさないし，一見無害な化合物であっても，毒性を引き起こすに十分に過度な量であれば有毒になり得るからである．例えば，生命維持に不可欠な水でさえ，過剰に摂取すれば中毒を起こし，死に至ることがある．毒性物質の用量が「閾値」の用量に達すると，毒性作用が現れ始め，通常，用量が増加するにつれてその毒性強度は増す．このような用量と観察される効果の関係性は，用量反応関係として知られ，薬理学(エンドポイントが治療効果である場合)と毒性学(エンドポイントが毒性効果である場合)の両方で重要な概念である**(図14.2)**．用量反応関係には，いくつかの基本的な仮定がある．

1. 暴露は，既知の観察可能な影響に関連している．
2. 有害物質と標的部位との相互作用による影響である．
3. 暴露量は，標的部位における毒性物質の濃度に関連する．

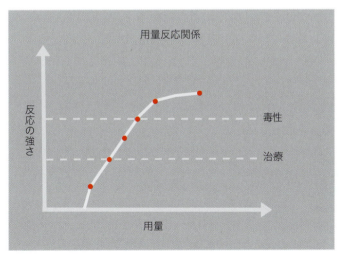

図14.2　投与量と反応性の関係．反応の強さは，与えられたゼノバイオティクスの投与量に依存する．薬効を有する化合物の場合，適切な薬理学的反応は，用量が治療閾値に達するか，それを超えたときに起こる．用量が毒性の閾値に達すると，有害作用が生じる．

薬理学でも毒性学でも，ある投与量における反応は，反応スペクトルの両端に異常値を持つ正規分布になると予想される**(図14.3)**．動物個体の反応は，年齢，健康状態，栄養状態などの違いにより多少異なるため，ある用量において，個体群の大多数よりも重篤な毒性作用を示す個体（高感受性）もいれば，個体群全体よりも重篤な毒性作用を示さない個体（耐性／低感受性）もいる．しかし，いったんある個体で毒性の閾値を超えると，毒性物質による臨床症状の進行は他の集団と同様である(Dolder, 2013)**(Box14.2，図14.4)**．

用量反応関係はまた，真の中毒症を，ゼノバイオティクスへの暴露時に起こり得る他の有害事象と区別するのに役立つ**(表14.1-14.3)**(Galey & Hall, 1990; Eaton & Gilbert, 2008; Millo et al., 2008; Dinis-Olivera et al., 2010; Gwaltney-Brant, 2016)．アレルギー反応は，ゼノバイオティクス（アレルゲン）に対する免疫系の極端な過剰反応によるものである．アレルギー反応は，軽

Box14.2 投与量反応と個人

　カフェインは，伴侶動物，特に犬に悪意を持って毒を盛るために使われる毒物として，より一般的になりつつある．犬がカフェインを摂取した場合，その量が中毒症状を引き起こすのに十分であったかどうかをどうやって知ることができるのだろうか．残念ながら，そのような個々の発症した動物の情報はほとんど入手できないため，集団の用量反応関係に頼らざるを得ない．これらの関係は，動物の実験的投与によって得られたものかもしれないし，診療所や動物中毒管理センターから報告された発症した動物の暴露例の分析によって得られたものかもしれない．例えば，犬のカフェイン中毒症では，母集団ベースで，投与量の増加に伴い，以下のような徴候のスペクトルが予想される**(図14.4)**．

　もちろん，これらの徴候のすべてが1頭の患者に起こるとは限らないが，嘔吐，頻脈，興奮などの初期徴候がなく，発作のみがみられることは非常に稀である．また，カフェイン20 mg/kg程度で軽度の徴候（嘔吐など）が出はじめる犬もいれば，30 mg/kg近くまで徴候が出ない犬もおり，稀に40 mg/kg程度まで徴候が出ない個体もいることがわかっている．人間でも，ある人はコーヒー1杯で朝からほぼ動じることはないが，別の人は同じ量で何時間も神経過敏になるのと同じように，毒物に対する感受性には個人差がある．しかし，いったん徴候が出はじめると，重症度の進行は同じになる．

　では，80 mg/kgのカフェインを食べた犬をどう説明すれば良いのだろうか．この量は，何頭かの犬で死亡例が報告されている量だが，重篤な徴候はみられなかった．おそらく，犬がカフェインを十分に吐き出して毒性を弱めたか（自己除染），あるいはカフェインが何らかの食事に含まれていて吸収が長引いたため，犬がカフェインを完全に吸収する前に代謝・排泄できたか，あるいは消化管内に他の食事が残っていたためカフェインの吸収を遅らせた可能性が考えられる．

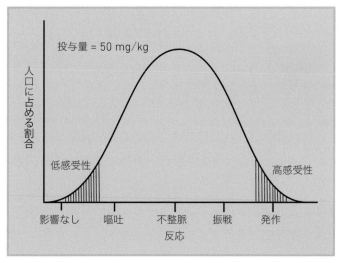

図14.3 同じ投与量（50 mg/kg）の毒性物質に暴露された集団にみられる臨床効果のスペクトル．曲線の左端にある反応を示す個体は抵抗性があり，曲線の右端にある反応はその化学物質に対して感受性があると考えられる．

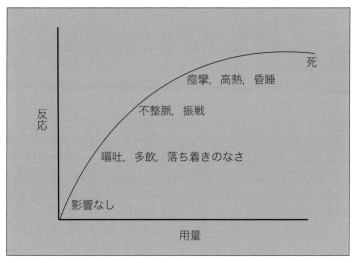

図14.4 カフェイン投与量の増加に伴う予想される反応のスペクトル

表14.1 毒性，アレルギー，特異的反応を区別するための特徴

毒性	アレルギー性	特異性
用量依存性	用量依存性なし	+/−用量依存性
予測可能性	予測不可能	予測不可能
	事前の感作が必要	極端な過敏性または極端な鈍感性

出典：Eaton and Gilbert（2008）

度の瘙痒から生命を脅かす全身反応（アナフィラキシー）まで様々である．アレルギー反応は，アレルゲンに対する免疫系の感作を事前に必要とし，用量依存性はなく，初期のアレ

ルギー反応は予測不可能である．特異反応は医薬品で最も一般的に観察される．これは予測不可能な副作用であり，その個人にとって用量依存性である場合もあれば用量依存性でない場合もあり，標準用量に対する極度の過敏性または鈍感性を反映する．臨床的には，アレルギー反応や特異反応の徴候は中毒症と類似していることがあるため，これらを選別することは困難である．

これまで，毒性反応は標的部位における毒性物質の量に関係し，ある量の毒性物質に対する反応は個人差があることを見てきた．では，毒物に対する個人の反応を決定する要因は何であろうか．中毒のプロセスは三つの異なる段階，すなわち暴露，トキシコキネティクス，トキシコダイナミクスに分けることができる(Eaton & Gilbert, 2008)．これらの段階を別々に論じることで，論理的に考察することができるが，これら三つの段階は中毒の間に進行していることを理解することが重要である．例えば，マリファナを摂取した犬は，胃の中に残っているマリファナから暴露され続けると同時に，薬物が体内を移動し(トキシコキネティクス)，麻薬作用を発揮する(トキシコダイナミクス)．暴露は，中毒症の発症に不可欠な最初のステップである．毒物暴露の主な経路は，消化管(経口摂取)，肺(吸入)および皮膚(局所)であり，中毒患者における眼，乳房内および非経口注射は，それほど一般的な侵入経路ではない．ほとんどの毒物暴露は，急性で単発の事故であり，暴露時間は24時間以内と比較的短い(例：犬が庭に置かれた殺鼠剤を摂取した場合)．あまり一般的ではないが，毒性暴露は24時間を超えて数日から最長1カ月間続くことがある(亜急性曝露，例：牛が汚染された穀物を一度に摂取した場合)．さらに稀な場合では，1～3カ月間暴露が続くことがあり，亜慢性暴露と呼ばれる(例：有毒植物のある牧草地で採食する牛)．3カ月を超える暴露(例：タバコを吸う人と同居するペット)は慢性暴露と呼ばれる．亜急性，亜慢性，および慢性のゼノバイオティクスへの暴露と動物に発現する臨床徴候との関係を決定することは，多くの種における多くのゼノバイオティクスの慢性影響に関する知識が不足していることに加え，動物が同じ期間に暴露された可能性のある他の有害生物を考慮する必要があるため，困難な場合がある．

暴露後，トキシコキネティクス (toxicokinetics) の段階は，毒物が体内を移動することを説明するもので，吸収，分布，代謝，排泄の4段階からなる(Lehman-McKeeman, 2008)．吸収とは，毒物が体内に入ることである．毒性物質は，毒性物質の大きさ，形状，製剤，および生物学的バリアの生理的状態に依存する能動的過程(例：能動輸送，エンドサイトーシス)，または受動的過程(例：拡散)によって，生物学的バリアを通過する．例えば，皮膚の比較的厚い表皮を通過できない毒性物質は，消化管内で容易に可溶化し，容易に吸収される可能性がある．また，例として弱酸性物質は酸性の胃からより容易に吸収され，弱塩基性物質はpHの高い腸でより容易に吸収される．「生物学的利用能(バイオアベイラビリティ)」という用語は，投与量のどのくらいが全身循環に吸収されるかを示すために用い

346

られる．毒性物質の体内分布は，循環系およびリンパ系を介して起こる．水溶性の毒性物質は循環系を介して，細胞外液に移行する傾向があるが，脂溶性の毒性物質は脳や脂肪組織のような脂質の多い組織に移行し，濃縮される可能性がある．臓器の血液灌流の程度によって，その臓器がどれだけの毒物を受け取るかが決まり，肝臓や腎臓のような灌流の多い臓器は，吸収された毒性物質の大部分を受け取る．

　血液脳関門，血液精巣関門，胎盤などの生理的関門は，特定の毒性物質が特定の体内区画に到達するのを制限する．一部の毒性物質は血漿または血清タンパク質に結合して血液中に運ばれるが，この場合，結合していない毒性物質のみが標的部位に到達できるため，分布が制限される(Lehman-McKeeman, 2008)．代謝(生体内変化とも呼ばれる)とは，生体に取り込まれた化学物質が体内で化学的に変化することである．肝臓は体内で代謝を行う主要な臓器であるが，腎臓，肺，腸でも重要な代謝が行われており，ほとんどの組織である程度の代謝が可能である．毒物に関して望ましい結果は，代謝によって毒物の毒性が低くなり，体外への排泄が促進されることである．代謝された毒性物質の多くは，毒性学的に不活性化し，親毒物よりも分子が大きく，水溶性を増す．水溶性を増した代謝産物は細胞内に入りにくく，腎臓で処理され排泄されやすい．一部の毒性物質は，より脂溶性の高い代謝体に変換され，胆汁を通じて除去されるが，これらの代謝物が再度，腸管内腔に入ると，腸管から全身循環に再吸収される可能性があり，これは腸肝循環として知られるプロセスである．毒性物質の腸肝循環は，体内での毒性物質の存在を長引かせ，その結果，中毒症の持続時間を長くする．代謝は様々な酵素によって行われるが，これらの酵素の相対的な数と量は遺伝的に決定されるため，代謝活性は種差や個体差を示す．排泄とは，毒性物質やその代謝物を体外に排出する最終的なプロセスである．腎臓と消化管が主な排泄器官であるが，肺，皮膚，腺などの他の器官も毒性物質の排泄に寄与している．毒性物質が体内に留まる期間は，毒性物質が全身にどの程度広く分布しているか，特定の体内の部位に隔離されているかどうか(例：鉛は骨中のカルシウムと置換するため，骨は鉛の長期貯蔵場所として機能する)，腸肝循環が起こるかどうか，および排泄前に毒性物質が多様な代謝を必要とするかどうかによって決まる．代謝が最小限の毒性物質の中には，速やかに排泄されるものがあり，毒性物質の濃度が半分になるのに要する時間(半減期と呼ばれる)は，数分から数時間である．多様な代謝を必要とする他の毒性物質は，低濃度では速やかに排泄されるが，高濃度になると代謝経路が飽和するため，よりゆっくりと排泄される．

　トキシコダイナミクス(toxicodynamics)とは，毒物とその標的部位との相互作用を記述したものである(Eaton & Gilbert, 2008)．多くの毒性物質は，可逆的または不可逆的に，細胞の受容体(レセプター)や酵素のような特定の標的部位と相互作用し，その機能を変化させる．酵素や受容体に可逆的な作用を及ぼす毒性物質については，その作用に拮抗する薬物を投与するか，代謝や排泄によって毒性物質を除去すると，ほとんどダメージが残らず，

正常な機能に戻る可能性がある．この種の可逆的な作用は，神経系に作用する毒性物質（神経毒）や細胞性イオンチャネル（例：Na^+/K^+ATPアーゼ）に作用する毒性物質で最もよくみられる．しかし，中毒症の最中に起こる組織への損傷（例：発作活動中の酸素欠乏による脳損傷）は，可逆的でない場合がある．毒性物質は，細胞膜の破壊，細胞エネルギー産生の阻害，タンパク質または核酸合成の阻害，膜貫通チャネルの阻害により，細胞に直接作用することがある．毒性物質はまた，活性酸素種の形成を通じて間接的な損傷を引き起こすこともあり，その結果，細胞小器官（オルガネラ）や細胞に酸化剤誘発性の損傷をもたらす．毒性物質による細胞，組織，臓器の損傷は，毒性物質が除去され，組織や臓器が自己修復能力を超えて損傷していなければ，可逆的である可能性がある．

標的臓器毒性

　毒性物質の臨床学的影響は，標的となる組織や臓器によって大きく異なり，どの臓器や組織が影響を受けるかを決定する要因はいくつかある(Eaton & Gilbert, 2008)．第一に，毒性物質がその作用を発揮するのに十分な量が標的臓器・組織に到達しなければならない．そのため，標的臓器・組織には血液が十分に灌流され，生理的バリア（例：血液脳関門）を何らかの形で通過しなければならない．次に，その組織内に，毒性物質が親和性を持つ分子標的が存在しなければならない．毒性物質を生体内で変換する組織の能力も，毒性物質が解毒または代謝的活性化によってその毒性を示すかどうかに影響する．例えば，アセトアミノフェンの過剰摂取は，一般的に肝障害を引き起こすが，これはアセトアミノフェンを毒性代謝物に変換する酵素が肝臓に最も多く存在するからである．しかし，毒物が臓器や組織に到達し，そこに蓄積されるからといって，必ずしもその組織が標的になるとは限らないことに注意すべきである．獣医毒性学では，毒物は肝臓，腎臓，神経系に最も多く作用する．肝臓は非常に灌流が良く，全身循環から肝動脈を介して，また消化管から門脈系を介して血液を受け取っている．肝臓の主な機能は代謝であるため，代謝酵素と補酵素の濃度が最も高く，その範囲も広い．肝臓には，吸収された毒性物質へのアクセスを制限するバリアがない．ある意味で，肝臓自体が，摂取された毒性物質が一次通過し解毒によって全身に分布するのを防ぐバリアとして機能している．肝臓内の代謝酵素の分布は，毒物による傷害の特徴的なパターンをもたらす．腎臓は主要な排泄器官であり，常に心拍出量の約25％を受け入れている．腎臓はかなりの量の代謝が可能であり，肝臓と同様に，腎臓内の代謝酵素の分布は，様々な毒物の傷害パターンを形成する原因となる．中枢神経系には血液脳関門と血液神経関門があり，多くの化学物質の侵入を防ぐことができるが，ごく小さな脂溶性の毒物は，拡散によって関門を通過してしまう．これらの関門を通過するには大きすぎる分子は，特殊なキャリアタンパク質を利用して関門を通過することがある．つまり，これらの生理的バリアは，多くの毒性物質から中枢神経系を守っているのである．

これらのバリアは，炎症，外傷，未成熟，遺伝的変異などにより，傷害を受けたり，機能不全に陥ったりしやすい．このような場合，通常は排除されるはずの毒物（および一部の医薬品）が中枢神経系に侵入し，中毒症を引き起こす可能性がある．神経系は，エネルギー産生や神経伝達を阻害する毒性物質に非常に弱い．

法獣医毒性学調査

悪質な動物毒殺

　前述したように，動物の中毒を報告する中央機関がないため，その頻度の把握は困難である．さらに，中毒症の多くが自然発生のものと誤認されることもあり，動物中毒の実際の発生率は，偶発的なものであれ，意図的なものであれ，不明である．動物中毒の発生率に関するわずかな情報は，一般に，動物の飼い主や獣医師から動物中毒の可能性に関する通報を受けた動物中毒管理センター（poison control centers: PCCs）からのものである (Gwaltney-Brant, 2012)．PCCsのデータがすべての動物中毒事故の断面であると仮定すると，いくつか判断できることがある．報告された動物中毒のほとんどは偶発的なもので，故意または悪意による中毒は報告された中毒の1/2以下である．単独で発生する動物中毒のほとんどは伴侶動物であり，複数の動物中毒が発生する場合，そのほとんどは家畜である．悪質な中毒事件の75％以上が犬で，猫は約15％，残りは家畜や野生動物など他の動物種で発生している．2〜4歳の雄の大型犬種（特にジャーマン・シェパード・ドッグ）で，外傷等がない場合，意図的に引き起こされた中毒であるリスクが高い．夏季に悪質な中毒が多く報告されるのは，動物が室外で様々な毒物（例：殺鼠剤，殺虫剤）に容易に接触する機会が増えるためと考えられる．

　悪意のある動物の毒殺者の大半は，その犯罪を逃れていると言って良い．悪意を持って動物を毒殺した者に関するデータはほとんどなく，動物の毒殺者に関する優れた法獣医学的プロファイルも存在しない (Gwaltney-Brant, 2016)．毒性物質は，容易に入手でき，流通しやすく，出所をたどるのが難しい場合，理想的な「武器」となる．どのような人物が悪意を持って動物に毒を盛る傾向があるのかを考える一つの方法は，その人物が毒を盛る動機を考えることである．悪意のある動物毒殺の動機のトップは，迷惑動物の駆除と思われる．過剰な騒音を出す動物，不法侵入をする動物，ヒトや他の動物の脅威となる動物，他人の所有物に侵入したり損害を与える動物，家畜や他の動物を傷付ける動物は，誰かが行動を起こすきっかけとなるほどの迷惑行為となる可能性がある．実際，ハッカネズミやドブネズミ，クマネズミなど，公衆衛生上の脅威として普遍的に認められている特定の種を毒殺することは違法ではないため，それ以外の種を毒殺することは，人によっては合法的な行為と考えるかもしれない．また，悪意のある毒殺者は，特定の動物および／またはその世

話人に対する報復のために行動することもある．これは，毒殺者が不満を持つ元従業員であることが判明した多くの家畜毒殺事件で起こっている．強盗がペットや番犬に毒を盛るのは，侵入をたやすくするためである．飼い主をコントロールするために動物に毒を盛る人もいるかもしれず，これは家庭内暴力が関与する状況で最もよく起こる．自殺願望のある人は，自分自身と一緒にペットも毒殺する．毒殺者の中には，動物が毒で死ぬのを見て一種の快感を覚える者もいる．子供だけではなくペットが「代理」となるミュンヒハウゼン症候群の場合にも毒物が関与しており，ペットの飼養管理をしている人（通常は飼い主）が，自分に対して同情や注目を集めるためにペットを故意に傷付けることがある．

法医学捜査

　多くの毒性物質によって引き起こされる臨床症状は，自然の疾病によって引き起こされる症状と類似していることがあるため，病気や死亡した動物を扱う場合，最初は中毒が疑われないことがある(Galey & Hall, 1990; Ensley, 1995)．逆に，中毒症が疑われる場合には，感染症，代謝性疾患，腫瘍形成など，他の非毒性疾患プロセスが代わりに関与していないかどうかを検討することが重要である．動物の病気や死亡の原因を特定するには，多様な意見をフラットに取り入れる姿勢と適切な調査・分析が必要である．時系列の情報は，患者の背景における潜在的な危険因子を特定するのに役立つため，調査には不可欠な要素である．中毒が疑われる場合，その動物の飼育者，環境，毒物への暴露の可能性を知るために，慎重な質問が不可欠である．動物の中毒に関する質問は，基本的なシグナルメント（動物の個体情報．すなわち，種，品種，年齢，繁殖状態，体重）および健康歴（例：ワクチン接種の状況，以前の健康状態，現在および過去の投薬／サプリメント）などについて行う．複数の動物が関与している事例では，リスクのある動物の数，影響を受けた動物の数，および死亡した動物の数を決定する必要がある．動物が最後に正常であると指摘された時期，臨床徴候の漸増または突然の発現，徴候の持続時間などの時間枠を文書化すべきである．また，指摘された徴候のリスト（その後消失した徴候を含む），徴候の重篤度，世話人または獣医師が行った治療（および治療に対する反応）を文書化すべきである．診断的処置（臨床検査，画像診断など）の結果も入手すべきである．必要であれば，動物の環境（家，農場，動物園など）に出向いて，最初の質問では出てこなかったかもしれない潜在的なリスク（例：有毒植物，疑わしい飼料）を調査すべきである(Galey & Hall, 1990)．罹患動物の身体検査と死亡動物の解剖検査を行い，正常所見と異常所見の両方を徹底的に記録する．

試料の採取と取り扱い

　法獣医毒性学の調査を成功させるためには，適切な試料採取，取り扱い，保管が不可欠である(Millo et al., 2008; Gwaltney-Brant, 2016)．法廷に持ち込まれる事例の場合，毒性学的検

査の結果が認められない最も一般的な理由は，試料の不適切な管理である (Galey & Hall, 1990)．検体採取の前に獣医学的な診断を行う大学や研究機関の法獣医毒性学者に相談することで，どの検体を採取するか，どのように保管し出荷するか，どのような分析が最も有益かを判断することができる．軟質プラスチックは分析の妨げとなる化学物質を溶出する可能性があるため，試料容器はガラスまたは硬質プラスチックであることが理想的である．必要に応じて，軟質プラスチックの袋を短期間の輸送に使用することもできるが，試料はできるだけ早く，より適切な容器に移すべきである．植物，キノコ，飼料サンプルは，カビの発生を防ぐため，紙などの通気性のある包装で保管する．液体はガラス瓶（広口のガラス瓶であるメイソンジャーが効果的），揮発性化学物質は未使用の塗料缶やテフロンや金属箔で蓋をしたガラス瓶などの密閉容器に保管する．液体はピペットまたはシリンジで採取できるが，こぼれないようにキャップ付きの容器に移し替えるべきである．液体が失われ，シリンジを扱う人が負傷する可能性があるため，針付きのキャップ付きシリンジに試料を保管すべきではない (Gwaltney-Brant, 2016)．各容器には，患者名，症例番号，採取日時，検体の種類（例：尿，心臓）を記したラベルを貼り，すべての検体について証拠保全の連鎖記録 (chain of custody log) を保管する必要がある．各組織検体には専用の容器を用意し，検体採取者は一度に一つの組織/臓器を扱い，組織の交差汚染を避けるべきである．ナイフやその他の切片作成器具は洗浄し，新しい種類の組織を扱う前に手袋を交換する．複数の分析を行うためには，十分な量の検体を採取しなければならない．十分な試料がないと，各分析で試料を使用するため，診断が出る前に試料が不足する可能性がある．さらに，民事事件や刑事事件では，相手側が独自の分析を行うために，試料提供を求める場合がある (Levine, 2010; Murphy, 2012)．したがって，一度捨ててしまうと取り戻すことができないために，必要以上の試料を採取する（後で廃棄できる）のが最善策である．**表14.2**に，分析のために採取する試料と量を示す．

毒性学的分析法の種類

　法獣医学的毒性事例の試料が採取された後は，他の証拠と同様に取り扱い，保護し，保管しなければならず，採取時から分析機関（その機関は，「証拠保全の連鎖」を維持するための独自の内部プロトコルを有する）に引き渡されるまでの「証拠保全の連鎖文書」が維持されなければならない (Murphy, 2012; Gwaltney-Brant, 2016)．試料の分析検査は，特に原因となる毒性物質の正体が確定しておらず，合理的な計画なしに複数の検査を実施する場合，高額になる可能性がある．したがって，病歴，臨床症状，治療に対する反応，診断検査，解剖検査所見から得られた情報を評価し，最も可能性の高い毒性物質を決定すべきである．獣医毒性学者との相談は，中毒の原因物質の候補を絞り込むのに非常に役立つ．毒性学者はまた，どの分析法が最も適切かについての指針を与えることができるはずである．

表14.2 毒性学的検査のための検体採取

試料	量	保存方法	分析対象
すべての主要臓器	複数の小量サンプル	10％緩衝化中性ホルマリン（または他の固定剤）	病理組織学
肝臓	300 g	チルド，冷凍	重金属，農薬，医薬品
腎臓	300 g	チルド，冷凍	重金属，エチレングリコール（Ca：P比），医薬品，植物毒素
脳	1/2（病理組織学と感染症のため残す）	チルド，冷凍	ナトリウム，アセチルコリンエステラーゼ活性，農薬
脂肪	300 g	チルド，冷凍	有機塩素，PCB，ブロメタリン
眼液	全体眼	チルド	カリウム，硝酸塩，マグネシウム，アンモニア
網膜	全体眼球	チルド	アセチルコリンエステラーゼ活性
肺/脾臓	100 g	チルド，冷凍	パラコート，バルビツール酸塩
肺	気管支/気管を切断した肺葉/肺全体	チルド，密閉容器	揮発性薬剤
注射部位	100 g	チルド	医薬品
全血	5〜10 mL	チルド	重金属，アセチルコリンエステラーゼ活性，殺虫剤
血清	5〜10 mL	チルド	一部の金属，医薬品，アルカロイド，電解質
尿	5〜100 mL	チルド	医薬品，重金属，アルカロイド
乳	30 mL	チルド	有機塩素系化合物，PCB
摂取物/糞便	500 gまで	チルド	金属，植物，マイコトキシン，その他の有機毒性物質
毛髪	3〜5 g	チルド	農薬，いくつかの重金属
食餌	1 kg混合	乾燥：紙に包んで保管 湿潤：冷凍	イオノフォア，塩，農薬，重金属，イオノフォア，マイコトキシン，栄養素，ボツリヌス菌
植物	全体	乾燥させ，新聞紙に挟む．	アルカロイド，配糖体，殺虫剤
水	1〜2L	ガラス容器	農薬，重金属，塩分，硝酸塩，藍藻
土壌	500 g	ガラス容器	農薬，重金属
昆虫ケーシング	3〜5 g（〜100匹ウジ）すべてのライフサイクルを含む	生体：1/2は湿らせたペーパータオルと生肉とともに小瓶に入れる．残り1/2は75〜90％エタノールまたは50％イソプロパノールに入れる 死体：ケーシングガラス瓶	生体：法昆虫学者 死体：検査結果によっては毒性分析（薬物，重金属，他）

　テレビ番組が放映される1時間足らずの間に，1台の機械が一つの検体から複数の毒性物質を同定できるようなドラマの世界とは異なり，毒性学の現実の世界では，検体中の毒性物質を同定し定量するために，様々な技術を利用しなければならない．あらゆる毒性物質を検出する「毒物スクリーニング」などというものは存在しない．診断ラボが提供するスクリーニング検査（例：重金属スクリーン，痙攣薬スクリーン）は，実際には，分析を依頼する人の便宜のために，個々の物質の検査をまとめて行っているにすぎない．分析が行われるたびに，採取されたサンプルの一部が消費されるため，複数の検査を実施すると，試料（と依頼者の資金）が急速に枯渇する可能性がある．分析データの納期は，実施する分析

の種類によって，数時間の場合もあれば，数日から数週間の場合もある．分析される試料は，疑われる毒性物質を含む試料を分離抽出するために処理されなければならない．組織の消化，インキュベーション，分析そのものに数時間から数日かかることがあり，これらすべてが納期の遅延に拍車をかける．

　毒性学的検体の分析は，例えば，有毒植物の飼料検体を視覚化するような単純なものから，質量分析と液体クロマトグラフィのようないくつかの高度な技術を組み合わせる精巧なものまである(Levine, 2010)．物理的検査には，サンプルの視覚的および嗅覚的評価の両方が含まれ，必要なのは一対の目＋αの拡大器具だけである．視覚検査は，有毒植物，有毒キノコ，有毒藻類，消化管内容物，飼料，その他のサンプル中の総体的な汚染物質を特定するために使用される．視覚化はまた，pH，溶媒への溶解，密度の測定など，サンプルや疑わしい物質の物理的特性を測定するためにも使用される．嗅覚を使って特定の毒性物質から発生する特有の臭い(例：シアン化合物のビターアーモンド臭やリン化亜鉛の腐った魚臭)を検出することも，物理的評価の一要素である．バイオアッセイは生きている動物を用いて中毒症例の診断を補助するもので，一般的には正常な動物を疑わしい毒物に暴露する．バイオアッセイは毒物を直接特定するものではないため，法毒性学ではほとんど利用されず，ボツリヌス毒素の存在を検出する以外にはほとんど行われなくなった．化学反応は，特定の化学物質の存在を示す定性検査として使用でき，例えば，プルシアンブルーの生成はシアンの存在を示す．しかし，これらの検査では，毒性物質の含有量を知ることはできず，毒性を起こすレベルで存在するかどうかを判断するには，さらなる定量分析が必要である．分光法と分光光度法は，特徴的な波長ピークに基づいて液体サンプル中の化学物質を検出するために使用される．イムノアッセイは抗体を利用し，テストストリップまたはテストウェル上の色の変化により化学物質を同定・定量する．イムノアッセイは比較的安価であるため，スクリーニング検査として頻繁に使用されるが，偽陽性が出やすいため，どのような結果であっても，より強固な技術によって確認する必要がある．質量分析は，化学物質を構成原子までイオン化し，質量電荷比に基づいてイオンを分離する．出力されるマススペクトルは，異なるイオンの質量と相対量を示し，化学式は決定できるが化学構造は決定できない．質量分析は，鉛やヒ素などの金属を検出するために単独で使用できる迅速な方法だが，質量分析とクロマトグラフィ技術を組み合わせたときにこそ，その真価が発揮される．クロマトグラフィは，薬物，農薬，その他の有機化合物の検出によく使用される．クロマトグラフィは化学的性質に基づいて化合物を分離し，分離された化学物質はその固有の化学的性質を分析することができる．クロマトグラフィは，液体(高速液体クロマトグラフィ[high performance liquid chromatography: HPLC])，固体(薄層クロマトグラフィ[thin-layer chromatography: TLC])，ガス(ガスクロマトグラフィ[gas chromatography: GC])を用いて実行される．GCに接続する検出法として質量分析を行う方法は，現在，化学分析のゴールドスタンダードと考えられている(Levine, 2010)．

分析結果の解釈は，法獣医毒性学にとって不可欠な要素である(Ensley, 1995)．1兆分の1(parts per trillion: ppt)レベルまで化学物質を検出できる最新の分析機器により，中毒症に関連すると予想されるレベルよりもはるかに低い化学物質の存在を検出することが可能になった(Gwaltney-Brant, 2016)．例えば，ブロジファクムのような血液抗凝固系殺鼠剤は肝臓に貯蔵されるため，犬の肝臓を検査して検出可能な濃度のブロジファクムが検出されたとしても，その犬が必ずしもブロジファクム中毒症で死んだとは限らない．それは，試料が採取される前のある時点で犬がブロジファクムに暴露されたことを示すものであるが，しかし，その犬の肝臓から検出された量を，実際に中毒症を引き起こす量と比較しなければならない．また，その犬の臨床症状が，制御不能の出血を引き起こすブロジファクム中毒症と一致するかどうかも判断しなければならない．つまり，組織から毒性物質が検出されたからといって，必ずしも中毒症が起こったとは限らないのである．ほとんどの動物用診断検査室は，一般的な動物の中毒物質の正常濃度と毒性濃度のノモグラム(計算図表)を作成している．診断検査結果の解釈に関しても，獣医毒性学者との議論が有益である．

意図的な動物毒殺によく使われる毒物

動物に悪意を持って毒を盛ろうとする者が利用できる可能性のある毒性物質は文字通り何千種類もあるが，ほとんどの毒殺者は毒性物質についてそれほど詳しくなく，自分が知っているものを使う傾向がある(Merck, 2013; Gwaltney-Brant, 2016)．そのため，意図的な動物の毒殺に使われる最も一般的な毒性物質が，殺鼠剤や殺虫剤など，有毒であることがかなり広く知られている化合物であることは驚くべきことではない．より巧妙な毒殺者は，アセトアミノフェン，カフェイン，ニコチンなど，他の化合物の毒性に関する知識があるかもしれない．伴侶動物の毒殺の場合，殺鼠剤，殺虫剤，カタツムリ駆除剤，エチレングリコール，カフェイン，ニコチンのほか，抗うつ薬やアセトアミノフェンなどのヒト用の薬物などが用いられる．家畜の毒殺では，農業用殺虫剤や肥料，殺鼠剤，飼料添加物など，農業の現場で容易に入手できるものが一般的である．保険金目当てに，貴重な馬にツチハンミョウやイチイなどの「天然」毒素を意図的に投与し，偶発的な中毒に見せかけようとする事例もある．米国全土にはいくつかの地域的な傾向があるようだが，これはおそらく，その地域で毒物が相対的に入手しやすいことを反映しているのだと思われる．例えば，ストリキニーネは米国太平洋岸北西部でよく使われる悪質な毒物である一方，猛毒のカーバメート系殺虫剤であるアルジカルブは米国南東部でよく使われる(Gwaltney-Brant, 2012)．動物を毒殺するためによく使われる毒物の簡単な概要を**表14.3**に示す．

表14.3 動物の意図的な中毒に関連する毒性物質（続く）

毒性物質	最も一般的に影響を受ける種	作用機序	毒性	最適な試料
抗血液凝固系殺鼠剤（例：ブロジファクム、ブロマジオロン、ジフェチアロン）	すべて	ビタミンKリサイクルに影響し、ビタミンK依存の血液凝固因子を減少させる	コントロールできない出血、貧血	肝臓（抗血液凝固スクリーン）
アセトアミノフェン	犬、猫	毒性代謝産物が肝臓と赤血球に傷害を引き起こす	嘔吐、下痢、黄疸、衰弱、呼吸困難、チョコレート色の歯茎	血漿、血清、尿
アルコール類	犬	中枢神経系の抑制を引き起こす	見当識障害、嘔吐、調節障害、昏睡、発作	血液、尿
アンフェタミン、メタンフェタミン、プソイドエフェドリン	犬	神経系と循環器系の過剰活性	興奮、多動、心臓不整脈、発作	血液、血漿、尿、胃内容
ヒ素	家畜	毛細血管を傷害し、腎障害を起こす	急性虚脱、貧血、出血性嘔吐および下痢、腎不全	胃腸内容物、尿、肝臓、腎臓
ツチハンミョウ（Epicauta spp.）	馬	胃腸および尿路における壊死	急性死、消化管上皮や尿路出血	尿、腸内容物、乾草の昆虫検査
ブロメタリン殺鼠剤	犬、猫	神経系細胞の輸送ポンプへの干渉による浮腫	上行性麻痺、麻痺、脱力、痙攣、昏睡	脳、脂肪組織、肝臓、腎臓
カフェイン	犬	神経系および循環器系の活性化	興奮、多動、不整脈、発作	胃内容物、血清
強心配糖体含有植物キョウチクトウやジギタリス	すべて	細胞膜の輸送ポンプを変化させ、細胞機能障害を引き起こす	嘔吐、下痢、急性心不全	胃腸内容物
コレカルシフェロール殺鼠剤	犬、猫	血中カルシウムの上昇による軟組織の石灰化	喉の渇き、排尿の増加、腎不全	腎臓
エチレングリコール	犬、猫	初期はアルコールの影響、次に腎臓障害	意識障害、嘔吐、昏睡、発作、腎不全	血清、腎臓
イオノフォア	馬、犬、時にはその他の家畜	心臓および/または骨格筋を損傷（種特異的）	馬の急性心不全 その他の家畜：衰弱、運動麻痺 犬の麻痺	胃内容物、飼料サンプル
メタアルデヒド	犬	神経伝導を変化させる可能性がある	振せん、痙攣、高体温症	胃内容物、血清、肝臓、尿
ニコチン	犬	早期にニコチン神経を過剰刺激し、その後神経筋遮断を起こす	興奮、唾液過多、嘔吐、下痢、振せん、痙攣に続く脱力、進行性の麻痺	胃内容物、血液、血清、腎臓、尿、肝臓

表14.3（続き）動物の意図的中毒に関連する毒性物質

毒性物質	最も一般的に影響を受ける種	作用機序	毒性	最適な試料
有機塩素系殺虫剤	すべて	神経伝導の過剰刺激	振せん, 発作	脂肪組織
有機リン系およびカーバメート系殺虫剤	すべて	ムスカリンおよびニコチン神経受容体の過剰刺激	唾液分泌過多, 嘔吐, 気管支分泌過多, 下痢, 流涙, 振せん, 脱力感, 発作	脳, 網膜
パラコート	犬	肺の細胞を損傷し, 進行性の肺損傷と線維症を引き起こす 腐食性	口腔潰瘍, 食道潰瘍, 胃潰瘍 進行性呼吸不全 (数日から数週間にわたる)	尿, 肺
アカカエデ	馬	赤血球の損傷	衰弱, 虚脱, 貧血, 死亡 二次的腎障害	胃内容物
セレン	すべて	細胞の代謝酵素を枯渇させ, 虚脱を引き起こす	脱力感, テタニー痙攣, 呼吸抑制, 心不全	血液, 肝臓, 腎臓
ストリキニーネ	犬, 猫	脊髄で抑制機能が失われると, 筋肉の活動が制御できなくなる	痙攣, 呼吸不全	胃内容物, 肝臓, 胆汁, 腎臓
マルバフジバカマ (Ageratina altisimmia, formerly Eupatorium rugosum)	家畜	馬の心筋細胞にダメージを与える	急性心不全, 衰弱, 死亡	尿
イチイ (Taxus spp.)	馬, 犬	馬の心筋細胞を損傷, 犬の中枢神経を刺激	馬：急性心不全, 犬：てんかん発作 (脳起源の発作)	胃内容物
リン化亜鉛殺鼠剤	すべて	腐食性で有毒なホスフィンガスに変化	落ち着きのなさ, 興奮, 腹痛, 振戦, 痙攣, 昏睡状態	血清, 肝臓, 腎臓, 膵臓

出典：Gwaltney-Brant (2016)

参考文献

Desta, B., Maldonado, G., Reid, H., Puschner, B., Maxwell, J., Agasan, A., Humphreys, L., and Holt, T. 2011. Acute selenium toxicosis in polo ponies. *Journal of Veterinary Diagnostic Investigation*. 23(3):623-628.

Dinis-Olivera, R.J., Carvalho, F., Duarte, J.A., Remiao, F., Margues, A., Santos, A., and Magalhaes, T. 2010. Collection of biological samples in forensic toxicology. *Toxicology Mechimisms and Methods*. 20(7):363-414.

Dolder, L.K. 2013. Methylxanthines: Caffeine, theobromine, theophylline. In: Peterson, M.E., and Talcott, P.A., eds. *Small Animal Toxicology*. 3rd ed. St Louis, MO: Elsevier, pp. 647-652.

Eaton, D.L., and Gilbert, S.G. 2008. Principles of toxicology. In: Klaassen, C.D., ed. *Casarett and Doull's Toxicology, the Basic Science of Poisons*. 7th ed. New York, NY. McGraw-Hill. 11-43.

Ensley, F.D. 1995. Diagnostic and forensic toxicology. *Veterinary Clinics of North America: Equine*. 11(3):443-454.

Galey, F.D. and Hall, J.O. 1990. Field investigations in small animal toxicoses. *Veterinary Clinics of North America: Small Animal*. 20(2):283-291.

Gwaltney-Brant, S.M. 2012. Epidemiology of animal poisonings in the United States. In: Gupta, R.C., ed. *Veterinary Toxicology: Basic and Clinical Principles*. 2nd ed. San Diego, CA: Academic Press, pp. 80-87.

Gwaltney-Brant, S.M. 2016. Veterinary forensic toxicology. *Veterinary Pathology*. 53(5):1067-1077.

Lehman-McKeeman, L.D. 2008. Absorption, distribution and excretion of toxicants. In: Klaassen, C.D., ed. *Casarett and Doull's Toxicology, the Basic Science of Poisons*. 7th ed. New York, NY: McGraw-Hill, pp. 131-159.

Levine, B. 2010. *Principles of Forensic Toxicology*. 3rd ed. Washington, DC: AACC Press.

Merck, M.D. 2013. *Veterinary Forensics: Animal Cruelty Investigations*. 2nd ed. Ames, IA: Wiley-Blackwell.

Millo, T., Jaiswa, A.K., and Behera, C. 2008. Collection, preservation and forwarding of biological samples for toxicological analysis in medicolegal autopsy cases: A review. *Journal of Indian Academy of Forensic Medicine*. 30(2):96-100.

Murphy, M. 2012. Toxicology and the law. In: Gupta, R.C., ed. *Veterinary Toxicology:Basic and Clinical Principles*. 2nd ed. San Diego, CA: Academic Press, pp. 187-205.

Stroud, R.K. and Kuncir, F. 2005. Investigating wildlife poisonings cases. *International Game Warden Magazine*. Winter:8-13.

第 **15** 章

動物虐待と対人暴力

Martha Smith-Blackmore

はじめに	360
動物虐待における犯罪の定義	360
地域社会で動物虐待はどの程度起きているのか	361
リンク対メッシュ	363
参考文献	365

はじめに

　動物虐待は，パートナーからの虐待，児童の身体的虐待，児童の性的虐待，兄弟姉妹からの虐待などの状況下で，散見されることがわかっている．家庭内では，攻撃的な家族が，より弱い立場の家族に対して権力と支配力を行使するために，ペットを心理的虐待と恐怖を与える手段として利用することがある．しかし，動物虐待は多くの場合，一連の反社会的行動の一環として起こり，動物虐待者は家庭内環境に限定されず，暴力的犯罪と非暴力的犯罪の両方で犯罪を犯すリスクが高いことが示されている (Walters, 2014)．

　本章においては，動物に対する犯罪とその他の形態の暴力的犯罪行為との関連性を探る．本章は，地域差を認識しながら，典型的な動物保護法の広範な一般論と解釈について述べる．

動物虐待における犯罪の定義

　法獣医学は民事訴訟で適用されることもあるが，法獣医学の役割の大部分は，動物に対する犯罪的危害が疑われる場合の調査と文書化に関連する．犯罪としての動物虐待の研究において，何が「犯罪」を構成するかは文化によって異なり，一つの文化において何が犯罪とみなされるかは時代とともに変化する．さらに，何が動物虐待を犯罪とするかは，その地域の法令や判例法，その文脈における「動物」の定義によっても左右される．

　犯罪の定義に関する議論は20世紀初頭から始まった．「犯罪の最も正確で曖昧さの少ない定義は，刑法で禁止されている行為とすることである．したがって，犯罪者とは刑法で禁止されている何らかの行為をした者のことである」(Michael, 1933)．さらに解釈すれば，犯罪とは刑法(法令および判例法)に違反し，弁明や弁解の余地なく行われ，重罪または軽犯罪として国家によって処罰される行為や行動である．

　犯罪が行動規範の侵害であり，社会的な損害をもたらすものであることは同意できる．犯罪はしばしば人権を侵害し，逸脱の形態を反映することもある．犯罪のパターンは社会における政治的，経済的，社会的，イデオロギー的な構造の相互作用から生じる社会学的問題として考えることが最も有益とも言える．管轄区域によって多種多様な法律が存在するため，犯罪という概念を一つの文脈で定義することが困難であることを考えると，動物に影響を与える犯罪を定義することはさらに難しい．刑法の目的は，他人の不正行為から個人を守ることである．動物虐待の防止法は，道徳規範や法律(動物を傷付けることは私たちの社会的感受性に対する冒涜であることを反映する)にあり，また財産犯(動物は財産であり，私たちは財産的損失から保護されるべきであることを反映する)にも存在する．動物は明確な感覚体験を持つ存在であるため，動物虐待はしばしば対人暴力の一形態とみなされる (Beirne, 2000)．

地域社会で動物虐待はどの程度起きているのか

　動物に対する犯罪傾向を測定し追跡することは困難であり，「どの程度の頻度で発生しているのか推定することはまだできない」という課題がある．公式の犯罪データは乏しいが増え続けており，非公式の犯罪データもある．公式犯罪データは，連邦捜査局（Federal Bureau of Investigation: FBI）や司法省（Department of Justice: DOJ）といった政府やその公的機関によって収集される．非公式な犯罪データは，通常，民間または独立機関や研究者が様々な方法で収集した非政府のデータである．

データ収集：それは複雑だ

　統一犯罪報告書（The Uniform Crime Reporting: UCR）は，FBIが収集した統計に基づき毎年作成される．UCRの構成要素の一つに，全国事件ベース報告システム（National Incident-Based Reporting System: NIBRS）がある．NIBRSにおける動物虐待関連の統計収集で注目されたこととして，2016年に動物虐待に関する指定が「財産に対する犯罪（タイプB犯罪）」から「社会に対する犯罪（タイプA犯罪）」に変更されたことがある．反社会的犯罪に指定されたことにより，動物虐待事件が報告された場合に，その事件に関するデータが収集される．財産犯のカテゴリーでは，事件のデータは，逮捕された場合にのみ記録される．FBIが動物虐待犯罪をNIBRSの独立したカテゴリーとして採用したのは，動物虐待が他の犯罪と関連しており，社会にとって有害であることを認めたものである．

　このタイプA犯罪への報告状況の変更は，FBIがヒト以外の動物を財産以外のカテゴリーに分類し，動物虐待犯罪を捜査し起訴することが重要であるという概念を採用したことを意味する．NIBRSでは，動物虐待事件をA（単純な虐待またはネグレクト），I（意図的な虐待または拷問），O（組織的な動物虐待またはアニマルファイティング），S（動物による性的虐待）の四つのサブカテゴリーに分類している．

　2016年以前は，動物虐待のデータは「その他」のカテゴリーで集計されていたため，動物虐待の発生率等に関する全国的な参照データベースは存在しない．まだ予備データが報告されたばかりである．

　ここで重要なことは，NIBRS にデータを提供するのは，記録管理ソフトウェアシステム（report management system: RMS）および発信機関識別（Originating Agency Identification: ORI）番号を介した自動データ提出機能を持つ法執行機関のみであることを特に言及する．ORIとは，FBIの全国犯罪情報センター（The National Crime Information Center: NCIC）が各法執行機関に割り当てている一意の9文字の識別子である．動物行政（animal control office: ACO）の約半数は，ORIを持つ警察署または保安官事務所の管轄内にあると推定されている．動物行政機関の様々な配置に伴い，動物管理官

の訓練，捜査，逮捕の権限も，州内および州間で大きく異なる．

　ACOは一般的に自治体において雇用されるが，動物関連の法執行 (humane law enforcement: HLE) 部門は民間の動物保護団体が雇用する．HLE の職員は，契約，覚書 (memorandum of understanding: MOU)，その他の取り決めにより，治安警察官の権利と責任を有する場合がある．多くの場合，ACO や HLE 部門は NIBRS に直接データを提出するために必要な RMS を備えておらず，実際には MOU も必要となる．

　ACOが公安部門内にない地域や，動物虐待の捜査がHLE職員に委任されている地域では，データが自動的に収集されることはない．2016年にNIBRSに報告された動物虐待事件はわずか1,126件で，そのうち40%がデラウェア州で発生したものである．これは，デラウェア州のHLE部門がORI番号で指定され，自動データ提出を行っているためである．2021年までに，NIBRSは全州の犯罪報告の全国標準になる予定であり，ORIに基づかない動物虐待捜査官がデータを提出できるよう，MOUが奨励されている (DeSousa, 2017)．

動物虐待の疑いを誰が捜査するのか

　動物虐待の捜査は，動物虐待が対人暴力の中心的な側面として併発しているため，極めて重要である．しかし，様々な地域社会で，多様な機関や当局が動物虐待の通報に対応しているため，機関間の役割分担が理解されていないことがある．法執行機関，ACO，地域の動物検査官，農務省，および警察権を持つ非営利団体は，個々の管轄区域によって，動物虐待の通報に関して多様な権利と責任を持っている．

　報告や対応が明確でないため，被虐動物が捜査の恩恵を受けられず，加害者が裁かれないこともある．動物虐待を報告し，その事件が完全かつ適切に捜査されることを知るための，統一された明確な方法はない．

　動物の虐待，酷使，ネグレクトの報告は複雑である．全国的または州全体に一貫したシステムはない．一般的な理解に反して，地域の動物保護団体や動物虐待防止協会 (societies for the prevention of cruelty to animals: SPCAs) は，全国組織の支部や関連団体ではない．各地域の動物保護団体は，独自の理事会を持つ独立した組織であり，法執行権は全面的なものから全くないものまで様々である．多くの市や郡の動物管理官や動物行政担当官には，虐待行為に関する法律を執行する権限が与えられているが，そうでないところも多く，また支援できる法律や動物種の範囲が限定されているところも多い．動物虐待の疑いで通報を希望する人は，911に電話し，地元の担当機関に問い合わせることが推奨される．National Link Coalitionは，州や地域ごとに整理された地域の責任機関のデータベースを管理している (Arkow, 2018)．

すべての犯罪が報告されるわけではなく，報告された犯罪がすべて解決されるわけでもない

　繰り返しいわれることだが，警察や検察は動物虐待に「関心がない」という通説がある．どんな犯罪でも，捜査と起訴には障壁があり，動物虐待犯罪も同様である．司法統計局 (The Bureau of Justice Statistics: BJS) が毎年行っている調査では，犯罪の被害者が警察にその犯罪を報告したかどうかを尋ねている．2016年，BJSが追跡した暴力犯罪のうち，警察に報告されたのはわずか42％だった．

　警察に届けられた犯罪のほとんどは，少なくとも「クリアランス率」と呼ばれるFBIの指標では解決されない．これは，逮捕，起訴，容疑者の送検によって解決された，つまり「クリア」された事件の年間割合である．2016年，警察は報告された暴力犯罪の46％を解決した (Gramlich, 2018)．将来的には，動物に対する犯罪をより的確に統計的な分析をすることで，すべての犯罪の中での動物に対する犯罪が比較できるようになると考えられる．

壊れた窓の向こうに

　「割れた窓ガラス」による犯罪防止理論(割れ窓理論)[※1]は，器物破損や物乞いのような軽微な犯罪が，より重大な犯罪への入り口となることを示唆した，George Kelling と James Wilson という2人の犯罪学者の研究に端を発している．Kelling と Wilson は，しばしば「生活の質」と呼ばれる小さな犯罪に焦点を当てることで，暴力犯罪やその他の望ましくない活動が減少すると提唱した．

　割れ窓理論が支持されなくなったのは，一部不均衡な取り締まりが原因である．その後の研究で，割れ窓理論には欠陥があることがわかり，軽微な犯罪を取り締まることは，マイノリティだけでなく貧困層にも害を及ぼすことがわかった．割れ窓理論による取り締まりは，黒人とヒスパニック系に不均衡な数の薬物逮捕をもたらした．

　ヒトに対するものであれ動物に対するものであれ，暴力犯罪に選択的にリソースを向けることは，軽犯罪や財産犯罪に焦点を当てるよりも効果的な抑止効果をもたらすかもしれない．「法執行機関は，軽微な無秩序に焦点を当てるのをやめ，代わりに銃や身体的外傷を伴う重大犯罪を標的にすべきときである」(Harcourt, 2005)．動物虐待を対人暴力の犯罪として捉えた場合，それは身体的外傷を伴う犯罪である．

リンク対メッシュ

　動物虐待と対人暴力の関連性は，一般的に「リンク」と呼ばれている．動物虐待は，家庭

※1　割れ窓理論：1枚の割られた窓ガラスを放置することで，連鎖し，町全体が荒廃してしまうという考え方

内暴力や高齢者・児童虐待を含む広範な反社会的行為に先行，同時，あるいは追随する可能性がある．動物虐待が人間の暴力行為に先行するという卒業仮説やエスカレーション仮説よりも，動物虐待をより正確に表現するならば，一般化した逸脱行為といえるかもしれない．動物虐待と対人暴力には相互関係があるが，両者が遭遇する環境でどちらが先に発生するかは様々である．

　社会的逸脱の複数の形態は，様々な年齢において潜在的に相関連する可能性がある．幼少期の動物虐待は，成人後の犯罪に関連するかもしれないが，この二つの要因が，どのような状況においても確実に特定できるような独自の，あるいは特徴的な方法で結び付いているわけではない．したがって，動物虐待と対人暴力犯罪の関係の性質は，「特異的というよりは一般的」である(Walters, 2014)．反社会的暴力という「一般的なメッシュ」が存在し，程度の差こそあれ，個々の犯罪者に表れていると考えられている[2](Levitt, 2016)．

動物虐待と連続・大量殺人との関係

　嗜虐的な連続殺人犯は動物虐待をよく行っているようで，残忍な手法による虐待だけでなく，あらゆる種類の動物虐待を考慮するとその割合は90％に達する(Levin, Arluke 2009)．銃乱射事件の犯人は，家庭内暴力と動物虐待の両方の経歴を持つことが多い．

　学校での銃乱射事件では，犯人の43％が虐殺の前に動物虐待を行っており，その虐待はたいていヒトに近い動物種（犬や猫）に向けられる(Arluke & Madafis, 2014)．1997年，ミシガン州ジャクソン郊外にあるパール高校の2年生だったLuke Woodhamは，猟銃で同級生に発砲し，女子生徒2人を殺害，他の生徒7人を負傷させた．彼はまた，その日の早朝に母親を刺して撲殺した．後に捜査官は，Woodhamの手記に，共犯者と一緒に飼い犬の"Sparkle"を虐待して殺したという記述があるのを発見した．彼はビニール袋の中で犬を殴り，火を付けたと書いている．彼はこの事件を「最初の殺し」と呼び，「犬の悲鳴が忘れられない．ほとんど人間の声だった．私たちは笑って犬を激しく殴った」と記している(Sack, 1997)．

　1998年，15歳のKip Kinkelは両親を射殺した後，オレゴン州スプリングフィールドのサーストン高校で同級生に銃器3丁を乱射し，1人が死亡，26人が負傷した．彼の動物への攻撃性は，様々な動物虐待を通して詳細に人格を説明することが可能であった．彼は猫の首を切り，生きたリスを解剖し，牛を爆破し，生きた猫に火を付け，ホリネズミや猫に爆竹を入れたといわれている(Tallichet & Hensley, 2004)．Albert DeSalvo（「ボストン絞殺

※2　社会には動物虐待を含めた反社会的暴力という一般的なメッシュ（様々な網目）があり，それが個々の犯罪者に作用している，もしくは個々の犯罪者として現れているということ，すなわち，動物虐待や対人暴力犯罪は反社会的暴力として一般化しており，多様な形で犯罪者として現れる，ということを指していると思われる．

364

魔」），David Berkowitz（「Samの息子」），Jeffrey Dahmerは一様に，最初の暴力行為としての動物虐待だとしている．

　他人の人生を支配し，権力を行使したいという願望は，嗜虐的な連続殺人犯と学校の銃撃犯に，どちらも，誰が生き誰が死ぬのかを決めるという点で共通しているようだ．そうすることで彼らは，被害者が経験する痛みや苦痛の度合いを加減することができるのである．動物虐待やヒトへの暴力の中には，加害者の無力感や弱さを補い，強さや優越感を与えるという動機がある場合もある (Kellert & Felthouse, 1985)．

動物虐待と家庭内暴力（DV）との関係

　ヒトと動物への暴力の関連性は，極端な例だけにみられるわけではない．日常的なDVは，動物への暴力とも関連している．ペットに対する脅しや実際の危害は，DV被害者をコントロールするためによく使われる (Walker, 1984)．DVシェルターにいる女性を対象にしたある研究では，ペットを飼っている女性の71％が，パートナーからペットを殺すと脅されたり，実際に殺されたりしたと報告している (Ascione, 1998)．

　青少年が動物虐待に関与することは，攻撃的行動を起こす重要な指標となる (Merz-Perez)．放火治療のためのグループに紹介された少年のうち，動物に残酷な行為をした少年は放火を繰り返す傾向が強かった (Slavkin, 2001)．

反社会的行動の指標としての動物虐待

　ヒトと動物に対する暴力犯罪の関連性は，地域社会における暴力的行為者を特定する手段となる．暴力と脅迫によって，あらゆる弱者に対して力と支配を行使する加害者は，自らを脅威として警告している．暴力は人に対する犯罪に限定されるものではなく，社会経済的に特殊なことでもない．動物虐待に関する法律はすべての司法管轄区に存在し，これらの法律違反の疑いは，それらの権限として捜査を行うべきである．

　疑わしい状況で人が死亡した場合，その死体は国などの役所から派遣された監察医によって徹底的に調べられる．動物虐待の疑いで死亡したり，動物に危害が加えられたりした場合の調査については，それに相当する役所はない．動物虐待の疑いの調査に貢献する獣医師は，動物の福祉とヒトの安全の両方を守ることに貢献している．実際，動物の専門家，動物行政官，動物関連の法執行官はすべて，対人暴力の予防，特定，治療に果たすべき役割も担っている．

参考文献

Arkow, P. 2018. How Do I Report Suspected Abuse? NationalLinkCoalition.org, National Link Coalition, March 19. nationallinkcoalition.org/how-do-i-report-suspected-abuse.

Arluke, A., Madfis, E. 2014. Animal abuse as a warning sign of school massacres. *Homicide Studies*. 18(1), 7-22.

Ascione, F.R. 1998. Battered women's responses of their partners' and their children's cruelty to animals. *Journal of Emotional Abuse*. 1(1).

Beirne, P. and Messerschmidt, J. eds. 2000. What Is Crime? *Criminology*. Westview Press.

DeSousa, D. 2017. *NIBRS User Manual for Animal Control Officers and Humane Law Enforcement*. NIBRS User Manual-National Animal Care & Control Association, Animal Welfare Institute, April 1. www.nacanet.org/?page=NIBRS_Manual

Gramlich, J. 2018. *5 Facts about Crime in the U.S*. Pew Research Center, January 30. www.pewresearch.org/fact-tank/2018/01/30/5-facts-about-crime-in-the-u-s/

Harcourt, B. 2005. Is broken windows policing broken? *Legal Affairs Magazine*. http://www.legalaffairs.org/webexclusive/debateclub_brokenwindows1005.msp

Kellert, S. R. and Felthous, A. R. 1985. Childhood cruelty toward animals among criminals and noncriminals. *Human Relations*. 38, 1113-1129.

Levin, J. and Arluke, A. 2009. Refining the link between animal abuse and subsequent violence. In A. Linzey (ed.), *The Link between Animal Abuse and Violence*. Eastbourne, UK: Sussex Academic Press.

Levitt, L., Patronek, G., and Grisso, T. 2016. *Animal Maltreatment: Forensic Mental Health Issues and Evaluations*. Oxford University Press.

Merz-Perez, L., Heide, K.J., and Silverman, I.J. 2001. Childhood cruelty to animals and subsequent violence against animals. *International Journal of Offender Therapy and Comparative Criminology*. 45, 556-573.

Michael, J. and Adler, M. 1933. *Crime, Law and Social Science*. New York: Harcourt, Brace & Co.

Sack, K. 1997. Grim Details Emerge in Teen-Age Slaying Case. *New York Times*, October 15.

Slavkin, M. 2001. Enuresis, firesetting, and cruelty to animals: Does the ego triad show predictive validity? *Adolescence*. 36(143), 461-466.

Tallichet, S. and Hensley, C. 2004. Exploring the link between recurrent acts of childhood and adolescent animal cruelty and subsequent violent crime. *Criminal Justice Review*. 2, 304-316.

Walker, L.E. 1984. *The Battered Woman Syndrome*. New York: Springer Publishing.

Walters, G. 2014. Testing the direct, indirect, and moderated effects of childhood animal cruelty on future aggressive and non-aggressive offending. *Aggressive Behavior*. 40(3), 238-249.

第 16 章

動物のネグレクトと虐待

Patricia Norris

動物のネグレクトと虐待の定義	368
動物のネグレクト	369
動物虐待	371
潜在的な動物虐待やネグレクトの可能性の評価	373
動物虐待とネグレクト事例でみられる 典型的な所見	377
被虐ペット症候群	389
付録	390
参考文献	391

動物のネグレクトと虐待の定義

　動物のネグレクトと動物虐待は広範かつ絡み合ったテーマである．この二つの行為，あるいは行為の未遂はしばしば共存し，定義の適用において境界線が曖昧になることがある．動物のネグレクトの定義はいくつか示されており，その多くは，飼育者が動物に基本的な栄養を与えず，飼養管理をしなかったというものである (Merck, 2013)．基本的な栄養の定義は，地方，州，またはその他の管理機関の条例，規制，および/または法令によって異なる場合がある．これらの規制には，水，動物のライフステージおよび/またはその状態に適した食餌，動物が正常な体温を維持できる環境，動物種に適した姿勢や活動ができる十分なスペース，動物が排泄物との接触を避けることができる十分な居住スペースや衛生環境など，居住エリアの衛生管理，動物の所見に適した獣医学的管理の提供，また，動物の被毛や爪等のグルーミング管理なども含まれる．

　従来，文献や州法，メディアでは，動物に危害を加えることを「動物虐待 (animal cruelty)」と呼んできた．一般的な概念は，加害者が故意に動物に痛みや苦痛を与える行為をいう．連邦捜査局 (Federal Bureau of Investigation: FBI) の統一犯罪報告システム (Uniform Crime Reporting System: UCRS) が全国事件ベース報告システム (National Incident-Based Reporting System: NIBRS) で使用している動物虐待の定義は以下の通りである．

　意図的，故意または無謀にも，正当な理由なく動物を虐待したり殺したりする行為 (拷問，苛め，切断，傷害，毒殺，遺棄など) を行うこと (FBI)．

　FBIに動物犯罪を報告する場合，法執行機関は単純/重大なネグレクト，意図的な虐待や拷問，組織的虐待 (闘犬や闘鶏など)，動物の性的虐待の四つのカテゴリーから選ぶことができる (FBI)．

　著者の中には，動物の感情的欲求を満たせないことを挙げる者もいる (McMillan, 2005; Merck, 2013)．その理由は，感情的欲求は動物種によって多少異なるが，感情的欲求を満たさなければ，動物にストレスと苦痛を与えるからである．現在までのところ，米国，カナダ，英国では，精神的虐待は犯罪行為として法令に盛り込まれていない (Arkow et al., 2013)．

　動物虐待の定義には，その行為や不作為が動物に与える影響や実際の行為に焦点を当てるものもあるが，Ascioneは加害者の行動に焦点を当てた．Ascione (1993) は動物虐待を「動物に不必要な痛み，苦痛を意図的に与える社会的に受け入れがたい行為」と定義した (Brewster & Reyes, 2013)．動物虐待の研究が発展するにつれて，用語が児童保護の分野と同じになる動きが出てきた．児童保護の分野では，虐待とは，加害者の意図にかかわらず，子どもへの虐待を意味する (Touroo, 2011)．そのため，研究者は"animal abuse"という用語

を使用する方向に向かっている．AscioneとShapiro（2009）は，"animal abuse"を「動物に痛み，苦しみ，苦痛を与える，および/または動物を死に至らしめる，事故ではない，社会的に容認されない行動」と定義し，用語を改訂した．

"abuse"という言葉は，加害者の意図に関係なく，動物に不快感，ストレス，苦痛，疼痛，および/または苦痛を与えるすべての行為または不作為を包含することができるため，本章では，"animal cruelty"の代わりに"animal abuse"という用語を使用する．

動物のネグレクト

動物のネグレクトとは，動物の基本的なニーズを満たさないことである．具体的にどのようなニーズが満たされなかった場合に犯罪行為となるかは，適用される法令や条例によって異なる．このような不作為は，多くの場合，ヒトや動物の飼い主が動物のニーズを知らなかったり，その人に資源がなかったりすることが原因である．それぞれの事例は，事件発生時にその人が持っていた意図と知識を注意深く調べる必要がある．多くの場合，法執行機関，動物行政官，および/または獣医師は，動物ネグレクトの発生に対して，犯罪行為として起訴する必要性よりも，その人/所有者を教育することからアプローチする必要がある．この評価に不可欠なのは，動物の適切な飼養管理を行わなかったことによって引き起こされた動物への危害の量的または質的程度である．

動物ネグレクトの一般的な原因の一つは，動物に十分な食事および/または水を与えないことである．執行機関は一般に，動物に水および/または食事を与えないことを故意のネグレクトとみなす．なぜなら，ほとんどの理性のある人は，動物が合理的な程度の健康を維持するためには十分な食事と水が必要であることを理解しているからである（参照：図16.1a, b）．ネグレクトが故意であり，悪質であり，かつ/または動物が著しい脱水や飢餓に苦しむか，動物が死亡する結果となった場合，その事例は司法機関によって虐待罪の閾値に達するとみなされることが多い．さらに，「悪意のあるネグレクト」という概念を認めて

図16.1 （a）水を与えられていない犬．（b）乾いた水ボウル

いる自治体も少なくない．この場合，理性のある人であれば，その行為，あるいはその行為をしなかったことが，動物に苦痛を与える，あるいは死に至らしめることを知っているであろうという主張がなされる．

一方，馬を飼ったことのない人は，馬に必要な蹄の管理について知識がないかもしれない．明らかに，馬の蹄が軽度から中等度に伸びすぎていると評価された場合，馬のニーズに関する所有者の教育が，この事例に適切なすべてかもしれない (参照：図16.2a, b)．この馬主が適切な蹄の管理を怠り続けたり，蹄の管理を長く行わなかった結果，重度の跛行や歩行不能に陥った場合，この事例のネグレクトは故意であったものとなる．

特に一過性の，あるいは異常な事態によって，資源へのアクセスが困難な状況では，規制当局は多くの場合，飼い主が将来その動物に必要な栄養を提供することを期待するという注意書きとともに，その人が必要な資源を入手するのを支援する．一度飼い主が教育を受け，および/または必要な資源へのアクセスを提供された後に，必要な栄養を提供し続けなかった場合は，故意のネグレクトとみなされ，一線を越えて虐待とみなされる可能性がある．

多くの動物犯罪がそうであるように，飼い主(または責任者)の意図を発見することは，動物の獣医学的評価を提供する人よりも，執行機関の責任の方が大きくなる．動物の獣医学的評価は，ネグレクト事件の犯罪的側面の判断に大きく寄与するが，それが唯一の決定要因ではない．その他の要因としては，その地域の動物虐待の定義や，その他の捜査結果がある．つまり，ある行為や不作為が犯罪行為にあたるかどうかは，「状況の総合性」によって決定されるのである．

動物のネグレクトの著しい複雑性は，ホーディング事例で認められる．このような動物には，ある程度の食事と水(飲料水であるかどうかは別として)，獣医師による治療が提供されている可能性もある．しかし，生活環境は個々の動物の飼養管理が著しく欠如している．動物のネグレクト/虐待の特殊なタイプとしてのホーディングについては第13章で述べる．

 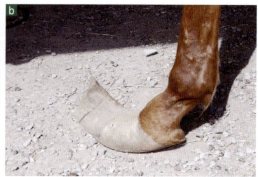

図16.2 (a) 伸びすぎた馬の蹄．(b) 角度を変えて見た，伸びすぎた馬の蹄

動物虐待

動物虐待および/またはネグレクトの訴追は，執行/規制機関の管轄下にある法令の具体的な文言に左右される．これらの法令は，地域によって千差万別である．これらの法令は，州や地方によって採用された時代を反映して，"animal abuse"の代わりに"animal cruelty"という用語を使用するのが一般的である．これらの法律は一般的に，動物に不必要な危害を与える行為の禁止を中心に定めている．多くの法令に含まれる文言は，行為の意図性を考慮することもある．このような文言は，意図的な虐待と不注意による危害を分けようとする試みと考えられる．

法的な定義は州や地域によって異なり，燃やす，溺れさせる，拷問する，苦しめるなど，非常に具体的な行為が列挙されている場合もある．動物虐待の定義には，「強制的に無理に行わせる」や「酷使」といった曖昧な表現が含まれることもある．法律上の定義が曖昧な場合，具体的な行為や不作為が，苛め，拷問，酷使などのレベルに達するかどうかは，捜査や動物検査の結果に基づいて検察官が判断することになる．その行為，および行為が与える苦痛が，「苛め」から「拷問」への連鎖の中のどこに位置付けられるかということの関連は，多くの自治体において，「苛め」が軽犯罪に分類される犯罪を表すのに使われるのに対し，「拷問」は重罪として起訴される犯罪に限定されることが多いということである．

法的定義には，しばしばいくつかの除外事項が含まれている．最も一般的な除外項目は，狩猟，獣医学的処置，標準的な農作業，特定の有害生物駆除行為である．地域(州，県など)によっては，特定の種が除外されることもある．例えば，ニューメキシコ州では，昆虫と爬虫類は動物の定義から除外されている(Animal Legal Defense Fund and the Michigan State Animal Legal and Historical Center)．したがって，ヘビのコレクションに危害を加えた場合，動物虐待罪は成立しないが，ヘビのコレクションは所有者の所有物とみなされるため，器物損壊罪などの別の罪が成立する可能性がある．Animal Protection Laws of the United States of America and Canada (Animal Legal Defense Fund and the Michigan State Animal Legal and Historical Center)などの文献は，米国とカナダの法令に関する最新情報を提供している．

繰り返しになるが，このような事例において法獣医学的知見を提供する者の役割は，司法制度が犯罪の有無を判断できるように，動物の完全で詳細かつ公平で，十分に文書化された評価を提供することである．生きている動物の場合，この生きた証拠は変わる可能性がある．評価と記録の非常に重要な部分は，事件の性質にもよるが，動物の状態の経時的変化である．これについては，「動物のネグレクトと虐待事件の動物評価」以下において，さらに説明する．

動物虐待事件に対する社会の関心

　動物虐待は，今日のほとんどの社会にとって重大な関心事である．この関心は，こうした事件が世間やメディアから注目されることにも反映されている．特に社会を不安にさせるのは，意図的な虐待，拷問，殺傷行為である．動物虐待と対人暴力の関連性（一般に「リンク」と呼ばれる）が報告されていることから，これらの加害者が現在そして将来の社会にとって危険であるという正当な懸念がある．

　動物虐待は1987年に『精神障害の診断と統計マニュアル（Diagnostic and Statistical Manual of Mental Disorders: DSM）』に追加された（DSM III-R）．動物虐待は「財物破壊」のリストに行動障害の診断として記載された．その後の改訂であるMDSM-IV（1994年）およびDSM-V（2013年）では，動物虐待は「他者に対する暴力と関連する」としてリストアップされている．

　研究者たちは，連続殺人犯と動物虐待の前歴との関連を指摘している．また，動物虐待の前歴と，学校で銃乱射事件を起こす少年との共通点も指摘されている．動物虐待はまた，家庭内暴力，高齢者虐待，児童虐待の背景に，加害者が被害者を操り支配するための方法として起こっている．家庭内暴力（DV）と動物虐待との関連については第15章で述べている．

　動物虐待とその他の暴力犯罪との関連性が認識されるようになった結果，動物行政官，児童保護行政職員，成人保護行政職員，その他暴力の被害者に遭遇する可能性のある人々の相互訓練が一般的になりつつある．

動物虐待の種類

　動物虐待にはいくつかの分類がある．身体的虐待，精神的虐待，性的虐待，ネグレクト，遺棄，組織的虐待（闘獣），儀式的虐待などである．

　動物虐待（animal abuse, animal cruely）と聞いて，多くの人が思い浮かべるのは身体的虐待であろう．動物を殴る，蹴るなどの鈍的外傷，動物を切る，刺すなどの鋭的外傷，銃や矢で動物を撃つ，焼く，溺死させる，窒息させる，その他類似の行為によって，動物に直接危害を加える行為である．通常，身体的虐待は「非偶発的外傷」と診断される．

　精神的虐待については，前述で紹介した．

　精神的虐待とみなされる可能性のある状態には，以下のようなものがある．

　　1. 社会性のある動物（通常，群れや集団で生活する動物）を隔離して飼育すること
　　2. 正常な姿勢や行動がとれないような狭い場所で飼育すること
　　3. 動物を収容して，自由に運動したり動き回ったりできないようにすること
　　4. 動物の年齢，性別，種類，特徴に適した精神的刺激のない環境に動物を収容すること

5. 動物が嫌悪する状況を制御できないまたは回避できない環境で飼育すること

6. 動物が繰り返し危険にさらされ，危険な状態から逃れられない環境で動物を飼育すること (McMillan, 2005; Merck, 2013)

　動物への性的虐待については第6章で述べている．

　遺棄とは，州や管轄区域によって異なる法的定義であるが，一般的には，動物の飼養管理や必要なものを用意することなく，動物を見捨てることを意味する．遺棄は，動物虐待の一種とみなされることもあれば，独自の刑法が制定されることもある．例えば，ノースカリフォルニアの一般法§14-361.1 Abandonment of Animals(動物の遺棄)には以下のように記載されている．すなわち，「動物の所有者または占有者である者，あるいは動物を管理または保管する者は，故意に正当な理由なく動物を放棄した場合，2級軽犯罪の罪に問われる」．

　組織的な虐待とは，場所を設け，動物を手配して闘わせることを指す．典型的なのは闘犬や闘鶏であるが，他の種類の動物の戦いもある．これについては第13章で述べている．

　儀式的虐待とは，文化的または宗教的な行事や慣習の一環として，動物を切断，拷問，および/または殺害する虐待の一形態である．動物虐待を伴う宗教には，ブルジェリア，パロ・マヨンベ，ネオペイガニズム，サタニズム，サンテリア，ヴードゥー，ヴードゥオン，ウィッカ，ウィッチクラフトなどがある (Touroo, 2011)．

潜在的な動物虐待やネグレクトの可能性の評価

一般的な考察

　証拠としての生きた動物の一般的な評価については第2章で述べている．これらの一般原則は，ネグレクトおよび/または虐待事件の動物の評価に適用される．(1)動物は個体識別されなければならず，その識別は事件全体にわたってその動物に適用される．(2)動物は有効な免許を持つ獣医師によって検査されなければならない．(3)生きた証拠の証拠保全の連鎖は，その生きた証拠から得られたサンプルや検査結果と同様に維持されなければならない．(4)動物は定期的に，できれば同じ獣医師によって再評価されるべきである．(5)検査の文書は，獣医規制当局が定めた基準に準拠すべきである．(6)記録は評価の期間中，一貫している必要がある．(7)生きた証拠もそうでない証拠も，事件の期間中は安全に保管する必要がある．

ネグレクト/虐待事例に関する特別な配慮
補助検査

　ネグレクト/虐待事例における身体検査の結果は，しばしば極めて明確である．しかし，補助的な検査によって，有益で重要な情報が得られることも少なくない(Ettinger & Feldman, 2000)．

　補助検査の利点は以下の通りである．すなわち，(1)評価を完全なものにし公判の維持を可能にすること．(2)ネグレクト/虐待によって動物が受けた被害の程度をより深く理解できること．特に大規模な事例の場合，資源の限られた機関が事例にかかる費用を負担する場合，補助的検査にかかる費用は法外なものになる可能性がある．しかし，基本的な検査だけでも実施できれば，その結果は司法制度にとって貴重なものとなる(これは筆者の個人的経験である)．

　動物虐待および/またはネグレクトの症例の典型的な補助検査には，症例の種類に応じて，全血球計算(complete blood cell count: CBC)，血清化学検査，フィラリア検査，糞便分析，皮膚掻把，X線画像(動物全体の概観および患部の特定画像)などがある**(参照：図16.3a〜c)**．特

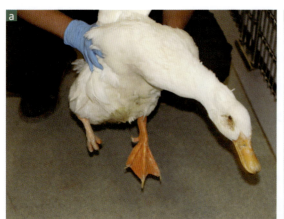
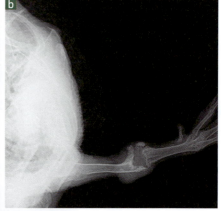
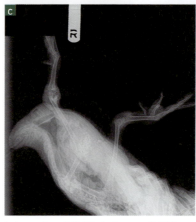

図16.3 (a)慢性的な損傷を受けたカモ．(b, c)負傷したカモのX線画像

 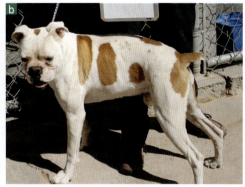

図16.4 (a) 削痩したボクサー系犬種の犬，初診時の写真．(b) 同じ犬の経過観察の写真

定の所見があれば，追加検査が必要な場合もある．これらの検査で異常が認められた場合は，動物の回復期間中，経過を観察する必要がある．

　これらの動物は生きた証拠であるため，すべてのサンプルと検査結果は証拠とみなされる．したがって，サンプルと検査結果は，適切な証拠保全の連鎖を保ち，司法機関の許可の下で取り扱う必要がある．すべての検査結果とそれに関連するメモは，裁判の際には閲覧可能とする必要がある．

ボディコンディションスコア

　ボディコンディションスコア(body condition scores: BCS)とスコアリングシステムは第1章に詳述されている．BCSはネグレクトまたは虐待事例に関与したすべての動物について評価し，記録する．このスコアはその後の評価ごとに再評価する．最初のBCSはネグレクトまたは虐待が動物に与えた影響を示すことができる．司法制度にとって同様に重要なことは，動物のBCSの変化および/または正常なBCSへの復帰である(参照：図16.4a, b)．動物が正常な状態に戻るのに必要な時間と介入の記録は，ネグレクトおよび/または虐待の重大性を理解するうえで，検察当局および裁判官/陪審員にとって有用な情報となる．

痛みの評価

　動物が経験している痛みを評価し，その評価を症例報告書に記録し，司法機関にこの情報を明確に伝える獣医師の知見は，ネグレクトおよび/または虐待の症例にとって極めて重要である．獣医師は動物の痛みの一般的な指標，および事例に関わる動物の種に特有な指標に精通していなければならない．動物の環境内における評価，および身体検査における評価では，態度，表情，体位，動きたがる，動きたがらない，座りたがらない，横になりたがらない，落ち着きがない，同種および/または人間の干渉を嫌がる，攻撃性がある，触られると噛もうとする，声を出す，グルーミングの過不足，および/または自傷行為な

どの痛みの指標に注意すべきである．本章の最後に，痛みの評価と管理について論じた文献をいくつか掲載する．

ネグレクトや虐待の症例から得られた動物の初回およびその後の身体検査に組み込むことができるもう一つの貴重な評価ツールは，ペインスケールのスコアリングである．

動物のネグレクトにおける虐待行為，あるいは不作為によって，動物がどれほどの苦痛を味わったかは，司法制度にとって核心的な関心事である．苦痛と痛みは同じではないが，痛みは苦痛の構成要素の一つである．しばしば，司法制度がある行為を「苛め」（しばしば軽犯罪として起訴される）または「拷問」（しばしば重罪として起訴される）［ノースカリフォルニアの一般法第14-360条(a)，(a1)および(b)］とみなすかどうかは，その行為または不作為によって動物に与えられた苦痛の量を明確に説明する獣医師の知見にかかっている場合がある．具体的な行為は，その性質上，刑事責任の重さを規定するかもしれないが，多くの場合，それは主観的判断によるものである．痛みの客観的評価を参照できることは，その判断に有用である．

犬と猫用のペインスケールがいくつか発表されている．コロラド州立大学動物医療センターは，犬と猫の急性ペインスケールと犬の慢性ペインスケールを発表している．これらのスケールには，痛みのレベルに関連した典型的な体位の写真と説明文が掲載されている (Colorado State Veterinary College Pain Scales 2006, 2006).

その他のペインスケールには，犬用のグラスゴー総合ペインスケール (Glasgow Composite Pain Scale for Dogs) と，猫用の同様のもの (Glasgow Composite Pain Scale [https://www.ava.eu.com/wp-content/uploads/2015/11/GlasgowPainScale.pdf]) がある．

初回評価にどのペインスケールを使用したとしても，動物がネグレクトや虐待から回復している間は，同じペインスケールを使用して，その後の検査のたびに動物の痛み/快適さのレベルを評価する必要がある．動物が正常な快適レベルに回復することから貴重な情報を得ることができる．症例の記録に含めるべき情報には，動物の最初の痛みのレベル，動物の痛みを和らげるためにどのような措置が必要で，どのくらいの期間継続したか，動物が回復した後の新しい「正常な」快適レベルなどが含まれる．ネグレクト/虐待の結果，痛みを和らげることができない重大な苦痛が生じた場合，動物の処遇について最善の決定を下すことができるよう，この情報もできるだけ客観的な方法で司法機関に伝えるべきである．

定期的な再評価

最初の身体検査と検査結果は症例の評価に不可欠であるが，多くの場合，症例はこの段階では終わらない．動物やその所見が，適切な獣医療や適正な飼養管理にどのように反応するかは，司法制度にとって重要な情報となり得る．例えば，やせ細った犬が，一般の人

が簡単に入手できる程度のドッグフードを与えるだけで，短期間のうちに正常な体調に戻った場合，この情報は，飼い主がその動物にネグレクトを行っていたことの明確かつ説得力のある証拠となり得る．逆に，動物が受けた傷害が極めて重症で，獣医師の治療を受けても回復しない場合，これも容疑者の行為や不作為の犯罪性を司法制度に伝えることになる．

　このような事例には，被虐動物の定期的な再評価が不可欠である．ネグレクト事例における再評価の頻度は，動物の年齢と所見によって異なる．筆者の経験では，新生子，幼齢な動物，重篤な状態の動物は，1日に数回とはいわないまでも，毎日再評価する必要がある．削痩した成獣は，体調が安定し，重篤でないレベルに戻るまで，少なくとも週単位で再評価する必要がある．ネグレクトおよび虐待の被虐動物の医療記録には，再評価のスケジュールを含む治療計画を記載すべきである．このスケジュールは動物の回復に応じて適宜変更する．

質問

　ネグレクトや残酷な事例の動物の検査等を行う獣医師の受ける質問の多くは，動物の身体検査中に答えることができる（筆者の個人的な経験）．(1)所見／病変は急性か慢性か，(2)慢性的な場合，獣医師の判断では，動物がそのような状態になるまでにどれくらいの期間，ネグレクト／虐待が行われていたか，(3)慢性的な栄養失調の証拠はあるか，(4)軽症の治療を怠った結果もたらされる獣医学的所見が存在するか，(5)この状態は予防可能であったか，(6)所有者または責任者がもっと早く行動していれば，この動物の苦痛は回避または最小限にすることはできたか，(7)動物が収容されていた環境は動物の苦痛の一因となったか，(8)動物の現在の状態を引き起こした，あるいはその一因となった可能性のある基礎疾患が存在したか，(9)理性ある人間ならどうしたか

動物虐待とネグレクト事例でみられる典型的な所見

　動物虐待やネグレクトの事例では，ほとんどの獣医学的所見が考えられるが，虐待やネグレクトに関連する，より一般的な獣医学的所見は以下の通りである．

埋没した首輪または繋留チェーン／ロープ

　この状態を記録することで，かなり多くのことを把握することが可能である．動物の初期症状の詳細を記録する必要がある．頸部周囲の病変の程度，病変の幅と深さ，首輪／鎖を外すために必要な処置の範囲などの情報を記録する．頸部と首輪／鎖のあらゆる側面の写真を撮っておくこと．首輪／チェーンを外した後の病変の深さも記録しておく．通常の

安静時の頸部周囲径と首輪周囲径も記録しておく．取り外す全過程において，写真を撮っておく．手術が必要な場合は，写真や動画による手術の記録も有益である．創を二次治癒に任せる場合は，縫合創または開放創の術後写真を撮影する．治癒期間中の定期的な写真も撮るべきである（参照：図16.5a〜d）．治癒過程における定期的な身体診察が必要であり，治癒が完了したら，頸部周囲径を再測定することを考慮すべきである．再測定を行う場合は，体重および/またはボディコンディションスコアの変化も同時に記録する．病変部および治癒段階の写真は，測定用の適切な定規を使用した場合と使用しない場合の両方で撮影すべきである．

爪/蹄の過伸長

初回の身体検査では，それぞれの肢/蹄を注意深く調べる必要がある．前肢が毛玉で覆われ，爪の状態がすぐにはわからない場合，写真を含めた記録は，初診時の状態，毛玉の除去，毛の下の爪の状態から始める．写真は肢/蹄全体，そして各爪の順に撮影する．写真に定規やノギスなどの目盛りを使用することは，過伸長の程度を知るうえで適切である（図16.6a〜c）．爪の除去時には，定規を使用して除去した過剰分の大きさを記録しておくと

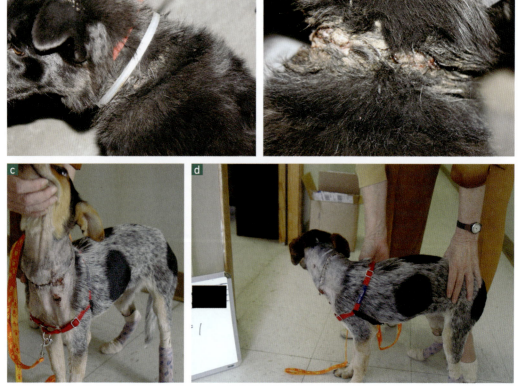

図16.5（a）首輪が埋没した犬#1．（b）首輪が埋没した犬#1，背面図．（c）埋没した首輪を除去する手術を受けた犬#2の術後写真．（d）埋没した首輪を除去する手術を受けた犬#2の術後写真

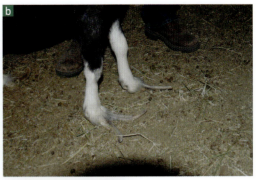

図16.6 (a) 蹄の伸びすぎた山羊．(b) 蹄の伸びすぎた山羊．(c) 伸びすぎた蹄のクローズアップ（スケーラー付き）

有用である．爪が肉球に食い込んでいる場合は，爪が皮膚に食い込んで生じた病変も写真に撮っておく．爪の過伸長や埋没が動物の歩行に影響を及ぼすほどひどい場合は，その動物がこの状態によって不快感/疼痛に耐えていたことを示すために，その動物が歩いている様子を動画に撮っておくと良い．

　馬の蹄の過伸長の場合，X線画像は必須ではないにしても，有用なこともある．過伸長による跛行の重症度によっては，X線画像の所見がその動物の最終的な処遇を判断するのに有用なこともある．馬の蹄の重度な過伸長は，蹄の重度な悪化と，場合によっては蹄骨の回転を伴うことがある．この回転は，獣医師や装蹄師や削蹄師による大掛かりな介入なしには，馬にとって激しく絶え間ない苦痛となる．特別な処置を施しても，快適な状態にすることができない動物もいる．したがって，X線画像を含むこの所見の完全な評価を，事例の初期に行う必要がある．

慢性的な栄養不良による発達異常

　幼齢な動物は慢性的な栄養失調やライフステージに合わない栄養状態に関連した臨床症状を示すことがある．ホーディングをしていて，過密で資金不足のレスキューやシェルター，パピーミルでは，動物たちが限られた資源をめぐる激しい生存競争に耐えることになることが多い．このような状況では，幼齢な動物は十分な食事を確保できないこともあ

る．このような動物は，栄養不足または不適切な栄養のため，発育不良，軟骨や骨の脆弱化，被毛の異常や脱毛を呈することがある．

　厳密には発育異常ではないが，ストレスが高く，不適切な飼育環境にいる場合，ダム（雌犬）やクイーン（雌猫）は一般的に幼獣を共食いするため，新生子は生き残る機会を与えられない可能性がある．通常の飼育環境では，クイーンやダムは病弱な新生子にネグレクトを行ったり，共食いすることさえある．しかし，ホーディングやその他の高ストレス状況では，共食いは幼獣のほとんど（すべてではないにせよ）を殺すところまで達することがある．

近親交配による先天奇形／異常

　動物の近親交配は，劣性遺伝子の発生とそれらが引き起こす欠陥が集中する可能性があるため，先天性異常の出現が通常よりも高くなる可能性がある．信頼できるブリーダーは，繁殖相手の血統を注意深く調べ，そのような欠陥を避けるか，最小限に抑える．ホーディングの状況下やパピーミル，評判の悪いレスキュー／シェルターでの繁殖は通常，無差別である．多くの場合，支配的な雄が何世代にもわたって繁殖し，遺伝子プールを濃縮させる．飼い主が動物虐待で有罪判決を受けたあるホーディング事例では，2頭の混血子犬が小脳皮質変性症と診断された（筆者の専門家としての経験）．この遺伝性疾患は，ケリーブルーテリア，オーストラリアン・ケルピー，ラフコーテッド・コリーなどの犬種にみられる，かなり稀な小脳変性疾患である（Chrisman, 1991; De LaHunta, 1977; Kahn, 2010）．

毛玉

　動物種によっては，生まれつき長い被毛やカールした被毛を持っているため，定期的な毛刈りやグルーミングが必要である．ネグレクトの事例においては，被毛が毛玉状になっている場合がある．毛玉は頭部の先端から顔面全体に広がり，動物の視界を遮り，四肢に波及することもある（図16.7）．このような場合，以下のデータを収集することを考慮すべきである．すなわち，初診時の写真，毛刈り前の動物の体重，毛刈り中の写真，すべての病変を含む被毛除去後の動物の写真，このような重度の毛玉はしばしば二次的な趾間皮膚炎（四肢の掌側面の皮膚感染症）の病変を引き起こす可能性があるため，四肢の写真，除去した毛の重量，動物の適切な日常グルーミングを記録するための症例経過中の飼育期間の写真，および症例経過中に必要なすべての日常グルーミングとそれに関連する費用の完全な記録．また，証拠として毛玉を真空パックし，写真で記録することも望ましい．

外部寄生虫の感染

　ネグレクトの場合，単頭飼いでも大規模な事例でも，外部寄生虫が蔓延していることが一般的である．どの程度寄生しているかは，各事例の各個体についての完全な記録が必要

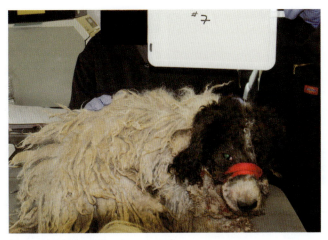

図16.7 被毛が毛玉状になっている犬

である．筆者は，ホーダーの住居に入った際，多数のノミが個人防護服（personal protection equipment: PPE）に飛び付き，PPEが変色するほどだった経験がある．これらの寄生虫は白いタイベックスーツに付着すると容易に見えるため，このような事態が発生した場合は写真で記録を取ることを推奨する．

　マダニの蔓延は，現場の地域や季節にもよるが，かなり一般的である．可能な限り，動物に付着しているマダニの数を記録することが有益である．場合によっては，実際に数を数えることが現実的でないほど蔓延していることもある．この場合，写真による推定値を用いることができる**(図16.8a〜e)**．「数が多すぎて数えられない（too numerous to count: TNTC）」という表記を使用する場合は，その表記を使用する閾値の説明を推奨する．例えば，寄生虫の数が1,000匹を超える場合は常に「TNTC」を使用する．マダニが蔓延している場合，アナプラズマ病，ロッキー山紅斑熱，ライム病など，マダニが媒介する病気の補助検査が必要である．マダニの蔓延とそれに続く病気の感染は，市販薬（over-the counter: OTC）の日常的な使用で予防可能であるため，これらの病気が一つ以上存在することは，管理者の怠慢が動物に与えた害のさらなる証拠となる．

　シラミは，過密や飼養環境が悪い状況で発見されることがある．シラミのいる鳥類は，羽毛の状態が悪く，フェザーピッキングの部分や羽毛の折れた部分がみられることがある．哺乳類は脱毛（毛が抜けている），擦過傷（創がある），明らかな湿疹がみられることがある（Kahn, 2010）．動物とその環境の全体的な状態の記録，寄生虫の写真，寄生虫の同定，動物の治療とその後の改善の記録は，ネグレクトにより引き起こされた被害を立証する．シラミやその他の外部寄生虫は，ケージ，犬小屋，寝具に寄生している可能性があるため，これらの物品を現場から撤去する場合は，別の場所を汚染する前に予防措置を講じ，物品を消毒物品を消毒する．また，衛生対策とその正当性を文書と写真で記録しておく．

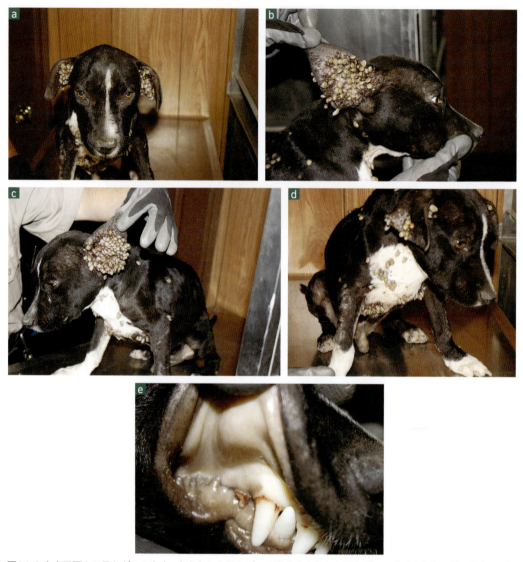

図16.8 (a) 正面から見たダニの寄生．(b) 右から見たダニの寄生 (c) 左から見たダニの寄生．(d) マダニ感染，胸部．(e) マダニに感染した犬の貧血傾向の粘膜

　ホーディングの状況下や，悪質な犬/猫/ウサギのレスキュー/シェルターでは，耳ダニが蔓延し，深刻な状態になることがある．この症状の治療を怠ると，耳にポリープ，瘢痕化，鰭葉(耳たぶ)，脱毛(抜け毛)，内耳や外耳に潰瘍化した出血性病変が生じることがある．重度の耳ダニに感染している猫は，この症状による激しい痛みや苦痛のために，耳の扱いや治療に非常に抵抗する．このような猫では，耳の掃除や治療を行うために，鎮静薬や麻酔が必要になることがよくある．耳ダニは犬，特に不衛生な環境で飼育されている子犬にもみられることがある (Kahn, 2010; Medleau & Hnilica, 2001)．

　疥癬は，ヒゼンダニ症(疥癬)とニキビダニ症(毛包症)の両方であり，外皮ダニによって引き起こされ，しばしばネグレクトの事例でみられる．疥癬の病変は，最初は耳介縁周囲

の脱毛として現れ，皮膚の苔癬化(しわ)，色素沈着(皮膚の黒ずみ)，潰瘍性炎症などの二次的変化を伴って全身性脱毛に進行することもある．疥癬は強い瘙痒(痒み)を引き起こし，犬はしばしば延々と体を掻きむしる．ヒゼンダニ症は人獣共通感染症であり，ヒトにも同様の病変を引き起こすことが知られている．したがって，これらの動物を取り扱い，飼養する際には，ヒトや他の動物への感染を軽減するよう注意する必要がある．ニキビダニは若齢および/または免疫不全の動物に最もよくみられる．栄養不良は免疫不全を引き起こし，罹患しやすい動物の状態を悪化させる可能性がある．ニキビダニ症は重篤な二次的細菌感染を引き起こし，場合によっては敗血症に移行することもある．動物の免疫能力に応じて，ニキビダニ症の治療は長期化したり，一生続くこともある．ニキビダニ症は人獣共通感染症ではない(Kahn, 2010; Medleau & Hnilica, 2001)．

過密や不衛生な環境で飼育されている鳥類には，数種類のダニが寄生している可能性があり，その一部はヒトにも寄生する(Kahn, 2010)．

内部寄生虫の蔓延

内部寄生虫は飼育放棄された動物によくみられる．回虫，鉤虫，鞭虫，条虫，原虫(コクシジウムやクリプトスポリジウムなど)などの腸内寄生虫はすべて動物に有害な影響を与える．腸内感染症の重篤度とその後の影響は若齢動物でより顕著になる傾向がある．ネグレクト状態の若齢動物は，栄養不良による貧血や低タンパク血症ですでに苦痛を伴っている可能性がある．腸内寄生虫はこれらの状態を著しく悪化させる．早期発見と迅速な処置は，動物の受け入れと評価の初期段階において不可欠である．これらの寄生虫や原虫の中には人獣共通感染症(動物からヒトに感染し，ヒトに病気を引き起こす可能性がある)もあり，早期発見・早期治療が重要なもう一つの理由である(Kahn, 2010; Miller & Zawistowski, 2013)．

これらの寄生虫や原虫のほとんどは，糞便からの経口感染や有機物(多くの場合，土や糞便)中での発育をライフサイクルとしているため，衛生状態の悪い地域で繁殖する．これが，ネグレクト事例において環境の記録が極めて重要なもう一つの理由である．

たいていの「合理的な」動物の飼育者は，幼いペットの場合，あるいは動物が痩せすぎたり，内部寄生虫による下痢を発症したりした場合には，動物病院を受診する．ほとんどの飼育者は，子犬や子猫が「寄生虫」に感染している可能性があることくらいは認識しており，獣医師の治療を受けるか，市販の駆虫薬を与え，その状態が続くようであれば獣医師の治療を受ける(筆者の職業上の経験)．

ネグレクトが疑われる事例の地理的な場所や動物の年齢にもよるが，犬にはフィラリアの検査を実施するべきである．犬も，そして程度は低いが猫も，感染した蚊に刺されることでフィラリア症に感染する可能性がある．フィラリアの予防薬の投与は，流行地域では

日常的な獣医療とみなされ，この予防薬の投与を怠ると，必要な獣医療を提供しなかったとみなされることがある．フィラリア症を放置すると，塞栓や心不全で死亡することが多い(Ettinger & Feldman, 2000; Miller & Zawistowski, 2013) **(図16.9)**．

　内部寄生虫および/または原虫の種類，動物の現在の状態，その状態に対して行われた治療，治療後の状態の改善(もしあれば)，または病気の進行と重症度による悪化は，司法機関にとって極めて重要な情報である．

喧嘩による創

　過密で，ストレスが多く，不適切な飼養環境では，水，食事，スペース，繁殖などの資源を奪い合うため，しばしば喧嘩やそれによる創が生じる．創は耳，顔面，生殖器(繁殖動物の場合)によくみられる**(図16.10)**．未去勢の雄猫の場合，喧嘩による未治療の膿瘍が一つ以上ある場合があり，そのことは，飼い主が喧嘩による創に対して獣医療を行わなかったことを意味する．

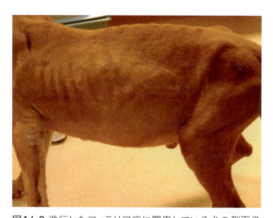

図16.9 進行したフィラリア症に罹患している犬の側面像

図16.10 ホーディング現場から押収された犬の顔の喧嘩による創

未治療の所見

ネグレクトの症例では，多くの場合，適切な飼育者であれば獣医師の治療を実施したであろう慢性疾患が認められる(図16.11a, b, 図16.12a, b). 膿瘍や腫瘍は，動物病院での治療記録がないまま，大きくなっていたり，破裂していたりすることがよくある(参照：図16.13a, b). 寄生虫，感染症，不衛生な環境からの刺激による皮膚疾患は，初診時にはかなり進行している場合がある(図16.14a〜c).

筆者の経験では，ホーディングや悪質なレスキュー/シェルターなど，閉鎖的で不衛生な環境にいる猫は，しばしば重度の上部呼吸器疾患を患っている．このような猫は典型的な目や鼻の分泌物を呈することがある(図16.15a, b). また，歯が抜ける中等度から重度の歯肉炎に罹患していることもある．ウイルスによっては口腔潰瘍もよくみられる．上部呼吸器感染症(upper respiratory infection: URI)が進行し，眼球に角膜潰瘍ができたり，破裂したり，破裂して潰れたりすることもある．手術に耐えられるくらい元気になれば，眼球摘出術(眼球の除去)が唯一の選択肢になることもある．これらの猫はURIウイルスの慢性的なキャリアである傾向があるため，これらの動物の最終的な処遇を決定する際には，こ

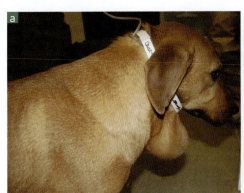 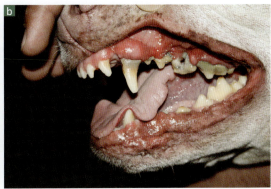

図16.11 (a) 未治療の唾液腺嚢胞．(b) 未治療の歯牙疾患

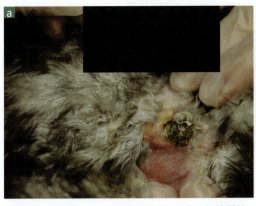 

図16.12 (a) 縫い糸より，肉芽形成した鳥の総排泄腔．(b) 異物とスケール

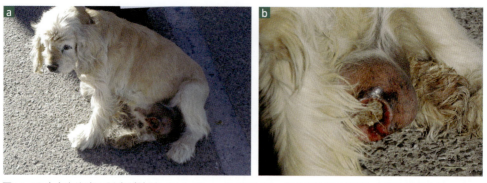

図16.13 （a）未治療の腫瘍が破裂したコッカー・スパニエル．（b）未治療の自壊した腫瘍の拡大像

図16.14 （a）未治療の慢性皮膚病のコッカー・スパニエル．（b）慢性趾間皮膚炎のコッカー・スパニエルの肉球の拡大写真．（c）ウジが寄生している未治療の慢性皮膚病のコッカー・スパニエル

のことを考慮に入れなければならない(Miller & Zawistowski, 2013)．

　獣医師が，診断，疾患や所見の程度の把握，疾患の初期に実施する治療法，動物の

図16.15 (a)ホーディング現場から押収された猫の上部呼吸器感染症（URI）．(b)URIの猫の近距離からの撮影

長期的な予後への影響，残された治療法，疾患と治療や予防を行わなかった飼育者の不作為によって引き起こされた苦痛を，司法機関に十分に伝えるためには，これらの動物の状態を十分に精査し診断することが不可欠である．病気/状態が進行し，合理的で動物福祉に則した唯一の選択肢が安楽死しか残されていない段階であれば，安楽死を許可する裁判所命令を得ることができるよう，これらの情報を含む獣医学的報告書が必要である．

環境に関する状態

　不衛生な環境に閉じ込められた動物は，収容方法に直接関係する所見を発症する可能性がある．正確で偏りのない環境の説明と，この二つがどのように関連しているかの説明と合わせて，このような状態を記録することは，司法機関が事例を評価する際の貴重な助けとなる．金網のケージに閉じ込められた動物は，金網による擦り傷で潰瘍ができ，四肢が腫れることがある．慢性趾間皮膚炎（前肢/肢の炎症）の不快感から，ひっきりなしに舐めるため，趾や爪床が酵母菌に感染し，唾液で汚れることもある．このような条件下で長期飼育されている動物では，重度の関節炎や退行性変化がしばしば発症する．これらの関節炎のある肢のX線画像は，これをとても明らかにできる．これらの動物は固い表面の上に置かれると，うまく歩くことができないかもしれない．この歩行困難な状況を動画撮影することを考慮する．

　悪質なレスキューやシェルターでよくみかける小さなクレートに閉じ込められた動物は，尿や糞便による炎症性病変に罹患することがある．ケージのサイズが小さく，尿や糞便と接触する時間が長いため，排泄物に含まれる化学物質が皮膚に炎症を起こす．これらの病変の二次感染や自傷は一般的にみられる．

　鎖でつながれた動物は，首輪が埋没したり，首輪やハーネスで皮膚が炎症を起こしてい

ることがある．このような動物はまた，重すぎる鎖で拘束され，鎖は非常に大きく重い南京錠で固定されていることもある(図16.16a, b)．このような場合に役立つ写真としては，その場で撮った写真，鎖の下の皮膚の写真，鎖の重量および/または長さの測定などがある．鎖に絡まったために動物が食事，水，隠れられる場所にたどり着けなくなった場合は，それも写真に撮るべきである(図16.17a, b)．

死亡した動物

動物犯罪事件で死亡した動物は証拠であり，そのように扱われなければならない．動物の位置と周囲の環境が完全に記録されるまでは，動物に触れたり動かしたりしてはならない．その動物には，解剖検査やその他の処理までの間に，個体識別番号を付ける．法獣医学的解剖検査の手順は第10章で述べる．

図16.16 (a) 鎖でつながれた犬の初期写真．(b) 鎖の重さを測っている状況

図16.17 (a) ロープに絡まった犬の全体像．(b) ロープに絡まった犬

被虐ペット症候群

　MunroとMunroは，身体的虐待の類義語として「非偶発的外傷（non-accidental injury: NAI）」と「被虐ペット症候群（battered pet syndrome）」を挙げている（Munro & Munro, 2008）．たった一度の動物虐待の行為が想像を絶するものであったとしても，動物が繰り返し行われる傷害の対象になる可能性があると考えることはさらに困難である．虐待やネグレクトを受けた動物を評価する際，獣医師はこのような可能性を念頭に置き，診察中にみられた病変の可能性を除外していく必要がある．

　火傷や骨折など様々な治癒段階にある創，および／または複数の異なるタイプの創や外傷の存在は，この診断と一致する可能性がある．たとえ創の経過時間が特定できなくても，重度のタンパク質欠乏症の動物（タンパク質は正常な治癒過程に必要である）のように，治癒段階の異なる複数の創が存在すれば，偶発的な事故という弁明の信憑性はかなり低くなる．もちろん，獣医師は，代謝性骨疾患や腫瘍性骨疾患，骨形成不全症など，骨の脆弱性や脆弱性を引き起こす稀ではあるが可能性のある病気を除外する必要がある．動物に複数の擦り傷，裂傷，打撲がある場合，血友病や血小板減少症（血小板数の減少），皮膚が裂けやすい（すなわち，エーラス・ダンロス症候群）など，自然出血を引き起こす疾患を考慮すべきである（Cote, 2007; Ettinger & Feldman, 2000）．

　Munroはまた，獣医師に引き渡された動物が虐待の被虐動物である可能性を示す他の潜伏的な指標についても詳述している．（1）事件の経緯や説明が怪我と一致しない，（2）飼い主が事件について説明しない，（3）飼い主が動物および／またはその怪我を心配していないように見える，（4）飼い主が適時に獣医療を行わない，（5）動物が，飼い主の前では過度に大人しいか威嚇しているように見え，飼い主が離れるとより「友好的」になることがある，などである（Munro, 1999）．

外傷のパターン

　NAI症例にみられる外傷のパターンを，車両事故による外傷にみられるパターンと比較した．車両事故では，擦り傷，脱落損傷，骨盤骨折，気胸，肺挫傷，肋骨骨折などの胸郭損傷が一般的であった．肋骨骨折は，片側の頭側の肋骨にみられる傾向があった．NAI外傷は歯，脊椎，頭蓋骨の骨折を含む傾向があった．肋骨骨折は両側性に発生し，頭蓋側には集中していなかった．NAIのもう一つの所見は，異なる治癒段階の骨折の発生であり，発生時期が異なることを示していた（Intarapanich, 2016）．

　他の動物虐待行為，例えば，組織的な闘犬にみられる「リング病変」（**図16.18**）の外傷のパターンについては，その行為に特化した章で述べる．

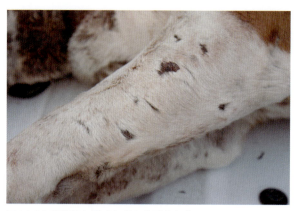
図16.18 組織的な闘犬に伴う典型的な傷

付録
痛みの評価と管理のためのリソース

Epstein, M., I. Rodan, G. Griffenhagen, J. Kadrlik, M. Petty, S. Robertson and W. Simpson.2015.2015 AAHA/AAFP Pain Management Guidelines for Dogs and Cats. https://www.aaha.org/public_documents/professional/guidelines/2015_aaha_aafp_pain_management_guidelines_for_dogs_and_cats.pdf

Gaynor, J. S. and W. W. Muir III.2015.Handbook for Veterinary Pain Management. St：MI.

Guidelines for the Use of the Glasgow Composite Pain Score. University of Glasgow. 2008. http://www.aprvt.com/uploads/5/3/0/5/5305564/cmps_eng.pdf

Hellyer, P. W., S. A. Robertson, and A. D. Fails 2007. Pain and Its Management. In: Lumb & Jones' Veterinary Anesthesia and Analgesia. eds. Tranquilli, W. J. J. C. Thurmon and K. A. Grimm. Ames, IA: Blackwell Publishing, p. 31.

Intarapanich, N. P., E. C. McCobb, R. W. Reisman, E. A. Rozanski, and P. P. Intarapanich. Characterization and Comparison of Injuries Caused by Accidental and Non-Accidental Blunt Force Trauma in Dogs and Cats. Journal of Forensic Science. 61 (4). doi: 10.1111/1556-4 029.13074; onlinelibrary.wiley.com

Mathews, K., P. W. Kronen, D. Lascelles, A. Nolan, S. Robertson, P. V. M. Steagall, B. Wright, and K. Yamashita. 2014. Guidelines for the Recognition, Assessment and Treatment of Pain. Journal of Small Animal Practice. https://www.wsava.org/WSAVA/media/PDF_old/jsap_0.pdf

Matthews, N. S. and G. L. Carroll. 2007. Review of Equine Analgesics and Pain Management. AAEP Proceedings. 53. 240-244.

参考文献

Animal Legal Defense Fund of the Michigan State Animal Legal and Historical Center. Animal Protection Laws of the United States of America and Canada. https://www.animallaw.info/

Arkow, P., P. Boyden, and E. Patterson-Kane. 2013. Practical Guidance for the Effective Response by Veterinarians to Suspected Animal Cruelty, Abuse and Neglect. AVMA. https://ebusiness.avma.org/Files/ProductDownloads/AVMASuspectedAnimalCruelty.pdf

Ascione, F. 1993. Children Who Are Cruel to Animals: A Review of Research and Implications for Developmental Psychopathology. *Anthrozoös*. 6(4): 2226-2247.

Ascione, F. and K. Shapiro. 2009. People and Animals, Kindness and Cruelty: Research Directions and Policy Implications. *Journal of Social Issues*. 65(3): 569-589.

Brewster, M. P. and C. L. Reyes. 2013. *Animal Cruelty: A Multidisciplinary Approach Understanding*. Durham, NC: Carolina Academic Press, p. 7.

Chrisman, C. 1991. *Problems in Small Animal Neurology*. 2nd ed. Philadelphia, PA: Lea & Febiger, pp. 28-38.

Colorado State Veterinary College Pain Scales. 2006. http://www.vasg.org/pdfs/CSU_Acute_Pain_Scale_Canine.pdf and http://www.vasg.org/pdfs/CSU_Acute_Pain_Scale_Kitten.pdf

Cote, E. ed. 2007. *Clinical Veterinary Advisor: Dogs and Cats*. Canada: Prince Edward Island, p. 1537.

De LaHunta, A. 1977. *Veterinary Neuroanatomy and Clinical Neurology*. Philadelphia, PA: W.B. Saunders Company, pp. 246-249.

Ettinger, S. and E. Feldman. 2000. *Textbook of Veterinary Internal Medicine: Diseases of the Dog and Cat*. 5th ed. Philadelphia, PA: W.B. Saunders Company, pp. 72-77; 931-967; 1981; 1995.

Federal Bureau of Investigation. U.S. Department of Justice. https://www.fbi.gov/news/stories/-tracking-animal-cruelty

Glasgow Composite Pain Scale. https://www.ava.eu.com/wp-content/uploads/2015/11/GlasgowPainScale.pdf

Intarapanich, N., E. C. McCobb, R. W. Reisman, E. A. Rozanski, and P. P. Intarapanich. 2016. Characterization and Comparison of Injuries Caused by Accidental and Non-Accidental Blunt Force Trauma in Dogs and Cats. *Journal of Forensic Science*. 61(4). doi: 10.1111/1556-4 029.13074; onlinelibrary.wiley.com

Kahn, C. eds. 2010. *The Merck Veterinary Manual*. 10th ed. Whitehouse Station, NJ: Merck & Co., Inc, pp. 382-389; 840-841; 1121; 2475-2477.

McMillan, F. D. ed. 2005. Emotional Maltreatment of Animals. *Mental Health and Well-Being of Animals*. Ames, IA: Wiley-Blackwell, pp. 167-180.

Medleau, L. and K. Hnilica. 2001. *Small Animal Dermatology: A Color Atlas and Therapeutic Guide*. Philadelphia, PA: W.B. Saunders Company, pp. 66-70; 203-204.

Merck, M. 2013. *Veterinary Forensics*. 2nd ed. Ames, IA: Wiley-Blackwell Publishing, p. 89.

Miller, L. and S. Zawistowski. eds. 2013. *Shelter Medicine for Veterinarians and Staff*. 2nd ed. Ames, IA: Wiley-Blackwell, pp. 156-162; 311-314.

Munro, H. 1999. The Battered Pet: Signs and Symptoms. In: *Child Abuse, Domestic Violence, and Animal Abuse*. eds. F. R. Ascione and P. Arkow. West Lafayette, IN: Purdue University Press, pp. 199-208.

Munro, R. and H. M. C. Munro. 2008. *Animal Abuse and Unlawful Killing: Forensic Veterinary Pathology*. Philadelphia, PA: Saunders Elsevier, p. 3.

Touroo, R. 2011. (Lecture). Introduction to Veterinary Forensics Spring 2011. Course 6575, University of Florida: ASPCA.

第 **17** 章

産業動物の
法獣医学的事案の取り扱い

Ann Cavender

はじめに	394
家畜の虐待事件を扱う際の課題	394
ハンドリング	395
輸送	396
外傷，罹患，または死亡した動物	399
動物福祉の評価	399
動物と敷地の評価と記録	400
家畜種の記録	426
報告書作成	431
結論	433
資料	434
参考文献	460

はじめに

　産業動物における動物福祉の評価には，品種，基本的な飼養方法，地理的および季節的要因，畜産業での一般的な慣習，管理方式，バイオセキュリティ，報告義務のある疾病，および個々の動物種におけるケア，識別システム，輸送，使用認可薬物に関する連邦・州・地方の規制に関する実務知識が必要である．虐待行為，ホーディング，ネグレクトなどの事例において家畜が関わる場合は，個体識別，証拠収集，記録，治療や譲渡のための輸送に応じて，動物を押収する際の対応を変える必要がある．

家畜の虐待事件を扱う際の課題

　犬や猫が多数関わる事案は，ますます増えている (Frost et al., 2015; Morton, 2017)．動物保護団体や動物管理行政には，一般的にレスキューグループや獣医師が連係しており，効率的にペットに関連する事案を処理している．伴侶動物の場合は検査やトリアージが行われ，適切なレベルの飼養管理に移されるため，書類作成や里親探しはスムーズに進む．少数の例外を除いて，このような事例の管轄は地元の関係機関となる．

　産業動物が関係する事件では，さらにいくつかの課題に対処しなければならない．連邦および州の農務省は，健全で持続可能な食糧供給を維持する使命を負っている．個体識別，疾病サーベイランス，検疫，トレーサビリティ，移動制限，食肉処理施設における枝肉の残留物質モニタリング，疾病や外傷の鑑別を要求するプログラムは，州や連邦の監督下にある．米国農務省 (United States Department of Agriculture: USDA) によりカテゴリーⅡの認定を受けた獣医師は，すべての動物種について，健康証明書を発行したり，実験室での検査(馬伝染性貧血，結核，ブルセラ症)を依頼したりすることができる．カテゴリーⅠの認定を受けた獣医師の対象は，犬，猫，実験動物，ウサギ，フェレット，ハリネズミ，反芻動物以外の野生動物に限定される．州の獣医師は，認定獣医師を探す手助けをしたり，必要な検査のための人員を提供したりする(図17.1)．

　家畜の三次医療施設は，多数の重篤な症例に対応できる設備が整っていない可能性がある．家畜を押収する前に，こうした施設の場所と収容能力を確認しておくことが肝要である．衰弱し，横臥している家畜には，ヒップリフト (牛) や吊起帯 (馬，ラクダ) などの起立補助用具が必要な場合がある．加えて，コンパートメント症候群や褥瘡を予防するためには，暴れる大動物を支える梁や重機を備えた施設が必要である．ほとんどの施設では，リフト装置の数に限りがある．検疫施設もスペースが限られている．動物を押収する前に事前に計画を立てておくことで，医療施設に症例が殺到する可能性について把握することができる．施設には，飼育動物が死亡した場合，法医学的解剖検査を行う能力がなければならない．

- 特定の種に関する現行の移動制限
- 移動前に必要な個体識別情報(公的な標識タグ，ブランド名，入れ墨)
- 移動前に必要な疾病検査(馬伝染性貧血の免疫拡散試験[Coggins試験]，結核，ブルータング，ブルセラ症，ひな白痢)
- 死亡家畜の移動に関する許可と要件
- 地域の報告義務対象疾病の有無(緊急，規制または監視対象など)
- 家畜種ごとに法的に使用が認められている動物用医薬品(1994年の米国動物用医薬品使用法[AMDUCA])
- 適切な形式での動物用医薬品の使用記録．各動物または動物群の治療薬や駆虫薬を投与した場合の使用禁止期間(休薬期間)も記載
- 獣医飼料指令(Veterinary Feed Directive[VFD])の要件

図17.1 現行の規制および要件を確認するため，連邦当局や州当局に問い合わせが必要な場合がある．

ハンドリング

　動物と職員の安全を確保することは常に重要である(Sheldonら，2009；Forresterら，2018)．大型の家畜との接触は危険な場合がある．動物種に適した装備と，入念な事前計画を備えた知識豊富な家畜飼養者がいれば，リスクを最小限に抑えることができる(Grandin, 2000)．

　動物の選別とハンドリングに最適な設備は，囲いの大きさ，地形の性質，バリア(壁，ゲート，フェンス)の安全性，動物種，性別，関与する品種によって異なる．例えば，ロングホーンやワトゥシといった牛の場合，角が長すぎるため，専用のヘッドゲートが必要になる．数エーカー※1の敷地では，大勢の人，馬に乗った家畜のハンドラー，またはその種用に訓練された犬を連れたハンドラーが必要になる．豚は，囲いに安全なバリアがあれば，板や旗を使って移動させることができる．牛は飼育小屋と連結されたシュートや通路で移動させ，適切なサイズのヘッドゲートで拘束する．羊は，ヘッドゲートを必要とせず，飼育小屋に追い込み，シュートで処理することができる．ラクダ科の動物と馬は，事前に訓練されていれば，ホルター(無口頭絡)とリードロープで曳くか，誘導することができる．山羊は，首輪を使って誘導する．家禽類は，フラッグバンドを使って群れを作るか，狭い場所に閉じ込めた後，個体ごとに捕獲する．

　牛と馬によくある例として，ハンドラーは多くの場合，一つか二つの動物種しか経験を持っていなかったり，設備がなかったりする．牛飼いは肉牛を最も効率的に扱い，問題が表面化する前に解決する経験を持っている．多くの場合，病気や外傷に気付き，最小限のストレスで罹患個体を牛群から取り除くことができる．複数の動物種を扱った経験を持つ畜産家や獣医師は稀である．大動物の獣医師は通常，一つの動物種や畜産業(乳牛，肉牛-

---

※1　1エーカーは約4,046m^2

子牛，肥育場，豚，家禽)に限定して，診療を行ったり，継続的に教育を受けていたりする．単一の畜産分野に限定して診療を行っている獣医師は，初診時に貴重な存在であり，将来，病気や外傷が発生した場合に相談することができる．獣医学部がある州であれば，臨床医が専門的な訓練を受けた獣医師を紹介してくれるかもしれない．単一の動物種を専門的に扱う州や国の獣医師の団体も情報源となる(American Association of Bovine Practitioners, American Association of Equine Practitionersなど．連絡先は[資料]を参照)．

　家畜間や近隣の農場への病気の蔓延を防ぐため，厳格な防疫措置を維持しなければならない．伝染病(報告義務のあるものは特に)，人獣共通感染症を迅速に認識することは，疾患をコントロールし，職員を保護し，適切な政府機関に報告するために重要である．設備や車両の消毒，げっ歯類の駆除，フットバス，区域への出入りの管理は，防疫措置として必要になり得る．米国農務省動植物検疫局(Animal and Plant Health Inspection Service: APHIS)には，家禽・家畜の防疫手順に関する情報がある (https://www.aphis.usda.gov/aphis/ourfocus/animalhealth/emergency-management/ct_sop_biosecurity)．

輸送

　輸送中の負傷は，動物を積み降ろす際に最も多い．安全な輸送は，頭数，年齢，大きさ，種，距離，健康状態，天候に左右される．氷点下の天候での家畜運搬車は，低体温症のリスクがあるため，新生子や家禽の移動には適していない．暑さ指数が高い時期のトレーラー移動は，すべての動物種において熱中症や死亡のリスクを高める．幼齢の子馬や子牛は，移動中に押しつぶされる可能性があるため，成牛と一緒に家畜運搬車に載せるべきではない．母親や同種で同じ大きさの個体と一緒に輸送すると，怪我のリスクが減少する．牛や羊は輸送中に群がり，小さくて弱い動物を傷付けたり殺したりする可能性がある．未去勢の雄は，外傷や予期せぬ妊娠を避けるため，輸送中に強固なバリアを設けるか別の輸送手段で隔離されるべきである．その他，輸送に関して考慮すべき事項としては，移動のストレス，疾患の伝播，換気，距離，十分なスペースの確保などが含まれる．輸送に用いる車両は，病原体への不必要な暴露を防ぐため，荷物の積み込みの合間に徹底的に消毒する必要がある(Grandin, 2000)．

　輸送中のストレスにより，顕在化していない疾病(輸送熱，サルモネラ症)が再発することがある．幼若な動物を，病原体を保菌，排出している成獣と混在させると，多くの病気に感染する可能性がある(馬の腺疫，小型反芻動物の伝染性外耳炎)．さらに，異なる動物種を混在させると疾患の伝播につながる可能性がある．豚は羊に仮性狂犬病を感染させることがある．ヨーネ病は牛と小型反芻動物の間で感染する可能性がある．羊と山羊は伝染性角結膜炎(ピンクアイ)に相互感染する可能性がある．一般的に，一緒に飼育されていた

家畜は，加工・輸送の間，慣れない家畜群とは別にして，ストレスを軽減させ，外傷や伝染病伝播のリスクを最小限に抑えるべきである（Grandin, 2000; Smith & Sherman, 2009）．

　輸送中の過密状態は，外傷や病気のリスクを増大させる．輸送中に確保するスペースは，種，年齢，気候条件に応じて変更する必要がある．暑さ指数が上昇すると，気流の増加や対流による冷却を考慮したとしても，推奨される飼養密度は低下する．牛の場合，スペースが広すぎても狭すぎても有害となる（Petherick & Phillips, 2009; Schwartzkopf-Genswein et al., 2012; Parish et al., 2013）．**表17.1**に様々な動物種の輸送中に推奨されるスペースの許容量を示す．これらの計算は，健康な家畜に基づいていることに留意する．体重の少ない家畜のスペース許容量は，骨格構造が変化しないため，体長に応じた長さは維持しなければならないが，幅は少なくても良い．一般的に自家用車に比べて商用車は空気の流れが制限されるため，商用車に最も適した実践方法を決定するための研究が実施されている（Petherick & Phillips, 2009）．トレーラーでの運搬に関する一般的な考慮事項を**図17.2**に示す．

表17.1 輸送時の推奨スペース許容量[a]

動物種		体重/年齢	スペースの要件
牛			
		＜250ポンド （＜約113.40 kg）	1½ × 2½フィート （約0.46×0.76 m）
		250〜500ポンド （約113.40〜226.80 kg）	2 × 3½フィート （約0.61×1.07 m）
		500〜1,000ポンド （約226.80〜453.59 kg）	3 × 5フィート （約0.91×1.52 m）
		1,000〜1,500ポンド （約453.59〜680.39 kg）	3 × 6フィート （約0.91×1.83 m）
		＜1,500 （＜約680.39 kg）	4 × 10フィート （約1.22×3.05 m）
馬			
	ポニー，子馬	＜500ポンド （＜約226.80 kg）	2½ × 5フィート （約0.76×1.52 m）
	馬，ラバ	500〜1,000ポンド （約226.80〜453.59 kg）	3 × 10フィート （約0.91×3.05 m）
	温血種，輓馬	1,000〜2,000ポンド （約453.59〜907.18 kg）	3.3 × 12フィート （約1.01×3.66 m）
豚			
	ミニ豚	＜40ポンド（＜約18.14 kg）	犬舎と同等
	肉豚	30ポンド （約13.61 kg）	8 × 20 インチ/1.1平方フィート （約0.20×0.51m /約0.10 m²）
		80ポンド （約36.29 kg）	12 × 24 インチ/2平方フィート （約0.30×0.61m /約0.19 m²）
		160ポンド （約72.57 kg）	24 × 48 インチ/3平方フィート （約0.61×1.22m /約0.28 m²）
		550ポンド （約249.48 kg）	48 × 84 インチ/11平方フィート （約1.22×2.13m /約1.02 m²）

動物種	体重/年齢	スペースの要件
羊		
子羊	<50ポンド （<約22.68 kg）	1½ × 2½フィート （約0.46×0.76 m）
成羊	<100ポンド （<約45.36 kg）	2 × 3フィート （約0.61×0.91 m）
	100〜300ポンド （約45.36〜136.08 kg）	2½ × 4½フィート （約0.76×1.37 m）
家禽		
雛		3.8平方インチ （約24.52 cm²）
鶏	<3.5ポンド （<約1.59 kg）	50平方インチ/0.34平方フィート （約322.58 cm²）
	3.5〜6.0ポンド （約1.59〜2.72 kg）	75平方インチ/0.52平方フィート （約483.87 cm²）
	6.0〜10ポンド （約2.72〜4.54 kg）	90平方インチ/0.62平方フィート （約580.64 cm²）
七面鳥　雛	孵化したばかりの雛	4.2平方インチ （約27.10 cm²）
七面鳥	3.5〜6.6ポンド （約1.5〜2.99 kg）	75平方インチ/0.52平方フィート （約483.87 cm²）
	6.6〜11ポンド （約2.99〜4.99 kg）	90平方インチ/0.62平方フィート （約580.64 cm²）
	11〜16.5ポンド （約4.99 kg〜7.48 kg）	120平方インチ/0.84平方フィート （約774.19 cm²）

注：気温と湿度が高い場合は，動物の数を少なくして積み込む．気候やトレーラーの形状により，調整する必要がある．
出典：Grandin, 2014, Knowles et al., 1998, Miles, 2017, Parish et al., 2013, Schwartzkoph-Genswein et al., 2012, Warriss, 1998, Warriss et al., 2002, Whiting and Brandt, 2002.
[a] トレーラーの形状と車両総重量は規定を超えてはならない．

- 荷物の積み下ろしは，道路の走行よりもストレスが大きい．
- カーブや不規則な路面は，まっすぐで滑らかな舗装よりもストレスが大きい．
- 長距離の移動には，保温性，より良い足場，清潔性の点から，寝藁が好まれる．
- 牛は走行方向に対して垂直または平行を好み，輸送中は斜めに立つことを避ける．
- 馬は進行方向に対して斜めを向く傾向がある．
- ラクダ，七面鳥，若齢の子牛(生後1カ月齢未満)は輸送中に横たわるので，ラクダはトレーラーが動いても頭がうなだれるように綱を短く結ばないようにする．
- 羊や牛は移動中に肢を広げ，体を支える傾向がある．
- 大きさや年齢，種によって，家畜の密度を適切なものとする．ふさふさの毛並みの動物や角のある動物は，5〜10%以上スペースを広くする必要がある．
- 満載された状態の牛は，一度倒れると再び立つことができない．
- 換気を含めたトレーラー内の局所の気候は，動物種の要因(年齢，ボディコンディションスコア[BCS]，毛並み)，移動速度，トレーラーの設計(スラットや通気孔)，外の天候によって変化する．
- 気難しい性格の動物(特に馬)は安全な輸送のために鎮静薬が必要な場合がある．

図17.2 家畜を輸送する際の注意点 (続く)

- 動物をつないで輸送する場合は，すぐに解放できる金具や結び方を用いる．
- トレーラーは荷を積む毎に十分に消毒を行う．
- 一緒に飼育されていない動物種や群れを一つにまとめるべきではない．
- トレーラーは動物種に適したものでなければならない．
- 距離，移動時間，道路状況（舗装路か未舗装路か），天候，個体の状態などを考慮する必要がある (Parish et al., 2013; Grandin 2014).

図17.2 （続き）家畜を輸送する際の注意点

外傷，罹患，または死亡した動物

　死亡した動物の解剖は，その動物種に精通した獣医師，または獣医病理学者が行うべきである．死体の大きさによっては，積み込みや運搬に特別な設備が必要になる場合がある．地域の条例により，防水対策を行った輸送や許可が必要となる場合がある．証拠保全の連鎖を維持しなければならない．炭疽が疑われる場合は，作業者と環境を守るため，野外での解剖検査は行ってはならない (Muller et al., 2015)．診断機関への搬送が現実的でない場合は（家畜やヒトにとって有害な感染症でないことが明らかであれば），野外で解剖検査を実施する．解剖検査の様子は，家畜全体の写真，中距離や拡大写真に加えて，家畜が死亡した場所の写真を複数枚撮るべきである．家畜を野外で解剖検査を実施する手技はいくつかの文献に記載されている (Mason & Madden, 2007; Brown et al., 2008; Griffin, 2012; Frank et al., 2015).

動物福祉の評価

　飼養動物の最低限担保しなければならない動物福祉の基準を定めた連邦法はない．動物の虐待，ネグレクトは，管轄区域によって法的な定義が異なる．50州すべてに動物虐待防止法があるが，それぞれ残虐性の定義が異なり，規制によって産業動物の一部または全部が除外される場合もある．ほぼすべての法律が，食事，水，飼養環境，必要な獣医療を適切に行うことを定めているが，一方で「一般的に認められている畜産の慣習的な行為」は除外されている．これらの最低要件は地域によって異なる．したがって，地元の農業改良普及所から入手できるガイドラインを利用することは，現在扱っている事案に関連して，一般公開されている情報を利用することになり，有用である．例えば，夏の温暖な気候では換気と日陰が不可欠であるため，屋外においては，屋根のあるシェルターや自然の日陰が欠かせないものとなる．一方，冬の寒冷地では防風林が必要であり，動物種によっては補助的な暖房が必要となる．最低基準の妥当性は，品種，飼育システム，地域，季節，生産段階に関連して評価される．牛群の健康は，管理方法が群の最適な健康，福祉，生産性を促進するように設計されており，ヒトの公衆衛生と同様である．どちらのシステムも疾

病と死亡の損失をモニターし，その発生を最小化するために管理方法を調整する．

　十分な量の良質な飼料の入手状況や，作物の収穫量，市場価格の変動はすべて，気候や経済の面で厳しい時期の管理方法に影響を及ぼす可能性がある．州の改良普及部署では，その地域で推奨される栄養と飼育方法に関する情報を提供しており，この情報は，現在の地域の状況に基づいて変更されている(Hancock et al., 2017)．このような時期には，従来とは異なる飼料が利用されることもある．例えば，地元の醸造所の使用ずみ穀物を利用したり，パン屋で日にちが経過したパン製品を利用したりして，これらに応じて飼料バランスの調整を行う生産者もいる(Salehら，1996；Mavromichalis, 2013；Bernard, 2017)．

動物と敷地の評価と記録

　最初の現場検証の前に，追加の対策が必要かどうかを判断する．最小限のストレスで家畜を集め，評価し，処理できる場所はあるか，取り扱いを迅速にするための十分な囲い，シュート，ヘッドゲート，フラッグバンド，ピッグボード，またはホルター(無口頭絡)はあるか，関与するすべての動物種について，十分な数の経験者がいるか，その動物種を移動させ，保定・抑制した経験や知識のある畜産関係者がいるか，獣医師は，取り扱う可能性のあるすべての動物種の経験があるか等を確認する．

最初の現場検証について

　写真やビデオ撮影はあらゆるものについて行う．当局によって現場が変更される前の全体的な写真が重要である．例えば，囲いの中や近くに樹木があるかないかで，自然の隠れ場所として適切であることを示すことも反論することもできる．不慣れな職員は動物を警戒させ，防衛機制により動物がより活発で健康に見えてしまうことに注意する．重症の動物は「闘争・逃走」反応を超えている可能性がある．最初の現場検証では沈うつに見えた動物も，騒動により家畜の群れが興奮すると，より正常に見えることがある．

　施設の大きさ，建物の数，フェンスやゲートの状態，牧草地の状態や広さ，待機場所や積み荷場所の可能性などに注意する．敷地を地域やゾーンに分けるには，事前に用意した地形図やグーグルアースの画像に基づいた敷地の大まかなスケッチが役に立つ．水源，餌場，食事や薬物の保管場所，牧草地，囲い，パドック，ケージ，堆肥の山，避難場所，埋葬穴の位置を確認する．

　群れの全体的な様子に注意する．動物の群れの写真を数枚撮り，ビデオに撮る．到着した時の群れの全体的な行動と状態を記録しておけば，調査によって動物や施設に損害が生じたというクレームを防ぐことができる．群れの健康管理プログラムの焦点は，個々の動物ではなく，群れとしての健康と福祉である．80％以上の家畜が健康である限り，動物

の飼養管理はおそらく適切である．もし，ある牛群やある年齢層が他の牛群よりも健康で
ないようであれば，その牛群に集中的に注意を向けることができる．もし問題がすべての
年齢，種，生産段階にあるのであれば，すべての管理面についてより詳細な調査が必要と
なる．例えば，泌乳期の山羊の BCS が平均 3/9 である一方，若齢の山羊の肉づきが良い
場合，寄生虫や慢性疾患（ヨーネ病，山羊関節炎・脳炎，乾酪性リンパ節炎）の検査に加
えて，給水を含む栄養状態，飼養環境，搾乳方法を記録する必要がある．

　集団に現れる状況が証拠収集の指針となる．呼吸器疾患は，標準以下の飼養環境（アン
モニア濃度の上昇，飼養密度の増加，不十分な防疫措置）を示している可能性がある．下
痢は寄生虫（コクシジウム，クリプトスポリジウム），飼料の急激な変化，ヨーネ病，その
他の感染症（サルモネラ症）を示している可能性がある．低体重の動物は，カロリーの不足，
給餌の偏り，寄生虫，病気，食事や水の摂取ができない可能性がある．神経学的徴候は，
脱水，感染症（ウイルス性脳炎，狂犬病），中毒（ヒエンソウ，ロコ草，セレン，塩），寄生
虫（メジナ虫症），急性または慢性肝疾患に続発する肝性脳症でみられる．皮膚病は，不衛
生な環境，栄養の不均衡（ビタミンA欠乏，カルシウム：亜鉛），伝染性疾患（皮膚糸状菌症，
パピローマウイルス），寄生虫（疥癬），中毒（*Lantana camara*［俗称：シチヘンゲ］の慢性
的な摂取）の結果である可能性がある．

　動物が，報告義務のある病気や人獣共通感染症の徴候を示しているかどうかを判断
する．「緊急」，「報告対象」，「監視対象」の疾病は州によって異なる場合があるため，
州の獣医師に問い合わせる．調査時点で，その地域がある疾病の検疫下にあり，動物
の移動が禁止されている場合がある（高病原性鳥インフルエンザ，馬の腺疫，牛の結核
など）．職員が危険にさらされたり，職員を介して他の施設に病気を広げたりする可能
性がある．連邦や州から資金の提供や職員の派遣が，病気の診断や防除の一助となる
場合がある．

　トリアージ，安楽死の決定，重篤な個体の搬送を円滑にするため，健康状態が悪い動物
から良好な動物まで，現場で評価を行うように計画する．重篤な動物を病院へ搬送する必
要があり，それが合法である場合，獣医師はその動物が搬送のストレスに耐えられるかど
うかを判断すべきである．病院への搬送が限られている場合，獣医師は治療の効果が最も
期待できる動物を選ぶための協力をする．家畜の種類が複数となる事例では，大学の動物
病院が唯一の選択肢となることが多いが，検疫エリアやその他の安全な病棟のスペースが
限られている場合もある．スペースが許せば，民間の馬の診療施設も選択肢の一つである．
生存の可能性が低い場合は，その動物種にとって許可された方法による安楽死を行う．米
国獣医師会（American Veterinary Medical Association: AVMA）安楽死ガイドライン
（https://www.avma.org/KB/Policies/Documents/euthanasia.pdf）には，様々な家畜で承
認されている安楽死方法が掲載されている．

搬送が実施可能な選択肢である場合，その施設が現在の動物の状態で管理できる設備（リフト，スリング，重篤なケア，手術，検疫）を備えていることを確認する．動物の状態と治療について法獣医学的に有用な記録を保全する必要性を伝え，動物が生きた証拠であることを説明する．法獣医学的な症例の管理に消極的であったり，あるいは管理できなかったりする施設もある．また，保険上の理由から，外部の獣医師が施設内で管理や支援を行うことを許可しない施設もある．重症の大型動物の入院には費用がかかる．これらの動物の治療を行うには，十分な資金が必要である．健康状態が極端に悪い動物には，動物福祉に則した安楽死を行い，完全な法獣医学的解剖検査をすることが最良の選択であり，検察により多くの証拠を提供することができる．動物の解剖検査を行う前に，獣医師または獣医病理学者が法獣医学的な解剖検査と診断的な解剖検査の違いを理解したうえで，必要であれば法廷で証言する意思があるかどうか確認することが望ましい．

動物を移動させる前に，その場であらゆる角度から，動物全体の撮影，中距離や近距離からの撮影を行う．敷地内の場所(Field #)と個体識別番号に基づいて，個体番号を割り当てる．例えば，2頭の山羊が第1囲場のAという小屋にいた場合，それぞれ1-A-1と1-A-2の番号を割り当てる．個々のタグや入れ墨は，個々の動物の健康診断シートに記録する(資料参照)．

十分な栄養を含む飼料の給餌に関する記録

適切な飼料が給餌されているかは，家畜のBCSによって，一定程度評価することができる．いくつかのBCS表は，改良普及部署，品種団体，農業大学のウェブサイトから入手可能である(資料参照)．すべての家畜は，その品種，用途，生産状態に特化した採点システムに基づいて，BCSを評価するべきである．適切な評価スコアの選択は，家畜の用途（食肉用か酪農用か），品種（軽種馬か輓馬か，*Bos taurus*（ヨーロッパ系牛）か*Bos indicus*（インド系牛）か，肉用種か卵用種か，生産段階（妊娠期，搾乳期，空胎期，産褥期）を確認して決定する．混乱を避けるため，その動物種の評価に使用されるスコアシステムを引用する．BCSが3であれば，1〜5方式では「理想的」，1〜9方式では「削痩」，0〜3方式では「肥満」である．BCSは慣例として，それぞれ3/5，3/9，3/3と記録される．目視のみで判定するシステムもあれば，解剖学的指標となる部位の触診を必要とするシステムもある．BCSは1〜9の範囲であり，1/9のスコアは明らかに衰弱していたり，運動失調が認められたりする動物に適用する．「衰弱している」と報告する場合は，動いている動物や起き上がろうとしている動物をビデオに撮影しておく．衰弱が明らかでない場合，2/9がその個体に割り当てられる最低の点数である．体調が急速に悪化した個体は，長期間に渡って低給餌に順応する時間があった個体と比較して，体重は十分であっても，体力と協調性の低下を示す．脱水は慢性・急性を問わず，死を早める(Madea, 2005; Gerdin et al., 2015)．

動物と敷地の評価と記録

　可能であれば，食事を摂取した時の実際の体重を記録する．家畜種の体重を測定するには，いくつかの方法がある．小型反芻動物，ミニチュアホース，子牛，一部の豚，ラクダ科の家畜の体重は，しっかりとした平らな設置場所があれば，持ち運び可能な台秤を使って農場内で測定することができる．電気が使えない場合は，充電式バッテリーを備えたモデルもある．家畜のオークションで使用される大型の動物用の秤は，あまり一般的ではない．トレーラーを使用して，空の状態と家畜を個別に積んだ状態を計量して，家畜の体重を測定する方法もある．この方法は，家畜をトレーラーに積んで秤まで運び，計量後，農場に戻すことになるため，人の労力を要し，時間もかかり，家畜にストレスを与える．あるいは，馬(Ellis & Hollands, 1998; Hoffman et al., 2013)，牛(Wangchuk et al., 2018)，豚(Groesbeck et al., 2002; Sungirai et al., 2014)，山羊(Perez et al., 2016)，羊(Thomas et al., 1997)の体重を概算するために，体重測定テープを使用することもできる．リハビリの開始時と終了時に正確な体重を測定することで，体重が何ポンド[※2]増加したかを客観的に証明することができ，総体重に対するパーセンテージで表すことができる．例えば，Xという馬の押収時の体重が750ポンド（約340.2 kg）（BCS 2/9）で，押収後に譲渡された時の体重が1,150ポンド（約521.6 kg），BCSは5/9であった場合，34.8%の体重減少を意味することになる．

（現在の体重−以前の体重）÷現在の体重＝体重減少％

　裁判になったときに動物がまだ回復していない場合，推定される理想的な体重を現在の体重として当てはめることができる．

　被毛や照明の関係で，体の状態を正確に記録することは難しい．動物を様々な角度から間接照明で撮影することで，他の方法では見えない肋骨や脊椎を強調することができる．屈曲可能なワイヤーを利用することで，虐待の評価の際に触診された脊椎棘突起，仮肋，胸骨の輪郭を示すことができ，毛や羽毛のある動物種にでも法廷で明らかな証拠として示すことができる．この技術は産卵鶏で最初に報告された(Gregory & Robins, 1998)が，視覚的な記録としてどの動物種にも適応できる．鳥を仰向けに寝かせ，ワイヤーを羽毛の下からキール（胸骨）の長さの中間にかける．Gregoryの報告では，プラスチックでコーティングされた直径3 mmのワイヤーを使用していたが，形状が保持でき曲げやすいワイヤーであれば何でも良い．針金は，アクセサリーパーツを扱う手芸用品店，金物店，電気柵用針金（14ゲージが効果的）を扱う飼料工場などで購入できる．毛に覆われた小型反芻動物の場合，ワイヤーを腰の中央部に通してかたどる(図17.3)．動物に装着したワイヤーと取り外した後のワイヤーを，ワイヤーと対照的な色の背景で写真に撮る．ワイヤーにはテープまた

※2　1ポンドは約454 g

図17.3 毛刈りをしていない羊のBCSの記録．(a)動物を保定する（動物が慣れていれば搾乳台が有効）．(b) 腰の中央部の毛を刈り，皮膚を露出させる．(c)曲げやすいワイヤーを使い，体の輪郭に沿って曲げる．(d) 曲げたワイヤーを記録シートに置き，その内側を（ペン等で）なぞる．基準スケールをカルテに併記すると，法的手続きでの明確な意思疎通が容易になる．

はシールでラベルを付ける．BCSの輪郭を示す図の横にワイヤーを固定することで，リアルな動物の状態を非炎症的に描写することができる．ワイヤーで動物の体格を表す測定を継続して行うことにより，動物の状態が回復するにつれて経時的に改善されていることを示すことができる（図17.4a〜c）．

群れの20%以上の動物が低体重から削痩の状態である場合，飼養や動物に関連した原因が複数あることが明らかであろう（Ferrucci et al., 2012; Odriozola et al., 2018; Oliver-Espinosa, 2018）．すべての潜在的要因を調査し，文書化することが必要である．図17.5を参照

飼料の質と量の決定

家畜が飼料として植物を利用する場合，栄養価は植物種，植物の成熟度，生育条件に左右される．質の悪い飼料の場合，十分な栄養素を供給するためには多量に与えなければならない．栄養価の低い飼料では，家畜がタンパク質やエネルギーの要求量を満たすのに十

 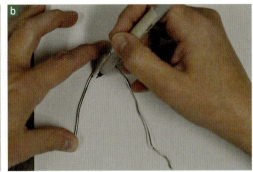 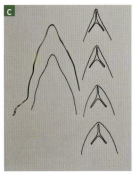

図17.4 曲げやすいワイヤーを用いた鳥類のBCSの記録．(a)ワイヤーを竜骨突起の上に押し付ける．(b) 曲げたワイヤーの内側の輪郭をなぞる．(c)ワイヤーとなぞった図を個体識別とともに写真に撮る．右のイラストの列はBCS 0〜3を表す (Gregory & Robbins, 1998)．

飼育上の原因
- 不十分又は不適切な飼料，環境条件，動物種，生産段階（泌乳期の動物は体調を維持するためにより多くのカロリーを必要とする．熱ストレスのある動物は食べなくなる．寒冷地ではより多くのカロリーを必要とする．）
- 質の悪い飼料
- 不十分な寝床スペース
- 飼料を摂取するための十分な時間がない（動物の序列による飢餓，または給餌場での時間が限られている）．
- 飼料を咀嚼，嚥下，消化できない（歯またはその他の顎顔面疾患，ホルターがきつすぎる）．
- 極端な環境(暑さ，湿度，寒さ)にさらされている．
- 毒素

動物の原因
- 飼料にたどり着けない（跛行，衰弱，飼料までの障壁）
- 内部寄生虫や外部寄生虫による苦痛が大きい．
- 急性または慢性の疾患（ヨーネ病，腫瘍，心臓病，羊の進行性の肺炎，慢性の肺疾患）
- 加齢による症状
- 濃厚飼料を給餌する前の母牛の泌乳不良

図17.5 体調不良の原因

分な量を食べ尽くすことが，不可能な場合もある．

　飼料を分析できる場所は全国にいくつかある（「リソース」を参照）．全米飼料検査協会 (National Forage Testing Association) の会員は，検査の熟練度を証明することで認定試験所のステータスを得ることができる．認定試験所を利用することで，検査の再現性が高まり，裁判で異議を申し立てられる可能性が低くなる．特定の状況におけるサンプリングと出荷に関して，推奨される最善策については，試験所に問い合わせると良い．一般的には，家畜が食べている植物を観察し，放牧地の様々な種類の放牧植物がある場所（溝，木の下，フェンスの畝沿い）からそれぞれ，手で25〜30程度の量を掴んで採取する．牛は植

物の上部3分の1，豚と家禽は植物全体，小型反芻動物，ラクダ科の動物，馬は土から1インチ（約2.5 cm）以内というように，その種が摂食しそうな位置（高さ）で植物を採取する．サンプルのパッケージには，容器の内側と外側に同一のラベル（事例番号，機関，場所，時間，日付，内容物，収集者，固有のサンプル番号）を貼る．試料をビニール袋に入れ，余分な空気を抜き，テープ[※3]で密封した後，適切な情報を記したラベルを貼る．発酵を防ぐために凍結し，証拠保全の連鎖のために宅配便で氷冷して一両日中に輸送する．

　動物は通常，他に飼料がない場合を除いて，糞尿堆肥の近くや水桶の周り，雑草の生えた場所には放牧しない．このような場所は，放牧可能面積の計算から差し引くべきである．地面に家畜が食べ残した雑草があり，他に摂食可能な飼料がない場合は，雑草を採取するか写真を撮り，植物種を特定する必要がある．栄養学者，毒物学者，植物学者は，その植物が有毒であるかどうか，またはその植物種に栄養価があるかどうかを判断することができる．秋に過放牧された牧草地は，再生に時間がかかり，春に生産される栄養分が少なくなる．まばらな牧草地は，慢性的な過放牧の結果かもしれないし，一度だけ秋に過放牧されたことを反映しているのかもしれない．見た目は似ていても，前者の状況の方が後者よりも栄養価が高い．一般的原則として，適正に管理された牧草地では，利用可能な飼料の50％が消費された時点で放牧場所のローテーション（輪喚放牧）を行う (Undersander et al., 2002; Sprinkle & Bailey, 2004; Bartlett, 2005)．牧草から得られる栄養は，植物種，生育条件，植物の成熟度，葉，茎，花の消費量に左右されることを忘れてはならない (Undersander et al., 2002; Bartlett, 2005; USDA Natural Resource Conservation Service, 2003)．

　乾草はカビや過度の粉塵がなく，乾燥した風通しの良い場所に保管する．一般的に，乾草は緑が濃く葉が柔らかいほど，より多くの栄養分がある．乾草畑で続けて収穫すると，1エーカー（約4,046.9 m²）当たりの収穫量は少なくなるが，乾草の栄養密度は高くなる．例えば，アルファルファ畑の2回目の刈り取り（収穫）は，1回目の刈り取りよりも緑が濃く，栄養分が豊富である (Balliette & Torell, 1998)．屋外の地面に保管されたロールベールは，外側にカビが生える．家畜は，食用になる内側部分を摂食するため，外側の層を剥ぎ取る．乾草サンプルはコアリング装置で採取するか，代表的な剥片を紙に入れて，容器の内側と外側にラベルを貼り，証拠として印を付け，栄養分析のために宅配便で研究室に発送する．

　濃厚飼料とサプリメントについて，すべての種類の重量を記録する．ミネラルブロック，穀物の袋，添加物の表示ラベルを収集し，バランスの取れた飼料が摂食できたかどうかを判断する．地元の飼料工場が特注で穀物を混合した場合は，その含有量を分析する．工場は，顧客が発注した混合飼料の各バッチの原材料リストと配合割合を提供することが義務

※3　原文のfrangible tapeはアセテートテープともいい，丈夫だが手で割くことができるためセキュリ
　　ティテープとしても利用される

付けられている．原材料のリストが請求書に記載されていない場合は，電話で確認するか飼料の販売施設を訪問することで必要な情報を得ることができる．

定性分析に加えて，穀物の購入量（請求書，小切手の半券，農場の帳簿といった販売施設の記録）を時間（日単位）と給餌頭数で割ることで，個々の牛に与えられた飼料のポンド／頭／日量がわかる．例えば，

50頭の牛に対して2週間ごとに1トンの穀物を購入していたとすれば，以下の量となる．

2,000ポンド（約907.2 kg）の穀物÷14日＝142.86ポンド（約64.8 kg）／日を50頭の牛に給与

142.86ポンド／日÷50頭＝2.86ポンド（約1.3 kg）／頭／日

乾草，サイレージ，ヘイレージ，その他の飼料の量も，重量が分かれば同様に計算できる．正方形の乾草ベールの重量を測定することができる．ロールベールの重量は，ベールの直径と含水率に基づいて推定することができる．あるいは，数個の代表的なベールを平台に積み，トレーラーの重量を公認の秤で計量することで，測定することもできる．公認の秤は，トラックの停留所，穀物のエレベーター，大型の造園資材を販売している店などで見つけることができる．

飼料の購入量と濃厚飼料の購入量を組み合わせて，家畜に供給されるカロリーと栄養素の量を計算する．適切な栄養の最低基準として，様々な動物種の栄養要求量に関する全米研究評議会（National Research Council: NRC）シリーズを使用することができる（https://www.nap.edu/collection/63/nutrient-requirements-of-animals）．

十分な量の飼料が供給されていたとしても，給餌台に十分なスペースがない場合，群れの中で支配的な動物によって，小さくて弱い動物が飼料へ近付けない状況にあると，動物の社会的地位による飢餓が発生する可能性がある．推奨されるスペースは，各州の農業協同組合の普及事務所から入手することができる．すべての家畜に同時に給餌する場合，それらの家畜が寝転がることのできる最小限の収容スペースが必要であり，また，攻撃性の低い動物のための余裕を持ったスペースが必要である．自由給餌の場合は，動物が寝転がるスペースは少なくて良い．給餌器のサイズと構造がその動物種に適しているかどうかに注意する．表17.2に推奨される給餌のスペースを示す．

適切な給水

水は最も重要であり，水分を全く摂らないと，数日以内に死に至る．水分が不足すると，嵌入便，運動不良，飼料消化率の低下，低栄養を原因とする疾病感受性の増加により，苦痛が長引く（Rübsamen & von Engelhardt, 1975）．最低必要水量は品種，環境条件，生産段階，および飼料によって異なる．様々な動物種や体の大きさ，各生産段階に対する推奨量は，

各州の農業改良普及所，農業大学，および多くの教科書から得ることができる (Jurgens et al., 2012; Kellems & Church, 2010; Ward, 2007)．**表17.3**参照

　水は，自然の水源(河川，池，湖沼，小川)や家畜の水桶を経由して供給される．自然の水源が利用可能かどうかは季節によって異なる．冬季には北部では氷が張ることがあるし，夏季には干ばつによって蒸発し支流からの供給が減少することがある．採集池が湧水であるのか，そうでなければ常時供給されているのかどうか注意する必要がある．春の雪解けや雨季に現れる一時的な水溜まりは，季節的なものであり水の量だけでなく質も一定しないことがある．干ばつ時には汚染物質が濃縮され，季節によっては水が飲めなくなる．水質検査は，民間や大学の研究所で受けることができる．

　水桶は，水位が下がったとしても，すべての個体が利用できるようにしなければならない(**図17.6**)．家畜が溺れないような安全策も講じるべきである．水桶やタンクは，家畜の頭数を考慮し，適切な速度で水を補充する必要がある．温暖な気候では，牛 1 頭が 1 分間に 2〜6 ガロン (約7.6〜22.7 L) の水を消費することがある．自動給水器の補充速度と清潔さをチェックする．

表17.2 動物の最小給餌スペース

動物種	必要な寝床スペース (1頭あたり)
肉牛の子牛	18〜22インチ (約45.72〜55.88 cm)
600ポンド (約272.16 kg) を超える肥育牛	20〜26インチ (約50.80〜66.04 cm)
繁殖用乳牛	24〜30インチ (約60.96〜76.20 cm)
泌乳牛	30インチ (約76.20 cm)
2〜4カ月齢の乳牛	18インチ (約45.72 cm)
繁殖まで5カ月齢の乳牛	20〜24インチ (約50.80〜60.96 cm)
豚	肩幅の1.1倍
羊	16〜20インチ (約40.64〜50.80 cm)
子羊	9〜12インチ (約22.86〜30.48 cm)
山羊	16インチ (約40.64 cm)
産卵鶏，ブロイラー	5インチ (約12.70 cm)
4週齢までのブロイラーの雛	1インチ (約2.54 cm)
4〜8週齢のブロイラーの雛	2インチ (約5.08 cm)
8〜16週齢のブロイラーの雛	3インチ (約7.62 cm)

表17.3 最低必要水量 (続く)

動種類と年齢/生産	水の量または給水器の間隔
乳牛の子牛 (生後 4 カ月齢未満)	2.5ガロン (約9.46 L)
子牛 5〜24カ月齢	6.5ガロン (約24.61 L)
授乳期の乳牛	30ガロン (約113.56 L)
泌乳していない成牛	11ガロン (約41.64 L)
ドライロットの肉牛　体重 400〜800 ポンド (約181.44〜362.87 kg)	7ガロン (約26.50 L)

表17.3（続き）最低必要水量

ドライロットの肉牛　体重 800〜1400 ポンド（約362.87〜635.03 kg）	11ガロン（約41.64 L）
泌乳期の肉牛	14.5ガロン（約54.89 L）
乾乳牛/去勢牛/未経産牛	10ガロン（約37.85 L）
豚　15〜50 ポンド（約6.80〜22.68 kg）	½ガロン（約1.89 L）
50〜150ポンド（約22.68〜68.04 kg）	1.25ガロン（約4.73 L）
150〜250ポンド（約68.04〜113.34 kg）	2.4ガロン（約9.08 L）
妊娠中の雌豚，未去勢の雄豚	4ガロン（約15.14 L）
泌乳母豚	5.25ガロン（約19.87 L）
馬	1ガロン/体重100ポンド（約3.79 L/体重45.36 kg）
泌乳雌馬	2ガロン/体重100ポンド（約7.57 L/体重45.36 kg）
羊　子羊（50〜125ポンド［約22.68〜56.70 kg］）	1ガロン（約3.79 L）
成羊	1.5ガロン（約5.68 L）
泌乳雌羊	2.75ガロン（約10.41 L）
山羊　成山羊	1〜3ガロン/日（約3.79〜11.34 L）
泌乳雌山羊	1クォート/産乳量1パイント を維持（約0.95 L/産乳量0.47 L を維持）
成鶏	1パイント〜1クォート/羽/日（約0.47〜0.95 L/羽/日）
アヒル	1日8〜12時間を自由に飲水　気温が90°F（32.2℃）以上のときは，水は無制限
七面鳥　0〜4週齢	1羽あたりの給水器の間隔　½インチ（約1.27 cm）
5〜16週齢	1羽あたりの給水器の間隔　1インチ（約2.54 cm）
16〜29週齢	1羽あたりの給水器の間隔　1インチ（約2.54 cm）
成鳥	1羽あたりの給水器の間隔　1インチ（約2.54 cm）

注：量は平均値．運動や気温・湿度の上昇により消費量は増加する．

図17.6 水桶は，水位が下がったとしても，すべての個体が飲水できるようにしなければならない．

図17.7 検査所に提出する前に，水のサンプルを撮影し，色と濁度を記録する．

水までの距離は家畜の動物福祉に影響を与える．ローテーション放牧で限定された放牧地では，推奨される水場までの距離は800フィート(約243.8 m)である．開放放牧で推奨される水までの最大距離は，平坦地であれば2マイル(約3.2 km)，起伏の多い地形であれば1マイル(約1.6 km)である(Smith et al., 1986)．雪が豊富にあり，牛が雪を利用することに慣れていれば，雪が唯一の水源であったとしても畜産上の慣習として容認されている．

水は飲用可能でなければならない．沿岸地域では，特に高潮の後，塩分濃度が問題になることがある．塩分濃度の指標である全溶解固形分(Total dissolved solids: TDS)が5,000 ppmを超えると，食餌の消費量が減少し体重が増加しなくなる．10,000 ppmを超える水は水源として使用すべきではない(Dyer, 2012; Gadberry, 2016)．地表水源は，流出水，藻類の繁殖，ボツリヌス菌で汚染されている可能性がある．井戸水には，重金属(鉛，水銀，カドミウム，ヒ素，クロム)，亜硝酸塩，元素(亜鉛，ホウ素，セレン，フッ素)，大腸菌が含まれている可能性がある(Sallenave, 2016)．

水の供給と飲水のスペースが適切であるように見える場合，タンクの利用を妨げるような浮遊電圧[4]がないかチェックする(Fisher, 2008)．有害な臭いやタンク内のカビ，化学物質が原因で，水の風味が落ちている場合もある．水は，ミネラル分，毒素，細菌汚染，pH，藻類，カビなどを分析することができる．粒子状物質が懸念される場合は，実験室での分析前に，サンプルを詰めた水のボトルを写真に撮っておくと，水質を図式的に証明することができる(**図17.7**)．

※4 電圧がかかっていない状態でも，物理的な構造に起因して発生する電圧

表17.4 動物種ごとの快適温度帯

動物種	体重	熱的中性圏
牛		
子牛	500ポンド未満（約226.80 kg未満）	50〜68°F（10〜20℃）
成牛	500ポンド超（約226.80 kg超）	41〜68°F（5〜20℃）
山羊		50〜68°F（10〜20℃） 毛用の山羊はそれ以下
馬		41〜77°F（5〜25℃）
豚		
	4〜12ポンド（約1.81〜5.44 kg）	85〜96°F（約29.44〜35.56℃）
	12〜25ポンド（約5.44〜11.34 kg）	70〜79°F（約21.11〜26.11℃）
	25〜35ポンド（約11.34〜15.88 kg）	65〜73°F（約18.33〜22.78℃）
	35〜65ポンド（約15.88〜29.48 kg）	60〜69°F（約15.56〜20.56℃）
	65〜130ポンド（約29.48〜58.97 kg）	58〜65°F（約14.44〜18.33℃）
	130〜280ポンド（約58.97〜127.00 kg）	55〜62°F（約12.78〜16.67℃）
成熟した雌豚，未去勢の雄豚	500ポンド以上（約226.80 kg以上）	53〜65°F（約11.67〜18.33℃）
家禽類		鶏舎と飼養密度による
ブロイラー成鶏		73.5〜84.5°F（約23.06〜29.17℃）
レイラー成鶏		68〜77°F（20〜25℃）
七面鳥		68〜78°F（20〜約25.56℃）
アヒル		47〜74°F（約8.33〜23.33℃）
羊		70〜77°F（約21.11〜25℃） 年齢，被毛，湿度による

出典：以下を参考に作成
　Arieli et al. (2007), Cherry & Morris (2008), Gaughan et al. (2008), Ghassemi Nejad & Sung (2017),
　Global Animal Partnership (n/d), Gottardo et al. (2008), Kerr (2015), Lammers et al. (2007), Meat and
　Livestock Australia (2006), Meltzer (1983), Morgan (1998), Watkins et al. (2008), Whay et al. (2003).
注：湿度により範囲は狭くなる.

適切な畜舎

　畜舎は，風雨を避け，休息できる場所であれば十分である．動物は適度に清潔で乾いていなければならない．清潔度スコアは様々な動物種で利用でき，影響を受けた体の部位と重症度に応じて作成されている．使用可能な採点表のリストは「資料」を参照．乳牛の清潔度の不足は，体細胞数の増加，跛行，蹄病変，蹄の問題と関連している (Reneau et al., 2005; Sadig et al., 2017)．肉牛の清潔度スコアが低いことは，跛行の増加や疾病を原因とする淘汰と関連がある (Gottardo et al., 2008)．

　熱ストレスの証拠には，暑さと寒さの両方に対する不耐性の兆候が含まれる．動物種や品種によって快適な温度帯は異なる．一部のリストは**表17.4**を参照．熱ストレスや熱中症の徴候には，過度の発汗(馬，牛)，過度のパンティング，姿勢の変化(家禽，牛，豚)，食欲不振，開口呼吸，流涎，唾液分泌過多，よろめき，直腸温上昇，虚脱が含まれる．熱中症の相対的なリスクを判断するために，様々な動物種の暑さ指数表が利用できる(Kerr, 2015)．

気温と湿度が高く，群れの10%が中等度の熱ストレスの徴候を示している場合は，家畜の移動，取り扱い，ストレスを避ける．個体の現在の熱ストレスのレベルを評価するために，パンティングスコアが使用される**(表17.5)**．スコアが3.5以上の動物は死亡の危険がある．熱ストレスは，特に羊や南米のラクダ科動物では蓄積されやすい．囲いやストール内の動物を対象とした温度と湿度の記録は，家畜が実際に経験した状況を正確に反映している．

　飼養密度とは「与えられた空間における動物の集中度」と定義される．飼養率とは，限られた量の飼料しかない土地で，放牧シーズンに放牧できる頭数を反映したものである（例：2頭／エーカー）．最低飼養密度は，動物種ごとに様々な文献で示されている．(AssureWel®, Global Animal Partnership®, Welfare Quality®).

　閉じ込められて生活する動物には，換気，空気交換に最低限必要な条件があり，それは畜舎のタイプや天候に影響される．高温多湿の環境下では，空気の質を維持するために，より高い換気量が必要となる．寒冷地では，換気率が高すぎると隙間風が発生する．換気不足はアンモニア濃度の上昇につながる．

　敷料が適切かどうかは，敷料のタイプ，量，床材に左右される．家畜が清潔で乾燥しており，アンモニア濃度が許容範囲内であれば，敷料はおそらく適切であろう．不適切な敷料は，跛行(家禽の趾皮膚炎，反芻動物の趾皮膚炎，馬のカンジダ症)，膿瘍(反芻動物，豚，家禽)，蹄病変(畜舎のみで飼育される牛と豚)の増加につながる．ぎっしりと詰まっていたり，濡れていたり，カビが生えていたりする寝床は，微粒子やアンモニアを増加させ，空気の質を悪くする．アンモニアの悪影響に関する研究情報は，牛：呼吸器保護機能の低下とそれに伴う呼吸器疾患の増加(Marschang, 1973)，豚：新生子死亡の増加，関節炎，膿瘍(Donham, 1991)，家禽とヒト：鼻炎，咳，呼吸困難，死亡(Carlile, 1984; Issley, 2015)について入手可能である．アンモニア濃度が上昇すると，動物は以下の臨床徴候を少なくとも一つは示す．

- 流涙症(全種)
- 50 ppm 以上で成長期の豚の体重増加の抑制
- 豚における呼吸器病変 100 ppm 以上(Drummond et al., 1978, 1980, 1981a,b)
- 80 ppm 以上での牛の呼吸器病変 (Lillie & Thompson, 1972)
- 40 ppm 以上で家禽に眼症状および呼吸器症状(Carlile, 1984)
- 家禽の肢の皮膚炎,胸部および飛節の火傷(Global Animal Partnership; Kaukonen et al., 2016)

　従業員が施設に入り，ドアを開ける前に，市販の装置を使用してアンモニア濃度を測定することができる．地元の消防署，警察署，または環境保護機関に連絡し，暴露前の空気の質を評価することができる．濃度が高い場合は，タイベックスーツを使用することで，接触皮膚炎を抑えることができる．

表17.5 パンティングスコア

動物種	パンティングスコア	呼吸数 bpm	胸部の動き	唾液/流涎	口	舌	姿勢
牛	0	40未満	辛うじて見える	なし	閉じている	見えない	正常
	1	40〜70	容易に見える	なし	閉じている	見えない	正常
	2	70〜120	急速な喘ぎ	見える	閉じている	見えない	正常
	2.5	70〜120	急速な喘ぎ	見える	時々、開いている	見えない	正常
	3	120〜160	急速な喘ぎ	見える	開いている	見えない	頭部と頸部を背と水平に伸ばしている
	3.5	120〜160	急速な喘ぎ	過度の流涎	開いている	時々、出ている	頭部と頸部を伸ばしている
	4.0	160超	急速な喘ぎ	粘り気のある流涎	開いている	伸ばしている	頭部と頸部を伸ばしている
	4.5	160未満となる可能性あり	可動域が深くなる	おそらく止まる	開いている	伸ばしている	頭部と頸部を下げている
羊	0	30	辛うじて見える	なし	閉じている	見えない	正常
	1	40〜60	わずかな喘ぎ	なし	閉じている	見えない	正常
	2	60〜80	急速な喘ぎ	なし	時々、開いている	見えない	正常
	3	80-120	急速な喘ぎ	呈している	開いている	見えない	頭部と頸部を伸ばしている
	4	200超	急速な喘ぎ	呈している	開いている	伸ばしている	頭部と頸部を下げている
家禽類	0		正常な呼吸				正常な姿勢
	1		パンティングの発症				正常な姿勢
	2		長引いたパンティング				翼を広げている
	3		長引いたパンティング				翼を広げ、うずくまっている
	4		パンティング				虚脱

出典：以下を参考に作成
Arieli et al. (2007), Bird et al. (1988), Global Animal Partnership, Welfare Quality Protocol for Poultry, Mack et al. (2013), Gaughan et al. (2008).

図17.8 (a)雌のアヒルの首背部の折れた羽毛と損傷した皮膚．(b)翼の頭側表面の擦り切れた皮膚と損傷した羽．この鳥は両脛足根骨の重度の骨髄炎を患っており，翼を松葉杖代わりに使って歩行していた．

空気の質をさらに評価するため，空気中の粒子状物質を測定し，記録する．家畜を収容しているそれぞれの囲いの平らな面に黒い紙を1枚，30分間置く．ほこりを集めた後，それらをアセテートで覆い，場所，症例，日時，収集者のラベルを貼る．黒い紙を対照として，それらを並べて写真に撮り，裁判に必要な場合は証拠として保管する．

鶏の敷料の質は，羽毛の質と清潔度，趾蹠，飛節，胸部に病変がないことで評価する．多数の鳥がいる場合は，無作為抽出で鳥の清潔度を記録する．50羽以下の場合は，個々の鳥を部位別に評価する必要がある(Campe et al., 2018)．頭部，頸部，尾部，翼，背部，胸部，および鼻孔の羽毛の有無と清浄度を別々に記録する(LayWel, 2006)．傷も同じ箇所に記録する．写真や個体別外傷チャート(資料参照)を活用することで，記録しやすくなる．鳥の間で序列が生じることは鳥類の行動の正常な表現であるが，羽つつきは，優位な鳥によって羽が傷つけられたり，羽が抜かれたりすることを示す．羽毛の損失は，産卵期に羽毛が薄くなった結果である場合もある．産卵期の換羽や季節的な換羽は正常な現象である．交尾の際に雄が雌の頸部を掴んだ結果，頸部背面に沿って特徴的に羽毛が損傷する傾向がみられる．極端な場合，雌に対して雄の比率が高い群れでは，皮膚が損傷することもある．翼の頭蓋面に沿って損傷した羽は，鳥が歩行のために翼を使っていることを示している．羽つつきは共食いにつながる可能性があり，これは遺伝学や飼育方法など多因子にわたる問題である．被害を受けた鳥は隔離して治療する必要がある(Clauer 2009, Jacob 2015)．外傷の程度と深さ，外用薬の有無に注意する(図17.8a, b)．

趾蹠皮膚炎(足底炎)は鳥類の足底の皮膚に起こる炎症で，小さな変色から痂皮を伴う大きなびらんまで，その様相は様々である．湿った粘着性の砂が病変発生の一因となる(de Jong & van Harn, 2012)．炎症を起こした皮膚から細菌が侵入し，敗血症や感染性関節炎を引き起こすこともある．病変は「病変なし」，「軽度病変」，「重度病変」と表現するか，確立された動物福祉の評価プロトコル(Global Animal Partnership, LayWel, Welfare Assure)に従って等級付けすることができる．どの尺度を選択したか報告書に記載する．病変の数

| 動物と敷地の評価と記録 |

 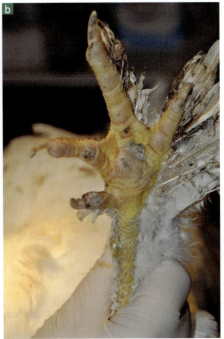

図17.9 鶏の足底（a）正常/病変なし．(b) 軽度の病変/スコア2/3（LayWel®のスコアリングシステムによる）

と重症度を集計し，罹患群に占める割合で表す(図17.9a, b)．飛節の病変は趾蹠皮膚炎と一緒に記録することも可能で，別の病状として記載しても良い．

　乳牛の飛節や手根部の病変は，擦れやすい臥床面，不適切な敷料，畜舎の金具との擦れによる動物福祉上の問題と考えられている．これらの病変は感染を起こし，跛行の原因となることがある(Kester and Frankena, 2014)．病変は写真で記録し，個体別の外傷記録シートに記載する．Pottertonら(2011)は4段階評価を用いている．すなわち，「なし」は正常な飛節で被毛の損傷がないこと，「軽度」は被毛が摩耗していること，「中等度」は（褥瘡のように）皮膚統合性が失われていること，「重度」は腫れや皮膚の裂傷がある病変を示す(Whay et al., 2003)．跛行の有無とその程度も記載する．

適切な獣医療

　大規模な商業農場を対象として開発された動物福祉の評価プロトコル(Global Animal Partnership, Welfare Quality, Red Tractor Assurance, Royal Society for Prevention of Cruelty to Animals)は，小規模であったり，多品種であったりする動物にも応用することができる．代表的なサンプルを評価するためのガイドラインや，考慮すべきパラメーターを効果的に適用することができる．それらは，未処置外傷，跛行，予防医療の根拠が記録されている．

ワクチン接種と寄生虫駆除のプログラムは，糞便の虫卵数の少なさ，獣医師の診療報酬明細書，動物種と地域に適したワクチン接種記録によって証明される．寄生虫駆除が適切であるかを評価するには，動物の状態を考慮しなければならない．BCSが適切であれば，寄生虫の負担はその個体にとって有害ではない．BCSが低い動物，下痢をしている動物，低成長の動物は糞便の虫卵数の計測(fecal egg count: FEC)を実施すべきである．修正マクマスター法は反芻動物におけるFECの現在の最適な手法である．結果は糞便1 gあたりの虫卵数(eggs per gram: epg)で報告される．許容される epg は動物種，季節，生産段階によって異なる．馬は一般的に 200 epg以上で駆虫を行うことになる．捻転胃虫(*Haemonchus contortus*)が最も問題となる温暖な時期の小型反芻動物における epgの推奨レベルは，非妊娠成獣で 2,000 epg，繁殖雌獣や幼獣で 1,000 epg，泌乳雌獣で750 epg である．寒い時期には，メス1頭あたりの産卵数が少ない他の種の寄生虫(オステルターグ胃虫[*Ostertagia ostertagi*]と毛様線虫[*Trichostrongylus columbriformis*])が優勢になるので，駆虫は夏季の虫卵数の2分の1(非妊娠成獣で1,000 epgなど)で行うべきである (Fernandez, 2012)．参考文献や手技を実演したビデオがオンラインで入手できる(https://www.wormx.info/fecal-egg-counting)．動物病院や検査機関に検査を依頼することも選択肢の一つとなる．クリプトスポリジウム・パルバム (*Cryptosporidium parvum*)が疑われる場合は，検査に特別な染色と訓練が必要なため，検査機関に提出することが望ましい．駆虫後，虫卵数の減少を記録し，牛群に寄生虫の耐性株が存在しないことを証明する必要がある (Sanders, 2015)．ほとんどの家畜種では，内部寄生虫がいなくなることはない．FECが低い場合，家畜の低成長は別の原因によるものである可能性が高い．

外部寄生虫は体重減少，貧血，瘙痒症，脱毛を引き起こし，動物福祉に影響を及ぼす．外部寄生虫の一部は USDA/APHISの報告対象疾病である．これには，すべての家畜種における旧世界ラセンウジバエ (*Chrysomya bezziana*) および新世界ラセンウジバエ (*Cochliomyia hominivorax*)，羊および山羊における疥癬が含まれる．外部寄生虫の中には，肉眼やハンドレンズで確認できるものもあれば，確定診断のために皮膚の掻爬やテープによる前処理が必要なものもある．シラミは種特異的な傾向があり，宿主に寄生してそのライフサイクルを過ごし，環境中で約1週間生存する．感染経路は，動物から動物への直接感染と，グルーミング用具や汚染された敷料や器具を介した間接感染がある．シラミは気温が高くなると繁殖を停止するか死滅するため，冬に多く発生する．一般的に牛や山羊はシラミに感染しやすいが，馬は衰弱していなければ感染しにくい．罹患した牛は唾液でもつれた毛を残して体をなめるが，山羊，馬，豚は物に体をこすり付ける．シラミは光を避け，毛幹がなくなると別の隠れ場所に移動する．シラミは毛や羽に付着している．シラミはアルコール入りまたはアルコールなしのガラス瓶で採取できる．シラミをマクロレ

図17.10 疥癬虫（ヒゼンダニ）とシラミに感染した豚．赤く肥厚した皮膚，鼻の角化亢進した灰色の病変部，脱毛部位，自傷の跡に注意

ンズで撮影したり，顕微鏡のスライドで撮影することで，咬んだり吸ったりする口器を確認することができ，種の同定に役立つ．シラミが繁殖するのに十分な時間（20～40日）があったことを，被毛のダニが証明する．家禽は同時に数種のシラミに感染する可能性があり，現在までに，最も一般的なニワトリオオハジラミ（*Menacanthus stramineus*），ハバヒロナガハジラミ（*Culclotogaster [Lipeurus] heterographa*），羽軸の付け根に寄生するニワトリハジラミ（*Menopon gallinae*）など，40種が確認されている．感染による負荷は軽いことが一般的であり，有害ではない．大量に寄生すると，貧血，羽毛の減少，低成長を引き起こすことがある．トリサシダニ（*Ornithonyssus sylvarium*）は，鳥の腹部（総排泄腔，尾，肢）の羽毛を汚す．ワクモ（*Dermanysus galllinae*）は夜間に鳥を吸血し，日中は鶏小屋に潜んでいる．ひどく感染した鳥は体重が減少する．珪藻土，湿潤性硫黄パウダー，または砂を含むダストバスを鳥に与えることで，外部寄生虫の負荷を抑えることができる（Martin and Mullens, 2012）．ブタヒゼンダニ（*Sarcoptes scabei* var. *suis*）に罹患した豚は，物に体をこすりつけて毛が抜け，皮膚が肥厚する（図17.10，表17.6）．

地域によっては，協同組合の普及改良サービス（Cooperative Extension Service）や，州の獣医師，または地元の産業動物獣医師が，その地域で最低限必要なワクチン接種に関して指導を行うことができる．動物用品のインターネット販売店や地元の飼料販売店からの領収書に，ワクチンの購入が記録されているかもしれない．農場の獣医師がワクチンを投与または調剤している場合もある．生物学的製剤は温度管理された冷蔵庫に保管する必要がある．羊や牛の群れに予防可能な病気が存在する場合は，購入したワクチンの量や適時に投与した証拠を一緒に記録する必要がある．

表17.6 寄生虫とその好発部位（続く）

動物種	寄生虫	寄生部位
牛		
吸血するシラミ	*Hematopinus eurysternus*	頭皮, 鼻, 目, 頸部, 胸部
	Lignathus vituli	キ甲, 尾, 腋窩, 鼠径部
	Solenopotes capillatus	頭部, 特に顔や顎
刺すシラミ	*Bovicola bovis* かつては(*Damalina bovis*)	頸部, キ甲, 尾根部
マダニ	*Amblyomma americanum* Lone Star Tick	会陰部, 乳房, 胸垂, 脇腹のひだ, 腋窩のひだ
	Dermacentor sp. American Dog or Wood Tick; Rocky Mountain Wood Tick	耳や乳房, 尾根部の周囲
マダニ	*Dermacentor nitens* Tropical Horse Tick	耳
	Rhipicephalus sp. Cattle or Blue Tick	顔の周囲
ヒメダニ	*Otobius megnini* Spinose Ear Tick	耳介の内側
ダニ	*Sarcoptes scabiei* var *bovis*	顔, 頸部, 肩, 臀部
	Psoroptes ovis	尾根部, 角底部, 頸部周囲, 全身を覆うこともある
	Chorioptes sp. Leg Mites or Barn Itch	下腿, 蹄, 股間, 尾
	Demodex bovis Follicle Mite	頸部, 肩, 腋窩, 乳房
	Raillietia auris Cattle Ear Mite	耳
ハエ イエバエ科 サシバエ	*Stomoxys* Stable Fly	肢部, 腹部, 脇腹
	Siphona irritans Horn Fly	背, 胸垂, 体側 (暑いときは腹部)
	Musca autumnalis Face Fly	眼, 鼻, 口唇
ウシバエ	*Hypoderma bovis* Warble Fly	脚に産卵する. 成虫は餌を食べない.
山羊		
吸血するシラミ	*Linognathus africanus* African Blue Louse or African Goat Louse	胴体, 頭部, 頸部
	Linognathus stenopsis Goat Sucking Louse	全身
	Linognathus pedalis (Sheep) Foot Louse	肢部
刺すシラミ	*Bovicola caprae* Goat Biting Louse	全身
	Bovicola crassipes Angora Goat Biting Louse/ Hairy Goat Louse	全身

動物種	寄生虫	寄生部位
刺すシラミ	*Bovicola limbata* Fringed Goat Louse/Angora Goat Louse	全身
マダニ	*Amblyomma maculatum* Gulf Coast Tick	角底部，耳の中
	Amblyomma americanum Lone Star Tick	胸垂や頸部，稀に頭部や腋窩
	Dermacentor variabilis American Dog Tick	
ヒメダニ	*Otobius megnini* Spinose Ear Tick	耳介の内側，外耳道，耳の縁
ダニ	*Demodex caprae* Goat Follicle Mite	顔面，頸部，腋窩，乳房（ザーネン種はより重篤）
ダニ	*Sarcoptes scabiei* Scabies Mite	口吻，眼，耳の縁，内腿から飛節，陰嚢，腹部
	Psoroptes cuniculi Psoroptic Ear Mite	耳介の内側
	Chorioptes bovis Chorioptic Scab Mite	肢部
ノミ	*Ctenocephalides felis* Cat Flea	全身，特に頭部，頸部，腹部
	Echidnophaga gallinacea Sticktight Flea	顔面や耳
ハエーシラミバエ	*Melophagus ovinus* Sheep Ked/Sheep Tick (Wingless Fly)	頸部，脇腹，臀部，腹部
双翅目	*Oestrus ovis* Nasal (Nose) Bot Fly	幼虫は口吻に付着し，副鼻腔で成長する．
イエバエ科ー刺すハエ	*Haematobia irritans* Horn Fly	背，脇腹，腹部，肢部
	Stomoxys calcitrans Stable Fly	肢部
	Tabanus sp. Horse Fly	肢部や背
	Chrysops sp. Deer Fly	頭部，背，肢部
馬		
吸血するシラミ	*Hematopinus asini* Horse Sucking Louse	たてがみ，頭部，頸部，背，内腿
刺すシラミ	*Werneckiella (Damalina, Bovicola) equi* Horse Biting Louse	頭部，たてがみ，尾根部，肩
マダニ	*Ixodes scapularis* Black-Legged or Deer Tick	
	Ixodes pacificus Western Black-Legged Tick	
	Dermacentor variabilis American Dog Tick	

表17.6（続き）寄生虫とその好発部位

第17章

表17.6（続き）寄生虫とその好発部位

動物種	寄生虫	寄生部位
マダニ	*Dermacentor albipictus* Winter Tick	
	Dermacentor andersoni Rocky Mountain Wood Tick	
	Amblyomma americanum Lone Star Tick	
	Amblyomma maculatum Gulf Coast Tick	
	Amblyomma cajennense Cayenne Tick	
	Rhipicephalus sanguineus Brown Dog Tick	
ヒメダニ	*Otobius megnini* Spinous Ear Tick	外耳道，耳介
ダニ	*Chorioptes (equi) bovis* Leg Mange Mite	肢部，輓馬の球節の被毛のある部位
	Psoroptes (equi) ovis	たてがみ，尾根部，腋窩，後肢の間（米国では稀）
	Psoroptes (cuniculi) ovis	耳
	Sarcoptes scabiei Sarcoptic Mange, Scabies	体側，背，肩
	Demodex equi	胴体
	Demodex caballi	口吻，眼の周囲
	Pymotes sp. Forage or Straw Itch Mites	顔面，頸部（乾草の台や網）口吻，肢部（地面の草で飼育）
双翅目 イエバエ科	*Stomoxys calcitrans* Stable Fly	肢部
	Haematobia irritans Horn Fly	涼しい時間帯は頸部，胸垂，背 日差しが強い時間帯は腹側正中線
	Musca autumnalis Face Fly	顔面，耳，鼻汁
	Musca domestica House Fly	全身
アブ科	*Tabanus* sp. Horse fly	頭部，腹部
	Chrysops sp. Deer Fly	顔面，頸部，肩
ヒツジバエ科	*Gasterophilus intestinalis* Horse Bot Fly/Stomach Bot Fly	卵は脚に付着する
	Gasterophilus nasalis Nose Bot Fly	卵は顎に付着する
	Gasterophilus haemorrhoidalis Throat Bot Fly	卵は口吻に付着する
豚		
吸血するシラミ	*Haematopinus suis*	耳，頸の皺，腋窩，鼠径部

420

動物と敷地の評価と記録

表17.6（続き）寄生虫とその好発部位

動物種	寄生虫	寄生部位
マダニ	*Dermacentor variabilis* American Dog Tick	
	Dermacentor andersoni Rocky Mountain Wood Tick	
	Amblyomma maculatum Gulf Coast Tick	
	Amblyomma auricularium	
	Ixodes scapularis	
ヒメダニ	*Otobius megnini* Spinose Ear Tick	外耳道
ダニ	*Sarcoptes scabiei* var *suis*	最初は耳，その後に全身
	Demodex phylloides	
ノミ	*Echidnophaga gallinacean* Sticktight Flea	耳
双翅目 イエバエ科	*Stomoxys calcitrans* Stable Fly	
家禽		
吸血するシラミ （40種が同定されている）	*Menacanthus stramineus* Chicken Body Louse	
	Menopon gallinae Shaft Louse	卵は羽の軸の基部にある
	Culclogaster heterographa Head Louse	
ヒメダニ	*Argas persicus* Fowl Tick/Blue Bugs	特に鳥小屋の中で，夜間に吸血する
ダニ	*Ornithonyssus sylvarium* Northern Fowl Mite/Feather Mite	総排泄腔，尾，肢部，卵
	Dermanyssus gallinae Chicken Mite/Red Mite/Roost Mite	夜に家禽を吸血し，昼は鳥小屋に生息している
	Knemidocoptes mutans Scaly Leg Mite/Face and Leg Mite	肢部の鱗屑部の増殖性病変
ノミ	*Echidnophaga gallinae* Sticktight Flea	羽毛のない部位－眼の周囲，とさか，肉垂，七面鳥の顔面や頸部
羊		
吸血するシラミ	*Linognathus stenopsis* Sheep Sucking Louse	全身に寄生する
	Linognathus africanus Blue Louse	胴体，頭部，頸部
	Linognathus pedalis Foot Louse	下腿
刺すシラミ	*Damalinia* (*Bovicola*) *ovis* Biting Louse	背側

表17.6（続き）寄生虫とその好発部位

動物種	寄生虫	寄生部位
マダニ	*Dermacentor variabalis* American Dog Tick	
	Dermacentor andersonii Rocky Mountain Wood Tick	
	Amblyomma americanum Lone Star Tick	
	Amblyomma maculatum Gulf Coast Tick	
ヒメダニ	*Otobius megnini* Spinose Ear Tick	外耳道
ダニ	*Sarcoptes scabiei* var. *ovis* Mange Mite	頭部，体側，背，肢部
	Psorobia ovis Sheep Itch Mite	全身
ダニ	*Psoroptes ovis* Sheep Scab Mite	羊毛が密集した部位
	Chorioptes sp. Chorioptic Scab Mite	肢部
	Psoroptes cuniculi Psoroptic Ear Mite	耳の縁，外耳道
ハエ-シラミバエ	*Melophagus ovinus*	頸部，体側，臀部，腹部
ヒツジバエ	*Oestrus ovis* Sheep Nasal Bot Fly	幼虫は副鼻腔内に寄生

出典：Foreyt (2001), French et al. (2016), Greenacre & Morishita (2015), Kahn & Line (2010), Kaufman et al. (2015a), Kaufman et al. (2015b), Koehler et al. (2015), Loftin (2008), Martin & Mullens (2012), McClendon & Kaufman (2007), Merrill et al. (2018), Mertins et al. (2017), Scott (1988), Smith & Sherman (2009), Talley (2015), Teders (2008), Watson & Luginbuhl (2015).

跛行スコア

跛行は急性の外傷の結果であることもあれば，慢性的な問題であることもある．群れの中に軽度の跛行を示す動物が数%であるのは正常であるが，治療を受けた形跡のない多数の跛行している動物や跛行が重度である動物がいることは懸念すべきことである．家畜種ごとに，跛行をスコア化するための独自のプロトコルがある (Desrochers et al., 2001; Penev, 2011; Olechnowicz & Jaskowski, 2013; Sadiq et al., 2017; Sprecher et al., 1997)．一般的に，個々の動物は適度に牽引し，滑らかで平坦な地面をゆっくりと移動させながら観察する必要がある．馬のホルター(無口頭絡)が壊れていれば，リードを緩めて馬を歩かせたり，ジョギングさせたりして，前後左右の歩様を観察する．家禽は集団で移動させる．**表17.7**に動物種ごとの跛行のスコアリング・プロトコルを示す．

表17.7 動物種ごとの跛行スコアリング（続く）

動物種/著者	跛行等級	解説
牛		
Desrochers et al. (2001) 肉用種	0−正常	歩行は容易で，四肢に均等に体重がかかっている．
	1−軽度	歩行は容易で，四肢に全体重をかけるが，歩幅は短縮または変化する．背中は水平である．
	2−中等度	歩行や体重を支えることに消極的だが，歩幅を短くして四肢を使って歩行する．背部が弯曲することもある．
	3−重度	起立に消極的．横臥している時間がほとんどである．刺激がないと歩こうとしない．体重をかけないように肢がぴょんぴょんと跳ねるような歩行となる．起立時に体重を支えることができない．背部が弯曲する．骨盤が傾いている．
	4−致命的	横臥し起き上がることができない．動物福祉に則した安楽死が望ましい．
Berry (Zinpro Dairy)	1−正常	歩行は正常．背中は水平にしている．歩幅は広い．
	2−軽度の跛行	歩様はほぼ正常．起立時には背中は水平だが，歩行時には弯曲する．
	3−中等度の跛行	1本または複数の肢の歩幅が狭くなる．背部は起立時も歩行時も弯曲する．罹患している肢と反対側の副蹄は，陥没する．
	4−跛行	1本または複数の肢で跛行が認められる．まだ部分的に体重を支えている．起立時，歩行時に背部が弯曲する．副蹄の陥没が明確になる．
	5−重度の跛行	罹患した肢からの体重移動がほとんどなく，動きたがらない．背部の弯曲が顕著になる．
Beef/Zinpro	0−正常	歩様に変化はなく，歩行は正常．後肢は，前肢の足跡の近くに着地する．
	1−軽度の跛行	歩行時の歩幅は短い．少し頭を下げる．肢を引きずって歩くことはみられない．
	2−中等度の跛行	肢を引きずって歩くことがみられるが，まだ体重は支えることができる．歩行時に点頭運動がみられる．
	3−重度の跛行	わずかに体重を支えることができるか，全くできない．動くことを避けたり，動けなくなったりする．背部が弯曲し，頭は下がり，骨盤が傾いている．動くときは点頭運動がみられる．ほとんど横臥している．
	4−致命的	起き上がろうとしないか，起き上がれない．動物福祉に則した安楽死が推奨される．
AHDB–United Kingdom Dairy	0−良好な運動性	平らな背．四肢に均等に体重がかかりリズムよく歩く．歩幅は長く滑らか．
	1−不完全な運動性	不均一な歩幅（リズムまたは体重負荷）または歩幅が狭い．罹患した肢は直ちに特定できない．
	2−障害のある運動性	不均等な体重負荷の肢が直ちに特定できる．歩幅が短い．通常，背中の中央が弯曲する．
	3−重度の障害がある運動性	群れに付いていくことができない（人間の早足のペースで歩く）．跛行している肢の特定は容易で，かろうじて肢で立っている．起立時と歩行時の背は弓なり．

表17.7 （続き）動物種ごとの跛行スコアリング

動物種/著者	跛行等級	解説
Equine AAEP Lameness Scale		
業界基準	0	いかなる状況下でも跛行を認めない.
	1	跛行は, 状況（鞍上, 硬い路面, 傾斜地, 旋回）に関係なく観察するのは難しく, 一貫して明らかではない.
	2	跛行は, 歩行や一直線の速歩の際は観察が困難であるが, 特定の状況（鞍上, 旋回, 傾斜地, 固い路面）で明らかになる.
	3	どのような状況下でも速歩の際は観察できる.
	4	歩行時に観察できる.
	5	歩行時や静止時に体重負荷を最小限にしている. 動くことに消極的
豚		
Zinpro－Sows	0	容易に動く. 四肢に疼痛はなく快適である.
	1	比較的容易に動く. 少なくとも片肢に跛行の徴候がみられる. 体重をかけるのを嫌がるが, 畜舎内を容易に移動している.
	2	1本または複数の肢に跛行がある. 点頭運動や背部の弯曲が跛行の代償行動として認められる.
	3	歩行や体重負荷を嫌がる. 場所の移動が困難となる.
Main et al. (2004) 肉豚：このシステムには行動評価も含む	0	歩幅は均等. 歩行時に後躯がわずかに動揺する. 豚は加速や方向転換を迅速にできる.
	1	異常な歩幅（容易に特定はできない）. 動きは滑らかではない（豚は硬直して見える）. 加速や方向転換はまだできる.
	2	歩幅が狭くなる. 跛行が認められる. 歩行時に後躯が動揺する. 豚の敏捷性に支障はない.
	3	歩幅が狭い. 罹患した肢の体重負荷は最小限. 歩行時に後躯が動揺する. 早足や全力疾走はできる.
	4	豚は移動時に罹患した肢を床につけない.
	5	豚は動かない.
Welfare Quality Protocol	0	正常な歩様または歩行困難ではあるが四肢は使用することができる. 歩行時に後躯が動揺する. 歩幅が狭くなる.
	1	重度な跛行. 罹患した肢の体重負荷を最小限にしている.
	2	罹患した肢への体重負荷を避ける. 歩行できない.
AssureWel	0－跛行なし	跛行はない. 明らかな跛行や硬直, 不均一な歩様はない.
	1－跛行	完全に体重を支えずに起立している；つま先立ち;歩幅を狭くして歩く;後躯を揺らしているが, 早足や全力疾走はできる.
	2－重度の跛行	体重を支えることができない.

| 動物と敷地の評価と記録 |

表17.7（続き）動物種ごとの跛行スコアリング

動物種/著者	跛行等級	解説
家禽		
肉用鶏－ブロイラー		
Kestin et al. (1992)	0－「歩様スコア0」	異常は認められず，歩行は正常．器用で機敏．肢を挙上しているとき，つま先を部分的に折りたたんでいる．歩行時に揺れない．片肢でバランスをとり 後方への歩行が容易．他の鳥を避けるため，容易に進路を逸らすことができる．
	1－「歩様スコア1」	歩行にわずかな欠陥があるが，その特定は困難である．もし歩様が繁殖用に使用する際の唯一の選定基準であれば，この鶏を使用することはできないであろう．歩様は不均一
	2－「歩様スコア2」	一定の特定可能な歩様の欠陥があるが，繁殖に使用できないほど重度ではない．
	3－「歩様スコア3」	明らかな歩行の欠陥があり，機敏な動きを妨げ，動作の加速や速さに影響がある．動くことよりもしゃがむことを好む．
Kestin et al. (1992)	4－「歩様スコア4」	歩様に重度の障害がある．歩行は可能であるが，困難であり，強い意欲があるときのみできる．可能な限りしゃがんでいる．
	5－「歩様スコア5」	鶏は肢で歩き続けることができない．立つことはできるが，動くには翼を使うか脛で這うことしかできない．
Welfare Quality Broilers/ Laying Hens	0	正常，機敏，器用
	1	わずかに異常があるが，明確に定義することは難しい．
	2	明確で特定可能な異常がある．
	3	異常がみられ，動く能力に影響がある．
	4	重度の異常があり，数歩しか歩行ができない．
	5	歩行できない．
Webster et al. (2008) ブロイラー	0	歩行能力に障害はない．
	1	明らかな障害があるが，歩行は可能である．
	2	重度の歩行障害があり，歩行できない．
Global Animal Partnership Turkeys 2018	0	歩幅が均等であり歩行もなめらかであるが，時に歩幅が不均衡となることもある．バランスが取れている．七面鳥が肢を持ち上げたときに，肢を丸めることもあれば，丸めないこともある．素早く歩いたり，走ったりすることができる．歩いているときや走っているときに異常を確認することは困難である．
	1	歩様が不均衡．不規則で狭い歩幅．バランスが悪い．鳥を持ち上げたときに肢が丸まらない．歩行中にバランスをとるために翼を使うことがある．立ってから15秒以内にしゃがむが，優しく突くと動かすことができる．数歩歩くと横たわる．
	2	動きたがらない，または動けない．肢を引きずって歩くか，翼を使用して動く．ほとんど歩かない．

表17.7（続き）動物種ごとの跛行スコアリング

動物種/著者	跛行等級	解説
羊		
Kaler (2009)	0	四肢で均等に体重を支えている.
	1	姿勢は悪いが，歩幅の短縮は明確ではない．一つの肢で歩幅が狭い.
	2	短く不規則な歩幅で，点頭運動が明確になる.
	3	一歩一歩の歩幅に合わせて，点頭運動よりも過剰に動くようになる.
	4	動く際に体重を支えることができない.
	5	起立が極端に困難となり，起立しても動きたがらない．複数の肢に影響が出る.
	6	起立することや動くことができない.
Global Animal Partnership	0－正常	四肢で正常に歩行できる．緩やかで滑らかな歩様.
	1－中等度の跛行	点頭運動がみられ，歩幅が狭くなるが，群れには付いていくことができる．大股で歩くことをためらう．起立時は，爪先や踵に体重をかけることが多い.
	2－重度の跛行	明らかに跛行している．群れに付いていけなくなる．点頭運動が顕著に認められる．ゆったりと動き，歩幅が揃わない．罹患した肢に体重をかけない．膝をついて休みながら草を食む.
Responsible Wool Standard	0－跛行なし	動きが滑らかで，体重が四肢に均等にかかり，歩幅が狭くならない．凹凸のある地面を歩く場合，多少の点頭運動は許容される.
	1－軽度の跛行	明らかな歩幅の短縮があり，罹患した肢が接地するときに点頭運動が顕著で，はじくように動いたりする.
	2－跛行	点頭運動が極めて明確となり，動く際には罹患した肢には体重をかけなくなる．起立時に，肢を挙上していることがある．前肢に跛行がある場合，膝をついて草を食むことがある．歩幅は狭くなるか，不規則となる.
	3－重度の跛行	横臥しているか，立ち上がることや動くことを嫌がる．罹患した肢は容易に特定でき，歩行時や起立時に地面から挙上している.

資料：AssureWel, Cramer et al. (2018), De Jong & van Harn (2012), Desrochers et al. (2001), Greenough et al. (2003), Global Animal Partnership (2017), Gottardo et al. (2008), Kaler et al. (2009), Kestin et al. (1992), Main et al. (2000), Olechnowicz & Jaskowski (2013), Penev (2011), Responsible Wool Standard (2016), Sadiq et al. (2017), Sprecher et al. (1997), Webster et al. (2008), Whay et al. (2003).

家畜種の記録

個体の記録

再現性が評価され確立されたプロトコルには，以下のようなものがある.

- AssureWel（www.assurewel.org）（産卵鶏，乳牛，ブロイラー，豚，肉牛，羊）
- グローバル・アニマル・パートナーシップ（www.globalanimalpartnership.org）

（肉牛，ブロイラー鶏，七面鳥，羊，山羊，豚，産卵鶏，バイソン）

- Welfare Quality（www.welfarequality.netまたはhttps://ec.europa.eu/food/sites/food/files/animals/docs/aw_arch_pres_092011_winckler_cattle_en.pdf〔リンク切れ〕）（乳牛，豚，家禽）
- レッドトラクター認証（https://assurance.redtractor.org.uk/standards/search）（乳牛，豚，鶏肉）

写真

　各個体は，囲い，ストール，フィールド，またはパドックで撮影する．可能であれば，360°の視界を再構成できるよう，写真の視野に十分な重なりを持たせて，囲いを四隅から撮影する．一連の写真の1枚目には，その個体固有の識別番号と事例の番号，機関，場所，日付，撮影者を入れて撮影すること．個体は前面，背面，両側面，背側面，腹側面から撮影する．顔のマーク，立ち毛，耳のタグ，耳の切り込み，入れ墨などをよりよく記録するために，頭部は3方向から撮影することを考慮する．LEDや明るいライトを耳の後ろに当てると，薄くなった入れ墨を鮮明に見ることができる．ABFO 2スケール[5]または定規を使用して（または使用しなかったとしても）中距離からの写真や拡大写真で病変を記録する．四肢を取り囲むような傷や瘢痕を正確に記録するためには，病変部に対して垂直に撮影した画像が複数必要となる．歯の萌出パターンで年齢がわかる場合は，可能であれば関連する歯を撮影する．

説明

　動物の品種と用途は重要だが，個体と一致する写真付きの登録書類，入れ墨，マイクロチップがない限り，法廷での争いを避けるために，その動物は「種類」を記述すべきである．例えば，個体2-B-6-bは約4歳の栗毛のアラブ種の牝馬で，星（額の白斑）[6]が細長く，肢部のマーキング（白斑）はない．その個体に最も近い血統協会が採用している色彩表記を使用するか，報告書の中で色彩表記を定義する．

牛

　肉牛の品種は，原産地別に分類されている．ヨーロッパ種（*Bos taurus*）には，ヘレフォード，アバディーン・アンガス，シャロレー，リムジン，シンメンタール，ショートホーン，およびそれらの交雑種が含まれる．これらの品種は，肉用種で，長寿，成長が早いという

---

[5]　米国法科歯科学会の推奨する法医学的解剖検査用の定規
[6]　日本では流星と表現

特徴がある．インド種（*Bos indicus*）はゼブ牛または「こぶ牛」とも呼ばれる．大きな露頭，垂れ耳，こぶのある背中が特徴で，暑さと湿気に強く，内外の寄生虫にも強い．質の悪い（繊維質の多い）飼料を効率よく利用できる．Bos taurus種よりも成熟が遅く，脂肪が少ない．BCSチャートは両方の肉牛について開発されている．この2種の交雑種もみられ，BCSの評価は，個体ごとに証明された「タイプ」を拠り所とする．

　乳牛（*Bos taurus*）は乳用のみ，または乳肉両用の目的で飼養される．BCSチャートを使用する場合は，使用するチャートの種類を明記し，その個体にそのスコアを割り当てた理由を含めて記載する．例えば，「牛：B-1-a-16，タグ番号左耳：206，赤と白のホルスタインタイプ，2歳の雌牛．BCS：2.5/5（Edmonsonら[1989]の測定法を使用）．背側棘突起の隆起は鋭く顕著，背側の棘突起から横突起にかけて窪みが見える，横棘突起の片側半分が見える，腰角と坐骨は明瞭で坐骨の上にわずかに脂肪がある，骨盤線はV字型，腰角は丸みを帯びている，腰角と腰角の間には明瞭な窪みがある，尾頭から坐骨までは顕著で尾の下には「U」字型の窪みがある」などと記載する．

　身体検査には，バイタルサイン（体温，心拍数，呼吸数，努力呼吸の有無，粘膜の色，毛細血管再充填時間，ルーメンの運動性），態度と行動（明るい，大人しい，反応する，傾眠，昏迷，恐怖，骨折など），および全身状態の評価が含まれる．雌牛の乳房を検査することで，泌乳状態や乳房炎がわかるかもしれない．California Mastitis Testを使用することで，潜在性乳房炎の症例を記録することができる（資料を参照）．跛行スコアとその原因は，一般的に筋骨格系の検査記録として記載される．牛の蹄を注意深く検査するためには，蹄を扱う際や治療の際に従うよう教育されている最も温和な家庭牛や4-Hの牛を除き，特別な拘束具が必要である．蹄を前面，側面，背面，腹面から撮影することで，膿瘍，皮膚炎，肢の疣贅，伸びすぎた爪，蹄の腐敗の有無を確認することができる（Relun et al., 2011）．

　跛行はスコア化し，可能であればビデオで記録する．この種にはいくつかのプロトコルが提案されている**（表17.7）**．報告書には必ず使用したプロトコルを引用し，以後の評価でも同じプロトコルを使用してほしい．歩行の分析に最適な地面や状態を見つけることは困難な場合がある（平滑で平ら，滑りにくく，観察者が動物の運動方向に対して垂直であること）．動きを連続的に評価することで，治療に対する反応を記録することができる．

馬

　個体識別写真は四方すべての面から撮影し，旋毛と四肢の夜目（附蝉）の（上肢の内側にある硬い胼胝）の写真を添付すること．馬の夜目（附蝉）は指紋と同じように個体差があると考えられている．旋毛は顔の拡大の画像と，もし頸部にも旋毛があれば頸部の拡大画像で記録する**（図17.11a, b）**．

　虐待，ネグレクトの馬では，体重の減少（BCS≦3/9），重度の寄生虫感染，軽度から中

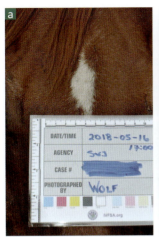 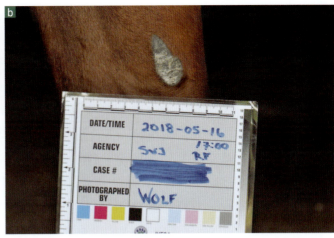

図17.11 個体識別のための標準的な写真（正面，背面，側面，上部，腹部）に加え，識別で重要な部位をアップで撮影する．図（a）は馬の顔面の白斑や旋毛，および（b）夜目，の拡大写真．日付や事件番号，どの肢か（図のRFは右前肢の意味）を記載したプラカードと一緒に撮影することより，個体の確実な識別が保証される．

等度の跛行，歯の問題を抱えていることが多い(Stull & Holcomb, 2014)．日常的な鑑別写真に加え，切歯の画像で年齢推定を記録する（資料を参照）．所見を記録するための適切な口腔内写真撮影には，鎮静薬，デンタルミラー，物理的拘束，化学的拘束，補助照明が必要である．X線画像は歯根膿瘍や歯の破折・欠損を記録するために有用である．蹄の写真は，蹄被膜の健康状態を記録し，装蹄師による適切なケアの有無を明らかにするために，蹄の前面，背面，側面，腹面を撮影する必要がある．蹄の摩耗パターンは，蹄への異常な負荷，長期的な跛行，または不適切な装蹄を示す可能性がある．病変は，動物種に適した瘢痕チャートに描画し，寸法，説明，推定期間（新生，治癒，慢性），治療の証拠を記載すること．飼い主が必要な処置を行ったと主張しない限り，装蹄師からの領収書には装蹄の頻度が記載されている．管理者の蹄の処置用具を検査することで，最近使用した（または使用していない）ことがわかる．馬の跛行スコアリングには確立された方法がある**(表17.7)**．

豚

個体の状態やこれまでの取り扱いにもよるが，検査のほとんどは離れたところから目視で行う．行動，呼吸数，努力呼吸の有無，跛行，食欲，皮膚病変，BCS，関節腫脹は，ハンドリングなしで記録することができる．録画は行動，跛行，呼吸パターンを記録するのに使用でき，写真撮影はBCSと外部病変を示すことができる．豚の個体識別は，何らかの方法で行う必要がある．米国農務省動植物衛生検査局（USDA APHIS）は，食肉用にと畜場へ出荷される豚を除くすべての豚に，移動前に，原産地に基づいた公式の耳標または入れ墨を付けることを義務付けている（資料を参照）．豚の跛行は，蹄の病変や関節の腫脹と関連していることが最も多い(Boyle et al., 2003)．罹患部位を写真で記録し，跛行の評価を

補完する(表17.7).

羊と山羊

　山羊の種類を記述する際は，耳の長さと形も含めて記述する必要がある．ヌビアン種とボア種の山羊は垂れ耳で，ラ・マンチャ種の山羊は妖精かホリネズミの耳のように，外耳が短く小さな耳をしており，他のほとんどの品種は立ち耳である．角の有無，除角の跡，肉髯(にくぜん)の数と位置も記載する必要がある(図17.12)．品種協会には，一般的に受け入れられている色彩の記述例がある(「資料」を参照)．年齢は門歯を観察することでおおよその年齢を知ることができるためるため，写真で記録する.

　ヘアシープは毛皮以外の用途の山羊と同様にBCSを記録し，測定値に基づいて体重を算出する．すなわち，胸前幅の二乗×体長÷300＝体重±2ポンド(約0.9 kg)(Teders, 1998)．毛でもふもふした羊の場合，正確な胸前幅を測定するために，羊毛を寄り分けて測定しなければならない．体長の測定には肩端と殿端の触診が必要である(図17.13)．BCSは腰椎の触診を必要とする．一般的な画像での記録(側面，前後，背側からの写真)がない場合は，脊椎の輪郭に沿って曲げたワイヤーの写真と合わせて記述することで，BCSの評価が正確であるか確認することができる．跛行は録画し，関連する病変は写真やX線画像で記録する．内部寄生虫および外部寄生虫の有無は，目視検査，皮膚掻爬(適応がある場合)，糞便検査により記録する．乳腺組織は，病変(疣贅，傷，膿瘍)の有無を目視検査し，熱感，疼痛，硬さ，結節の有無を触診する．

図17.12 ホリネズミのような小さい耳，肉髯，除角の跡がある山羊の写真

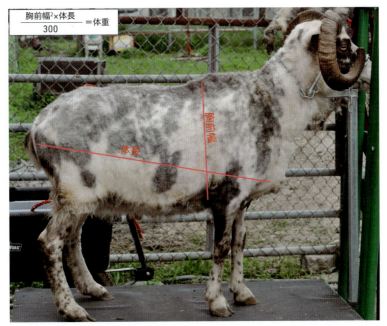

図17.13 小型反芻動物の体重は以下の式で計算できる：胸前幅の二乗×体長（肩端から殿端まで）÷300＝体重±2ポンド（約0.9 kg）（Teders, 1998）

家禽類

　小さな群れであれば，個体ごとの評価が可能である．個体識別番号を付けて4方向から撮影することに加え，翼を広げた状態で背部と腹部を撮影する．頭部の両側から拡大画像を撮影する．肉髯や鶏冠を含めて撮影することで，鳥を識別するとともに，呼吸器系の徴候を記録し，頭部の外傷の程度と重症度を明確にすることができる．家禽愛好家は，鳥の説明に含める必要のある鶏冠，耳たぶ，肉髯の類型を認識している．鶏冠と肉髯は，写真で記録するだけでなく，身体検査表にスケッチすることもできる（資料参照）．報告書には，体重，BCS，清潔度スコア，羽毛スコア，趾皮膚炎スコア，跛行スコアに加え鳥の体組織の評価を記載する．すべての病変を記述し，その範囲，深さ，治療の証拠を記載する．

報告書作成

　最終報告書には，調査者の氏名，所属機関，報告書の提出を要請した機関，事件番号，検査場所，立ち会った者，評価を実施した日時を記載する．報告書の記録を始めた時点と，最終報告書が作成され，署名されたかを記しておくと便利である．

　作成者の多くは，わかりやすいように要約を報告書の冒頭近くに掲載する．すべての調査項目（食料，水，飼養環境，獣医療）を記載する．

　報告書は論理的な流れに沿って作成し，裁判所が容易に理解できるようにする．混乱を

避けるため，専門用語は避けるべきである．公平，公正，かつ正確な説明で，良い状態も悪い状態も含めたすべての状態を伝える必要がある．専門用語を使用する場合，用語集を記載して解説する．

現場の状況の説明には，到着日時や気温，湿度，降水量，風速などの気象状況を記載する．現場で評価を行っている際に状況の変化があれば，それも記録する．建造物の数と寸法は，現場でのスケッチに記載する．その際，「縮尺通りではない」という免責事項，事件番号，日時，場所，スケッチ作成者の氏名と所属機関も記載する．スケッチには，フェンス，門，埋葬穴，堆肥杭，給水栓，電気供給源，食料・水桶のほか，木陰，入り江，小川，池などの自然の特徴も記載する．建物，水桶，柵，放牧地，檻，馬房の状態に関する記述には，障壁の安全性，使用可能なスペース，維持管理の証拠を含めて記述する．

評価の枠組みを提供するには，管理方式（計画）を定義する必要がある．完全に屋内で飼育するシステムでは，外傷，疾病，死亡の発生率が放し飼いや放牧している場合とは異なる．有機農法の施設では，慣行農法よりも多くの雛が失われる．協同組合の改良普及サービスからは，その地域の各タイプの管理システムで予想される損失に関する統計を得ることができる．これらの損失を軽減するための管理計画に関する情報も入手可能である．地方または州の獣医師からは，最近発生した病気の情報を得ることができる．予想以上の特定の病害が発生した場合，管理者がどのように対応したかが説明され，その結果を記録する．

飼料および水の供給が適切であるかどうかは，施設内の粗飼料や濃厚飼料の量と供給システムによって記録される．購入した飼料の日付，種類，量を記録した領収書を使用して，一定期間にグループが利用できる飼料の量を計算することができる．飼料分析を行った試験所だけではなく，粗飼料や濃厚飼料の収集に使用された方法も記述しておく．個体のBCSは，各スコアごとに個体数を表しておくと，パーセンテージも表すことができる．これらのパーセンテージをグラフに変換し，法廷で使用することで，報告書のデータを視覚的に表現することができる．例えば，「ヨーロッパ系の肉牛55頭のうち，BCS 2.5/5が20頭，BCS 2.0/5が25頭，BCS 1.5/5が5頭，BCS 1.0/5が5頭であった（Vermont Cooperative Extension Service）．すべての動物のスコアが2.5 以下であった．BCSが2.0以下の牛が63.6％を占めた．全頭が去勢牛であり，BCSは3.0 以上であるべきであった」と記載できる．

個体ごとに評価を行い，病気や病変を分類し，パーセンテージで表す．データを集計するために表計算ソフトを使用して，各問題の発生率を視覚的に表すためにグラフ化する．

結論には，調査した分野の要約と，家畜の状態，提供された処置の（不十分であったことを示す）妥当性，その処置が家畜の健康と動物福祉にどのような影響を与えたかについて，自身の評価を記載する．

「追加情報が入手可能になった場合，本報告書を変更または修正する権利を留保します」

という文言を，作成者の署名と日付とともに記載しておく．修正報告書は，提出され次第，自身の評価を記載して，適切な機関に送付する．

結論

　産業動物が関与する法獣医学的事件は，犬や猫などの伴侶動物を扱う場合よりも困難を伴う．連邦法，州法，地方法では，報告義務のある人獣共通感染症の蔓延を抑え，人への食物供給を守るために，動物の個体識別，検査法，治療法および動物の移動制限を定めている場合がある．調査に参加できる人員は，通常1種類か2種類の家畜種に対する器具やハンドリングの専門知識に限られる場合があり，複数の家畜種を扱う現場では，支援のために複数のチームを準備する必要がある．栄養，管理，一般的な畜産慣行は地域によって異なるため，これらの家畜と利用可能な資源を評価する際には考慮しなければならない．群れの健康，つまり群れの大多数の動物の福祉を評価することは，異常のある少数の家畜の状態を評価するよりも証拠価値が高い．

　飼養管理，物理的条件，利用が可能な栄養，畜舎，獣医療処置のすべてについて綿密に記録した正確で偏りのない報告書は，検察と裁判所に対して，事件を最も適切に取り扱うために必要な情報を提供することができる．

資料

ボディコンディションスコア（BCS）のチャート

肉牛の外部検査

症例番号 _____
動物番号 _____
生死
獣医師/病理学者： _____
テクニシャン： _____
日付： _____

体重： _____ g/kg
色： _____
年齢： _____
繁殖： _____
性： _____
生産段階： _____
BCS： _____

犬の外部検査

症例番号 ＿＿＿＿＿＿＿＿＿＿＿＿＿＿＿＿＿＿
動物番号 ＿＿＿＿＿＿＿＿＿＿＿＿＿＿＿＿＿＿
生死
獣医師/病理学者：＿＿＿＿＿＿＿＿＿＿＿＿
テクニシャン：＿＿＿＿＿＿＿＿＿＿＿＿＿＿
日付：＿＿＿＿＿＿＿＿＿＿＿＿＿＿＿＿＿＿

体重：＿＿＿＿＿＿＿＿＿＿＿＿＿＿＿＿ g/kg
色：＿＿＿＿＿＿＿＿＿＿＿＿＿＿＿＿＿＿＿
年齢：＿＿＿＿＿＿＿＿＿＿＿＿＿＿＿＿＿＿
繁殖：＿＿＿＿＿＿＿＿＿＿＿＿＿＿＿＿＿＿
性：＿＿＿＿＿＿＿＿＿＿＿＿＿＿＿＿＿＿＿
マイクロチップ：＿＿＿＿＿＿＿＿＿＿＿＿＿

| 第 17 章 |

鶏の外部検査

症例番号 ＿＿＿＿＿＿＿＿＿＿＿＿＿＿＿＿＿
動物番号 ＿＿＿＿＿＿＿＿＿＿＿＿＿＿＿＿＿
生死
獣医師/病理学者：＿＿＿＿＿＿＿＿＿＿＿＿
テクニシャン：＿＿＿＿＿＿＿＿＿＿＿＿＿
日付：＿＿＿＿＿＿＿＿＿＿＿＿＿＿＿＿＿＿

体重：＿＿＿＿＿＿＿＿＿＿＿＿＿＿＿＿ g/kg
色：＿＿＿＿＿＿＿＿＿＿＿＿＿＿＿＿＿
年齢：＿＿＿＿＿＿＿＿＿＿＿＿＿＿＿＿
種/繁殖：＿＿＿＿＿＿＿＿＿＿＿＿＿＿
性： 雄　雌　不明
BCS：＿＿＿＿＿＿＿＿＿＿＿＿＿＿＿＿

症例番号 _____

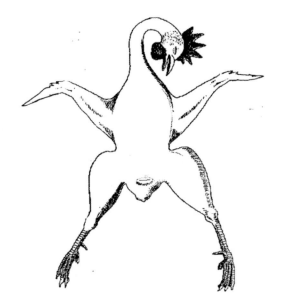

竜骨突起

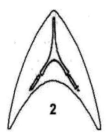
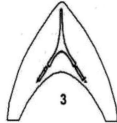

スコア	特徴
0	竜骨突起の隆起が顕著で,胸筋全体は限定されており,竜骨突起の傍の胸筋は陥没している.
1	胸筋はよく発達しており,陥没しておらず,多少は平らに感じられる.竜骨突起は顕著である.
2	胸筋は適度に発達している.竜骨突起はあまり顕著ではない.
3	胸筋は比較的発達し,肉付きが良い.竜骨突起は滑らかである.

| 第17章 |

症例番号 _____

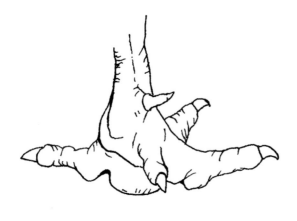
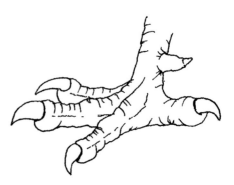
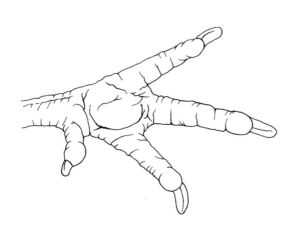
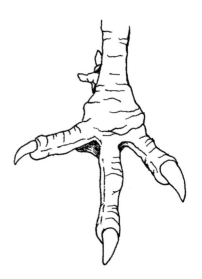

438

乳牛の外部検査

症例番号　_____
動物番号　_____
生死
獣医師/病理学者：_____
テクニシャン：_____
日付：_____

体重：_____ g/kg
色：_____
年齢：_____
繁殖：_____
性：_____
生産段階：_____
BCS：_____

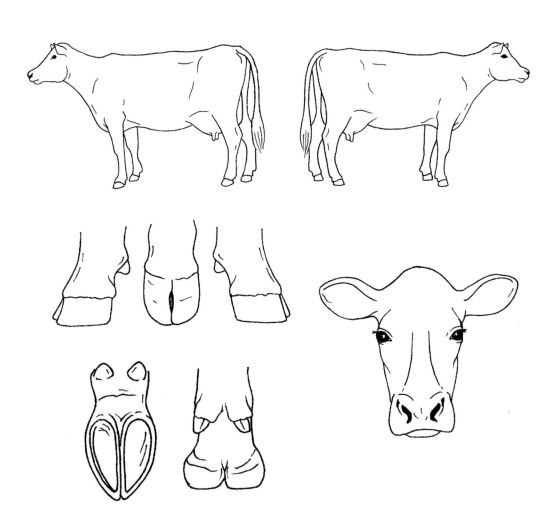

| 第17章 |

ロバの外部検査

症例番号：＿＿＿＿＿＿＿＿＿＿＿＿＿＿＿＿＿＿＿＿＿＿＿ 体重：＿＿＿＿＿＿＿＿＿＿＿＿＿＿＿＿ g/kg
動物番号：＿＿＿＿＿＿＿＿＿＿＿＿＿＿＿＿＿＿＿＿＿＿＿ 色：＿＿＿＿＿＿＿＿＿＿＿＿＿＿＿＿＿＿＿
生死 年齢：＿＿＿＿＿＿＿＿＿＿＿＿＿＿＿＿＿＿＿
獣医師/病理学者：＿＿＿＿＿＿＿＿＿＿＿＿＿＿＿＿＿＿ 繁殖：＿＿＿＿＿＿＿＿＿＿＿＿＿＿＿＿＿＿＿
テクニシャン：＿＿＿＿＿＿＿＿＿＿＿＿＿＿＿＿＿＿＿ 性：＿＿＿＿＿＿＿＿＿＿＿＿＿＿＿＿＿＿＿＿
日付：＿＿＿＿＿＿＿＿＿＿＿＿＿＿＿＿＿＿＿＿＿＿＿

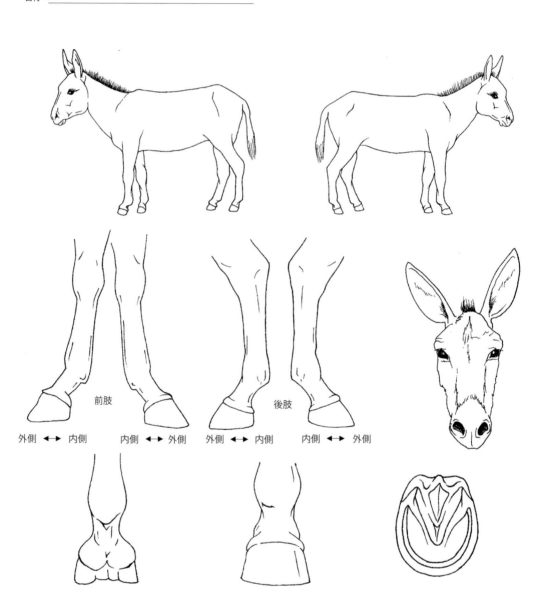

馬の外部検査

症例番号 _____ 色：_____
動物番号 _____ 年齢：_____
生死   繁殖：_____
獣医師/病理学者：_____ 性：_____
テクニシャン：_____ 入れ墨：_____
日付：_____ マイクロチップ：_____
体重：_____ g/kg

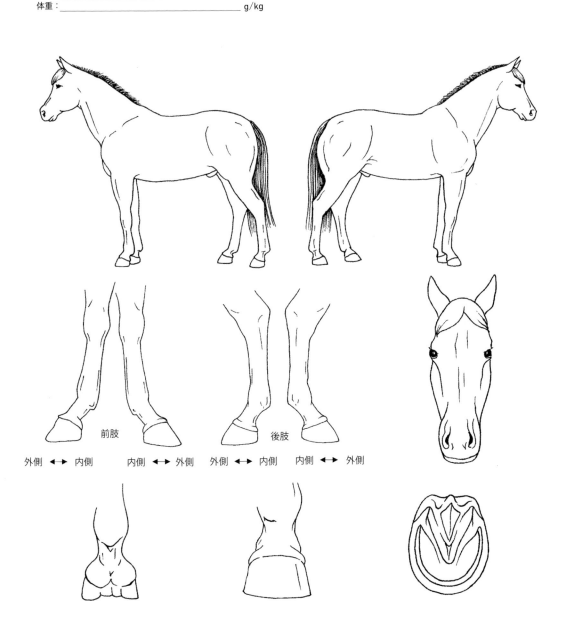

| 第 17 章 |

猫の外部検査

症例番号　＿＿＿＿＿＿＿＿＿＿＿＿＿＿＿＿＿　　　体重：＿＿＿＿＿＿＿＿＿＿＿＿＿＿＿＿ g/kg
動物番号　＿＿＿＿＿＿＿＿＿＿＿＿＿＿＿＿＿　　　色：＿＿＿＿＿＿＿＿＿＿＿＿＿＿＿＿＿
生死　　　　　　　　　　　　　　　　　　　　　　年齢：＿＿＿＿＿＿＿＿＿＿＿＿＿＿＿＿
獣医師/病理学者：＿＿＿＿＿＿＿＿＿＿＿＿＿＿　　繁殖：＿＿＿＿＿＿＿＿＿＿＿＿＿＿＿＿
テクニシャン：＿＿＿＿＿＿＿＿＿＿＿＿＿＿＿　　　性：＿＿＿＿＿＿＿＿＿＿＿＿＿＿＿＿＿
日付：＿＿＿＿＿＿＿＿＿＿＿＿＿＿＿＿＿＿＿　　　マイクロチップ：＿＿＿＿＿＿＿＿＿＿

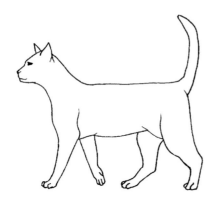
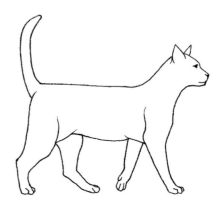
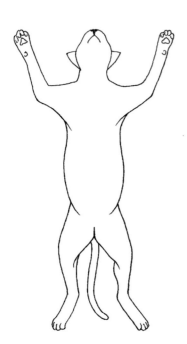
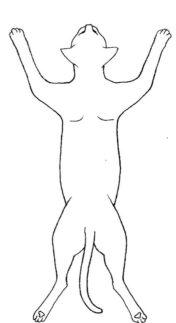

| 資料 |

山羊の外部検査

症例番号 ＿＿＿＿＿＿＿＿＿＿＿＿＿＿＿＿＿＿＿　　色： ＿＿＿＿＿＿＿＿＿＿＿＿＿＿＿＿＿＿
動物番号 ＿＿＿＿＿＿＿＿＿＿＿＿＿＿＿＿＿＿＿　　年齢： ＿＿＿＿＿＿＿＿＿＿＿＿＿＿＿＿＿
生死　　　　　　　　　　　　　　　　　　　　　　　繁殖： ＿＿＿＿＿＿＿＿＿＿＿＿＿＿＿＿＿
獣医師/病理学者： ＿＿＿＿＿＿＿＿＿＿＿＿＿＿　　性： ＿＿＿＿＿＿＿＿＿＿＿＿＿＿＿＿＿＿＿
テクニシャン： ＿＿＿＿＿＿＿＿＿＿＿＿＿＿＿＿　　生産段階： ＿＿＿＿＿＿＿＿＿＿＿＿＿＿＿
日付： ＿＿＿＿＿＿＿＿＿＿＿＿＿＿＿＿＿＿＿＿　　BCS： ＿＿＿＿＿＿＿＿＿＿＿＿＿＿＿＿＿
体重： ＿＿＿＿＿＿＿＿＿＿＿＿＿＿＿＿ g/kg　　　タグ/入れ墨： ＿＿＿＿＿＿＿＿＿＿＿＿＿

山羊の ボディコンディション	スコア	脊柱の棘	肋骨	仮肋骨
	1 ひどく 痩せている	鋭い，見ることも触ることも容易	触ることは容易．真下に触ることができる．	覆われていない．
	2 痩せている	触ることは容易であるが，滑らかではない．	滑らかで少し丸みを帯びている．少し押すと触ることができる．	滑らかに覆われている．
	3 理想的	滑らかに覆われている．	少し押すと触ることができる．	十分な脂肪に覆われている．
	4 太っている	押さないと分からない．	肋骨は触れず，押すとわずかに肋骨の間の窪みがわかる．	脂肪が厚い．
	5 肥満	触ることができない．	肋骨や肋骨の間の窪みは触ることができない．	とても脂肪が厚い．

| 資料 |

ガチョウの外部検査

症例番号 _____　　　　体重：_____ g/kg
動物番号 _____　　　　色：_____
生死　　　　　　　　　　　　　　　　　　年齢：_____
獣医師/病理学者：_____　　　　種/繁殖：_____
テクニシャン：_____　　　　性：　雄　　雌　　不明
日付：_____　　　　BCS：_____

第17章

症例番号 _____

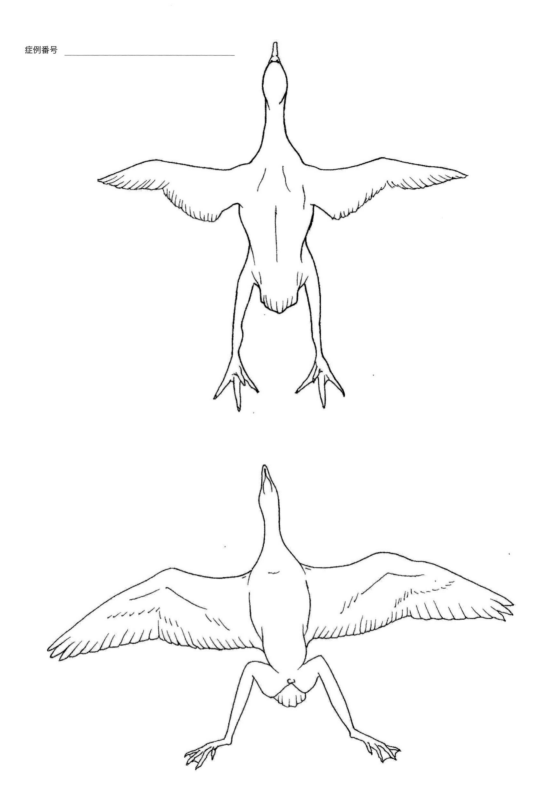

| 資料 |

症例番号 _____

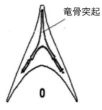

スコア	特徴
0	竜骨突起の隆起が顕著で，胸筋全体は限定されており，竜骨突起の傍の胸筋は陥没している．
1	胸筋はよく発達しており，陥没しておらず，多少は平らに感じられる．竜骨突起は顕著である．
2	胸筋は適度に発達している．竜骨突起はあまり顕著ではない．
3	胸筋は比較的発達し，肉付きが良い．竜骨突起は滑らかである．

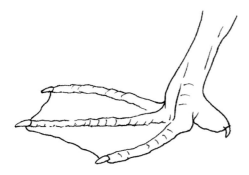
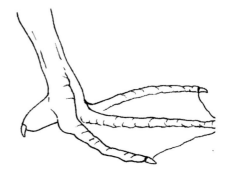
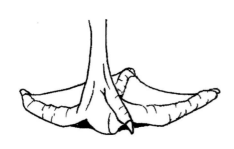
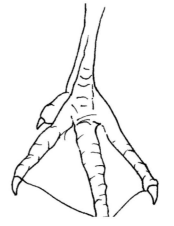

| 第17章 |

症例番号 _____

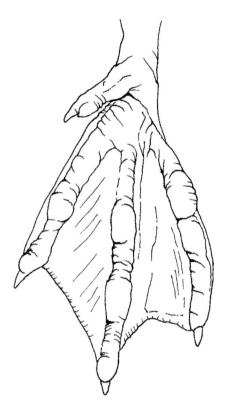

| 資料 |

ラマの外部検査

症例番号 _____   体重：_____ g/kg
動物番号 _____   色：_____
生死   年齢：_____
獣医師/病理学者：_____   繁殖：_____
テクニシャン：_____   性：_____
日付：_____   マイクロチップ：_____

ラマのボディコンディション	スコア	棘突起
	1 衰弱している	脊柱から肋骨にかけて内側に向かうカーブが急勾配である. 肋骨と肋骨の間は容易に触ることができる. 筋肉は少なく, 脂肪もない.
	2 痩せている	45°を超える. 肋骨は容易に触ることができる.
	3 理想的	脊柱から肋骨への傾斜は45°を超える. 肋骨は少し押すと触ることができる.
	4 太りすぎ	脊柱から肋骨への傾斜は凸型となっている. 肋骨は強く押さないと触ることができない.
	5 肥満	幅が広い, 平らまたは脊柱に沿って陥没している. 肋骨は触ることができない.

豚の外部検査

症例番号 ＿＿＿＿＿＿＿＿＿＿＿＿＿＿＿＿　　体重：＿＿＿＿＿＿＿＿＿＿＿＿＿＿＿g/kg
動物番号 ＿＿＿＿＿＿＿＿＿＿＿＿＿＿＿＿　　色：＿＿＿＿＿＿＿＿＿＿＿＿＿＿＿＿＿
生死　　　　　　　　　　　　　　　　　　　　年齢：＿＿＿＿＿＿＿＿＿＿＿＿＿＿＿＿＿
獣医師/病理学者：＿＿＿＿＿＿＿＿＿＿＿　　繁殖：＿＿＿＿＿＿＿＿＿＿＿＿＿＿＿＿＿
テクニシャン：＿＿＿＿＿＿＿＿＿＿＿＿＿　　性：＿＿＿＿＿＿＿＿＿＿＿＿＿＿＿＿＿＿
日付：＿＿＿＿＿＿＿＿＿＿＿＿＿＿＿＿＿　　生産段階：＿＿＿＿＿＿＿＿＿＿＿＿＿＿＿
　　　　　　　　　　　　　　　　　　　　　　BCS：＿＿＿＿＿＿＿＿＿＿＿＿＿＿＿＿＿

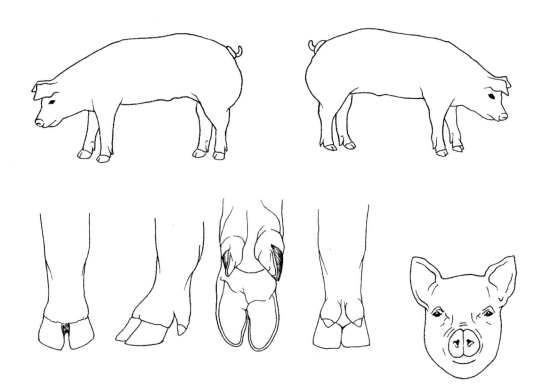

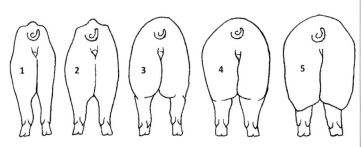

	ボディ・コンディション・スコア
1	**衰弱**：腰，脊柱は目視できる．
2	**痩せている**：腰，脊柱は，押さなくても触ることができる．
3	**理想的**：脊柱は，強く押さないと触ることができない．
4	**太っている**：腰，脊柱は，手のひらでは触ることができない．
5	**肥満**：肥満：腰，脊柱は，指1本では十分に触れることができない．

羊の外部検査

症例番号 ＿＿＿＿＿＿＿＿＿＿＿＿＿＿＿＿＿ 色：＿＿＿＿＿＿＿＿＿＿＿＿＿＿＿＿＿
動物番号 ＿＿＿＿＿＿＿＿＿＿＿＿＿＿＿＿＿ 年齢：＿＿＿＿＿＿＿＿＿＿＿＿＿＿＿＿
生死 繁殖：＿＿＿＿＿＿＿＿＿＿＿＿＿＿＿＿
獣医師/病理学者：＿＿＿＿＿＿＿＿＿＿＿ 性：＿＿＿＿＿＿＿＿＿＿＿＿＿＿＿＿＿
テクニシャン：＿＿＿＿＿＿＿＿＿＿＿＿＿ 生産段階：＿＿＿＿＿＿＿＿＿＿＿＿＿＿
日付：＿＿＿＿＿＿＿＿＿＿＿＿＿＿＿＿＿ BCS：＿＿＿＿＿＿＿＿＿＿＿＿＿＿＿＿
体重：＿＿＿＿＿＿＿＿＿＿＿＿＿g/kg タグ/入れ墨：＿＿＿＿＿＿＿＿＿＿＿＿

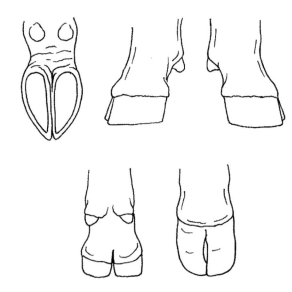

羊のボディコンディション	スコア	棘突起	肋軟骨
	1 ひどく痩せている	鋭い，間隔が開いている，容易に触ることができる．	端が角になっており，間隔は容易に触ることができる．
	2 痩せている	覆われているが，触ることができる．	端が覆われており，間隔は触ることができる，真下に指を通すことができる．
	3 理想的	覆われているものを触ることができる．	端を触ることができる．真下に指を通すことができない．
	4 太っている	背が丸々と太っている．棘は強く押さないと触ることができない．	手の平の側面のような感触がある．
	5 肥満	触ることはできないか困難である．	触ることができない．脂肪が尾根部を覆っている．

牛

ヨーロッパ系牛(*Bos taurus*)：https://pubs.ext.vt.edu/content/dam/pubs_ext_vt_edu/400/400-795/400-795_pdf.pdf〔リンク切れ〕, https://beef.unl.edu/a-practical-guide-to-body-condition-scoring〔リンク切れ〕

Eversole DE, Browne MF, Hall JB, Dietz RE. 2009. Body Conditioning Beef Cows. Blacksburg, VA: Virginia Cooperative Extension, 400-795.

インド系牛(*Bos indicus*)：https://pdf.usaid.gov/pdf_docs/PNAAV664.pdf, http://www.fao.org/Wairdocs/ILRI/x5496E/x5496e01.htm#TopOfPage〔リンク切れ〕, https://beef.unl.edu/a-practical-guide-to-body-condition-scoring〔リンク切れ〕

乳用種(Dairy Breeds)：https://www.uaex.edu/publications/pdf/FSA-4008.pdf〔リンク切れ〕, http://extensionpublications.unl.edu/assets/pdf/g1583.pdf, https://assurance.redtractor.org.uk/contentfiles/Farmers-5476.pdf?_=635912156462522175〔リンク切れ〕, http://people.vetmed.wsu.edu/jmgay/courses/documents/363eng1.pdf〔リンク切れ〕, https://dairy.ahdb.org.uk/resources-library/technical-information/health-welfare/body-condition-scoring/#.Wypxx1Una1 s〔リンク切れ〕, https://ahdc.vet.cornell.edu/programs/NYSCHAP/docs/Rumensin_Heifer_BCS_Guide.pdf〔リンク切れ〕

https://www.researchgate.net/profile/Ian_Lean/publication/312456989_A_body_condition_scoring_chart_for_Holstein_dairy_cows/links/58a6cceda6fdcc0e0788c47a/A-body-condition-scoring-chart-for-Holstein-dairy-cows.pdf

ラクダ類(Camelids)

アルパカ(Alpaca)：https://nagonline.net/wp-content/uploads/2016/08/AlpacaBCS.jpg

アルパカとラマ(Alpaca and llama)：https://nagonline.net/wp-content/uploads/2016/08/Camelids-Penn-State-2009.pdf

ラクダ(Camel)：https://nagonline.net/wp-content/uploads/2016/08/Camel-BCS.pdf, https://nagonline.net/wp-content/uploads/2016/08/Faye-et-al.-2001-Body-condition-score-in-dromedary-camel-A-tool-fo.pdf〔リンク切れ〕

馬(Equine)

軽種馬(Light horses)：https://www.purinamills.com/horse-feed/education/detail/body-condition-scoring-your-horse, https://ker.com/published/body-condition-score-chart/〔リンク切れ〕, http://animal.ifas.ufl.edu/youth/horse/documents/BCS/Body%20Condition%20Score_Fluke.pdf〔リンク切れ〕, https://www1.agric.gov.ab.ca/$department/deptdocs.nsf/all/agdex9622/$FILE/bcs-horse.pdf, https://www.aht.org.uk/skins/

Default/pdfs/cal_bcs.pdf〔リンク切れ〕, www.bhs.org.uk/~/media/bhs/files/pdf-documents/condition-scoring-leaflet.ashx〔リンク切れ〕, https://www.baileyshorsefeeds.co.uk/body-condition-scoring, http://www.vetfolio.com/husbandry/equine-body-condition-scoring

ロバ（Donkey）：http://www.gov.scot/Publications/2007/10/16091227/4〔リンク切れ〕, http://www.nfacc.ca/pdfs/codes/equine_code_of_practice.pdf

山羊（Goats）※7

乳用種（Dairy）：https://adga.org/wp-content/uploads/2017/11/adga-dairy-goat-body-condition-scoring.pdf〔リンク切れ〕, http://articles.extension.org/pages/21636/goat-body-condition-score-introduction〔リンク切れ〕

肉用種（Meat Breeds）：https://extension.psu.edu/courses/meat-goat/reproduction/body-condition-scoring/body-condition-scoring-table, http://www.sa-boergoats.com/asp/4H/Goat-Facts/Body-Condition-Meat-Goats.asp〔リンク切れ〕, https://content.ces.ncsu.edu/monitoring-the-body-condition-of-meat-goats-a-key-to-successful-management〔リンク切れ〕, https://www.researchgate.net/publication/264889567_Body_Condition_Scores_in_Goats

家禽類（Poultry）

産卵鶏（Chickens: Layers）：https://nagonline.net/wp-content/uploads/2016/08/Layer-Chicken-BCS.jpg

肉用鶏（Chickens: Broilers）：https://assurance.redtractor.org.uk/contentfiles/Farmers-5616.pdf〔リンク切れ〕

アヒル（Ducks）：RSPCAスタンダード：https://science.rspca.org.uk/sciencegroup/farmanimals/standards/ducks

グース（Goose）：https://nagonline.net/wp-content/uploads/2017/03/Owen_1981_JWildlManag_conditionindexgeese.pdfn〔リンク切れ〕

羊（Sheep）

https://www.uaex.edu/publications/pdf/FSA-9610.pdf〔リンク切れ〕, https://www.agric.wa.gov.au/management-reproduction/condition-scoring-sheep, https://www1.agric.gov.ab.ca/$department/deptdocs.nsf/all/agdex9622/$FILE/bcs-sheep.pdf〔リンク切れ〕, https://

※7　原著では山羊の乳用種（Goats, Dairy）が馬（Equine）の中の一項目となっていたため，肉用種（Meat Breeds）と併せて「山羊（Goats）」という項目とした．

beefandlamb.ahdb.org.uk/wp-content/uploads/2013/06/brp_l_Sheep_BCS_190713.pdf 〔リンク切れ〕, https://ir.library.oregonstate.edu/downloads/9p290956v 〔リンク切れ〕, http://www.ablamb.ca/images/documents/resources/health/Ewe-body-condition-scoring-handbook.pdf 〔リンク切れ〕, https://beeflambnz.com/knowledge-hub/module/body-condition-scoring-sheep#block-1339

豚(Swine)

食用豚(Farm (meat) Pigs)：http://www.thepigsite.com/stockstds/23/body-condition-scoring/ 〔リンク切れ〕, https://extension.psu.edu/courses/swine/reproduction/body-condition-scoring, https://research.unc.edu/files/2012/11/Body-Condition-Scoring-Swine.pdf 〔リンク切れ〕, http://www.cpc-ccp.com/uploads/userfiles/files/ACA-Appendix-10.pdf 〔リンク切れ〕

ペットの豚 (Pet Pigs)：http://www.petpigeducation.com/body-condition.html, https://www.minipiginfo.com/mini-pig-body-scoring.html, http://www.carrsconsulting.com/thepig/petpig/petpignotes/weightproblems.htm

メジャーを使った体重の推定

Pater S. 2007. How Much Does Your Animal Weigh? Cochise County: University of Arizona Cooperative Extension. Backyards and Beyond. Winter 2007 Newsletter 11–12. https://cals.arizona.edu/backyards/sites/cals.arizona.edu.backyards/files/p11-12.pdf 〔リンク切れ〕. Retrieved April 16, 2018.

歯列による年齢推定
牛

https://futurebeef.com.au/knowledge-centre/aging-cattle-by-their-teeth/ 〔リンク切れ〕
https://www.fsis.usda.gov/OFO/TSC/bse_information.htm 〔リンク切れ〕
https://extension.msstate.edu/sites/default/files/publications/publications/p2779.pdf 〔リンク切れ〕
https://www.youtube.com/watch?v=0JdgnCDU0kI

馬

https://extension2.missouri.edu/g2842
http://www.vivo.colostate.edu/hbooks/pathphys/digestion/pregastric/aginghorses.html 〔リンク切れ〕

https://www.uaex.edu/publications/pdf/FSA-3123.pdf〔リンク切れ〕

https://www.aphis.usda.gov/aphis/ourfocus/animalhealth/nvap/NVAP-Reference-Guide/Appendix/Equine-Teeth-and-Aging

山羊と羊

https://www.dpi.nsw.gov.au/__data/assets/pdf_file/0004/179797/aging-sheep.pdf〔リンク切れ〕

https://www.blackbellysheep.org/about-the-sheep/articles/telling-how-old-a-sheep-is/

https://pdfs.semanticscholar.org/presentation/8c63/90ed86449f8cf1c1bfef509d19af647469ae.pdf〔リンク切れ〕

https://aglearn.usda.gov/customcontent/FSIS/FSIS-CombinedBSE-02/Module4/media/documents/sheep-dentition.pdf〔リンク切れ〕

Greenfield HJ, Arnold ER. 2008. Absolute age and tooth eruption and wear sequences in sheep and goat: Determining age-at-death in zooarchaeology using a modern control sample. Journal of Archaeological Science 35 (4):836-849. https://doi.org/10.1016/j.jas.2007.06.003

https://www.youtube.com/watch?v=gwpXzdE7h1I

https://www.youtube.com/watch?v=VW2R12OXjZM

病変の動物識別チャート
評価プロトコル
乳牛

http://www.welfarequalitynetwork.net/media/1088/cattle_protocol_without_veal_calves.pdf

https://www.vetmed.wisc.edu/dms/fapm/fapmtools/4hygiene/hygiene.pdf〔リンク切れ〕

http://www.assurewel.org/dairycows〔リンク切れ〕

肉牛

http://www.welfarequalitynetwork.net/media/1088/cattle_protocol_without_veal_calves.pdf

http://www.assurewel.org/beefcattle〔リンク切れ〕

産卵鶏

http://www.welfarequalitynetwork.net/media/1019/poultry_protocol.pdf 鶏肉全般

http://www.assurewel.org/layinghens〔リンク切れ〕

肉用鶏

http://www.assurewel.org/broilers〔リンク切れ〕

羊

http://www.assurewel.org/sheep〔リンク切れ〕

http://uni-sz.bg/truni11/wp-content/uploads/biblioteka/file/TUNI10015667（1）.pdf
〔リンク切れ〕

山羊

https://www.researchgate.net/publication/275341689_AWIN_welfare_assessment_
protocol_for_goats

豚

http://www.welfarequalitynetwork.net/media/1018/pig_protocol.pdf

馬

https://www.researchgate.net/publication/309712791_Welfare_assessment_of_
horses_The_AWIN_approach

http://www.vetmed.ucdavis.edu/vetext/local_resources/pdfs/pdfs_animal_welfare/
CAStandards-Feb2014.pdf〔リンク切れ〕

https://aaep.org/sites/default/files/Guidelines/AAEPCareGuidelinesRR2012.pdf〔リン
ク切れ〕

https://c.ymcdn.com/sites/www.kvma.org/resource/resmgr/files/ky_minimum_
standards_care_hr.pdf〔リンク切れ〕

https://extension.tennessee.edu/publications/Documents/PB1741.pdf〔リンク切れ〕

http://www.mdhorsecouncil.org/files/2011-MinimumStandardsofCareforEquines-
1page.pdf〔リンク切れ〕

https://air.unimi.it/retrieve/handle/2434/269097/384836/AWINProtocolHorses.pdf

https://spca.bc.ca/wp-content/uploads/fact-sheets-equine-code-merged.pdf

https://www.mpi.govt.nz/dmsdocument/11003/loggedIn〔リンク切れ〕

ロバ

https://air.unimi.it/retrieve/handle/2434/269100/384805/AWINProtocolDonkeys.pdf

http://www.gov.scot/Publications/2007/10/16091227/4〔リンク切れ〕

http://www.nfacc.ca/pdfs/codes/equine_code_of_practice.pdf

跛行スコア表
肉牛

https://www.drovers.com/article/cattle-lameness-grading-systems〔リンク切れ〕

https://www.zinpro.com/lameness/beef/locomotion-scoring〔リンク切れ〕

乳牛

https://www.zinpro.com/lameness/dairy〔リンク切れ〕

https://www.merckvetmanual.com/musculoskeletal-system/lameness-in-cattle/locomotion-scoring-in-cattle

Agriculture and Horticulture Development Board (United Kingdom). Dairy Cattle. https://dairy.ahdb.org.uk/resources-library/technical-information/health-welfare/mobility-score-instructions/#.Wz1tO1Una1s〔リンク切れ〕

馬

American Association of Equine Practitioners

https://aaep.org/horsehealth/lameness-exams-evaluating-lame-horse〔リンク切れ〕

豚

母豚：https://www.zinpro.com/lameness/swine/locomotion-scoring〔リンク切れ〕

肥育豚：Main DCJ, Clegg J, Spatz A, Green LE. 2000. Repeatability of a lameness scoring system for finishing pigs. Veterinary Record 147:574-576.

羊

Kaler J, Wassink GJ, Green LE. 2009. The inter- and intra-observer reliability of a locomotion scoring scale for sheep. Veterinary Journal 180(2):189–194. doi: 10.1016/j.tvjl.2007.12.028

糞便虫卵数の計測

https://www.wormx.info/fecal-egg-counting

カリフォルニア州乳房炎検査

https://milkquality.wisc.edu/wp-content/uploads/sites/212/2011/09/california-mastitis-test-fact-sheet.pdf〔リンク切れ〕

https://www.youtube.com/watch?v=7WtMTV-rjlQ

全米飼料試験協会

http://www.foragetesting.org/

http://animalrangeextension.montana.edu/forage/documents/2016_Certified_Labs.pdf

米国の獣医師会

American Association of Bovine Practitioners http://www.aabp.org/

American Association of Equine Practitioners https://aaep.org/

American College of Poultry Veterinarians https://aaap.memberclicks.net/acpv-home

American Association of Small Ruminant Practitioners(羊，山羊，ラクダ科動物，飼育子牛) http://www.aasrp.org/

American Association of Swine Veterinarians https://www.aasv.org/

USDA APHISの動物識別要件

https://www.aphis.usda.gov/aphis/ourfocus/animalhealth/nvap/NVAP-Reference-Guide/Animal-Identification

参考文献

Arieli A, Meltzer A, Berman A. 2007. The thermoneutral temperature zone and seasonal acclimatization in the hen. *British Poultry Science* 21(6):471-478

AssureWel® (www.assurewel.org).

Balliette J, Torell R. 1998. *Alfalfa for Beef Cows*. Cooperative Extension Fact Sheet 93-23. University of Nevada.

Bartlett B. 2005. *The ABC's of Pasture Grazing*. Ames, Iowa: MidWest Plan Service, Iowa State University.

Bernard JK. 2017. *Considerations for Using By-Product Feeds. Bulletin 862*. UGA Extension Office. University of Georgia.

Bird NA, Hunton P, Morrison WD, Weber LJ. 1988. *Poultry: Heat stress in caged layers.451/20*. ISSN 1198-712X. Queen's printer for Ontario. Ontario Ministry of Agriculture, Food and Rural Affairs. http://www.omafra.gov.on.ca/english/livestock/poultry/facts/88-111.htm Accessed June 20, 2018.

Boyle L, Quinn A, Diaz JC. 2013. *Proceedings Teagasc Pig Farmers Conference*. County Cork, Ireland: Moorepark Teagasc Food Research Center.

Brown C, Rech R, Rissi D, Costa T. 2008. *Poultry Necropsy Manual: The Basics*. Athens, Georgia: Department of Pathology, University of Georgia. http://web.uconn.edu/poultry/poultrypages/Poultry%20necropsy%20manual%20%2002008.pdf.

Campe A, Hoes C, Koesters S, Froemke C, Bougeard S, Staack M, Bessei W et al. 2018. Analysis of the influences on plumage condition in laying hens: How suitable is a whole body plumage score as an outcome? *Poultry Science* 97(2):358-367. https://doi.org/10.3382/ps/pex321.

Carlile FS. 1984. Ammonia in poultry houses: A literature review. *World Poultry Science* 40:99-113.

Cherry P, Morris TR. 2008. *Domestic Duck Production: Science and Practice*. Cambridge, MA: CABI. doi: 10.1079/9780851990545.0000.

Clauer PJ. 2009. *Cannibalism: Prevention and Treatment*. Virginia Cooperative Extension.

Cramer G, Winders T, Solano L, Kleinschmit D. 2018. Research: Evaluation of agreement among digital dermatitis scoring methods in the milking parlor, pen, and hoof trimming chute. *Journal of Dairy Science* 101(3):2406-2414.

De Jong I, van Harn J. 2012. Management tools to reduce footpad dermatitis in broilers. *Avigen*. http://en.staging. aviagen.com/assets/Tech_Center/Broiler_Breeder_Tech_Articles/English/AviaTech-FoodpadDermatitisSept2012.pdf.

Desrochers A, Anderson DE, St-Jean G. 2001. Lameness examination in cattle. *Veterinary Clinics: Food Animal Practice* 17(1):39-51.

Donham KJ. 1991. Association of environmental air contaminants with disease and productivity in swine. *American Journal of Veterinary Research* 52:1723-1730.

Drummond JG, Curtis SE, Simon J. 1978. Effects of atmospheric ammonia on pulmonary bacterial clearance in the young pig. *American Journal of Veterinary Research* 39:211-212.

Drummond JG, Curtis SE, Simon J, Norton HW. 1980. Effects of aerial ammonia on growth and health of young pigs. *Journal of Animal Science* 50(6):1085-1091.

Drummond JG, Curtis SE, Meyer RC, Simon J, Norton HW. 1981a. Effects of atmospheric ammonia on young pigs experimentally infected with *Bordetella bronchiseptica*. *American Journal of Veterinary Research* 42(6):963-968.

Drummond JG, Curtis SE, Simon J, Norton HW. 1981b. Effects of atmospheric ammonia on young pigs experimentally infected with *Ascaris suum*. *American Journal of Veterinary Research* 42(6):969-974.

Dyer TG. 2012. *Water Requirements and Quality Issues for Cattle. The University of Georgia Cooperative Extension. Special Bulletin 56*. https://secure.caes.uga.edu/extension/publications/files/pdf/SB%2056_4.PDF.

Edmonson AJ, Lean IJ, Weaver LD, Farver T, Webster G. 1989. A body condition scoring chart for Holstein dairy cows. *Journal of Dairy Science* 72:68-78.

Ellis JM, Hollands T. 1998. Accuracy of different methods of estimating the weight of horses. *Veterinary Record* 143:335-336.

Fernandez D. 2012. *Fecal Egg Counting for Sheep and Goat Producers*. University of Arkansas at Pine Bluff Cooperative Extension Program. Bulletin FSA 9608.

Ferrucci F, Vischi A, Zucca E, Stancari G, Boccardo A, Rondena M, Ferro E. 2012. Multicentric hemangiosarcoma in the horse: A case report. *Journal of Equine Veterinary Science* 32(2):65.

Fisher M. 2008. Stray voltage may impact your livestock before you know it. *High Plains/Midwest Ag Journal*. http:// www.hpj.com/archives/stray-voltage-may-impact-your-livestock-before-you-know-it/article_45cad071-61cd-5484-b122-dfc77c5fadf5.html.

Foreyt WJ. 2001. *Veterinary Parasitology: Reference Manual*, 5th ed. Ames, IA: Iowa State Press.

Forrester JA, Weiser TG, Forrester JD. 2018. Original research: An update on fatalities due to venomous and nonvenomous animals in the United States (2008-2015). *Wilderness & Environmental Medicine*, 29(1):36-44. doi: 10.1016/j.wem.2017.10.004.

Frank C, Madden DJ, Duncan C. 2015 Field Necropsy of the horse. *Veterinary Clinics of North America: Equine Practice* 31(2):233-245.

French D, Craig T, Hogsette J, Pelzel-McCluskey A, Mittel L, Morgan K, Pugh D, Vaala W. 2016. *AAEP External Parasite and Vector Control Guidelines*. AAEP External Parasite Control Task Force. Lexington, KY: AAEP. https://aaep.org/sites/default/files/Guidelines/AAEP-ExternalParasites071316Final.pdf.

Frost RO, Patronek G, Arluke A, Steketee G. 2015. The hoarding of animals: An update. *Psychiatric Times* 32(4):1.

Gadberry S. 2016. *Water for Beef Cattle*. University of Arkansas Division of Agriculture, Research and Extension, Agriculture and Natural Resources. FSA 3021. https://www.uaex.edu/publications/PDF/FSA-3021.pdf.

Gaughan JB, Mader TL, Holt SM, Lisle A. 2008. A new heat load index for feedlot cattle1. *Journal of Animal Science* 86(1):226-234. Retrieved from https://login.lp.hscl.ufl.edu/login?URL=http://search.proquest.com/accountid=10920?url=https://search.proquest.com/docview/218137123?accountid=10920.

Gerdin J, McDonough S, Reisman R, Scarlet J. 2015. Circumstances, descriptive characteristics, and pathologic findings in dogs suspected of starving. *Veterinary Pathology* 53(5):1087-1094.

Ghassemi Nejad J, Sung K. 2017. Behavioral and physiological changes during heat stress in Corriedale ewes exposed to water deprivation. *Journal of Animal Science and Technology* 59(13). http://doi.org/10.1186/s40781-017-0140-x.

Greenough RR, Weaver AD, Broom DM, Esselmont RJ, Galindo FA. 2003. *Basic concepts of bovine lameness. Lameness in Cattle*, 3rd ed. Amsterdam: Elsevier Science.

Global Animal Partnership. Austin, Texas. https://globalanimalpartnership.org/5-step-animal-welfare-rating-program/chicken-standards-application/.

Gottardo F, Brscic M, Contiero B, Cozzi G, Andrighetto I. 2008 Towards the creation of a welfare assessment system in intensive beef cattle farms. *Italian Journal of Animal Science* 8:325-342.

Grandin T. 2000. *Livestock Handling and Transport*. Wallingford, Oxon, UK: CABI Publishing.

Grandin T. 2014. *Livestock Handling and Transport*, CABI, ProQuest Ebook Central, https://ebookcentral.proquest.com/lib/ufl/detail.action?docID=1794188.

Greenacre CB, Morishita TY. 2015. *Backyard Poultry Medicine and Surgery*. Ames, IA: Wiley Blackwell.

Gregory NG, Robins JK. 1998. A body condition scoring system for layer hens. *New Zealand Journal of Agricultural Research* 41(4):555-559. https://doi.org/10.1080/00288233.1998.9513338.

Griffin D. 2012. Field necropsy of cattle and diagnostic sample submission. *Veterinary Clinics of North America: Food Animal Practice*, 23(3):391-405.

Groesbeck CN, Goodband RD, DeRouchey JM, Tokach MD, Dritz SS, Nelssen JL, Lawrence KR, Young MG. 2002. Using heart girth to determine weight in finishing pigs. *Swine Day 2002 proceedings*. Kansas State University. https://www.asi.k-state.edu/doc/swine-day-2002/heartgirthpg166.pdf.

Hall JB. 2004. *The Cow-Calf Manager*. Virginia Cooperative Extension, Virginia Tech and Virginia State University.

Hancock D, Rossi J, Lacy RC. 2017. *Forage Use and Grazing Herd Management during a Drought. Circular 914*. University of Georgia Extension.

Hoffmann G, Bentke A, Rose-Meierhöfer S, Ammon C, Mazetti P, Hardarson GH. 2013. Original research: Estimation of the body weight of Icelandic Horses. *Journal of Equine Veterinary Science* 33(11):893-895.

Issley S. 2015. Ammonia toxicity. Medscape. https://emedicine.medscape.com/article/820298-overview.

Jacob J. 2015. *Feather Pecking and Cannibalism in Small and Backyard Poultry Flocks*. University of Kentucky Cooperative Extension Service. http://articles.extension.org/pages/66088/feather-pecking-and-cannibalism-in-small-and-backyard-poultry-flocks.

Jurgens MH, Hansen SL, Coverdale J, Bregendahl K. 2012. *Animal Feeding and Nutrition*. Iowa: Kendall Hunt Publishing.

Kahn CM, Line S. 2010. *The Merck Veterinary Manual*. Whitehouse Station, NJ: Merck & Co., 2010.

Kaler J, Wassink GJ, Green LE. 2009. The inter- and intra-observer reliability of a locomotion scoring scale for sheep. *Veterinary Journal* 180(2):189-194.

Kaufman PE, Koehler PG, Butler JF. 2015a. *External Parasites of Sheep and Goats. Publication #ENY-273*. University of Florida IFAS Extension. http://edis.ifas.ufl.edu/ig129.

Kaufman PE, Koehler PG, Butler JF. 2015b. *External Parasites of Swine. Publication #ENY - 287*. University of Florida IFAS Extension. http://edis.ifas.ufl.edu/ig138.

Kaukonen E, Norring N, Valros A. 2016. Effect of litter quality on foot pad dermatitis, hock burns and breast blisters in broiler breeders during the production period. *Avian Pathology* 45(6):667-673.

Kellems RO, Church DC. 2010. *Livestock Feeds and Feeding*. Boston: Prentice Hall.

Kerr SB. 2015. *Livestock heat stress: Recognition, response and prevention. FS157E*. Washington State University Extension.

Kester E, Frankena K. 2014. A descriptive review of the prevalence and risk factors of hock lesions in dairy cows. *Veterinary Journal* 202(2):222-228.

Kestin SC, Knowles TG, Tinch AE, Gregory NG. 1992. Prevalence of leg weakness in broiler chickens and its relationship with genotype. *Veterinary Record* 131:190-194.

Knowles TG, Warriss PD, Brown SN, Edwards GE. 1998. Effects of stocking density on lambs being transported by road. *Veterinary Record* 142(19):503-509.

Koehler PG, Pereira RM, Kaufman PE. 2015. *Sticktight Flea, Echidnophaga gallinae. Bulletin #ENY-244*. University of

Florida IFAS Extension. http://edis.ifas.ufl.edu/mg236 Accessed February 23, 2018.

Lammers PJ, Stender DR, Honeyman MS. 2007. Niche pork production: Environmental needs of the pig. IPIC NPP210 2007. https://www.ipic.iastate.edu/publications/210.environmentalpigneeds.pdf.

LayWel. 2006. LAYWEL. Welfare implications of changes in production systems for laying hens. http://www.laywel.eu/web/xmlappservlet11da.html?action=Process.

Loftin KM. 2008. *Protect Swine from External Parasites. Bulletin FSA-7034.* University of Arkansas Cooperative Extension Service. https://www.uaex.edu/publications/PDF/FSA-7034.pdf.

Lillie LE, Thompson RG. 1972. The pulmonary clearance of bacteria by calves and mice. *Canadian Journal of Comparative Medicine* 36:121-128.

Mack LA, Felver-Gant JN, Dennis RL, Cheng HW. 2013. Genetic variation alter production and behavioral responses following heat stress in 2 strains of laying hens. *Poultry Science* 92(2):285-294.

Madea B. 2005. Death as a result of starvation. Diagnostic criteria. In: Tsokos M (ed.) *Forensic Pathology Reviews, Volume 2.* Totowa, NJ: Humana Press, Inc.

Main DCJ, Clegg J, Spatz A, Green LE. 2000. Repeatability of a lameness scoring system for finishing pigs. *Veterinary Record* 147:574-576.

Marschang F. 1973. Ammonia, loss and production in large cattle stables. *Deutsche Tierärztliche Wochenschriff* 80(5):112-115.

Martin CD, Mullens BA. 2012. Housing and dustbathing effects on northern fowl mites (*Ornithonyssus sylvarium*) and chicken body lice (*Menacanthus stramineus*) on hens. *Medical and Veterinary Entomology* 26(3):323-333.

Mason GL, Madden DJ. 2007. Performing the field necropsy examination. *Veterinary Clinics of North America: Food Animal Practice* 23(3):503-526.

Mavromichalis I. 2013. Formulating poultry and pig diets with bakery meal. https://www.wattagnet.com/articles/17816-formulating-poultry-and-pig-diets-with-bakery-meal.

McClendon M, Kaufman PE. 2007. Horse Bot Fly. Featured Creatures Publication EENY- 406, University of Florida IFAS. http://entnemdept.ufl.edu/creatures/livestock/horse_bot_fly.htm.

Meat and Livestock Australia. 2006. Tips and tools: Heat load in feedlot cattle. https://futurebeef.com.au/wp-content/uploads/Heat-load-in-feedlot-cattle.pdf.

Meltzer A. 1983. Thermoneutral zone and resting metabolic rate of broilers. *British Poultry Science* 24(4):471-476.

Merrill MM, Boughton RK, Lord CC, Sayler KA, Wight B, Anderson WM, Wisely WM. 2018. Wild pigs as sentinels for hard ticks: A case study from south-central Florida. *International Journal for Parasitology: Parasites and Wildlife* 7(2):161-170. https://doi.org/10.1016/j.ijppaw.2018.04.003.

Mertins JW, Vigil SL, Corn JL. 2017. *Amblyomma auricularium* (Ixodida:Ixodidea) in Florida: New hosts and distribution records. *Journal of Medical Entomology* 54(1):134-141. https://doi.org/10.1093/jme/tjw159.

Miles A. 2017. From the driver's seat. *Ag News & Views* 35(10):1-3.

Morgan K. 1998. Thermoneutral zone and critical temperatures of horses. *Journal of Thermal Biology* 23(1):59-61.

Morton GR. 2017. Animal hoarding in Florida: Addressing the ongoing animal, human, and public health crisis. *Florida Bar Journal* 91(4):30-35.

Muller J, Gwozdz J, Hodgeman R, Ainsworth C, Kluver P, Czarnecki J, Warner S, Fegan M. 2015. Diagnostic performance characteristics of a rapid field test for anthrax in cattle. *Preventive Veterinary Medicine* 120(3-4):277-282.

Odriozola ER, Rodríguez AM, Micheloud JF, Cantón GJ, Caffarena RD, Gimeno EJ, Giannitti F. 2018. Enzootic calcinosis in horses grazing *Solanum glaucophyllum* in Argentina. *Journal of Veterinary Diagnostic Investigation* 30(2):286.

Olechnowicz J, Jaskowski JM. 2013. Lameness in small ruminants. *Medycyna Weterynaryjna* 67(11):715-719. https://www.researchgate.net/publication/257993409_Lameness_in_small_ruminants.

Oliver-Espinosa O. 2018. Diagnostics and treatments in chronic diarrhea and weight loss in horses. *Veterinary Clinics of North America-Equine Practice* 34(1):69-80.

Parish JA, Karisch BB, Vann RC. 2013. *Transporting Beef Cattle by Road.* Publication 2797. Mississippi State University Extension Service.

Penev T. 2011. Lameness scoring systems for cattle in dairy farms. *Agricultural Science and Technology* 3(4):291-

298. https://www.researchgate.net/publication/259970699_Lameness_scoring_systems_for_cattle_in_dairy_farms.

Perez ZO, Ybanez A, Ybanez RHD, Sandoval J. 2016. Body weight estimation using body measurements in goats (*Capra hircus*) under field condition. *Philippine Journal of Veterinary Animal Science*42(1):1-7.

Petherick JC, Phillips CJC. 2009. Space allowances for confined livestock and their determination from allometric principles. *Applied Animal Behaviour Science* 117(1-2):1-12. https://doi.org/10.1016/j.applanim.2008.09.008.

Potterton SL, Green MJ, Millar KM, Brignell CJ, Harris J, Whay HR, Huxley JN. 2011. Prevalence and characteristics of, and producer's attitudes towards, hock lesions in UK dairy cattle. *Veterinary Record* 169(24):634-644.

Rübsamen K, von Engelhardt V. 1975. Water metabolism in the llama. *Comparative Biochemistry and Physiology Part A: Physiology* 52(4):595-598.

Relun A, Guatteo R, Roussel P, Bareille N. 2011. A simple method to score digital dermatitis in dairy cows in the milking parlor. *Journal of Dairy Science* 94(11):5424-5434.

Reneau JK, Seykora AJ, Heins B, Bey R. 2005. Association between hygiene scores and somatic cell scores in dairy cattle. *Journal of the American Veterinary Medical Association* 227(8):1297-1301.

Responsible Wool Standard. 2016. Lameness Scoring Guidance. http://responsiblewool.org/wp-content/uploads/2016/07/Lameness-Scoring-Guidance.pdf.

Sadiq MB, Ramanoon SZ, Shaik Mossadeq WM, Mansor R, Syed-Hussain SS. 2017. Association between lameness and indicators of dairy cow welfare based on locomotion scoring, body and hock condition, leg hygiene and lying behavior. *Animals: An Open Access Journal from MDPI* 7(11):79. http://doi.org/10.3390/ani7110079.

Saleh EA, Watkins SE, Waldroup PW. 1996. High-level usage of dried bakery product in broiler diets. *Journal of Applied Poultry Research* 5:33-38.

Sallenave R. 2016. *Water Quality for Livestock and Poultry*. Bulletin Guide M-122. New Mexico State University Cooperative Extension Service. College of Agricultural, Consumer and Environmental Services.

Sanders C. 2015. Barber pole worms in sheep, goats, a hazard after wet spring. *High Plains/Midwest Ag Journal*. http://www.hpj.com/livestock/barber-pole-worms-in-sheep-goats-a-hazard-after-wet/article_23cfd4cf-5a76-5463-a3fb-8493b806bb6a.html.

Schwartzkopf-Genswein KS, Faucitano L, Dadgar S, Shand P, González LA, Crowe TG. 2012. Road transport of cattle, swine and poultry in North America and its impact on animal welfare, carcass and meat quality: A review. *Meat Science* 92(3):227-243.

Scott DW. 1988. *Large Animal Dermatology*. Philadelphia, PA: W.B. Saunders Company.

Sheldon KJ, Deboy G, Field WE, Albright JL. 2009. Bull-related incidents: their prevalence and nature. *Journal of Agromedicine* 14:357-369.

Smith B, Pingsun L, Love G. 1986. *Intensive Grazing Management: Forage, Animals, Men, Profits*. Hawaii: The Graziers Hui.

Smith M, Sherman D. 2009. *Goat Medicine*, 2nd ed. Ames, IA: Wiley-Blackwell.

Sprecher DJ, Kaneene JB, Hostetler D. 1997. A lameness scoring system that use posture and gait to predict dairy cattle reproductive performance. *Theriogeneology* 47(6):1179-1187.

Sprinkle J, Bailey D. 2004. How Many Animals Can I Graze on My Pasture? Determining Carrying Capacity on Small Land Tracts. University of Arizona College of Agriculture and Life Sciences Publication AZ-1352.

Stull CL, Holcomb KE. 2014. Role of U.S. animal control agencies in equine neglect, cruelty, and abandonment investigations. *Journal of Animal Science* 92(5):2342-2349, https://doi.org/10.2527/jas.2013-7303.

Sungirai M, Masaka L, Benhura BL. 2014. Validity of weight estimation models in pigs reared under different management conditions. *Veterinary Medicine International* 530469. http://doi.org/10.1155/2014/530469.

Talley J. 2015. External Parasites of Goats. Oklahoma Cooperative Extension Service EPP-7019.

Teders K. 2008. *How to Identify Lice on Swine*. Purdue University Cooperative Extension Service. https://www.extension.purdue.edu/pork/health/lice.html.

Thomas G, Proverbs G, Patterson H. 1997. *Weight tape for sheep*. Factsheet. Caribbean Agricultural Research and Development Institute. http://www.cardi.org/wp-content/uploads/downloads/2012/11/PRODN-HUS_Weight-tape-for-sheep.pdf.

Undersander D, Albert B, Cosgrove D, Johnson D, Peterson P. 2002. *Pastures for Profit: A Guide for Rotational*

Grazing (A3529). Cooperative Extension Publishing, University of Wisconsin-Extension.

USDA Natural Resource Conservation Service National Range and Pasture Handbook 2003.

Wangchuk K, Wangdi J, Mindu M. 2018. Comparison and reliability of techniques to estimate live cattle body weight. *Journal of Applied Animal Research* 46(1):349-352.

Ward D. 2007. *Water Requirements of Livestock*. Ontario Ministry of Agriculture, Food and Rural Affairs Factsheet ISSN1198-712X Agdex # 176/400. http://www.omafra.gov.on.ca/english/engineer/facts/07-023.htm#1.

Warriss PD. 1998. Choosing appropriate space allowances for slaughter pigs transported by a road: A review. *Veterinary Record* 142(17):449-454.

Warriss PD, Edwards JE, Brown SN, Knowles TG. 2002. Survey of the stocking densities at which sheep are transported commercially in the United Kingdom. *Veterinary Record* 150(8):233-236.

Watkins SE, Jones FT, Clark FD, Wooley JL. 2008. Raising broilers and turkeys for competition. FSA8004. University of Arkansas, Division of Agriculture Cooperative extension Service.

Watson W, Luginbuhl JW. 2015. *Lice: What They Are and How to Control Them*. North Carolina State Extension Publications.

Webster AB, Fairchild BD, Cummings TS, Stayer PA. 2008. Validation of a three-point-gait scoring system for field assessment of walking ability of commercial broilers. *Journal of Applied Poultry Research* 17(4):529-539.

Whay HR, Main DCJ, Green LE, Webster AJF. 2003. Assessment of the welfare of dairy cattle using animal-based measurements: Direct observations and investigation of farm records. *Veterinary Record* 153:197-202.

Whiting TL, Brandt S. 2002. Minimum space allowance for transportation of swine by road. *Canadian Veterinary Journal* 43(3):207-212.

第 **18** 章

法獣医放射線学
および画像診断学

Elizabeth Watson

序論，範囲，定義	468
証拠としての医療画像と報告書	468
X線画像撮影と放射線防護	469
コンピューター断層撮影検査，磁気共鳴画像検査，超音波検査の法医学的応用	472
個体識別と年齢判定における放射線学と画像診断学	476
外傷に対する骨反応の放射線学と画像診断学	477
銃創の放射線学と画像診断学	480
軟部組織損傷の放射線学と画像診断学	483
ネグレクトのX線診断と画像診断	484
虐待と鑑別が必要なX線画像	485
結論	489
参考文献	489

序論，範囲，定義

　法獣医放射線画像診断学は，法獣医学の一分野であり，非侵襲的にX線画像やその他の画像を取得・解釈し，法的な文書作成および法廷での使用に役立てるものである．獣医放射線画像診断学の法的な問題への応用には，被保険動物の健康状態の記録，獣医療の妥当性判断，死因の判定，動物虐待とネグレクトの調査などが含まれる．さらに，法獣医放射線画像診断学は，身体の一部の評価と同定，ミイラ化した動物の死体の評価(McKnight et al., 2015)，法獣医学的に重要な物体の検査，密猟による動物の死亡調査(Thali et al., 2007)，時には違法薬物の密輸に使用された動物の評価(Baker & Rashbaum 2006; Maurer et al., 2011)にも貢献することがある．

　臨床放射線学と同様に，法医放射線学もX線検査に加えて複数の画像診断を包含している．すなわち，主にコンピューター断層撮影(CT)，磁気共鳴(MR)，超音波(US)である．臨床医学では「画像診断学」という用語が「放射線学」という呼称にほぼ取って代わったため，法医放射線学が「法医画像診断学」に発展する可能性がある．しかし，法医放射線画像診断学という用語は，電子機器の正確なコピーを指す法医画像診断の歴史的使用との混同を避けるために使われている．

証拠としての医療画像と報告書

　獣医臨床画像診断学が，動物における疾病の経過を特定し特徴付け，治療法を導き出そうとするものであるのに対して，法獣医放射線画像診断学は，受傷の時期，獣医療水準，死に至るまでの期間，死因の判定など，裁判に関連する疑問に答えようとするものである．生きた動物に対する法獣医学的身体検査や死亡した動物に対して行われる解剖検査に対して，法医放射線画像診断学は，裁判のための内部構造と生理機能を評価する非侵襲的な方法である．非侵襲的に証拠を取得し，生きている動物や死亡した動物の状態を記録することに加え，法医放射線画像診断学では，画像証拠を劣化させることなく，法獣医学的調査全体を通じて検討することができる．

　1895年にWilhelm Conrad Roentgen教授がX線を発見してからわずか1年で，X線画像は法的手続きの証拠として認められるようになった(Scott, 1946)．今日ではすべての医療画像は同様に証拠として認められている．それ単独で成立する写真証拠とは異なり，X線画像やその他の画像検査には，専門家の解釈や報告書が添付されなければならない．デジタルまたはアナログの画像データが入手できない場合や紛失してしまった場合，報告書のみでも証拠として認められることがある．法医放射線学報告書には日付を記載し，報告した専門家の資格，動物の識別，依頼した個人または機関，入手可能な経緯に関する情報の概要を記載する．法医放射線学報告書は，画像診断報告書の標準的な書式に従い，「所見」

の項目における該当する画像に対する正常または異常所見に関する記述と、「画像」または
「結論」の項目におけるそれらの所見に対する解釈によって構成する．追加の画像検査の必
要性を判断した場合には，報告書に「推奨事項」の項目を加えることもある．画像診断報告
書と同様に，法医放射線学報告書は特定の対象者とのコミュニケーション手段である．し
かし，臨床における画像診断報告書が医学的知識を有する紹介元の臨床医とのコミュニ
ケーションであるのとは異なり，法医放射線学報告書は，法廷からの質問にも答え，医学
的背景を持たない幅広い対象者にも情報を提供しなければならない．そのため，法獣医放
射線画像診断学報告書には，裁判所のための特定の質問に答えたり，医学用語を明確にし
たり，参考文献を示したりする「要約」の項目が含まれることも多い．

X線画像撮影と放射線防護

　近年の医療用画像の進歩により，法医学におけるX線撮影や画像診断の利用が容易に
なった．デジタルラジオグラフィ（digital radiography: DR）は，画像診断や法医放射線学
において，アナログ画像に取って代わりつつある．デジタル・アナログ両システムで使
用されるX線は，密閉されたガラス管内で，陰極で放出された高速電子を陽極のタング
ステン・ターゲットに向けて照射することによって作り出される．X線画像は，X線が動
物を通過してデジタル画像検出器（デジタルラジオグラフィ［DR］，ダイレクトデジタル
ラジオグラフィ［DDR］，コンピューテッドラジオグラフィ［CR］）またはアナログフィル
ム／スクリーンシステムに到達する際のX線吸収の差によって生み出される．様々なデジ
タル画像システムの長所と短所，そしてそれらに関連するアーチファクトについては，
多くの放射線学の文献に詳しく述べられている（Drost et al., 2008; Armbrust, 2009）．法獣医放
射線画像学におけるデジタルX線装置の活用は，処理時間を短縮し，現場でのX線撮影，
保存，画像共有，証拠保全の連鎖を大幅に改善した．デジタル画像は，DICOM（Digital
Imaging and Communications in Medicine）と呼ばれるファイル交換システムによって
保存され，コンピューター間で共有することができる．患者情報と機器情報はDICOM
ヘッダー（見出し）情報として保存され，画像と分離することはできない．法獣医放射線
画像学および画像診断学の分野では，DICOMシステムの中に画像へのすべての編集内
容を永久に保存できることは大きな利点である．DICOMシステムはX線検査，US，CT，
MRで使用されている．画像の検索，配信，表示，DICOM 検査記録の保存，および
DICOMヘッダーと報告書またはカルテとの統合を制御するソフトウェアとハードウェ
アは，画像保存通信システム（picture archiving and communication system: PACS）と呼
ばれる．

　デジタル画像システムでもアナログ画像システムにおいても，放射線被曝のリスクは同

様であり，放射線防護に関する注意は，法医放射線学でも臨床画像診断でも同様に重要である．動物の生体に対するX線撮影時の放射線被曝量を効果的に達成可能な限り低く抑える (as low as reasonably achievable: ALARA) 努力は，法令上の要件であり，放射線安全管理の基本的な考え方である．使用時には，可能な限り被曝時間を短くし，放射線源 (管球や動物) と従事者との距離を十分にとり，適切な鉛の防護衣を着用することが，時間，距離，遮蔽として知られる放射線防護の基本的な柱である．

　画像検査の解釈には，患者の体位，検査条件，表示事項に注意を払う必要がある．適切な数の画像が撮影されていなかったり，動物の位置が標準的でなかったり，識別情報や左右の位置を示す標識がなかったり，撮影条件が悪かったり，技術的なアーチファクトがあったりすると，画像の質が低下し，専門家や裁判所が利用できる情報量が減少してしまう．専門家の画像解析能力を制限するような画質上の要因はすべて開示し，画像証拠の価値を低下させてしまう可能性がある．画像診断学および法医放射線学では，最低2方向の画像と，複雑な解剖学的構造に対しては，さらに正接像 (tangential view) または斜位像の撮影を加えるのが標準的な手順である．照射X線と患者との相互作用によって生じる散乱放射線を低減し，画質を最適化するために，照射野は関心領域を中心に設定され，コリメートされる[※1]．臨床における画像診断で行われる標準的なポジショニングとコリメーションは，法医学におけるX線撮影でも利用される．照射X線のセンタリングが不適切あるいは標準的でなかったり，コリメーションが不十分であったりすると，デジタルシステムによる画像処理に支障が出る可能性があることを認識する必要がある．

　法医学におけるX線撮影は，日常的に撮影される画像の総数において，通常の画像診断とは異なる場合がある．非偶発的外傷 (nonaccidental injury: NAI) が疑われる症例では，全身のX線撮影が必要となる．法医学的な評価に必要な画像数を減らすために，全身撮影のための手順が提供されている (表18.1)．標準的な画像で異常が認められた場合は，さらに詳細な画像を撮影する．デジタル化により，X線ビームの経路に識別ラベルや日付ラベルを貼る必要はなくなったが，個体識別情報はX線撮影時に電子的に入力しなければならない．個体識別情報および撮影日時は，DICOMヘッダーに記載されており，この情報を画像と分離することはできない．右側と左側を標識するマーカーを使用することは，X線画像の処理において不可欠である．誤表示による人為的なエラーの可能性を減らし，側面方向の二次的な検証を行うために，右側と左側を標識するマーカーが照射X線の経路内に配置される．X線撮影時に照射一次X線 (入射X線) 内に左右を識別するマーカーを配置することは，コンピューターで生成された側方標識よりも望ましい．胸郭と頭蓋の斜位像に1方向のみに標識する方法は，解釈に混乱をもたらすことが多い．動

※1　コリメート：放射線が広がらないようにし，対象部分にだけ効果的に照射するために行われる手法

X線画像撮影と放射線防護

表18.1 非偶発的外傷（NAI）における小動物全身X線検査の推奨ガイドライン[a]

解剖学的部位	画像	画像数
胸部	側面, VD	2
腹部	側面, VD	2
頭蓋骨	側面, VD, 前後	3
頸椎	側面, VD	2
骨盤	側面, VD	2
右前肢[b]	側面, CrCd	2
左前肢[b]	側面, CrCd	2
右後肢[b]	側面, CrCd	2
左後肢[b]	側面, CrCd	2
		19　合計

略語：CrCd　頭尾像, VD　腹背像

a：ガイドラインは，法的な診療基準として意図されたものではない．個々の事例や利用
　可能な情報に基づき修正されることがある．

b：大きな動物の場合，各肢を撮影するために二つの側面像と二つのCrCd像が必要である．

物が右側臥位であれば，頭蓋は腹側にも背側にも回転する．右側臥位であることを示す右側標識を一つ置くだけでは，左右の頭蓋骨を区別することは難しい．右側臥位で背側頭蓋を右に回転させると，患者の右側は腹側に，左側は背側に映し出される．右側標識は，頭蓋骨の腹側表面に，左側標識は頭蓋骨の背側表面に配置されることとなる．もしくは，動物を右側臥位にし，頭蓋骨の背側を左に回転させた場合，画像には腹側の"L"と背側の"R"が表示されることになる．

　死亡動物のX線検査においては，手順に多少の変更が必要となる．腐敗や死後硬直は標準的な撮影ポジショニングを妨げ，動物の身体全体を膨化させ，体内のガスが軟部組織への分布を拡大する．死後のX線検査においては，標準的なポジショニングと同様に広範囲に対するコリメーションを必要とする場合がある．動物の全体画像は，医療分野における乳児の全体画像と同様に，診療行為として認められておらず（Dwek, 2011），常に直交する2方向の画像を得る必要がある．すべての診断用X線画像と同様に，法医学におけるX線画像も軟組織と骨構造の明瞭性を最適化する．組織の分解に伴う大量の体腔内ガスや皮下組織内のガスは，画質に悪影響を及ぼすため，通常の撮影方法や撮影手順を変更する必要がある．露光過多や露光不足は，デジタル画像の撮影後処理機能やデジタルシステムの広い露出調整可能範囲のために，デジタルX線撮影ではほとんど認められることのない技術的なエラーである．しかし，デジタルシステムにおける画像の劣化は，より一般的には画像コントラストの低下やX線量子ノイズおよびX線モトル[※2]の増加として認識されており，不適切な露出設定や撮影後の画像処理設定によって引き起こされることが

※2　モトル：X線照射時に生じるノイズで蛍光体に照射されるX線量子のゆらぎ

ある．死後，体腔内ガスや皮下ガスが増加すると，体が膨化するため，体の大きさが過大評価され，露光が過剰になり，画像のダイナミックレンジ※3やラティチュード※4が失われる可能性がある．軟部組織の減少や体内のガスの増加はX線ビームの減衰を減少させる．体組成におけるガスと軟部組織の比率の増加を認識しなければ，被曝線量係数の過大評価や不適切な撮影後の画像処理を招く可能性がある．デジタルシステムにおける検出器が飽和状態になることによって，解剖学的構造を見えにくくしてしまう結果となり，過剰露光の最も深刻な結果をもたらす．臨床X線撮影画像や生きている動物の法医学的X線撮影におけるX線被曝係数は，高品質の画像を生成し，散乱放射線による人体への被曝を低減し，患者の体動によるアーチファクトを最小限に抑えるように最適化される．デジタル検出器は，被曝量を増やすが画質を最適化することができる．死亡動物のX線撮影中は体動の心配がなく，撮影室内に人が入る必要がなく，死後のX線検査画像の画質を最適化することができる．

コンピューター断層撮影検査，磁気共鳴画像検査，超音波検査の法医学的応用

CT検査，MRI検査，および超音波検査は，法獣医学的評価において，動物の生体および死体に対するX線検査を補足するために使用される．法獣医学的検査における動物の生体に対するCT検査，MRI検査，または超音波検査画像は臨床における画像検査と同様に，定型的なX線検査に続いて実施されることがほとんどである．CT検査画像を構成するデータは，動物を透過する電離放射線の減衰を様々な角度から検出器によって収集する．各組織から得られたデータが再構成されて画像となる．得られた画像は，多面的な断面画像や3次元（3D）画像に再構成することができる．利用可能な場合には，死後CT検査（postmortem CT: PMCT）は全身のX線撮影検査に取って代わることがあり，多発性の骨損傷，重度の腐敗（図18.1），死体の炭化，その他死体が脆い状態（図18.2）になっている場合に特に有用である．PMCT画像は，法医解剖では容易に特定できない気胸，気腹，血管内ガス貯留の特定や，肋骨における非変位骨折の証明および異物や弾丸の局在を確認することができる．画像を3Dに再構成する機能は，射創管の確認や法廷における異常部位の説明に有用である（図18.3）．全身のPMCT検査は数分以内に行うことができ，全身X線撮影よりも迅速な検査法である．動物の死体は死体袋に入ったままであり，検査のための身体の調整やポジショニングは最小限しかできない．死後X線検査と同様に，CT検査の技術

※3　ダイナミックレンジ：X線検出器の入射平面上に投影された照射野における吸収線量の最大と最小の比
※4　ラティチュード：デジタル画像システムの幅広い密度を記録する能力

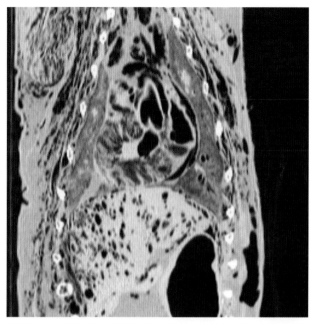

図18.1 犬の背側多断面再構成PMCT像．心室内にガスと高減衰の凝血が認められる．皮下の軟部組織，心筋を含む筋組織，大血管にも大量のガスが存在する．

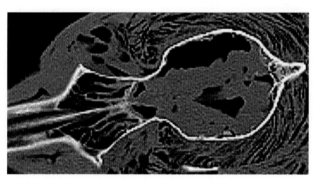

図18.2 脳の部分的な液状化を示す犬の頭蓋骨のPMCT

的パラメーターは，被験者やスタッフの被曝や体動によるアーチファクトを問題にすることなく，画質を向上させるために変更することができる．生体に対するCT検査では，息止めと静脈内への造影剤投与が日常的に行われている．造影剤を静脈内投与する方法や肺への通気に関する技術は，ヒトのPMCTで利用可能であり，動物においても研究段階である (Watson & Heng, 2017)．断層面を評価できること以外にも，X線検査と比較してCT検査は，軟部組織の解像度が優れていることと検査に必要な時間が短縮できることなどが，PMCTが利用可能な場合において，死後X線検査よりも好まれる理由である．

　死後磁気共鳴（postmortem magnetic resonance: PMMR）画像検査は，電離放射線ではなく強力な磁場を画像化に利用するもので，法医学的X線検査に続いて補助的検査として

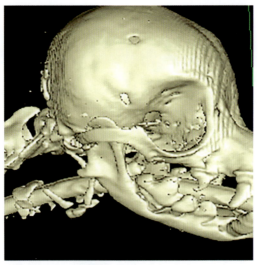

図18.3 頭部に外傷と軟部組織の損傷が認められた犬の頭蓋骨の3DサーフェスレンダリングCT画像．右頭頂骨の円形の欠損部は咬傷と一致する．

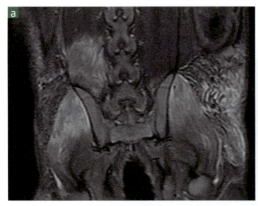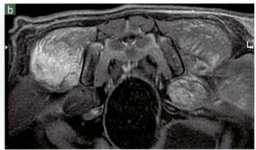

図18.4 後肢の外傷を呈した犬のMRI STIRプレーン背面像（a）とプレーン横断面像（b）およびガドリニウム系造影剤投与後の横断面T1強調像．右臀筋を含む複数の筋腹に高強度信号と造影増強が認められる．

行われることがある．MRI検査はCT検査よりもさらに軟部組織の解像度が高いが（**図18.4a, b**），PMMRIは通常，法獣医学的検査における全身画像診断技術としては採用されない．PMCTとは対照的に，PMMRIは撮影に時間がかかり，装置も入手しにくい．ほとんどの場合，PMMRIは，特に脳が部分的に液状化し，解剖検査での取り扱いが困難な腐敗現象末期の脳を対象とすることが多い．筋骨格系では，MRIは生活反応を確認することに役立ち，死亡前と死亡後の外傷の鑑別に役立つ（Ruder et al., 2011）．さらに，PMMRIは衰弱した馬の脂肪の漿液性脂肪萎縮を確認するために使用されており（Sherlock et al., 2010），飢餓が疑われる法獣医学症例で有用である可能性がある．

PMMRI検査を行う前に，MRIの二つの特性，すなわち温度依存性とMRの磁石と金属

との相互作用を認識しておく必要がある．PMMRIは一般的に高いコントラスト分解能[※5]を有するが，MRは温度依存性があり，身体が冷えると画質が低下する．20℃以下では脂肪と軟部組織のコントラストが低下するため，凍結検体や低温検体では画質が低下する (Ruder et al., 2014)．MRI検査で使用される強力な磁場は，環境中の強磁性体が磁石に引き込まれることにより，スタッフや機器に潜在的な危険をもたらす．同様に，体内の強磁性構造物も，強磁場内に置かれると動いたり発熱したりする可能性がある．PMMRIの前に金属を検出するためのX線撮影が行われるが，すべての金属がPMMRIの禁忌となるわけではない．非強磁性材料は磁石では動かず，有意な加熱を示さず，小さな信号空隙を生じる．鋼鉄を含む金属は強磁性体であり，PMMRI中に動くことがある．鋼鉄を含んだ銃弾の加熱は，1.5～7テスラでは顕著ではない (Dedini et al., 2013)．鋼鉄を含む材料はより大きな無信号アーチファクトを生じ，PMMRI画像の質を低下させる．

　超音波検査は，生体に対する法医学的調査において画像検査を補完し（図18.5），死後検査においても貴重かつ特別な情報となることがある．超音波検査機は持ち運びが可能で，獣医療で広く利用することができ，電離放射線を伴わず，他の画像診断法に比べて入手・操作費用が安価である．法獣医学分野で超音波検査を行う際の最大の課題は，動物の準備と検査実施者の技術とトレーニングであると思われる．動物の準備は，毛を十分に濡らし，毛を分けるか剃毛し，カップリングジェルを塗布することで，空気のない皮膚接触点を得ることができる．超音波検査機は，動物がいる現場に直接持っていくことができるため，小動物から大動物まで様々な動物の野外調査に適している．胸腔内貯留液や胸腔・腹腔内

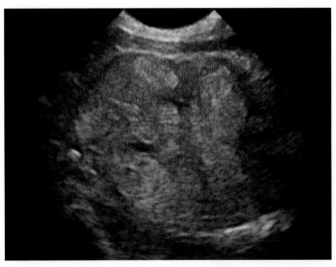

図18.5 陰茎から血液が滴下している無去勢の雄犬の良性前立腺肥大症における前立腺の肥大を示す，サジタル超音波画像

※5　コントラスト分解能：対象の解剖学的部位と周囲組織間を濃淡で表示区別する能力

遊離ガスの迅速な確認，骨折の確認，軟部組織の腫脹の評価，妊娠の確認などは，法医学捜査における超音波検査の潜在的な用途の一部である．死後超音波検査 (postmortem US: PMUS) は，腐敗に伴う皮下，腸，腔内ガスの存在や，死後の体壁のエコー源性の増加によって制限されてしまう (Charlier et al., 2013)．体内のあらゆる気体と組織との境界面は，音波をトランスデューサーに向けて反射してしまうため，それより深部の構造を見にくくしてしまう．超音波検査はMRI検査と同様に温度依存性がある．低温の体内では反射信号が減少するため，画像はさらに劣化する (Charlier et al., 2013)．PMUSは組織材料採取時のガイドや，既知の弾丸や異物の位置確認に最大の効果を発揮する．

個体識別と年齢判定における放射線学と画像診断学

死後の動物の個体識別は，法獣医放射線画像診断学では一般的に行われていない．頭蓋骨，脊柱，長管骨，胸腔の骨格の特徴から，一般的な犬種や体型を特定することは可能である．比較のために過去の臨床検査画像が利用可能な場合，長骨の海綿状パターンを一致させ，鼻甲介パターンや異常な骨奇形および損傷を評価し，以前受けた外科手術や歯科処置の痕跡を比較することで，動物の個体識別が可能である．長骨の測定値および頭蓋腔の内径から犬の体高を推定するために回帰式が使用されてきた (Chrószcz et al., 2007)．これらの公式は犬の骨格標本について記述されているが，ヒトでは身長を推定するために，CT検査やX線検査画像から得られた身体測定値を使用することがよく知られている (Hishmat et al., 2015)．

骨化中心の出現時期や成長板閉鎖時期は，他の年齢指標が決定的でない，あるいは存在しない場合に年齢判定に用いられる **(図18.6)**．骨端軟骨の閉鎖は一様に起こるわけではな

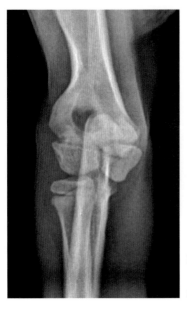

図18.6 生後10週齢のピットブル型犬の肘頭X線画像（頭尾方向）．上腕骨内側顆と外側顆の骨端軟骨は開放しており，通常8～12週齢の間に癒合する．

く，種によって様々である．骨端軟骨の閉鎖は犬種によっても，また性別や生殖機能の状態によっても異なる．X線検査で判明する骨端軟骨の閉鎖は，超音波検査または組織学的検査によって決定される骨端軟骨の閉鎖とは異なる．しかし，ほとんどの参考書に記載されている図表はX線検査による骨端軟骨閉鎖に基づいており，年齢を推定するために使用できる．犬の骨端軟骨の閉鎖の多くは約4〜12カ月齢で認められる．猫の骨端軟骨の閉鎖はやや遅く，多くは4〜19カ月齢である．動物の一般的な健康状態や栄養状態，および荷重負荷の状態により，骨端軟骨の閉鎖は影響を受ける．一次および二次骨化中心の位置に関する知見と，様々な種の成長板の位置および閉鎖時期に関する知見は，これらの正常な構造を外傷と間違えないために重要である．

　歯髄腔と歯の幅や歯の体積比をX線画像で測定することも，猫，キツネ，コヨーテ，野犬，そしてヒトの死体の生活年齢[※6]を推定する方法として記載されている (Park et al., 2014)．加齢に伴って，象牙質(第二象牙質)の添加により歯髄腔の容積は減少する．X線画像でこの比率を測定することは，生きている動物でも死亡した動物でも，また一部の歯を含む不完全な骨格死体でも可能である．セメント質とエナメル質の接合部における歯髄腔と歯の幅の比率の測定には，主に犬歯が使用される．また，X線検出部が歯の長軸に平行でない場合には，X線画像の歪みを防ぐために二等分角法を適用する．

外傷に対する骨反応の放射線学と画像診断学

　法医学的評価では，骨折後の経過時間を推定するためにX線画像を利用することが多い．外傷に対する骨膜反応の有無は，骨の損傷が生前に生じたものか死後に生じたものかを予測するのに役立つ．骨折に伴う軽度の骨膜反応が確認されれば，骨折が死亡直前に生じたものではなく，また死後の外傷によるものでないことが確認できる．生体では，外傷後の骨で確認されるX線学的変化は，動物の年齢，栄養状態または健康状態，損傷の部位，固定または体重負荷の程度によって変化する．さらに，治癒した骨のX線画像の外観に関する知見のほとんどは，臨床経験や，安定化した骨折や直接的骨癒合をした骨折[※7]の研究に基づくものである．これらの交絡因子[※8]に対する所見と認識があれば，損傷した骨の経時的変化のX線画像の進行程度を評価して，受傷時期を推定する一般的な指標とする(図18.7a, b)．

　骨は動的なものであり，成長期，損傷後，そして生涯を通じて，リモデリングと呼ばれ

※6　生活年齢：誕生日を起点とした暦の上の年齢，歴年齢
※7　直接的骨癒合：仮骨を形成せずに治癒する様式，一次骨折治癒．強固な固定方法で骨折が整復された状態
※8　交絡因子：調べようとする因子以外の因子で，疾患の発生等に影響を与えるもの

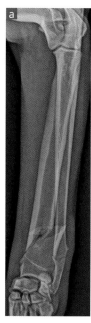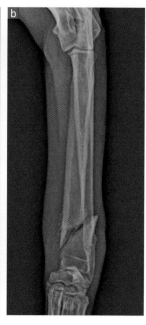

図18.7 犬の前腕骨頭尾方向像．(a) 軽度に粉砕された前腕骨遠位端骨折の鋭利な辺縁は急性骨折と一致する．(b) 受傷後3週目に骨折縁の骨膜のカルスと吸収像が認められる．

る骨吸収と新生骨産生の過程を通じて変化している．X線画像による骨損傷の同定と損傷後のリモデリングは，法医学的評価に用いられる．X線画像は，骨格損傷の種類と，損傷の機序を示すことができる．X線撮影と画像診断は，治癒過程を評価し，外傷発生時期を推定するのに有用である．X線撮影および画像の分析は，生前の外傷と死後の外傷との鑑別に役立ち，症例によっては，死線期の創傷と死後の創傷を区別することができる．

　骨は解剖学的に，骨膜，皮質，髄腔，栄養孔，骨内膜，関節面の領域に分けられる．骨膜は，どのように外傷が発生したか，いつ発生したか，損傷が治癒しているかなど，医事法上の事例において重要な証拠を提供することができる．骨膜は関節軟骨を除いて骨全体を覆っており，骨の治癒や未成熟動物の骨の成長に必要な重要な成分を提供する．未成熟な動物では，骨膜は特に骨端で下層の骨にしっかりと付着しており，それ以外の部分では非常に緩く付着している．このような構造から，Salter-Harris II 骨折が生じる理由は，骨膜が強固に付着しているために，骨折線が骨端軟骨を完全に横断して拡大することができず，骨端部分が骨幹端から分離してしまうことで説明できる (図18.8)．骨膜の付着が緩い部分では，外傷に併発して骨膜下出血が起こることがある．骨膜の内層は，未成熟な動物では厚く細胞が豊富であるが，加齢とともに細胞数と厚みが徐々に減少する．この骨膜構造の変化によって，成熟した動物の骨に比べて未成熟な動物の骨が外傷を受けた場合，骨膜の石灰化や骨膜反応がより早く起こり，より顕著になる．骨膜反応は，連続的または断続的であり，肥厚型 (solid型)，層状，柵状，棘状，陽光状 (サンバースト)，コッドマン三角など様々な用語で表現される．安定した治癒過程の骨折では，滑らかな骨膜反応パターンを示す．タマネギの皮状または層状の骨膜反応は，疾患の消長に伴ってあるいは反復す

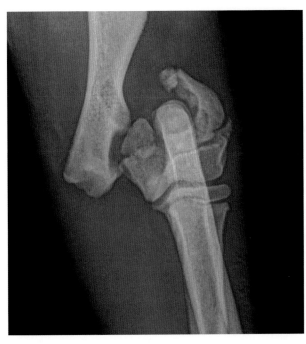

図18.8 若年犬の肘の頭尾方向画像．骨折線は上腕骨遠位内側骨端軟骨を通って広がり，外側顆から出ている．上腕骨内側上顆は通常生後6～8カ月齢の間に上腕骨と癒合するが，癒合していないことに注意．内側顆と外側顆は癒合している．

る外傷に続発することがある．柵状骨膜炎は，慢性軟部組織の炎症や肥大性骨症でみられることがある．棘状新生骨は，新生物のような急速に変化する疾患で生じる．サンバーストパターンやコッドマン三角は，急速に成長する侵襲的な病変と関連することが多い．

骨膜炎は偶発的または非偶発的外傷（NAI）の最初の徴候であり，骨折がなく外傷の外見的徴候がない場合もある．未成熟な動物では，ねじれる力によって骨膜が裂けることがあり，二次的な骨膜の石灰化は，受傷後数日でX線画像上明らかになる．骨膜の石灰化は，受傷後早ければ5日後，遅ければ10日後に初めて認められる．初診時のX線検査で異常がなく，NAIが疑われる症例では，10日後にX線検査を行うことで早期の骨膜の石灰化を検出することができる．初診時のX線検査で発見されなかった無変位骨折では，骨膜反応が確認できる5～10日後の経過観察で発見しやすくなる．骨膜反応の量は，骨折部位の変位や動きが大きくなるにつれて進行する．

骨膜の評価に加え，骨折部位の皮質，骨内膜，髄腔，カルス，軟部組織を評価することで，骨折や外傷の期間を推定することができる．骨折後5～10日間は，骨折片の辺縁が鋭くなくなり，不透過性が低下する．臨床検査画像では，比較する画像が利用可能な場合，この不透過性の消失により，骨折断端隙間の増大が最初に確認されることがある．骨折後10～20日で骨内カルスが顕在化する．カルスは当初不明瞭で，皮質よりも不透明度が低い．カルスは骨折後20～30日で徐々に不透過性となる．カルス内の海綿骨の確認とリモデリングが起こるには，一般に少なくとも30日かかる．

骨折部位の軟部組織を評価することで，骨折の経過年数を知ることもできる．骨折に伴

う軟部組織の腫脹は，受傷後数日で顕著となり，外傷後数週間で軽減する．軟部組織の喪失や軟部組織の萎縮は，付属骨格の損傷後早ければ2週間で認められる．比較のために対側肢を利用できる場合，著明な筋萎縮が検出されれば，受傷後数週間経過している可能性が高い．骨折部位の遠位における骨の不透過性の低下や骨減少症は，病変部の廃用や慢性化をさらに裏付ける．

　X線検査は主に骨組織の外傷の評価に使用され，獣医学分野では容易に利用できるが，他の画像診断法も骨組織の外傷の法医学的評価に役立つ．経験豊富な検査者による超音波検査は，皮質欠損，カルス，出血を検出することができる．超音波検査プローブと皮膚表面との間の空気層を除去するには，対象部位を毛刈りする必要があり，検査プローブによる直接的圧迫に伴う痛みのため，動物に鎮静薬を投与する必要が生じる場合もある．CTとMRI検査画像は，その優れたコントラスト分解能と断層画像化能力，およびMRの血管増生領域または骨髄病変（以前は骨髄浮腫と呼ばれていた）を検出する能力により，外傷に対する骨の反応を法医学的に評価する際の優れた補助的検査である．PMMRIが生体反応の証拠を提供する可能性は，死因判定に有用である．

銃創の放射線学と画像診断学

　X線検査と画像診断は，銃器，空気銃，その他の弾丸による損傷が疑われる動物の生体および死後の法医学的検査において重要な役割を果たす．銃創が確認された症例では，発射された弾丸の位置を特定し，発射された弾丸の数を決定し，弾道の評価を補助し，使用された武器の種類をある程度把握し，重要な構造物の損傷を評価するために，直交する2方向からのX線画像を得る必要がある．法医学的評価における一般的なX線検査は，これまで外傷の原因が不明であった動物で弾丸を発見する可能性がある．

　火器や空気銃による損傷は，弾丸が体内に残っていることを意味する盲管射創（図18.9）と，弾丸が体外に出たことを意味する貫通射創がある．一般に，体内に残っている弾丸の方が潜在的な殺傷能力は高い．X線画像で確認される変形したあるいはキノコ状の弾丸は，辺縁が鋭利になっている可能性があり，解剖検査時には慎重な対応が必要である（図18.10）．X線画像で確認される小さな金属片や体腔内あるいは皮下のガス，または弾丸が確認できない骨損傷は，貫通銃創の証拠となり得る．

　法医学的鑑定においては，弾丸の進行方向を特定することが重要な場合がある．弾丸は着弾時の衝撃で向きが変化したり，または体内を端から端まで侵入して反転することがあるため，画像検査で確認された弾丸の向きは，必ずしも弾丸の進行方向を示していないことがある．また，画像検査で弾道を評価する場合，弾丸の断片化や骨に衝突した後の弾丸の方向転換によっても影響を受けることがある．ガスは通常，射創管内に留まることはな

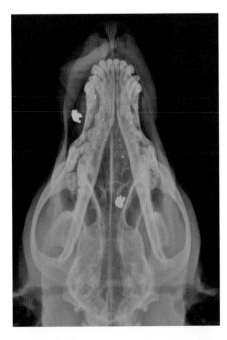

図18.9 22ゲージライフルで撃たれた犬の頭蓋骨腹背像. 直交する画像によって, さらに尾側に位置する弾丸が鼻腔内にあることが確認された.

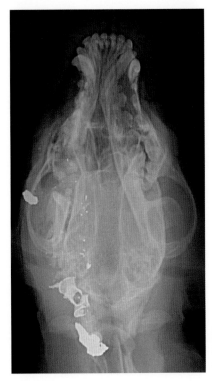

図18.10 9mm弾で撃たれた犬の頭蓋骨腹背像. 右鼓室包に隣接する弾丸のジャケットのX線不透明性が低いことに注意

く, 筋膜面に沿って体外に排出されてしまうため, 弾道を評価するのに有用でない場合がある. 弾道を判断するのに役立つ画像所見としては, 骨の一部欠損, 弾丸と骨片の拡散, 出血などがある. 通常, 骨皮質の内反は射入口を示し, 骨皮質の外反は射出口であることが多い. CT検査画像では, 小さな骨片や弾丸の破片および出血を示唆する射創管のX線

透過性の低下によって弾丸の軌跡が示されることがある．CT検査画像では，X線画像で検出されるものより小さな発射片が確認されることがある．

　弾丸の口径や正確なサイズは，弾丸の変形や撮影倍率の関係で，画像検査で判断することは難しい．しかし，X線撮影によって弾丸の大まかな種類（スラッグ弾，散弾，空気銃のペレットなど）を特定し（図18.11），さらに実包（弾薬，カートリッジ）の部品を見つけることは法医学検査において有用である．創傷部にはワッズやジャケット（被甲）など他の実包を構成する部品が存在することがあり，このような法医学的に重要な部品の位置を特定するうえで，画像検査は有用である．これらの物質は通常，軟部組織と同等の不透過性か，弾丸よりも不透過性が低く，通常のX線検査やCT検査で確認することができる．鉛弾は水鳥猟や特定の司法管轄区で禁止されているため，鋼鉄弾と鉛弾の鑑別は重要である．MRI撮影を考慮する場合，強磁性の鋼鉄弾と非強磁性の鉛弾を区別することは，安全性と画質の観点から重要である．鋼鉄弾と鉛弾は，通常のX線検査でその形状によって鑑別できる．柔らかい鉛弾は衝撃で変形し，硬い鋼鉄弾は丸い形状を維持する．空気銃の弾丸の最も一般的な形状は，特徴的な砂時計の形をしたディアブロ・タイプであり，空気銃の弾丸を他の弾丸のタイプと容易に区別できる．複数の弾丸による頭蓋骨骨折の場合，Puppeの法則とも呼ばれる優先順位規則によって外傷の順序を予測することができる．後発の骨折線は先発の骨折線を越えることはない．

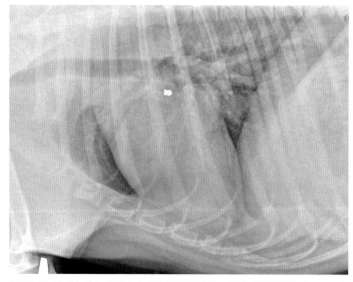

図18.11 咳のために来院した犬の胸部側面像．直交する画像によって，空気銃の弾丸が心臓の外，肺の中にあることが確認された．一般的なディアブロ・タイプ空気銃の弾丸は特徴的な形状をしている．

軟部組織損傷の放射線学と画像診断学

　良質なX線画像では，皮下軟部組織の腫脹，ガス，異物などを評価することができるが，CT検査やMRI検査は，X線検査に比べて高コントラストの解像度の画像を提供し，CT検査は全身を迅速に調査することができる．超音波検査による軟部組織の評価では，標的部位の少量の皮下組織液や挫創を確認することができる．X線検査画像とCT検査画像は，胸部と腹部の内部損傷を評価するのに適している．CT検査は，麻酔が必要な場合もあるが，胸部と腹部を迅速に調査することができる．生体に対する緊急のX線検査は，麻酔の必要性がなく，利用しやすいために通常頻繁に実施される．

　胸郭のX線撮影は，側面像と腹背像の2方向での撮影が標準である．胸壁と肋骨の評価には，腹背位からの2枚と側臥位からの2枚の斜位像が有効である．肺挫傷は，肋骨骨折に隣接して，あるいは肋骨骨折がなくても認められることがあり，肺容積は正常であるが，斑状の間質性または肺胞性浸潤として認められる．若齢の動物は胸壁の弾力性が高いため，肋骨骨折を伴わない肺挫傷は，未成熟な動物に多い．胸壁に外傷がある場合は，24時間間隔で胸部X線画像を連続的に撮影することが推奨されている．肺挫傷は，受傷直後のX線画像では確認できず，その後，短期間で不透過性が進行することがある．裂創を伴わない肺挫傷は72時間以内に消失すると考えられる**(図18.12a, b)**．

　鈍的外傷による外傷性気胸や内臓破裂による腹腔内遊離ガスは，X線画像で確認される

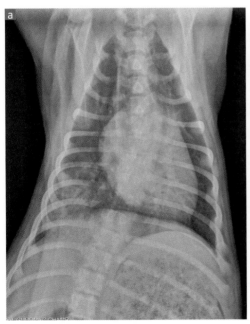 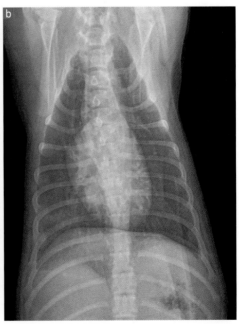

図18.12 非偶発的外傷（NAI）後の未成熟犬の腹背像．（a）受傷後数時間で右尾側肺葉に肺挫傷が認められる．（b）48時間後，挫傷はほぼ完全に消失している．

ことが多い．体腔内ガスは，熟練した検査者であれば超音波検査で確認できる．体腔内ガスの診断に断層撮影が必要となることは稀である．X線画像はまた，鈍的外傷や肺胞破裂，頸部の創傷による軟部組織の剥離，食道や気管の裂傷に続発する可能性のある縦隔気腫の確認に最も適している．腹腔，後腹膜腔，胸腔の液体貯留は，X線画像，超音波検査，断層撮影で確認することができる．多くの場合，超音波検査は体腔内貯留液で見えにくくなっている構造を評価し，貯留液を採取する際のガイドに使用される．脾臓または肝臓の裂傷は，超音波検査あるいはCT検査で確認することができる．尿路外傷では，陽性造影剤を用いた造影X線検査または造影CT検査が必要である．

　X線撮影は頭蓋骨骨折の確認に有用であるが，頭蓋骨骨折がなくても起こり得る頭蓋内出血はX線撮影では検出できない．超音波検査は，骨を透過することができないため，頭蓋骨外傷では骨折部位や泉門がエコーウインドウになる場合にのみ有用である．MRI検査とCT検査はともに，生体に対する法医学的検査や死後の画像検査における頭蓋骨外傷の評価に適している．MRI検査は，軟部組織の解像度が最も高いが，撮影時間がより早いために，緊急の生体に対する検査ではCT検査が優先されることが多い．断層画像における出血箇所の所見は時間の経過とともに変化する．CT検査上の出血箇所は当初，正常脳と比較して高吸収あるいは明るい領域として確認され，時間の経過とともに，出血箇所は脳実質に対して等吸収となり，次に低吸収となる．

ネグレクトのX線診断と画像診断

　X線検査や追加の画像検査は，最低限の獣医療が提供されていないことの映像証拠，飢餓を裏付ける映像証拠，体調不良の臨床所見を裏付ける映像証拠など，動物のネグレクトに対する法医学的調査に有益である．

　皮下脂肪および腹腔内脂肪の減少はX線画像で評価することができる．胸部を取り囲む皮下脂肪の測定は，動物の生体における 9 段階のボディコンディションスコア（BCS）と相関することが知られている (Linder et al., 2013)．皮下脂肪測定値はT4 椎体長およびT8 椎体幅と回帰式で比較される．この方法では，BCSを評価していなかった場合や動物がいない場合に，BCSをX線画像で判断することができる．

　X線画像は骨の皮質と髄質を区別し，骨髄腔内の変化を検出することができるが，MRI画像は骨髄内の脂肪の確認について，より感度が高い．削痩した動物やヒトの骨髄では，漿液性脂肪萎縮が組織学的に確認されている (Whiting et al., 2012)．漿液性萎縮を伴う骨髄内脂肪の液体含有量の増加は，MRI検査ではT1強調画像に関する低信号とタウ逆転回復（short tau inversion recovery: STIR）に関する高骨髄信号として確認できる．

虐待と鑑別が必要なX線画像

骨折の発見の遅れ，様々な治癒段階の骨折，両側性骨折(図18.13)，臨床病歴と矛盾する骨折は動物における虐待を示唆することがある(図18.14)．動物のNAIに対して特別に特異的な骨折部位や骨折のタイプは認められていない．動物では，いくつかの疾患の経過において，非偶発的外傷と間違われるようなX線画像上の変化が生じる可能性がある．内分泌

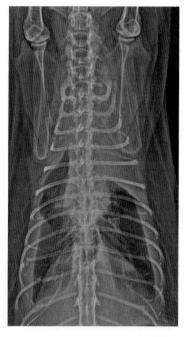

図18.13 両側多発性肋骨骨折と血胸がある猫の胸部腹背像．軽度の骨膜新生骨が肋骨の骨折部位を取り囲んでおり，癒合を示している．

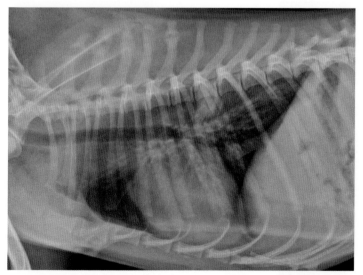

図18.14 病歴不明の救助犬の胸部側面像．複数の癒合した棘突起骨折と肺血腫が認められる．

疾患や代謝性疾患あるいは遺伝的疾患においては，様々な治癒段階にある多発性骨折が生じる可能性がある．骨化異常，正常な成長板，二次骨化中心，種子骨，骨格異常は，事故以外の外傷と区別する必要がある．骨膜周囲の新生骨は，骨膜下の出血や外傷とは無関係の疾患の経過によって二次的に生じることがある．

　骨のX線透過性の増加は，骨減少症として表現され，様々な機序によって発生している可能性がある(図18.15)．骨粗鬆症は，骨の正常な恒常性が不均衡となり骨組織の空隙が増加する疾患で，骨軟化症では，骨基質の異常な石灰化がみられるが，場合によっては骨減少症と同じ意味で使用される．骨減少症のほとんどの症例は骨粗鬆症によるものであるが，骨のX線不透過性の減少の原因はX線検査による評価では特定できないため，そのような症例では骨減少症とする方が望ましい．骨減少症はX線画像上では，骨髄のX線不透過性の減少と骨皮質の菲薄化として認識される．長骨端の骨梁の数と大きさが減少していることは，骨のX線不透過性の減少を示す最も早期に認められる所見であろう．骨減少症における皮質の菲薄化の確認は，一般に髄質の変化より遅れて認められる．さらに，X線画像は骨塩量減少の確認にはあまり感度が良くないため，X線画像による検出が可能になるまでには，少なくとも30％の骨量減少が必要である．正常骨との比較や骨密度測定を行うことができなければ，全身的な骨量の減少をX線画像で確認することは困難であり，検査時の撮影条件に伴うアーチファクトである可能性もある．CT検査は，骨密度の検出においてX線画像より優れている．関心領域(regions of interest: ROI)のハウンスフィールド

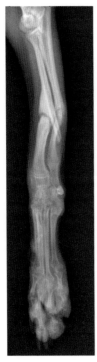

図18.15 慢性経過の癒合不全骨折犬の前腕骨側面像．手根部には廃用に伴う全般的な骨量減少がみられる．

単位（CT値）は，線形回帰分析により骨密度定量用校正ファントム[※9]と比較することで骨塩量に変換される．定量的CT検査は，家禽や犬の骨密度の測定に有効であることが確認されている(Korver et al., 2004)．

内分泌疾患，代謝性疾患，繁殖状態，加齢は骨の密度を低下させ，骨折の素因となる．骨密度測定を行わなければ，X線画像で骨減少が確認される以前に，すでに骨量が減少している可能性がある．副腎皮質機能亢進症，甲状腺機能低下症，甲状腺機能亢進症，原発性副甲状腺機能亢進症などの内分泌疾患は，骨減少症を伴うことがある．副腎皮質機能亢進症の患者のX線画像で骨減少が確認されることには疑問がある．しかし，外因性ステロイドによる二次的な骨減少は，副腎皮質機能亢進症の動物で起こることが知られており，長期間ステロイド療法を受けている動物でも予想される．副甲状腺ホルモン，甲状腺ホルモンおよびエストロジェンの不均衡も骨粗鬆症の原因となる．

PTH（副甲状腺ホルモン），カルシウム，リン，ビタミンDの体内動態を変化させるような疾患の過程や食事は，線維性骨異栄養症という結果をもたらすことがあり，それは線維性結合組織で置換された骨の破骨・吸収活性の亢進の原因となる．X線画像上，骨髄腔は拡大し，皮質は薄くなる．最も早い変化は頭蓋骨にみられ，多数の歯を取り囲む骨においてX線透明度が増加し，踵骨には虫食い状の溶解がみられる．関節亜脱臼が画像検査で明らかになることもある．疾患が進行すると，長骨に皮質の菲薄化と髄質の透亮像が観察され，多発性骨折が認められることがある．骨が軟化するため，骨折はしばしば若木骨折と表現される．線維性骨異栄養症の若い動物では，骨端軟骨は正常のままである．

外傷歴がなく，栄養性副甲状腺機能亢進症や腎性副甲状腺機能亢進症等の内分泌疾患の所見もなく，多発骨折を呈する未成熟動物では，基礎にある遺伝性疾患を除外する必要がある可能性がある（**図18.16a, b**）．骨形成不全症は，コラーゲンの形成を司る遺伝子の欠損に起因する遺伝性疾患である．この疾患の動物やヒトは，歯の骨折を含む複数の病的骨折を呈することがある．X線画像では，全体的に骨の不透過性が減少し，骨皮質の菲薄化が認められる．骨形成不全症はダックスフント，ビーグル，ゴールデン・レトリーバー，プードル，ベドリントン・テリア，コリー，ノルウェジアン・エルクハウンド・グレーなどの犬種や猫で報告されている．その他の動物では，マウス，ゼブラフィッシュ，羊，トラ，牛などが報告されており，これらはヒトの骨形成不全症の研究モデルとして用いられている．特定の犬種では，骨形成不全症の保因動物や罹患動物を判定するための遺伝子検査が可能である．その他の動物では，皮膚生検から採取した線維芽細胞の培養で確認することができる．

[※9]　ファントム：人体の皮膚，体内臓器が受ける放射線量を決めるため，人間の代わりとして用いられる模型

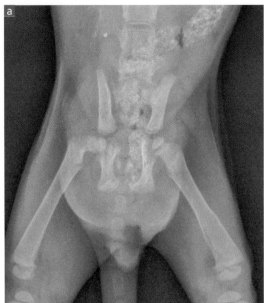 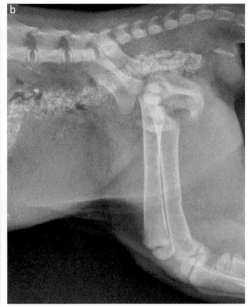

図18.16 代謝性疾患を除外した後，骨形成不全症が疑われる子猫の腹背像（a）と骨盤側面像（b）．左大腿骨の若木骨折と右大腿骨頸部骨折に注意

ケイ酸塩に関連した骨粗鬆症または馬の骨脆弱性障害がカリフォルニア州の馬で確認されている．罹患馬は，外傷歴がないにもかかわらず，急性骨折や様々な治癒段階の骨折，複数の骨の溶解を呈することがある．

くる病は代謝性疾患で，未成熟および成熟動物に発症する．X線検査所見は，骨粗鬆症の所見と類似しているかもしれないが，この疾患は骨吸収の亢進よりも，骨基質の石灰化不全または骨軟化症によるものである．くる病は主にビタミンDまたはリンの食餌性欠乏によって起こる．猫，犬，豚，羊でも遺伝性のくる病が報告されている．アンデス山脈以外の地域に生息するラマやアルパカはくる病になりやすいが，これは食餌によるビタミンDの欠乏と冬季の日光浴の減少によるものと考えられる．くる病のX線検査上の徴候としては，骨端軟骨の拡大，骨幹端のフレア，骨皮質の菲薄化，骨のX線不透過性の減少，病的骨折などがある．このような変化は脛骨，橈骨，中手骨，中足骨で最も顕著に認められる．肋軟骨の肥大も報告されており，正常な肋軟骨のリモデリングと区別する必要がある．

多発骨折があり，外傷の証拠がほとんどない動物を評価する場合，さらに三つの条件あるいはNAIとの鑑別を考慮する必要がある．

(1) 単発または両側の前腕骨骨折を呈し，飛び降りまたは軽度の転倒の既往がある小型犬
(2) 軽度の外傷後に単発または両側の肘骨折を呈する犬（特にコッカー・スパニエル，ブリタニー・スパニエル，ラブラドール・レトリーバー，ロットワイラー）
(3) 両側の大腿骨骨折を呈し，外傷の既往がない若齢猫

上腕骨遠位端骨折は，犬において，3番目に多い骨折であると報告されており，小型犬

は軽度の転倒やジャンプしただけでも上腕骨遠位端骨折を起こす傾向がある．これらの骨折は通常，横骨折で，前腕骨骨幹部の遠位1/3に位置する傾向があり，身体検査やX線検査で確認することができる．小型犬が最小限の屈曲や捻転で前腕骨骨折を起こしやすい潜在的な理由として，骨密度や，断面積，骨皮質の厚さ，骨のたわみを決定する形状上の特性などの幾何学的問題が考えられる(Brianza, Delise, Ferraris, Amelio, & Botti 2006)．

犬の上腕骨顆は三つの骨化中心(上腕骨内側顆に一つ，上腕骨外側顆に一つ，上腕骨内側上顆に一つのより小さな骨化中心)から発生する．内側顆と外側顆の間の骨膜は生後12週までに癒合する．一部のスパニエル種，ラブラドール・レトリーバー，ロットワイラーでは，閉鎖が不完全であったり，遅延したり，この部位で疲労骨折を起こしやすいために，骨端軟骨で骨折しやすい傾向が知られている．顆部骨折を確認するにはX線検査で十分であり，不完全な仮骨を確認することができる．しかし，骨端軟骨および隣接する骨硬化の評価にはCT検査の方が感度が高い．

1歳以上の猫では，外傷歴を伴わない両側の大腿骨頭骨端軟骨骨折が認められることがある．大腿骨骨頭骨端軟骨は，通常，猫では6～9カ月齢の間に閉鎖するが，1歳以上の猫では自然発生的に片側または両側の大腿骨頭骨頭骨折が観察されることがある．大腿骨頭骨端骨折は，側面像，後肢伸展像または腹背のフロッグレッグ像を含む一般的な骨盤のX線画像によって診断することができる．

結論

X線検査，CT検査，MRI検査，超音波検査は，法獣医学上の調査において，動物の生体の全身状態や健康状態を視覚的に証明し，死後検査の一環としても死因の究明に役立つ手法である．他の種類の証拠と比較して，画像検査は非侵襲的で永続的であるが，専門家の解釈を必要とする．動物の生体における病変は，時間の経過とともに変化し，解剖検査後には完全な動物の死体は入手できなくなってしまうが，画像検査の結果は，保存が可能であるため，事件の進行に伴って再検証や再々検証が可能である．法医放射線学と画像診断は，複雑な創傷や状態を視覚的に描写し，法廷に提出することができる．NAIでない創傷や体の状態を記録するために，様々な画像診断技術を最も効率的に活用する知見を持ち，NAIと鑑別が必要な画像を理解することで，放射線学と画像診断は法廷に情報を提供し，法獣医学的調査の貴重な要素となる．

参考文献

Armbrust, L.J. 2009. Comparing types of digital capture. *Veterinary Clinics of North America: Small Animal Practice*. 39(4), 677-688.

Baker, A. and Rashbaum, W.K. 2006. *New York Times*. February 6. http://www.nytimes.com/2006/02/02/nyregion/ heroin- implants-turned-puppies-into-drug-mules-us-says.html

Brianza, S.Z., Delise, M., Ferraris, M.M., D'Amelio, P., and Botti, P. 2006. Cross-sectional geometrical properties of distal radius and ulna in large, medium and toy breed dogs. *Journal of Biomechanics*. 39(2), 302-311.

Charlier, P., Watier, L., Carlier, R., Cavard, S., Herve, C., de la Grandmaison, G.L., Huynh-Charlier, I. 2013. Is post-mortem ultrasonography a useful tool for forensic purposes? *Medicine. Science and the Law*. 53(4), 227-234.

Chrószcz, A., Janeczek, M., Onar, V., Staniorowsk, P., and Pospieszny, N. 2007. The shoulder height estimation in dogs based on the internal dimension of cranial cavity using mathematical formula. *Anatomia, Histologia, Embryologia*. 36, 269-271.

Dedini, R.D., Karracozoff, A.M., Shellock, F.G., Xu, D., McClellan, R.T., and Pekmezci, M. 2013. MRI issues for ballistic objects: Information obtained at 1.5, 3-, and 7-Tesla. *Spine Journal*. 13(7), 815-822.

Drost W.T., Reese D.J., and Hornof W.J. 2008. Digital radiography artifacts. *Veterinary Radiology & Ultrasound*. 49(S1), S48-S56.

Dwek, J.R. 2011. The Radiographic Approach to Child Abuse. *Clinical Orthopaedics and Related Research*. 469(3), 776-789.

Hishmat, A.M., Michiue, T., Sogawa, N., Oritani, S., Ishikawa, T., Fawazy, I.A., Hashem, M., and Hitoshi, M. 2015. Virtual CT morphometry of lower limb long bones for estimation of the sex and stature using postmortem Japanese adult data in forensic identification. *International Journal of Legal Medicine*. 129(5), 1437-1596.

Korver, D.R., Saunders-Blades, J.L., and Nadeau, K.L. 2004. Assessing bone mineral density in vivo: Quantitative computed tomography. *Poultry Science*. 83(2), 222-229.

Lee, D., Lee, Y., Choi, W., Chang, J., Kang, J.-H., Na, K.-J., and Chang, D.-W. 2015. Quantitative CT assessment of bone mineral density in dogs with hyperadrenocorticism. *Journal of Veterinary Science*. 16(4), 531-542.

Linder, D.E., Freeman, L.M., and Sutherland-Smith, J. 2013. Association between subcutaneous fat measured on thoracic radiographs and body condition score in dogs. *Journal of the American Veterinary Medical Association*. 74(11), 1400-1403.

Maurer, M.H., Niehues, S.M., Schnapauff, D., Grieser, C., Rothe, J.H., Waldmuller, D., Chopra, S.S., Hamm, B., and Denecke, T. 2011. Low-dose computed tomography to detect body-packing in an animal model. *European Journal of Radiology*. 78(2), 302-306.

Mcknight, L.M., Atherton-Woolham, S.D., and Adams, J.E. 2015. Imaging of ancient Egyptian animal mummies. *RadioGraphics*. 35(7), 2108-2120.

Park, K., Ahn, J., Kang, S., Lee, E., Kim, S., Park, S., and Seo, K., 2014. Determining the age of cats by pulp cavity/ tooth width ratio using dental radiography. *Journal of Veterinary Science*. 15(4), 557-561.

Ruder, T.D., Germerott, T., Thali, M.J., and Hatch, G.M. 2011. Differentiation of ante-mortem and post-mortem fractures with MRI: a case report. *British Journal of Radiology*. 84(1000), e75-e78.

Ruder, T.D., Thali, M.J., and Hatch, G.M. 2014. Essentials of forensic post-mortem MR imaging in adults. *British Journal of Radiology*. 87(1036), 20130567. http://doi.org/10.1259/bjr.20130567

Scott, C.C. 1946. X-ray pictures as evidence. *Michigan Law Review*. 44(5), 773-796.

Sherlock, C.E., Mair, T.S., Murray, R.C., and Blunden, T.S. 2010. Magnetic resonance imaging features of serous atrophy of bone marrow fat in the distal limb of three horses. *Veterinary Radiology & Ultrasound*. 51(6), 607-613.

Thali, M.J., Kneubuehl, B.P., Bolliger, S.A., Christe, A., Koenigsdorfer, U., Ozdoba, C., Spielvogel, E., and Dirnhofer, R. 2007. Forensic veterinary radiology: Ballistic-radiological 3D computertomographic reconstruction of an illegal lynx shooting in Switzerland. *Forensic Science International*. 171(1), 63-66.

Watson, E. and Heng, H.G. 2017. Forensic radiology and imaging for veterinary radiologists. *Veterinary Radiology & Ultrasound*. 58(3), 245-258.

Whiting, T.L., Postey, R.C., Chestley, S.T., and Wruck, G.C. 2012. Explanatory model of cattle death by starvation in Manitoba: Forensic evaluation. *Canadian Veterinary Journal*. 53(11), 1173-1180.

第 **19** 章

シェルターメディスンにおける
法的調査

Mary Manspeaker

はじめに	492
動物福祉法	492
動物虐待の認識	493
証拠の収集	495
法獣医学的検査	504
診断	510
治療と予防ケア	510
証拠保全	511
死後検査	513
法獣医学的報告書	513
結論	514
参考文献	514

はじめに

　アニマルシェルターは，軽犯罪レベルの過失から故意の重罪レベルの虐待に至るまで，動物虐待の被虐動物に頻繁に遭遇する．獣医師，動物受け入れ担当者，および動物行政官を含むシェルタースタッフのメンバーは，動物虐待の証拠を認識し，文書化し，報告する責任がある．動物行政官は，動物虐待が報告されたときに最初に対応することが多い．同様に，動物収容担当者は，市民がペットを引き渡したり，迷子動物を保護施設に届けたりするときに，最初に被虐動物を目撃する．職員は動物虐待の兆候の認識，文書化，証拠収集方法について訓練を受けなければならない．さらに，シェルターの職員は，シェルターの獣医師の介入を必要とする状況を認識し，獣医師は動物虐待の認識法，証拠の収集と処理，法医学的検査の実施，死後検査のための死体の処理に精通していなければならない．

動物福祉法

　動物福祉法（Animal Welfare Act: AWA）は管轄区域によって異なる（ALDF, 2017）．基本的に，ほとんどの動物福祉法は，いかなる人もいかなる動物に対しても有害な行為を行うことは違法であると定めている．よく使われる言葉には，「酷使」「苦痛」「拷問」「必要な食事を与えない」などがある（ALDF, 2017）．これらの用語の定義は，文書化された法律の中では必ずしも詳細ではないため，シェルターの職員が適切な動物の飼養管理を理解することが不可欠である．許容される動物の飼養に関する有用な情報源は，数十年の歴史を持つ「五つの自由」の教義である（FAWC, 2009）．この五つの自由は元来，家畜の適切なケアのガイドラインとして作成されたものであるが，動物種を問わず，動物福祉のガイドラインとして広く使用されている（表19.1）．

　様々な州法に加え，シェルターの職員は様々な権限を持っていることが多い．動物虐待の調査を担当するすべての職員が，それぞれの法的責任と制限を理解することが重要である．例えば，自治体の保護施設に雇用された職員は，市の条例違反に対して令状を発行することを制限されるかもしれないが，同じ管轄区域において，民間の動物福祉協会の職員

表19.1 「五つの自由」は，許容される動物ケアの基本についての指針を示す

五つの自由
1．飢え・渇きからの自由
2．不快からの自由
3．痛み・負傷・病気からの自由
4．本来の行動がとれる自由
5．恐怖・抑圧からの自由

は，警察官と同様の強制力を持つかもしれない．このように権限が異なるため，通常，動物虐待の捜査の際には，警察官と動物行政官が協力する必要がある．

　動物虐待が疑われる場合，獣医師による報告を義務付けている州もある．これは，意識の高まり，動物虐待に関する法律の厳格化，Ascione and Arkow(1999)やLinzey(2009)などの著作に記載されているように，動物に対する暴力と人間に対する暴力，特に児童虐待や高齢者虐待，家庭内暴力との関連性によるものである．米国獣医師会(American Veterinary Medical Association: AVMA)には，州別の報告要件のリストがある(AVMA, 2018)．シェルターの獣医師は，動物虐待の被虐動物に頻繁に遭遇するため，関係する動物の福祉のためだけでなく，潜在的なヒトの被害者のためにも，報告に関する法的義務に精通していなければならない．シェルター職員，警察署，児童・成人保護サービス，ドメスティック・バイオレンス・サービスの間のコミュニケーションを確立し，必要な場合はいつでも活用すべきである．

動物虐待の認識

　保護施設に入る動物の多くは，ネグレクトの身体的証拠を示している．頻繁に観察される明らかな身体的症状には，以下のようなものがある．

- 低体重
- 体調不良
- 飢餓
- 手入れされていない被毛
- 毛玉の付着
- 伸びすぎた肢の爪
- ノミ，ダニ，フィラリア，耳ダニ，腸内寄生虫などの寄生虫
- 傷跡
- 未治療の傷や骨折
- 乾性角結膜炎，耳炎，歯周病，皮膚炎などの未治療の疾患
- 糞尿やけ
- 脱水
- 旺盛な食欲と過剰な喉の渇き
- 疲労困憊
- 首輪の埋没，手綱/拘束による結紮創
- 低体温症
- 高体温症

- 貧血

加えて，以下のような事故以外の怪我もみられる．

- 銃創
- 刺傷
- 火傷
- 結紮創(睾丸，尻尾，四肢の輪ゴムなど)
- 絞殺
- 専門家以外の手術の証拠(例：断耳/断尾，闘鳥の鶏冠切除など)
- 組織的な闘犬と一致する傷跡

　保護動物の多くは迷子であり，飼い主がペットを取り戻すための時間を確保するため，一定期間保護しなければならない．迷子のペットには，虐待，特にネグレクトの形跡があることが多い．すべての迷子のペットの飼い主を探すには，ほとんどのシェルターの能力を超える人手が必要であるため，責任ある飼い主が虐待されたペットを取り戻そうとする場合のプロセスを確立すべきである．ペットの引き取り率は一般的に低く，ほとんどのシェルターで法獣医学的検査を実施する．時間は不足しているが，迷子動物が虐待家庭に戻らないように保護することは，アニマルシェルターの基本的な義務である．基本的な検査所見と懸念事項はカルテに文書化し，飼い主がペットを取り戻そうとする場合には，警告書を発行すべきである．虐待の形跡がある迷子ペットにマイクロチップまたはその他の識別措置が発見された場合，この種の識別が責任者を突き止める可能性を高めるため，徹底した文書化は非常に重要である．

　飼い主がペットを取り戻そうとするのであれば，飼育管理の改善要求とともに警告書を発行し，遵守状況を監視するためにフォローアップ訪問を行う．飼い主がペットを取り戻そうとした場合，ペットの状態が悪く，引き渡せない場合もある．獣医師と担当調査官が通常，この決定を一括して行う．このような状況では，飼い主が保護施設にペットを引き渡すことも珍しくない．これは理想的なことで，シェルターは保護期間の期限が切れるのを待たずに，適切な譲渡先を見つけることができる．虐待されたペットを引き渡したからといって，飼い主が責任を問われないわけではない．他の動物が関与していないかどうかを確認するための自宅の検査などのさらなる調査や警告を含む法的措置が必要な場合もあり，通常は飼い主との協議中に得られた情報に基づいて行われる．この情報には，獣医学的記録，適切な飼育管理を妨げる経済的制限，ペットの状態に対する無知と反省が含まれる．飼い主から提供された情報によって虐待の恐れが緩和され，返還が認められることもある．

虐待調査現場所見

日付	
記録者	
記録番号	
住所	

動物ID	
描写	

飼育環境

水： □ なし □ 清潔 □ 不潔 □ 凍結 □ アクセス可能 描写：	食事： □ なし □ 食用可 □ 不潔 □ ふやけている □ 凍結 □ アクセス可能 描写：

隠れ家：
　□ なし
　□ 種類 ＿＿＿＿＿＿＿＿＿＿＿＿
　□ 清潔
　□ 乾燥
　□ 不潔
　□ 濡れている
　□ 適切
　□ アクセス可能

描写：

その他所見：

図19.1 環境に関する所見を文書化するための書式例

証拠の収集

　事件を適切に管理するためには，動物虐待の証拠に遭遇したときにいつでもすぐに利用できる標準作業手順を用意しておくことが不可欠である．

　すべての動物の事例ファイルには，以下を含めるべきである．

- 現場調査結果を記載した文書(**図19.1**)
- 現場の写真(該当する場合)
- 現場写真ログ
- 動物行政官/収容報告書
- 動物の鑑識写真

- 動物の写真ログ
- 法医学的検査
- フォローアップ検査
- 証拠記録と証拠保全の連鎖記録
- 法獣医学的報告書

　動物が虐待調査の一部となる場合，動物や動物が押収された場所の環境所見，動物から取り除かれた物はすべて証拠とみなされる．虐待の証拠を集めるには，動物の環境調査，写真や文書による身体検査など，多くの段階を踏む必要がある．環境調査により，身体検査所見と同等かそれ以上に虐待の有力な証拠が明らかになることが多い．動物が発見された環境の写真と書面を押収時に収集することが必須である．これには写真と，利用可能なシェルター，水，食料の説明が含まれるべきである．写真は，動物が連れ去られる前と後の両方で，動物の周囲の全体像とクローズアップの両方を示すべきである．一連の写真は，日付，場所，事例番号，撮影者を記載したホワイトボードから始める**(図19.2)**．この開始写真に続いて，現場の全体写真**(図19.3)**，問題の証拠品を示す中距離写真**(図19.4)**，証拠品の細部を示すクローズアップのフルフレーム写真**(図19.5)**，最後に証拠品が除去された後のエリアを示すクローズアップ写真**(図19.6)**を撮影する．

　現場写真に加えて，シェルター職員が現場で使用するための標準化された記録様式を作成すべきである．この用紙には，利用可能な水と食物（例：なし，清潔，汚い，凍っているなど），利用可能な隠れ家と寝床（例：藁のある犬小屋，なし，ぬかるんだ地面など）を記入する欄を設け，指示された追加情報を含める**(図19.1参照)**．

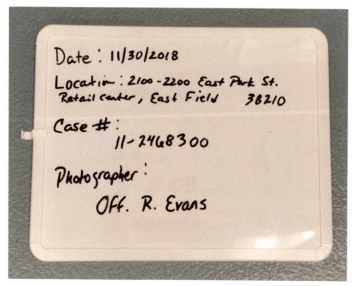

図19.2 事例情報が書かれたホワイトボード

図19.3 プラスチック容器に捨てられた犬が発見された現場の概要

図19.4 同じシーンの中景

図19.5 容器の中の犬のクローズアップ

第19章

図19.6 犬が取り出された後の容器のクローズアップ．ドッグフードが見える．

　すべてのシェルターは，調査を行うために必要なすべての物品を収納した法獣医学的調査キットを持つべきである．物品の紛失を減らすために，このキットは指定された場所に安全に保管され，権限を与えられた職員のみが使用できるようにする．多数の動物行政官がいるシェルターでは，現場で使用するために各動物管理車両にキットを割り当てるのが理想的である．

　法獣医学的調査キットには以下のものが含まれていなければならない．

- 良質の一眼レフカメラ
- カメラ用バックアップバッテリー
- 小型ホワイトボード
- ホワイトボードマーカー
- 法医学用定規
- 追加データ・ストレージ・カード
- 犯罪現場調査報告書
- 動物身体検査用紙
- ペン
- 写真記録
- 証拠記録用紙
- エビデンスマーカー
- 証拠袋

- 証拠テープ

　虐待の証拠を記録するためには，写真が不可欠である．適切なケアや医療処置が施されると証拠はすぐに変化するため，できるだけ早く写真撮影をすることは，最初の所見を保存するだけでなく，医療処置の遅れを軽減するためにも重要である．

　各動物について，最低8枚の写真が必要である．これらには以下が含まれる．

1. 日付，事例番号，動物ID，場所，撮影者名を記載したホワイトボードのみ(図19.7)
2. ペットの頭部側からの図(ホワイトボードあり)(図19.8)
3. ペットの頭部側からの図(ホワイトボードなし)(図19.9)
4. 左側面図(図19.10)
5. 尾面図(図19.11)
6. 右側面図(図19.12)
7. 背面図(図19.13)
8. 腹側から見た図(図19.14)

　異常がある場合は，追加で写真撮影を行う．身体検査に記載されたすべての異常には，代表的な写真を添付する．身体検査所見の写真は，常に，測定尺度がある場合とない場合の両方を撮影する(図19.15a, b)．写真は高画質でなければならず，背景にはゴミや無関係なものがないようにする．ペットを抱いている人員が特定されないように撮影すべきである．写真は決して削除してはならない．元の写真がそのままで，変更されていない場合，法獣医学報告書の目的のために写真をトリミングすることは許容される．

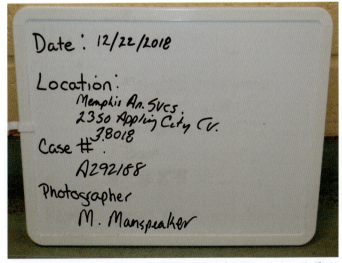

図19.7 日付，事例番号，動物ID，撮影場所，撮影者名を記入したホワイトボード

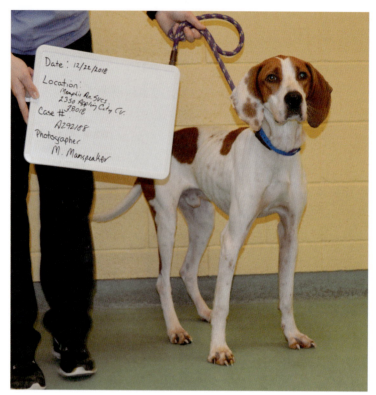

図19.8 ペットの頭部側からの図（ホワイトボードあり）

図19.9 ペットの頭部側からの図（ホワイトボードなし）

証拠の収集

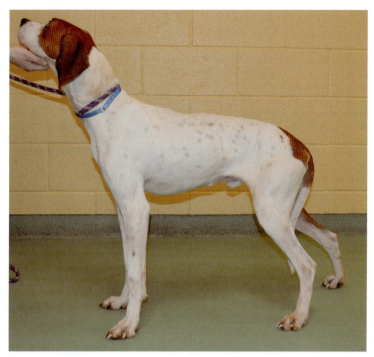

図19.10 左側面図

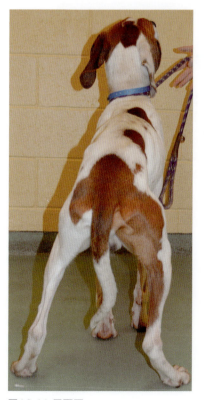

図19.11 尾面図

第19章

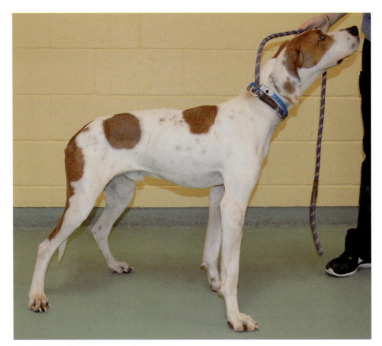

図19.12 右側面図

図19.13 背面図

証拠の収集

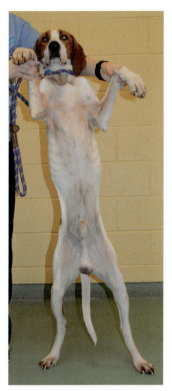

図19.14 腹側から見た図

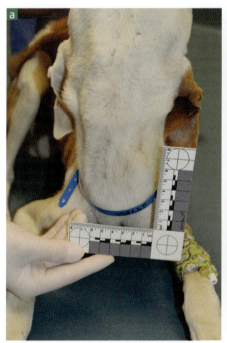
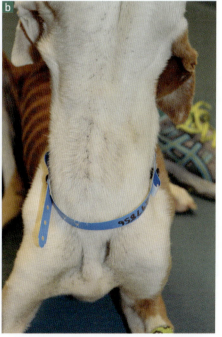

図19.15（a,b）ノミが寄生している証拠を示す法医学的定規の有無による犬の腹側頸部図．すべてのクローズアップ（マクロ）写真は，測定用スケールがある場合とない場合の重要な範囲を示すように作成すべきである．ABFO No.2のスケールが一般的であり，三次元表面には好ましい．

食欲，喉の渇き，動き，行動など，写真だけでは判断できない可能性のある証拠を記録するために，写真に加えて動画撮影を行う．

各ペットについて，日付，事例番号，動物ID，撮影者，撮影場所，各写真の説明，デジタル画像番号（JPEG番号など）を記載した写真ログを残す．写真はオリジナルのデータ・ストレージ・ディスクに保存する必要があるが，保存と容易な検索のために，デジタル・ファイル・フォルダでハードディスクにバックアップする（図19.16）．

医学的経過のフォローアップ写真と身体検査は，特に重大な変化を捉える場合にしばしば指摘される．受け入れたときの写真を撮る利点の一つは，動物の身体状態が変化したとしても，治療前と治療後の写真が同じ動物であることを示す詳細な情報を提供することである．図19.17と図19.18は飢餓状態の例である．治療前（図19.17）と治療後（図19.18）の写真では動物が大きく異なって見えるが，毛の特徴は明らかに同一である．

法獣医学的検査

法獣医学的検査を実施する前に，獣医師は担当官から事案の説明を受けるべきである．診察をする獣医師が法的な意味を十分に理解し，身体検査所見を正確に解釈するために，ブリーフィングには最初の報告書と写真が含まれるべきである．

法獣医学的検査は，被虐動物の初期の身体状態を記録し，医療処置を迅速に行うために，できるだけ早く実施する．例えば，ノミが重度に寄生している証拠は，ノミの治療を行う前に記録し，写真に撮っておく．救急医療処置が必要な患者が安定するまで写真撮影を延期しなければならない場合は，法獣医学報告書に一部の証拠が紛失したことについての説明を含める．

写真を除けば，法獣医学的検査は他の身体検査と変わらない．獣医師は，すべての対象動物に対して徹底的な診察を行い，正常所見と異常所見の両方を記録するよう訓練されている．ほとんどの保護施設における獣医師の仕事量は膨大であるので，短い時間の身体検査と異常所見のみの記録しかできないこともしばしばである．これは法獣医学的検査としては容認できない．なぜなら，これは不完全な，あるいは偏った評価を示唆しかねないからである．加えて，身体検査所見は，裁判所が被虐待動物と被疑虐待者に対する重要な決定を下す際に使用される．

法医学的検査用紙を用意することは，身体的所見が徹底的に文書化されることを保証する良い方法である．シェルターが電子カルテシステムを持っている場合，情報は直接システムに記録することができる．データ入力を診察獣医師以外が行う場合は，最終的な記入の前に，誤字脱字や不適切な記入を修正するために，獣医師が診療メモを校正する．診察所見を記入し，後で電子カルテに入力する場合は，電子カルテに似た診察用紙を作成する必要がある．こうすることで，記録の不一致や誤りを減らし，データ入力プロセスを合理

法獣医学的検査

法獣医学的検査ページ 3/3

日付		動物ID	
事例		検査場所	
獣医師		補助員	

写真記録

撮影日	撮影者	場所	概要	写真ナンバー	カードナンバー

メモ：

図19.16 鑑識写真の記録例

化することができる．可能であれば，すべての紙文書をスキャンして電子カルテに添付する．文字は判読可能でなければならない．すべての文書は訴訟案件の一部とみなされ，証拠開示の過程で検討される可能性があるため，矛盾を減らすためには，情報の重複を最小

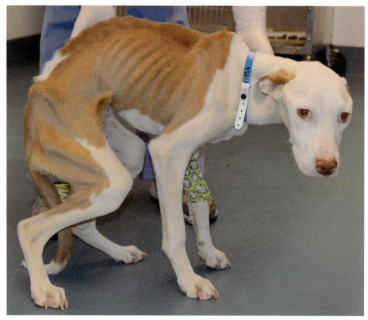

図19.17 飢餓による被虐動物の右側面．低いボディコンディションスコア（BCS）（ピュリナ・スケールの1/9［Laflamme, 1997］）と同様に，毛並みのマーキングの輪郭が明瞭に示されている．保護時の体重は18.80ポンド（8.53 kg）であった．

図19.18 この写真は図19.17の1カ月後に同じように撮影されたもので，BCSは正常（ピュリナ・スケールで4/9［Laflamme, 1997］）である．体重は37.40ポンド（16.96 kg）であった．

限に抑えることが理想的である．物理的なページ数や文書の紛失を減らすため，ページには番号を付け，各ページの上部に同じ識別情報を記載する（**図19.19，図19.20**）．過度な情報の記載を避けるため，両面ページを使用することもできる．

法獣医学的検査

法獣医学的検査ページ 1/4

日付		動物ID	
事例番号		検査場所	
獣医師		補助員	

動物の詳細

動物種		品種	
性別		主色	
二次色		特筆事項	
マイクロチップタイプ		体重	

身体検査

主観的/行動（描写）

客観的評価

体温		Pulse/HR	
呼吸数		MM/CRT	

器官	NE	NSF	異常があればその説明
目			
耳			
口			
心臓			
肺			
腹腔			
泌尿生殖器			
消化管			
神経			
運動知覚			
皮膚			
リンパ節			
BCS（1-9）ピュリナ			
痛み			

（NSF：特になし　NE：検査せず）

メモ：

図19.19 身体検査用紙の1ページ目の例．この書式には，身体検査の他のページと同じ情報を含む見出しをつけ，動物の詳細な情報とすべての身体検査所見を記載する．この書式は，獣医師によく教えられる主観的，客観的，評価，計画（SOAP）形式に従っている．

| 第19章 |

法獣医学的検査ページ 2/4

日付		動物ID	
事例番号		検査場所	
獣医師		補助員	

試験/鑑別診断

計画

診断

試験名	使用サンプル	結果	コメント
フィラリア症	全血	陰性	
内部寄生虫スクリーニング	糞便	検査中	

予防的ケア/治療

内容	量	方法/場所
狂犬病ワクチン	1cc	SQ/RR
ピランテル	4cc	呼吸数

推奨検査/追加検査

図19.20 身体検査用紙の2ページ目の例. この用紙には, 身体検査用紙の他のページと同じ情報を含む見出しを付ける. このページは, 1ページ目のSOAP形式の続きであり, 初期診断, 治療, 推奨事項に関する情報も含まれている.

508

身体検査では，種類，品種，年齢，性別，避妊・去勢の有無，体重，色(原色，二次色，三次色，特別な特徴)，品種が明らかでない場合は長毛か短毛かを記載する．すべてのペットにマイクロチップのスキャンを行い，見つかったかどうかを記録し，該当する場合はマイクロチップ番号を記載する．動物の全体的な性格を表す主観的所見を記載する(例：明るい，警戒心が強い，反応が良いなど)．体温(直腸，耳など経路を記載)，心拍数，脈拍数，呼吸数，粘膜の色，毛細血管再充填時間を含むバイタルサインを得る．ボディコンディションスコア(body condition score: BCS)は目視と触診の両方によって決定する(Laflamme, 1997)．触診が不可能な場合は，BCSが推定値であることを文書化する．使用されるBCSシステムを参照し，事前に決定しておくなど，関係するすべての動物について一貫しているべきである．目，耳，鼻，喉，口腔，皮膚，毛，心臓，肺，筋骨格系，神経系，末梢リンパ節，および泌尿生殖器を含むすべての身体系を評価する．口腔検査では，すべての異常について説明し，指示された場合には歯科カルテを添付する．精巣がある場合は，それを記載する．発情または妊娠の可能性を記載する．過去の手術の跡や刺青の有無も記載する．瘢痕，生傷，腫瘍を含むすべての病変を記載し，解剖図に描く．これは，闘犬などが疑われる場合には特に重要である．疼痛が存在，あるいは疑われる場合には，説明とともに記載し，参照とするペインスケールを用いて点数化する．身体検査に続くのは総合評価であり，ここで所見が結論付けられ，鑑別診断が列挙される．最後に，計画を文書化する．この計画には，推奨される検査，治療，再検査を含めるべきである．

　診断が必要な場合，裏付けとなる資料がない限り，確定診断は避けるべきである．例えば，「マラセチア性外耳炎」は，マラセチア菌の過繁殖と一致する耳の細胞診の結果および裏付けとなる臨床徴候がない限り，確定診断とすべきではない．耳の細胞診が不可能な場合は，「マラセチア性外耳炎」を鑑別診断としてアセスメントに記載し，臭気，紅斑，狭窄などの裏付けとなる所見を客観的所見に記載し，耳の細胞診を仮診断として計画の項目に記載する．細胞診が不可能な場合は，臨床徴候に基づく推定診断に基づいて治療を開始することができるが，その旨を計画の項目で説明する必要がある．同じような状況に痛みの評価がある．例えば，歯の疾患などで動物が痛がっていると思われるが，その疑いを裏付けるような明らかな症状，例えば，削痩している，口腔内の検査でたじろぐ，食べ物を避ける，などがみられない場合，痛みの明確な申告は慎重に行うべきである．このような場合，「歯周病による疼痛を疑う」という表現が適切であり，疼痛管理，必要に応じて抗菌薬の投与，できるだけ早期の歯科治療が推奨される．

　被虐動物が恐怖心や攻撃性を示すことは珍しくなく，時には鎮静薬なしでは身体検査ができないほどである．鎮静薬はバイタルサインを変化させ，写真に写る外観を変化させることがあるため，鎮静薬を使用した理由と考えられる影響をカルテに記載すべきである．検査が行われない場合は，可能な限り最良の身体描写とともにその理由を記載する．

診断

　動物の全体的な健康状態を評価するために，診断的検査がしばしば必要とされる．経済的な制限により，シェルターにおいて診断的な検査を行うことができないことがよくあるが，検査がシェルターで行われない場合でも，診断に関する推奨事項は文書化されるべきである．

　身体検査に基づき，推奨される診断的な検査には以下が含まれる．

- フィラリア検査
- FELV/FIV検査
- 腸内寄生虫検査
- ダニパネル
- 耳の細胞診
- 皮膚掻爬検査
- 皮膚細胞診
- 皮膚培養
- ウッド灯
- X線画像
- PCV/TP
- 完全血球計算
- 血液生化学検査
- 尿検査
- 尿培養
- 電解質パネル
- 病理組織学的検査

　獣医療ニーズが保護施設の能力を超えている場合や，保護施設が閉鎖されているときに被虐動物が収容された場合など，場合によっては紹介が必要になることもある．受け入れ先の獣医師に法的な状況を認識させ，すべての所見と治療を徹底的に記録するよう促す．適切な設備を備えたシェルターの職員が動物を紹介施設に同行できない場合は，必要な指示とともに写真を添える．また，症例の詳細については取扱注意情報とする．

治療と予防ケア

　残虐行為の被虐動物が押収され，シェルターに収容された場合，そのペットは自動的に

そのシェルターの所有物になるわけではない．ペットの飼い主が見つかっていなかったり，飼い主が異議申し立てを唱えていて，動物の所有権を取り戻そうとする場合もある．シェルターが保管者として行動している間，適切なケアを提供するのはシェルターの責任である．動物の健康状態の毎日の評価は文書で記録する．時には，治療や予防措置が禁忌である場合もある．例えば，妊娠している犬が商業ブリーダーから押収され，シェルターに運ばれた場合，シェルターの獣医師は，シェルターにおける一般的な病原体に対するワクチン接種，またはその他の必要な獣医療処置によるメリットが，生まれてくる子犬へのリスクを上回るものであるかどうかを判断しなければならない．このような状況では，治療を選択した理由を文書化する必要がある．

証拠保全

　動物が証拠とみなされるのと同様に，動物から取り出されたすべての生物学的サンプルや物品も証拠とみなされる．証拠品はすべて，裁判所から開示されるまで記録され，保管されることが重要である．証拠を適切に処理するために，証拠記録，証拠袋，テープ，証拠保全の連鎖書式が使用されるべきである．指定された証拠品保管場所が用意されるべきであり，廃棄が承認されるまで，すべての物品を安全に保管するために使用されるべきである．動物から血液，糞便，尿，耳垢，首輪，毛などのサンプルが採取された場合，これらの品目は証拠日誌に記載し，証拠番号を付けるべきである．例えば，証拠番号は動物のIDの後に証拠の各アイテムに続く文字で表すことができる (図19.21)．収集日，品目の説明，品目の処分法があるべきである．検体が処理のために外部の検査機関に送られる場合は，証拠保全の連鎖書式を添付すべきである．外部の検査機関には，証拠が送付されることを通知し，受領の文書を要求し，事例ファイルの一部として保存すべきである．

　場合によっては，動物がシェルターに保護されたままであるように裁判所が命令することがある．これは通常，所有者が告訴に異議を唱えているときに発生する．これは，シェルターと関係する動物にとって困難な状況になり得る．シェルターの収容頭数が一杯になっていることが多いため，裁判所の命令で保護されている動物は，他の動物のために必要なスペースを占有することになる．そのため，健康で飼育可能な動物が安楽死させられてしまうこともある．さらに，保護された動物はストレスを受け，感染症のリスクにさらされるため，長期間の保護施設滞在は動物の健康に深刻な悪影響を及ぼす可能性がある．このような理由から，裁判所の命令により保護している動物には，毎日の観察，予防ケア，病気に対する適切な治療の記録が必要である．言うまでもなく，動物虐待の加害者の責任を追及しようとするシェルターが，その保護下にある被虐動物のニーズを無視することは，不適切であり，場合によっては犯罪行為である．さらに，シェルターでの滞在による悪影

| 第19章 |

法獣医学的検査ページ 4/4

日付		動物ID	
事例番号	A210120	検査場所	
獣医師		補助員	

証拠記録（追加の生物学的サンプルまたは物品）

証拠ナンバー	採取日	採取場所	描写	試験実施場所	処分
A210120A	4/4/2017	現地	金属チェーンと地面打ち用の釘，15ポンド（6.80 kg），6フィート×2インチ（1.8 m×5.08 cm）	N/A	証拠保管庫
A210121B	4/4/2017	保護施設	首輪，ボトルスナップの付いた金属チェーン，1ポンド（0.45 kg），12インチ×1インチ（約30.48×2.54 cm）	N/A	証拠保管庫
A210122C	4/4/2017	保護施設	血液	施設内ラボ	施設ラボにて廃棄
A210123D	4/4/2017	保護施設	糞	外部ラボ（ラボの名前）	外部ラボにて廃棄

図19.21 証拠記録の例：この用紙には，身体検査の他のページと同じ情報を含む見出しを付ける．このページは証拠記録であり，動物から採取された生物学的試料または物品が記録される．この情報には，証拠が収集された日付と場所，証拠の説明，証拠が検査のために送られた場所，証拠の処分について記載する．

響を軽減するためには，判決が出るまでペットを適切な里親に預けるよう裁判所に嘆願することが不可欠である．時には説得力のある主張がなされ，裁判官によって承認されることもある．

　シェルターが大規模な虐待事件で手一杯になった場合，より大きな動物保護団体から援助を得られることもある．これには，追加の資金，スタッフ，さらには仮設シェルターへの動物の移動が含まれる．これは，スペース不足による健康な動物の安楽死を含む，通常

のシェルター運営への影響を減らすために求められるリソースである．

死後検査

　動物虐待事例に対応する際，動物調査官や管理官は動物の死体を発見することがある．シェルター職員は，証拠を保持するために，死体の適切な取り扱いについて研修を受ける必要がある．発見された死体は，移動する前に写真を撮る．証拠の紛失を防ぐため，死体は慎重に梱包し，シェルターへ搬送しなければならない．死体の輸送と発送を担当するシェルターの職員を含め，このプロセスはあらかじめ決めておく．

　法獣医学的死後検査を行う獣医師は，そのプロセスに非常に慣れていて，正常な死後所見と異常な死後所見の両方をしっかりと理解している必要がある．さらに，法獣医学的死後検査は，正しく行われた場合，非常に時間がかかるため，獣医師はこの作業に多くの時間を割くことができるようにする．シェルターの獣医師に必要な時間や知識がない場合は，法的な対応のために日常的に死後検査を行っている獣医病理学者に死体を引き渡す．

　死因を正確に特定するためには，動物の死体を適切に保存することが重要である．凍結や解凍はアーチファクトを作り出すので，死体を冷蔵保存するか凍結保存するかの判断は，死後検査をどの程度迅速に行うかにもよる．死体を外部のラボに送る場合は，発送日時が決定要因となる．最適な発送時期，発送前および発送中の死体の保管方法については，発送先のラボから指示を受ける．

法獣医学的報告書

　証拠を収集したら，その情報を法獣医学的報告書として明確に提示する．この報告書は，簡潔で事実に基づき，偏りがなく，裁判所の関係者にも理解しやすいものでなければならない．この文書は，訴訟関係者の運命を左右する最も重要な要素の一つであるだけでなく，作成した獣医師の能力を反映するものでもある．誤字脱字がなく，身体検査所見と診断検査結果を正確に反映し，鑑別診断を含み，記載されたすべての異常の意味を説明しなければならない．報告書は，関与したすべての人員と動物，現場の説明を含む症例の概要から始める．所見を明確に示すため，写真には説明とデジタル画像番号を記載する．さらに，病理報告書，正常値，関連法令，BCSチャートなどの参考資料も含める．報告書には，執筆者である獣医師が署名した，内容の誠実さと正確さを示す文章を添付する．

結論

　アニマルシェルターは，残虐行為の証拠に遭遇する主要な機関の一つであり，被虐動物の認識，法的権利，保護について職員を教育する責任がある．徹底した調査プロセスの開発と実行を通じて，シェルターの職員は動物福祉法を守る意思を示す．このような献身によってのみ，動物とそれに関連するヒトの被害者を保護する法律は進化し，強化され続ける．

参考文献

American Veterinary Medical Association (AVMA). 2018. Abuse Reporting Requirements by State. Retrieved on July 22, 2018 from https://www.avma.org/KB/Resources/Reference/AnimalWelfare/Pages/Abuse-Reporting-requirements-by-State.aspx

Animal Legal Defense Fund (ADLF). 2017. Animal Protection Laws of the United States of America. Retrieved on July 22, 2018 from https://aldf.org/article/animal-protection-laws-of-the-united-states-of-america/

Ascione, F., Arkow, P. 1999. *Child Abuse, Domestic Violence, and Animal Abuse: Linking the Circles of Compassion for Prevention and Intervention*. West Lafayette, IN: Purdue University Press.

Farm Animal Welfare Council (FAWC). April 16, 2009. Five Freedoms. Retrieved on July 22, 2018 from http://webarchive.nationalarchives.gov.uk/20121010012427/http://www.fawc.org.uk/freedoms.htm

Laflamme, D. 1997. Nutritional Management. *Vet. Clin. North Am. Small Anim. Pract.* 27(6): 1561-1577.

Linzey, A. 2009. *Link between Animal Abuse and Human Violence*. Portland, OR: Sussex Academic Press.

第 **20** 章

動物法

Michelle Welch

民事法的問題	516
刑事法的問題	517
なぜ私たちは動物犯罪に関心を持たなければならないのか	530
動物犯罪の訴追	533
虐待された動物の獣医学的検査と治療	534
法廷証言	536
結論	537
謝辞	538
注	538

動物法実務は，この20年間で，ほとんど存在しなかった領域から活発な領域へと発展した[1]．今日，米国法科大学院協会（American Association of Law Schools）と米国法曹協会（American Bar Association）の両者は動物法部門を有しており，また米国の160校以上の法科大学院で動物法の講座が開かれている[2]．動物福祉に対する社会の関心が新たに高まっていることの一因には，動物に対する暴力と人間に対する暴力の間に強い相関関係があることを示す証拠が次々と明らかになっていることがある[3]．動物に無関心な人々でさえもが私たちの社会に動物虐待者がいることについて懸念するのももっともなことである．動物虐待者が，家庭内暴力や児童虐待，性的虐待，高齢者虐待，暴行，銃乱射，殺人に関わっていることも少なくない．動物虐待の中には，社会が排除することに関心を抱く他の犯罪行為と関連しているものもある[4]．

成文化された動物法のほとんどは刑事法であり，虐待からの保護や農業・狩猟の規制，野生生物の保護・保全といった分野，また公衆衛生・安全という分野にわたる．動物はどの州にあっても個人の所有物とみなされるため，通常は一般の民事法が適用され，特別の民事法はほとんど必要ない[5]．民事法が適用される事案をほんの少し挙げるならば，契約に関する紛争や所有権に関する紛争，人身傷害，家族法，獣医療過誤の事案などがある[6]．伴侶動物の中には非常に高価な動物もいて，このことが訴訟提起される民事事件の多さにつながっていると思われる．ペットを家族の一員と考える人は多く，ペットに大きな精神的価値を与えている．米国では1億4,400万世帯以上で伴侶動物が飼われており，3億9,300万ドルの産業となっている[7]．本章では，伴侶動物を保護する法と，動物犯罪と人間に対する犯罪との関連性について述べることにしよう．

民事法的問題

動物は個人の財産であるので権利を有さない．子供に対するのと同じように動物に対しても保護が講じられてきた．動物は個人の財産であるため，民事訴訟での損害賠償額はその動物の価値に限定される．例外はあるが，平均的な伴侶動物の金銭的価値は比較的低い．多くの州では，人に危害が及ばなければ精神的苦痛に対する損害賠償を受けることができないため，ペットが盗まれたり，傷付けられたり，殺されたりした場合の精神的苦痛に対する救済手段はほとんどない．また，危険な犬や凶暴な犬に関する法もあるが，これらの法は民事の領域に分類される．獣医療過誤の事案では，一般家庭のペットよりも馬のような高額な動物が関係する可能性が高い．動物の所有権は，特に離婚の際に争われることが多い．一部の州では，飼い主の死後における動物のケアのために信託を設定できることが法文化されている．繁殖や譲渡の場面でまたは貸主と借主の間で，契約に関する紛争が生じることがある．これらは，動物に関して生じる民事法的問題のほんの一例にすぎない．

本章では，主に伴侶動物が関わる刑事法に焦点を当てるつもりである．獣医師が関係する可能性が最も高いのが，このような刑事法だからである．

刑事法的問題

動物保護法は全米で年々強化され，より厳しく執行されるようになってきている．近い将来，動物に対して行われる犯罪の件数について信頼できる統計が利用できるようになり，動物に対するネグレクトと虐待がいかに蔓延しているかが明らかになると思われる．2017年，米連邦捜査局（Federal Bureau of Investigation: FBI）は犯罪報告システムである「全米事件報告システム（National Incident Based Reporting System）」に動物虐待を追加した[8]．同システムは，動物虐待を4種類（単純／重大なネグレクト，意図的虐待／苛虐（torture），組織的虐待（アニマルファイティング），性的動物虐待）に分けている．各州は，FBIの各カテゴリーに分類された犯罪を何らかの形で禁止する法を制定している．動物福祉に関する法は，州や地域によって異なる．たいてい，州法はこれらの犯罪を重大性に基づいて分類し，区別している．州では，ケアしなかったことを処罰するネグレクト法および意図的行為を主に処罰する虐待法が制定されていることが多い．アニマルファイティングなどの特定の行為を禁止する法を定めている州もあれば，それぞれの違反に対応したペナルティや量刑を定めている州もある．以下の各項目では，筆者が実務を行なっているヴァージニア州の法に基づいて，一般的なタイプの刑事法を説明し，また全米に共通する法を概観する．また注においては，各州の法の一部について，その要点を述べる．

アニマルネグレクト

アニマルネグレクト法は，「適切なケア」[9]法と呼ばれることもあるが，いずれの名称であっても，ペナルティは最も軽い[10]．ネグレクトには単純なものと重大なものがある[11]．単純なネグレクトは軽い犯罪であり，ペナルティも重くはない．事案にもよるが，重大なネグレクトは虐待のレベルにまで至る可能性がある．ほぼすべての州において，**伴侶動物**または家庭用のペットのみを保護するネグレクト禁止法が制定されている[12]．犬と猫は常に保護されており，州によっては，外来種を含む他の小型哺乳類や鳥類，爬虫類も保護されている[13]．通常，伴侶動物の定義からは，農業用動物と研究用動物のすべてが除外されている．

ネグレクト法にはたいてい，飼い主が動物をケアするうえで最低限満たさなければならない条件が規定されている．したがって，ネグレクトは，飼い主が必要なもの（典型的には食餌や水）を**与えなかったこと**に基づいて最も簡単に証明することができるが，不適切な飼養環境や後述するその他の要因に基づいて証明されることもある[14]．動物に対するケ

アの水準は，多くの場合，保護者が子供に提供するよう求められているケアの水準と同様である．すなわち，健康な状態で生きていくために不可欠である基本的なものが必要となる．単純なネグレクト，つまり適切なケアをしなかった場合には，通常，罰金刑が科されるのみであるが，重大なネグレクトの場合は自由刑[※1]が科されることもある．もっとも，州によっては，単純な不注意によるネグレクトが複数回行われた場合は最低限の自由刑ですむこともある．また，虐待者が将来，動物を所有したり，一時的に保護したりする (harboring) ことを，裁判所が禁止できる法もある．

ネグレクト法は通常，飼い主が動物に何を提供しなければならないのかを規定し，提供すべきものの要件を明確に定めている．例えば，適切な食餌とは一般的に，動物の健康を維持するのに十分な量と栄養価を持つものと考えられている[15]．多くの州では，上記要件を定める際に，動物の年齢や種類，状態，大きさを考慮している[16]．例えば，歯が悪くなったシニア犬に硬いドッグフードを与えるのは適切とは言えないであろう．また，食餌は清潔で衛生的な方法，つまり，汚れや害虫，排泄物などがついていない状態で与えられなければならない．最後に，ほとんどの州では，食餌は少なくとも1日1回は与えることが義務付けられている[17]．

ヴァージニア州のある事案では，食餌が犬の届かないケージの上に置かれていたために，その犬は餓死した[18]．飼い主は何週間も留守にし，誰にもその犬を確認させていなかったのである．ヴァージニア州リッチモンドで起きたある有名な事案では，犬が残飯しか与えられずに餓死した．別の事案では，犬がカビの生えたパンしか与えられなかったために餓死している．その犬は，獣医師が使用するボディコンディションスコア (body condition score: BCS) のスケール (1〜9) で3の状態であり，パンを食べていなかったことがわかる[19]．

適切な食餌と同様に適切な水も，たいていの場合，法典の中で定義されている．適切な水とは，通常，そこにあり，アクセス可能で，飲用できる水と定義される．飲用できる水とは，人間が消費するのに適した水のことである[20]．水は，天候や気温に応じた適切な間隔でもって，十分な量が提供されなければならない．例えば，冬に水が氷状または雪状であってはならない．水は液状で飲むことができなければならないのである．適切な水は，動物の年齢や種，状態，大きさ，種類に応じて，正常な水分補給を維持するものでなければならない．適切な水は，排泄物や害虫による水の汚染を最小限に抑えるように設置された，清潔で耐久性のある容器で提供されなければならない．動物の飲む水を決めるにあたっては，特定の状況を考慮する必要がある．例えば，常に外で鎖につながれている動物は，エアコンの効いた家の中で暮らしている動物よりも多くの水を必要とする．

また，ネグレクト法の多くは，適切なスペースと住環境 (shelter) に関する要件も規定

※1　犯人の自由を剥奪する刑罰のこと．刑事施設に収容して移動や生活を制限する刑罰で，懲役や禁錮，拘留などが該当する．

している[21]．実際，多くの州では，適切なスペースと住環境の定義は一つの要件または定義にまとめられている．一部の州では，伴侶動物が屋外で飼われることが多いため，適切なケアを確実に提供するには，適切なスペースと住環境の明確な定義が不可欠となる[22]．適切なスペースとは，動物が快適に立ったり，座ったり，横たわったり，向きを変えたりすることができ，また他の正常な体の動きすべてをすることができるのに十分な広さと定義することができる[23]．そのスペースは安全であり，傷害，悪天候，直射日光，肉体的苦痛およびいかなる健康障害からも動物を守るものでもなければならない[24]．さらに，法典に適切な照明に関する要件が規定されている場合もある[25]．格子，針金または細長い薄板の床は，(i)動物の肢が開口部をすり抜けてしまう，(ii)動物の重みでたわむ，または(iii)他の何らかの理由により動物の肢やつま先を傷害から守るものではないので，そのような床を備えた住環境は，適切な住環境の定義の多くにおいて認められていない[26]．住環境は，がたがたであったり，老朽化していてはならない．また，適切に清掃されていなければならず，動物が清潔で乾いた状態でいられるものでもなければならない．その上，適切なスペースとは，動物が囲いの中にいる他の動物と安全に接触できることを意味する．例えば，ホーディングの場合，過度に狭い場所で飼養されている動物たちは資源をめぐって互いに争うようになる．

　ごく最近の事案では，動物管理局が文字どおりの糞と泥のスープに浸かって暮らしていた7頭の豚と20頭の狩猟犬を押収した．その状況は，ベテランの動物行政官がこれまで見た中でも最悪の部類に入るものであった．また，別の例では，チワワたちが極寒の夜，断熱もされず体を温めることもできない大きな犬小屋に入れられたまま放置されていた．結局，飼い主が適切な住環境に移すことを拒んだために，チワワたちは押収された．ある事案では，黒いラブラドール・レトリーバーの子犬が，特に暑い日に外に置き去りにされた．その子犬は強い日差しに照らされたドーム型の犬小屋に入れられており，暑さから守られていなかった．地元の動物行政官は，その子犬を押収するのではなく，温度を下げるために，飼い主が犬小屋の上に防水シートを張るのを手伝ったのである．動物行政官は，適切なケアに関する法と，特に適切な住環境に関する要件を飼い主に教え，また，犬を外に出すには相応しくない天候のときは犬を屋外に放置することが法で禁止されていることを説明した．

　適切な住環境とみなされるものは，動物によって異なる．例えば，被毛の厚い黒い犬は，他の多くの犬種よりも早く熱がこもりすぎることになる．別の事案では，気温が華氏13〜19°(約−10.6〜−7.2℃)のときに，断熱もされず寝具もない子供用の薄いテントの中で，子犬が金属製のクレートに入れられていた．幸いにも，レスキュー団体が飼い主たちを説得し，その子犬を安全な場所に連れて行かせることができた．動物管理局は，適切な住環境を確保し，また動物を風雨から確実に守るために，積極的な措置を講じるべきであ

り，また多くの場合そのようにしている．最近では，動物行政官が，大寒波の来る前に，屋外で動物を飼っている者に対して，適切な住環境に関する法を教え，動物を安全な場所へと移動させる手助けをした．飼い主が法の要件を知った後，行動に出ることをしぶったり，手に負えなかったりする場合，法は動物行政官側に措置を講じるよう義務付けている．

多くの法域，特に地方では，合法的に犬を屋外につなぐことができ，綱の位置や長さ，素材についての制限もない．いかなるときでも合法的に犬を短くて重い鎖を引きずらせながら外飼いにすることができるのである．もっとも，それによって犬は周りの物に絡まってしまうおそれがある．繋留の要件がある場合，それは市または郡レベルで法文化されていることが多い．繋留に関する条例がないとき，動物行政官や検察官は，多くの場合，動物福祉に反した繋留状況を追及するために，適切なスペースの要件に依拠することができる．さらに，安全性を確保するため，綱を首輪やホールター，ハーネスにつなぐことを義務付ける法もある．ヴァージニア州ルーネンバーグでは，ある男性が首輪もハーネスも付けずに飼い犬をつないでいたところ，その犬は綱を引っ張って窒息死寸前となった．綱や鎖は動物を傷つけるおそれがあるため，ほとんどの定義では，綱が物や他の動物に絡まったりしないようにすることまたは綱が物や角にかかる形で伸びて絞殺に至ることのないようにすることを確実にすることが飼い主に義務付けられている．さらに，州によっては，動物が傷害を負わないように，綱を調整しなければならない．また，つながれていることで動物が退屈してしまい，上記のような義務が守られないときにはその動物が自らを傷つけることになりかねない．綱の長さを規制する定義もあり，そこでは綱の長さが鼻先から尾の付け根までを計って導かれる動物の体長に基づいて明確に規定されていることが多い．動物をつないでおける時間を制限している法もある．全米では，州法よりも厳しい規制を設ける条例を制定する自治体が増えている[27]．それらのうちの多くの条例では，犬を綱や鎖でつなぐ時間が制限されている．例えば，ヴァージニア州リッチモンド市では，24時間のうち，1時間しか犬をつなぐことができない[28]．

適切な獣医療もまたいくつかの州法で義務付けられており，それを提供しないことは，多くの場合，アニマルネグレクト法と動物虐待法の両者に反することになる[29]．苦痛や病気の感染を防ぐために獣医療が必要なときに飼い主がそれを提供しなかったことが，訴追の条件となる．このような理由に基づく訴追を免れるためには，飼い主は動物が適切な治療を受けたことを証明する書類を提出できなければならない．飼い主が獣医療を提供できなかった理由として経済的困窮を挙げることも多いが，それは法的抗弁とはならない．

また，州法が動物に適切な運動をさせることを飼い主に義務付けている場合もある[30]．動物が適切な運動をしているかどうかは，動物の体重ではなく，むしろ飼育方法で決まる．適切な運動とは，通常，動物の年齢や種，大きさ，状態に応じた正常な筋緊張と筋肉量を維持するために，動物が十分に動く機会を得ていることを意味する．

不適切な運動は，アニマルホーディングの事案でよくみられる．最近のホーディングの事案では，ピットブルが常に糞尿が放置された小さなクレートで飼われていた．動物行政官がこのピットブルを解放すると，少なくとも20分間はグルグルと走り回ったのであり，これは運動不足の状態であったことを明確に示すものである．ブリーダーの家で起きた別のホーディングの事案では，スタンダード・プードルが糞尿まみれで，常時ケージに入れられていた．診察の結果，獣医師はこのプードルには正常な筋肉量がないことを証明した．

　商業繁殖施設やパピーミルで飼われている犬は，概して適切な運動をしていない．子犬はすぐに売られるが，繁殖用の雄犬と雌犬はたいてい，一生の間，（排泄物が地面に落ちるようになっている，）痛みをもたらすメッシュの床が付いたケージに入れられたままである．

　ほとんどの州法で定められている要件や禁止事項に加え，ネグレクトの事案では，多くの場合，「適切なケア」という法定の**定義**そのものに依拠することになる．適切なケアとは，動物の適切な飼育，取扱い，繁殖，管理，収容，給餌，給水，保護，住環境の整備(shelter)，輸送および治療を，責任を持って行うことと定義されており，それはまた，必要に応じて，動物の年齢や種，状態，大きさ，種類に適したものでもなければならない[31]．さらに，適切なケアの定義では，苦痛から解放するために必要なときには安楽死させることが義務付けられていることが多い[32]．

　州の多くでは，「飼い主(owner)」の意味が法律で明記されてもいる．一般的に飼い主の定義は，動物の所有権を有する者または管理者，世話人もしくは一時的な保護者(harborer)として行動している者であるとされている[33]．うまく定められた定義は十分に包括的なものであるので，例えば，ネグレクトした者が，ケアしなかったために訴追されることを避けようとして，自分は所有者ではなく管理者であると主張することはできなくなる．仮に動物に適切な獣医療がなされなかった場合に，「飼い主」の限定的な定義によるのであれば，その動物の所有権を有する者のみがその違反に対して責任を負うことになってしまうであろう．

　獣医師は，多くの場合，虐待の有無を適切な「動物の飼育」が行われているかどうかで判断する．本来は農業用動物に適用される概念であるものの，その意味が伴侶動物福祉法において法文化されることもある[34]．動物飼育の評価では，動物の一般的な健康状態や飼育環境，繁殖状況，栄養状態などが考慮される．劣悪な動物飼育の一例として，シマウマとロバが牛たちと一緒に飼育され，牛たちがそのロバを殺したというものがある．道路沿いの動物園(roadside zoos)[※2]では，十分な距離を保たなければならない種同士が隣り合って檻に入れられていることが多い．このことは動物に苦痛を与えるだけでなく，病気の蔓

※2　動物の展示設備が直接道路に面しているような簡素な動物園

延にもつながる．また，2頭の犬が同じ鎖につながれ，互いに絡まってしまった例もある．劣悪な動物飼育は，多くの場合，商業繁殖の現場で行われ，そこでは一つのクレートに数頭の犬が入れられていることが少なくない．虐待者はよく，自分たちの行為は標準的な動物飼育方法に則っているという抗弁に頼ろうとするが，専門家の証言はこの主張を論駁することが多い．

動物虐待

　ネグレクトの罪は，動物に基本的なケアを与えていない場合に問われる可能性があるものである．一方，虐待の罪は，通常，積極的に動物に危害を加えた場合に問われるものである．動物虐待は，重大なネグレクトと意図的虐待の二つに分類される．重大なネグレクトとは，単純に，意図的ではないとみなし得ない程度のネグレクトである．これに対して，意図的虐待は作為犯であり，通常は残酷な行為として法文化されている．全米において，ネグレクトの規定は，単純なネグレクトであれ，重大なネグレクトであれ，虐待の規定に包含されている．

　重大なネグレクトとは，思慮分別を完全に欠くものであり，それは公正な心を持つ人々の良心にショックを与えるであろう[35]．（単純な）ネグレクトが罪に問われる条件は，飼い主が**十分な**もの（食餌や水など）を与えなかったことである．これに対して，重大なネグレクトが罪に問われる条件は，**必要な**ものさえも与えないこと，すなわち動物の生命と良好な体調の維持にとって必要な食餌や水，住環境，緊急医療を動物に与えないことである[36]．獣医師だけが，動物の体調や動物が押収前にどれだけ長く苦しんでいたかについて証言する資格を持つ．また，獣医師は，動物が生きていくことはできるものの，なお不十分な量の食餌を与えることは苦痛を長引かせるだけであるという事実を証言することもできる．このような理由から，獣医師は虐待の訴追に欠かせない存在である．獣医師は，体の筋肉や脂肪が代謝される過程を説明したり，目視ではわからない病状を述べたりすることができる．さらに，餓死の一般的な徴候，例えば，石を食べるなどの解剖検査によって発見されるであろう行為を説明することもできる．検察官は，虐待者が動物を餓死させる代わりにシェルターに引き渡し得たことを力説できるし，また力説すべきである．

　意図的虐待に関する法律の多くは，その行為を「残酷に」行ったことを要件としている[37]．ほとんどの虐待に関する法典では，法律の文言の中に，何らかの形で「残酷に扱う」または「残酷な扱い」が含まれている[38]．もっとも，動物を殺すことが「不必要に」行われたことを要件とする法律もある[39]．最近の事例では，ある農場主が自分の農場に狩猟犬がいることに腹を立て，すぐ近くにあるシカ狩りのための隠れ小屋（deer blind）で狩猟をしていた友人にその狩猟犬を射殺するように指示した．また，別の事例では，ある男がピックアップトラックの荷台で複数の犬を射殺した．彼はその犬たちが以前自分の鶏小屋に入ったと信

じて，腹を立てていたのである．さらに，別の事例では，ある男が犬を撃ったが，その犬は危険で自分に襲いかかってきたからそうしたのだと主張した．解剖検査の結果，その犬は，その男が主張したようにその男に向かってきたのではなく，その男から逃げていたことが証明された．正当防衛以外に，動物を虐待することが「必要」な状況を考えるのは難しい．

　ネグレクト法と同様，虐待法でも給餌・給水が義務付けられている[40]．給水しなかったことがネグレクトの域を超え，飼い主が虐待で起訴されたある事例では，虐待者が飼っていた狩猟犬に対して給餌・給水を全くせず，犬たちはひどい脱水症状を起こしていた．犬たちは，断熱材も寝具もない，薄くて，断熱されていないプラスチックの小屋に入れられただけの状態で外飼いにされていた．そこには風を遮るものもなかった．このような状況を総合的に勘案すれば，虐待罪が成立する．

　虐待法では，よく**緊急獣医療**の提供が義務付けられているが，これはたいてい，獣医療を拡張したものである[41]．緊急獣医療は，多くの場合，法律で定義されている．これは，必ずしも動物病院に動物を緊急搬送しなければならない状況に限定されるものではない[42]．ヴァージニア州の「緊急獣医療」は，生命を脅かす状態を安定させ，苦痛を和らげ，病気の感染を防ぎ，病気の進行を防ぐために必要な治療と定義されている[43]．これらの要素を**一つでも**満たさなければ，虐待となる．ある事案では，飼い主が病気の馬を治療する代わりに野原で死なせるつもりだと明言した．幸いにも，動物行政官が馬に治療を受けさせるよう飼い主を説得することができた．この飼い主は，動物に苦痛を与えたとして動物虐待で起訴される可能性もあった．ヴァージニア州の虐待法は，全米の多くの虐待法がそうであるように，動物の管理者や世話人，所有者に作為を義務付けている．動物が生命の脅かされるような状況に直面しているわけではないが，苦痛にさらされている場合，検察官は苦痛を和らげるために獣医療を受けさせるという要件に依拠することができる．多くの場合，飼い主は，適用されるネグレクト法または虐待法の複数の要素を満たしていない．

　虐待の極限的事例では，ある犬が，下半身がウジに覆われた状態で発見された．その犬が押収された後，飼い主は，動物管理局に電話し，「濡れていた」ので，その犬を家の中に入れることができなかったと言いながら，安楽死を求めた．動物行政官はその犬を動物福祉に則って安楽死させ，解剖検査が行われた．獣医師は，法廷でこの犬が数週間前から基礎疾患を患っており，ウジは3〜4日前のものだったと証言することができた．被告人は，その犬はその日の朝に食餌を食べており，普通に行動していたと証言したが，獣医師の証言により，被告人の弁明が誤っていることが証明された．解剖検査の結果，犬の胃の中に石が見つかり，BCSは最低の1であったのである．別の事案では，飼い主が車にはねられた犬に獣医療を受けさせなかったとして，虐待で有罪判決を受けた[44]．助けるように言われた飼い主は，それを拒否し，その犬は肢の骨折で7週間以上もの間，苦しむことになっ

たのである．動物管理局はその犬を押収し，飼い主はその後，虐待で有罪判決を受けた．
飼い主は控訴したが，ヴァージニア州控訴裁判所が，骨折の治療をしないことは虐待であると明言しつつ，有罪判決を是認した[45]．飼い主がその犬に治療が必要であることを知っていたこと，および複数の者からその犬の病状は重篤または緊急性が高いと聞いていたのに，7週間以上もの間，治療を受けさせなかったという事実によって，法廷には衝撃が走った[46]．第一審裁判所は，「［飼い主が］［その犬を］苦痛に満ち，麻痺した状態のまま，自宅でいつまでも寝かせ続けていたことが合理的に推認できる」とし，動物行政官の介入によって初めて，ずっと続いていた犬の苦痛が終わった旨を判示した[47]．この事案は先例として確立し，下級裁判所は，その後の事案で事実の相違を見い出せない限り，今後，この判決に従うべきことになったのである．

　ヴァージニア州における緊急獣医療には，さらなる病気の感染と進行を防ぐようなケアも含まれる．感染症への罹患または病状の悪化が生じる可能性があることを立証するには，通常，獣医師の証言が必要である．ある事案では，1人の猟師が借家を引き払った後，家主が，犬たちが置き去りにされているのを発見した．生きているものも，死んでいるものもいた．動物管理局は，大ベテランの獣医師を雇い，解剖検査を行ってもらい，法典で獣医療が必要とされる四つの状況すべてが存在していたことに基づいて，飼い主は獣医療を受けさせるべきであったと証言してもらった．どの犬も飢餓という命に関わる状態にあり，苦しんでいた．また，犬たちには寄生虫がはびこっており，寄生虫は増殖するばかりで，時の経過とともに病気を進行させ，犬同士で寄生虫をうつし合っていたのである．

　虐待を行う猟師は，痩せている犬の方が，狩りが上手だと主張することが多いものの，獣医師の証言はそのような主張に反駁できる．アニマルホーダーは動物虐待で訴追されることが少なくない．不衛生な環境に閉じ込められ，他の多くの動物に囲まれている動物は，様々な健康状態となり，病気をうつす可能性がある．猫は上部呼吸器感染症を発生することが多い．生活環境の質と病状との相関関係を裁判で説明するには，獣医師による専門的な証言が必要となるであろう．

　動物遺棄は，法執行機関や獣医師がよく遭遇する虐待の一形態であり，ほとんどの意図的虐待に関する法律において，犯罪として明記されている[48]．動物は，住環境の外や人里離れた道路，駐車場などの場所につながれたまま放置される．遺棄とは，そもそも別の所有者や管理者を確保することはせず，動物を置き去りにしたり，見捨てたり，放棄したりすることである．一部の州では，定められた日数，法典で規定された基本的なケアの要素を提供しないこともまた遺棄とみなされる．自然災害の場合，遺棄に関して難しい問題が生じる．いつ動物が意図的に置き去りにされたのか，あるいはその際に飼い主がペットを救うには危険すぎる状況であったのかを知ることが難しいからである．

　獣医師はよく動物の遺棄に遭遇する．飼い主は動物に獣医師の治療を受けさせることに

好意的であっても，その費用を支払うことができず，動物病院に動物を置き去りにしてしまうことがある．このような場合，動物を遺棄したとして訴追することは難しいかもしれない．というのも，その飼い主は実際に，獣医師という新しい管理者を確保したと主張できるからである．また，経済的困窮を理由として安楽死を選択した事案もある．これらは獣医師にとって難しい状況である．必要なケアを無償で提供することもできるし，飼い主に所有権を譲渡するよう求めることもできる．後者の場合には，その所有権譲渡が署名入りの書面で記録化されるべきである．最悪のシナリオは，苦しんでいる動物が飼い主と一緒に出て行ってしまうことである．診療時間外に動物病院の外に動物を放置することは明らかに遺棄とみなされるであろう．このような場合，入手した動画や写真といった証拠は，法執行機関に提供されるべきである．

意図的虐待に関する法律の多くには，科学実験または医学実験とは関係なくして故意に動物福祉に反した傷害や苦痛を与えることを禁止する文言が含まれている．医学実験は，虐待に関する法律すべての適用除外となっている[49]．一部の虐待に関する法典では，飢えさせる，皮を剥ぐ，焼く，投げる，撲殺するなど，ある種の行為が，動物福祉に反した傷害を与えるものとして，具体的に列挙されている．ヴァージニア州のある事案において，動物を餓死させることは動物福祉に反した傷害を与えること，すなわち，重大なネグレクト/虐待に相当すると裁判官が明確に述べた．飼い主は母犬とその子犬を飢えさせ，そのうちの1頭を死亡させたとして有罪判決を受け，自由刑12月が言い渡された[50]．飼い主は控訴したが，控訴審裁判所は第一審裁判所の判断を是認したうえで，意図的に傷害を与えるとはどういうことなのかを詳細に検討した．控訴審裁判所は，飼い主が，犬が飢餓状態にあるのを数週間にわたって見ていたこと，犬が寄生虫に感染していたことおよび飼い主が犬に獣医療が必要であることを知っていたと認めたことを理由として，飼い主は犬に「動物福祉に反した傷害や苦痛」が生じることを認識しながら自らの意思で行為したと判示した．この種の事案では，意図的行為により対象動物(たち)に動物福祉に反した傷害が与えられたのかについて証言するために，獣医師が裁判所に召喚されることも多い．

最もひどい事案は苛虐である[51]．ある事案では，男がジャーマン・シェパードの子犬3頭を5回も殺害しようとした．その男は犬たちに処方薬と爆竹を与え，燃やし，口を接着剤で閉じ，最後は腹を切り裂いたのである．別の苛虐の事案では，猫が火をつけられ，さらに，別の事案では，猫が生きたまま皮を剥がれた．猫が首に大きな外傷を負っており，獣医師は絞殺が原因ではないかと疑ったという猫の苛虐の事案もある．残念ながら，ハロウィンの時期には多くの苛虐が行われ，よく黒猫が犠牲になる．

ネグレクトと虐待の違いの一つは，その適用範囲である．ネグレクト法は多くの場合，伴侶動物だけに適用されるが，虐待法はあらゆる種類の動物に適用されるのが通常である．「動物」という用語の定義は州によって異なる[52]．一般的に，「動物」は，ヒト以外の脊椎動物

種（魚類を除く）を意味する．法律によっては，あらゆる，もの言えぬ動物（dumb animal）またはヒト以外の動物すべてを意味することもある．もう一つの違いは，ネグレクトの禁止は動物の飼い主にのみ適用されるのに対し，虐待は誰でも犯し得て，起訴される可能性があるという点である．法は，その者と関係のない動物にケアを提供することを要求することはできないし，また虐待者は虐待する動物と何らの関係もないことが多い．

　別の重要かつ実践的な，ネグレクトと虐待の違いは，この二つの犯罪を減少させる方法である．ネグレクトは多くの場合，教育や知識の不足，誤った情報，資源不足，その他の様々な要因から生じ得る．動物をネグレクトする人が必ずしも悪意を持っているというわけではない．よって，犯罪行為を訴追することが常に最善の解決策になるとは限らない．場合によっては，単に動物管理局や非営利団体，時には獣医師による支援が必要とされているだけのこともある．動物行政官は飼い主と協同し，また教育を通じて飼い主に法令を遵守させることができる．

　動物虐待は，加害者が動物の健康や快適さ，安全性を全く気に掛けず，多くの事例において，悪意を持って行為しているという点でネグレクトとは異なる．意図的に動物に危害を加える者は，教育や支援では抑えられそうになく，刑事訴追や罰金，拘禁が唯一の抑制策になるかもしれない．一つの事案で，ネグレクト法違反と虐待法違反が複数みられることは，標準的とまでは言えないまでもよくあることである．通常，動物に適切な食餌を与えない飼い主は，水の供給や獣医療などの他の要件も満たしていない．各違反は，それぞれ単独で刑事訴追の根拠となり得るし，またそうなるべきである．

　動物福祉に関する法の射程は広範であり，このことによって，より手厚い動物の保護が可能となる．例えば，いくつかの意図的虐待に関する法典には，残酷な扱いやひどい扱いと同義である「不適切な扱い（ill-treat）」のような文言が含まれている[53]．アニマルファイティングの事案を訴追する際には，この文言に依拠することが多いが，その幅の広さゆえに，様々な種類の虐待に適用できる．虐待には様々な形態がある．ある商業的ブリーダーの農場で起きた，家禽に対する虐待の事案では，被告人らは鳥をその頭を踏んで処分していた．さらに，鳥を蹴ったり，投げたりして，輸送用ケージに入れてもいた．産業動物獣医師は，標準的な畜産慣行に従っていたという被告人らの弁明の信ぴょう性を失わせることができた．

アニマルファイティング

　闘犬と闘鶏はどの州でも違法である[54]．闘犬はすべての州で重罪であるが，闘鶏は一部の州では軽罪であるにすぎない[55]．刑事事件では，直接証拠と情況証拠の両方が提出されることがある．目撃者や闘技場に踏み込んだ動物行政官の証言は，直接証拠の一例である．アニマルファイター（Animal fighters）は情況証拠に基づいて有罪判決を受けることが多

いが，それはアニマルファイティングが意図的に人目を避けて行われているからである．その上，ギャングや薬物が関連していることが多いため，個人が他人を密告することはあまりない．直接証拠を入手するには，多くの場合，闘技中にいきなり捜索することが必要であるが，これは極めて困難である．個人が身に着けていた，あるいは自宅にあったアニマルファイティング用具は情況証拠の一例である[56]．基本的に，情況証拠は，それ自体単独で何かを証明するものではなく，推論に頼りながら，犯罪行為という結論に至るものである[57]．よくある誤解とは裏腹に，情況証拠は有罪判決を導くのに十分な証拠となり得る．アニマルファイターは，闘いが行われるピットやランニングマシン，キャットミルジェニー（cat-mill jennies）[※3]，バネ棒，噛みつき棒を持って見つかることが多い．闘鶏のファイターは，よく鉄蹴爪や短・長ナイフを持って発見される[58]．いずれのタイプのアニマルファイターも，薬やステロイド，創傷被覆材，トロフィー，血統書その他の示唆的証拠を所持している可能性がある[59]．通常，有罪判決に至るには，用具が1個または1種類存在するだけでは不十分であるが，複数存在すれば十分となり得る．最終的に，アニマルファイターは，自分たちの活動を証明する文書を複数，保持していることが多い[60]．これらの書類には，動物の血統や過去の勝敗，闘技の日付・場所に関する情報，さらには他のアニマルファイターやその動物に関する情報までもが記載されていることがある．ファイティング用動物の血統は，その動物の価値，さらにはその動物に対する敗北の価値をも決定する．

　最も強力な法は，アニマルファイティングのみならず，アニマルファイティング用具の所持も禁止している[61]．用具の所持を禁止することで，法執行機関は加害者を逮捕・訴追するための根拠を更に手にすることが可能となるのである．多くの州法では，ステロイドその他の身体能力向上薬および鉄蹴爪や短・長ナイフなどの動物の戦闘能力を高める道具の所持が禁じられている[62]．アニマルファイターは，処方薬と違法薬物の両方を使用して，動物の持久力やスタミナ，攻撃性を向上させる．メタンフェタミン，または薬物に関する法によって取り締られているその他の規制物質が雄鶏に投与された事案もある．強力な法では観戦が禁じられており，これにより非常によく組織化された闘技場はその勢いが削がれることになる．また，一部の州では，アニマルファイティングという興行において他の動物と戦わせる目的で，動物を所持や所有，訓練，輸送，販売することが禁じられている[63]．このことは，行為者を，アニマルファイティングを行っている最中に捕まえる必要はなく，アニマルファイティング用動物を単に所持しているだけで罪に問うことができるということを意味する．最も包括的な法を制定している州では，1回の逮捕で，動物の所持や用具の所持，動物を闘わせる行為，闘技の観戦，闘技への参加を含む複数の罪に問われる可能性がある．

※3　動物を訓練する設備の一種

アニマルファイティングには違法な賭博がつきものである．アニマルファイターは，どの動物が勝つかだけでなく，負けた鳥がどれだけ早く死ぬかも賭けの対象とし，またアニマルファイティングに関連して行われる様々なゲームにも賭ける．その賭け金は高額になることもあり，アニマルファイターは数百ドルから数千ドルを手にすることもある．ある闘鶏の事案では，覆面動物行政官が1回の闘鶏で3,600ドル以上を手にした．収入がすんなりと報告されないことがあるので，賭博には脱税や申告漏れ（IRS violations）が伴う．ほとんどの州では，アニマルファイティング・イベントでの賭博や観戦するための入場料の支払いは違法とされている[64]．闘犬が最も多くメディアで取り上げられているようであるが，闘犬よりも闘鶏の方がより多くの金銭が集まる．闘鶏は闘犬とは異なり，試合では通常，参加者は各々，複数羽の鶏を戦わせるからである．ビッグ・ブルー・スポーツマンズ・クラブというケンタッキー州にある非常に大きなアニマルファイティング組織の捜査で，法執行機関は関連する賭博が数百万ドルに上ることを突き止めた．ピット・マネージャーは，有罪判決を受けて，米国政府におよそ100万ドルを没収されることになったのである．

また，多くの州では，未成年者がアニマルファイティングに参加したり，観戦したりすることを明確に禁じている[65]．子供は親にアニマルファイティングを経験させられることが多い．ビッグ・ブルー事件では，アニマルファイターの1人が10代の息子に自分で雄鶏を闘わせるよう勧めていた．子供は，動物が闘う姿に接するだけで精神的なダメージを受ける．アニマルファイターは，次世代にアニマルファイティング文化を伝えるために，意図的に子供をアニマルファイティングに関与させることが少なくなく，それによってアニマルファイティングという犯罪は永続することになる．

闘技場を運営する者の家族や友人が，動物に住環境を与えたり，ケアしたりするなど，様々な方法で支援することも多い[66]．例えば，雄鶏にスパーリングをさせたり，ピットブルタイプの犬にローリングをさせたりすることもある．スパーリングとは，鉄蹴爪に「マフ（muffs）」をつけた2羽の鳥を戦わせることである．このマフのおかげで，鳥は傷を負うことなく，闘いの練習をすることができる．ローリングは，アニマルファイティング用犬のトレーニングの一種である．最も包括的な法では，自己の敷地内でアニマルファイティングを行わせることが禁じられ，またあらゆる形態のアニマルファイティングの幇助・教唆が違法とされている．最も厳格な法では，アニマルファイティングの観戦が禁止されており，そのため，それを見に行ったり，その場に居合わせたりすることでさえ違法であり，重罪に問われる可能性がある[67]．

獣医師はアニマルファイティングの捜索で取り戻した動物を診るために呼ばれることも多い．診察は，一つには必要な治療を確認するためのものであるが，証拠の収集と訴追のために非常に重要なものでもある．アニマルファイティングの身体的徴候はいくつかある．闘鶏の場合，通常，トサカや肉垂は取り除かれ，またナイフや鉄蹴爪を確実に取り付ける

ことをより簡単にするため，多くの場合，生の蹴爪が切断されている．あるいはまた，蹴爪がヤスリで鋭く削られていることもある．犬の場合，頭や頸，胸，前腕部に傷や傷跡があることも多く，例えて言えば，これらは，その傷が食餌をめぐる通常の犬の喧嘩ではなく，意図的に行われたアニマルファイティングによって生じたものであることを示す明らかな徴候であるといえる．診察に当たる獣医師は，それぞれの犬の健康状態・身体状態一般を評価して記録する必要があるが，その際，各動物の健康状態・身体状態一般について，あらゆる異常に気を留めながら，注意深く評価し，記録しなければならない．さらに，後で個体識別をするために現場の図面を作成しなければならない．獣医師は動物を安楽死させるべきか否かについて意見を述べ，必要に応じて解剖検査を行うことも少なくない．獣医師はまた，病気の徴候を記録し，公衆衛生上の懸念がありそうな症状があれば報告もする．その上，アニマルファイティングで使用されたと思われる薬物やステロイド，医療用品の存在を確認し，記録もする．獣医師は後に裁判で証人として証言するために召喚されることになるが，その際には獣医学的証拠を裁判官や陪審員が理解しやすいようにして示さなければならない．獣医師の関与と証言は，アニマルファイティング事案の訴追にとって極めて重要である．

　アニマルファイティングは基本的に組織化された動物虐待であり，ほとんどの場合，他の犯罪行為と関連している．アニマルファイティングは，賭博に加えて，違法薬物や武器，ギャングの活動とも関連していることが多い．特に闘犬は，ギャングやそのメンバーがよく関与する犯罪と関連していることが少なくない．闘犬はギャングのメンバーにとっては娯楽の一種であり，法執行機関がギャングを監視していると闘犬の活動にたどり着くことも多くある[68]．また，アニマルファイティングは麻薬捜査を通じてよく発見されもする．ある事案では，薬物の捜査令状を執行していた警察官が，犬小屋の下に薬物が隠されているのではないかと疑い，その結果，アニマルファイティングの活動を発見した．被告人は最終的にアニマルファイティングの罪で有罪となり，自由刑2年に処せられた．出所後，闘犬を再開し，再び発見され，最終的に自由刑10年となる重罪の有罪判決を受けた．前述のビッグ・ブルー闘鶏事件では，ありとあらゆる薬物が闘鶏場の駐車場で購入できた．その上，アニマルファイティングの現場では，レイプや暴行，殺人も起きている．アニマルファイティングやアニマルファイターは暴力的であるため，アニマルファイティングの現場では対人暴力も発生している．さらに，闘技では，違法に入手された動物用医薬品が動物に投与されることも少なくない．

性的動物虐待

　性的動物虐待は多くの州で違法とされているが，その定義の仕方にばらつきがあるため，国内各地で禁止されている行為の種類が異なっている．44の州で動物に対する性的虐待

を禁止する法が制定され，21の州で獣姦が重罪レベルの犯罪として扱われている[69]．性的動物虐待は，獣姦，不道徳行為の罪，自然に対する罪などと呼ばれることもある[70]．多くの州では，あらゆる動物（またはヒト以外の動物を意味する「獣(brute animal)」）との性交が違法とされている[71]．一部の州では，動物との性行為が違法とされており，その意味が明確に定められている．より包括的な法が制定されている州もあり，そこでは，オーラル・ソドミー，クンニリングス，フェラチオその他の動物との明白な性的行為が禁止されている[72]．加害者が無生物(inanimate objects)を使って動物に性的行為を行う事案もみられる．また，加害者が自分自身に性的行為を行うよう動物を調教した事例もある．この種の虐待は，人間の深刻な性的逸脱の証拠であり，性的児童虐待やポルノグラフィーのような他のタイプの違法行為を行いかねない人物またはそれに関与している人物によって行われることが多い．性的虐待の結果，動物が死んでしまったり，安楽死させられたりすることも少なくない．動物が治療のために連れて来られるという稀な事案において，獣医師は加害者の供述を聞く立場になることもある．人は激情に駆られて，時に自分にとって不利な供述をすることもあるが，その供述が記録され，保管されていれば，後に法執行機関の捜査に役立つことがある．

なぜ私たちは動物犯罪に関心を持たなければならないのか

人間に対する暴力との関連性

　なぜ私たちは動物に対する犯罪に関心を持たなければならないのか．その理由はいくつかあるが，おそらく最も根本的な理由は，社会全体としての私たちは，社会の最弱者をどのように扱っているかということに基づいて判断されることである．Mahatma Gandhiは「国家の偉大さは，その国の動物の扱い方によって判断できる」と言った[73]．成人だけが法によって法的「権利」を持つ．動物や子供には権利がないため，社会は法的保護を設けている[74]．動物に対する暴力と人間に対する暴力には身体的側面においても性的側面においても関連性や相関性がある[75]．動物を虐待しかねない者は，他者（多くの場合，子供や高齢者などの弱者）に対する虐待へとつながる道徳的欠陥と同様のものを有している．

　家庭内暴力の場面では，被害者を支配したり，罰したりするために動物が使われることが多い．被害者は，加害者の元から離れるとペットを置き去りにしなければならなくなるので，そこを離れないという選択をすることもある[76]．ヴァージニア州ラウドン郡では，ある虐待者がガールフレンドの猫をダクトテープでぐるぐる巻きにし，その様子と彼女の反応を携帯電話で撮影していた．女性の泣き声と猫の痛ましい鳴き声が聞こえる一方で，加害者は両者の苦痛を笑っている．この動画には，その直後に男が彼女の顔面を殴り，鼻

の骨を折る様子も映っている．別の最近の事例では，ある男がガールフレンドの子猫を蹴って絞め殺す様子を録画し，その動画をテキストメッセージで彼女に送っていた．また，この男は彼女のフェレットを窓から投げ捨ててもいる．動物管理局が急派され，その猫とフェレット1頭，魚飼育用の水槽を取り戻すことができた．その24時間後，男は別の2人がいるところでガールフレンドを殺害した．ジョージア州では，ある男が3人の子供の前で妻の子犬を斧で切り殺した上，その斧で首を切ると妻を脅した．その後，男は動物虐待，児童虐待および加重暴行の罪で起訴された．ペンシルベニア州のある男は飼い犬を射殺し，4人の子供を死の恐怖に晒しながら，彼らに現場の後始末を命じていた．

　別の家庭内暴力の事案では，被害者は勇気を出して家を出たものの，自分の小型犬を虐待者の元に置き去りにすることになった．虐待者である男は被害者である女性が出て行った罰として，その犬を地下室に閉じ込め，餓死させた．別の事例では，ある女性が夫に家を出るように言い，夫はそのようにした．しかし，夫は翌日，誰もいないときに家に戻ってきて，ペットのビーグルを鈍器で眼球が飛び出るまで殴ったのである．このビーグルは治療できず，安楽死させられた．殴打の最中に妻が帰宅していたとしたら，おそらく，このような激高した人物によって暴行を加えられていたであろう．家庭内暴力の事件ではないが，子供たちが猫に火をつけているのが目撃された．ある1人の目撃者がすぐ近くにいたのである．この子供たちはその目撃者である女性の身体の安全を脅かし，その女性は危害を加えられることを恐れて，この子供たちに不利な証言をすることを拒否した．

　動物虐待は性的児童虐待とも関連している．虐待者は児童に恐怖心を植え付けるため，あるいは黙らせるために，動物に危害を加えることも多い．リッチモンドの事案では，ある児童が，10年にわたって継父から虐待を受け，その被害を届け出た．その継父は女児を怖がらせて黙らせるために，弓矢で子猫を殺害していた．これは，男に逆らえば，彼女も同じ運命をたどるかもしれないという明確なメッセージであった．別の事例では，ある父親が，夜中に娘が目を覚ましたことを飼い犬のせいにした．そして，父親は娘に，自分が犬を殴り殺し，火をつけて埋めるところを見るよう強要したのである．父親は娘に，犬は天国にいるから大丈夫だと言った．この父親は娘に性的虐待もしていた．別の性的虐待の事例では，子供が飼っていた子猫が鳴き，父親は，子供にその子猫を飼うことを許していなかったため，子供の前でその子猫を絞め殺した．動物虐待を目の当たりにすることは，子供たちにとって非常に有害であることが研究によって明らかになっている．虐待者は人間と動物の絆の力を利用して，被害者を操って意に反することをさせ，また怖がらせて黙らせるのである．

　高齢者は往々にして弱者であり，動物虐待者に利用されてしまう．あるアニマルホーディングの状況では，ある高齢者が家の2階へと追いやられ，そこではバケツに排泄しなければならなかった．彼女の社会保障小切手を受け取っていた彼女の親戚は1階で10頭以上の

犬とともに暮らしていた．彼らは家の中の臭いを虐待された女性のせいにしたが，実際は彼女のせいではなく，犬の糞のせいであった．別の事例では，体が動かないために同じくバケツに排泄しなければならなかった超肥満の女性が，家の中の悪臭の原因とされた．実際は彼女の夫が犬をホーディングしており，家の中は犬の糞尿でいっぱいだったのである．

　最近，米国では学校での銃乱射事件がほとんど常態化している．1988年から2012年までの間に，23件の学校銃乱射事件が発生している[77]．いずれの事件でも，犯人はかつて，動物を虐待したり，苛虐したりしていたのである．フロリダ州パークランドのNikolas Cruzとミシシッピ州パールのLuke Woodhamは，銃乱射事件の前に動物を苛虐していた[78]．コロンバイン高校銃乱射事件の犯人であるEric HarrisとDylan Kleboldは，近所の犬を殺害しており，また2人とも過去に動物をばらばらに切断したことがあると同級生に話していた[79]．両親を殺害し，オレゴン州の高校で25人の同級生に傷害を負わせたKip Kinkelは，以前，牛をばらばらに切断したり，子供のときに猫の口に爆竹を詰め込んだりしていた[80]．動物や人間に暴力を振るう若者は，家庭内で暴力を経験していることが多い．若者による動物虐待を通報することが，児童虐待その他の家庭内暴力の証拠の発見につながることもある．

　連続殺人犯は，動物を虐待したり，苛虐したりすることが少なくない．おそらく最も有名な連続殺人犯であるJeffery Dahmerは，自宅のガレージで動物を切り刻み，その頭を棒に刺した過去がある．彼の父親は息子が医者になると思っていたので，その行動を奨励していた．Dennis Rader（BTK殺人犯[※4]）は，幼少期に犬と猫を首吊りにしたと記していた．10代の頃に10人を射殺したLee Boyd Malvoは，かつて多数の猫をパチンコ玉やビー玉で殺害していた[81]．13人の女性を殺害したAlbert DeSalvo（ボストン絞殺魔）には，子供の頃に犬や猫を箱に閉じ込めて矢を射った過去があった[82]．David Berkowitz（Samの息子[※5]）は，母親が飼っていたインコを含む多数の動物を殺害し，また苛虐していた．このインコは3週間にわたって少量の洗浄液を飲まされるという苛虐を受けていた．彼はまた，ゴム接着剤と火で何千匹もの虫を殺しもしていた[83]．John Wayne Gacyはガソリンの入ったゴム風船を使って七面鳥に火をつけていた[84]．少なくとも30人の女性を殺害したTed Bundyは，子供の頃，犬や猫をばらばらに切断していた[85]．

※4　Bind（緊縛），Torture（苦痛），Kill（殺す）の頭文字を取って自らBTKと名乗っていた．
※5　無差別殺人犯であり，「サムの息子（Son of Sam）」という名でマスコミや警察に手紙を送り付けた．

動物犯罪の訴追

動物行政および法執行

　動物行政ユニットの組織と運営は，州内の地域ごとに，また全米の州ごとに異なる．同ユニットは，地元の警察署長や保安官局，他の行政機関の下に置かれている場合もあれば，独立した機関である場合もある．残念なことに地方によっては，たいていはかなりの田舎であるが，動物行政官は昔ながらの犬の捕獲係としかみられておらず，ほとんど何らの訓練も教育も受けていないし，十分な財源も装備品も与えられていない．動物行政部門や同シェルターは，給料が低いこともあって，人員不足になりがちである．他の自治体では，動物行政官は尊敬される専門家であり，定期的に教育を受け，効果的な活動に必要な装備品が与えられている．また，動物保護警察官 (animal protection police) という特別な呼称が与えられることもある．動物行政官の中には，銃器を携帯し，また法執行権限を完全にあるいは部分的に有する者もいれば，捜索差押令状の執行や逮捕を法執行機関に頼らなければならない者もいる．後者の動物行政官は，非常に危険な状況において丸腰であることが少なくない．

訴追

　動物刑事法の実際の運用を理解するためには，訴追のプロセスについての基本的な理解が必要である．動物は個人の所有物であるため，動物の無許可の押収は憲法違反である．したがって，動物行政官が動物を押収する前に捜索差押令状を取得するか否かにかかわらず，プロセスは二重になる．第一段階は，押収が合法的であったかを判断するための聴聞である．第二段階は，刑事裁判である．ほとんどの州では，押収の聴聞は民事手続であり，刑事裁判よりも立証責任が軽い．刑事事件では，検察官が裁判官または陪審員に対して，被告人が合理的な疑いを超えて有罪であることを証明しなければならない．民事上の押収の聴聞における立証責任は，刑事裁判のそれよりも軽いことがある．検察官は，問題の行為が行われたと信じるに足りる相当な理由があることまたは民事上の証明基準を満たしていることを立証しなければならない[86]．しかしながら，州によっては，押収の聴聞に刑事上の基準を適用するところもある．刑事事件では，検察官は犯罪行為が行われたことを，合理的な疑いを超えて証明しなければならない[87]．相当な理由とは，犯罪が行われたことの合理的な根拠であり，あらゆる手続における立証責任の中で最も軽いものである．合理的な疑いとは，無罪判決を言い渡すのに十分な疑いを意味する．もっとも，検察官はあらゆる疑いまたはわずかな疑いをも退けて犯罪が行われたことを証明する必要まではない．

　押収の聴聞は，その後に出される犯罪行為に対する訴追の結果いかんにかかわらず，動物の運命がこの段階で決定されることが多いという点で，非常に重要である．聴聞におい

て押収が認められなかった場合，刑事裁判の結果が出るまでの間，動物(たち)は訴追された虐待者の元に返還される可能性がある．獣医師は，通常，押収の聴聞と刑事訴追の両方で，ネグレクトまたは虐待について専門家として証言し，また鑑定書を提出するために召喚される．獣医師が事実と法の両方について十分な教育を受けていることは極めて重要であるが，獣医師は法の適用について意見を求められることはなく，動物の状態に関連する事実について意見を求められるのみである．押収の聴聞では，獣医師の知識と準備が特に重要である．通常，刑事訴追の段階でも同じ証言または類似の証言が求められるであろうからである．証言に一貫性がない獣医師は，訴追の信頼性全体を損ないかねない．獣医師が報告書を作成し，証言する前にすべてのメモと報告書を確認することが肝要である．多くの裁判は動物を検査した後，数カ月間は開かれないので，裁判を成功させるには準備が非常に重要である．

　一部の州では，ネグレクトや虐待に対するペナルティ(penalties)と処罰(punishments)は，ネグレクト法や虐待法そのものに規定されている．検察官は，単純なネグレクトについては軽罪レベルの罪で訴追する．検察官には裁量があるため，重大なネグレクト事案や虐待事案の多くもまた，重罪ではなく軽罪として裁判に掛けられる．軽罪で有罪判決を受けた者は，通常，罰金と短い自由刑(1年未満のことが多い)のどちらかで処罰される．しかし，各州では，法律において虐待が何らかの形で重罪として規定されている．動物虐待が重罪として処罰される場合は，ほぼ必ず，重罪の中でも低レベル，すなわち，5年以下という比較的短い自由刑となる．虐待法の重罪規定は通常，軽罪の文言と酷似しているものの，より悪質な行為に対して用いられる．州によっては，重罪の有罪判決では，検察官が軽罪に必要な要件に加えて特定の要件をも証明することが求められる．多くの州では，検察官がその虐待を重罪で起訴するためには，虐待された動物が死亡しているか，安楽死させられている必要がある．つまり，検察官は，最初は軽罪で訴追し，動物が死亡すれば重罪に引き上げることができるのである．もっとも，動物が死亡するか安楽死させられるかにかかわらず，意図的虐待を重罪とする法を制定する動きが全国的に広がっている．飼い主は，自らの行為によって，直接，動物に「重傷」を負わせた場合，重罪に処せられる可能性がある[88]．実際，ヴァージニア州では最近，この種の法が制定され，2019年7月1日に施行された[89]．

虐待された動物の獣医学的検査と治療

　虐待者や残虐な加害者は，通常自分の動物を診てもらおうとすることはないため，獣医師が虐待された動物を日常的に治療することはあまりない．しかし，虐待は実際に起きるので，獣医師が潜在的虐待の兆候を察知することが重要となる．獣医師はネグレクトの証

拠に遭遇することもある．前述したように，飼い主は動物の治療に好意的であるものの，手に負えなくなっているか，動物に対して獣医師による治療を受けさせる経済的余裕がないかのどちらかである可能性があり，このような場合に，危機的な状況になってその動物を獣医師のところに連れてくるということがある．ある事例では，男が死んだ子猫を何度も獣医師のところに連れて行っていて，その男からは尿の臭いがした．その獣医師は，クライアントを怒らせることを恐れて，誰にも支援を求めず，その状況の報告もしなかった．しかし，獣医師の助手が，何かおかしいと思い，法務総裁（attorney general）の動物法ユニットに通報した．動物管理局に調査が依頼され，その男は飼い猫に不妊去勢手術をしておらず，猫たちは近親交配が原因で死産するまでに繁殖していた，ということが判明した．その男は十分な資産を持ち合わせておらず，かつ手に負えない状況になっていたのである．最終的に動物管理局は，猫たちを押収するのではなく，その不妊手術の支援をした．

　一部のアニマルファイターは，獣医師に動物を診てもらおうとする．それは多くの場合，彼らが最も大切にしているアニマルファイティング用動物のためである．彼らは動物が勝手に闘ったのだと言うかもしれない．残念なことに，獣医師がアニマルファイティングの兆候に目をつぶり，動物を治療することで利益を得ることを選んだ事例もあった．中にはアニマルファイターと暗黙のパートナーシップを結んだうえで，動物がアニマルファイティングにより負った傷を継続的に治療していた者もいた．ある獣医師は将来，繁殖に利用しようと闘犬の血統の精液を冷凍保存していた．ほとんどの州では，アニマルファイティングを幇助・教唆することは犯罪とされている．獣医師は，動物虐待やアニマルファイティングの疑いのある事件の捜査において，法執行機関への協力を求められることが多い．アニマルファイティングに関する押収においては，押収時の動物の状態がとても重要であり，そのことについて意見を述べることができるのは獣医師だけである．通常，獣医師は現場に赴き，各動物の身体を検査し，写真撮影をして，その事案を訴追するのに役立ちそうなことについてはすべて詳細に記録する．

　動物虐待と家庭内暴力には関連性があることが知られており，獣医師は虐待された動物の飼い主に危害が加えられことの証拠を見つけることもある．ありそうもないことのように思われるが，虐待された者が，異常な状況の下で，人または動物に対する虐待についての情報を自ら提供することもある．また，虐待された者が虐待者のいないところで誰かと話す機会がほとんどないという事例もある．このような状況では，当局に通報することは適切であるばかりか獣医師の責任であるとすら言えよう．獣医師の誓い（The Veterinarian's Oath）には，動物の健康を促進するだけでなく，公衆衛生と人間の健康を促進する義務が含まれている．多くの州で，動物虐待の通報が獣医師に対して法的に義務付けられている[90]．これらの法は通常，誠実な通報を理由として，民事責任のみならず，刑事訴追からも獣医師を守るものである．獣医師が虐待について直接知っていることを要

求する州もあれば，虐待の合理的な疑いを抱いていれば足りるとする州もある．何らかの虐待が疑われる場合，獣医師が将来の訴追に役立てるために，すべての観察結果と供述を記録することが肝要である．

　獣医師は，係争中の民事訴訟および刑事訴訟において，記録の開示を求められることがよくある．動物は，個人の所有物とみなされるため，人間とは異なり，医療保険の携行性と責任に関する法律（HIPAA）や医師・患者間の秘匿特権では保護されない．しかし，ほとんどの州法において，罰則付召喚令状（subpoena）や裁判所の命令（捜索差押令状も含む）を受けない限り，獣医師が記録をクライアント以外の者に開示することは禁じられている．多くの場合，獣医師は，罰則付召喚令状や捜索差押令状を受け取る前には何らの通知も受けないのであり，対応するための期間は非常に短い．したがって，記録作成に関する関連州法を熟知しておくことが非常に重要である．

法廷証言

　ここまで簡潔に述べてきたとおり，ネグレクトや虐待，アニマルファイティングの事案では，獣医師は，たいていいつも鑑定人として証言を求められる．この鑑定人となるのは，通常，その動物を治療した獣医師がいれば，その獣医師である．そうでない場合は，当該事案とは関係のない獣医師が選ばれ，当該事案の事実関係について説明を受ける．鑑定人は通常，裁判官や陪審員よりも，当該問題に関する学識や経験，知識を豊富に有している．鑑定人には，鑑定意見に関して合理的といえる程度の確実性を持って証言することが要求される．鑑定人はまた，法廷で唯一，事実を証言することに加えて意見を述べることが期待されている人物でもある．このため，獣医師の意見が裁判の勝敗を左右する可能性がある．

　証言が始まると，専門家は学歴や経験，資格に関する一連の質問を受け，その後に裁判所はその専門家を鑑定人として認定するよう求められることになる．刑事事件では，それから検察官がネグレクトや虐待，アニマルファイティングの証拠が存在することを裏付ける情報を聞き出すことになる．獣医師はまた，動物の傷害の程度や生じた時期の他，動物がどの程度苦しんだり，痛がったりしていたかについても証言を求められる．検察官の尋問が終わると，弁護人は証人に対して反対尋問を行う機会を持ち，鑑定人が出した結論の誤りを指摘しようとする．被告人も，証拠に異議を唱えるために鑑定人を召喚することができる．獣医師の役割は，獣医学的証拠を素人にでも理解できる言葉で説明することである．通常，鑑定人が目指すのは，その傷害が，被告人が主張するような方法では生じ得ない理由または生じる可能性が低い理由を明らかにすることである．例えば，猫が苛虐されたある事案で，犯人は，その猫は階段から落ちたと主張した．しかし，獣医師の解剖検査では大きな頸部外傷が確認された．その獣医師は，頸部に傷害を負った何百頭もの猫を診

察し，治療してきた経験から，頸部外傷は通常，落下によって生じるものではないこと，およびこの猫は吊るされたか首を絞められた可能性が高いことを説明することができたのである．鑑定人の獣医師は，考えられる理由をすべて排斥する必要はないものの，最も可能性の高い傷害の原因とそのように判断する理由を明らかにしなければならない．同じ事案で，飼い主が健康状態の悪い猫を元いた住環境に戻した．呼吸器系の疾患を患っており，非常に無気力で，歯には瞬間接着剤が付着していた．飼い主に尋ねたところ，その猫は瞬間接着剤のチューブをかじったのだと話した．鑑定人の獣医師は，猫の症状から，瞬間接着剤は，おそらくは毒殺するために意図的に塗られた可能性が高いとの意見を述べることができたのである．同じ家で3頭目の子猫が死んだが，飼い主がその死体を処分してしまったため，解剖検査ができなくなった．この虐待者のケアの下で3頭の猫が死んだ．獣医師は，被告人の説明がなぜ不合理なのかを，またはあり得ないのかさえも証言できる唯一の証人である．

　法廷や陪審員，裁判官，弁護士は威圧的なものである．優れた弁護士は自分たちの証人の準備を徹底するし，優れた鑑定人は，弁護士に有利な証拠と不利な証拠の両方を確実に把握して，その弁護士が裁判で不意打ちや信用失墜に陥る機会を避けられるようにする．十分な教育と経験を持ち，入念に準備を行った鑑定人であれば，非常に短い期間で獣医療に関する情報を詰め込んだ弁護士によって，証言台で動揺させられたり狼狽させられたりすることはまずない．当該動物を治療した獣医師は法廷に召喚される可能性が高い，つまり出廷は任意ではないのである．

結論

　米国では，民事・刑事の動物事件がより一般的になってきている．法も強化され，より厳しく執行されるようになり，また全米の法科大学院は動物法を標準的な法実務領域として受け入れている．その一方で，動物がネグレクトされ，虐待され，苛虐される事案も後を絶たない．動物虐待と人間に対する暴力の間に関連性があることは明白である．獣医師は動物犯罪の発見と訴追において重要な役割を担っている．動物のネグレクトと虐待が年々深刻に受け止められるようになるにつれて，動物犯罪はより一般的なものとなる可能性が高い．動物にみられる，ネグレクトや虐待の兆候は，多くの場合，家庭内での虐待を示唆するものであるので，これを見逃さず，通報することが重要である．獣医師には，公共の安全とともに，動物の健康と人間の健康の両方を支える義務がある．

謝辞

　ヴァージニア州法務総裁室の法務次官補であるRobin McVoy氏には，その優れた執筆・編集スキルに対して，感謝したいと思います．また，Paul Kugelman上級法務次官補兼環境課長には，本章で編集の才能を発揮していただいたこと，および私たちの動物法ユニットを揺るぎなく支えていただいたことに対して感謝いたします．さらに，私たちの副法務総裁であるDon Anderson氏にも，厚い感謝の意を表します．同氏は，本章の編集において私を支えてくださり，また，数年にわたり，私たちの動物法ユニットに多大なる支援と明るい見通しを与えてくださいました．最後に，ヴァージニア州法務総裁であるMark R. Herring氏には，私たちの動物法ユニットを創設し，5年以上にわたって全面的に支援してくださったことに対して，感謝し，心より「ありがとう」を申し上げたく思います．あなたのおかげでヴァージニア州の動物たちはより安全になりました．

注

1. https://www.animallaw.info/article/charting-growth-animal-law-education; https://www.superlawyers.com/colorado/article/rights-and-bites-the-growing-field-of-animal-law/e11610aa-7607-4a00-a098-054903cc1d1f.html.

2. https://aldf.org/article/animal-law-courses/; https://www.aals.org/; https://www.americanbar.org/groups/tort_trial_insurance_practice/publications/the_brief/2018-19/fall/animal-law-committee-raising-bar-nonhuman-animals.

3. https://www.humanesociety.org/resources/animal-cruelty-and-human-violence-faq; 〔リンク切れ〕https://aldf.org/article/the-link-between-cruelty-to-animals-and-violence-toward-humans-2/; Ascione, F.R., McDonald, S.E., Tedeschi, P., & Williams, J. 2018. The relations among animal abuse, psychological disorders, and crime: Implications for assessment; *Behavioral Sciences and the Law*; https://doi.org/10.1001/bsl.2370 〔リンク切れ〕;Ascione, F.R. 1998. Battered women's responses of their partners' and their children's cruelty to animals. *Journal of Emotional Abuse*, 1(1), 119–133; Ascione, F.R. Weber, C.V., Thompson, T.M., Heath, J., Maruyama, M., & Hayashi, K. 2007. Battered pets and domestic violence: Animal abuse reported by women experiencing initiate violence and by non-abused women. *Violence Against Women*, 13, 354–373; and Barrett, B.J., Fitzgerald, A, Stevenson, R., & Cheung, C.H. 2017. Animal maltreatment as a risk marker of more frequent and severe forms of intimate partner violence. *Journal of Interpersonal Violence*, doi: 10.1177/0886260517719542.

4. https://www.animallaw.info/article/detailed-discussion-dog-fighting; McDonald, S.E., Collins, E.A., Nictera, N., Hageman, T.O., Ascione, F.R., Williams, J.H., & Graham-Bermann, S.A. 2015. Children's experiences of companion animal maltreatement[sic] in households characterized by intimate partner violence. *Child Abuse & Neglect*, 50, 116–127; Simmons, C.A. & Lehmann, P. 2007. Exploring the link between pet abuse and controlling behaviors in violent relationships. *Journal of Interpersonal Violence*, 22, 1211–1222; Newberry, M. 2017. Pets in danger: Exploring the link between domestic violence and animal abuse. *Aggression and Violence Behavior*, 34, 273–281; Upadhya, V. 2014. The abuse of animals as a method of domestic violence: the need for criminalization. *Emory Law Journal*, 63, 1163–1209; Taylor, N. & Fitzgerald, A. 2018. Understanding animal abuse: Green criminological contributions, missed opportunities and a way forward. *Theoretical Criminology*, 22(3), 402–425; and Thompson, K.L. & Gullone, E. 2006. An investigation into the association between the witnessing of animal abuse and adolescents' behavior toward animals. *Society & Animals*, 14, 221–243.

5. https://supreme.findlaw.com/legal-commentary/pets-as-property.html; Waisman, S.S., Frasch, P.D., & Wagman, B.A. 2014. Animal Law：Cases and Materials, 5th ed., Carolina Free Press, p. 35.

6. http://www.animallaw.com/Case-Law.cfm; Waisman, S.S., Frasch, P.D., & Wagman, B.A. 2014. Animal Law：Cases and Materials, 5th ed., Carolina Free Press.

7. https://www.iii.org/fact-statistic/facts-statistics-pet-statistics.

8. https://www.fbi.gov/news/stories/-tracking-animal-cruelty; ASPCA Position Statement on Protection of Animal

注

Cruelty Victims, 2019, https://www.aspca.org/about-us/aspca-policy-and-position-statements/position-statement-protection-animal-cruelty-victims.

9. 本章の目的との関係では，ネグレクトおよび不適切なケアを総称して「ネグレクト」と呼ぶ．

10. 「適切なケア」または「ケア」とは，動物の年齢，種，状態，大きさおよび種類に適した，適切な動物の飼育，取扱い，繁殖，管理，収容，給餌，給水，保護，住環境の整備(shelter)，輸送，治療および必要な場合には安楽死の責任ある実践ならびに苦痛または健康障害を防ぐために必要な場合における獣医療の提供を意味する．例えば，以下を参照．Va. § Code Ann. 3.2-6500; Animal Protection Laws of the United States（13th Edition），2018 Animal Legal Defense Fund（https://aldf.org/project/us-state-rankings/）：8 MICH. COMP. LAWS§ 750.50. 定義；動物に対する犯罪，残酷な扱い，遺棄，適切なケアの不提供等；罰則；複数の訴追；費用の支払い；例外．50条（1）本条および50b条で使用される場合：(a)「適切なケア」とは，動物の良好な健康状態を維持するのに十分な食餌，水，住環境，衛生状態，運動および獣医療を提供することをいう．(b)「動物」とは，あらゆる脊椎動物をいう；OR. REV. STAT. § 167.310. 定義．ORS167.310から167.351で使用される：(9)「最低限のケア」とは，動物の健康とウェルビーイングを維持するのに十分なケアを意味し，緊急事態または飼い主の合理的な管理が及ばない状況を除き，以下の要件を含むが，これに限定されない：(a) 体重の正常な増加または維持を可能とする十分な量と質の食餌．(b) 動物の需要を満たすのに十分な量の飲料水に対するアクセスが自由または適切であること．雪または氷へのアクセスは，飲料水への適切なアクセスではない．(c) 牧畜犬以外の飼養動物の場合，適切な住環境へのアクセス．(d) 相応に思慮深い人が必要であると考える，傷害，ネグレクトまたは疾病による苦痛を和らげるための獣医療．(e) 飼養動物の場合，以下の条件を備える場所への継続的なアクセス：(A) その動物の健康のために必要な運動ができる適切なスペースがあること．(B) その動物に適した気温であること．(C) 適度に清潔に保たれており，動物の健康に影響を及ぼす可能性のある過剰な排泄物その他の汚染物質がないこと．

11. Animal Neglect, U.S. Legal, https://definitions.uslegal.com/a/animal-neglect/.

12. 野良犬と野良猫はほとんどの定義に含まれている．ヴァージニア州法典§3. 2-6500において，伴侶動物は，「飼い犬もしくは野良犬，飼い猫もしくは野良猫，ヒト以外の霊長類，モルモット，ハムスター，人の食用もしくは繊維用に飼育されているわけではないうさぎまたは人のケア，保管もしくは所有の下にあり，もしくは人によって売買，取引もしくは物々交換される外来もしくは在来の動物，爬虫類，外来もしくは在来の鳥類もしくは野良動物もしくはその他の動物[6]」と定義されている．；Animal Protection Laws of the United States（13th Edition），2018 Animal Legal Defense Fund（https://aldf.org/project/us-state-rankings/）：KAN. STAT. ANN § 21-6411. 動物に関する違法行為；定義．K.S.A.21-6412から21-6417までおよびその改正条文で使用される場合：(e)「家庭用ペット」とは，実用ではなく喜びのために飼育される，家畜化・家禽化された動物を意味する．；MINN. STAT. § 343.20. 定義．Subd. 6. ペットまたは伴侶動物．「ペットまたは伴侶動物」には，その者もしくは別の者が現在もしくは将来において楽しむために，ペットもしくは伴侶として，人が所有し，占有し，ケアし，もしくは管理する動物または迷い出たペットもしくは伴侶動物が含まれる．

13. Animal Protection Laws of the United States（13th Edition），2018 Animal Legal Defense Fund（https://aldf.org/project/us-state-rankings/）：TENN. CODE ANN. § 39-14-201. 動物犯罪の定義．「非畜産動物」とは，飼い主（ら）の家屋内もしくはその付近で通常飼育されているペットその他の家庭動物，かつて捕獲された野生動物，エキゾチックアニマルまたは本節により「畜産動物」として分類されないペットうさぎ，ペットひこ，あひるもしくはポットベリード・ピッグを含むが，これらに限定されないその他のペットをいう．

14. ほとんどの州では，食餌と水の要件が定められている．（リストの）上位の州では，適切なスペースを含む適切な住環境の定義も規定されている．あらゆる州法の完全なリストについては，Animal Protection Laws of the United States（13th Edition），2018 Animal Legal Defense Fund（https://aldf.org/project/us-state-rankings/）参照．

15. Animal Protection Laws of the United States（13th Edition），2018 Animal Legal Defense Fund（https://aldf.org/project/us-state-rankings/）：COLO. REV. STAT. COLO. REV. STAT. § 18-9-202：その他，動物を虐待し，もしくはネグレクトすることもしくはそのようにさせるもしくはそのようにするよう仕向けることまたは動物を管理し，もしくは保管しながら，動物の種，品種および種類と合致した適切な飼料，飲料もしくは天候からの保護を提供しないこと．；510 ILL. COMP. STAT. 70/3.01. b)．いかなる飼い主も，公的負担が生じる可能性のある場所または傷害を負い，飢餓に陥り，もしくは風雨にさらされる可能性のある場所に動物を遺棄してはならない．

16. Animal Protection Laws of the United States（13th Edition），2018 Animal Legal Defense Fund（https://aldf.org/project/us-state-rankings/）：COLO. REV. STAT. § 35-42-103. 定義．本条でも用いられる場合，文脈上別段の解釈が必要でない限り：(4)「ネグレクト」とは，動物の種，品種および種類に合致した食餌，水，風雨からの保護または動物の健康およびウェルビーイングにとって一般的であり，通常行われ，かつ認められているその他のケアを提供しないこと意味する．

17. Virginia Code § 3.2-6500：「適切な給餌」とは，以下の条件を備えた食餌へのアクセスおよびその提供を意味する．各動物の健康を維持するのに十分な量と栄養価を有すること；各動物がアクセス可能であること；各動物の年齢，種，

---

[6] 本節における動物は，ヒト以外の脊椎動物を意味し，特別の事情を除いて，魚は含まない．

状態，大きさおよび種類に応じて，容易に摂取できるように調理されていること；清潔かつ衛生的な態様で提供されていること；排泄物および害虫による汚染を最小限に抑えるように置かれていること；動物の種，年齢および状態に応じて適切な間隔で（ただし，少なくとも1日1回は）提供されていること．

18. ヴァージニア州ルネンバーグの事案では，虐待者は犬を自宅の金網クレートに入れ，そのクレートの上に食餌の入ったフードボウルを置いて，2週間放置した．その犬は死亡し，飼い主はネグレクトではなく，虐待で訴追された．この例は，「アクセス」が，ネグレクトまたは適正飼養に関する法による保護として，極めて重要である理由を示している．

19. BCSは動物が食餌を食べているかどうかを物語る．考え得る理由すべてを排除する必要はない．押収後その犬に対して食餌を与えてすぐに食べることは良い補強証拠となる．Purina Body Condition Chartは1から9までであり（https://www.morrisanimalfoundation.org/sites/default/files/filesync/Purina-Body-Condition-System.pdf），BCSが1の場合は痩せすぎ，9の場合は太りすぎ，5の場合は理想的なBCSである．；Tufts Body Condition Chartは1から5までである（https://vet.tufts.edu/wp-content/uploads/tacc.pdf〔リンク切れ〕）（このチャートでは，5が痩せすぎ，1が良好なボディコンディションスケールである）．

20. Animal Protection Laws of the United States（13th Edition），2018 Animal Legal Defense Fund（https://aldf.org/project/us-state-rankings/）：WASH. REV. CODE§16.52.011. 定義－責任の原則，(1)「必要な水」とは，当該種にとって十分な量と適切な質を有するものであり，かつその動物がアクセス可能な水を意味する；Indiana IND. CODE§35-46-3-0.5(1),(4)：(4)「ネグレクト」とは，(A)その動物が人による飼料または飲料の提供に依存しているのであれば，その動物に飼料または飲料を提供または提供の手配をしないことによって，その動物の健康を危険にさらすことを意味する；Virginia Code 3.2-6500 and 3.2- 6503：「適切な水」とは，以下の条件を満たす，清潔かつ新鮮で飲用可能な温度の飲料水の提供およびこれへのアクセスをいう．獣医師が指示する場合またはその種にとって正常な冬眠状態もしくは絶食状態が自然に生じることによって必然的に決められる場合を除き，各動物の年齢，種，状態，大きさおよび種類に応じた正常な水分補給を維持するために，適切な態様で十分な量が天候および気温にふさわしい，適切な間隔で提供されること；各動物がアクセス可能であって，かつ排泄物および害虫による水の汚染を最小限に抑えるよう配置された，清潔で耐久性のある容器で提供されることまたは一般的に認められた飼育慣行と合致する代替的な水分補給源で提供されること．

21. 適切な住環境に関する法：（適切なスペースは，ほとんどの州の住環境の基準に含まれている）．Animal Protection Laws of the United States（13th Edition），2018 Animal Legal Defense Fund（https://aldf.org/project/us-state-rankings/）：ME. REV. STAT. ANN. tit. 17, § 1037 §1037[sic]．妥当な住環境；天候からの保護および人道的に清潔な状態：動物の所有者または収容することもしくは囲いに入れることに対して責任を負う者は，本条に定める妥当な住環境，天候からの保護または動物福祉に則って清潔な状態を動物に提供することを怠ってはならない．1. 屋内の基準．住環境に関する最低限の屋内の基準は，以下のとおりとする．A. 周囲の温度は，その動物の健康に適合するものとする．B. 屋内収容施設は，動物を健康にするために，自然的または機械的な方法によって，常時，適切に換気されるものとする．2. 屋外の基準．住環境に関する最低限の屋外の基準は以下のとおりとする．A. 屋外につながれている動物または屋外でケージに入れられている動物が日光により熱中症になるおそれがある場合，直射日光から動物を保護するために，自然的または人工的な方法によって十分な日陰を作るものとする．本号で用いられる「ケージに入れられた」には，産業動物を収容するための産業用フェンスによる場合は含まれない．B. 5・5-A・7項に定める場合を除き，悪天候から動物を守るための住環境は，本号に従って提供されなければならない．(1)最低限3面であり，かつ防水性の屋根を備えた人工的な住環境であって，その動物の種および品種との関係で地域の気候条件に適したものが，動物の健康のために必要であれば，提供されなければならない．(2) その犬の健康に悪影響を及ぼす気象条件下で，その犬を屋外に繋留し，または屋外で監視者なしで収容するのであれば，7項A号に従って，その犬を収容し，天候，特に厳しい寒さから保護するために，住環境が提供されなければならない．住環境が不適切であることは，寒い天候による犬の震えが10分もの間続くことまたは凍傷もしくは低体温症の症状によって示されることもある．ドラム缶は犬にとって適切な住環境ではない．スペースの基準．屋内および屋外の囲いの最低限のスペースに関する要件には，以下のことが含まれるものとする：A. 収容施設は，傷害から動物を保護し，かつ収容するために，構造的に堅固で，かつ常に適切に修理された状態のものであること．B. 囲いは，適切に動くことができる十分なスペースを各動物に提供するように建てられ，維持されるものであること．スペースが不適切であることは，過密状態，衰弱，ストレスまたは異常な行動パターンという証拠によって示されることがある．動物福祉に則って清潔な状態．屋内と屋外の囲いの両方を動物福祉に則って清潔な状態にするのに必要な衛生の最低基準には，健康被害を最小限に抑えるために排泄物やゴミを除去するための定期的な清掃が含まれるものとする；R.I. GEN. R.I. GEN. LAWS § 4-13-1.2. （適切なスペースまたは繋留に関する法は，適切なケアに関する法に含まれることもある）：R.I. GEN. R.I. GEN. LAWS § 4-13-1.2. 定義(1)「適切な住環境」とは，以下の条件を満たす住環境の提供およびそれへのアクセスをいう：各犬の種，年齢，状態，大きさおよび種類に適したものであること；その犬が快適な休息，正常な姿勢および可動域を保ち続けるのに十分なスペースを提供するものであること；傷害，雨，みぞれ，雪，ひょう，直射日光，暑さまたは寒さによる悪影響，肉体的苦痛および健康障害から各犬を確実に保護するものであること．；犬の肢が開口部を通り抜けたり，犬の体重でたわんだりするような，その他犬の肢を傷害から保護しないような，金網または細長い薄板の床を持つ住環境は，適切な住環境とはみなされない；R.I. GEN. LAWS § 4-13-42. 犬のケア (a) 所有者または飼育者が以下のことを行う場合，本条違反とする：(1) 繋留された犬の動きを113平方フィート未満または地上から半径6フィート未満の領域に制限する，しっかりと固定された綱や鎖で犬を繋留すること．(2) チョークカラー，ヘッドカラーまたはプロングカラーで犬を

繋留すること. 鎖または綱の重さは, 犬の全体重の8分の1を超えないものとする. （3）24時間のうち10時間を超えて犬を繋留し続けることまたは24時間のうち14時間を超えて（当該エリアが環境管理局の動物飼育施設に関する規則および規制の最新版で義務付けられているエリアよりも狭い場合には, 24時間のうち10時間を超えて）犬を特定の場所もしくは仮設の飼育施設（primary enclosure）に収容すること. （4）午後10時から午前6時までの間に犬を繋留すること. ただし, 15分以下の繋留はこの限りではない. （5）周囲の気温が, Tufts Animal Care and Condition Weather Safety Scale（TACC）の最新版で規定されている天候安全尺度の業界標準を超えている場合に, 屋外で犬を繋留し, または別の方法で収容して保持すること. （b）所有者または飼育者が, 犬に適切な食餌・水または§ 4-19-2で定義される適切な獣医療を提供しないことは, 本条違反となる. ただし, 適切な獣医療は, 認められている動物飼育慣行を用いて飼い主が提供するのでも良い. （c）しつけのためだけに犬を悪天候の状況にさらすことは禁止される. （d）以下の場合には, 繋留または収容の時間および時間帯に関する本条の規定は適用されないものとする：（1）繋留または収容が, ロードアイランド州で免許を取得した獣医師によって医療上の理由のために書面で承認され, その承認が毎年更新され, かつ住環境が提供される場合；（2）猟犬, 牧畜犬およびそり犬という目的を含むがこれらには限定されない目的のために, 動物行政官または動物行政部門に配属された, 正式に宣誓した警察官によって, 繋留または収容が書面で承認されている場合. 書面による承認は毎年更新されなければならない. ；Virginia Code § 3.2-6500:「適切な住環境」とは, 以下の条件を満たす住環境の提供およびそれへのアクセスを意味する：各動物の種, 年齢, 状態, 大きさおよび種類に適していること；各動物に適切なスペースを提供するものであること；安全であり, かつ傷害, 雨, みぞれ, 雪, ひょう, 直射日光, 暑さまたは寒さによる悪影響, 肉体的苦痛および健康障害から各動物を保護するものであること；適切な照明があること；適切に清掃されていること；その種にとって有害な場合を除き, 各動物が清潔で乾燥した状態でいられるようにするものであること；犬および猫については, 固い表面, 休息台, パッド, フロアマットまたは動物が通常の態様で横たわるのに十分な大きさで, かつ衛生的な状態を保つことができる同様の手段を提供するものであること. 本章においては, （i）動物の肢が開口部を通り抜けることを許してしまう, （ii）動物の体重でたるむまたは（iii）その他動物の肢やつま先を傷害から保護しない, 針金, 格子または細長い薄板の床を持つ住環境は, 適切な住環境ではない；510 ILL. COMP. STAT. 510 ILL COMP. STAT. 70/3.01. 伴侶動物である犬または猫の飼い主は, 極度に暑いまたは寒いときに, その犬またはその猫を長時間にわたって, 生命を脅かすような状況に置いてはならない.

22. ヴァージニア州では定義によって適切なスペースと住環境が区別されている. 「適切なスペース」とは, 各動物が以下のことができる十分なスペースを意味する：（i）容易に立ち, 座り, 横たわり, 向きを変えることおよびその動物にとって快適かつ正常な姿勢でその他の正常な体の動きすべてを行うこと, （ii）囲いの中で他の動物と安全に交流すること. 動物が繋留されている場合, 「適切なスペース」とは, 以下の条件を満たすつなぎ綱が用いられていることを意味する：上記の動作を可能とし, かつ動物の年齢および大きさに適したものであること；動物を傷害から保護するように, かつ動物もしくはつなぎ綱が他の物もしくは動物と絡まったり, もしくは物や縁の上に伸びて動物の絞殺や傷害につながることがないように調整された首輪, ホルターまたはハーネスが適切に用いられることによって動物に装着されたものであること；動物が綱につながれて散歩している場合またはつなぎ綱がリードに取り付けられている場合を除き, 鼻先から尾の付け根までの長さを測って出された, その動物の体長の少なくとも3倍以上の長さであること. 動きを自由にすることによって動物が危険にさらされることになる場合には, その種について専門的見地から認められた基準に従って動物の動きを一時的かつ適切に制限したとしても, それは適切なスペース（Virginia Code § 3.2-6500）の提供とみなされる. ；Animal Protection Laws of the United States (13th Edition), 2018 Animal Legal Defense Fund（https://aldf.org/project/us-state-rankings/）：18 PA. CONS. STAT. ANN. § 5536. 監視者なしでの犬の繋留（a）推定--（1）以下の条件がすべて存在する場合, 24時間の内9時間未満, 監視者なしで犬を戸外に繋留することは, 犬が（動物のネグレクトに関する）§5532の意味におけるネグレクトの対象ではなかったという反証可能な推定を生じさせる：（i）つなぎ綱が, その犬の大きさおよび犬種に対して一般的に使用される種類のもので, 犬の鼻先から尾の付け根までを測って出された体長の少なくとも3倍の長さ以上または10フィート以上のものであること. （ii）つなぎ綱が, 回転アンカー, 回転ラッチまたは犬が絡まないように設計されたその他の仕組みによって, よくフィットした首輪またはハーネスに固定されていること. （iii）繋留されている犬が, 飲料水および直射日光を避けられる日陰エリアにアクセスできること. （iv）犬は, 華氏90度超または32度未満の気温の中で30分を超えてつながれていないこと. （2）監視者なしで犬を戸外に繋留することに関する以下のいずれかの状況が存在する場合, 犬が§5532にいうネグレクトの対象であったという反証可能な推定が成り立つ. （i）犬の繋留されているエリアに, 夥しい量の排泄物, 特に糞尿がある. （ii）犬の身体に皮膚潰瘍または傷がある. （iii）牽引チェーンもしくはログチェーンまたはチョークカラー, ピンチカラー, プロングカラーもしくはチェーンカラーが使用されている.

23. 同上.

24. 同上.

25. 同上.

26. Va. Code Ann. §3.2-6500；適切な住環境の定義.

27. 強力な反繋留条例の例のいくつかはここで見ることができる：http://www.humanesociety.org/sites/default/files/archive/assets/pdfs/pets/Passing-a-Tethering-Ordinance.pdf〔リンク切れ〕

28. Sec. 4-96. 動物に対する虐待：（d）犬に適切なスペースを与えないことは違法である. （1）本条において, 「適切なス

ペース」という文言は，ヴァージニア州法典§3.2-6500がこの文言に与えた意味を持つものとする．（2）繋留された犬に
適切なスペースが与えられているか否かにかかわらず，24時間の内，累積して1時間を超えて犬を繋留することは違法と
なる．飼い主または保管者が犬の繋留されている敷地にいない間は，いかなる時間の長さであっても犬は繋留されて
はならない．荒天，悪天候または過酷な気象条件下では，いかなる時間の長さであっても犬をつないではならない；
Norfolk Sec. 6.1–77. 飼い主の義務の不履行；d)飼い主または保管者が動物とともに屋外にいて動物が視界に入る場
合でない限り，動物を繋留することは違法となる．

29. 獣医療：Animal Protection Laws of the United States（13th Edition），2018 Animal Legal Defense Fund（https://
aldf.org/project/us-state-rankings/）：OR. REV. STAT. § 167.310.（ORS 167.310から167.351までで用いられてい
る）：（9）「最低限のケア」とは，動物の健康およびウェルビーイングを維持するのに十分なケアを意味し，緊急事態また
は飼い主の合理的な管理が及ばない状況を除き，以下の要件を含むが，これに限定されないものとする．：(a) 食餌が
体重の正常な増加または維持を可能とする十分な量と質を備えていること．(b) 動物の需要を満たすのに十分な量の
飲料水へのアクセスが自由または適切であること．雪または氷へのアクセスは，飲料水への適切なアクセスとはいえない．
(c) 牧畜犬以外の飼養動物の場合には，適切な住環境にアクセスできること．(d) 相応に思慮深い人が傷害，ネグレク
トまたは疾病による苦痛を緩和するために必要であると考える獣医療であること．；CAL. PENAL CODE § 597.1. カリ
フォルニア州法は，獣医療に関してさらに次のように規定している．：(h) 動物が獣医療を必要とし，かつ動物保護協会
(the humane society)または公的機関が，動物の押収から14日以内に飼い主が必要な医療を提供することを保証でき
ない場合，その動物は飼い主に返還されず，放棄されたものとみなされ，押収した機関は殺処分することができる．
獣医師は，その動物が重傷を負ったものまたは不治の肢体不自由であるものと判断された場合，所定の収容期間にか
かわらず，押収動物を動物福祉に則って殺処分することができる．また獣医師は，重篤な伝染病に罹患した押収動物
を，飼い主またはその代理人が，その費用を自ら負担したうえで，獣医師による治療を直ちに承認しない限り，直ちに
動物福祉に則って殺処分することもできる．；Maine ME. REV. STAT. ANN. tit. 7, § 4014. 必要な医療処置．いかな
る動物の飼い主または収容もしくは押収に対する責任者も，その動物が病気，傷害，疾病，重い寄生虫感染症もし
くは蹄の奇形もしくは過成長を患っている場合または患っていた場合，その動物に必要な医療を提供することを怠っては
ならない．

30. 適切な運動：Animal Protection Laws of the United States（13th Edition），2018 Animal Legal Defense Fund
（https://aldf.org/project/us-state-rankings/）：FLA. STAT. ANN. § 828.13. 十分な食餌，水または運動を伴わない動
物の収容；動物の遺棄．(1)本条において，(a)「遺棄する」とは，動物を完全に見捨てることまたは飼い主が動物のケ
アおよび支援に関する法的義務の提供もしくは履行を怠ることもしくは拒否することを意味する．(b)「飼い主」とは，動
物の所有者，保管者その他管理者を含むものである．(2) (a) 動物を囲いに入れ，もしくはいかなる場所にであれ収容
したうえで，その収容期間中にその動物に十分な量の良質で健康に良い食餌と水を与えなかった者，(b) 健康に良い
運動をさせず，換気もせずに動物を囲いの中で保持した者または(c) 傷害を負い，病気に罹り，衰弱し，もしくは疾病
を患った動物を見殺しにした者は，第1級の軽罪とし，§775.082に定める刑罰もしくは5,000ドル以下の罰金刑に処し，
または自由刑および罰金刑を併科する；Virginia Code §3.2-6503, 3.2-6500：「適切な運動」または「運動」とは，動物
の年齢，種，大きさおよび状態に応じた正常な筋緊張および筋肉量を維持するために，動物が十分に動く機会を意味
する．

31. 適切なケアの定義については，前注10参照．

32. 例えば，Va. Code Ann. § 3.2-6500.参照．

33. 飼い主：Animal Protection Laws of the United States（13th Edition），2018 Animal Legal Defense Fund（https://
aldf.org/project/us-state-rankings/）：510 ILL. COMP. STAT. 70/2.06. 飼い主の定義．「飼い主」は，(a)動物の所有
権を有する者，(b) 動物を保持もしくは一時的に保護する者，(c) 動物をケアする者または(d) 動物の保管者として行
動する者を意味する；Virginia Code § 3.2-6500：飼い主とは，「(i)動物の所有権を有する者，(ii)動物を保持もしく
は一時的に保護する者，(iii)動物をケアする者または(iv)動物の保管者として行動する者」と定義される．

34. 適切なケアの定義については，前注10参照．

35. Ferguson v. Ferguson, 212 Va. 86, 92, 181 S.E.2d 648, 653（1971）.

36. 虐待に関する法律における重大なネグレクト：Va. Code Ann. § 3.2-6570 (A) (iii)；Animal Protection Laws of the
United States（13th Edition），2018 Animal Legal Defense Fund（https://aldf.org/project/us-state-rankings/）：
TEX. penal code ann. § 42.09. 畜産動物に対する虐待．(a)意図的にまたは事情を知って，(1)畜産動物を苛虐した
者；(2)保管する畜産動物に対して，正当な理由なく，必要な食餌，水またはケアを提供しなかった者は犯罪を犯した
ものとする．

37. Va. Code Ann. § 3.2-6570 条(A) (i).

38. 意図的虐待：「不適切な扱い」は，残酷な扱いまたはひどい扱いと定義される：いくつかの法律では，実際に残酷な扱
いという文言が使われている：Animal Protection Laws of the United States（13th Edition），2018 Animal Legal
Defense Fund（https://aldf.org/project/us-state-rankings/）：510 ILL. COMP. STAT. 70/3.01. 残酷な扱い．(a) 人ま
たは飼い主は，いかなる動物に対しても，殴打，残酷な扱い，苛虐，飢餓，酷使その他の虐待を行ってはならない：
Va Code § 3.2-6570 (A) (i)自己または他人の動物を，乗り潰し，過走行させ，過度の積荷をし，苛虐し，**不適切に**

扱い，遺棄し，真正な科学実験もしくは医学実験と関係することなく故意に動物福祉に反して傷害し，もしくは苦痛を与えた者または残酷にもしくは不必要に殴打し，傷害し，切断し，もしくは殺害した者．

39. Va. Code Ann. § 3.2-6570(A)(i).

40. 前注35「水」参照．

41. Va. Code Ann. §3.2-6570(A)(iii)参照．

42. Va. Code Ann. §3.2-6500；「緊急獣医療」とは，生命に危険のある状態を安定させ，苦痛を緩和し，疾病のさらなる感染を防ぎ，または疾病のさらなる進行を防ぐための獣医療を意味する．

43. Va. Code Ann. § 3.2-6500.

44. Baker v. Commonwealth, 2016 Va. Unpub. LEXIS 24 No.151120 (2016).

45. 同上．

46. 同上．

47. 同上．

48. Animal Protection Laws of the United States(13th Edition), 2018 Animal Legal Defense Fun(https://aldf.org/project/us-state-rankings/)；遺棄：510 ILL. COMP. STAT. 70/3.01. 残酷な扱い．(a)人または飼い主は，いかなる動物に対しても，殴打，残酷な扱い，苛虐，飢餓，酷使その他の虐待を行ってはならない．(b)いかなる飼い主も，公的負担が発生する可能性または傷害を負い，飢餓に陥り，もしくは風雨にさらされる可能性のある場所に，動物を遺棄してはならない．；CAL. PENAL CODE § 597f. 遺棄またはネグレクトされた動物；公的機関の義務；安楽死．(a)動物の所有者，取扱者または占有者はすべて，市，市および郡または司法管轄区の建物，囲い地，路地，道路，広場または敷地に，適切なケアおよび配慮無しに，動物を居させておいた場合，有罪判決に基づき，軽罪とする．また，そのように遺棄またはネグレクトされた動物を占有し，かつ飼い主または所有権を主張する者(claimant)が引き取るまでその動物をケアすることは，治安担当官(peace officer)，動物保護協会の担当官または動物収容所もしくは公的機関の動物管理部門の担当官の義務である；その動物をケアするための費用は，請求金額が支払われるまで，その動物に設定される留置権によって担保されるものとする．各担当官は，その飼い主を捜索しても見つけることができない場合，市，市および郡または司法管轄区に遺棄された，病気，身体障害，衰弱または肢体不自由の動物すべて（犬・猫を除く）を殺処分することができる；そのような遺棄の情報に基づいて，その動物を殺処分することは，治安担当官，動物保護協会の担当官または動物収容所もしくは公的機関の動物管理部門の担当官の義務である．各担当官は同様に，歩行困難，病気，衰弱もしくはネグレクトによって労務に適さない動物（犬・猫を含む）またはその他の態様で残酷な扱いを受けている動物（犬・猫を含む）を管理することができる；その動物が飼い主に保管されていない場合，各担当官は，飼い主が判明していれば，その飼い主に保護した旨を通知するものとし，その動物を飼い主に引き渡すのに適した状態にあると考えられるまで，その動物に適したケアを提供することができる．また，その動物をケアし，および保持するために発生し得る必要経費は，その動物に設定される留置権によって担保され，その動物が合法的に返還され得る前に支払われなければならない；MICH. COMP. LAWS §750.50. 定義；動物に対する犯罪，残酷な扱い，遺棄，適切なケアの不提供等；ペナルティ；複数の訴追；費用の支払い；例外．§50(2)動物の飼い主，占有者または動物を管理もしくは保管する者は，以下の行為を行ってはならない：(e)人命の保護または人に対する傷害の防止のために家屋から立ち去る場合を除き，いかなる場所であれ，動物の適切なケアのための準備をすることなく，動物を遺棄し，または遺棄させること．飼い主または保管者が，旅行，散歩，ハイキングまたは狩猟の最中に動物を見失った場合であっても，その動物の居場所を突き止めるための合理的な努力をしたときには，本条にいう遺棄に該当しない．

49. Animal Protection Laws of the United States (13th Edition), 2018 Animal Legal Defense Fund(https://aldf.org/project/us-state-rankings/)；故意に（動物福祉に反した）傷害または苦痛を与えること（意図的虐待）：WASH. REV. CODE§16.52.205. 第1級の動物虐待．(1)法によって認められた場合を除き，故意に動物に対して(a)相当程度の苦痛を与えた者，(b)身体的傷害を与えた者または(c)過度の苦痛を与える方法によってもしくは生命に対する極端な無関心を示しながら動物を殺した者もしくは動物に対して不必要な苦痛，傷害もしくは死を与えることを未成年者に強要した者は，第1級の動物虐待の罪とする；FLA. STAT. ANN. § 828.12. 動物虐待．(1)動物に不必要に過度の積荷をし，過労行させ，苛虐し，必要な食料もしくは住環境を奪い，もしくは不必要に切断しもしくは殺した者もしくはそのようにさせた者または動物を車両に入れるかその上に乗せるかにかかわらず，残酷もしくは動物福祉に反した態様で輸送した者は，第1級の軽罪である動物虐待の罪とし，§775.082に規定する刑罰もしくは5,000ドル以下の罰金に処し，または両者を併科する．(2)動物に対して意図的にある行為を行い，もしくは動物を所有，保管もしくは管理しながらもなすべき行為をしないことによって，その動物を残酷な死へと至らしめ，もしくは不必要な痛みもしくは苦しみを過度にもしくは反復して与えた者またはそのようにさせた者は，第3級の重罪である加重動物虐待の罪とし，§775.082に規定する刑罰もしくは10,000ドル未満の罰金に処し，または両者を併科する．

50. Pelloni v. Commonwealth, 65 Va. App. 733(2016).

51. Animal Protection Laws of the United States(13th Edition), 2018 Animal Legal Defense Fund(https://aldf.org/project/us-state-rankings/)：CAL. PENAL CODE § 597. 動物虐待．(a)本条(c)項または599c条に規定される場合を除き，悪意を持って，かつ意図的に生きている動物を，その四肢を切断して肢体不自由にし，切り刻み，苛虐し，

もしくは傷つけた者または悪意を持って，かつ意図的に動物を殺した者はすべて，（d）項に従って処罰される罪とする．（b）（a）または（c）項に規定される場合を除き，動物を過走行させ，過度の積荷をし，過度の積荷をしたうえで走行させ，酷使し，苛虐し，苦痛を与え，必要な食料，飲料もしくは住環境を奪い，残酷に殴打し，切り刻み，もしくは残酷に殺害した者または他人にそのようにさせ，もしくはそのようにするよう仕向けた者；飼い主その他の立場で動物に責任を負い，または保管する者で，動物に対して不必要な苦痛を与えたり，不必要に残虐な行為を行ったり，いかなる態様であれ虐待したり，適切な食料，飲料もしくは住環境，もしくは天候からの保護を与えなかったりしたものまたは労務に適さない動物を走行させ，乗り，もしくはその他の方法で使用したものは，それぞれの違反に対して，（d）項に従って処罰される罪とする．MASS. GEN. LAWS ch. 272, § 77. 動物虐待．動物を過走行させ，過度の積荷をし，過度の積荷をしたうえで走行させ，酷使し，苛虐し，苦痛を与え，必要な食料を奪い，残酷に殴打し，切り刻み，もしくは殺した者；残酷または動物福祉に反した態様で，レース，ゲーム，コンテストまたはそのための訓練において，生きた動物をルアーまたは餌として使用した者（ただし，釣りのルアーまたは餌として動物を使用する場合を除く）；飼い主その他の立場で動物に責任を負い，もしくは保管しながらも，動物に対して残虐な行為を不必要に行ったり，適切な食料，飲料，住環境，衛生的な環境もしくは天候からの保護を不必要に与えなかった者；所有者，占有者，動物に責任を負い，またはこれを保管する者で，労働に適さない動物を残酷に走行させ，もしくは働かせたもの，故意に遺棄したもの，不必要に残酷もしくは動物福祉に反した態様で，もしくはその上に乗せられた動物を危険にさらす可能性のある方法および態様で，車両の中もしくは上に乗せて，もしくはその他の方法で輸送し，もしくは輸送させたりしたものまたは事情を知り，かつ故意に，不必要な苛虐，苦痛もしくはあらゆる種類の虐待を動物に加えることを承認もしくは許可したものは，7年以下の州刑務所での自由刑もしくは2年6月以下の矯正施設での収容もしくは5,000ドル以下の罰金に処し，または罰金と自由刑・収容を併科する；ただし，2回目以降の違反に対しては，10年以下の州刑務所での自由刑もしくは1万ドル以下の罰金に処し，またはそのような罰金と自由刑を併科する．218章26条その他の一般法もしくは特別法にもかかわらず，地方裁判所およびボストン市裁判所部門の部（divisions）は，高等裁判所と並んで本条違反についての第一審管轄権を有する．IND. CODE § 35-46-3-12. 脊椎動物の殴打．（c）事情を知りまたは意図的に，脊椎動物を苛虐し，または切り刻んだ者は，第6級の重罪である脊椎動物の苛虐または切り刻みの罪とする．

52. Animal Protection Laws of the United States（13th Edition），2018 Animal Legal Defense Fund（https://aldf.org/project/us-state-rankings/）：IND. CODE § 35-46-3-3. 「動物」の定義．本章で用いられる「動物」には，ヒトは含まれない．ME. REV. STAT. ANN. tit. 7, § 3907. 定義．2. 動物．「動物」とは，生きており知覚のある生き物すべてでヒト以外のものをいう．CAL. PENAL CODE § 599b. 語句；法人への認識の帰属．本編においては，「動物」という言葉には，もの言えぬ生き物（dumb creature）すべてが含まれる．

53. Va. Code Ann. § 3.2-6570（A）（i）；https://law.justia.com/codes/virginia/2014/title-3.2/section-3.2-6570/.

54. https://www.aspca.org/animal-cruelty/dogfighting/closer-look-dogfighting；（組織的な闘犬は50州すべてで重罪であるが，いまだに全国の多くの地域で行われている．歴史的な記録は1750年代にまで遡り，職業的な闘犬場は1860年代に急増している）；https://www.humanesociety.org/resources/cockfighting-fact-sheet. （闘鶏はすべての州で違法であり，ほとんどの州で闘鶏の観客となることが明確に禁止されている．2011年現在，39の州で重罪とされる闘鶏に関する法律（felony cockfighting laws）が制定されている．さらに，連邦動物福祉法は，アニマルファイティング事業において使用される動物の州間輸送を禁止している．）

55. 同上．

56. https://www.law.cornell.edu/wex/direct_evidence.

57. https://www.law.cornell.edu/wex/circumstantial_evidence.

58. https://www.humanesociety.org/resources/cockfighting-fact-sheet.

59. https://www.aspca.org/animal-cruelty/dogfighting/closer-look-dogfighting.

60. 同上．

61. アニマルファイティング：Animal Protection Laws of the United States（13th Edition），2018 Animal Legal Defense Fund（https://aldf.org/project/us-state-rankings/）：510 ILL. COMP. STAT. 70/4.01. エンターテインメントにおける動物；何人も，2頭以上の動物もしくは動物と人間の闘技を呼びものとする，もしくはそれと関連するショー，興行，プログラムもしくは活動またはスポーツ，賭博もしくはエンターテインメントを目的とした動物の意図的殺害に関連して使用されることが意図されていることを知りながらもしくは知るべきでありながら，いかなる装備品または用具も所有，占有，販売もしくは販売の申し出，出荷，輸送またはその他の方法での移動をしてはならない；§ 3.2-6571. アニマルファイティング；何人も，事情を知って次のことを行ってはならない：1. 娯楽，スポーツもしくは利益のために，アニマルファイティングを助長し，準備し，従事または雇用されること；（B）5. 他の動物と闘う興行に従事させることを意図して，動物を占有し，所有し，訓練し，輸送し，または販売する場合；CAL. PENAL CODE § 597j. アニマルファイティングの興行に使用し，または従事させる意図で，鳥その他の動物を所有し，占有し，保管し，飼養し，または訓練した者；ペナルティ．（a）597b 条で規定されるアニマルファイティングの興行において，自分自身，動物の購入者もしくはその他の者が使用し，もしくは従事させることを意図して，鳥その他の動物を所有し，占有し，飼養し，または訓練した者は軽罪とし，1年以下の郡刑務所での自由刑もしくは1万ドル以下の罰金に処し，または自由刑と罰金の両者を併科する；CAL. PENAL CODE § 597.5. 闘犬；重罪；刑罰；観衆；軽罪；例外．（a）次のいずれかの行為を行う者は重

罪とし，1170条（h）項に従い，16月，2年もしくは3年の自由刑もしくは5万ドル以下の罰金に処し，または自由刑と罰金の両者を併科する：(1)他の犬と闘わせる興行に従事させる目的で，犬を所有し，占有し，飼養し，または訓練すること.

62. Animal Protection Laws of the United States（13th Edition），2018 Animal Legal Defense Fund（https://aldf.org/project/us-state-rankings/）：CAL. PENAL CODE § 597i. 闘鶏道具；禁止；ペナルティ．(a)一般に鉄蹴爪や剣（slashers）として知られている道具または軍鶏その他の闘鶏用鶏の生の蹴爪に代えて取り付けられるように設計された他の鋭利な道具を製造し，売買し，物々交換し，交換し，または占有することは違法とする；510 ILL. COMP. STAT. 70/4.01. エンターテインメントにおける動物 (d) 何人も，2頭以上の動物もしくは動物と人間の闘技を呼びものとする，もしくはそれと関連するショー，興行，プログラムその他の活動またはスポーツ，賭博もしくはエンターテインメントを目的とした動物の意図的殺害に関連して使用されることが意図されていることを知りながらもしくは知るべきでありながら，いかなる用具または装備品も販売のために製造し，出荷し，輸送し，または引渡してはならない；Virginia Code § 3.2-6571. アニマルファイティング；ペナルティ．A (1)(B)(2). 動物の戦闘能力を高めることもしくは他の動物に傷害を負わせることを目的とした用具もしくは物質を使用する場合またはそのような目的で使用することを意図して占有する場合；NEV. REV. STAT. § 574.070. I[sic](b)他の鶏その他の鳥との闘いにおいて使用することを意図して，鉄蹴爪，蹴爪，もしくは鶏その他の鳥に取り付けるように設計されたその他の鋭利な道具を製造し，所有し，占有し，購入し，販売し，物々交換し，交換し，または販売，物々交換もしくは交換のために広告すること．4.特段の定めがある場合を除く；COLO. STAT. §18-9-204.(1)(b)(VI)アニマルファイティングに使われる動物または動物の戦闘能力を高めることを意図した用具を事情を知りながら占有すること.

63. Animal Protection Laws of the United States（13th Edition），2018 Animal Legal Defense Fund （https://aldf.org/project/us-state-rankings/）：NEV. REV. STAT. § 574.070. 2. (a)他の動物と闘わせるのに使用することを意図して，動物を所有し，占有し，飼養し，訓練し，その販売を促進し，または購入してはならない；事情を知りながら，以下の行為のいずれかを行った者は，第3級の重罪とし，§775.082，§775.083または§775.084の規定に従って罰する；FLA. STAT. ANN. §828.122. F(3) (a)アニマルファイティングまたはアニマルベイティング（animal baiting）のために，野生動物または飼養動物を，餌付けし，繁殖させ，訓練し，輸送し，販売し，所有し，占有し，または使用すること；R.I. GEN. 4-1-10. アニマルファイティング用動物の占有または訓練．アニマルファイティングの興行に従事させる目的で，鳥，犬その他の動物を所有し，占有し，飼育し，または訓練した者は，初犯の場合，1,000ドル以下の罰金および/または2年以下の自由刑に処し，再犯の場合，1,000ドル以上5,000ドル以下の罰金もしくは2年以下の自由刑に処し，または両者を併科する.

64. Animal Protection Laws of the United States（13th Edition），2018 Animal Legal Defense Fund（https://aldf.org/project/us-state-rankings/）：Virginia Code § 3.2-6571(A)(1)(B)(3)3. アニマルファイティングの結果に対して金銭または価値ある物が賭けられる場合；COLO. REV. STAT. § 18-9- 204.(1)(b)(I)事情を知りながら，アニマルファイティングに立ち会いまたは賭ける場合；A. REV. STAT. ANN. §(A)(4)2項に規定された活動のために使用され，または使用されようとする場所の入場券を販売することまたは入場料を受け取ること.

65. Animal Protection Laws of the United States（13th Edition），2018 Animal Legal Defense Fund（https://aldf.org/project/us-state-rankings/）：510 ILL. COMP. STAT. 70/4.01.(l)何人も未成年者に対して本条に違反するよう求めてはならない；Virginia Code § 3.2-6571(B)(6). 未成年者に，(i)アニマルファイティングの興行に参加することもしくは(ii)本条に規定された行為を請け負うこともしくはそれに関与することを許可すること，またはこれらの行為をさせること.

66. Virginia Code § 3.2-6571 A. 何人も，事情を知って，以下の行為をしてはならない：1.娯楽，スポーツまたは利益のために，アニマルファイティングを助長し，準備し，これに従事し，または雇用されること．3.自己の責任または管理の下にある敷地において本条で規定された行為を行うことを，承認または許可すること 4.以上の行為を幇助または教唆すること；ANIMAL PROTECTION LAWS OF THE USA（13TH EDITION），2018 Animal Legal Defense Fund（https://aldf.org/project/us-state-rankings/）：WASH. REV. CODE § 16.52.117.(1)(c)アニマルファイティングのために場所を保持もしくは使用すること，またはアニマルファイティングのために保持もしくは使用される場所への入場料を管理もしくは受領すること；(d)自ら占有もしくは管理する場所がアニマルファイティングの興行のために占用され，保持され，もしくは使用されることを，黙認または許可すること.

67. Animal Protection Laws of the United States （13th Edition），2018 Animal Legal Defense Fund （https://aldf.org/project/us-state-rankings/）：WASH. REV. CODE§16.52.117.(1)(b)アニマルファイティングの興行を助長し，企画し，運営し，参加し，観客となり，広告し，準備し，促進のために役務を提供し，アニマルファイティングに観客を輸送し，またはアニマルファイティングの賭け金を出資者として提供もしくは供給すること；MASS. GEN. LAWS ch. 272, § 95. 興行等に居合わせたことに対するペナルティ．鳥，犬その他の動物によるアニマルファイティングの興行のための準備が行われている場所，建物もしくは家屋に，そのような興行に居合わせる意図を持って，居た者またはその興行に居合わせ，援助し，もしくは寄与した者は，1,000ドル以下の罰金，5年以下の州刑務所での自由刑もしくは2年6月以下の矯正施設での収容に処し，またはそのような罰金と自由刑・収容の両者を併科する．；IND. CODE § 35-46-3-9. アニマルファイティング大会を助長し，そこで動物を使用し，または動物同伴で参加すること．事情を知りながらもしくは意図的に；(1)アニマルファイティング大会を助長し，もしくは開催した者，(2)アニマルファイティング大会で動物を使用した者，(3)占有する動物を同伴してアニマルファイティング大会に参加した者は，第6級の重罪とする.

545

68. https://www.justice.gov/opa/pr/new-mexico-man-sentenced-four-years-prison-role-multi-statedog-fighting-conspiracy〔リンク切れ〕.

69. https://www.humanesociety.org/news/vermont-governor-signs-bill-banning-sexual-abuseanimals〔リンク切れ〕.

70. Animal Protection Laws of the United States（13th Edition），2018 Animal Legal Defense Fund（https://aldf.org/project/us-state-rankings/）：R.I. GEN. LAWS § 11-10-1. 本性に反する忌まわしく憎むべき犯罪．獣を用いて，本性に反する忌まわしく憎むべき罪を犯し，それにより有罪判決を受けた者は，7年以上20年以下の自由刑に処する；MICH. COMP. LAWS § 750.158. 本性に反する犯罪またはソドミー；ペナルティ. 158条. 人または動物を用いて，本性に反する忌まわしく憎むべき罪を犯した者は重罪とし，15 年以下の州刑務所での自由刑に処する．ただし，その者が当該犯罪を行った時点で性的非行者（sexually delinquent person）であった場合，州刑務所での不定刑に処し，最短期間は1日とし，最長期間は終身とする；CAL. PENAL CODE § 286.5. 動物に対する性的暴行；軽罪．自らの性的欲望を刺激し，または満足させる目的で，597f条で保護されている動物に対して性的暴行を加えた者は軽罪とする．

71. Animal Protection Laws of the United States（13th Edition），2018 Animal Legal Defense Fund（https://aldf.org/project/us-state-rankings/）：OR. REV. STAT. §163A.005（1）(s) 動物に対する性的暴行; WASH. REV. CODE § 16.52.205.（3）以下の場合，第1級の動物虐待の罪とする：(a) 事情を知りながら，動物に対して性的行為または性的接触を行った場合；(b) 事情を知りながら，動物に対する性的行為もしくは性的接触を他人に行わせ，幇助しまたは教唆した場合；(c) 事情を知りながら，動物に対する性的行為または性的接触が，自己の責任または管理の下にある敷地内で行われることを許可した場合；(d) 事情を知りながら，商業または娯楽の目的で，動物に対する性的行為または性的接触を伴う行為を助長する役務に従事し，企画し，助長し，運営し，広告し，幇助し，教唆し，オブザーバーとして参加し，または行った場合；(e) 性的満足を目的として，事情を知りながら，動物に対して性的行為または性的接触を行う者を写真撮影し，または録画した場合；IND. CODE § 35-42-4-5.(b)（2)ヒト以外の動物に対して性的行為を行うこと．

72. FLA. STAT. ANN. § 828.126. 動物を伴う性的活動：(1)本条において，用語の定義は以下のとおりとする．(a)「性的行為」とは，人の性的満足もしくは興奮を目的として，人が動物の性器もしくは肛門に，直接もしくは衣類を通して触れ，もしくは撫でること，または人が動物の一部に精液をかけ，もしくは注入することをいう．(b)「性的接触」とは，人の性的満足もしくは興奮を目的として，人の口，性器もしくは肛門と動物の性器もしくは肛門を接触させること，人の身体の一部を動物の性器もしくは肛門に挿入すること，または人の性器もしくは肛門を動物の口に挿入することを意味する（その接触または挿入はたとえわずかであっても構わない）．(2)何人も，以下を行ってはならない．(a) 事情を知りながら，動物に対して性的行為または性的接触を行うこと，(b) 事情を知りながら，他人に動物に対する性的行為もしくは性的接触を行わせ，他人が行うことを幇助し，または教唆すること，(c) 事情を知りながら，動物に対して性的行為または性的接触が自己の責任または管理の下にある敷地内で行われることを許可すること，(d) 商業または娯楽の目的で，事情を知りながら，動物に対する性的行為または性的接触を伴う行為を助長する役務を企画し，助長し，運営し，広告し，幇助し，教唆し，オブザーバーとして参加し，または行うこと．

73. https://www.brainyquote.com/quotes/mahatma_gandhi_150700.

74. Waisman, S.S., Frasch, P.D., & Wagman, B.A. 2014. Animal Law：Cases and Materials, 5th ed., Carolina Free Press, p. 35.

75. Baldry, A.C. 2005. Animal abuse among preadolescents directly and indirectly victimized at school and at home. *Criminal Behavior and Mental Health*, 15, 97–110;*Barrett, B.J., Fitzgerald, A, Stevenson, R., & Cheung, C.H. 2017. Animal maltreatment as a risk marker of more frequent and severe forms of intimate partner violence. *Journal of Interpersonal Violence*, doi: 10.1177/0886260517719542; Bright, M.A., Huq, M.S., Spencer, T, Applebaum, J.W., & Hardt, N. 2018. Animal cruelty as an indicator of family trauma: Using adverse childhood experiences to look beyond child abuse and domestic violence. *Child Abuse & Neglect*, 76, 287–296; Duncan, A., Thomas, J.C., & Miller, C. 2005. Significance of family risk factors in development of childhood animal cruelty in adolescent boys with conduct problems. *Journal of Family Violence*, 20, 235–239; Febres, J., Brasfield, H., Shorey, R.C., Elmquist, J., Ninnemann, A., Schonrum, Y.C., & Stuart, G. 2014. Adulthood animal abuse among men arrested for domestic violence. *Violence Against Women*, 20, 1059–1077; Hensley, C., Browne, J.A., & Trenthamm, C.E. 2018. Exploring the social and emotional context of childhood animal cruelty and its potential link to human violence. *Psychology, Crime and Law*, 24, 489–499.

76. Ascione, F.R. Weber, C.V., Thompson, T.M., Heath, J., Maruyama, M., & Hayashi, K. 2007. Battered pets and domestic violence: Animal abuse reported by women experiencing initiate violence and by non-abused women. *Violence Against Women*, 13, 354–373; Ascione, F.R., Weber, C.V., & Wood, D.S. 1997. The abuse of animals and domestic violence: A national survey of shelters for women who are battered. *Society & Animals*, 5, 205–218.

77. https://www.miamiherald.com/opinion/op-ed/article207997174.html.

78. https://www.washingtonpost.com/news/posteverything/wp/2018/02/21/how-reliably-does-animal-torture-predict-a-future-mass-shooter/?noredirect=on&utm_term=.9caf5e76496b〔リンク切れ〕.

79. Ascione, F.R. Weber, C.V., Thompson, T.M., Heath, J., Maruyama, M., & Hayashi, K. 2007. Battered pets and

546

domestic violence: Animal abuse reported by women experiencing initiate violence and by non-abused women. *Violence Against Women*, 13, 354–373; Ascione, F.R., Weber, C.V., & Wood, D.S. 1997. The abuse of animals and domestic violence: A national survey of shelters for women who are battered. *Society & Animals*, 5, 205–218.

80. https://www.miamiherald.com/opinion/op-ed/article207997174.html.

81. https://www.miamiherald.com/opinion/op-ed/article207997174.html.

82. 同上.

83. http://maamodt.asp.radford.edu/Psyc%20405/serial%20killers/Berkowitz,%20David.pdf.

84. https://www.miamiherald.com/opinion/op-ed/article207997174.html.

85. 同上.

86. 相当な理由の基準は捜索差押令状または予備審問で使われることが多い．つまり，犯罪が行われた可能性があると信じるに足る合理的な根拠がある場合（逮捕の場合）または捜索される場所に犯罪の証拠が存在すると信じるに足る合理的な根拠がある場合（捜索の場合）に，裁判所は通常，相当な理由があると判断する．Cornell Law School. Legal Information Institute, 1992. https://www.law.cornell.edu/wex/probable_cause.

87. 合理的な疑いとは，証拠不十分によって被告人を無罪放免にするための陪審員側の十分な疑いを意味する．Cornell Law School. Legal Information Institute, 1992. https://www.law.cornell.edu/wex/reasonable_doubt.

88. 重傷とは，死亡の実質的危険性，極度の肉体的苦痛，長期にわたる明白な外貌醜状または身体部位，器官もしくは精神機能の長期にわたる喪失もしくは機能障害を伴う身体傷害を意味する．https://lis.virginia.gov/cgi-bin/legp604.exe?191+ful+CHAP0536.

89. https://lis.virginia.gov/cgi-bin/legp604.exe?191+ful+CHAP0536.

90. https://www.avma.org/KB/Resources/Reference/AnimalWelfare/Pages/Abuse-Reporting requirements-by-State.aspx〔リンク切れ〕.

付録1

法昆虫学のガイドラインについて

原著ではガイドラインはない，とあるが，現時点で，関係学会や団体等による下記のガイドラインが策定されている．

1. 米国「法科学に関する科学分野委員会組織 (Organization of Scientific Area Committees for Forensic Science: OSAC)」による標準手順書

   OSACは2014年に米国の司法省と国立標準技術研究所が立ち上げた，科学鑑定の基準やガイドラインを策定する委員会機構で，様々な鑑定技術に関する複数の委員会から構成されている．法昆虫学に関しては，OSACの犯罪現場調査・復元分科会により2022年に作成され，パブリックコメントを経た後，2024年に「OSAC 2022-N-0039 陸上環境における昆虫学的証拠の収集と保存に関する標準作業手順 (2022-N-0039 Standard for the Collection and Preservation of Entomological Evidence from a Terrestrial Environment)」[1]として策定された．昆虫学的証拠を適切に扱い，解釈するため，現場または被害者から昆虫学的証拠を収集・保存する昆虫学者，検視官，捜査員，または法執行官を支援する目的で策定された．

2. 米国「米国法昆虫学会 (American Board of Forensic Entomology)」による昆虫学的証拠採集の手順

   米国法昆虫学会のMichelle R. Sanford（ハリス郡科学捜査研究所）らが作成し，学会で承認された本手順は，2019年にCRC Pressより発刊された「法昆虫学 (Forensic Entomology)」という書籍の第3章「昆虫学的証拠の収集手順 (Entomological Evidence Collections Methods: American Board of Forensic Entomology Approved Protocols)」[2]に掲載されている．昆虫学的証拠の収集方法や保存の手順，解剖検査時や死体の状況による昆虫学的証拠の採取方法や注意点などが記載されている．なお，OSACによる手順に含まれていない，水中の死体における昆虫学的証拠に関する記述がある．

3. 欧州「欧州法昆虫学協会 (EAFE, European Association for Forensic Entomology)」によるガイドライン

「法医昆虫学におけるベストプラクティス--基準とガイドライン（Best practice in forensic entomology--standards and guidelines）」[3]は，2007年に，Jens Amendt博士（フランクフルト大学）により，欧州法昆虫学協会のガイドラインとして作成された標準プロトコルである．病理学者，昆虫学者，警察官など，さまざまな専門家グループが法医昆虫学を最適に活用できるようにするため，共通のガイドラインと基準，用語の定義，使用する器具，最小死後経過時間（PMImin）の推定方法などが記載されている．

(川本恵子)

参考文献

1. OSAC, 2024. OSAC 2022-N-0039 Standard for the Collection and Preservation of Entomological Evidence from a Terrestrial Environment, https://www.nist.gov/system/files/documents/2024/04/23/OSAC%202022-N-0039%20Collecting%20%26%20Preserving%20Entomological%20Evidence%20from%20a%20Terrestrial%20Environment%20Version%202.0.pdf(2024-09-01参照)

2. Sanford, M. R., Byrd, J. H., Tomberlin, J.K., and Wallace, J.R. 2019. Entomological Evidence Collections Methods: American Board of Forensic Entomology Approved Protocols. In: *Forensic Entomology*, 3rd ed. 63-85. Washington, DC: CRC Press.

3. Amendt, J., Campobasso, C. P., Gaudry, E., Reiter, C., LeBlanc, H. N., Hall, M. J., and European Association for Forensic Entomology. 2007. Best practice in forensic entomology--standards and guidelines. *International journal of legal medicine*, 121(2), 90-104.

付録2

本書での昆虫の学名表記について

　動物の学名は，Carolus Linnaeus（カール・リンネ）の提唱した二名法に従い，一つの種名（学名）は属名と種小名の二つの部分からなり，斜体で表される．この学名の後ろに，人物名や数字が付されていることがある．人物名は命名者を，数字は公表時の年号を示す．命名者名と公表年号は学名の一部ではないが，国際動物命名規約（International Code of Zoological Nomenclature: ICZN）では学名の後に命名者名と公表年を続けて記すことを推奨している．

　命名規約の推奨に従うと，ホホアカクロバエの場合，下記のように表記される．

Calliphora vicina Robineau-Desvoidy, 1830

　Robineau-Desvoidyとは本種の命名者André Jean Baptiste Robineau-Desvoidy（フランスの医師，昆虫学者）のことで，1830年にこの学名の掲載された出版物が公表されたことを示している．

　また，命名後に属名が変わった場合は，初めの命名者名と公表年を丸括弧で括って表記する．例えば，ヒロズキンバエ（Lucilia sericata）は，命名時はPhaenicia属であったが，現在ではLucilia属に変更されているため，下記のように表される．丸括弧のあるなしは，属名の変遷があることを示している．

Lucilia sericata（Meigen, 1826）

　原著では，国際動物命名規約で推奨される表記法とは異なる，簡略化された形式が採用されており，学名の後に丸括弧で括った命名者名を付けた形式で表記されている．おそらく，完全な学術的，分類学的厳密さよりも，一般読者にとっての読みやすさを重視したものと考えられる．原著に忠実に従い，本翻訳版においても同様の表記形式としている．なお，翻訳にあたり，明らかな学名のスペルミスについては適切に修正を行い，原著の意図を損なうことなく，より正確な情報を読者に提供することを心がけた．

（川本恵子）

付録3

日本における動物虐待の罰則

　日本において，動物虐待の罪は，動物の愛護及び管理に関する法律（以下，「動物愛護管理法」という）44条で定められている．同条は，1項で愛護動物殺傷罪，2項で同虐待罪，3項で同遺棄罪を規定する（以下，これら3罪を合わせて「愛護動物虐待等罪」という）．また，同条4項では，愛護動物虐待等罪の行為客体（行為が向けられる対象）である「愛護動物」が定義されている．

　愛護動物虐待等罪の保護法益（法により保護されるべき利益）は，以下に掲げる『動物虐待等に関する対応ガイドライン』14頁によれば，「（動物そのものではなく，）『動物を愛護する気風という良俗』」（丸括弧内原文）である．このような理解は，動物愛護管理法が「動物の虐待及び遺棄の防止……等の動物の愛護に関する事項を定め〔る〕」ことの直接的な目的を「国民の間に動物を愛護する気風を招来〔する〕」（同法1条）ことに求めていることから導かれるものといえよう．

　動物愛護管理法の令和元年改正において，獣医師による動物虐待等の通報が義務化された（同法41条の2）．そのため，獣医師は，これまで以上に，愛護動物虐待等罪について理解を深めておく必要がある．同罪の概要については以下の資料を参考にされたい．

　環境省, 2022. 動物虐待等に関する対応ガイドライン（令和4年3月）, https://www.env.go.jp/nature/dobutsu/aigo/2_data/pamph/r0403a.html.

（三上正隆）

動物愛護管理法（抜粋）

（目的）

第1条　この法律は、動物の虐待及び遺棄の防止、動物の適正な取扱いその他動物の健康及び安全の保持等の動物の愛護に関する事項を定めて国民の間に動物を愛護する気風を招来し、生命尊重、友愛及び平和の情操の涵養に資するとともに、動物の管理に関する事項を定めて動物による人の生命、身体及び財産に対する侵害並びに生活環境の保全上の支障を防止し、もつて人と動物の共生する社会の実現を図ることを目的とする。

（獣医師による通報）

第41条の2　獣医師は、その業務を行うに当たり、みだりに殺されたと思われる動物の死体又はみだりに傷つけられ、若しくは虐待を受けたと思われる動物を発見したときは、遅滞なく、都道府県知事その他の関係機関に通報しなければならない。

（罰則）

第44条　愛護動物をみだりに殺し、又は傷つけた者は、5年以下の懲役又は500万円以下の罰金に処する。

2　愛護動物に対し、①みだりに、その身体に外傷が生ずるおそれのある暴行を加え、又はそのおそれのある行為をさせること、②みだりに、給餌若しくは給水をやめ、酷使し、その健康及び安全を保持することが困難な場所に拘束し、又は飼養密度が著しく適正を欠いた状態で愛護動物を飼養し若しくは保管することにより衰弱させること、③自己の飼養し、又は保管する愛護動物であつて疾病にかかり、又は負傷したものの適切な保護を行わないこと、④排せつ物の堆積した施設又は他の愛護動物の死体が放置された施設であつて自己の管理するものにおいて飼養し、又は保管すること⑤その他の虐待を行つた者は、1年以下の懲役又は100万円以下の罰金に処する。

3　愛護動物を遺棄した者は、1年以下の懲役又は100万円以下の罰金に処する。

4　前3項において「愛護動物」とは、次の各号に掲げる動物をいう。

　一　牛、馬、豚、めん羊、山羊、犬、猫、いえうさぎ、鶏、いえばと及びあひる

　二　前号に掲げるものを除くほか、人が占有している動物で哺乳類、鳥類又は爬虫類に属するもの

※上記引用条文内の丸数字①〜⑤は引用者が挿入した．なお，第44条第1・2・3項に規定されている「懲役」は，2025年6月1日より「拘禁刑」に改められる．

索引

あ

アニマルシェルター　492, *シェルターメディスンにおける法的調査も参照*

アニマルファイティング　302, 337, 526-529, 544
　アニマルホーディング　327-336
　闘鶏　304-316
　闘犬　316
　動物福祉法（AWA）　303-304
　法執行機関との協力　323-324
　法律　302-303
　ホッグ・ドッグファイティング　323

アニマルファイティング禁止執行法（AFPEA）　303, *アニマルファイティングも参照*

アニマルホーダー　302
　アニマルホーダーのタイプ　325
　キャパオーバー型——　325-326
　搾取型——　326-327
　レスキュー型　326

アニマルホーディング　302
　アニマルホーダーのタイプ　325-327
　アニマルホーダーの特徴　302
　金網の犬小屋　328
　ケーススタディ　329, 335
　——行動　329
　個人用防護服の着用　331
　重度の眼脂を示す猫　336
　消防署の危険物処理班（HAZMAT）　331
　食事と腐敗した水の中の糞　334
　食事とボウルにいる甲虫　334
　共食いされた猫の肢　335
　ネグレクトと虐待　324-325
　猫たちのトイレと化した浴槽　328
　——法　324
　ホーダー宅の薬物　333
　ホーディングの犯罪現場　330-332

アライグマの頭蓋骨　263, 264, *歯列, 法獣医骨学も参照*

アルマジロの頭蓋骨　247, *頭蓋も参照*

い

イエバエ科　118, *腐敗分解過程で重要な昆虫種も参照*
　イエバエ（*Musca domestica*）　119
　オオイエバエ（*Muscina stabulans*）　121
　コブアシヒメイエバエ（*Fannia scalaris*）　121-122
　ヒメイエバエ（*Fannia canicularis*）　122
　モモエグリハナバエ（*Hydrotaea dentipes*）　120

　Hydrotaea aenescens　121
　Hydrotaea leucostoma　120
　Musca autumnalis　119

遺棄　542

遺棄事件　64

イスラム医学　27

痛み
　——の指標　375
　——の評価と管理　390
　ペインスケール　376

一酸化炭素（CO）　282, *熱傷も参照*

五つの自由　18

遺伝的プロファイル　68

意図的な虐待　542

犬の骨格
　軸性骨格と付属骨格　243
　方向用語を示した——　243
　骨の確認　245

犬の上腕骨顆　489

犬の頭蓋骨　251, 263, 264, 265

犬, 吻側から見た図　249, *頭蓋も参照*

イムノアッセイ　353

医療画像　468, *放射線学および画像診断学も参照*

医療費　64, *動物の法執行（HLE）も参照*

医療保険の携行性と責任に関する法律（HIPAA）　536

陰茎, 陰嚢, 精巣　144

う

ウォルフの法則　242

馬の骨脆弱性障害　488

馬の頭蓋骨　248, *頭蓋も参照*

運動エネルギー（KE）　198

鋭器　174, *鋭器損傷（SFT）も参照*

鋭器損傷（SFT）　156, 181
　鋭器　174
　鋭器損傷検査のための段階　179
　鋭器損傷病変　179-181
　鋭利な外傷性病変　174-178
　割創　177
　刺創と切創　175-177
　死の様態, 死亡機序, 死因の特定　181-182
　創傷パターン　174
　治療創　177-178
　ナイフの部位　175
　刃物以外の様々な鋭器　178-179

553

犯罪現場の所見　182-183

え

栄養不良による発達異常　379-380, *動物虐待も参照*
鉛弾　195, *弾薬も参照*

お

オオカミの頭蓋骨　264
オジロジカの頭蓋骨　247, *頭蓋も参照*
覚書（MOU）　362
オポッサムの頭蓋骨　263, 264, *歯列, 法獣医骨学も参照*
オンタリオ州動物虐待防止協会（OSPCA）　53

か

外陰部と膣　143-144, *動物の性的虐待（ASA）も参照*
回帰式　476
快適温度帯　411
外部寄生虫の感染　380-383, *動物虐待も参照*
解剖学用語　242-245, *法獣医骨学も参照*
解剖検査
　　　診断的――　214
海綿骨　241, *骨も参照*
外来性ニューカッスル病（END）　308
化学熱傷　274, *熱傷も参照*
核DNA（nDNA）　69, 72-74, *法医学的DNA捜査も参照*
火災
　　　――による死亡　283-285
　　　検査　283
数が多すぎて数えられない（TNTC）　381
ガスクロマトグラフィ（GC）　353
仮性肛門閉鎖症による外傷　143, *動物の性的虐待（ASA）も参照*
画像保存通信システム（PACS）　469
家畜種の記録　426, *産業動物の法獣医学的事案も参照*
　　　馬　428-429
　　　家禽類　431
　　　写真　427
　　　体重の計算　431
　　　肉牛の品種　427
　　　乳牛　428
　　　羊と山羊　430
　　　豚　429
合衆国憲法修正第4条　6
活性化部分トロンボプラスチン時間（aPTT）　158
割創　177, *鋭器損傷（SFT）も参照*
家庭内暴力の場面　530-532, *動物法も参照*
カブラ・イ・パン・パピリ　137
カメの骨　261, *法獣医骨学も参照*

火薬分析技術　208-209, *射創も参照*
環境的，状況的な外傷や死　268, 297
　　　高体温症　285-290
　　　低温による傷害　297
　　　低体温症　295-296
　　　溺死　290-295
　　　熱傷　268
監察医（ME）　38, 216
関心領域（ROI）　486

き

寄生虫とその好発部位　418-422
キチン　82
奇蹄目　261-262
基本的なローカルアライメント検索ツール（BLAST）　72
虐待
　　　意図的な――　542
虐待された動物の治療　534-536, *動物法も参照*
虐待に関する法律における重大なネグレクト　542
虐待を行う猟師　524
キャプティブ・ボルト・ガン　190, *銃器も参照*
嗅覚　249, *頭蓋も参照*
吸収　346
急性呼吸窮迫症候群（ARDS）　281
強迫性障害（OCD）　327
強膜出血　167, *鈍器損傷（BFT）も参照*
許容暴露限界（PEL）　19
記録管理ソフトウェアシステム　361
緊急獣医療　523
近射創　203, *射創も参照*

く

空気，ガス，スプリング式銃　190-191
偶蹄目　261-262
クリアランス率　363
くる病　488
クロキンバエ（*Phormia regina*）　110
クロバエ科　108, *腐敗分解過程で重要な昆虫種も参照*
　　　オビキンバエ（*Chrysomya megacephala*）　112
　　　クロキンバエ（*Phormia regina*）　110
　　　ヒツジキンバエ（*Lucilia cuprina*）　117
　　　ヒロズキンバエ（*Lucilia sericata*）　116
　　　ホホジロオビキンバエ（*Chrysomya rufifacies*）　111
　　　ミドリキンバエ（*Lucilia illustris*）　116
　　　ルリキンバエ（*Protophormia terraenovae*）　115
　　　Cochliomyia macellaria　111
　　　Compsomyipes callipes　111
　　　Cynomya cadaverina　114

Cynomya mortuorum　115
Lucilia cluvia　117
Lucilia coeruleiviridis　117
Lucilia elongata　118
Lucilia mexicana　118
クロマトグラフィ　353

け

ケイ酸塩に関連した骨粗鬆症　488
刑事法的問題　517,*動物法も参照*
　　アニマルネグレクト　517-522
　　アニマルファイティング　526-529
　　緊急獣医療　523
　　性的動物虐待　529-530
　　動物虐待　522-526
携帯型代替光源(ALS)　226
毛玉　380,*動物虐待も参照*
血液由来の病原体　20
血痕パターン分析(BPA)　182
血痕分析の専門家　28
煙の吸入　279-281,*熱傷も参照*
獣　530
拳銃　189,196,*銃器も参照*
減数分裂　70
現場の記録　8,*犯罪現場調査も参照*

こ

効果的に達成可能な限り低く抑える(ALARA)　470
後肢　256,*頭蓋後骨格も参照*
高速液体クロマトグラフィ(HPLC)　353
高体温症　285,*環境的,状況的な外傷や死も参照*
　　胃粘膜の出血　288
　　過度に硬直した体　289
　　検査　287
　　組織学的所見　288-290
　　肺出血と胸腺の出血　289
　　斑状出血　288
　　皮膚を反転　288
肛門と会陰　142-143,*動物の性的虐待(ASA)も参照*
合理的な疑い　547
交流(AC)　276
国際財産証拠協会　14
国際法獣医学会(IVFSA)　2,35
骨学　238,*法獣医骨学も参照*
骨格要素　245,*法獣医骨学も参照*
　　歯列　250-253
　　頭蓋　245-250
　　頭蓋後骨格　253-257
骨形成不全症　487
骨折　164,*鈍器損傷(BFT)も参照*

頭蓋骨――　166
橈尺骨――　165
――と力の種類　164
――の経時的変化　169
――の時間経過における課題　169
――の特徴　165
左後肢――　165
病的――　166
骨粗鬆症　486
骨端軟骨の閉鎖　476
コヨーテの頭蓋骨　264-265
昆虫
　　解剖学　85-87
　　昆虫相遷移研究　83-85
　　侵入種と偶発種　106-107
　　生活環　87
　　節足動物　82
　　双翅目　87
　　――相の遷移　90
　　――相の遷移と入植時間　100,103-106
　　入植時間　88-89,96-100
　　腐肉食性昆虫　100
　　腐敗分解における――　106
　　野生動物　82
昆虫学　82
コンピューター断層撮影(CT)　164,206,468,*放射線学および画像診断学も参照*
　　――の法医学的応用　472
コンピューテッドラジオグラフィ(CR)　469,*放射線学および画像診断学も参照*

さ

最小死後経過時間(mPMI)　90
最低限のケア　541
挫傷　161,*鈍器損傷(BFT)も参照*
　　舌の――　161
　　――の経時的変化　167-168
　　――の時間経過における課題　169
擦過性表皮剥脱　159,*表皮剥脱も参照*
擦過創　160,*表皮剥脱も参照*
里親プログラム　63,*動物の法執行(HLE)も参照*
サルの頭蓋骨　250,*頭蓋も参照*
産業動物における動物福祉　394
産業動物の法獣医学的事案　394,433
　　栄養に関する記録　402-403
　　外傷,罹患,または死亡した動物　399
　　疥癬虫(ヒゼンダニ)とシラミ　417
　　快適温度帯　411
　　課題　394
　　家畜種の記録　426-431

555

家畜を輸送する際の注意点　398
カリフォルニア州乳房炎検査　460
規制および要件　394
寄生虫とその好発部位　418-422
寄生虫の影響　416-417
最低必要水量　408-409
写真　400
獣医療　415-417
飼養密度　412
資料　434
飼料の質と量の決定　404-407
全米飼料試験協会　460
体重の推定　456
体調不良の原因　405
畜舎　411-415
動物と敷地の評価と記録　400
動物の給餌スペース　408
動物福祉の評価　399
年齢推定　456
跛行スコア　422-426, 459
パンティングスコア　413
ハンドリング　395-396
病変の識別チャート　457-458
糞便虫卵数の計測　459-460
米国の獣医師会　460
報告書作成　431-432
ボディコンディションスコアの記録　402-403
ボディコンディションスコアのチャート　434
水　407-410
輸送　396-399
輸送時の推奨スペース許容量　397
USDA APHISの動物識別要件　460
残酷な扱い　542, 543
散弾銃　191, *弾薬, 銃器も参照*
　　散弾　159
　　散弾射創　203-204, *射創も参照*
　　射創のX線写真　206-207
　　ショットシェル（散弾実包）　194

し
事案着手の準備　58-62, *動物の法執行 (HLE) も参照*
シアン中毒　282, *熱傷も参照*
シェルターメディスンにおける法的調査　492, 514
　　家畜の適切なケアのガイドライン　492
　　現場所見　495
　　現場の写真　496-498
　　死後検査　513
　　証拠記録　512
　　証拠の収集　495-504
　　証拠保全　511-512

　　証拠保全の連鎖記録　496
　　事例情報　496
　　診断　510-511
　　治療と予防ケア　510-511
　　動物の写真記録　500-503
　　動物虐待の認識　493-494
　　動物福祉法　492-493
　　法獣医学的検査　504-509
　　法獣医学的調査キット　498
　　法獣医学的報告書　513
紫外線（UV）　227
視覚　245, *頭蓋も参照*
歯科用語　244-245, *法獣医骨学も参照*
　　アライグマの頭蓋骨を下から見た図に示された
　　　歯列の方向　244
時間荷重平均（TWA）　19
磁気共鳴画像検査（MRI）　164, 468, *放射線学および*
　画像診断学も参照
　　特性　474
　　――の法医学的応用　472
事件対応の計画段階　4, *犯罪現場調査も参照*
死後経過時間　89
死後磁気共鳴画像検査（PMMRI）　473
死後CT検査（PMCT）　472
　　脳の部分的な液状化　473
　　背側多断面再構成PMCT像　473
死後超音波検査（PMUS）　475
趾蹠皮膚炎　414
刺創と切創　175-177, *鋭器損傷 (SFT) も参照*
実包　193-196, *弾薬も参照*
自動車事故　165
児童性的虐待　136
死の様態　233, *法医学的解剖検査も参照*
市販薬（OTC）　381
死亡した動物　388, *動物虐待も参照*
　　――の解剖　399
司法省（DOJ）　361
司法統計局（BJS）　363
射撃　196, *射創も参照*
射撃残渣（GSR）　38, 196, 205
射出口　201, *射創も参照*
射創　188
　　外部証拠収集　208-210
　　火薬分析技術　208-209
　　間接射創　201
　　近射創（中間射創）　203
　　殺傷能力　198-199
　　散弾射創　203-204
　　射撃　196
　　射撃距離の決定　202-204

射出口　201
写真記録　205
射創のX線写真　206
射入口　200-201
銃器の種類　189-192
銃撃事件の特徴　189
銃撃被害動物の検査　205-207
銃口速度　196
準接射創　202-203
証拠としての薬莢　209
接射創　202
創傷弾道学　198
創傷の検査　199-201
弾丸の段階　188
弾丸による外傷事例の種類　189
弾道　209-210
弾道学　198
弾薬　193-196
動物の銃撃事件の現状　188
発射体の摘出　197
不確定距離　203
文書作成　210-211
放射線学　205
ライフリング（施条）　196-198
射入口　200-201, *射創も参照*
軍鶏　308, *闘鶏も参照*
獣医
　　──学部　32
　　鑑定を行う獣医師　216
　　──的検査　534-536, *動物法も参照*
　　──療　541
　　──臨床画像学　469, *放射線学および画像診断
　　　学も参照*
獣医師の受ける質問　377
獣医師の誓い　535, *動物法も参照*
獣医飼料指令（VFD）　395
獣姦　136, 138, *動物の性的虐待（ASA）も参照*
獣姦防止法　138
銃器　189
　　キャプティブ・ボルト・ガン（屠殺銃）　190
　　拳銃　190
　　バング・スティック　190
銃撃事件　188, *射創も参照*
銃撃被害　205-207, *射創も参照*
銃口速度　196, *射創も参照*
重傷　547
銃創
　　牛の皮膚における──　223
　　──部位の腹部の皮下出血　224
収容時の検査様式　17

手掌法　271, *全体表面積（TBSA）も参照*
主要事件管理（MCM）　53
準接射創　202-203, *射創も参照*
状況，任務，実行，管理・後方支援，指揮統制
　　（SMEAC）　53
衝撃性表皮剥脱　160, *表皮剥脱も参照*
証拠
　　生きた──　14
　　生きた証拠の再評価　18
　　生きた証拠の身体検査　15-18
　　記録と収集　12
　　収容時の検査様式　17
　　──の収集と保管に関するガイドライン　13
　　証拠品保管庫　231
　　生物学的証拠　13
　　動物番号システム　15
　　──に基づく調査　2
　　──の捜索　11
　　物的証拠　12
　　ボディコンデションスコア　16
証拠の痕跡　147, *動物の性的虐待（ASA）も参照*
上部呼吸器感染症（URI）　387
飼養密度　412
上腕骨遠位端骨折　488
上腕骨顆　489
　　犬の──　489
ショート・タンデム・リピート　73
食肉目　261-262
歯列　250, *骨格要素も参照*
　　犬の頭蓋骨　251
　　猫の頭蓋骨　252
　　歯の種類　250
死蝋　294
神経毒　348
人獣共通感染症　20, 31
身体検査　15
診断技術
　　補助──　226-229
診断的解剖検査　214

す

推奨暴露限界（REL）　19
スワブ検体採取　149-150, *動物の性的虐待（ASA）も
　　参照*

せ

性感染症（STDs）　20
精神障害の診断と統計マニュアル　327, 372
生体内変化　347
性的

――行為　546
　　動物を伴う性的活動　546
　　　――暴行　545
正当な理由　50, *動物の法執行 (HLE) も参照*
生物学的証拠　13
世界保健機構 (WHO)　291
積算デグリーデー (ADD)　99
切開創　158, *表皮剥脱も参照*
赤血球 (RBC)　167
接射創　202, *射創も参照*
節足動物　82, 100, *法昆虫学も参照*
ゼノバイオティクス　342
セレン中毒症　341, *法獣医毒性学も参照*
全血球計算 (CBC)　374
全国インシデントベース報告システム
　(NIBRS)　37, 139, 361, 368
全国犯罪情報センター (NCIC)　361
前肢　253, *頭蓋後骨格も参照*
前肢と後肢　256-257, *頭蓋後骨格も参照*
全体表面積 (TBSA)　269, *熱傷も参照*
　　手掌法　271
　　熱傷パーセンテージの推定　270
　　9の法則　270
先天奇形　380, *動物虐待も参照*
戦闘能力　318, *闘犬も参照*
全米研究評議会 (NRC)　407
全溶解固形分 (TDS)　410

そ

捜索令状　51, *動物の法執行 (HLE) も参照*
双翅目　87, 107, *法昆虫学, 腐敗分解過程で重要な昆虫種も参照*
創傷
　　喧嘩による――　384
　　接射創　202
　　――弾道学　198
　　パターン　174
掻創　159
相当な理由　546
　　基準　546
ソドミー法　137

た

体液　20
体温, 脈拍, 呼吸 (TPR)　15
代謝　347
代替光源 (ALS)　145, 209, 227, *動物の性的虐待 (ASA) も参照*
　　――検査　147

ダイレクトデジタルラジオグラフィ (DDR)　469, *放射線学および画像診断学も参照*
タバコによる熱傷　273, *熱傷も参照*
弾丸　193, *弾薬も参照*
短期暴露限界 (STEL)　19
弾道学　198-199, *射創も参照*
　　創傷――　198
　　段階　188
弾薬
　　散弾 (ペレット)　195
　　実包　193-196
　　弾丸　193
　　発射体　193

ち

チーズバエ科　125, *腐敗分解過程で重要な昆虫種も参照*
緻密骨　240, *骨も参照*
中手骨 (MC)　256
中足骨 (MT)　256
中毒　343, *法獣医毒性学も参照*
　　――のプロセス　346
中毒症　343, *法獣医毒性学も参照*
虫卵数 (epg)　416
超音波検査 (US)　468, *放射線学および画像診断学も参照*
　　前立腺肥大の超音波像　475
　　――の法医学的応用　472
聴覚　249, *頭蓋も参照*
鳥類の骨　241, *骨も参照*
直流 (DC)　276
治療/診断に伴う創傷　177-178, *鋭器損傷 (SFT) も参照*
チンパンジーと犬の上腕骨　254, *頭蓋後骨格も参照*
椎骨の形　260

つ・て

爪/蹄の過伸長　378-379, *動物虐待も参照*
低温による傷害　297, *環境的, 状況的な外傷や死も参照*
低体温症　295, *環境的, 状況的な外傷や死も参照*
テーザー銃　279, *熱傷も参照*
溺死　290, *環境的, 状況的な外傷や死も参照*
　　意図的な――　290
　　気管支に進行する泡　293
　　気管内の赤味を帯びた泡　293
　　死後の変化　294
　　水中で犬の頭を保持するために使われた
　　　力の程度　295
　　生存動物の合併症　293
　　切開した肺組織から滲出する液体　293
　　肉眼的および顕微鏡的病変　293

558

——の段階　291-292
——のメカニズム　291
浮腫のある肺　293
冷水　292
適切な
——運動　542
——ケア　538
——ケアに関する法　519
——住環境　540
——住環境に関する法　540
——スペース　541
デグリーアワー（度時間）モデル（DH）　97
デグリーデー（度日）モデル（DD）　97
デジタルラジオグラフィ（DR）　469, *放射線学および*
　画像診断学も参照
電気熱傷　276-279, *熱傷も参照*
カササギの感電死　277
高電圧の——　278-279
電気痕　278
闘犬を感電させるために使用される「クリップ」
　装置　277

と

統一犯罪報告書（UCR）　361
統一犯罪報告システム（UCRS）　368
頭蓋　245, *骨格要素も参照*
アルマジロの頭蓋骨　247
一般的なイエネコの頭蓋骨　246
犬, 吻側から見た図　249
馬の頭蓋骨　248
オジロジカの頭蓋骨　247
嗅覚　249
旧世界ザルの頭蓋骨　250
視覚　244
聴覚　246
味覚　249
ヤマネコ（ボブキャット）の頭蓋骨　248
頭蓋後骨格　253, *骨格要素も参照*
後肢　256, 257
前肢　253
前肢と後肢　256-257
チンパンジーと犬の上腕骨　254
胴体/骨盤　254-256
闘鶏　48, 304, 526, 544
肢にバンドを付けた鶏　313
安楽死　316
外傷の種類　313-314
解剖検査　315
顔と頭の外傷　314
胸筋部の裂傷　315

ケーススタディー　308-309, 312
参加者　305-306
疾病検査　315-316
軍鶏　308
収容　315
症例情報とともに撮影された鳥　313
スパーリングマフ　307
鉄蹴爪による肢の裂傷　314
鉄蹴爪を装着するためのヒーリング用具　311
鉄蹴爪を取り付けた肢　312
鶏への対応　312
トレーニング　306-307
——に使用されるホルモン剤　310
——の種類　305
——のプロファイル　306
防水帆布の上に並べられた鉄蹴爪（ギャフ）　311
薬物　309
闘犬　63, 316, 526, *アニマルファイティングも参照*
解剖検査　322
基本的なシェルター　319
訓練に使用されるすのこ状のトレッドミル　318
ケーススタディー　320-321
結末　323
参加者　317
飼育中に使用された粉末プロテインミックス　320
戦闘能力　318
つながれた闘犬　319
闘犬への対応　321-322
闘犬家のレベル　317
トレーニング　318-319
——に使用される屋外闘技場　317
——の種類　316-317
——のプロファイル　317-318
ファイト　321
薬物　321
凍傷　297, *環境的, 状況的な外傷や死も参照*
胴体/骨盤　254-256, *頭蓋後骨格も参照*
動物　543
遺棄　524
動物虐待　360, 368, 371
——の種類　372-373
痛みの指標　375
痛みの評価と管理　390
外部寄生虫の感染　380-383
家庭内暴力（DV）との関係　365
環境に関する——　387-388
クリアランス率　363
毛玉　380
喧嘩による創　384
質問　377

559

死亡した動物　388
社会の関心　372
潜在的な可能性の評価　373-377
先天奇形　380
地域社会における――　361-363
爪の過伸長　378-379
定期的な再検査　376-377
データ収集　361
典型的な所見　377
内部寄生虫の感染　383-384
――に関する特別な配慮　374-375
――の捜査　362-363
発達異常　379-380
――犯罪　140, 149
犯罪としての――　360
反社会的行動としての――　365
被虐ペット症候群　389
ペインスケール　376
法的な定義　371
補助検査　374
ボディコンディションスコア　375
埋没した首輪または繋留チェーン　377-378
未治療の所見　385-387
リンク　363-364
連続・大量殺人との関係　364
割れ窓理論による犯罪防止　363
――事件の動物　63, *動物の法執行（HLE）* も参照
動物虐待防止協会（SPCAs）　362
動物行政（ACO）　361, 492, *シェルターメディスンにおける法的調査* も参照
動物性愛　136, *動物の性的虐待（ASA）* も参照
動物中毒管理センター（PCCs）　349
動物に関する違法行為　539
動物に関する組織的な活動　20
動物による傷害　30
咬傷　31
人獣共通感染症　31
動物の性的虐待（ASA）　136, 152, 529, *刑事法的問題* も参照
陰茎，陰嚢，精巣　144
疑われる被虐動物の診察　141-144
オープンデータ・リポジトリ　140
外陰部と膣　143-144
仮性肛門閉鎖症による外傷　143
カブラ・イ・パン・パピリ　137
記録管理　150
ケーススタディー　141, 151, 152
肛門と会陰　142-143
写真撮影　150
獣医師が取るべき措置　144

獣姦防止法　138
外傷の種類　139
条件付け　152
証拠の痕跡　147
証拠保全の連鎖　151
身体検査　145-151
スワブ検体採取　149-150
ソドミー法　137
代替光源（ALS）検査　147
動物虐待犯罪　140, 149
――に似た症状　142
――の動機　138
発生率　139-141
犯罪の定義　137-138
ヒトの精神病質　138
法獣医学的検査　149
歴史的背景　137
DNAの証拠　148-149
X線検査　151
動物の法執行（HLE）　42, 362
遺棄事件　64
医療費　64
家庭内虐待と動物虐待　45
鎖の傷の写真　52
ケーススタディー　54-57
結果　62
現場記録　52
合同捜査と作戦計画　53-57
里親プログラム　63
事案着手の準備　58-62
施設内で発見された証拠品　52
死亡の危険性　44
初期通報と報告　43-46
精神的ダメージ　65
正当な理由　50
捜査　46-50
捜索令状　51
弾丸による傷の解剖写真　59
調査写真　49
闘鶏　48
動物虐待事件の動物　63
パピーミル　61-62
ペンシルバニア州動物法執行官のバッジ　42
法廷　62
ホーディング事件　61
密告をやめろという文化　45
優先順位が低い通報　44
老朽化した厩舎の現場写真　47
動物犯罪　2, 532, *動物法* も参照
訴追　533

訴追のプロセス　533-534
動物福祉の評価プロトコル　415
動物福祉法（合衆国法典第7編第2156条）（AWA）
　　303, 492-493, 526, *アニマルファイティングも参照*
動物法　516, 537
　　家庭内暴力の場面　530-532
　　刑事法的問題　517
　　検査と治療　534-536
　　獣医師の誓い　535
　　成文化された――　516
　　動物犯罪の訴追　533-534
　　人間に対する暴力との関連性　530-532
　　法廷証言　536-537
　　民事法的問題　516-517
トキシコキネティクス　346
トキシコダイナミクス　346-348
毒　342
毒性　342
毒性学　342, *法獣医毒性学も参照*
　　吸収　346
　　検体採取　352
　　神経毒　348
　　生理的関門　347
　　代謝　347
　　中毒　346
　　トキシコキネティクス　346
　　トキシコダイナミクス　346-348
　　毒性，アレルギー，特異的反応の区別　345
　　毒性物質の体内分布　347
　　バイオアベイラビリティ（生物学的利用能）　346
　　排泄　347
　　分析法　351-354
　　保険目的の検査　340
　　用量反応関係　343, 345
　　予想される反応　345
　　臨床効果　345
　　臨床中毒学　340
毒素　342
毒物　342, *法獣医毒性学も参照*
　　意図的な毒殺　354
毒物スクリーニング　352
　　視覚検査　353
と殺銃　190, *銃器も参照*
鈍器損傷（BFT）　156, 177, *鋭器損傷（SFT）も参照*
　　エネルギーの伝達　156
　　強膜出血　167
　　骨折　164-166
　　挫傷　161-162
　　段階　156
　　頭部――　166

――の経時的変化　166
――の種類　156-166
――の評価　170-171
　　表皮剥脱　158-160
　　痩せ細った犬　157
　　裂創　162-163

な

内部寄生虫　383-384
ナイフの部位　175, *鋭器損傷（SFT）も参照*
軟骨下骨　240, *骨も参照*

に

肉牛の品種　427, *産業動物の法獣医学的事案も参照*
ニクバエ科　122, *腐敗分解過程で重要な昆虫種も参照*
日光の熱による壊死　273, *熱傷も参照*
日光皮膚炎　273, *熱傷も参照*
乳牛　428, *産業動物の法獣医学的事案も参照*
入植時間（TOC）　88
人間に対する暴力　530-532, *動物法も参照*

ね

ネイルガン　190, *銃器も参照*
ネグレクト（動物）　368, 522-526, 539, *刑事法的問題*
　　も参照
　　痛みの指標　375
　　痛みの評価のためのリソース　390
　　外部寄生虫の感染　380-383
　　環境に関する状態　387-388
　　毛玉　380
　　喧嘩による創　384
　　質問　377
　　死亡した動物　388
　　潜在的な可能性の評価　373-377
　　先天奇形　380
　　爪の過伸長　378-379
　　定期的な再検査　376-377
　　内部寄生虫の感染　383-384
　　――に関する特別な配慮　374-375
　　ネグレクト事例における所見　377
　　発達異常　379-380
　　被虐ペット症候群　389
　　ペインスケール　376
　　補助検査　374
　　ボディコンディションスコア　375
　　埋没した首輪　377-378
　　未治療の所見　385-387
猫の頭蓋骨　246, 252, *頭蓋，歯列も参照*
熱　268, *環境的，状況的な外傷や死も参照*
　　――によって引き起こされる病気の分類　285

熱射病　285,*環境的，状況的な外傷や死も参照*
熱傷　268,*環境的，状況的な外傷や死も参照*
　　　——の分類　268-269
　　　一酸化炭素（CO）　282
　　　化学——　274
　　　火災により死亡した動物　283-285
　　　火災によるシアン中毒　282
　　　火災の検査　283
　　　煙の吸入　279-281
　　　昆虫学　284
　　　全体表面積　269-270
　　　組織学　279
　　　タバコによる——　273
　　　テーザー銃　279
　　　電気——　276-279
　　　日光の熱による壊死　273
　　　日光皮膚炎　273
　　　熱による——　271-272
　　　輻射熱による——　273
　　　マイクロ波　274
　　　火傷　272

の

ノミバエ科　123,*腐敗分解過程で重要な昆虫種も参照*
　　　*Megaselia*属　124

は

バイオアッセイ　353
バイオアベイラビリティ（生物学的利用能）　346
薄層クロマトグラフィ（TLC）　353
剥離創　163,*裂創も参照*
跛行　422
　　　スコアのチャート　459
　　　動物種ごとのスコアリング　422-426
播種性血管内凝固（DIC）　287
パターン表皮剥脱　160,*表皮剥脱も参照*
発射体　193,*弾薬も参照*
発信機関識別（ORI）　361
歯の種類　251,*歯列も参照*
パピーミル　61-62,*動物の法執行（HLE）も参照*
バング・スティック　190
番号システム
　　　英数字の　15
犯罪現場調査　2,*証拠も参照*
　　　合衆国憲法修正第4条　6
　　　現場の記録　8
　　　事件対応の計画段階　4
　　　事件の経過　4
　　　縮尺のないスケッチ　10
　　　証拠記録　12-19

証拠の収集と保管に関するガイドライン　13
証拠の捜索　11
図式化とスケッチ　9
生物学的証拠　13
捜索パターン　11
大規模な動物の事件における課題　8
動物犯罪における——　2
トリアージ　7-8
——の目的　2
犯罪現場の確保　6-7
物的証拠　12
FBIの12段階プロセス　4,7,9
Locardの交換原理　2
犯罪現場に求められるバイオセキュリティ　19,*犯罪現場捜査も参照*
　　　疥癬の初期病変　21
　　　血液由来の病原体　20
　　　昆虫　22
　　　鶏の準備エリアから発見された鋭利な器具　21
　　　バイオエアロゾル　20
　　　防護具　19,22
パンティングスコア　413
伴侶動物（コンパニオンアニマル）　539

ひ

被虐ペット症候群　389,*動物虐待も参照*
比較骨学　238,*法獣医骨学も参照*
比較法医学（CFM）　33
皮下出血　161
非偶発的外傷（NAI）　30,165,389,470
　　　全身X線検査のガイドライン　471
　　　未成熟犬の腹背像　483
非畜産動物　539
ヒツジバエ科　107,*腐敗分解過程で重要な昆虫種も参照*
必要な水　540
ヒトの法医学　26,32
　　　——の歴史　27
ヒトの法医学と法獣医学の比較　29
ヒトの法毒性学　340,*法獣医毒性学も参照*
ヒトヒフバエ（*Dermatobia hominis*）の幼虫　108,*腐敗分解過程で重要な昆虫種も参照*
ヒト免疫不全ウイルス（HIV）　20
標的臓器毒性　348-349,*法獣医毒性学も参照*
表皮剥脱　158,*鈍器損傷（BFT）も参照*
　　　犬の顔面の——　159
　　　経時的変化　166
　　　擦過性——　159
　　　擦過創　160
　　　衝撃性——　160

搔創　159

　　──の時間経過における課題　169

　　パターン──　160

ふ

輻射熱による熱傷　273, 熱傷も参照

不審な状況による死　215

不正開封防止冷凍庫シール　230

物的証拠　12

腐肉食性昆虫　100, 法昆虫学も参照

腐敗分解過程で重要な昆虫種　107, 法昆虫学も参照

　　イエバエ科　118-122

　　クロチーズバエ (Stearibia nigriceps)　125

　　クロバエ科　108-118

　　チーズバエ科　125

　　ニクバエ科　122

　　ノミバエ科　123

　　ハエ目 (Diptera)　107

　　ヒツジバエ科 (Oestridae)　107

　　ヒトヒフバエ (Dermatobia hominis) の幼虫　108

分光高度法　353

分光法　353

糞便の虫卵数の計測　416

糞便病原体　20

へ

平均周囲温度　97, 法昆虫学も参照

米国魚類・野生生物局 (USFWS)　33

米国疾病予防管理センター／米国国立労働安全衛生研究所 (CDC/NIOSH)　19

米国獣医師会 (AVMA)　2, 35, 401, 493

米国動物虐待防止協会 (ASPCA)　35

米国動物病院協会 (AAHA)　35

米国農務省 (USDA)　394

米国農務省動植物検疫局 (APHIS)　396

米国法科学アカデミー (AAFS)　35

ペレット　196, 弾薬も参照

ほ

法医解剖　214

法医学　26

　　血痕分析の専門家　28

　　現在のトレンド　34

　　獣医学部　32

　　──の種類　32

　　比較──　33

　　法獣医学の要件　32

法医学専門家登録評議会 (CRFP)　36

法医学的DNA捜査　68, 78

　　核DNAから得られる情報　72-74

減数分裂　70

方法論　75

ポリメラーゼ連鎖反応 (PCR)　76

ミトコンドリア　71

ミトコンドリアDNAから得られる情報　71-72

有糸分裂　69

DNA抽出　75

Dループ　70

GenBank　77

法医学的解剖検査　214

　　外表検査　221-223

　　解剖検査結果の報告　231-235

　　監察医 (ME)　216

　　鑑定を行う獣医師　216

　　寄生虫学　228

　　軌跡棒　225

　　顕微鏡検査　226

　　骨格図　225

　　骨髄脂肪分析　228-229

　　昆虫学　229

　　採取すべきサンプル　221

　　死体と証拠の処分　230

　　死体の身元確認　220

　　死亡現場調査　217-218, 234

　　銃創　223

　　銃創部位の腹部の皮下出血　224

　　証拠の収集　229-230

　　証拠の提出　218

　　証拠品保管庫　231

　　診断的解剖検査　214

　　体外表面の絵図　223

　　代替光源 (ALS)　227

　　代替光源試験　227

　　大腿骨からの骨髄摘出　228

　　テクニック　217-231

　　毒性学　227

　　トレーニングと権限　216-217

　　内景検査　223-225

　　微生物学　229

　　不審な状況によるヒトの死　215

　　不正開封防止冷凍庫シール　230

　　法医解剖　214-215

　　法医解剖の必要性　214

　　補助診断技術　226-229

　　補助的処置　229

　　予備イメージング技術　219

　　X線撮影　226

法科学　27

防護具 (PPE)　19, 315, 381

法昆虫学　82

犬の白骨化死体　95
牛の死体　105
外傷　95
胸部の腐敗　105
昆虫学的証拠　88-96
昆虫相遷移研究　83-85
昆虫相の遷移　90, 100, 103-106
昆虫による分解パターン　91
昆虫の解剖学　85-87
昆虫の生活環　87
死因　90-92
周囲温度　97
侵入種と偶発種　106-107
節足動物　82
双翅目　87
入植季節　92-93
入植時間　88-89, 96-100
ネグレクトの証拠　93-95
発育データ　101-102
腐朽促進期　104
豚の死体　93
腐肉食性昆虫　100
腐敗分解における昆虫種　106, 107
薬物の存在　96
野生動物　82
幼虫の分析　94
放射線学および画像診断学　468, 489
外傷に対する骨膜反応　477
虐待と鑑別が必要　485-489
胸部側面像　485
胸部腹背像　485
個体識別と年齢判定　476-477
銃創の——　480-482
証拠としての医療画像　468-469
上腕骨遠位端骨折　488
前腕骨側面像　486
肘頭の頭尾方向のX線画像　476
頭蓋骨腹背像　481
軟部組織損傷　483
ネグレクト　484
範囲　468
法医学的応用　472-476
X線画像撮影　393-395
法獣医学　2, 26, 32, 39
——とワン・ヘルスの概念　38
協力　38-39
研究開発　37
獣医師の受ける質問　377
専門領域　26
捜査の概略　28

体制とプロトコルの標準化　37
動物による傷害　30-32
ネットワークの構築　39
——の開拓者　26
——の種類　32-34
——の将来　34-37
——の要件　32
——の歴史　27
犯罪捜査への応用　30
被害動物　30
法獣医学とヒトの法医学の比較　29
法獣医師　27
ワン・ヘルス　33
法獣医学的検査　149, *動物の性的虐待（ASA）*も参照
法獣医骨学　238, 265-266
解剖学用語　242-245
カメの骨と未熟な哺乳類の骨　261
鑑別プロセス　258
骨格に示された方向用語　243
骨格要素　245-257
歯科用語　244
軸性骨格と付属骨格　243
食肉目対偶蹄目・奇蹄目　261-262
椎骨の形の違い　260
頭蓋骨　263, 265
頭蓋骨に示された歯列の方向　244
——の応用　257
皮質の厚さ　260
哺乳類以外　259
骨の確認　245
骨の構造と成長　239-242
法獣医師　27
法獣医毒性学　340, 342
悪質な動物毒殺　349-350
意図的な毒殺に使われる毒物　354-356
家畜の毒殺　354
試料の採取　351, 352
ゼノバイオティクス　342
セレン中毒症　341
中毒　343
中毒症　343
調査　340, 349-350
毒　342
毒性　342
毒性学　342-349
毒素　342
毒物　342
毒物の視覚検査　353
標的臓器毒性　348-349
分析法　351-354

保険目的の検査 340
法廷 62, 動物法, 動物の法執行 (HLE) も参照
　証言 536-537
法毒性学 340
法放射線学 468, 放射線学および画像診断学も参照
　肘頭の頭尾方向のX線画像 476
ホーディング事件 61, 動物の法執行 (HLE) も参照
北米獣医共同体 (NAVC) 35
補助検査 374, 動物虐待も参照
　診断技術 226-229
ホッグ・ドッグファイティング 323, アニマルファ
　イティングも参照
ボディコンデションスコア (BCS) 16, 375, 484, 509
　犬の検査 435
　馬の検査 441
　ガチョウの検査 445
　毛刈りをしていない羊の記録 404
　体調不良の原因 405
　チャート 428, 434
　鳥類の記録 405
　肉牛の検査 434
　乳牛の検査 439
　鶏の検査 436-438
　猫の検査 442
　羊の検査 452-453
　豚の検査 451
　ラマの検査 449-450
　ロバの検査 440
哺乳類以外 259
哺乳類の血液 69
哺乳類の骨 241, 骨, 法獣医骨学も参照
　未熟な―― 261
骨 238, 477-478, 法獣医骨学も参照
　ウォルフの法則 242
　基本形 242
　構造と成長 239-242
　骨髄脂肪分析 228-229
　骨膜 478
　緻密骨と軟骨下骨 240
　緻密骨と海綿骨 241
　哺乳類の骨と鳥類の骨 241
ポリメラーゼ連鎖反応 (PCR) 72, 76

ま

マイクロ波 274-276, 熱傷も参照
埋没した首輪または繋留チェーン 377-378, 動物虐
　待も参照
マススペクトル 353
麻薬取締局 (DEA) 4
マラセチア性外耳炎 509

み

味覚 249, 頭蓋も参照
未治療の所見 385-387, 動物虐待も参照
密告をやめろという文化 45
ミトコンドリア 71
ミトコンドリアDNA (mtDNA) 69, 71-72, 法医学
　的DNA捜査も参照
ミリアンペア (mA) 276
民事法的問題 516-517, 動物法も参照

め

メチシリン耐性黄色ブドウ球菌 (MRSA) 31

や・ゆ・よ

火傷 272, 熱傷も参照
ヤマネコ (ボブキャット) の頭蓋骨 248, 251, 264
有糸分裂 69
用量反応関係 343, 345, 毒性学も参照

ら・り・る・れ・ろ

ライフリング (施条) 196-198, 射創も参照
ライフル 191, 196, 銃器も参照
リンク 363-364, 372
ルリキンバエ (Protophormia terraenovae) 115
裂創 161, 鈍器損傷 (BFT) も参照
　眼瞼―― 163
　手袋状剥皮損傷 164
　――の時間経過における課題 169
　剥離創 163
連邦捜査局 (FBI) 37, 361, 368, 517
　犯罪現場調査のプロセス 4, 7, 9
労働安全衛生局 (OSHA) 19

わ

割れ窓理論による犯罪防止 363
ワン・ヘルス 33
　法獣医学と―― 38

欧文

1994年の米国動物用医薬品使用法 (AMDUCA) 395
3次元 (3D) 472
　――サーフェスレンダリングCT画像 474
9の法則 270, 全体表面積 (TBSA) も参照
　TBSA熱傷パーセンテージの推定 270
Accumulated degree days (ADD) 99
Activated partial thromboplastin time (aPTT) 158
Acute respiratory distress syndrome (ARDS) 281
Alternate light source (ALS) 145, 209, 227, 動物の
　性的虐待 (ASA) も参照
Alternating current (AC) 276

565

American Academy of Forensic Sciences（AAFS）　35

American Animal Hospital Association（AAHA）　35

American Board of Veterinary Practitioners（ABVP）　34

American Society for Prevention of Cruelty to Animals（ASPCA）　35

American Veterinary Medical Association（AVMA）　2, 35, 401, 493

Animal and Plant Health Inspection Service（APHIS）　396

Animal control offices（ACOs）　361, 492, シェルターメディスンにおける法的調査も参照

Animal Fighting Prohibition Enforcement Act of 2007（AFPEA）　303, アニマルファイティングも参照

Animal Legal Defense Fund（ALDF）　492

Animal Medicinal Drug Use Clarification Act of 1994（AMDUCA）　395

Animal Protection Laws of the United States　538-547

Animal sexual abuse（ASA）　136, 152, 529, 刑事法的問題も参照

Animal Welfare Act（7 U.S.C. § 2156）（AWA）　303, 492-493, 526, アニマルファイティングも参照

As low as reasonably achievable（ALARA）　470

Basic local alignment search tool（BLAST）　72

Bloodstain pattern analysis（BPA）　182

Bluemaxx BM500　147

Blunt force trauma（BFT）　156, 177

Body condition score（BCS）　16, 375, 484, 509

Bureau of Justice Statistics（BJS）　363

Calliphora
　　——alaskensis　114
　　——latifrons　113
　　——livida　114
　　——vicina　112
　　——vomitoria　113

Centers for Disease Control/National Occupational Safety and Health（CDC/NIOSH）　19

Chrysomya
　　——megacephala　112
　　——rufifacies　111

Cochliomyia macellaria　111

Comparative forensic medicine（CFM）　33

Complete blood cell count（CBC）　374

Compsomyipes callipes　111

Computed axial tomography（CAT）　206

Computed radiography（CR）　469

Computed tomography（CT）　164, 468, 放射線学および画像診断学も参照

Council for the Registration of Forensic Practitioners（CRFP）　36

Cynomya cadaverina　114

Cynomya mortuorum　115

Degree days（DD）　97

Degree hours（DH）　97

Department of Justice（DOJ）　361

Diagnostic and Statistical Manual of Mental Disorders（DSM）　372

Digital radiography（DR）　469

Direct current（DC）　276

Direct digital radiography（DDR）　469

Disseminated intravascular coagulation（DIC）　287

DNA　68, 動物の性的虐待, 法医学的DNA捜査も参照
　　抽出　75
　　——の証拠　148-149

Drug Enforcement Agency（DEA）　4

Dループ　70

Eggs per gram（epg）　416

Exotic Newcastle disease（END）　308

Fannia
　　——scalaris　121-122
　　——canicularis　122

Farm Animal Welfare Council（FAWC）　492

Fecal egg count（FEC）　416

Federal Bureau of Investigation（FBI）　37, 361, 368, 517

Gas chromatography（GC）　353

GenBank　77, 法医学的DNA捜査も参照

Gunshot residue（GSR）　38, 196, 205

Health Insurance Portability and Accountability Act（HIPAA）　536

High-performance liquid chromatography（HPLC）　353

Hoarding of Animals Research Consortium（HARC）　325

Human immunodeficiency virus（HIV）　20

Humane law enforcement（HLE）　42, 362

Humane Society of the United States（HSUS）　63, 309

Hydrotaea
　　——aenescens　121
　　——dentipes　120
　　——leucostoma　120

International Veterinary Forensic Science Association（IVFSA）　2, 35

Kinetic energy（KE）　198

Locard, E.　147

Locardの交換原理　2, 犯罪現場調査も参照

Lucilia
　　——cluvia　117

———*coeruleiviridis* 117

———*cuprina* 117

———*elongata* 118

———*illustris* 116

———*mexicana* 118

———*sericata* 116

Magnetic resonance imaging (MRI) 164, 468

Major Case Management (MCM) 53

Medical examiners (MEs) 38, 216

Megaselia abdita 124, ノミバエ科も参照

Megaselia rufipes 124-125, ノミバエ科も参照

Megaselia scalaris 124, ノミバエ科も参照

Memorandum of understanding (MOU) 362

Metacarpals (MC) 256

Metatarsals (MT) 256

Methicillin-resistant Staphylococcus aureus (MRSA) 31

Minimum postmortem interval (mPMI) 90

Mitochondrial DNA (mtDNA) 69, 71-72, *法医学的 DNA 捜査も参照*

MR STIR 画像 474

Musca

———*autumnalis* 119

———*domestica* 119

National Children's Advocacy Center (NCAC) 45

National Crime Information Center (NCIC) 361

National Incident-Based Reporting System (NIBRS) 37, 139, 361, 368

National Research Council (NRC) 407

Nonaccidental injury (NAI) 30, 165, 389, 470

North American Veterinary Community (NAVC) 35

Nuclear DNA (nDNA) 69, 72-74, *法医学的 DNA 捜査も参照*

Obsessive compulsive disorder (OCD) 327

Occupational Safety and Health Administration (OSHA) 19

Ontario Society for the Prevention of Cruelty to Animals (OSPCA) 53

Originating Agency Identification (ORI) 361

Over-the-counter (OTC) 381

Parts per trillion (ppt) 354

Permissible exposure limit (PEL) 19

Personal protection equipment (PPE) 19, 315, 381

Physical examination (PE) 15

Picture archiving and communication system (PACS) 469

Piophila casei 125

Poison control centers (PCCs) 349

Polymerase chain reaction (PCR) 72, 76

Postmortem CT (PMCT) 472

Postmortem interval (PMI) 89

Postmortem magnetic resonance (PMMR) 473

Postmortem US (PMUS) 475

Recommended exposure limit (REL) 19

Records management software system (RMS) 361

Regions of interest (ROI) 486

Sarcophaga bullata 123

Sarcophaga haemorrhoidalis 123

Sexually transmitted diseases (STDs) 20

Sharp force trauma (SFT) 156, 181

Short tandem repeats (STRs) 73

Short tau inversion recovery (STIR) 484

Short-term exposure limit (STEL) 19

Situation, mission, execution, administration and logistics, and command and control (SMEAC) 53

Societies for prevention of cruelty to animals (SPCAs) 362

Stearibia nigriceps 125, *腐敗分解過程で重要な昆虫 種も参照*

Temperature, pulse, respirations (TPRs) 15

Thin-layer chromatography (TLC) 353

Time of colonization (TOC) 88

Time-weighted average (TWA) 19

Too numerous to count (TNTC) 381

Total body surface area (TBSA) 269

Total dissolved solids (TDS) 410

Tufts Animal Care and Condition Weather Safety Scale (TACC) 17, 540

Ultrasound (US) 468

Ultraviolet (UV) 227

Uniform Crime Report (UCR) 361

Uniform Crime Reporting System (UCRS) 368

United States Fish and Wildlife Service (USFWS) 33

Upper respiratory infection (URI) 387

Veterinary Feed Directive (VFD) 395

World Health Organization (WHO) 291

法獣医学と法科学

Veterinary Forensic Medicine and Forensic Sciences

2024年9月30日　第1刷発行
定価（本体29,000円＋税）

編　者	Jason H. Byrd, Patricia Norris, Nancy Bradley-Siemens
監　修	日本法獣医学会
発行者	山口勝士
発行所	株式会社 学窓社
	〒113-0024　東京都文京区西片2-16-28
	TEL　（03）3818-8701
	FAX　（03）3818-8704
	e-mail：info@gakusosha.co.jp
	http://www.gakusosha.com
デザイン	金森大宗（GROW UP）
印刷所	株式会社 シナノパブリッシングプレス

本誌掲載の写真・図表・イラスト・記事の無断転載・複写を禁じます．
乱丁・落丁は，送料弊社負担にてお取替えいたします．

JCOPY 〈出版者著作権管理機構 委託出版物〉
本書（誌）の無断複製は著作権法上での例外を除き禁じられています．
複製される場合は，そのつど事前に，出版者著作権管理機構
（電話03-5244-5088，FAX 03-5244-5089，e-mail：info@jcopy.or.jp）
の許諾を得てください．

©Gakusosha, 2024, Printed in Japan
ISBN 978-4-87362-795-3